W0397686

E-Book inside.

Mit folgendem persönlichen Code erhalten Sie die E-Book-Ausgabe dieses Buches zum kostenlosen Download.

46zw6-p56r0-
18200-u4148

Registrieren Sie sich unter
www.hanser-fachbuch.de/ebookinside
und nutzen Sie das E-Book auf Ihrem Rechner*, Tablet-PC und E-Book-Reader.

* Systemvoraussetzungen:
Internet-Verbindung und Adobe® Reader®

Michael Firnkes

Professionelle Webtexte und Content Marketing

Michael Firnkes

Professionelle Webtexte und Content Marketing

Handbuch für Selbstständige und Unternehmer

2., erweiterte Auflage

HANSER

Der Autor: Michael Firnkes, Teltow bei Berlin

Bibliografische Information der Deutschen Nationalbibliothek:

Die Deutsche Nationalbibliothek verzeichnet diese Publikation in der Deutschen Nationalbibliografie; detaillierte bibliografische Daten sind im Internet über *http://dnb.d-nb.de* abrufbar.

Lektorat: Sieglinde Schärl
Herstellung: Irene Weilhart
Sprachlektorat: Sandra Gottmann, Münster-Nienberge
Autorenfotos: © Christine Halina Schramm
Umschlagdesign: Marc Müller-Bremer, *www.rebranding.de*, München
Umschlagrealisation: Stephan Rönigk
Satz: Kösel, Krugzell
Datenbelichtung, Druck und Bindung: Kösel, Krugzell
Ausstattung patentrechtlich geschützt. Kösel FD 351, Patent-Nr. 0748702
Printed in Germany

Print-ISBN 978-3-446-43909-2

E-Book-ISBN 978-3-446-43954-2

Inhalt

Über den Autor

Michael Firnkes ist einer der ersten hauptberuflichen Blogger im deutschsprachigen Raum. Erfolgreich vermarktet er diverse eigene Onlineprojekte. Zuvor arbeitete er als Marketing- und CRM-Manager, unter anderem bei einem der größten Internetportale Deutschlands.

Seine Leidenschaft gilt dem Qualitätscontent, dieser stellt die wichtigste Säule einer erfolgreichen Onlinemarketing- und Social Media-Strategie dar. Die Blogosphäre arbeitet seit jeher mit hochwertigen und sich selbst verbreitenden Inhalten. Aktuell erlebt das Prinzip eine Renaissance, unter dem Begriff Content Marketing.

Heute berät der studierte Informatiker Unternehmen und hält Seminare zu den Themen Corporate Blog- und Content-Strategien. In seinen Büchern und auf seinem Blog *www.blogprofis.de* gibt er die Tipps aus seinem Beraterallalltag weiter.

Sie erreichen Michael Firnkes auf folgenden Wegen:

- Twitter: *www.twitter.com/blogprofis*
- Google+: *http://plus.google.com/+MichaelFirnkes/*
- Xing: *www.xing.com/profile/Michael_Firnkes*
- E-Mail: michael.firnkes@blogprofis.de

Fragen zu den Inhalten des Ratgebers können in der zugehörigen Google+-Community gestellt werden:

- *www.blogprofis.de/buch/webtexte*

Dort finden Sie zudem Aktualisierungen zum Buch sowie Beiträge über neue Entwicklungen rund um professionelle Webtexte & Content Marketing.

1 Professionelle Webtexte und Content Marketing: Warum?

1.1 Vom Geheimwissen zur Eigendisziplin – oder was Google damit zu tun hat

Seit ein eigener Internetauftritt für quasi jedes Unternehmen, jeden selbstständig Tätigen, alle Freiberufler, Handwerker, Designer, Künstler und überhaupt all jene, die in einer wirtschaftlichen Funktion stehen, fast schon überlebensnotwendig wurde – warum dies so ist, dazu mehr an späterer Stelle –, seit diesem Zeitpunkt beschäftigen sich alle Unternehmer und Marketingverantwortlichen weltweit mit einer Disziplin, die für so manchen einer Art moderner Alchemie gleicht: dem Onlinemarketing beziehungsweise der Suchmaschinenoptimierung (kurz SEO für „Search Engine Optimization").

Das Ziel all dieser Bemühungen ist immer das gleiche: Jeder möchte mit seinem Onlineauftritt, seiner Web-Visitenkarte, dem eigenen E-Shop, dem Profil im sozialen Netzwerk oder was auch immer möglichst an den Mitbewerbern vorbeiziehen, was etwa die Positionierung in den Suchmaschinen anbelangt. Eine bessere Platzierung hat mehr Besucher zur Folge und sorgt für mehr Umsatz oder Bekanntheit, so einfach ist die dahintersteckende Erfolgsformel. Doch warum Alchemie? Allein deswegen, weil eben diese Disziplin der Onlinevermarktung so viele Facetten umfasst, so umfangreich aber auch schnelllebig ist, und so viele Meinungen zu ihr existieren, dass es zwar unzählige selbsternannte Fachleute in dem dazugehörigen Segment gibt, aber nur wenige wirkliche Experten. Und diese selten gesichteten Erfolgsexemplare sind meist unbezahlbar oder schlicht und einfach viel zu beschäftigt und deswegen oft unerreichbar, zumindest für den normalsterblichen Firmeninhaber oder Selbstständigen.

Wer wirklich „gut" ist in diesem Bereich, der muss eigentlich keine Selbstständigen oder Unternehmen beraten, es sei denn, er hat ausgesprochene Freude an dieser zusätzlichen Arbeit. Denn auf anderem Wege – etwa über eigene Portale – können solche Profis in der Regel ein Vielfaches ihrer ohnehin schon sehr hohen Honorarsätze verdienen. Ich möchte hier keineswegs in Zynismus verfallen, sondern eher vermitteln, dass gutes Marketing im World Wide Web keine Selbstverständlichkeit ist und schon gar nicht in die Hände von Laien gehört. Vergessen Sie also all die E-Mails, mit denen Sie womöglich kurz nach Ihrer Gründung überschüttet werden, in denen Ihnen ein angeblicher „Platz eins bei Google" zum Schnäppchenpreis angeboten wird. Eine solche Platzierung bei der Suchmaschine Nr. 1 ist heutzutage, glücklicherweise, nicht mehr wirklich mit Geld zu erkaufen.

Doch nun zur guten Nachricht, denn was will ich Ihnen mit dieser Botschaft eigentlich vermitteln? Ohne dass Sie selbst in die Untiefen des SEO-Fachwissens abtauchen müssen, ohne sich die Tage und Nächte mit Begriffen wie SERPs, Pageranks, Backlinks, Meta-Descriptions, DoFollows, Sichtbarkeitsindizes um die Ohren zu schlagen, auch unabhängig hiervon kann Ihr Handwerksbetrieb, aber auch Ihr Großunternehmen im Internet mit Erfolg präsent sein. Und das ganz ohne jegliches „Geheimwissen". Sie müssen nur texten können (ja, das kann man auch lernen) oder jemanden finden, der dies für Sie übernimmt. Wenn Sie dann noch ein paar Grundregeln berücksichtigen, die Sie in diesem Buch kennenlernen werden, so haben Sie Ihren Mitbewerbern schon einiges voraus.

Bild 1.1 Über fünf Millionen Suchergebnisse versprechen direkt oder indirekt den „Platz eins bei Google".

Aber warum sollte das nun auf einmal so relativ einfach sein, wo sich doch mittlerweile ganze Industrien damit beschäftigen, ein Onlineportal innerhalb der Suchmaschinen vor den Abermillionen ähnlichen Auftritten zu platzieren? Und das auch noch mit deutlich weniger Budget, als bislang für so manche SEO-Maßnahme von kleinen bis großen Unternehmen jährlich investiert wird? Dies hat zwei relativ einfache Gründe, die aufeinander aufbauen. Verkürzt und vereinfacht dargestellt lauten diese:

1. Google will noch besser werden.

   Der Suchmaschinengigant ist bislang die mit Abstand unangefochtene Nummer eins auf dem Markt der Informationsfindung im World Wide Web. Bis zu 90 Prozent und mehr aller weltweiten Recherchen im Internet laufen über den allseits bekannten, nüchternen, aber äußerst effektiven Google-Suchschlitz. Damit das so bleibt, hat das Unternehmen aus Mountain View in den letzten Wochen und Monaten zahlreiche Anstrengungen unternommen, um die Qualität seines Hauptprodukts – nämlich der Suchergebnisse – qualitativ zu verbessern. Auch bei Google weiß man sehr wohl, dass Onlinecontent mit Mehrwert die Leser weit mehr interessiert als jene Web-Fragmente, für die ein möglichst großes SEO-Budget zur Verfügung steht, oder besser: stand. Mehr hierzu werden wir an späterer Stelle noch erfahren.

2. Qualität muss her.

   Es ist also vordergründig gar nicht mehr so schwer, und die SEO-Alchemie – zumindest in Teilen quasi das „Mittelalter" der Onlinevermarktung – weicht durch Googles Maßnahmen nach und nach einem äußerst konventionellen Mittel, die eigenen Web-Inhalte an den Mann oder die Frau zu bringen: Professionelle (im Sinne von qualitativ hochwertige) Webtexte sind das Gebot der Stunde. Eigentlich ganz einfach und äußerst naheliegend möchte man meinen, doch solche „guten" Inhalte zu verfassen, dahinter steckt eine Menge Arbeit. Und für die meisten Webseiten-Verantwortlichen war es bislang schlicht und einfach deutlich bequemer, am Ende jeden Monats einen größeren Scheck für die extra engagierte SEO-Agentur auszustellen, als sich den Kopf über hochwertige, in großen Teilen gar journalistischen Maßstäben genügende Qualitätsarbeit zu zerbrechen. Geschweige denn darüber, wer diese Qualität denn nun bereitstellen und liefern soll.

Mich als ehemaligen Journalisten, nun (Corporate) Blogger und Autor freut diese Entwicklung natürlich. Lange genug beherrschten in weiten Teilen unsinnige, „billige" und schnell zusammengeschusterte oder gar kopierte Marketing-Phrasen das Onlinegeschehen. Lange genug wurden Texte weniger für Menschen, sondern rein für Suchmaschinen unterschiedlichster Art geschrieben. Ich mache mir keine Illusionen darüber, dass es nach wie vor einen Markt für derlei Manipulationen geben wird, schließlich dient auch ein noch so guter Text auf einer Unternehmenshomepage oder einem Corporate Blog in der Regel einem Ziel: den (potenziellen) Kunden zu überzeugen und so für sich zu gewinnen. Aber dass dieses Werben um die Onlinekundschaft in Zukunft zu mehr Qualität und vor allem Transparenz führen wird, das dürfte für die gesamte Web-Wertschöpfungskette und deren unaufhaltsamen Fortschritt nur von Vorteil sein. Der Begriff Content Marketing – zumindest im deutschsprachigen Raum noch relativ neu in seiner Verwendung – ist im Grunde nichts anderes, als eine Umschreibung all der Aspekte, welche qualitätsorientierte Online-Unternehmensinhalte ausmachen. Sie verbreiten sich im Idealfall – eben durch ihre Hochwertigkeit und den hierüber generierten Mehrwert für die Leser – von selbst in den weiten Sphären des World Wide Web. Wie sich Content Marketing genau abgrenzt, und wie Sie es in der Praxis erfolgreich umsetzen können, dazu erfahren Sie später mehr in einem eigenen Kapitel zum Thema.

Was bedeutet all dies nun für Sie ganz konkret? Was können Sie – für sich allein oder im Auftrag handelnd – tun, um die Menschen im Netz von Ihren Produkten, Dienstleistungen, Erzeugnissen, Büchern, Kunstwerken, Organisationen, Anschauungen, Lebensläufen oder was auch immer zu überzeugen? Schlicht und einfach: Sie können selbst tätig werden, unabhängig davon, wie groß Ihr Unternehmen ist, und auch (fast) unabhängig davon, welches Marketingbudget Ihnen zur Verfügung steht. Wie, das zeigt Ihnen der Ratgeber, den Sie gerade in den Händen halten. Seien Sie gespannt und freuen Sie sich: Denn gute und nachhaltig wirksame Webtexte zu erstellen, das wirkt nicht nur, es macht durchaus auch noch Spaß!

HINWEIS: An dieser Stelle noch ein wenig „Zahlenfutter", um Ihnen die Bedeutung der zuvor genannten Äußerungen vermitteln zu können: Man geht davon aus, dass allein in Deutschland über 3,5 Millionen kleine und mittelständische Betriebe bis zu 52 Millionen Internetnutzer ansprechen könnten. „Könnten" deswegen, weil nur etwa 58 Prozent dieser Betriebe auch tatsächlich über eine eigene Onlinepräsenz verfügen.

Um die 97 Prozent der 52 Millionen Internetnutzer informieren sich (mehr oder weniger regelmäßig) auf den unterschiedlichsten Onlineportalen, bevor sie einen Kauf abschließen oder eine Dienstleistung in Auftrag geben. Gleichzeitig werden fast zwei Drittel aller Unternehmensauftritte im World Wide Web von den Nutzern lediglich als „befriedigend" oder gar schlechter eingestuft (Quelle: die Google Initiative „Online Motor Deutschland" unter *www.online-motor-deutschland.de,* in Zusammenarbeit mit TNS Emnid). Allein diese Zahlen sollten deutlich genug machen, welche Bedeutung heutzutage einer durchdachten Onlinestrategie Ihres Unternehmens zukommt.

1.2 Was ist eigentlich ein „professioneller" Webtext?

Die professionelle, fachlich gute Gestaltung von Texten im Internet kann sehr viele Facetten umfassen. Spricht man in diesem Zusammenhang von Professionalität, so kann man – je nach Auge des Betrachters – darunter beispielsweise folgende Punkte verstehen.

Der Marketing- und Sales-Aspekt

Der entsprechende Beitrag ist vermarktungstechnisch optimiert beziehungsweise von einem Marketingprofi verfasst und strukturiert. Geschickt eingebrachte, nicht allzu offensichtliche, aber auch nicht vollkommen versteckte Kaufanreize wecken die Neugier des Lesers und erzeugen in diesem unterschwellig ein Bedürfnis nach „mehr": mehr Information, mehr Einzelheiten und Details oder bestenfalls sogar direkt nach mehr „Produkt". Und das alles, ohne jemals wie reine Werbung zu wirken. Der Informationsgehalt des Textes bleibt hierbei stets im Vordergrund.

Webtext versus Printkommunikation

Ein solcher Text nutzt die Besonderheiten der spezifischen Web-Kommunikationen für sich aus. Im Vergleich zur eher einseitigen Printkommunikation gelingt es dem Verfasser, die Interaktion mit dem Leser anzuregen. Sei es durch die Weiterleitung zu ähnlichen Inhalten, das Betrachten eines zugehörigen Videos, der Weiterempfehlung eines Beitrags an Freunde und Bekannte mittels sozialer Netzwerke wie Facebook, Twitter, Google Plus & Co. oder – quasi als Königsdisziplin – durch das aktive Kommentieren bzw. die direkte Kontaktaufnahme mit dem Autor oder seinem Team. Auch die Verlinkung der verfassten Texte auf einem externen Portal gehört mit in diesen Bereich.

Journalistische Qualitätsmerkmale

Professionalität ist natürlich auch hinsichtlich leicht messbarer und eher selbstverständlich scheinender (aber nicht immer berücksichtigter) Faktoren gefragt wie etwa:

- der sprachlichen und grammatikalischen Qualität,
- einer fundierten Recherche enthaltener Informationen,
- der Authentizität, also der als „echt" im Gegensatz zu „manipuliert" empfundenen Inhalte,
- aber beispielsweise auch der korrekten Trennung zwischen redaktionellen und werblichen Aspekten.

Letzteres spielt gerade im Firmenumfeld eine nicht zu unterschätzende Rolle, wie wir noch feststellen werden. Die genannten Aspekte der professionellen Gestaltung findet man etwa in allgemeinen journalistischen Grundregeln und Prinzipien wieder.

Ohne Mehrwert kein Ergebnis

Es klingt ebenso selbstverständlich und fast schon banal, findet jedoch leider ebenfalls nur selten in ausreichender Form Beachtung: Ein guter, fundierter Text im Internet hat nur dann seine Daseinsberechtigung, wenn er einen Mehrwert bietet. Und zwar – zumindest im kommerziellen, wirtschaftlichen Umfeld – in zwei Richtungen: Der Leser als Adressat darf zu Recht einen Mehrwert für sich in Anspruch nehmen, wenn er schon die Zeit investiert, sich näher mit einer bestimmten Internetseite auseinanderzusetzen. Aber ebenso will in diesem Fall der Verfasser der Information einen Mehrwert erreichen, sei es in Form eines neuen potenziellen Kunden, einer neu gebildeten (hoffentlich) positiven Meinung über das eigene Produkt beziehungsweise die eigene Dienstleistung, einer Newsletter-Anmeldung, Bestellung, Weiterempfehlung etc. Dieser zu schaffende Mehrwert ist quasi die wichtigste Säule einer jeden professionellen Webkommunikation, egal ob auf einer Webseite, einer Landingpage (dazu später mehr), in einer E-Mail, einem Forum, im Firmenblog oder dem hauseigenen Newsletter. Die Grundsätze der mehrwertbehafteten Information lassen sich auf sämtliche Onlinebereiche ausdehnen. Im Idealfall verzichtet ein entsprechender Text gar völlig auf werbliche Botschaften. Er dient dann der indirekten Vermarktung, etwa durch den Aufbau eines Expertenstatus. Solch ein Marketing quasi um die Ecke, bei der an erster Stelle der ehrliche Nutzen für den Leser steht, das ist Content Marketing par excellence.

Leicht ketzerisch könnte man diese Betrachtungsweise auch umkehren. Haben Sie mit einem Beitrag im Web Ihr Ziel erreicht (einen neuen Kunden nachhaltig (!), also auf ehrliche Weise gewonnen, Stammleser oder Testimonial generiert und vieles Weitere mehr), dann war es wohl ein guter, sprich professioneller Text. Eine solche Tatsache ist nicht unwichtig, können wir doch stets am besten von jenen unserer verfassten Werke beziehungsweise zugehörigen Methoden und Stilmittel lernen, die bereits einen Erfolg verzeichnen konnten.

HINWEIS: Der Aspekt eines zu messenden Mehrwerts fand im Bereich der reinen Printpublikationen oftmals nur deswegen kaum Beachtung, weil dieses Medium naturgemäß nur wenig oder gar kein Feedback auf die ausgesandten Informationen zulässt. Gerade im Bereich der – oft willkürlich gestreuten – gedruckten Unternehmensbeiträge und -anzeigen ist in der Regel nur sehr schwer ersichtlich, ob der Empfänger beziehungsweise Leser einen Mehrwert aus den vermittelten Informationen ziehen kann oder nicht.

Im Onlinesegment sind derlei Feedbacks glücklicherweise um einiges einfacher zu erzeugen, und auch auszuwerten. Auch dazu werden wir noch kommen.

Die suchmaschinentechnische Optimierung

Natürlich gibt es auch einige eher technische Faktoren, die eine Webkommunikation als „professionell" gelten lassen, etwa was das große Feld der suchmaschinenoptimierten Texterstellung anbelangt. Ich mag den Begriff der „SEO-Texte" nicht sonderlich, weil er impliziert, dass es sich hierbei um eine rein mechanische Tätigkeit handeln würde. Ganz nach dem Motto: Ich muss ein bestimmtes Schlüsselwort (Keyword) oder eine zugehörige Wortkette nur in einer bestimmten Frequenz und Dichte in einem Text unterbringen, und schon finden meine Leser ganz allein über den Google Suchschlitz zu mir. Das mag in Einzelfällen zwar durchaus der Fall sein, doch wenn ich nur diesen Aspekt berücksichtige, so werden sich eben diese Besucher mindestens genauso schnell auch wieder auf einer anderen Webseite meiner Mitbewerber umschauen.

In diesem Zusammenhang zählen zu einem suchmaschinentechnisch professionell verfassten Beitrag also vor allem auch Faktoren wie die Verweildauer der Besucher oder aber die ausgelöste Interaktion (die sogenannte Konversion, siehe *http://de.wikipedia.org/wiki/Konversion_(Marketing)*). Den Vertriebsmitarbeiter im Unternehmen wird hiervon möglicherweise nur das Endprodukt interessieren: der direkte Kontakt zum (Neu-)Kunden bzw. der Lead (Verkaufschance). Seine Kollegen aus dem Marketing hingegen haben glücklicherweise noch ein paar weitere Aspekte im Hinterkopf, die sich rund um die Außendarstellung des Unternehmens oder die Markenbildung drehen.

1.3 Wer kann professionell für das Internet texten?

Da ich zu diesem Zeitpunkt die Fragezeichen in den Gesichtern einiger Leser fast schon sehen kann, möchte ich einem Aspekt ein wenig vorgreifen: Sie werden nun – möglicherweise zu Recht – der Meinung sein, dass angesichts der eben dargelegten Merkmale guter und wirksamer Onlinekommunikation nicht jeder und jede zum Webtexter geboren ist. Doch keine Angst, Sie müssen nicht unbedingt und nicht immer selbst zur Feder greifen, schließlich lässt sich eine solche Aufgabe auch „outsourcen", wie man neudeutsch so unschön sagt. Wie dies gelingen kann, und was es dabei zu beachten gilt, dazu erfahren Sie später mehr, unter anderem in Kapitel 6, „Texterstellung effizient und kostengünstig outsourcen".

Dennoch schadet es niemals, wenn Sie als Verantwortlicher für den Onlineauftritt Ihres Unternehmens oder Ihrer Selbstständigkeit zumindest die theoretischen Grundlagen beherrschen, die einen wirksamen Webtext ausmachen. Schließlich müssen Sie ganz persönlich entscheiden, welche Inhalte Ihren Onlineauftritt voranbringen können oder welche diesem womöglich gar eher schaden. Doch genau aus diesem Grund lesen Sie ja dieses Buch, das gerade in Ihren Händen liegt. Auch wenn Sie sich selbst um das Vergnügen des Schreibens für Ihren Onlineauftritt und damit für Ihre Überzeugungen bringen wollen, so erhalten Sie hier zumindest das „Rüstzeug" für eben diese Beurteilung.

Einige Leser in größeren Unternehmen beziehungsweise mit umfangreicherem Mitarbeiterstamm werden sich eventuell bereits an dieser Stelle fragen, wer aus der Belegschaft für den Job des „Web-Texters" am ehesten infrage kommen könnte. Ich werde in meiner Beratertätigkeit immer wieder gefragt, wie man eine solche Auswahl – etwa bei der Suche nach einem internen Firmenblog-Verantwortlichen – am besten trifft. Auf keinen Fall sollte man denjenigen aus dem wöchentlichen Marketing-Meeting auswählen, der am wenigsten schnell eine Ausrede parat hat, warum er diese Arbeit auf keinen Fall übernehmen kann. Sie mögen diesen Hinweis, den ich im weiteren Verlauf noch einmal vertiefen werde, vielleicht etwas seltsam finden. Dennoch habe ich es in einigen Unternehmen oft genug erlebt, dass bei einem solchen Findungsprozess am Ende nicht unbedingt die geeignetste Person die inhaltliche Pflege des Onlineauftritts oder der Texte für den E-Shop übernehmen musste. Wer diesen Job nicht aus Überzeugung oder einer gewissen Leidenschaft heraus macht, der wird niemals wirklich gute, authentische und wirksame Webtexte verfassen können. So zumindest meine Meinung. Und einfach nur auf die richtige Kommasetzung zu achten, das reicht heutzutage schon längst nicht mehr aus, um im World Wide Web gehört zu werden.

Andererseits durfte ich erfahren, wie aus manchmal abteilungstechnisch eher „artfremden" KollegInnen sehr gute Onlinetexter und gar -vermarkter geworden sind, denen man dies so eigentlich nicht wirklich zugetraut hätte. Ein Mitarbeiter aus dem Vertrieb, dem Kundenservice oder gar aus dem Backoffice kann manchmal „besser" (im Sinne von wirkungsvoller und vor allem authentischer) online kommunizieren als ein studierter Kommunikationsmanager oder sonstiger PR-Profi. Ich will damit nicht sagen, dass gutes Texten für das Web eine einfache Arbeit ist, ganz im Gegenteil. Doch bevor man sich auf die Suche nach (teuren) externen Möglichkeiten macht, um den Onlineauftritt mit Leben zu füllen, so lohnt sich manchmal auch ein zweiter Blick in die eigenen Mitarbeiterreihen. Angesichts der sehr großen Anzahl an überzeugenden Weblogs im deutschsprachigen Raum möchte ich beispielsweise nicht wissen, wie viele Ihrer Angestellten ganz unscheinbar und nebenbei einen erfolgreichen privaten Blog (eine Art Web-Tagebuch) oder ein sonstiges Onlineportal betreiben oder inhaltlich betreuen, und dies mit qualitativ hochwertigen Ergebnissen. Ich selbst arbeitete einige Jahre „unentdeckt" und im Nachhinein etwas artfremd als CRM Manager bei einem großen deutschen Internetportal, bis ich mein Hobby des Schreibens und Bloggens erfolgreich zum Beruf machte.

Doch ich greife bereits vor, und deswegen zurück zum Thema. Welche zentralen Eigenschaften sollten Sie oder ein Mitarbeiter beziehungsweise eine Mitarbeiterin mit sich bringen, um das eigene Unternehmen erfolgreich online und nach außen zu vertreten? Einige grundlegende Ansätze sind:

- Natürlich sollte ein Webtexter die Sprache perfekt beherrschen, in der das Unternehmen hauptsächlich kommuniziert. Ich selbst würde nie von mir behaupten, grammatikalisch frei von jeglichen Fehlern zu sein, aber eine grundlegende Sicherheit im Umgang mit jeglichen sprachlichen Mitteln gehört nun einmal dazu. Halbfertig oder gar unpassend formuliert wirkende Inhalte (dies sieht man leider gar nicht so selten) können den positiven Effekt eines Online-Unternehmensauftritts schnell und vor allem nachhaltig zerstören. Gibt es gar keine andere (personelle) Möglichkeit, so sollte man sich zumindest um ein fachkundiges Lektorat in Form einer externen Korrekturinstanz bemühen, die keine Unsummen kosten muss.

- Die fachliche Eignung, was das inhaltliche Thema anbelangt, über das geschrieben werden soll, sorgt oft für Missverständnisse, zumindest in einigen Bereichen. Natürlich muss ein Autor ein grundlegendes Wissen, aber auch praktisches sowie emotionales Verständnis für den Fachbereich mit sich bringen, für den er (werbe-)wirksame Texte verfassen soll. Ein Vegetarier wird wohl kaum prädestiniert dafür sein, den Onlineauftritt eines fleischverarbeitenden Betriebes inhaltlich zu repräsentieren. Andererseits gibt es keine Gewähr dafür, dass eine fachlich besonders versierte Person ein Thema mit der nötigen Begeisterung und vor allem Verständlichkeit nach außen kommunizieren kann, gerade im B2C-Umfeld (Business to Customer). Typisches Beispiel hierfür ist beispielsweise der Fachbereich Informatik: Nicht umsonst gibt es nur wenig Literatur in diesem Umfeld, die ein lernbegieriger Laie nicht nach kurzer Zeit mehr oder weniger frustriert beiseitelegt. Wissen und Wissensvermittlung sind zwei Paar Schuhe, ebenso an ein Produkt oder eine Dienstleistung zu glauben, und diese Begeisterung auch – in diesem Fall schriftlich – anderen zu vermitteln.

In diesem Buch werden Sie noch weiterführende Hinweise dazu finden, wie Sie die eigene oder fremde Eignung für das so wichtige Thema „professionelles (Web-)Texten“ aber auch die Content-Vermarktung feststellen können.

1.4 Für wen eignet sich dieses Buch?

Es wäre womöglich ein wenig „platt“ zu behaupten, der Ihnen vorliegende Ratgeber würde sich für absolut jeden Selbstständigen, Unternehmer oder Marketingverantwortlichen eignen. Doch wenn ich ehrlich sein soll, bin ich genau dieser Meinung. Es wird keinem mehr oder weniger kommerziellen Onlineauftritt schaden, wenn die darin veröffentlichten Inhalte von möglichst guter im Sinne von wirkungsvoller Qualität sind. Ganz im Gegenteil.

Möchten Sie im World Wide Web eine Wirkung egal welcher Art entfalten, so **müssen** Sie sich mit den Aspekten professioneller Onlinetexte auseinandersetzen. Ob Sie nun wollen oder nicht, und egal ob Sie diese Tatsache nun gut finden oder nicht. Schließlich wäre auch jeder Offline-Unternehmensansatz (der also über ein ganz reales Geschäft vor Ort verfügt) bereits im Vorfeld zum Scheitern verurteilt, wenn er:

- eine an sich gute Ware unvorteilhaft oder zu billig anpreist,
- mit seinem Laden einen schmuddeligen, unfertigen oder gar unseriösen Eindruck erweckt,
- die Erwartungshaltung der Besucher nicht erfüllen kann,
- seine Kunden nicht mit dem nötigen Respekt behandelt,
- in seinem gesamten Wirken um Längen hinter der örtlichen Konkurrenz zurückliegt (denn das gesamte Internet ist an sich ein einziger kleiner Ort, in dem jeweils nur wenige Meter zwischen dem einen oder dem anderen Geschäft und somit Angebot liegen).

Einige Hinweise noch vorweg: In diesem Buch werden Sie viele Praxisbeispiele wiederfinden, die vom „kleinen" selbstständigen Unternehmer um die Ecke bis hin zum Weltkonzern reichen. Nutzen Sie diese Vielfalt, egal welcher der beiden Gruppen Sie sich eher zuordnen würden. Denn beide Parteien können im Rahmen der wirkungsvollen Onlinekommunikation sehr viel voneinander lernen, wie Sie noch sehen werden (die „Großen" machen diesbezüglich nämlich nicht immer alles automatisch richtig). Jede Maßnahme, die in den folgenden Kapiteln zur Sprache kommt, sollten Sie außerdem stets daraufhin überprüfen, ob sie sich für Ihren ganz persönlichen unternehmerischen Kontext und vor allem für Ihre Zielgruppe eignet.

Ich hoffe, dass Sie am Ende der Lektüre die Arbeit an und mit Ihren Onlinetexten mit anderen Augen betrachten werden. Denn „es ist nicht möglich, nicht zu kommunizieren". Dieser leicht abgewandelte Grundsatz des Kommunikationswissenschaftlers Paul Watzlawick gilt auch für Ihren Web-Auftritt. Egal, was Sie also online veröffentlichen oder auch nicht, es wird Auswirkungen auf Ihr Unternehmen, Ihre Organisation oder Ihre Selbstständigkeit haben.

Selbst wenn das Gebiet der inhaltlichen Erstellung von Onlineinformationen jeglicher Art nicht ganz so schnelllebig ist wie beispielsweise der Bereich der Suchmaschinenoptimierung, so gibt es natürlich auch hier immer wieder neue Erkenntnisse und sich ändernde Rahmenbedingungen. Ich möchte Sie also bereits an dieser Stelle dazu einladen, meinen Blog unter *www.blogprofis.de* als weiterführende Quelle zu diesem Ratgeber zu nutzen. Dieser widmet sich nicht nur den Aspekten des (Corporate) Blogging, sondern auch sämtlichen Themen rund um qualitativ hochwertiges und damit professionelles Texten sowie effizienten Content Marketing Strategien. SEO-Beispiele in diesem Zusammenhang werden dabei ebenso erläutert. Scheuen Sie sich also nicht, Ihre Fragen, die sich beim Lesen dieses Buches ergeben werden, dort bei einem inhaltlich passenden Beitrag in Form eines Kommentars zu stellen. Ich oder andere Blogger werden Ihnen in diesem Fall sehr gerne weiterhelfen.

Eine kleine Formalie: Der besseren Lesbarkeit wegen verzichte ich darauf, durchgängig mit männlichen und weiblichen Formen zu arbeiten. Auch bei Berufsbezeichnungen und ähnlichem mehr nutze ich nur eine Variante. Dies stellt keinerlei Bewertung dar.

Und nun (hoffentlich) viel Vergnügen und vor allem viel Erfolg mit den Inhalten dieses Buches!

Teltow bei Berlin, Frühjahr 2014

Michael Firnkes

2 Webtexte schreiben I – Theorie

2.1 Wirkungsvolle Texte

Wirkungsvoll wollen wir für unser Unternehmen, unsere Selbstständigkeit, unseren Verband, unser gesellschaftliches Anliegen und Ähnliches mehr texten. Denn schließlich soll die inhaltliche Pflege des eigenen Onlineauftritts nicht nur Freude bereiten und das eigene Profil schärfen, sondern eben auch eine Auswirkung haben, worin auch immer diese liegen mag. Und guter „Content" ist im Internet längst eine äußerst begehrte Währung geworden, die über Erfolg oder Misserfolg entscheidet. Es ist faszinierend mit anzusehen, wie derzeit unterschiedlichste Branchen auf der Suche nach immer neuen Inhalten sind, egal ob nun in der Industrie, im Bereich der Dienstleister, des Handels, des Gesundheitswesens, den NGOs, der IT und Elektrotechnik, bei den vielen selbstständigen Berufen, der öffentlichen Verwaltung, Bildung, den Hochschulen und vielen weiteren mehr. „Content is King", dieser Satz mag schon seit einer ganzen Weile ausgesprochen werden, doch er ist damit noch längst nicht altmodisch.

Ganz im Gegenteil: Viele derzeit höchst aktuelle Entwicklungen im World Wide Web – darunter der Content Marketing Hype selbst – tragen dazu bei, dass die meisten Webseitenbetreiber das hinter diesem Satz steckende Credo erst allmählich in seiner ganzen Tragweite begreifen. Bis vor Kurzem spielten gute Inhalte bei den meisten Web-Projekten eine eher untergeordnete Rolle, wurden oft gar als notwendiges Übel betrachtet. Neue Tendenzen und Strategien der Suchmaschinenbetreiber ließen diesen geringen Stellenwert quasi über Nacht verschwinden, ein später Sieg für all jene, die immer schon ein Mindestmaß an Qualität im World Wide Web einforderten. Dazu später noch mehr. Doch was macht einen „wirkungsvollen" Text eigentlich aus? Was unterscheidet einen guten, zielführenden, spannenden und anregenden Beitrag von einem eher durchschnittlichen oder gar vernachlässigbaren Webtext? Eine gute „Schreibe", wie man im Journalismus zu sagen pflegt, hängt gerade im Internet von zahlreichen Faktoren ab, die Sie in diesem Buch kennenlernen werden: Von der richtigen Vorbereitung und Onlinerecherche über die optimale inhaltliche aber auch grafische Gestaltung bis hin zu Faktoren, welche die Disziplin der Suchmaschinenoptimierung vorgibt.

Das unternehmerische Texten ist im World Wide Web nicht unbedingt einfacher geworden als zu ehemaligen Print-Zeiten, dafür aber auch umso spannender, direkter in der Wirkung, messbarer in seinen Erfolgen und vor allem vielseitiger. Wer die notwendigen Bausteine hierfür beherrscht, der kann sich einen sehr großen Vorteil gegenüber anderen, thematisch ähnlichen Portalen verschaffen. Und dies unabhängig davon, wie prominent diese sind oder wie viel Budget für Maßnahmen im Bereich der Onlinewerbung sie zur Verfügung haben mögen. Der Erfolg durch gute Texte im World Wide Web ist in diesem Sinne ein demokratischer, weitestgehend transparenter Prozess.

Bevor wir uns die Praxis einmal näher anschauen – wie schreibe, gestalte und organisiere ich „gute" im Sinne von wirkungsvolle Texte –, sollten wir jedoch grundlegend einen Blick darauf werfen, welche Aspekte überhaupt ausschlaggebend für die positive Wirkung von Onlineinhalten jeglicher Art sind. Manche der folgenden Stichwörter und Erläuterungen werden Ihnen zwar auch aus der Offlinewelt durchaus bekannt sein, sie erscheinen jedoch mit den Möglichkeiten aber auch ungeschriebenen Gesetzmäßigkeiten des Internet oftmals in einem neuen Licht. Vorhang auf also für die grundlegenden Faktoren, welche einen Onlinetext erst seine volle Wirkung entfalten lassen.

2.1.1 Emotionen

Denken Sie doch einmal an den letzten Text, der Sie begeistert oder in irgendeiner Form besonders berührt hat, der Ihnen mit seinem Inhalt in Erinnerung geblieben ist. Es spielt keine Rolle, ob es sich dabei um einen Thriller, einen Liebesroman, ein Kochrezept, einen Zeitungsartikel, das „Knöllchen" hinter dem Scheibenwischer oder den Anzeigentext eines Mitbewerbers gehandelt hat und es ist egal, ob Sie den Text online oder offline konsumiert haben. Warum hat Sie dieser Text – ob dieser nun kurz oder lang, literarisch anspruchsvoll oder ganz banal, im geschäftlichen oder privaten Kontext daherkam – so sehr beschäftigt, dass er Ihr Denken oder gar Handeln beeinflusst hat? Weil er Sie emotional ansprechen konnte. Fast nichts anderes macht einen guten, erfolgreichen Text im Web aus.

Das ist eine gute Nachricht, die Ihnen unendliche Gestaltungsmöglichkeiten bietet, denn Emotionen sind überall mit im Spiel, wenn auch mal mehr, mal weniger intensiv. Und es gibt so viele emotionale Muster, mit denen man arbeiten kann, je nach Inhalt, Produkt oder Dienstleistung: Neugierde, Begeisterung, Verliebtheit, Erinnerung, Nostalgie, Ehrgeiz, Teilnahme und Fürsorge, aber auch Statusdenken, Neid, Mitleid, Missgunst, Trauer. Wobei man mit den letztgenannten natürlich sehr vorsichtig umgehen sollte, wenn man authentisch, ehrlich und fair bleiben möchte. Denn Sie wollen Ihre Kunden ja nicht wie die Boulevardzeitung mit den großen Buchstaben bekehren oder falsche Hoffnungen wecken.

Nun kann man aus einem Onlinetext für Handwerkerzubehör nicht unbedingt einen Krimi, eine Liebesgeschichte oder einen Geheimtipp machen, aber man kann die jeweils zugehörigen Methoden und Stilmittel anwenden, um aus einem mittelmäßigen, langweiligen Text einen erfolgreichen, nachhaltig wirksamen zu formen.

> *„Hobel waren seit jeher das Symbol des Schreinerhandwerks. Heute wird dieses Traditionswerkzeug zunehmend durch die Schleifmaschine verdrängt. Machen Sie doch die mit dem Handhobel geglättete Fläche zum ästhetischen Gütezeichen Ihrer Arbeit!"*

Ich habe ehrlich gesagt wenig Ahnung von dieser Handwerkskunst, aber dennoch kann ich mir weit weniger schöne Beschreibungen für einen Hobel vorstellen, wie diese in einem Werkzeug-Onlineshop gefundene. Nostalgie, Stolz, Ehre, Güte, Ehrlichkeit, Begeisterung – so viele Emotionen in einem Satz über Hobel. Natürlich wäre es bei einem Webtext beispielsweise noch weit besser, wenn der Verfasser gleich eine umfassende und anschauliche Anleitung aus der Praxis mitgeben würde, wie man einen solchen Hobel denn nun in der Praxis technisch am versiertesten einsetzt, ohne die Effektivität einer Schleifmaschine zu verlieren. Doch es soll hier nur um ein Beispiel gehen. Jedes (!) Thema lässt sich so spannend und gleichzeitig realitätsbezogen darstellen, dass der Leser Lust auf mehr bekommt.

> *„Sind die denn alle ein bisschen Balla Balla? Das haben wir uns gefragt, denn 1 220 000 Menschen suchen bei Google monatlich nach Balla Balla. Was wollen die denn alle?“*

So fängt ein Bericht im Firmenblog eines Süßigkeitenvertriebs an, der auch das gleichnamige Produkt namens „Balla Balla“ im Sortiment hat (für alle, welche diese gemeine süße Verlockung nicht kennen). Wer möchte da nicht weiterlesen, um herauszufinden, was Millionen Menschen denn nun „Balla Balla“ finden?

> *„Gut für das Raumklima, ausdauernd und anspruchslos: Das müssen Büropflanzen sein. Fünf Pflanzen, die Ihnen im Büro Freude machen und dabei nicht zur Last fallen ...“*

... wird der ganz praktische Ratgeber eines Onlineversands für Pflanzen eingeleitet.

Und dies steht in einem Onlineshop für Mütter und Kinder, der so schön anzuschauen ist, wie die zugehörigen Texte zu lesen sind:

> *„Kennt ihr das auch: Schöne Musik zu finden, die den Kindern Spaß macht und gleichzeitig auch noch erziehungstechnisch sinnvoll und pädagogisch wertvoll ist, ist für Eltern ungefähr so einfach wie die viel zitierte Fahndung nach der Nadel im Heuhaufen. Umso mehr habe ich mich natürlich gefreut, als ich neulich ...“*

Wie gesagt, natürlich wird es ein Veranstalter von Abenteuerreisen in Neuseeland leichter haben, seinen Onlineauftritt mit emotionalen Texten zu versehen, als beispielsweise der Urologe auf seiner Web-Visitenkarte. Das erstgenannte Beispiel (der „Hobel“) zeigt dennoch recht gut, dass man für nahezu jeden Bereich des wirtschaftlichen und öffentlichen Lebens entweder emotionslos und langweilig oder aber auch spannend und von daher nachhaltig wirkend schreiben kann.

Eine sehr ehrliche und wirksame Emotionalität lässt sich in der Regel – neben lebendig und wohlformulierten Texten – mit persönlichen Statements jeglicher Art aufbauen. Ob Sie selbst einem Onlinebeitrag mit Ihrem Namen und/oder einem Foto sowie entsprechenden Zitaten eine persönliche „Stimme“ verleihen, einen bekannten Experten auf Ihrem Fachgebiet zu Wort kommen lassen oder aber Leser in Kommentaren ihre Meinung ausdrücken: Immer da, wo Personen und Persönlichkeiten ins Spiel kommen, wird es für die meisten Konsumenten interessant. Auf diesen Aspekt – und wie man diesen für die eigenen Zwecke nutzen kann – werden wir im weiteren Verlauf noch genauer eingehen.

Emotionen in Ihrer unternehmerischen Berichterstattung sorgen insgesamt dafür, dass Sie Ihre Leser unterhalten. „Ich möchte meine potenziellen Kunden nicht unterhalten, sondern diese sollen etwas bei mir kaufen“, so ein Einwand, den man ab und zu hört. Aber gerade die emotionale (im Sinne von unterhaltsame) Vermittlung von Informationen sorgt dafür, dass Ihre Onlinebesucher insgesamt zufriedener sein werden, mit den Inhalten und damit letztendlich auch mit Ihnen. Und somit steigt auch die Chance für einen Vertragsabschluss, eine positive Markenwahrnehmung oder was auch immer Ihr persönliches Ziel sein mag. Wenn Sie den eben genannten Einwand als Ihre eigene Einschätzung teilen, so macht es übrigens durchaus Sinn, das Schreiben für Ihren Onlineauftritt besser anderen Personen zu überlassen. Ein positiver, nicht gezwungen wirkender, unterhaltsamer Schreibstil lässt sich nämlich (glücklicherweise) nicht künstlich erzeugen.

Bild 2.1 Autorenboxen sorgen für die notwendige persönliche Kundenansprache. Der Leser kann sich so ein Bild von einem im Internet ansonsten eher anonymen Gegenüber machen.

HINWEIS: Nicht wenige Onlineanbieter arbeiten zusätzlich mit negativen Emotionen, etwa indem Sie die Unzulänglichkeit bestimmter Zustände oder Produktgruppen anprangern. Und dies nur, um dann irgendwann ihre eigene Lösung quasi als „Heilsbringer" aus dem Hut zu ziehen. Ich bin der Meinung, dass ein solches Konzept in der Regel nicht funktionieren wird, gerade nicht im World Wide Web. Denn dessen Nutzer sind – bedingt durch die Grundansätze von Google & Co. – in allererster Linie auf der Suche nach zielführenden, positiven Antworten, nicht nach Problemen. ■

2.1.2 Bilder erzeugen

Man könnte diesen Aspekt der emotionalen Bindung rein textlich gesehen auch so ausdrücken: Im Kopf Ihres Lesers sollte ein Bild entstehen. Er sollte einen durch Ihre Texte provozierten visuellen Eindruck davon gewinnen können, wie ausgerechnet Sie ihm bei seiner Problemstellung ganz konkret helfen können. Derartige Prozesse entstehen beispielsweise wenn:

- der Besucher eines Schreiner-Portals sich schon beim Lesen einen bildlichen Eindruck davon macht, wie die von Ihnen beschriebenen Leistungen und Fallbeispiele seinen eigenen geplanten Wohnzimmerschrank mit inspirieren und aussehen lassen könnten, er also die Oberfläche quasi schon fühlen, die Farben und Formen bereits wahrnehmen kann,
- die Kundin im Mode-Onlineshop nicht nur durch die Produktabbildung, sondern auch durch Ihren – im wahrsten Sinne des Wortes – anziehenden Beschreibungstext dazu angeregt wird, sich schon einmal vorzustellen, wie sie das Cocktailkleid auf einer schönen Party tragen würde,

- der Unternehmer quasi im Kopf bereits durchgeht und durchkalkuliert, wie effizient Ihre angebotene Softwarelösung ganz konkrete Probleme in ganz bestimmten Abteilungen seiner Firma nach und nach lösen könnte,
- die Rezept- und Menübeschreibungen auf dem Onlineportal Ihres Catering-Unternehmens dem Besucher so sehr Appetit machen, dass er sich Ihre Mitarbeiter bereits beim Aufbau des entsprechenden Buffets vorstellt.

Eine weitere Möglichkeit, Emotionen zu wecken und Bilder entstehen zu lassen ist es also, in andere Worte gefasst, quasi Ihre eigenen „Geschichten“ zu erzählen. Und wie das Beispiel für den Bereich Softwarelösungen in der vorangegangenen Aufzählung zeigt, lassen sich solche virtuellen Bilder auch bei weniger emotionalen Produkten „malen“. Haben Sie es erst einmal geschafft, in den Köpfen Ihrer Onlinebesucher ein solches Bild zu erzeugen, so haben Sie die größte Herausforderung bei der virtuellen Kundengewinnung bereits gemeistert.

Ein früherer Kollege von mir sagte einmal sinngemäß: „Der beste Verkäufer ist der, der gute Geschichten erzählen kann“. Und wenn man dies einmal nicht von der „kumpelhaften“, anbiedernden Seite einiger (weniger vorbildhafter) Vertriebler-Persönlichkeiten her sieht, die stets mit einer mehr oder weniger amüsanten Erzählung aufwarten können, so ist dies tatsächlich der Schlüssel zu einem erfolgreichen Verkaufsabschluss. Und das gilt eben nicht minder für den Onlinebereich sowie Ihre Webtexte. Gestalten Sie beispielsweise einen Beitrag zu einem existierenden Use Case (Kundenbeispiel oder Anwendungsfall) so, dass sich der Leser diese Lösung bildhaft in seinem eigenen Unternehmen vorstellen kann, dann wirkt dies nicht nur besonders authentisch, sondern es ist auch noch äußerst effizient und wirkungsvoll. Was natürlich nicht bedeuten soll, dass Sie nun gleich ganze Romane auf den entsprechenden Webseiten verfassen. Gerade mit wenigen, auf den Punkt kommenden Sätzen kann man oftmals die besten Geschichten erzählen.

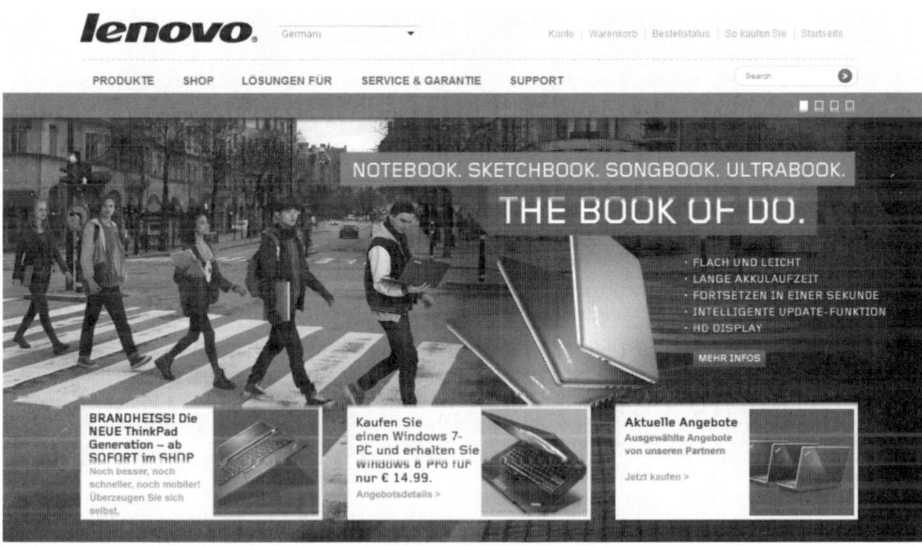

Bild 2.2 Auch kurze Statements und Sätze können wirkungsvolle Bilder im Kopf des Lesers entstehen lassen. Was uns aber wohl „The book of do“ sagen und vor allem vermitteln soll?

Bild 2.3 Schon besser: Mit der schlichten Aussage „Zehn Finger gleichzeitig“ – in Zusammenhang mit der Grafik – wird sofort deutlich, was dieses Produkt ausmacht. Der Webseiteninhalt erzählt damit quasi eine kleine Geschichte.

PRAXISTIPP: Sie sind der Meinung, Ihnen fallen keine „Geschichten“ ein? Achten Sie doch einmal darauf, wie oft Sie mit Ihren Kollegen oder aber auch Ihren Kunden Praxisbeispiele, Anregungen, Tipps und unterhaltsame Vorkommnisse bis hin zu Anekdoten austauschen. Oftmals wird Ihnen dies gar nicht wirklich bewusst sein. Notieren Sie sich all diese Unterhaltungen stichpunktartig und schauen Sie immer wieder einmal über diesen kleinen Fundus. Aus vermeintlich belanglosen Begebenheiten können manchmal die besten Geschichten und damit Textideen für Ihre Homepage entstehen. ■

Einem besonders schönen Beispiel für eine möglichst bildhafte Sprache begegnete ich jüngst bei einem Produkt, das an sich sehr nüchtern und technisch daherkommt. In einem Texterworkshop stellte ein Teilnehmer seine innovative Softwarelösung vor, bei der Aktenablagesysteme und -ordner mit einem RFID-Chip (radio-frequency identification) ausgestattet werden können. Mithilfe dieser Technologie lässt sich also quasi jederzeit nachvollziehen, an welchem Ort sich welches Dokument bzw. welcher Ordner gerade in Bearbeitung befindet. Ein komplexes Produkt, das sich meist auch nur sehr komplex beschreiben lässt. Eine Teilnehmerin hatte nun die tolle Idee, dieses Konzept in einem Slogan der Art „Der Aktenordner, der ruft“ zusammenzufassen. Toll, nicht? Eine solche bildhafte Beschreibung stellt nicht nur knapp und auf den Punkt gebracht den sachlichen Mehrwert des Produkts dar, sie spielt gleichzeitig äußerst gelungen mit der Fantasie der Leser. Gerade für Überschriften oder sonstige Teaser kann eine solch bildhafte Formulierung extrem wirkungsvoll sein und vor allem nachhaltig im Gedächtnis Ihrer Onlinebesucher bleiben. Vergleichbare Effekte lassen sich auch auf komplette Beitragstexte anwenden und ausdehnen. Doch eins nach dem anderen.

Neudeutsch nennt man diese spezielle Form der bildhaften Kundenansprache auch „Storytelling“ (also quasi „Geschichtenerzählen“). Dabei handelt es sich um eine Disziplin, die mit zunehmender Rat- und Sprachlosigkeit etwa im Bereich der Suchmaschinenoptimierung immer mehr an Bedeutung gewinnt, obwohl dahinter eigentlich sehr traditionelle Erzähltechniken stehen. Metaphern, Parabeln, Anekdoten, persönliche Erfahrungsberichte, soziale Alltagserlebnisse: All diese Bestandteile des klassischen Storytelling-Ansatzes erfreuen sich einer wahren Renaissance. Und was früher eher den Laiendarstellern vorbehalten war, zieht nun quasi als neu entdeckte Philosophie in so manche Werbe- und Texteragentur ein. Lesen Sie einmal die Werke und Biografien der Wirtschafts- und Erfinderpioniere im letzten und vorletzten Jahrhundert und Sie werden schnell merken, wie viel wir in dieser Hinsicht auch heute noch von den Gründungspersönlichkeiten vergangener Tage lernen können (man denke beispielsweise an die Namen Benz, Ford, Siemens, Edison oder Zuse). Denn diese machten ihre einst belächelten Produkte oftmals rein über Geschichten so außerordentlich populär, auch wenn es damals den Begriff des „Storytelling“ noch nicht gab. Und moderne Firmen wie Apple, Google oder Microsoft wurden nicht zuletzt deswegen so erfolgreich, weil deren Gründer sehr viel von dieser Disziplin verstanden und immer noch verstehen. Online- und Content Marketing lebt von jeglicher Form des Storytelling.

2.1.3 Authentizität und Persönlichkeit

Meines Erachtens ist eine ehrliche und authentische Erstellung und Gestaltung von Webtexten jeglicher Art gerade im Geschäftsumfeld ein weiterer unabdingbarer Schlüssel zum Erfolg. Gleichzeitig wird genau diesem Aspekt oftmals kaum Beachtung geschenkt. Wenn mich Unternehmer um eine Analyse bitten, warum beispielsweise ihr Firmenblog kaum Beachtung findet, obwohl man diesen doch regelmäßig und mit viel Aufwand mit den neusten Nachrichten aus dem eigenen Umfeld sowie der eigenen Branche versorgt, so steckt meist das Thema „fehlende Authentizität“ sowie Glaubwürdigkeit dahinter.

Bild 2.4 Auch hier: Authentizität durch die Onlinevorstellung der Personen, die hinter einer Homepage, einem Unternehmen oder einem Angebot stecken (das Bild wurde teilweise verfremdet).

So fragte mich einst der Marketingmanager eines großen und bekannten Onlineportals um Rat. Für die Texte auf dem dortigen News- und Blogbereich hatte man extra eine namhafte PR-Agentur engagiert, die für eine äußerst stolze Summe regelmäßig neue Texte bereitstellte. Als Leser brauchte man hier nicht lange zu analysieren. Denn diese Webtexte waren so perfekt, so „aalglatt“, so völlig ohne den geringsten Fehler, aber damit auch ohne jegliche

Persönlichkeit, dass es kein Wunder war, dass sich niemand für sie interessierte. Obwohl nicht die Werbung für das Unternehmen, sondern tatsächlich Informationen mit Mehrwert die Grundlage dieser besagten Texte bildeten, so hätte man stattdessen dennoch einen x-beliebigen Hochglanzprospekt studieren können, der Effekt wäre der gleiche gewesen: Übrig blieb nicht mehr als ein leicht schales Gefühl, einen durch und durch künstlich erzeugten Beitrag zu lesen. Die Lehre, die man hieraus als Webseitenverantwortlicher ziehen kann: Gut und teuer ist nicht immer gleichzusetzen mit interessant und wirkungsvoll.

Ich möchte Ihnen einmal ein paar Gegenbeispiele von Webtexten kleinerer bis mittelständischer Unternehmer zeigen, die wenig spektakulär sind und dennoch gerade durch diese Art und Weise oft für erstaunliche Besucherzahlen sorgen konnten.

Bild 2.5 Vom Inhaber der Firma werden Sie persönlich durch die Wohntrends des kommenden Jahres geführt, mit so schönen wie auch wirkungsvollen Worten wie „Augenschmaus".

Und manchmal bedarf es nicht einmal vieler Worte, um eine solch persönliche Note entstehen zu lassen, man kann auch schlicht und einfach auf sehr charmante und somit glaubwürdige Weise die eigenen Kunden sprechen lassen (Bild 2.6).

Doch was genau macht einen Text im World Wide Web denn nun besonders authentisch? Mit welchen Maßnahmen schaffen Sie bei Ihren Lesern echtes (im Sinne von ehrliches) Vertrauen? Die wichtigsten Punkte möchte ich Ihnen nun nennen.

Bild 2.6 Der Kunde hat „Keine Angst mehr vor Malerarbeiten", Ist das nicht ein tolles Lob? So etwas gehört natürlich auf die Firmenwebseite.

- Licht und Schatten: Die einfachste Möglichkeit besteht darin, bei der Schilderung eines Sachverhalts oder auch bei einer Produktbeschreibung immer sowohl das „Pro" als auch das „Kontra" herauszustellen. Dies erfordert zwar einen gewissen Mut, kann aber bei richtiger Anwendung einen enormen Zugewinn an Vertrauen seitens der (potenziellen) Kunden bedeuten. Ein Beispiel: Sie schildern explizit, für wen sich Ihre Dienstleistung A eignet, erwähnen aber gleichzeitig, in welchen Fällen diese vielleicht doch zu weit gegriffen ist und man einfacher, schneller und günstiger mit Maßnahme B zum Ziel kommt (wobei B gar nicht in Ihrem Portfolio sein muss). Vielleicht verlieren Sie hierdurch den einen oder anderen Auftrag (dessen Auftraggeber am Ende womöglich sowieso verärgert gewesen wäre), machen sich jedoch gleichzeitig einen Namen als fairer Geschäftspartner und vor allem echter Experte auf Ihrem Gebiet. Das gleiche Prinzip lässt sich auch auf die Ausarbeitung von Produktbeschreibungen und -texten anwenden.
- Keine Angst vor kritischen Stimmen: Die besonders erfolgreichen Unternehmensauftritte scheuen sich meist nicht davor, auch einmal anzusprechen, wenn etwas nicht auf Anhieb oder wie gewünscht funktioniert hat. Das kann eine (berechtigte) Kritik eines Kunden sein, die man – gleich mit den daraus gezogenen Konsequenzen für die Zukunft – schildert, oder ebenso ein öffentliches Statement, aus welchen Gründen heraus man ein bestimmtes Produkt aus dem Sortiment genommen hat. Nicht nur, dass derlei Textbeiträge oftmals ein größeres Interesse bei den Lesern hervorrufen als die berühmten „Best-Practice"-Beispiele. Schnell kann man sich so auch den Ruf einer ehrlichen und authentischen Adresse im Internet aufbauen, die eben nicht rein werblich und profitorientiert vorgeht.
- Bereits erwähnt: Wer steckt dahinter? Hierbei handelt es sich um eine ebenfalls recht leicht umzusetzende Maßnahme: Gerade bei umfangreichen Texten oder in einem Fir-

menblog sollte stets sehr deutlich erkennbar sein, wer den jeweiligen Beitrag verfasst hat. Ideal ist eine persönliche Namensnennung oder gar eine kleine Autorenbox mit weiterführender Beschreibung (Arbeitet diejenige Person für das Unternehmen oder handelt es sich um einen externen Mitarbeiter? Welche Funktion übernimmt der Autor? Auf welchem Gebiet ist er Experte?). Idealerweise sogar mit einer direkten Kontaktmöglichkeit sowie einem Foto versehen. Alternativ können Sie Ihre wichtigsten Autoren auch auf einer eigenen Seite „Über uns“ oder „Unsere Autoren“ einzeln sowie möglichst ausführlich vorstellen. Ich kenne genug Negativbeispiele von Unternehmen, die ihre Texte im Internet mit „admin“, „webmaster“, „team xyz“ oder einem beliebigen Kürzel versehen. Eine Nähe zum Leser wird man hierdurch wohl kaum aufbauen können. Denn jedes Portal kann eine eigene Persönlichkeit haben, aber nur dann, wenn sich die Verantwortlichen nicht hinter ihren eigenen Texten verstecken. Hinzu kommt, dass diese Persönlichkeit für Suchmaschinen wie Google zukünftig mit zu einem der wichtigsten Rankingfaktoren wird, über den Ihre Seite innerhalb der Suchergebnisse nach oben klettern kann. Mehr hierzu in Abschnitt 5.3.

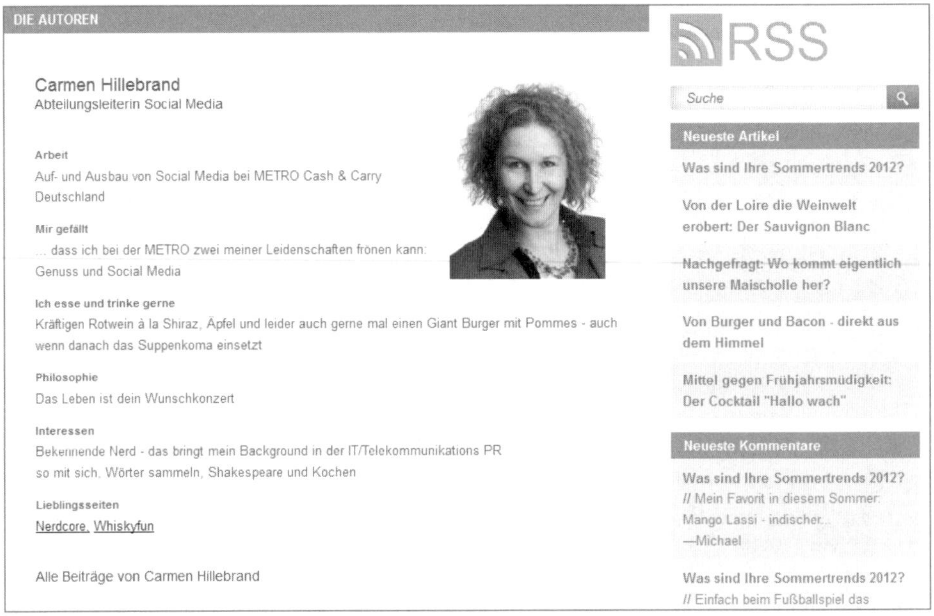

Bild 2.7 Auch der Blog des Handelskonzerns Metro zeigt sehr transparent und detailliert auf, wer hinter den einzelnen Texten steckt, sämtliche Autoren werden auf die abgebildete Art und Weise vorgestellt.

- Mut zur individuellen Meinung: Diese Maßnahme richtet sich vor allem an größere Unternehmen mit eigener Marketing- oder Social-Media-Abteilung. Erfahrungsgemäß gehen dort die meisten zur Veröffentlichung anstehenden Texte durch sehr viele Hände. Der Autor legt sein Werk dem Abteilungsleiter vor, dieser korrigiert einzelne Details, sendet Kopien zur Abnahme an die Unternehmensleitung und den Presseverantwortlichen, am besten noch an den Aufsichtsrat und so weiter und so fort. An jeder einzelnen Stelle wird der ursprüngliche Beitrag noch ein wenig zensiert und/oder verschlimmbessert. Unterbewusst wird selbst der spätere Leser als Laie eben diesem „glatt geschliffenen“ Text anmerken, dass es sich um ein reines Marketingprodukt handelt. Spätestens dann, wenn er mehrere Beiträge auf derselben Plattform liest und so schnell feststellen kann, dass keinerlei persönliche Sicht oder Meinung aus diesen heraus zu ihm „spricht“. Eine Unternehmenswebseite mit mehreren unterschiedlichen Autoren aus diversen Bereichen, die dazu auch noch frei und ohne Korrektur schreiben dürfen, wird sehr viel eher den Status einer authentischen Adresse im Internet erlangen können.

- Mut zur Lücke: In anderen Ratgebern und auch hier rate ich immer wieder zu einem einheitlichen Erscheinungsbild eines Onlineauftritts, mit mehreren vom Layout her fest definierten Beitragsvarianten (beispielsweise ein klassischer Bericht, ein Interviewformat, eines für Testimonials, Produktbeschreibungen u. v. m.). Doch gerade wenn man sich nicht immer absolut und zu 100 Prozent an diese Vorgaben hält, so kann dies genau jenes Quäntchen Individualität ausmachen, das ein Portal lebendig werden lässt. Den – ansonsten obligatorischen – Vorspann zu einem Text einmal weglassen, einen Beitrag rein in Zitatform verfassen, die Schilderung persönlicher Erfahrungsberichte und Erlebnisse, wenn es passt sogar einmal die direkte, persönliche Ansprache des Lesers, aber auch ein Bild, das einmal nicht im Standardformat dargestellt wird: All dies kann dazu beitragen, die Distanz zwischen Unternehmen und dem lesenden Konsumenten weiter abzubauen.
- Kein Fachchinesisch: Auch diese Maßnahme trägt zu einer authentischen Wahrnehmung bei. Sie können nicht immer voraussetzen, dass Ihre Leser sich auf dem gleichen fachlichen Wissensstand befinden wie Sie selbst. Als Fahrzeughersteller verwenden Sie wie selbstverständlich den Begriff „Adaptive Lichtsteuerung“? Als Rechtsanwalt setzen Sie stets die Abkürzung BGB ein? Und als Designer sprechen Sie davon, dass Sie Ihren Kunden Arbeitsergebnisse im PSD-Format zur Verfügung stellen? Entweder Sie verweisen hier auf eine Erklärung in einem eigenen Glossar auf Ihren Firmenseiten oder zumindest auf einen (verständlichen) weiterführenden Beitrag, etwa bei Wikipedia. Wobei die erstere Möglichkeit sicherlich noch eher dazu beiträgt, dass Sie als verständlicher und zuverlässiger Partner wahrgenommen werden.

Sie sehen: Alle genannten Punkte lassen sich ohne viel Aufwand umsetzen und sorgen dennoch dafür, dass Ihre Unternehmenspräsenz im Internet eine authentischere, verständlichere, gleichsam wärmere Färbung erhält.

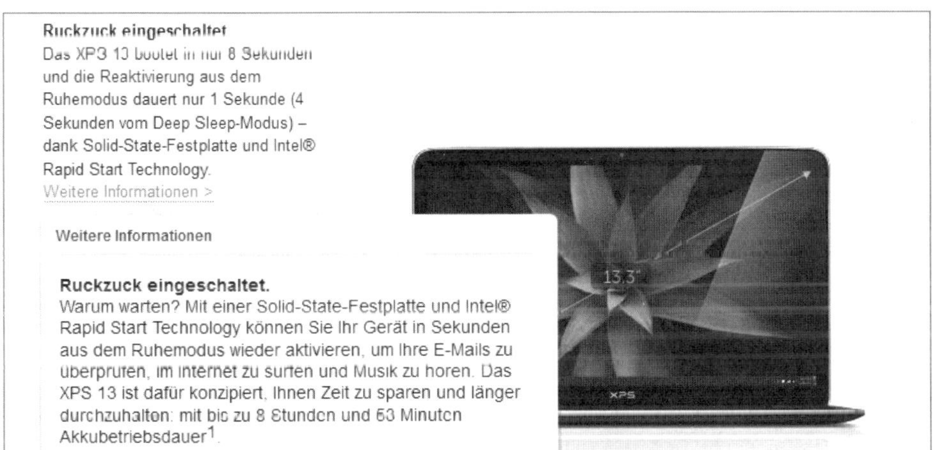

Bild 2.8 Eine Solid-State-Festplatte hört sich gut an, doch wofür benötige ich diese? Weiterführende Erklärungstexte sorgen für den notwendigen Durchblick bei Ihren Lesern. Auch wenn in diesem Beispiel ein Fachbegriff gleich durch den nächsten, fast noch unverständlicheren erläutert wird.

HINWEIS: Zu einer möglichst glaubwürdigen Webseite gehört übrigens immer auch die korrekte, sichtbare und umfassende Benennung Ihrer Quellen. Verweisen Sie inhaltlich also auf Expertisen oder Zitate weiterer Personen, nutzen Sie Daten- und Bildmaterial (vor allem bei fremden Bildern unbedingt die jeweiligen Lizenz- und Urheberbedingungen beachten!) sowie Untersuchungen von anderen Institutionen und Onlineportalen, so sollten Sie dies stets auch Ihren Lesern gegenüber transparent machen. Selbst oder gerade dann, wenn es sich um eine Quelle handelt, die man indirekt oder gar direkt einem potenziellen Mitbewerber zuordnen könnte. Eine solche Offenlegung Ihrer Quellen könnte Ihnen nicht nur so manchen juristischen Ärger ersparen, sie zeichnet Sie und Ihren Onlineauftritt auch als besonders vertrauenswürdig und authentisch aus. Umgekehrt wird der Leser zu Recht auch eine Transparenz darüber verlangen, welche Zahlen und Analysen von Ihnen selbst oder durch Ihre Beauftragung zustande gekommen sind und nicht etwa durch ein unabhängiges Institut.

Sollte die – im Internet ja stets – öffentliche Kommunikation generell ein neues Umfeld für Sie bedeuten, so kann es in diesem Zusammenhang auch nicht schaden, sich einmal den Pressekodex des Deutschen Presserates durchzulesen. Darin werden Sie einige Hinweise über die Dos, aber auch die Don'ts des Publizierens kennenlernen, die nicht nur im journalistischen, sondern auch im unternehmerischen Kontext beachtet werden sollten (erreichbar ist dieser Kodex unter der Adresse *www.presserat.info/inhalt/der-pressekodex/pressekodex.html*).

Generell sollten Sie gerade bei der Kommunikation im Internet darauf achten, dass alle von Ihnen und Ihrem Unternehmen getätigten Aussagen und Behauptungen wirklich belastbar und jederzeit eindeutig belegbar sind. Auch die Objektivität sollte nicht zu kurz kommen. Das World Wide Web vergisst so gut wie keine jemals ausgesprochene Meinung, und gerade wenn Sie es auf Ihrer Homepage mit den Fakten nicht immer so genau nehmen, könnte schnell etwas über Sie hereinbrechen, was die Internetgemeinde einen sogenannten „Shitstorm" nennt. Dabei handelt es sich quasi um eine öffentliche, über das WWW und dessen soziale Netzwerke stets weiterverbreitete öffentliche Anprangerung und Ächtung Ihres (Web-)Verhaltens. Aus einer kleinen, nicht bedachten Äußerung auf einem Unternehmensportal kann damit schnell ein Onlinephänomen sowie ein unerwünschter Bekanntheitsgrad resultieren, der kaum mehr unter Kontrolle zu bringen ist. Und ganz nebenbei könnte eine allzu freie und vor allem nicht belastbare (Werbe-)Aussage auch Ihre Mitbewerber auf den Plan rufen (Stichwort Wettbewerbsrecht beziehungsweise Unterlassungsklagen bei unlauterem Wettbewerb).

PRAXISTIPP: Ein Mittel, um für die notwendige Authentizität und Glaubwürdigkeit zu sorgen, ist die Nutzung von sogenannten Testimonials, gerade im unmittelbaren Produkt- oder Dienstleistungsumfeld. Darunter versteht man eine Art Kundenzeugnis oder -bewertung, welche – unter konkreter Nennung des jeweiligen Zitatgebers – quasi aus „unabhängiger" Sicht von außen die eigenen Unternehmensleistungen bewertet (siehe *http://de.wikipedia.org/wiki/Testimonial*).

Der Vorteil dieser Methode liegt auf der Hand: Eine nicht direkt mit dem Unternehmen verbundene Instanz verbürgt sich namentlich für die Qualität der erhaltenen Dienstleistungen bzw. Produkte. Je persönlicher das entsprechende Statement formuliert ist oder je höher es um den Stellenwert bestellt ist den der Testimonialgeber genießt, umso aussagekräftiger und wirksamer kann dieses sein. Der Nachteil: Manche Dienstleister haben die Bewerbung ihrer Produkte über mehr oder weniger authentische, manchmal sogar fingierte Kundenaussagen längst überstrapaziert. Sie sollten also sparsam und zielgerichtet mit dieser Form der kundengestützten Werbung umgehen, eine allzu euphorische Aussage innerhalb eines Testimonials könnte zu Recht für eine gesunde Skepsis bei Ihren Besuchern sorgen.

■

Authentizität bedeutet jedoch immer auch, sich selbst in die Lage und die Bedürfnisse der eigenen Kundschaft hineinversetzen zu können. Je näher Sie also selbst an der eigentlichen Basis und mit Ihren Kunden arbeiten, umso leichter wird es Ihnen fallen, mit Ihrer Onlinesprache gleichzeitig deren Aufmerksamkeit zu gewinnen. Jegliches Feedback seitens Ihrer Online-, aber auch Offlinekunden sollten Sie also nicht nur für den Bereich des Produktmanagements sehr ernst nehmen, sondern auch immer sorgfältig für die Zwecke der Webkommunikation auswerten. Welche Einwände und Fragestellungen Ihrer Käufer werden noch nicht ausführlich auf Ihrem Onlineportal berücksichtigt? Sind die Produkte in Ihrem E-Shop so verzeichnet und beschrieben, wie es sich der Kunde wünscht? Sie sollten die Gruppe fragen, die sich hiermit am besten auskennt, nämlich Ihre eigene Klientel und Leserschaft.

Diese vorteilhafte Nähe zum Kunden ist gleichzeitig der Grund dafür, dass es sich insbesondere in größeren Unternehmen stets sehr lohnen kann, einen Mitarbeiter aus dem Vertrieb oder besser noch der Kundenbetreuung intensiv in den Aufbau jeglicher Onlinekommunikationsstrategie mit einzubinden. Denn ein solcher wird Ihnen oft mehr über tatsächlich wirksame (oder aber auch unwirksame) Webtexte sagen können als jeder noch so erfahrene Marketingprofi.

Bild 2.9 Eine schöne alte Werbung von Opel. Ob der schlichte Claim „beste Nähmaschine" heute jedoch noch genügen würde? (Foto © Opel Classic Archiv der Adam Opel AG)

Eine gelebte Authentizität bedeutet übrigens immer auch ein Maximum an Objektivität, egal in welchem Themenumfeld und über welche Materie Sie schreiben. Und ja, das gilt auch oder ganz besonders für die Kommunikation im Firmenumfeld. Ein „Wir sind die Besten“ funktioniert heute einfach nicht mehr. Wenn Sie jedoch möglichst objektiv beschreiben, aus welchen konkreten Gründen Sie und Ihre bestehenden Kunden von dem Produkt oder der Dienstleistung so überzeugt sind, dann wird es Ihnen sehr viel leichter fallen, auch Ihre Leser für sich zu gewinnen.

In ihrer Außendarstellung besonders transparente und damit „mutige“ Unternehmen erhalten im Übrigen fast schon per se einen Vertrauensbonus von den potenziellen Kunden, wie das nachfolgende sehr schöne Beispiel eines „Friedhofs für Produkte“ zeigt. Ehrlicher aber damit gleichzeitig auch sympathischer geht es kaum.

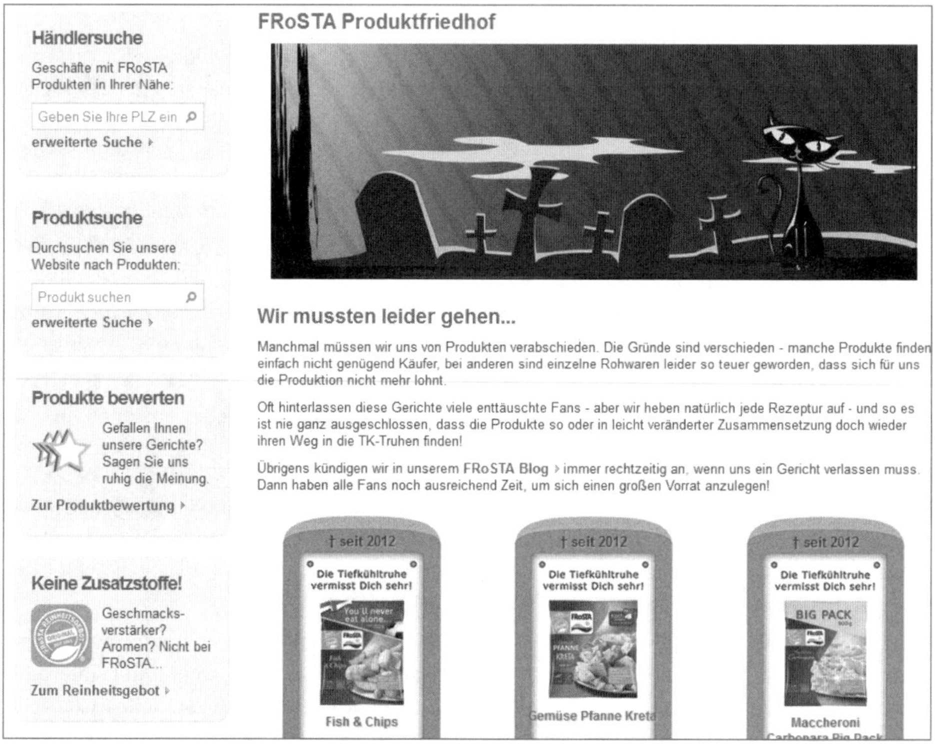

Bild 2.10 Welche Produkte kamen nicht wie gewünscht bei den Kunden an? Dieses Unternehmen aus der Lebensmittelbranche zeigt es.

HINWEIS: Gerade wenn Sie Ihren Lesern sehr transparente und damit die eigene Authentizität fördernde Interaktionsmöglichkeiten in Form von Kommentarfunktionen, Produktbewertungstexten und Ähnlichem zur Verfügung stellen, so müssen Sie unter Umständen damit leben, sich auch kritische Fragen oder Anmerkungen seitens Ihrer Besucher gefallen zu lassen. Und solche Anmerkungen entsprechen im (anonymen) World Wide Web nicht unbedingt immer den Gepflogenheiten eines kultivierten Feedbacks und einer sachlichen Sprache, die Sie bislang möglicherweise gewohnt sind. „Zurückstänkern“ oder gar eine Zensur solcher Kommentare sind dann keine Lösung, wie Sie noch erfahren werden (es sei denn, es handelt sich um Inhalte, die einen Straftatbestand erfüllen, persönliche Angriffe, Hetzkommentare etc.). Über eine ausgeprägte Kritikfähigkeit müssen Sie also unter Umständen durchaus verfügen, wenn Sie sich auf den Onlinedialog mit Kunden, aber auch Nichtkunden einlassen. Allzu unsachliche Leserbeiträge sollte man dann einfach für sich stehen lassen können, ohne sich allzu viele Gedanken darum zu machen beziehungsweise ohne immer gleich das drängende Bedürfnis zu verspüren, auf diese zu reagieren.

2.1.4 Mehrwert, Mehrwert und nochmals Mehrwert

Dem Begriff des Mehrwerts werden Sie in diesem Buch noch des Öfteren begegnen. Neben einer authentischen Meinungsäußerung gehört dieses Merkmal zum mit Abstand wichtigsten Grund, warum jemand ausgerechnet die Webseiten Ihres Unternehmens besuchen sollte, warum man gerade bei Ihnen mitlesen sollte und nicht bei einem der zahlreich vorhandenen Mitbewerber. Denn im Internet ist zu absolut jedem Beitrag immer in Sekunden schnelle eine Alternative verfügbar (Stichwort Google Suchergebnisliste, zu der man sehr schnell zurückwechseln und einen weiteren Eintrag auswählen kann). Und erkennt ein Besucher keinerlei Mehrwert in den von Ihnen bereitgestellten Informationen, so wird er wohl kaum seine kostbare Zeit weiterhin auf genau Ihrem Portal verbringen. Zumal gerade die modernen Suchmaschinen die Internetnutzer zumindest in dem Glauben lassen, diese könnten auf schier jede Frage in kürzester Zeit eine **konkrete** Antwort erhalten.

Nehmen wir einmal an, Ihr Unternehmen hat sich auf den Vertrieb von Weinbergschnecken spezialisiert. Gibt ein potenzieller Kunde nun bei Google den Begriff „Weinbergschnecken kaufen“ ein, so erhält er sage und schreibe fast eine Million Möglichkeiten, sich eben hierüber im deutschsprachigen Netz zu informieren (siehe Bild 2.11).

Ganz unabhängig davon, dass man es – etwa über die inhaltliche Besetzung von Unterthemen zur Weinbergschnecken-Suche – erst einmal schaffen muss, überhaupt innerhalb dieser riesigen Menge auf einen der vorderen Plätze bei Google zu landen: Selbst wenn Sie dann auf diese Weise von einem Leser entdeckt werden, so ist die Gefahr recht groß, dass er bei Nichtgefallen sofort die nächste Seite aufruft. Was wiederum eine Auswirkung auf das Ranking innerhalb einer Suchmaschine selbst hat, da Google mehr und mehr jene Seiten mit guten Platzierungen belohnt, auf denen sich die Besucher möglichst lange und intensiv aufhalten. Ein kleiner Teufelskreis also, nur wer es mit werthaltigen Informationen auf die erste Seite der Suchergebnisse schafft, hat dann überhaupt die Möglichkeit, über eben diesen Mehrwert nach und nach noch weiter nach oben zu klettern.

Besuchergewinnung, Kundenbindung, Imagegewinn, die SEO-Aspekte: Es sprechen also sehr viele Gründe dafür, das Thema „Inhalte mit Mehrwert“ niemals aus den Augen zu verlieren. Erfolgreiche Corporate Blogger und Webseitenbetreiber jeglicher Art fragen sich so etwa vor jedem einzelnen zu schreibenden Bericht:

- Wer wird diese Zeilen voraussichtlich lesen?

- Was erwarten eben diese Leser von meinem Beitrag (aber auch: Was wollen sie dort nicht lesen)?
- Welche Fragen werden sie sich stellen, auf welche wollen sie eine Antwort finden? Und welche neuen Aspekte werden sich hieraus für meine Nutzer ergeben, die ich ebenfalls beantworten oder zumindest moderieren kann?
- Welchen Nutzen haben die Leser ganz konkret von meinen Informationen, was wird neu für sie sein, was davon werden sie weiterhin verwenden können?
- Gebe ich genügend weiterführende Hinweise und Links an, egal ob zu eigenen (umsatzrelevanten) Quellen oder aber auch zu nützlichen Informationen Dritter?
- Wird der Nutzer den Artikel am Ende so hilfreich finden, dass er diesen in sozialen Netzwerken, per E-Mail etc. weiterempfiehlt, einen Kommentar zu dem Beitrag verfasst, sich ein Lesezeichen setzt, den Beitrag ausdruckt und vieles Ähnliches mehr?

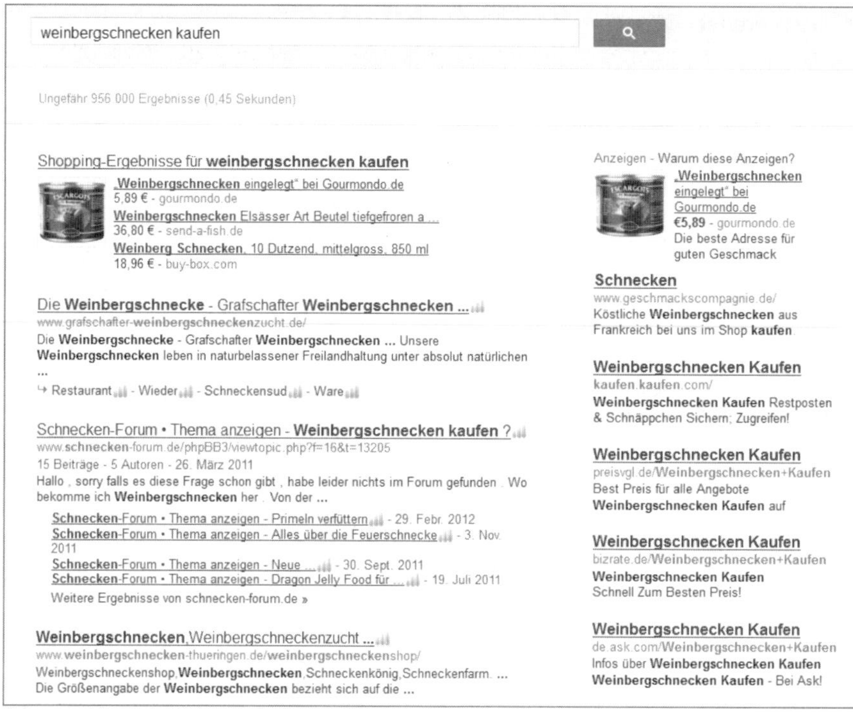

Bild 2.11 Es scheint sehr viele Liebhaber von Weinbergschnecken im deutschsprachigen Internet zu geben, wie dieses Suchergebnis zeigt.

Da man den tatsächlichen Nutzen eines Web-Artikels nicht immer selbst einschätzen kann, gehen einige Autoren sogar den Schritt, solche Beiträge vor der Veröffentlichung an einem – möglichst unbefangenen und neutralen – Publikum zu testen, bevor diese tatsächlich online gehen. Oder aber sie verschicken den Text – unter Umständen gar in verschiedenen gegeneinander zu testenden Varianten – an eine kleine Auswahl ihrer Newsletter-Abonnenten, warten die Reaktionen ab und bessern dann gegebenenfalls noch einmal nach. Gerade bei Artikeln, bei denen Sie sich eine hohe Umsatzrelevanz oder sonstige wichtige Reaktionen erwarten, kann sich ein solcher Aufwand durchaus lohnen.

PRAXISTIPP: Verfügen Sie auf Ihrem Onlinemedium über einen Feedback-Kanal in Form von Kommentaren oder Ähnlichem und sind Sie bereits in der glücklichen Lage, dass dieser möglichst intensiv genutzt wird, so steht Ihnen ein ideales Mittel zur fortlaufenden Verbesserung eben dieses Mehrwerts zur Verfügung. Gerade innerhalb dieser Kommentare werden Ihnen viele Leser – direkt oder eher indirekt – extrem wertvolle Hinweise darauf geben, was ihnen bei dem Beitrag möglicherweise noch gefehlt hat, welche weiteren Fragen sich ihnen stellten und vieles Weiteres mehr.

Professionelle Webtexte zu verfassen heißt immer auch, eben diese Informationen aufzugreifen und den Beitrag entsprechend zu ergänzen oder auch abzuändern, idealerweise unter Hinweis auf den tippgebenden Kommentator. So kann aus einem weniger mehrwertbehafteten Artikel schnell ein sich ständig selbst optimierender Qualitätsbeitrag entstehen, den so kein vergleichbares Portal Ihrer Mitbewerber bieten kann. Derartige Feedbacks stellen stets ein äußerst günstiges Mittel zur Marktforschung, aber auch zur Selbstreflexion der eigenen (Unternehmens-)Inhalte dar. ■

Aus welchen Bestandteilen kann ein solcher Mehrwert für die eigene Leserschaft nun bestehen? Welche Informationen gehen über das allgemein Übliche hinaus, stellen nicht nur mehr oder weniger inhaltsleere Werbebotschaften für Ihre Kunden dar, sondern bedienen ein echtes Bedürfnis eben dieser? Nachfolgende sehen Sie einige ganz verschiedene Beispiele, wie „Mehrwert“ in den unterschiedlichsten Branchen aussehen kann.

Bild 2.12 Wer über Google diese Anleitung zur korrekten Vermessung einer Küche findet, der wird sich mit großer Wahrscheinlichkeit auch die zugehörigen Produkte anschauen.

Der Möbelkonzern Ikea (siehe Bild 2.12) gibt seinen Kunden, die sich beispielsweise für eine neue Kücheneinrichtung interessieren, in sehr vielen Bereichen seines Onlineauftritts konkrete Tipps, wie sie sich schon vor dem Besuch eines seiner Häuser für die optimale Planung vorbereiten können. „Wie messe ich denn nun meine Küche aus?“, werden sich zahlreiche handwerklich eher weniger begabte Kunden durchaus fragen. Unabhängig von der hier gezeigten tatsächlichen Umsetzung ist es eine tolle Idee, den Onlinelesern eine ganz praktische, schriftliche und mit entsprechenden Grafiken unterlegte Handlungsanweisung mit auf den Weg zu geben. Richtig umgesetzt entsteht so ganz nebenbei auch noch einiges an suchmaschinenrelevantem Content.

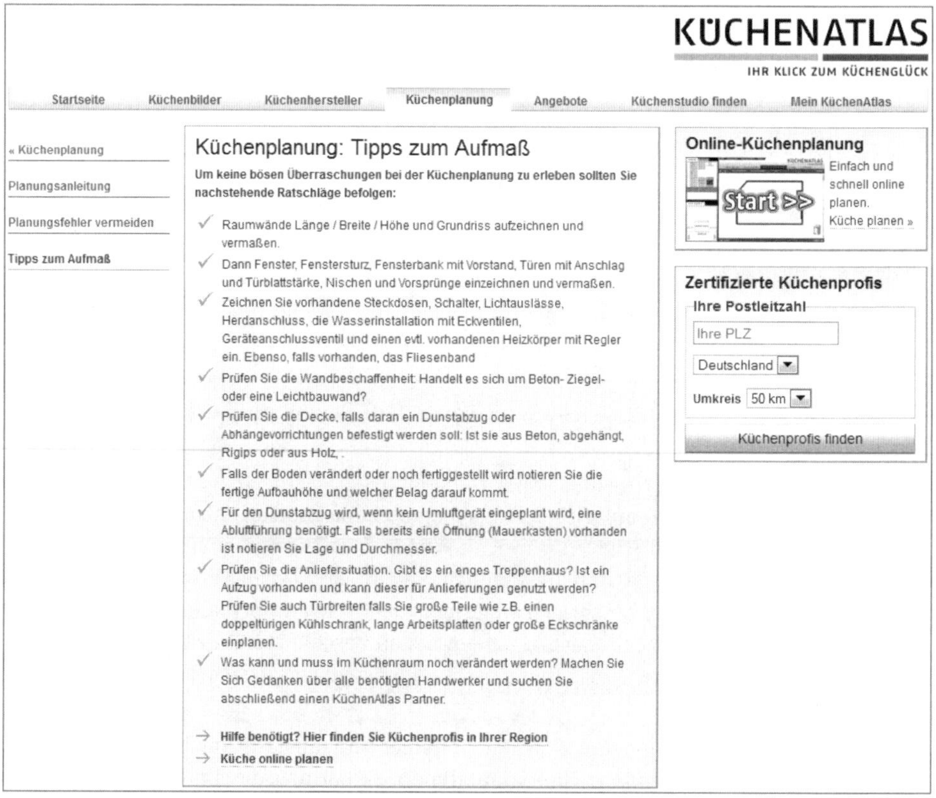

Bild 2.13 Unter dem Suchbegriff „Küche ausmessen“ bei Google kam dieses Ergebnis gar noch vor der Ikea-Seite. Weil mehr Text geboten wird? Weil die besseren Keywords zum Einsatz kommen? Dazu im weiteren Verlauf dieses Buchs noch mehr.

Oder betrachten wir einmal das in Bild 2.14 dargestellte Beispiel, in diesem Fall aus dem Bereich der Kfz-Werkstätten-Branche. Auch wenn der Text selbst noch ausführlicher und strukturierter gestaltet werden könnte und die Gestaltung mit der großen Leerfläche beziehungsweise Unterbrechung im Fließtext nicht gerade ideal ausfällt: Dennoch wurde hier nicht vergessen, darauf hinzuweisen, warum das angebotene Produkt „Ölwechsel“ denn eigentlich so wichtig für jeden Autofahrer ist. Nicht jeder Kfz-Besitzer dürfte sich dessen auch bewusst sein und ist somit froh über den dadurch gebotenen inhaltlichen Mehrwert.

Bild 2.14 Das Paket und der Preis werden genannt und die Erklärung der Leistung dennoch nicht vergessen.

Etwas verwirrend und überfrachtet in der Darstellung ist das in Bild 2.15 zu sehende Beispiel. Trotzdem finden sich auf dieser Ratgeberseite zum Thema Umzug wertvolle Checklisten, Musterverträge und Hinweise, welche Punkte man bei einem anstehenden Umzug berücksichtigen sollte. Nicht nur ein deutlich erkennbarer Mehrwert für den Besucher resultiert hieraus, der Leser dürfte sich angesichts der Fülle an werthaltigen Informationen auch sehr lange mit dieser und nachfolgenden Seiten beschäftigen, ideal also für das Ranking bei Google. Aus diesem sehr gut umgesetzten Beispiel lassen sich gleich zwei wichtige Punkte lernen:

1. Der zu verfassende Content muss sich nicht immer rein um das primäre Geschäftsmodell beziehungsweise die primären Produkte drehen. So hat hier das Immobiliensuchportal einen Ratgeber zur eher peripheren Thematik „Umziehen" geschaffen, die aber natürlich dennoch einen absoluten Mehrwert für alle Immobiliensuchenden bietet. Überlegen Sie doch selbst einmal, an welchen weiterführenden Informationen in branchenähnlichen vertikalen Sektoren Ihre Besucher ein Interesse haben könnten. So kann es sein, dass im hier genannten Beispiel ein Internetnutzer bei Google nach Tipps und Texten zum Thema „Umzug" sucht und genau hierüber beim eigentlichen Geschäftsmodell, der Immobiliensuche und -vermittlung, „landet".
2. Diesen peripheren Inhalten kommt bei dem dargestellten Unternehmen nicht nur eine eher untergeordnete Informationsrolle für die Nutzer der eigenen Plattform zu. Wenn Sie genau hinschauen und sich durch die einzelnen Unterblöcke navigieren, so wurden zahlreiche dieser Informationen mit Content von Partnerunternehmen hinterlegt. Dadurch wird eine zusätzliche Monetarisierung und Einnahmequelle ermöglicht, ganz unabhän-

gig vom eigentlichen Kerngeschäft des Unternehmens. Auch Ihre eigenen, eher beiläufig eingefügten Webinformationen zu umliegenden Themen lassen sich sicherlich über geeignete Partnerschaften zusätzlich nutzen. Aus Lesersicht werthaltige zusätzliche Inhalte können sich also auch für Sie selbst beziehungsweise für Ihr Unternehmen auf direkte Art und Weise auszahlen.

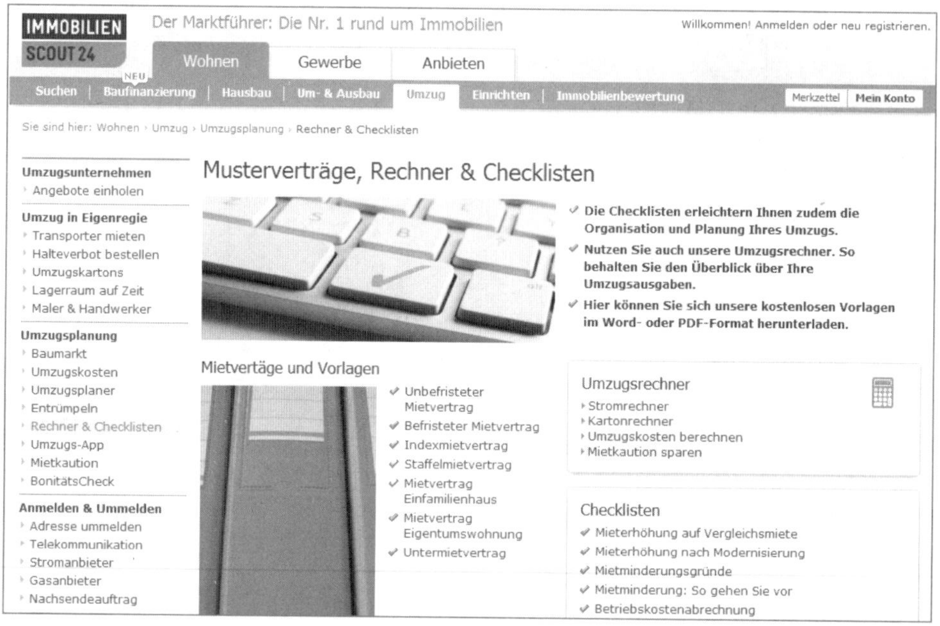

Bild 2.15 Geballter Mehrwert auf einer einzigen Seite: Der Besucher dürfte sich über kostenlose Mustertexte & Co. freuen. Ärgerlich jedoch für die Suchmaschinenoptimierung (es sei denn, es war Absicht): der Tippfehler in der Zwischenüberschrift („Mietvertäge“).

In Bild 2.16 sehen Sie ein schönes Beispiel eines kleineren Unternehmens, in diesem Fall eines Handwerkers. Dieser scheut sich nicht davor, seinen Lesern und auch Kunden Tipps dazu zu geben, wie und mit welchen Mitteln man altgediente Fenster selbst wieder ausbessern kann. Mag sein, dass er damit Tipps preisgibt, die er selbst umsetzen könnte. Viel wahrscheinlicher ist es jedoch, dass auf diese Weise neue Kunden auf ihn aufmerksam werden, die zwar nach eben dieser Information gesucht haben, aber dann doch nicht die notwendige Zeit, Lust oder Geschicklichkeit haben, das Erklärte umzusetzen. Und wetten, dass eben dieser Schreiner bei so mancher Google-Suche gefunden wird, bei der seine lokalen Mitbewerber nicht auftauchen?

Bild 2.16 Der Schreiner verrät Tipps aus seinem Handwerk. Er verliert damit nicht etwa Kunden, die nun ihr Fenster selbst abdichten werden, sondern gewinnt neue hinzu, die über Google & Co. auf ihn aufmerksam werden.

Und als kleines Gegenstück folgt in Bild 2.17 noch ein eher abschreckendes Beispiel, wie man mit der Nennung völlig irrelevanter Fakten jeglichen Mehrwert von vornherein zunichtemachen kann.

> Sehr geehrte Damen und Herren,
>
> anhängend/unten finden Sie unsere 1. Pressemitteilung in diesem Jahr. Über eine Veröffentlichung, auch in Ihren jeweiligen Onlinemedien, würden wir uns sehr freuen.
>
> Gern stellen wir Ihnen weiteres Info- und Bildmaterial zur Verfügung bzw. können einen Interviewtermin o.ä. organisieren. Sprechen Sie uns auch an, wenn eine Verlosung von Teilnahme- oder Ausstellungstickets für Sie interessant wäre.
>
> Herzlichen Dank im Voraus für Ihre Unterstützung
> und viele Grüße

Bild 2.17 Auszug aus einer Pressemeldung. Um welches Thema es wohl gehen mag?

Dieser Text stammt zwar nicht von einer Webseite, sondern aus einer E-Mail-Pressemeldung, dennoch kann man ähnliche Informationen sicherlich auch in so manchem Pressebereich einer Firmenpräsenz im Internet finden.

Was will dieser Text nun dem Leser sagen? Dass es sich um die erste Pressemitteilung in diesem Jahr handelt (das dürfte niemanden wirklich interessieren)? Dass bei Bedarf Bildmaterial zur Verfügung gestellt werden kann? Dass eine Verlosung ausgeschrieben wird und vieles Ähnliches mehr? Aber um **was** es sich eigentlich konkret als Gegenstand des Berichts handelt, das wird in keinem Wort erwähnt, zumindest nicht an dieser Stelle (und auch „unten" wie angekündigt folgte kein weiterer Text, lediglich in einem angehängten, unpraktischen PDF). Diese E-Mail landet im Papierkorb, ein entsprechender Onlinetext hingegen würde wohl sofort weggeklickt werden.

Übrigens: Mehrwert zu erzeugen bedeutet in der Regel auch, etwas von sich, seinem Unternehmen, seinen Produkten und Leistungen, aber eben auch seinem Firmenwissen preiszugeben. Sehr oft höre ich von Webseiten- und Marketingverantwortlichen den Satz: „Ich würde diese Informationen (und damit den Mehrwert) ja gerne meinen Lesern zur Verfügung stellen, aber der Geschäftsführer möchte lieber nicht zu viel verraten." Von einer solchen Geheimniskrämerei werden Sie sich wohl oder übel verabschieden müssen, wenn Sie im World Wide Web mit Content Marketing, aber auch generell erfolgreich sein wollen" (und wenn Sie nicht gerade in einer Branche mit äußerst sensiblen Daten und damit „Geheim"-Wissen arbeiten).

2.1.5 Verständlichkeit

Nun kommen wir zu einem äußerst wichtigen Punkt, der gerade bei komplexeren Produkten oder Dienstleistungen von vielen Unternehmen nicht oder kaum berücksichtigt wird. Es geht darum, welches Verständnis Ihre Leser beziehungsweise Ihre potenziellen Kunden von Ihnen oder besser Ihrem Angebot haben. Denn dieses deckt sich in vielen Fällen in nur sehr wenigen Punkten mit dem Verständnis, das wiederum Sie und Ihre Mitarbeiter von den eigenen Produkten haben. Man bezeichnet den zugehörigen Komplex auch als Innensicht und Außensicht, die demnach nicht deckungsgleich sind.

Gerade im unternehmerischen Kontext kommunizieren Geschäftsführer, Mitarbeiter, aber selbst Marketingspezialisten oftmals sehr unverständlich, zumindest aus der Sicht der Leser und damit Rezipienten. Ein kleines Beispiel aus dem World Wide Web, in diesem Fall aus dem Online-Unternehmensporträt einer IT-Beratungsfirma:

> *„Der Fokus unseres Handelns liegt in der Optimierung einer kundenfokussierten Unternehmensführung. Die Individualität der Kundenanforderungen, eine durchgängige Definition aller am Kundenkontakt beteiligten Geschäftsprozesse sowie die transparente Abbildung dieser 'CRM-Prozesse' stehen an erster Stelle der Wertschöpfungskette bei allen CRM-Projekten von xyz. Sie bilden die Basis für die Optimierung einer kundenfokussierten Unternehmensführung. Als unabhängiger und neutraler Partner zeigen wir individuelle und investitionssichere Lösungen für eine professionelle technische Unterstützung kundenfokussierter Geschäftsprozesse auf."*

Nun gehe ich davon aus, dass zwar die meisten von Ihnen etwas mit dem Begriff CRM bzw. Customer Relationship Management oder „Kundenbeziehungsmanagement" anfangen können, dennoch stellt sich bei diesem Text die Frage: Was möchte man dem Leser damit eigentlich sagen? Ich selbst hätte nach dem ersten Satz schon abgeschaltet, und das obwohl ich selbst lange im beruflichen Umfeld CRM tätig war. Zugegebenermaßen deutlich überspitzt formuliert könnte man die obigen Zeilen schlicht und einfach abkürzen in die Aussage:

> *„Wir helfen Ihnen, Ihre Kunden und damit sich selbst erfolgreicher zu machen."*

Eine sehr generische Aussage, zugegeben, aber dennoch dürfte diese deutlich verständlicher sein als das ursprüngliche, relativ nichtssagende Satzkonstrukt. Noch schlimmer wird das verklausulierte Textbeispiel der IT-Firma dadurch, dass die Disziplin CRM ja die Kundenzufriedenheit als Kernthema vertritt. Dann mit einem Satzkonstrukt aufzuwarten, das alles andere als kundengerecht ist, das dürfte man nicht gerade eine gute Eigenwerbung nennen.

Sie sollten sich also bei der Verfassung Ihrer Onlinetexte nicht etwa fragen, wie Sie damit möglichst viel Eindruck bei Ihren Lesern schinden können (ein Eindruck, der in diesem Fall zudem keinesfalls mit einem wirklichen „Verstehen“ der Inhalte gleichzusetzen wäre), sondern wie Sie diesen genau das anbieten können, wonach sie eigentlich suchen. Anders formuliert müssen Sie quasi „nur“ die Gedankenspiele und Fragezeichen, die Ihr Leser hat, bevor er Ihre Seite besucht, aufgreifen und wiederholen sowie konkretisieren. Denn dann wird dieser Besucher sofort den Eindruck haben: „Hier bin ich richtig, hier hat man eine Lösung für mein Problem“. Und nur so werden aus Lesern auch neue Kunden. Machen Sie doch einmal den Selbsttest: Nehmen wir an, Sie sind selbst auf der Suche nach einer Lösung, wie Sie Ihre bestehenden Kunden noch zufriedener machen und neue hinzugewinnen können. Würden Sie beim Lesen des eingangs zitierten Unternehmensporträts denken: „Hier bin ich richtig, hier hat man eine Lösung für mein Problem“? Wohl kaum.

PRAXISTIPP: Sind Sie und Ihre Mitarbeiter schon seit Längerem in Ihrer Branche aktiv, so stellt sich meist etwas ein, was man Tunnelblick oder auch Betriebsblindheit nennen könnte. Man kann sich dann noch so sehr um eine möglichst kreative und aussagekräftige Kundenansprache bemühen und dennoch nicht merken, dass die hieraus resultierenden Phrasen und Texte nicht wirklich beim eigentlichen Adressaten ankommen. Hier ist der stete Blick von außen enorm wichtig, das heißt, Sie sollten Ihre Werbe- und Vertriebsaussagen, aber insbesondere auch Ihre kompletten Webtexte immer wieder einmal von möglichst unbefangenen, neutralen Personen unterschiedlichsten Wissensstands auf die jeweilige Verständlichkeit hin überprüfen lassen. Idealerweise eignen sich hierfür die eigenen Kunden, vor allem Neukunden beziehungsweise Interessenten, mit denen Sie sicherlich regelmäßig in Kontakt stehen.

Hören Sie hier stets ganz genau hin: Mit welchen Begriffen, aber auch Fragestellungen beschreiben diese Personen ihre eigenen Probleme und Herausforderungen, für die Ihr Unternehmen eine Lösung bietet? Deckt sich diese Sprache mit dem, wie Sie und Ihre Kollegen online, aber auch offline kommunizieren, oder eher nicht? Wie oft reden Ihre potenziellen, aber auch bereits bestehenden Kunden und Sie aneinander vorbei? „Den eigenen Kunden verstehen“, dieses Mantra schreiben sich sehr viele Unternehmen und Unternehmer auf die eigenen Fahnen, tatsächlich berücksichtigt wird es jedoch erfahrungsgemäß nur selten. Und gerade bei der Onlinestrategie kann dies fatale Folgen haben. Denn auf einer – in stets anonymer Weise besuchten – Webseite haben Sie keine Chance, sich dem Leser weiter zu erklären als mit den vorhandenen Inhalten. Sie können also in der Regel nicht auf seine fragenden Blicke reagieren und noch offene Punkte durch eine proaktive Kommunikation auflösen. Zumal zahlreiche Alternativen eben meist nur zwei Klicks und damit wenige Sekunden weiter liegen (ein Klick zurück zur Suchergebnisliste, ein weiterer Klick hin zu einem Onlineportal der Mitbewerber). ■

Ein weiterer guter Grund für eine möglichst verständliche Onlineansprache ist es übrigens, dass Sie damit die Ressourcen Ihres eigenen Unternehmens weitestgehend entlasten können. In der heutigen Zeit wird die Generierung von Leads (Verkaufschancen) bis hin zu kompletten Sales (tatsächliche Verkäufe) über das Internet immer wichtiger, selbst bei erklärungsbedürftigen Produkten. Wenn man heutzutage komplette Versicherungen und Finanzprodukte direkt über das Internet abschließen kann – und diese Möglichkeit auch zunehmend genutzt wird – so ist die Wahrscheinlichkeit relativ hoch, dass auch Ihr Unternehmensauftritt im World Wide Web einen Kunden zumindest bis fast hin zum Verkaufs- oder Vertragsabschluss führen kann. Gute, verständliche Texte tragen hierzu den größten Teil bei und können zudem Ihren Vertrieb, aber auch Ihre Kundenbetreuung deutlich entlasten. Je konkreter sowie verständlicher die Antworten auf einzelne Fragen auf Ihrer Firmenhomepage ausfallen, umso mehr steigt die Chance auf die Gewinnung neuer Kunden bei gleichzeitiger Entlastung Ihrer Vertriebsabteilungen.

Ersparen Sie sich, aber auch Ihren Lesern – sofern möglich und überhaupt gewünscht – das aktive Nachfragen oder gar den Medienbruch hin zum Telefonhörer (es sei denn, Sie wollen ihn genau dort haben) bzw. stellen Sie solche Möglichkeiten nur optional zur Verfügung, wenn Sie die meisten dieser Fragen auch etwa über inhaltsreiche, weiterführende Webtexte sowie einen guten FAQ-Bereich (FAQ = Frequently Asked Question, also eine Art Frage-Antwort-Katalog) abdecken können. Denken Sie immer daran: Je mehr die Onlinenutzer auf Ihrer Plattform nach den Antworten auf ihre jeweiligen Fragen suchen müssen, umso eher werden diese geneigt sein, lieber einen Mitbewerber sowie dessen Seiten zu bemühen. Gerade dann, wenn es diesem gelingt, offene Fragestellungen sowie deren Lösungen schneller und verständlicher auf den Punkt zu bringen.

PRAXISTIPP: Haben Sie es mit einzelnen Lesergruppen mit einem jeweils sehr unterschiedlichen Wissensstand zu tun, so sollten Sie darüber nachdenken, einzelne Portalbereiche oder gar spezielle weitere Homepages für diese bereitzuhalten, etwa Ihr eigentliches Portal für erfahrene Fachkunden sowie einen eigenen Corporate Blog für Einsteiger in jene Materie, die Ihrem Unternehmen zugrunde liegt. Gerade bei Themenbereichen, die traditionell eine sehr breite Nutzerschicht ansprechen, kann eine solche Trennung in ein Portal mit Fachsprache und eines mit einer eher allgemein gehaltenen Laiensprache durchaus Sinn machen. Auf dem zweiten Portal müssen Sie dann auch weniger – sprachlich sowie inhaltlich korrekt – Rücksicht auf die Expertenklientel nehmen und umgekehrt (siehe auch Abschnitt 2.1.6). ■

Im Umkehrschluss bedeutet der stets zu berücksichtigende Aspekt der Verständlichkeit jedoch auch, dass dadurch der Personenkreis Ihrer möglichen Autoren gegebenenfalls in nicht unerheblicher Weise eingeschränkt wird. Ein Verfasser sollte immer auch wissen, worüber er schreibt. Also werden Sie Ihren neuen Lehrling oder Werkstudenten nicht unbedingt gleich an jedes Thema setzen, für das ein neuer Onlineartikel auf Ihrer Firmenhomepage gesucht wird. Eine allzu wissenschaftlich in die Materie vertiefte Person kann wiederum ebenfalls ungeeignet sein, eine breite Leserschicht verständlich und allgemein anzusprechen.

2.1.6 Die Zielgruppe

Ein Text im Internet mag noch so gut geplant, recherchiert, strukturiert und verfasst sein – spricht er die anvisierte Zielgruppe nicht an, so wird er sich kaum für Sie auszahlen. So kann es durchaus sein, dass Ihr Onlineportal beziehungsweise einzelne Inhalte daraus beeindruckende Besucherzahlen erreichen, Ihr Firmenblog beste Referenzwerte erreicht, etwa was die Kennzahlen Besuchsdauer und Seitenaufrufe je Besucher anbelangt, die dortigen Leser fleißig interagieren und Sie sich dennoch wundern, warum sich all dies nicht oder nur unwesentlich auf Ihr Kerngeschäft auswirkt.

Ich kann Ihnen ein Beispiel aus meinem eigenen „Corporate Blog" *Blogprofis.de* nennen, der hauptsächlich professionelle Blogger und Firmenblogger anspricht und über den ich mittlerweile zu 100 Prozent neue Kunden für meine Consulting-Dienstleistungen akquiriere. Sehr viel Besucherzuspruch bekommen dort die Corporate-Blog-Wettbewerbe, die ich inzwischen regelmäßig durchführe. Leser von Firmenblogs unterschiedlichster Art nehmen die Interviews mit den Blogverantwortlichen und Redakteuren gerne wahr, um einmal hinter die Kulissen zu schauen und bei dieser Gelegenheit gleich auch noch für ihren jeweiligen Firmenblogfavoriten abzustimmen. Wertvoll für die Besucherzahlen meines Blogs also, aber eben nicht die typische potenzielle Kundschaft an Unternehmern und Marketingverantwortlichen, die ich idealerweise ansprechen sollte, ginge es rein um das Ziel der Vermarktung meiner Beratungstätigkeit.

Nun haben die *Blogprofis.de* natürlich noch einen ganz anderen, weniger monetären Zweck, und dienen als Anlauf- und Informationsstelle für die professionelle Bloggerszene. Dennoch: Sie als Corporate Blog- oder (Online-)Marketing-Verantwortlicher Ihres Unternehmens können es sich wohl eher weniger leisten, zu einem großen Teil an Ihrer eigentlichen Zielgruppe vorbeizukommunizieren. Wobei diese Zielgruppe selbst je nach Unternehmen, aber auch Zweck Ihrer Kommunikationsbemühungen höchst unterschiedlich aussehen kann und als solche im Vorfeld Ihrer Onlinestrategie(n) stets genau ausgearbeitet werden sollte. Denkbar ist für fast jedes Unternehmen und fast jeden Selbstständigen die unterschiedliche oder gar gleichzeitige Ansprache unter anderem folgender Zielgruppen, aber auch Zielsetzungen:

- Die klassische B2C-Endkundenansprache (Business to Customer), beispielsweise im Konsumgütermarketing
- Der Fokus kann aber auch ausschließlich (bei Beratern, Dienstleistern etc.) beziehungsweise ergänzend hierzu (für Kooperationen, neue Geschäfts- und Vermarktungspartner) ebenso im B2B-Umfeld liegen (Business to Business)
- Die indirekte Vermarktung von Inhalten an Fachexperten Ihrer Branche, etwa um sich als Kompetenzträger in Ihrem Metier einen Namen zu machen
- Reine PR-bildende Maßnahmen an Endkunden oder auch Multiplikatoren (Presseorgane, Fachexperten, Lobbygruppen etc.)
- Vertrauensbildende Zielsetzungen, beispielsweise zur Schaffung zusätzlicher Unternehmenstransparenz oder auch -akzeptanz
- Eine eher nach innen, auf die eigene Belegschaft oder Lieferanten und sonstige Partner gerichtete Ansprache zur Verstärkung der eigenen Corporate Identity
- Interesse weckende Botschaften im Rahmen der immer wichtiger werdenden Onlineakquise von Fach- und Führungskräften
- Bei größeren Unternehmen: Ausrichtung auf Investor Relations-Maßnahmen
- Und viele weitere mehr

Aber auch Zielgruppen außerhalb eines rein geschäftlichen Kontexts können im Fokus stehen, beispielsweise der potenzielle Leser für die Webseite eines Buchautors, der Musikfan für das Portal einer Musikgruppe, die Kunst- und Modebegeisterten für den Onlineauftritt eines Ateliers oder aber der Unterstützerkreis einer Hilfsorganisation.

Selbst für den kleinen Handwerksbetrieb, erst recht aber bei größeren Unternehmensstrukturen, können somit gleich mehrere voneinander unabhängige Zielgruppen definiert werden, für die es jeweils gilt, eine eigene Strategie in der Ansprache zu entwickeln. Möglicherweise werden hierfür sogar mehrere unterschiedliche interne Medien notwendig sein, sei es unterschiedliche Bereiche auf Ihrem Onlineauftritt (Kundenbereich, Lieferantenbereich, Pressebereich u. v. m.) oder gar zusätzliche Online-Fachmedien und voneinander inhaltlich getrennte Blogs. Wenn Sie Unternehmen und Mitbewerber mit einer sehr erfolgreichen Marketingstrategie beobachten und analysieren, so werden Sie in der Regel feststellen, dass diese auf genau solche unterschiedlichen Firmenmedien setzen, idealerweise sogar betrieben von jeweils einem eigenen Verantwortlichen oder gar Team. Eine solche Herangehensweise hat zudem den Vorteil, dass sich diese Unternehmensbereiche mit möglicherweise unterschiedlichen Interessen nicht gegenseitig inhaltlich „in die Quere" kommen.

Warum der Aspekt der Zielgruppe im Zusammenhang mit Ihrer Textstrategie so wichtig ist? Nun, wie zu Beginn dieses Kapitels erwähnt, werden Ihre Onlineinhalte nur dann ihre volle Wirkung entfalten können, wenn diese auf die gewünschte Zielgruppe hin zugespitzt und optimiert wurden. Denn nur so werden diese – etwa über Suchmaschinen, aber auch Weiterempfehlungen in sozialen Netzwerken etc. – von den „gewünschten" Personengruppen überhaupt wahrgenommen und gefunden und erfüllen dann – wenn der Rezipient diese liest – durch eben die genannte Fokussierung auch noch ihren eigentlichen Zweck: Sie wecken (Kauf-)Interesse, verbessern das Außenbild Ihres Unternehmens, machen auf Ihre Dienstleistungen aufmerksam, positionieren Sie als Fachexperten, lassen Sie als potenziellen Empfänger von Kooperations- oder auch Presseanfragen interessanter scheinen u. v. m. Nun kennen Sie also noch einen guten Grund mehr, warum es viel Arbeit bedeutet, gute, wirksame Webtexte zu erstellen. Denn natürlich muss ich meinen Endkunden hierbei anders und differenzierter ansprechen als etwa den potenziellen Vertriebspartner oder den Shareholder. Ist auf der einen Seite eventuell eine möglichst originelle, massenkompatible oder eher neutrale Ansprache gefragt, so müssen die auf kleinere Unternehmenszielgruppen ausgerichteten Beiträge wahrscheinlich viel zielgerichteter, seriöser, intellektueller, vertrieblicher oder gar wissenschaftlicher formuliert sein, je nachdem, wen ich ansprechen und auch erreichen möchte.

Das gilt übrigens - um beim bereits genannten Beispiel zu bleiben – auch für den Schreinerbetrieb von nebenan. Denn der möchte sicherlich nicht nur neue Privat- als auch Firmenkunden für sein Kerngeschäft gewinnen (womit wir schon einmal zwei unterschiedliche Zielsetzungen hätten), sondern auch Öffentlichkeitsarbeit machen, kooperierende Betriebe und neue Lieferanten finden, um neue Lehrlinge werben, in den lokalen Medien präsent sein und, und, und. Sie sehen: Es gibt also nicht **die** eine erfolgreiche Texterstrategie im World Wide Web, sondern gleich mehrere, nämlich für jede Ihrer Zielgruppen mindestens eine. Da sich über das Internet die Streuverluste klassischer Medien teilweise bis auf null zurückfahren lassen, wenn man die jeweiligen Inhalte nur gekonnt genug ausrichtet, so wiegen die genannten Aspekte bei Ihrer Onlinestrategie gar noch schwerer.

Machen Sie sich also einmal Gedanken darüber, wie Ihre Onlinezielgruppen (möglicherweise gar im Unterschied zu ihren Offlinezielgruppen) beschaffen sind und wie Sie dementsprechend mit diesen kommunizieren möchten. Gerade bei einem noch neuen Onlineauftritt können Sie durchaus auch einmal dezent mit verschiedenen Ansprachetechniken experimentieren, um herauszufinden, welche davon in Ihrem ganz persönlichen Fall am besten funktioniert. Im Folgenden möchte ich Ihnen als Hilfestellung ein paar Attribute an die Hand geben, die Sie zur Einschätzung Ihrer Leserschaft(en) verwenden können.

- konservativ versus liberal/modern/offen
- selbstständig und unabhängig oder eher familienbezogen
- qualitätsbewusst oder sparsam
- spontan bzw. entscheidungsfreudig oder unentschlossen, kritisch oder offen
- technikaffin oder traditionsbewusst
- naturverbunden, sozial, gebildet, politisch, sorgfältig, ehrgeizig, trendbewusst, neugierig, realistisch, träumerisch u. v. m.

Warum ist dies so wichtig? Nun, einem eher konservativen, familienbezogenen Kunden werden Sie mit einem anderen Mehrwert in Ihren Texten begegnen müssen als einem spontanen, trendbewussten Käufer bzw. Interessenten. Denn der erstgenannte wird sich für eher sachliche Aspekte Ihrer Produkte und Dienstleistungen rund um den Nutzen für seine Lieblinge zu Hause interessieren, beispielsweise den Faktor Haltbarkeit eines Artikels, während dem anderen die ökologischen oder auch designtechnischen Eigenschaften möglicherweise wichtiger erscheinen. Und während Sie im „realen" Leben, also in einem Ladengeschäft, zumindest teilweise spontan auf die Vorlieben und Eigenschaften Ihrer Kunden reagieren können, so bräuchten Sie im Onlinegeschäft idealerweise gleich mehrere verschiedene Ansprachen oder gar Portale für diese einzelnen Zielgruppen. In der Regel werden Sie sich also für eine oder einige wenige Möglichkeiten der Kundenansprache entscheiden müssen, die Ihnen am sinnvollsten und zielführendsten erscheint.

HINWEIS: Immer wieder begegne ich in meinem Beratealltag Unternehmen, die mit Ihren diversen Dienstleistungen oder Produkten sehr unterschiedliche, manchmal sogar konträre Zielgruppen ansprechen wollen oder müssen, und dies über ein und dasselbe Onlineportal. Eine solche Notwendigkeit führt in den meisten Fällen nicht nur zu einem sprachlichen Spagat auf den Webseiten selbst, da man auf einer einzigen Seite immer möglichst alle dieser Zielgruppen ansprechen möchte, was oft ein Ding der Unmöglichkeit darstellt. Zum anderen kann dies einen neuen Besucher sehr schnell verwirren und schlicht überfordern. Er wird dann auf die Schnelle kaum erkennen können, was Ihr Unternehmen denn eigentlich wirklich anbietet. Seine wahrscheinlichste Konsequenz hieraus: Er wird sich von Ihrer Unternehmenshomepage zurück zu den Google Suchergebnislisten klicken und dort eine Firma beziehungsweise Webseite auswählen, die ganz augenscheinlich spezifischer und eindeutiger auf seine Bedürfnisse ausgerichtet ist.

Einen solchen Effekt könnten Sie beispielsweise daran erkennen, dass die Abbrecherquote (mehr dazu in Kapitel 5.3) etwa auf Ihrer Hauptseite trotz qualitativ hochwertiger Gestaltung und durchdachter Inhalte sehr hoch ausfällt. Ist dies der Fall, so sollten Sie dringend darüber nachdenken, ob es nicht Sinn ergibt, sehr unterschiedliche Produkte für sehr unterschiedliche Zielgruppen auf einzelne separate Onlineportale auszugliedern. Worüber sich übrigens – dank einer eindeutigeren Inhaltsbestimmung – auch Google und Co. freuen dürften. Dies kann im Übrigen allein schon dann der Fall sein, wenn Sie mit ein und derselben Dienstleistung sehr unterschiedliche Zielgruppen ansprechen wollen, etwa einmal im B2B- und einmal im B2C-Umfeld. ■

Bild 2.18 Wer die Firma Bosch nicht kennt, der würde sich beim Anblick des Firmenportals wohl fragen: Was macht dieses Unternehmen? Kühlschränke? Autos? Software? Oder alles zusammen? Und was hat das mit dem Thema „Sport" zu tun?

2.1.7 Der richtige Spannungsbogen

Auf diese Thematik werden wir im späteren Verlauf noch einmal genauer eingehen. Dennoch sollten Sie grundsätzlich darauf achten, dass gerade im Web-Bereich der richtige Spannungsbogen darüber entscheidet, ob Ihre Texte gelesen (und verstanden) werden oder eben auch nicht. „Das Wichtigste zuerst", lautet eine der Grundregeln für Journalisten, und dies gilt ebenso für Ihren Unternehmensauftritt oder die zugehörigen Beschreibungstexte. Gerade und vor allem für jene, die online verfügbar sind. Schauen Sie sich einmal den in Bild 2.19 zu sehenden Text unter dem Stichwort „Unsere Servicedienstleistungen" eines Consulting-Unternehmens an.

Im letzten Satz ist dabei zu lesen:

> *„Unsere Mission ist es, Ihnen zu helfen, den gesamten Prozess von der Werbung bis zur Weiterempfehlung zu optimieren."*

Was das Unternehmen nun eigentlich seinen Kunden anbietet und was der Gegenstand seiner Dienstleistungen ist, das steht also ausgerechnet in den allerletzten 18 von mehr als 140 Wörtern. „Bei jedem Schritt dieses Prozesses interagieren Kunden mit vielen Mitarbeitern oder Partnern, die oftmals unterschiedliche Systeme nutzen, um relevante Daten ..." oder „Vor zwanzig Jahren hat ein unzufriedener Kunde zehn seiner Freunde von seiner schlechten Erfahrung erzählt ...", all diese Prosa ist vielleicht schön und gut, sagt aber wenig aus über das, was in der Überschrift der Seite als „Services" angekündigt wird, und hat von daher wenig Relevanz für den einzelnen Leser. Wenn schon Prosa, dann auch in der richtigen Reihenfolge. Der letzte Satz, ein wenig konkretisiert auf das technische Leistungsspektrum und dann an den Anfang des Beitrags gestellt, und der Leser wird wissen, was er wissen wollte: was dieses Unternehmen denn eigentlich anbietet beziehungsweise welche konkrete Aufgabenstellung es löst.

Bild 2.19 Was „macht“ dieses Unternehmen?

2.1.8 Aktualität

Fast hätte ich einen sehr wichtigen Bestandteil der Onlinekommunikation vergessen: die Aktualität. Klar, wenn ich bei Web-Zeitungen wie „Spiegel Online“ jederzeit das Neuste aus aller Welt fast schon sekundenaktuell nachlesen kann, dann interessieren mich die gleichen Fakten möglicherweise schon am nächsten Morgen in der guten alten Printzeitung nicht mehr. Außer dass die Informationen dort fundierter sein mögen, aber das ist eine andere Geschichte.

„Was hat das nun mit mir als Unternehmen und den auf meiner Homepage verfügbaren Texten zu tun?“, mögen Sie sich fragen. Es ist relativ einfach: Egal in welcher Branche Sie unterwegs sind und welche durchschnittlichen Produktlebenszyklen dort vorherrschen, es wird immer zugehörige Informationen und Nachrichten geben, die Ihre Zielgruppe interessieren könnten, und zwar **jetzt** und nicht erst in ein paar Tagen, Wochen oder Monaten. Und sei es, dass der Hersteller für Diamantschleifmaschinen – der alle zehn Jahre eine neue Produktlinie herausbringt – darüber berichtet, dass vor einer Stunde die Preise für Edelmetalle durch die Decke gegangen sind. Sie sehen an diesem abstrakten Beispiel, es gibt immer Wege und Möglichkeiten, aktuelle und für Ihre Leser sowie Kunden relevante Onlinetexte auf Ihrem Portal zu veröffentlichen. Wobei Sie nicht einfach nur beliebige Pressemeldungen eins zu eins übernehmen sollten (abgesehen davon, dass Sie dies unter Umständen gar nicht dürfen), sondern diese in Ihren eigenen Worten wiedergeben sowie mit eigenen Fakten, aber auch persönlichen Einschätzungen anreichern sollten. Dies ganz nach dem Motto: „Warum diese Meldung für Sie, lieber (potenzieller) Kunde, von ganz besonderer Bedeutung ist". Denn dann werden die zugrunde liegenden Texte auch über einen Mehrwert verfügen, den Ihre Leser zu schätzen wissen, und den diese nicht auf einem x-beliebigen anderen Onlineportal vorfinden.

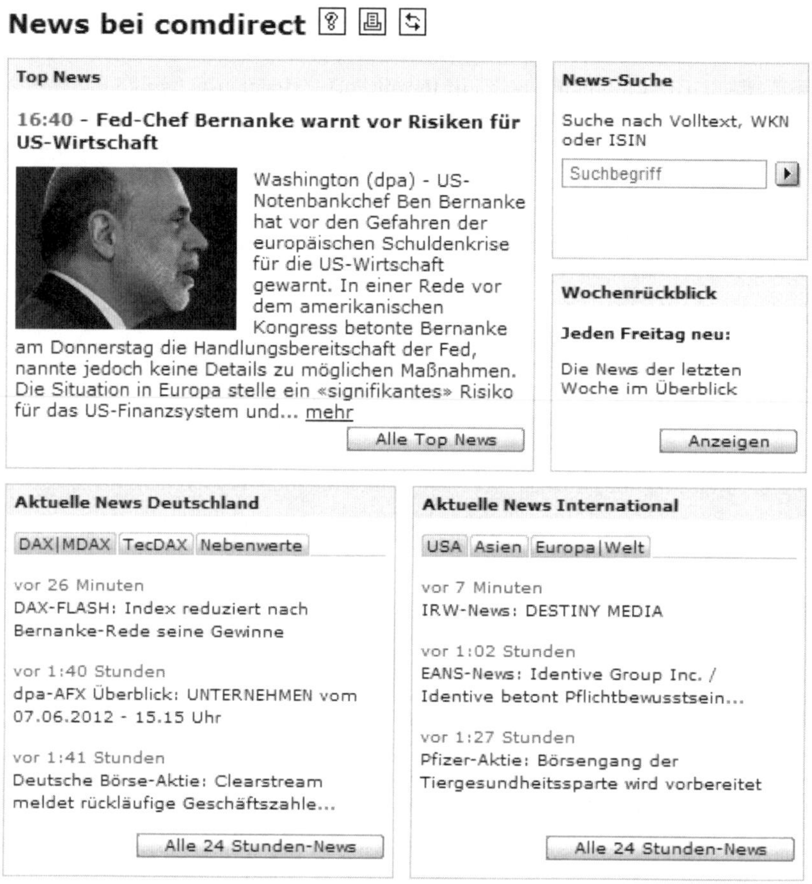

Bild 2.20 Besonders im Finanzumfeld spielen aktuelle Meldungen für die Kunden und Leser eine sehr wichtige Rolle, auch wenn diese leider sehr oft von externen Nachrichten- und Presseagenturen übernommen werden.

Selbst aktuelle Meldungen Ihrer Mitbewerber sollten Sie stets und ständig verfolgen (ein schönes Werkzeug hierfür gibt es beispielsweise unter der Adresse *www.google.com/alerts*) und möglichst auf diese reagieren. Natürlich werden Sie diese nicht direkt aufgreifen, um nicht auch noch Werbung für Ihre Konkurrenz zu machen. Niemand hindert Sie jedoch daran, ohne direkten erkennbaren Verweis auf den Mitbewerber, in einer aktuellen Onlinemeldung auf Ihrem Portal auf ein ähnliches Produkt in Ihrem Portfolio zu verweisen oder dieses zumindest anzukündigen, wenn konkurrierende Unternehmen eine Neuankündigung verlauten lassen. Ein schönes Beispiel bieten hier stets die großen Unternehmen aus dem IT- und Onlinebereich. So kündigte etwa Apple im Sommer 2012 an, einen eigenen, neuen, innovativen Kartendienst herauszubringen, der Google Maps Konkurrenz machen soll. Es dauerte kaum eine Stunde, da vermeldete Google seinerseits, längst an noch viel umfangreicheren Neuerungen zu arbeiten. Somit blieben beide Firmen im Gespräch.

Ich weiß, dass Sie als Leser nicht unbedingt die Mitarbeiterzahl oder die Ressourcen haben, um auf derartige „Spielchen“ eingehen zu können. Auch werden Sie sich möglicherweise keinen eigenen Onlineredakteur leisten können, der im Viertelstundentakt auf Trends in der Branche mit eigenen Texten reagieren kann. Dennoch sollten Sie gut prüfen, mit welcher maximalen Schlagzahl Sie, einer Ihrer Mitarbeiter oder eine externe Agentur Onlinetexte mit möglichst aktuellem Bezug auf Ihrem Portal veröffentlichen können. Sie werden sehen, dass sich dies nach einiger Zeit sehr wohl positiv auf Ihre Leserzahlen und damit auf Ihren Umsatz auswirken wird. Ganz zu schweigen davon, dass Sie sich mit einer solchen Maßnahme unter Umständen den Großteil Ihres Budgets sparen, das für die Suchmaschinenoptimierung zur Verfügung steht.

2.1.9 Aktive Sprache

In diesem Abschnitt wird es zwar ein wenig theoretisch, aber auch das gehört nun einmal zum Verfassen guter Texte dazu, egal ob diese online oder offline veröffentlicht werden sollen. Ihre Leser werden Sie nur dann im Lesefluss halten und mit Ihren Inhalten überzeugen können, wenn Sie dies durch den Einsatz einer möglichst aktiven Sprache tun. Nun gibt es rein wissenschaftlich gesehen mehrere Definitionen, was denn eine aktive Sprachgestaltung ausmacht. Ich möchte Ihnen an dieser Stelle eine kleine Übersicht der wichtigsten Kriterien geben:

- Verwenden Sie umschreibende Verben statt passiver Formulierungen oder Substantivierungen. Ich selbst falle des Öfteren auf diese kleine Falle herein, zum Beispiel wollte ich diesen Aufzählungspunkt mit dem Wort „Verwendung (von …)“ beginnen, statt mit einem aktiven Verb („verwenden“). Ein Negativbeispiel hierfür ist auch das typische Amtsdeutsch („Beauftragung von Untersuchungen zur Klärung von …“). Indem Sie Verben verwenden, gelingt es Ihnen, ganz im Sinne von Kapitel 2.1.2, Bilder in den Köpfen Ihrer Leser zu erzeugen.
- Vermeiden Sie hingegen relativierende Formulierungen wie „eigentlich“, „möglicherweise“, „im Prinzip“ oder „vielleicht“, „könnte“, „wir versuchen“ etc. Diese haben in einem Firmenkontext nichts zu suchen. Denn das Wort „eigentlich“ provoziert meist die Frage bei den Lesern: „Und uneigentlich?“. Sie verkaufen etwas nicht „im Prinzip“ und Ihre Produkte bzw. Dienstleistungen haben auch nicht „vielleicht“ eine bestimmte Eigenschaft. Also sollten auch die umschreibenden Texte ohne diese Wortkonstruktionen auskommen.
- Der Klassiker hierbei: „Wir sind stets bemüht“ und vergleichbare Aussagen. Das passt an den Bahnhofsschalter, aber nicht in eine moderne Unternehmenskommunikation. Bloßes Bemühen reicht dem modernen Kunden schlicht und einfach nicht mehr aus.

- Selbst wenn dies nicht ganz zu der hier beschriebenen Thematik passt, Wendungen wie „Sie müssen“ oder „Sie sollten“ gehören ebenfalls zu einem Vokabular, das sich kein Kunde gerne anhört oder durchliest.
- Aktive Sprache erzeugt zudem eine persönliche Note, die Ihre Kunden positiv wahrnehmen werden, und sei es nur im Unterbewusstsein. Die Formulierung „**Ich gestalte** Ihr Webdesign besonders attraktiv durch …“ ist besser als „Ihr Webdesign **wird** von uns attraktiv **gestaltet**“. Deutlich schöner, etwa als Antwort auf das Ausfüllen des Kontaktformulars Ihrer Seite hin, ist auch der Satz „Ich kontaktiere Sie gerne innerhalb …“ anstelle von „Sie werden von uns kontaktiert“.

Selbst bis hin zur Zeichensetzung kann eine möglichst aktive Sprache gehen. Wie Sie sehen, habe ich den einleitenden Satz vor den vorangegangenen Aufzählungen mit einem Doppelpunkt statt einem schlichten Punkt versehen. Schlicht und einfach aus dem Grund, dass dieses Satzzeichen sozusagen aktiv auf die nachfolgenden Inhalte hinweist und zu diesen überleitet.

Es wird ein wenig dauern, bis diese Regeln nach und nach quasi „in Fleisch und Blut“ übergehen. Hilfreich kann es dabei sein – nein, ich schreibe wohl besser: dabei *ist* es hilfreich –, einige Ihrer bisherigen Texte zu analysieren oder analysieren zu lassen, da man in der Regel immer wieder auf die gleichen Stolperfallen dieser Art hereinfällt. Selbst wenn Sie nur die häufigsten Ihrer bisherigen Passivkonstruktionen in Zukunft aktiv formulieren, so haben Sie und Ihre Leser bereits sehr viel gewonnen.

2.1.10 Einzigartigkeit

Texte im Web haben ein Spezifikum, das sie von Offlinetexten ganz besonders unterscheidet: Sie müssen einzigartig sein. Einzigartig, damit ist in diesem Fall nicht etwa nur die qualitativ-inhaltliche Komponente gemeint, sondern eine eher technische Eigenschaft. In der Online-Fachterminologie nennt sich dies „Unique Content“. Diesen aus der Welt der Suchmaschinenoptimierung stammenden Begriff sollten Sie sich merken, da er Ihnen auf den nachfolgenden Seiten noch des Öfteren begegnen wird.

Ein Onlinetext ist dann nicht „unique“, wenn er auf exakt gleichlautende oder sehr ähnliche Weise auf zwei verschiedenen Webseiten erreichbar ist. Formulieren Sie also einen Beitrag im Netz und jemand stellt diesen Beitrag eins zu eins beziehungsweise fast eins zu eins auch auf seine Homepage, so „merken“ dies Google und andere Suchmaschinen. Der zugehörige Artikel wäre somit also nicht mehr unique, nicht mehr einzigartig. Man spricht dann im Gegenteil von sogenanntem „Duplicate Content“, also doppeltem Inhalt. Solchen mögen Google & Co. nicht sonderlich, denn schließlich wollen die Suchmaschinen ihren Nutzern einzigartige Inhalte präsentieren und nicht auf jedem gefundenen Portal den immer gleichen Inhalt.

Jeder unique Text also, der ausschließlich auf Ihrer Webseite veröffentlicht wird, ist ein Pluspunkt für die Suchmaschinen. Zu viele doppelte Inhalte können unter Umständen sogar schädlich für die Einschätzung Ihres Portals durch die Suchmaschinen sein, zumindest wird sich der Wert der einzelnen kopierten Beiträge hierdurch deutlich vermindern. Das ist übrigens – unter anderem – auch ein Grund dafür, dass die meisten Webseitenbetreiber sehr empfindlich darauf reagieren, wenn ihnen ihre Inhalte „gestohlen“ und an anderer Stelle im World Wide Web abermals veröffentlicht werden.

2.2 Die Vorbereitung

Bevor Sie nun, hoffentlich angespornt von den bereits genannten möglichen Erfolgen, motiviert zur Feder oder wohl eher zur Tastatur greifen, möchte ich Ihnen einige Richtlinien vorstellen, wie man sich auf eine möglichst gelungene und zielgruppenorientierte Texterstellung vorbereiten kann. Es gibt „Schreiberlinge“, die quasi aus dem Nichts heraus, nur einer kleinen Inspiration folgend, hervorragende und absolut lesenswerte Beiträge verfassen, doch das wird wohl eher relativ selten zutreffen.

Gerade wenn es um die nicht ganz einfache Vermittlung eher sachlicher Themen im Unternehmenskontext geht (wobei es Selbstständige und Freiberufler in kreativen Branchen natürlich um einiges einfacher haben, sich von ihrer eigenen Arbeit inspirieren zu lassen), ist eine fundierte Vorbereitung sehr wichtig. Ohne auf eine konkrete, festgelegte Reihenfolge zu achten, folgen hier also ein paar Tipps & Tricks, die Ihnen, je nach Ausgangssituation natürlich, sicherlich dabei helfen können, den roten Faden im Rahmen Ihrer Texter-Arbeit zu finden und auch zu halten.

2.2.1 Die Selbstanalyse

Sie werden in den nachfolgenden Kapiteln zahlreiche Möglichkeiten kennenlernen, wie Sie sich und Ihre Angebote in einem möglichst positiven, wirkungsvollen sprachlichen Umfeld platzieren und bewerben können. Dafür ist es als eine erste Grundvoraussetzung jedoch zwingend notwendig, dass Sie sich mit Ihren Produkten oder Dienstleistungen intensiv auseinandersetzen und sich deren Vor-, aber auch Nachteilen bewusst werden.

Dies klingt nun um einiges selbstverständlicher, als es im Allgemeinen ist. Gehen Sie selbst doch einmal als Konsument mit offenen Augen und Ohren durch die nächsten Verkaufs- und Beratungsgespräche, egal ob im Rahmen der Offline- oder Onlinekommunikation. Sie werden schnell feststellen, dass selbst gut geschulte Mitarbeiter namhafter Unternehmen ihre eigenen Produkte nicht immer wirklich so kennen, wie Sie es sich als Kunde vorstellen, zumindest nicht in den Aspekten, die Ihnen persönlich wichtig sind. Ein Automobilverkäufer und gleichzeitig Familienvater mag sich sehr gut damit auskennen, welcher Van die flexibelsten Sitze, sparsamsten Motoren und besten Stauraummöglichkeiten bietet. In die Bedürfnisse eines Selbstständigen auf der Suche nach einem geeigneten, aber dennoch sportlichen Firmenfahrzeug kann er sich wahrscheinlich jedoch schon weniger hineinversetzen. Genauso wird es Ihnen mit den Texten auf Ihrer Unternehmenshomepage gehen, die durch Ihr internes Wissen geprägt sowie gewachsen sind, aber möglicherweise nicht unbedingt die Bedürfnisse aller Ihrer unterschiedlichen Zielgruppen bedienen. In diesem Fall ist eine fundierte Analyse der eigenen Darstellung versus externer Erwartungshaltungen ein wichtiger Meilenstein auf dem Weg zum unternehmerischen Onlineerfolg.

Sie sollten sich also – bevor Sie mit dem eigentlichen Texten beginnen – zunächst gemeinsam mit Ihren Mitarbeitern eine Art Matrix erarbeiten, die unter anderem folgende Punkte enthält:

- Welche Vorteile bietet unser Angebot für welchen Kundenkreis? Was davon kommunizieren wir bereits und was nicht?

- Aber auch: Welche Angebote und welche Kundengruppen wollen wir in Zukunft mit unserem Onlineauftritt wie intensiv bewerben?
- Auf welche angenommenen Nachteile oder Vorbehalte müssen wir uns bei welcher Zielgruppe einstellen? Welche entsprechenden Antworten wollen wir hierfür entwickeln?
- Auf welchen Gebieten sind wir im Vergleich zu unseren Mitbewerbern gut aufgestellt und wo weniger gut? Wo können wir von deren Onlinestrategien lernen und welche Punkte davon würden wir selbst anders und besser machen?
- Mit welchen Aussagen und Merkmalen können wir punkten, die einzigartig in der Branche sind (Alleinstellungsmerkmal)? Oder die nur wir online statt rein offline anbieten?
- Und vor allem: Welchen konkreten Mehrwert können wir unseren potenziellen Kunden über unsere Webinhalte bieten, der so bislang noch nicht oder nicht in ausreichendem Maß durch andere Portale abgebildet wird?

Gehen Sie hierbei durchaus selbstkritisch mit sich um, auch im Vergleich mit konkurrierenden Unternehmen sowie deren Webformaten. Nur wenn Sie Ihre Schwächen – oder besser formuliert: Ihre Potenziale – kennen, können Sie nach und nach auch online an diesen arbeiten. Denn eine umfassend reflektierte Internetstrategie bietet immer auch gleichzeitig die Chance, Ihr Unternehmen als solches für die Zukunft und die damit verbundenen neuen Herausforderungen fit zu machen. Das Problem, dass sich nur wenige Unternehmen ernsthaft und regelmäßig mit sich, aber auch mit den tatsächlichen Bedürfnissen ihrer Kunden auseinandersetzen, zieht sich natürlich auch wie ein roter Faden durch ihre Onlinetexte. „Wir müssen unsere Kunden verstehen, ihnen zuhören", wie oft hört man dieses Credo und wie oft wird es dennoch nicht wirklich und in letzter Konsequenz gelebt. Doch lebt Ihr Unternehmen an den Bedürfnissen Ihrer Kundschaft vorbei, so werden Sie auch nicht die gleiche Sprache sprechen. Das wiederum wird man Ihren Texten anmerken.

Zu einer solchen Selbstreflektion gehört immer auch die umfassende Analyse, ob Sie sich bislang überhaupt mit der „richtigen" Zielgruppe beschäftigen, wie wir ja bereits erfahren haben. Denn gerade bei der Ergänzung eines ehemaligen reinen Offline-Unternehmens durch eine neue Onlinestrategie kann sich ein solcher Fokus durchaus verschieben. So lernte ich jüngst einen innovativen Onlineshop für Männerunterwäsche kennen, zu dessen Kunden jedoch – noch deutlich ausgeprägter als in den traditionellen Wäsche-Ladengeschäften – fast ausschließlich Frauen gehörten, die Ihren Partnern eine Freude mit einem ausgefallenen Wäschegeschenk machen wollten. Würde eben dieser Onlineshop seine Textstrategie auf männliche Besucher hin ausrichten, so wäre er sicherlich niemals so erfolgreich geworden. Beobachten Sie also stets ganz genau, wer denn wirklich zu Ihren Kunden gehört und ob sich die Gewichtung der einzelnen Kunden über Ihre Onlinepräsenz möglicherweise nach und nach verschiebt oder gar aktiv verschieben lässt (sofern überhaupt gewünscht, natürlich).

Bild 2.21 Der eben angesprochene Onlineshop fragt seine Besucher zu Beginn übrigens, ob es sich um Männlein oder Weiblein handelt. Je nach Auswahl werden unterschiedliche (Text-)Inhalte zugesteuert. Eine hübsche Idee, finden Sie nicht?

2.2.2 Die sieben Ws

Wer? Was? Wo? Wann? Wie? Warum? Woher? Diese sieben Fragestellungen bekommt noch heute jeder angehende Journalist sehr früh in seiner Lehre als Rüstzeug mit auf den Weg, um gute, spannende, fundierte und inhaltsreiche Pressetexte liefern zu können. Genau diese Leitlinien eignen sich auch für jeden Textverfasser in einem Unternehmen oder für jeden Selbstständigen, um sich ideal auf einen zu erstellenden Beitrag vorzubereiten. Das Schöne an diesem Prinzip: Werden Sie zu Beginn noch relativ viel Zeit und Energie aufwenden müssen, um eben diese Fragen im Rahmen Ihrer Vorbereitung umfassend beantworten zu können, so geht das dahinterliegende Konzept relativ schnell quasi „in Fleisch und Blut" über. Sie werden somit irgendwann von selbst und quasi automatisch damit beginnen, sich mit – für das Texten – wichtigen Aspekten zu beschäftigen, die Ihnen früher vielleicht gar nicht aufgefallen oder in den Sinn gekommen wären. Natürlich sind die sieben Ws kein spezifisches Merkmal der reinen Onlinekommunikation. Ihre ursprüngliche Wirkung entfalten sie jedoch auch im Internet. Gerade da die zugehörigen journalistischen Tugenden im Zeitalter der World-Wide-Web-Kommunikation mehr und mehr zu verschwinden drohten, mittlerweile jedoch wieder eine wahre Renaissance erleben.

Nehmen wir doch einmal ein Beispiel: Ein Konditor möchte im Internet auf seine neuste Tortenkreation aufmerksam machen. Ziel ist es zum einen, bestehende Kunden auf dieses Angebot hinzuweisen, aber auch neue Käufer anzulocken. Zum anderen möchte man, dass die regionale wie auch die Fachpresse das Thema möglichst aufnimmt und weiter verbreitet.

Wie lauten nun in diesem Fall die sieben Ws, die in die Onlinetexte des Bäckermeisters mit einfließen könnten?

- **WER?** Welcher Mitarbeiter hatte die geniale Idee für das neue Rezept? Oder war es der Chef persönlich? Für welche Kunden wird dieser Leckerbissen unwiderstehlich sein? Wer hat die ursprüngliche Inspiration für das Backrezept geliefert? Hat die eigene Oma mitgewirkt? Hat der Enkel die Zutaten auf seiner Amerikareise entdeckt? Welche Mitarbeiter werden die Torte backen? Werden hierfür möglicherweise sogar neue Fachkräfte eingestellt?
- **WAS?** Was ist das Besondere an der Torte? Was hat diese, was andere Naschereien nicht haben (gesündere, zertifizierte Zutaten, weniger Zucker, innovative Geschmackskombination, bekennende prominente Liebhaber etc.)? Was sagt die Belegschaft zu dem neuen Verkaufsschlager? Und was die ersten Kunden? Welches Heißgetränk passt idealerweise zu dem Stück? Was ist der regionale Bezug? Welche Aktion gibt es zur Einführung?
- **WO?** Wo gibt es das Prachtexemplar und wo nicht (Exklusivität)? Kann ich die Torte auch direkt zu meiner Feier oder meinem Kaffeekränzchen liefern lassen? Wo kann ich Bilder sehen?
- **WANN?** An welchem Tag muss man sich beeilen, um noch ein Stück kaufen zu können? Ist die Aktion limitiert? Ab wann muss ich vorbestellen? Zu welcher Tageszeit gibt es die maximale Frische?
- **WIE?** Wie erfolgt die Fertigung? Mit wie viel Liebe und Handarbeit wird das gute Stück zubereitet? Wie kann bei solcher Qualität dennoch ein guter Preis herausspringen? Wie lange hält sich die Torte nach dem Kauf?
- **WARUM?** Warum noch eine neue Torte? Wieso ist der Bäckermeister überzeugt, damit das leckerste Angebot am Platz zu haben? Warum macht er sich die Mühe, extra hierfür noch eine Stunde früher aufzustehen oder einen neuen Lehrling anzustellen? Warum kann sich der Kunde sicher sein, ein Qualitätsprodukt zu erstehen?
- **WOHER?** Woher stammen die Zutaten? In welchen Leckereien kann man diese normalerweise finden? Welcher neue Lieferant wurde gewonnen? Woher kommt der besondere Name der Kreation?

Dies ist natürlich nur ein Beispiel, das man beliebig fortsetzen könnte. Ich hoffe, Sie können dieses dennoch auf Ihren jeweiligen Betrieb abstrahieren und erkennen, zu welch kreativen „Höhenflügen“ eine vergleichbare Inspirationstechnik führen kann. Mit dieser Vorbereitung wird der Bericht des Bäckermeisterbetriebs sicherlich um einiges spannender und lesenswerter ausfallen, als es bei einer Standard-„08/15“-Pressemeldung der Fall wäre. Was nun jedoch keinesfalls bedeuten soll, dass Sie stets und ständig möglichst alle dieser sieben Ws in jeder Überschrift oder jedem Teaser komplett unterbringen beziehungsweise beantworten müssen.

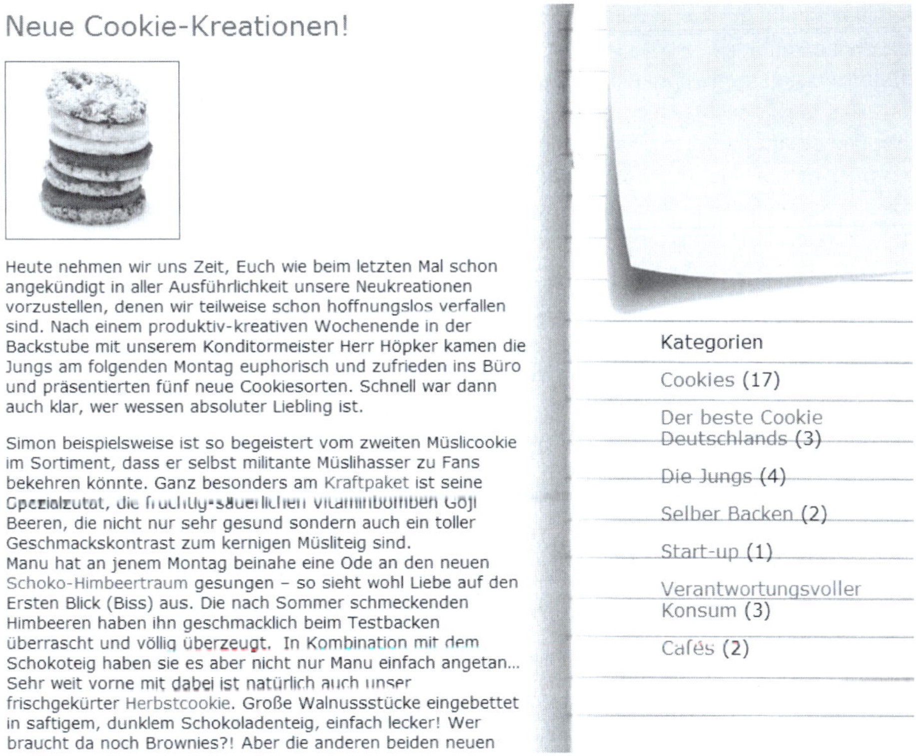

Bild 2.22 Dieser Onlineshop für Cookies macht vor, wie man gute Webgeschichten erzählen kann. Liest man den Text (der nicht sehr vorbildlich gestaltetet ist, aber dazu an anderer Stelle mehr), so würde man gleichsam zu dessen Inhalt mit einstimmen: „Einfach Lecker!“

2.2.3 Lassen Sie sich inspirieren!

Bei dem in Bild 2.22 gezeigten Text aus dem Firmenblog eines Versandhandels für frische Cookies handelt es sich nur um eines von unzähligen Beispielen unterschiedlichster Branchen, die mir im Laufe meiner Arbeit begegnet sind und die zeigen, wie viel Kreativität und auch Begeisterung das Internet hervorbringen kann. Egal ob großer Onlineshop, der kleine Händler von nebenan, der IT-Dienstleister, das Modelabel, der Consultant oder der Fotograf: In sämtlichen Bereichen stößt man immer wieder auf kleine Perlen der Webkommunikation, von denen man einiges lernen kann.

Nicht alle dieser Unternehmen und Unternehmer sind in ihrer Onlinekommunikation äußerst erfolgreich, wofür es viele Gründe geben kann: mangelnde Frequenz der Textbemühungen, unschöne Gestaltung des Internetauftritts selbst, falsche inhaltliche Ausrichtung oder was auch immer. Dennoch sollten Sie, bevor Sie sich Gedanken zu Ihrer eigenen Textstrategie machen, zunächst einmal mit offenen Augen im Internet danach stöbern, was andere Selbstständige und Unternehmen an qualifizierten, originellen und mehrwertbehafteten Inhalten zu bieten haben. Dabei muss es sich gar nicht immer um direkte Mitbewerber der gleichen thematischen und fachlichen Ausrichtung handeln. Auch in diesem Buch kann ich Ihnen nur dazu raten, sämtliche genannten Beispiele aufmerksam zu verfolgen, denn von dem Cookie-Bäcker kann möglicherweise auch der Friseurmeister oder aber der Metall verarbeitende Betrieb etwas in seiner Außendarstellung lernen. Ich selbst habe für meine Onlineportale schon so manche inhaltliche Inspiration von völlig themenfremden Webseiten erhalten, die nichts, aber auch gar nichts mit meinen eigenen Webbotschaften und Zielgruppen zu tun hatten. Sie brauchen nur einmal die von Ihnen persönlichen meistbesuchten Informationsquellen und Portale im World Wide Web ein wenig näher zu analysieren, warum gerade diese Seiten unter Millionen oder gar Milliarden von ähnlichen Angeboten immer wieder Ihre Neugier wecken und Ihren Informationsbedarf stillen.

Natürlich macht es Sinn, dann nach und nach die Ideenfindung auf das eigene wirtschaftliche Segment zu verlagern, um zu schauen, welche Textstrategien dort regelmäßig zu Erfolgen führen, etwa was die Zahl der Leser, die Menge der stattfindenden Interaktion oder die Rate der Weiterempfehlung anbelangt. Doch wie findet man nun am besten solche Quellen der Kreativität, die sich zudem noch für die eigenen Zwecke studieren und nutzen lassen? Das folgende Unterkapitel wird es Ihnen verraten.

2.2.4 Trends aufspüren und wahrnehmen

Das Medium Internet ermöglicht – im Gegensatz zur traditionellen Printpresse – eine Interaktion, eine Kommunikation in beide Richtungen. Direkt oder indirekt erhält jeder im Netz publizierende Autor ein Feedback darauf, ob seine Äußerungen und Ansichten gefragt sind, wahrgenommen und diskutiert werden oder auch nicht. Dieses Prinzip kann man auf ideale Weise für sich nutzen, denn schließlich wollen Sie ja nicht an Ihrer Zielgruppe vorbeikommunizieren und -argumentieren. So stellen das World Wide Web und seine wichtigsten Protagonisten zahlreiche, meist frei verfügbare Datenquellen zur Verfügung, welche die zugehörige Interaktion bemessen und auswerten.

Es wäre unklug von jedem Unternehmer, Webseitenbetreiber oder Marketing- bzw. Textverantwortlichen, diese sehr werthaltigen Quellen nicht für die eigenen Zwecke einer möglichst erfolgreichen (im Sinne von zielgerichteten) Leseransprache zu nutzen. Von daher möchte ich Ihnen im Folgenden die wichtigsten dieser Werkzeuge sowie deren jeweilige Anwendungsgebiete kurz vorstellen.

2.2.4.1 Google Trends

Bis Sie Ihr Onlineportal oder Ihren Corporate Blog mit viel Fleiß und regelmäßig erscheinenden, inhaltlich wertvollen Beiträgen so weit bringen, dass Sie unmittelbares Feedback von Ihren Lesern erhalten – sei es durch Kommentare zu einem Artikel oder die direkte Kontaktaufnahme – sind Sie darauf angewiesen, den allgemeinen Trends im World Wide Web für Ihre Branche zu folgen, die sich beinahe täglich ändern können. Ein gutes und vor allem kostenfreies Werkzeug hierfür bietet das Onlineangebot Google Trends (ehemals bekannt als Google Insights for Search), mit dem der Suchmaschinengigant einen Einblick in seine schier unendliche Datenbasis an weltweiten Suchanfragen erlaubt. Sie erreichen den Dienst unter der Adresse

www.google.de/trends/

Nach Eingabe eines oder mehrerer Begriffe, passend zu Ihrer Branche oder Zielgruppe, zeigt Google Trends an, welches denn die häufigsten tatsächlichen Websuchen sind, die zu diesem Stichwort oder zu diesen Stichworten getätigt werden. Gibt man mehrere Begriffe an, so bekommt man zudem einen direkten Vergleich bezüglich der Häufigkeit bzw. Relevanz der einzelnen Stichworte. Weiterhin kann diese Recherche auch noch auf bestimmte regionale Gebiete und/oder Zeiträume sowie weitere Kriterien hin eingegrenzt werden.

Nehmen wir als Beispiel einmal an, Ihr Unternehmen ist eine Steuerberatungsgesellschaft. Sie möchten sich nun mit den aktuellen Trends im Internet beschäftigen: Wonach suchen Personen, die sich für das Thema „Steuer“ oder „Steuererklärung“ interessieren (müssen)? Geben wir also beide Begriffe in Google Trends ein und grenzen wir nach dem Klick auf „Suchen“ noch die Region (in diesem Fall Deutschland) sowie den Zeitraum (die letzten zwölf Monate) ein. Dann erhalten wir ein Ergebnis ähnlich wie dieses.

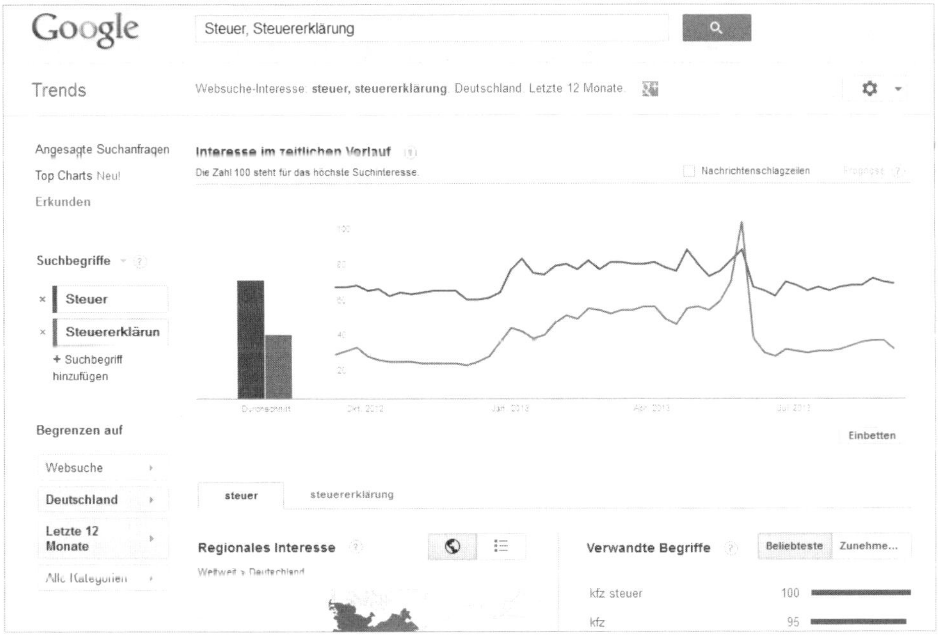

Bild 2.23 So häufig wurde in Deutschland in den letzten Monaten im Vergleich nach den Suchbegriffen „Steuer“ sowie „Steuererklärung“ recherchiert.

Daraus können wir bereits mehrere Trends ablesen, die einmal mehr, einmal weniger überraschend sind:

- Gegen Ende des Jahres sowie im ersten Quartal des neuen Jahres wird im Internet verstärkt nach entsprechenden Beiträgen, Produkten oder Dienstleistungen gesucht.
- In der Regel suchen die Nutzer aktuell eher nach Informationen rund um das generalistischere, aber dafür auch weniger differenzierte Stichwort „Steuer“ statt nach „Steuererklärung“
- Ende Mai überwog hingegen das Interesse an der „Steuererklärung“ (was angesichts der für viele Steuerpflichtige in diesem Monat ablaufenden Frist kaum verwundern mag).

Diese Erkenntnisse werden Sie nun wahrscheinlich nur bedingt in Ihre aktuelle Textstrategie mit einbinden können, denn dass Januar bis Mai interessante Monate sind, um über das Thema zu informieren, das werden Sie als Steuerberater wohl auch schon zuvor gewusst haben. Spannender wird es hingegen, wenn wir einen Blick auf die anschließenden Detailergebnisse, in diesem Fall für den Begriff „Steuer", werfen.

Bild 2.24 Der Suchbegriff „Steuer" im Detail: Welche thematisch ähnlichen Suchanfragen liegen derzeit im Trend?

Denn daraus können Sie nicht nur erkennen, welche Anbieter und damit eventuell Mitbewerber momentan am gefragtesten sind. Sie können auch ablesen, dass Sie in Ihren Texten, wenn diese von einer möglichst breiten Basis gefunden werden sollen, möglichst auf die Begriffe „Steuer 2012" **und** „Steuer 2013" eingehen sollten. Außerdem gehen aus diesen und ähnlichen Abfragen etwa folgende Erkenntnisse hervor:

- Sie sollten auf Ihren Seiten vielleicht die Möglichkeit erläutern, wie man die Kfz-Steuer selbst berechnen kann, um neue Lesergruppen für sich gewinnen zu können.
- Gerade jetzt könnte ein Beitrag punkten, der erläutert, was es mit der Steuer-Identifikationsnummer oder auch Steuer-ID auf sich hat, wer diese benötigt, wie man diese erhält etc.
- Ein ganz „mutiger" Steuerberater würde seinen Lesern vielleicht sogar in einem Onlinebeitrag auf seiner Homepage erklären, wie man seine Steuererklärung prinzipiell selbst mit einem in den Suchergebnissen genannten Softwareprogramm erledigen kann (in der Hoffnung, dass der eine oder andere dann doch lieber einen Fachmann damit beauftragt).
- Und vieles weitere mehr

Dies alles sind nur Beispiele und für jedes Unternehmen und jeden Geschäftszweck gibt es natürlich unzählige solcher relevanten Begriffe. Auch ist die Aussagekraft nicht für jede dieser Abfragen gleichermaßen gegeben, was beispielsweise bei sehr speziellen Suchbegriffen allein schon an der mangelnden Datenbasis liegen kann. Dennoch können Sie mit diesem kleinen, aber sehr feinen Werkzeug etliche Begriffe, Themen und ganze „Aufhänger" für Ihre Onlinetexte ausfindig machen, von denen Sie somit wissen, dass auch ein Markt beziehungsweise ein generelles Interesse hierfür vorhanden ist. Außerdem lässt sich jederzeit herausfinden, welche Überschriftenbestandteile, Inhalte etc. man zum gegenwärtigen Zeitpunkt für einen Onlinebeitrag eventuell eher wählt, wenn man möglichst viele potenzielle Leser erreichen will.

2.2.4.2 Google Analytics

Verfügen Sie bereits über eine Stammleserschaft für Ihren Onlineauftritt oder Ihren Corporate Blog, so eignet sich zudem Google Analytics (erreichbar unter *www.google.com/analytics*), um zusätzlich auswerten zu können, über welche Begriffe in den Suchmaschinen die bereits existierenden Leser auf Ihre Inhalte aufmerksam geworden sind. Um den Rahmen des Buchs nicht zu sprengen, möchte ich nicht allzu sehr auf die Möglichkeiten dieses sehr mächtigen Werkzeugs eingehen. Dafür gibt es geeignetere und umfassendere weiterführende Literatur. Dennoch zeige ich auch hier ein kleines Beispiel zur Veranschaulichung, in diesem Fall von einem Portal zum Thema Finanzen und Vorsorge.

Keyword	Besuche	Seiten/Besuch	Durchschnittl. Besuchsdauer	% neue Besuche	Absprungrate
	58.150 % des Gesamtwerts: 49,97 % (116 370)	1,41 Website-Durchschnitt: 1,44 (-1,99 %)	00:00:46 Website-Durchschnitt: 00:00:49 (-5,65 %)	93,32 % Website-Durchschnitt: 92,56 % (0,82 %)	82,36 % Website-Durchschnitt: 81,54 % (1,02 %)
1. [redacted]geldautomaten	1.298	1,36	00:00:43	95,53 %	85,52 %
2. p konto nachteile	919	1,49	00:01:13	95,65 %	75,30 %
3. [redacted]bank	699	2,19	00:02:02	90,84 %	55,22 %
4. kontokorrentkredit formel	368	1,07	00:00:21	95,65 %	93,48 %
5. ratenschutzversicherung	311	1,10	00:00:28	96,14 %	93,89 %
6. [redacted]bankautomaten	303	1,38	00:00:34	94,72 %	81,52 %
7. [redacted] erfahrungen	303	2,43	00:02:19	87,79 %	50,50 %
8. p konto [redacted]	242	1,33	00:00:51	95,04 %	83,88 %
9. [redacted]sms tan	240	1,21	00:00:18	97,50 %	89,58 %
10. [redacted]bank	239	2,28	00:02:21	94,14 %	57,74 %
11. [redacted] mtan	219	1,28	00:00:10	93,61 %	92,69 %
12. [redacted] erfahrung	218	2,65	00:03:11	88,99 %	43,58 %
13. p-konto nachteile	216	1,50	00:01:21	95,37 %	74,54 %
14. konto eröffnen prämie	211	1,27	00:00:23	94,79 %	88,63 %

Bild 2.25 Eine detaillierte Ansicht: Wie viele Besucher des Portals fanden in den letzten Tagen über welchen Suchbegriff bei Google zu eben diesem? Wie viele Seiten schauten sie sich jeweils an, wie lange waren sie auf dieser Seite? Und vieles Weiteres mehr.

Informationen zum Thema „P-Konto" schienen zu diesem Zeitpunkt also sehr gefragt zu sein. Zwar handelt es sich dabei vielleicht nicht unbedingt um die Hauptzielgruppe des Portalbetreibers, aber auch die recht häufige Suche nach dem nicht gerade sehr populären Begriff „Ratenschutzversicherung" könnte entscheidende Hinweise darauf liefern, welche Art von Beiträgen und Beitragsthemen man auf diesem Onlineportal noch ausbauen könnte, um weitere Besucher zu generieren.

Sie sehen also: Nicht nur über das „wie texte ich idealerweise", sondern auch über das „worüber" lohnt es sich nachzudenken. Und dies immer wieder aufs Neue, denn gerade innerhalb des Mediums Internet können aktuelle Trends einfach aufgespürt und somit unmittelbar aufgegriffen werden.

2.2.4.3 Google Instant

Die Technologie namens Google Instant (ehemals Google Suggest) dürfte wohl jeder Internetnutzer kennen, wenn möglicherweise auch nicht unter diesem Namen. Es handelt sich um eine noch relativ neue Suchfunktion des Suchmaschinengiganten, die unter anderem bereits beim Eintippen einer Suchanfrage diese um Wörter oder ganze Phrasen ergänzt, welche der Suchende eventuell meinen könnte.

Nehmen wir beispielsweise einmal an, ein Google-Nutzer möchte sich darüber informieren, welche Dienstleister es gibt, die seine Lebensversicherung aufkaufen würden. Er beginnt also das Wort „Lebensversicherung“ bei Google einzugeben.

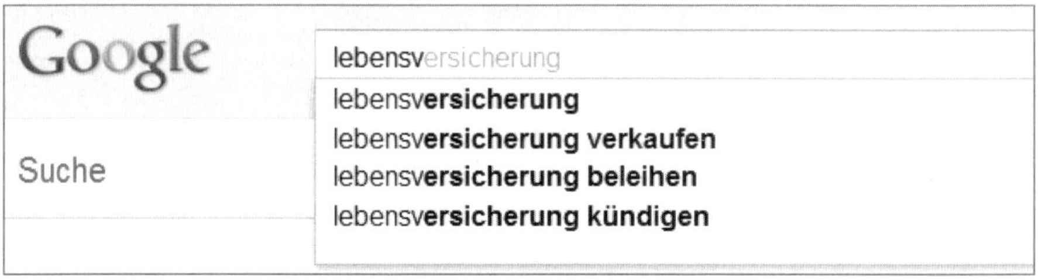

Bild 2.26 Google hilft seinen Nutzern bereits bei der Eingabe in den Suchschlitz: Was könnten diese womöglich suchen?

Und bereits nach wenigen Buchstaben werden ihm vermeintlich passende Suchanfragen präsentiert. Hatte eben dieser Leser nun vor, „Lebensversicherung Ankauf“ oder „Lebensversicherung aufkaufen lassen“ einzugeben, so liegt die Wahrscheinlichkeit sehr nahe, dass er stattdessen nun das – inhaltlich ebenfalls zutreffende – bereits voreingestellte Ergebnis „Lebensversicherung verkaufen“ anklickt. Ein Webtext unter der Überschrift und dem Motto „Lebensversicherung verkaufen“ hat in diesem Fall also wohl mehr Chancen, gefunden zu werden, als ein fast gleichlautender Beitrag unter dem Oberbegriff „Lebensversicherung Ankauf“.

Es kann also durchaus lohnenswert sein, eine Überschrift danach zu gestalten, welche Suchtrends Google momentan seinen Lesern zu dem entsprechenden Thema vorschlägt, denn diese ändern sich immer mal wieder. Sind Sie nun einer der Ersten, der einen neu in Google Instant aufgenommenen Suchbegriff auf diese Weise belegt, so kann der daraus resultierende positive Besucherzuwachs durchaus beträchtlich sein. Das Gleiche gilt für den Fall, dass Sie quasi eine Nische beziehungsweise sehr spezielle Suchanfrage besetzen, die zwar bereits seit Längerem innerhalb von Google Instant gelistet ist, bislang aber erst wenige wirklich passende Suchergebnisse liefert.

2.2.4.4 Der Keyword-Planer von Google

Dieses extrem wertvolle onlinebasierte Werkzeug wird noch des Öfteren in diesem Ratgeber zur Sprache kommen. Vereinfacht gesagt können Sie mit dem frei verfügbaren Keyword-Planer (ehemals Google AdWords Keyword Tool) jederzeit nachvollziehen, wie gefragt, aber auch umkämpft bestimmte Schlüsselwörter Ihrer Branche derzeit in der Suchmaschine von Google sind. Darauf wird sich unter Umständen Ihre komplette Planung für neue, zukünftige Webtexte ausrichten, wie Sie in den nachfolgenden Kapiteln noch anhand konkreter Beispiele sehen werden.

In Ihrer Branche kämpfen sehr viele deutschsprachige Mitbewerber, aber auch sonstige Onlineportale um einen der vorderen Ränge in den Suchmaschinen? Dann können Sie über dieses praktische Werkzeug wichtige suchmaschinenrelevante Textbestandteile, auch Keywords genannt, herausfinden, die weniger umkämpft sind und mit deren Hilfe Sie somit relativ schnell eine eigene kleine Nische innerhalb Ihrer inhaltlichen Disziplin evaluieren werden. Sie wollen Ihre Webseite inhaltlich einem noch breiteren, aber dennoch zielgruppenrelevanten Publikum als bislang öffnen? Auch hier hilft der Keyword-Planer auf der Suche nach alternativen und dennoch lohnenswerten Inhalten für Ihre Onlinetexte.

Ich möchte Ihnen die grundlegende Arbeitsweise des Keyword Tools von Google einmal anhand eines kleinen, beliebig gewählten Beispiels zeigen. Nehmen wir einmal an, Sie betreiben eine Apotheke in Berlin und möchten das Werkzeug von Google für Recherchezwecke rund um Inhalte für das zugehörige Internetportal nutzen. Sie können das Programm zunächst über folgende Adresse aufrufen:

https://adwords.google.com/ko/KeywordPlanner/Home

Sie geben also – gemäß Ihrer Branche – in den Suchschlitz des Keyword-Planers (unter → „Ideen für Keywords und Anzeigengruppen suchen") beispielsweise folgende Wortfolge ein.

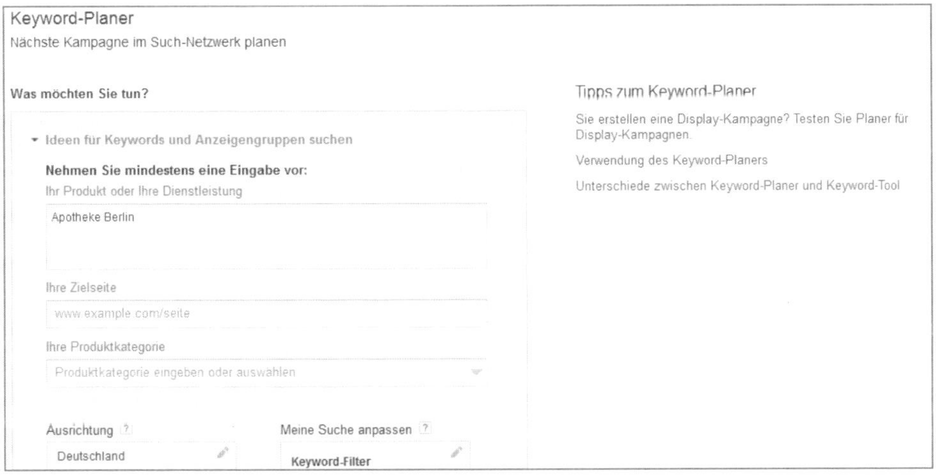

Bild 2.27 Die Suche nach der Suchbegriff- bzw. Keyword-Kombination „Apotheke Berlin" innerhalb des Google Keyword-Planer

Die restlichen Optionen können Sie hierbei erst einmal außer Acht lassen, diese dienen lediglich einer eventuellen späteren detaillierteren Analyse auf lokaler oder aber auch IT technischer Ebene. Wechseln Sie nun in den Suchergebnissen (unter „Ideen abrufen") auf den Reiter *„Keyword-Ideen"*, und öffnen Sie die dort unter *„apotheke berlin"* aggregierte Ergebnisliste. Danach sollten Sie mit einem Klick auf „Durchschnittl. Suchanfragen pro Monat" versuchsweise auch noch nach der Anzahl der Häufigkeit sortieren, wie oft welches der angezeigten Ergebnis-Keywords hierzulande monatlich bei Google von Nutzern gesucht wird, da ansonsten auch Ergebnisse ähnlicher Schreibweisen von „Apotheke" aus dem Ausland dabei sein können, die Sie wahrscheinlich weniger interessieren. Sie dürften nun ein Ergebnis erhalten, das ähnlich wie das in Bild 2.28 abgebildete aussieht.

Anzeigengruppen-Ideen | Keyword-Ideen | Herunterladen | Alle hinzufügen (522)

Keyword (nach Relevanz)	Durchschnittl. Suchanfragen pro Monat	Wettbewerb	Durchschn. CPC	Anteil an mögl. Anz.impr.
apotheken berlin	480	Mittel	0,15 €	0 %
notfall apotheke berlin	320	Niedrig	0,42 €	0 %
pelikan apotheke berlin	320	Niedrig	0,11 €	0 %
adler apotheke berlin	170	Niedrig	0,00 €	0 %
mommsen apotheke berlin	170	Niedrig	0,00 €	0 %
apotheke notdienst berlin	320	Niedrig	0,08 €	0 %
bong apotheke berlin	90	Niedrig	0,00 €	0 %
online apotheke berlin	260	Hoch	0,54 €	0 %
homöopathische apotheke berlin	170	Mittel	0,39 €	0 %

Bild 2.28 Ähnliche Keywords zu „Apotheke Berlin“ mit weiterführenden Informationen wie der Anzahl der monatlichen Gesuche bei Google oder der Online-Wettbewerbssituation zu eben diesem Keyword

Was sagt uns nun dieses Ergebnis, wenn man die resultierende Tabelle komplett durchforstet oder nach einzelnen Spalten wie den Suchanfragen oder dem Wettbewerb filtert? Zum Beispiel Folgendes:

- Das Keyword „Apothekenvergleich“ scheint zwar recht umkämpft zu sein (Wettbewerb = „hoch“), man sollte es bei beinahe 10 000 monatlichen Suchanfragen jedoch nicht aus den Augen lassen, sondern in die eigenen Beiträge mit einbauen, wenn man entsprechende Inhalte für eine Apotheken-Webseite erstellt.
- Der Vertipper „Aphoteke“ wird immerhin 4400-mal monatlich in den Suchschlitz von Google eingegeben (zu solchen Vertipper-Keywords erfahren Sie in Kapitel 5.1.7 noch mehr).
- Es gibt einen recht gefragten Suchbegriff „berlinapotheke“ in zusammengeschriebener Form, hinter dem entweder ein lokal gebräuchlicher Begriff, eine Marke bzw. ein konkreter Apothekenname oder aber auch schlicht die „Faulheit“ der Google-Benutzer stecken könnte

Ich möchte an dieser Stelle gar nicht so sehr auf die jeweiligen Einzelheiten eingehen, da wir diese noch im weiteren Verlauf kennenlernen werden. Sie haben nun aber sicherlich ein Gefühl dafür bekommen, welche schönen Dinge man mit dem Keyword Tool von Google so alles „anstellen“ kann. Zumal bei einer Vertiefung vergleichbarer Recherchen in der Regel für jede Branche noch weit interessantere Details sichtbar werden, die für die Erstellung von Onlinetexten hilfreich sein können, um von potenziellen Lesern und damit Kunden auch über möglichst viele dieser Phrasen „gefunden“ zu werden.

HINWEIS: Für den Aufruf des Keyword-Planers von Google benötigen Sie ein – kostenfrei verfügbares – Benutzerkonto bei dem Suchmaschinenanbieter. Ein solches lässt sich bei Bedarf unter der Adresse *https://accounts.google.com/SignUp* anlegen. Zwar sammelt Google über ein derartiges Konto unter Umständen jede Menge Daten über Sie und Ihre Internetnutzung, je nachdem, welche einzelnen Bestandteile dieses Benutzerkontos Sie zukünftig nutzen. Im Gegenzug erhält man jedoch ein mächtiges und obendrein (derzeit noch) für jeden nutzbares Recherchewerkzeug des Marktführers, welches auf diese Weise aktuell nur von Google bereitgestellt wird und die eigene Onlinemarketing-Strategie um einiges effizienter werden lässt. ■

2.2.4.5 Google News und die Google Blogsuche

Sie sehen schon anhand der Häufung des Namens „Google“, dass das Unternehmen aus Mountain View zahlreiche hilfreiche und vor allem kostenfrei verfügbare Werkzeuge bereitstellt, um nach den passenden Themen für Ihre Onlinetexte recherchieren zu können.

Gerade Texte mit „News“-Charakter auf Ihrer Unternehmenshomepage oder gar dem Corporate Blog sollten möglichst ständig erweitert werden und dabei vor allem eines sein: aktuell. Das wissen wir nun schon. Je nach Branche, aber auch je nach dem Stand der Vernetzung im Rahmen Ihrer unternehmerischen Tätigkeit, ist es jedoch gar nicht immer so einfach, auf dem neusten Wissensstand zu bleiben, etwa was neue Trends in der Branche, aber auch bei Ihren Mitbewerbern anbelangt. Doch nur wenn Sie diese Trends und Neuerungen kennen, nur dann werden Sie in der Lage sein, mit eigenen, ebenfalls möglichst tagesaktuellen Onlinebeiträgen auf diese sich neu ergebenden Tatsachen zu reagieren. Ein sehr gutes Recherchewerkzeug stellt hierfür der Bereich „Google News“ dar, erreichbar unter der Adresse

http://news.google.de

oder aber auch über einen Klick auf *„News“* im oberen schwarzen Balken der normalen Google-Startseite. Bleiben wir einmal in der bereits zuvor genutzten Branche und geben „Apotheke Berlin“ in die Google-News-Suche ein, worauf verschiedenste lokale, aber auch internationale Nachrichtenquellen bis hin zu Onlineportalen und Blogs auf dieses Stichwort hin analysiert werden (siehe Bild 2.29). Nicht immer wird das zugehörige Ergebnis wirklich vollkommen relevant für Ihr Geschäftsmodell sein. In der nachfolgend gezeigten, beispielhaften Abbildung würde ein Apotheker in der Hauptstadt jedoch immerhin sehr aktuell – und damit womöglich lange vor anderen seiner Nachrichtenquellen – erfahren, dass:

- der Mitarbeiterschwund in den Apotheken weiter voranschreitet (was er wohl schon wissen dürfte), daraus ließe sich etwa ein Beitrag auf dem eigenen Onlineportal der Art verfassen „Apotheken streichen weiter Personal, wir hingegen haben erst jüngst einen neuen Ausbildungsplatz geschaffen“,

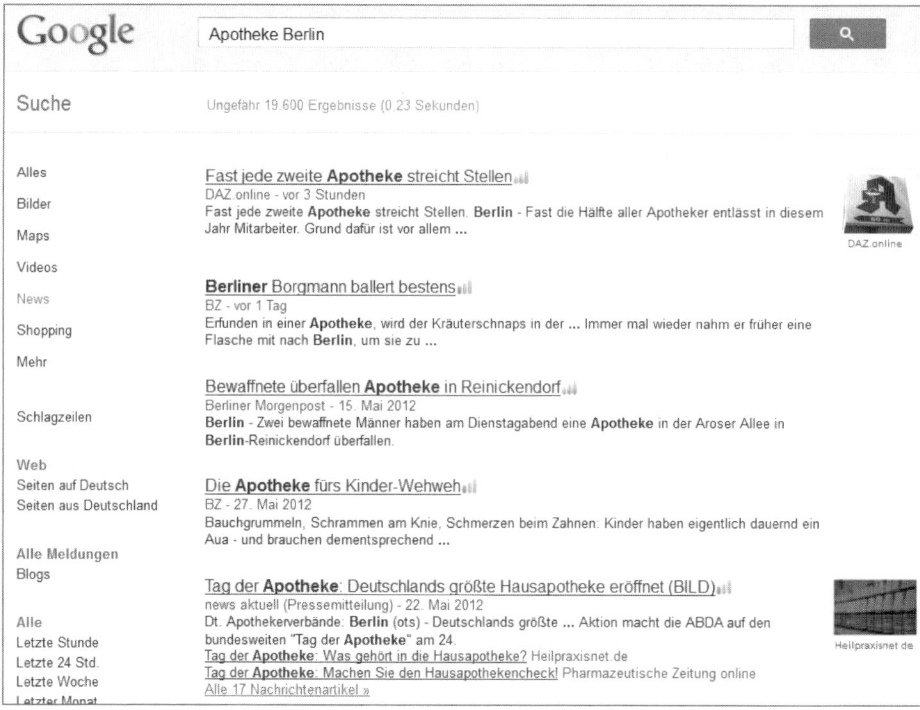

Bild 2.29 Welche Online-„News“ gibt es aktuell rund um das Stichwort „Apotheke Berlin“? Google weiß auch hierfür die Antwort.

- eine große Berliner Zeitung eine neue Online-Ratgeberserie zum Thema „Hausapotheke für Kinder“ gestartet hat, eine schöne Ideenvorlage also für eine eigene Textserie zu eben diesem Thema,
- gerade eine Aktion zum Thema „Arzneimittelfälschungen“ an den Start geht, sicherlich ebenfalls einen Beitrag und möglicherweise auch eine (Link?-)Kooperation mit dem zugehörigen Portal oder Verband wert.

Alles in allem durchaus lohnenswerte Themenquellen also, was dem Apothekenbesitzer einen echten Wissensvorsprung und damit Wettbewerbsvorteil verschafft. Ähnlich verhält es sich mit der Google Blogsuche unter

www.google.de/blogsearch

die, wie der Name ja schon sagt, professionell, aber eben auch privat betriebene Weblogs aller Art durchforstet. Dies ist insbesondere deswegen interessant, weil die meisten Blogger in der Regel über Nachrichtenquellen verfügen, die sich kommerziellen Onlineportalen oft nicht so einfach und schnell erschließen. So nutzen beispielsweise Institutionen der unterschiedlichsten Art die als besonders unabhängig und werthaltig gesehenen Blogportale, um dort ihre jeweiligen Neuigkeiten zu lancieren – meist oft lange bevor traditionelle Medien hiervon erfahren, und teils gar exklusiv. Sie werden über die Blogsuche von Google demnach auf Anregungen für neue Textbeiträge auf Ihrem Onlineportal stoßen, die Sie sonst innerhalb des World Wide Web vergeblich suchen würden (siehe Bild 2.30).

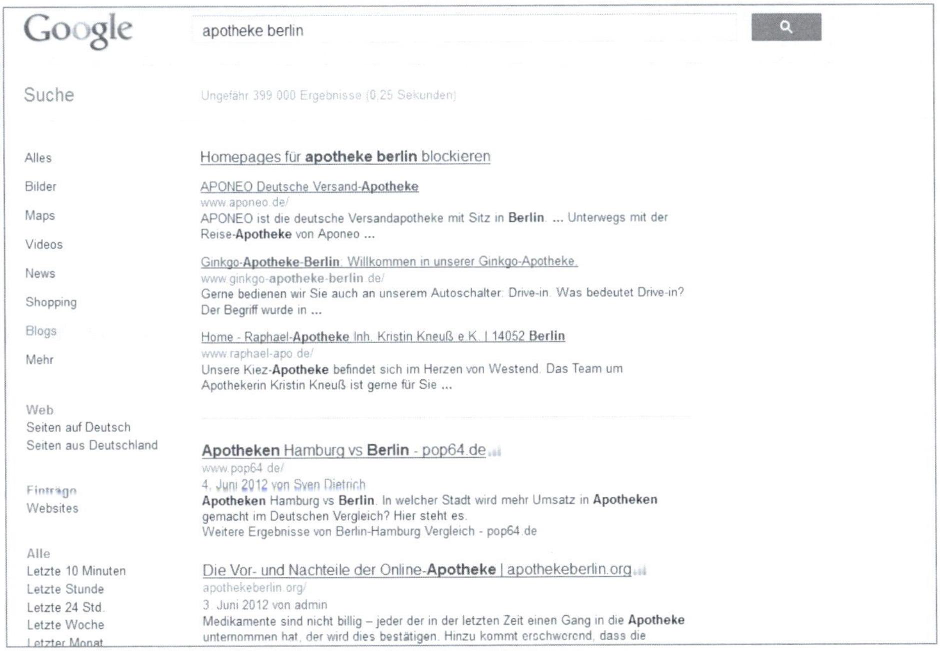

Bild 2.30 Was wissen Weblogs über die Apothekerszene in der Hauptstadt zu berichten?

In unserem konkreten Beispielfall erfahren wir somit im Blog einer Berliner Apotheke, dass dort ein neuer „Apotheken-Drive-in-Autoschalter" eröffnet wurde. Wir bekommen weiterhin Argumentationsgrundlagen für unsere eigene Webseite zum Thema „Die Vor- und Nachteile der Online-Apotheke" an die Hand oder wir erfahren Spannendes zum Thema „Umsatz von Apotheken in Hamburg versus Berlin". So manch eine kleine, versteckte Perle kann sich also unter derartigen Recherche-Ergebnissen tummeln.

PRAXISTIPP: Für die Google Blogsuche lässt sich übrigens eine sehr praktische Benachrichtigungsfunktion für neue Suchergebnisse erstellen, die dann als E-Mail abonniert werden kann (siehe Bild 2.31). Dieses Hilfsmittel versteckt sich unterhalb der Suchergebnisse in dem dezenten Punkt *„E-Mail-Benachrichtigung für … erstellen"*. Dort können Sie dann noch einstellen, welche Nachrichtenquellen herangezogen werden sollen (beispielsweise nur Blogs oder auch die Google News), wie häufig Sie die Ergebnisse erhalten möchten und an welche E-Mail-Adresse diese geschickt werden.

Die so erstellten „Alerts" können jederzeit in ihren Einstellungen geändert oder auch gelöscht werden. Somit erhalten Sie in einem zuvor festgelegten Turnus quasi regelmäßig Suchauszüge aus den einzelnen Recherchetools zu den festgelegten Keywords, die Sie für Ihre Textvorbereitung und -themenfindung nutzen können. Solche „Alerts" können dabei für beliebig viele Keyword-Kombinationen beziehungsweise Suchanfragen eingerichtet und bequem verwaltet werden. ■

Bild 2.31
Die Google Alerts informieren regelmäßig per E-Mail über neue, für Ihr Unternehmen relevante Suchergebnisse.

Übrigens, am Rande erwähnt: Nutzen Sie die beiden genannten Tools zudem dafür, herauszufinden, was das World Wide Web und dessen Nutzer über Ihr Unternehmen zu sagen haben. Denn auch solche Onlineinhalte können über Google durchaus gefunden werden:

Bild 2.32
Das Internet macht so manches transparent, was die Unternehmen wohl lieber für sich behalten würden.

Hätte das hier genannte Kreditinstitut einen entsprechenden „Alert“ bei Google geschaltet, so wären die zuständigen Mitarbeiter möglicherweise rechtzeitig informiert worden und hätten auf den abgebildeten Missstand schnell reagieren können. Ein solches negatives Webfeedback trifft nicht nur die großen Unternehmen. In unzähligen Portalen kann heutzutage jeder Handwerker, jedes Autohaus um die Ecke von der Internetgemeinde beurteilt werden, ob positiv oder negativ. Was wissen die Nutzer von Google & Co. möglicherweise bereits von Ihrem Unternehmen, von dem Sie selbst bislang noch nichts erfahren haben?

2.2.5 Was gibt es schon und was noch nicht?

Die nun folgende Thematik möchte ich anhand eines kleinen Beispiels verdeutlichen. Ein durch meine Agentur betreutes Finanzportal vermarktet online den Zugang zu diversen Kontomodellen unterschiedlicher Finanzdienstleister. Mit viel Aufwand wurden dabei die einzelnen Anbieter miteinander verglichen, positive, aber auch verbesserungswürdige Aspekte der jeweiligen Konten analysiert und genannt, Kundenstimmen und Expertenmeinungen eingeholt und vieles Weiteres mehr. Die qualitativ hochwertige Machart der zugehörigen Onlinetexte stand dabei stets im Vordergrund, so wurden beispielsweise die unabhängigen Expertenmeinungen sowie werbliche Aspekte strikt voneinander getrennt, was die Leser auch honorierten. Insbesondere die regelmäßig veröffentlichten unabhängigen Leserberichte zu den diversen auf dem Portal aufgeführten Banken sorgten für einen kontinuierlichen Leserzuwachs.

Besondere Aufmerksamkeit erreichte eines Tages jedoch ein Bericht, der einmal nicht – wie ansonsten auf diesem Portal üblich – schilderte, bei welchem Kreditinstitut man aktuell am besten und zinsgünstigsten ein Konto *eröffnet*, sondern ein Text, wie man denn eigentlich vorgehen muss, wenn man die Hausbank wechseln möchte und demnach ein Konto zunächst *kündigt* oder schließt. Es wurde also einfach die Perspektive gewechselt. Die marketingtechnische Zielgruppe des Portals sind natürlich hauptsächlich all jene Verbraucher, die sich über eine Kontoeröffnung informieren wollen. Doch genau der gegenteilige Aspekt, die Schließung einer Kontoverbindung, brachte besuchermäßig und damit teilweise auch ergebnismäßig eine weit größere Resonanz zutage als die meisten zuvor verfassten Beiträge. Dennoch gehörten selbst diese Leser zu der eigentlichen Zielgruppe, denn wer ein Bankkonto schließt, der eröffnet in aller Regel gleich wieder ein neues.

Was will ich Ihnen mit diesem Beispiel sagen? Wenn Sie Designerstühle vertreiben, dann gibt es im Internet höchstwahrscheinlich bereits unzählige vergleichbare Texte und damit Argumente Ihrer Mitbewerber, warum denn ausgerechnet ihr jeweiliges Sitzmöbel das überzeugendste auf dem gesamten Markt sein sollte. Wenn Sie hingegen vordergründig und ganz praktisch schildern, was einen Designerstuhl eigentlich erst zu einem solchen werden lässt, wie man gute von mangelhafter Qualität unterscheiden kann, welche Stilrichtungen es eigentlich gibt, welches Werk zu welcher Einrichtung und welchem Budget passt, warum fair gehandelte Rohstoffe diese Auszeichnung nicht in jedem Fall verdienen, wie der (heimische) Fertigungsprozess konkret aussieht etc., so wechseln Sie nicht nur Ihre Perspektive, Sie werden auch neue Leser- und somit Kundengruppen ansprechen.

Erinnern Sie sich noch an das Beispiel von der Ikea-Webseite? Hier wurde ein ähnlicher Effekt ausgenutzt. Man versuchte dort nicht etwa, die Suchmaschinennutzer auf das eigene Portal zu lenken, die danach suchten, wo man eine neue Küche am besten kaufen kann, sondern jene, die schlicht und einfach erst einmal in Erfahrung bringen wollten, wie man vor der konkreten Planung einer neuen Küche vorgeht. Wie man diese also beispielsweise erst einmal ausmessen kann, um sich dann in das Fachgeschäft der Wahl zu begeben. In diesem Fall dürfte die Wahrscheinlichkeit relativ hoch sein, dass die Besucher – können sie mit den genannten Instruktionen etwas anfangen und erhalten sie durch diese einen Mehrwert – auch das Einrichtungshaus von Ikea als Anlaufstelle zumindest in Erwägung ziehen, selbst wenn ursprünglich eigentlich der Mitbewerber um die Ecke als erste Adresse für den Küchenkauf angedacht war.

2.2.6 Allgemeines Interesse versus Spezialinteressen

Zum Schluss noch ein eher allgemeiner Ansatz oder besser eine Herangehensweise, wie Sie bei Ihrer Themenfindung überprüfen können, ob eine Inhaltsidee auch tatsächlich auf Interesse bei Ihren Lesern stoßen könnte. Der bekannte Journalismuslehrer Walther von La Roche zitierte in seinem Standardwerk *Einführung in den praktischen Journalismus* neun wichtige Faktoren, die grundsätzlich bei Textbeiträgen jeglicher Art als „Interessenstreiber" fungieren können. Dabei handelt es sich um:

1. Prominenz
2. Nähe
3. Gefühl
4. Sex
5. Fortschritt
6. Folgenschwere & Wichtigkeit
7. Konflikt & Kampf
8. Dramatik
9. Kuriosität

Will heißen, wenn einer oder möglichst viele dieser Faktoren in einem Text angesprochen werden, so weckt dies prinzipiell das Interesse einer potenziell vorhandenen Leserschaft.

Das Problem dabei: Während sich der eine Leser von dem Spiel rund um Leidenschaft und Erotik in einem Text oder in einer Werbeanzeige angesprochen fühlen mag, so kann ein anderer potenzieller Kunde von Ihnen damit vielleicht überhaupt nichts anfangen. Diesen zweiten interessiert möglicherweise viel mehr der reine fortschrittliche, technische Aspekt (ein gutes Beispiel hierfür wären die Werbeanzeigen für hochwertige, schnelle Automobile, die ja zumeist immer mit beiden genannten Aspekten ködern). Das Stichwort „Sex sells" wäre zumindest bei einem solchen Interessenten möglicherweise fehl am Platz. Hier gilt es also, immer gegeneinander abzuwägen, von welchen der unterschiedlichsten Interessenstreiber sich Ihre Kernklientel wohl am ehesten angesprochen fühlt und welche davon überhaupt zu Ihrem Geschäftsmodell sowie zu Ihrer Corporate Identity und Ihren Unternehmensrichtlinien passen. Denn mag Ihre Zielgruppe, wie eben fast alle Konsumenten, noch so sehr durch den Faktor „Kuriosität" angezogen werden – zu einem Hersteller für Scherzartikel und dessen Onlineshop dürfte dieser Aspekt wohl eher passen als zu einer Versicherungsagentur.

Ebenso werden Ihre Texte von Natur aus immer auch zahlreiche Spezialinteressen ansprechen, vor allem bei erklärungsbedürftigen oder eher technischen Produkten und Dienstleistungen. Vermarkten Sie über Ihre Internetseite also Spezialsignalsteuerungen für Modelleisenbahnen, so wird sich eben der Hobbybastler mit dem Spezialinteresse „Modellbau" deutlich eher hiervon angesprochen fühlen als sonstige Konsumenten. Dennoch ist ja nicht ausgeschlossen, dass sich auch ein solcher sonstiger Konsument durchaus für Modelleisenbahnen und damit irgendwann auch für die zugehörige Steuerung interessieren könnte, etwa dann, wenn sein Nachwuchs in das entsprechende Alter für dieses gemeinsam zu pflegende Hobby kommt. Beim Verfassen Ihrer Onlinetexte sollten Sie also immer gut abwägen und möglichst stets beiden Parteien Ansatzpunkte für die nähere Beschäftigung mit

Ihren Inhalten bieten. Wäre in dem genannten Fall ein Webfachbeitrag nur auf all jene ausgerichtet, die sich schon seit Jahren oder gar Jahrzehnten mit dem Modellbau beschäftigen, so könnte die zugehörige Fachterminologie Einsteiger in die Materie grundsätzlich abstoßen. Ein allzu „laienhafter" Beitrag hingegen würde wohl von den Profis kaum wahrgenommen oder könnte gar Ihrem Ruf als Expertenunternehmen schaden.

PRAXISTIPP: In der Praxis lässt sich ein solcher Spagat zwischen Fach- sowie Allgemeininformationen beispielsweise dadurch lösen, dass Sie auf ein und derselben Seite Ihrer Homepage auf verschiedene Unterseiten verlinken, die jeweils unterschiedliche Zielgruppen mit unterschiedlichen Wissensständen ansprechen. Oder aber Sie verweisen in einem Expertenartikel gleich zu Beginn auf einen weiterführenden, begleitenden und erklärenden Beitrag für all jene, die sich durch die gegebenen Informationen überfordert fühlen.

Einen Königsweg gibt es gerade bei der Ansprache recht unterschiedlicher Kundengruppen wohl kaum. Hier sollten Sie mit verschiedenen Möglichkeiten der Content-Trennung experimentieren und so nach und nach herausfinden, welche Vorgehensweise sich als am zielführendsten beziehungsweise umsatzträchtigsten erweist. Auch über eine Kommentarfunktion bei den entsprechenden Artikeln oder im Rahmen einer kleinen Leserumfrage können Sie Ihre Leser in diesem Fall auffordern, Ihnen Feedback darüber zu geben, wie verständlich oder eben auch nicht verständlich die geschilderten Informationen sind. ■

Um in diesem Zusammenhang die Außenwirkung Ihrer Onlinetexte erfassen zu können, so lohnt sich immer auch ein möglichst neutraler Blick auf die Inhalte Ihrer Web-Präsenz. In der letzten Zeit sind im deutschsprachigen Internet zahlreiche Usability-Testing-Dienste auf den Markt gekommen, die oftmals für ein überschaubares Budget Ihren Onlineauftritt von externen Fachkräften oder auch Laien auf die jeweilige Benutzerfreundlichkeit hin überprüfen lassen. Einen solchen Dienst könnten Sie jedoch auch dazu nutzen, eine Einschätzung über die Verständlichkeit sowie die Wirkung Ihrer Texte zu erhalten. Vor allem hinsichtlich des Faktors „Allgemeines Interesse" beziehungsweise der Verständlichkeit für Nicht Experten wird Ihnen dies so manchen Ansatzpunkt dazu liefern, Ihre zukünftige Textstrategie möglicherweise noch einmal anzupassen. Zum Auffinden vergleichbarer Dienstleister können Sie die Stichworte „Usability Test" in eine Suchmaschine Ihrer Wahl eingeben, da der Markt hier derzeit noch recht in Bewegung ist.

3 Webtexte schreiben II – Praxis

3.1 Wirkungsvolle Texte schreiben

Nachdem wir uns im vorangegangenen Kapitel mit den eher theoretischen Grundlagen wirkungsvoller Webtexten beschäftigt haben, wollen wir nun zum praktischen Teil übergehen. In den folgenden Abschnitten werden Sie zahlreiche weiterführende Möglichkeiten und Verfahrensweisen kennenlernen, die Ihnen dabei helfen, das notwendige Grundgerüst für Ihre Onlinetexte zusammenzustellen. Wie sieht ein möglichst erfolgreicher Webtext denn nun ganz konkret aus? Wie erstelle ich eine Überschrift, den Teaser und weitere Bestandteile sowie den eigentlichen Text an sich, um meine Leser von den Inhalten überzeugen und Kaufsignale setzen zu können? Dem wollen wir in diesem Kapitel Stück für Stück auf den Grund gehen.

3.1.1 Die Überschrift

Ein Hinweis zu Beginn: In diesem Abschnitt werde ich auf zahlreiche Aspekte eingehen, die auch für die Optimierung sonstiger Textbestandteile von großer Bedeutung sind. Ich möchte diese Aspekte in den weiteren Abschnitten verständlicherweise nicht noch einmal wiederholen, um Sie als Leser nicht zu langweilen. Hören Sie bei den nachfolgenden Ratschlägen also ganz genau hin (beziehungsweise besser: lesen Sie mit) und behalten Sie stets im Hinterkopf, dass es sich um generelle Ansätze für eine gute „Schreibe“ handelt.

Gerade bei eher redaktionellen Beiträgen, im Corporate Blog, aber auch bei beschreibenden und ergänzenden Texten in einem E-Shop ist die Überschrift meist von enormer Tragweite und entscheidet in sehr kurzer Zeit nicht nur darüber, ob der Webseitenbesucher Ihren Inhalten eine Chance gibt. Es fällt damit auch gleichzeitig ein Urteil über Ihren kompletten Onlineauftritt an sich. Natürlich gehören zu diesem enorm wichtigen ersten Eindruck auch weitere Faktoren als rein nur eine Überschrift, wie beispielsweise:

- Der Name der Domain, die Art der Top-Level-Domain (*.de* oder *.biz*?)
- Die Ladezeit
- Ein möglichst offenes, übersichtliches, zielgruppenorientiertes und professionelles Layout sowie Design
- Helle Farben, freundliche, emotionale und wirkungsvolle Fotos und Grafiken

- Identitäts- und vertrauensstiftende Elemente wie etwa eine „Über uns"- oder Autorenbox, Testimonials, Social-Media-Elemente mit möglichst vielen „Fans" etc.

Doch dann wird sich das Augenmerk des Betrachters ganz von alleine und unbewusst den hervorgehobenen Textelementen meist im oberen linken Bereich Ihrer Homepage zuwenden, also für gewöhnlich den Überschriften.

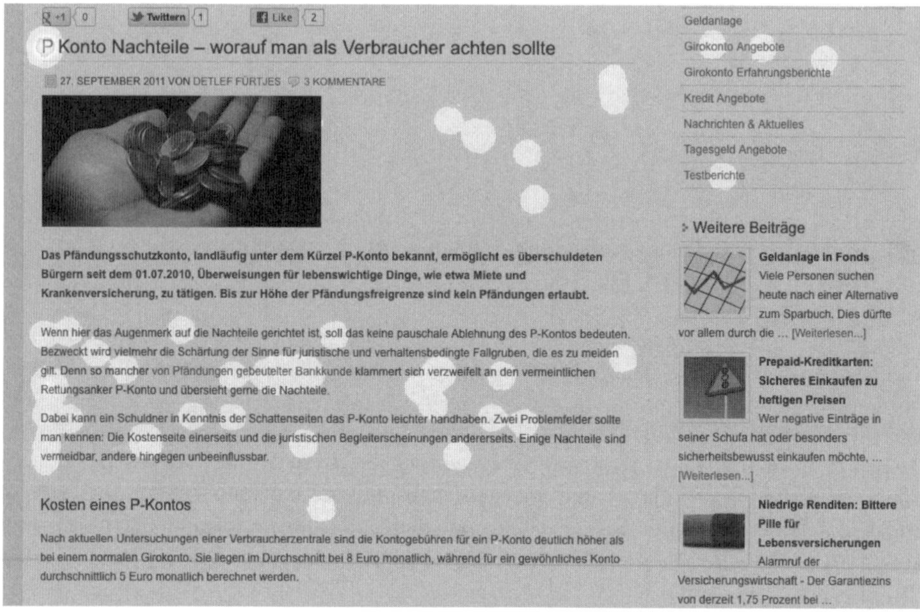

Bild 3.1 Sogenannte „Heatmap"-Analysen zeigen auf, für welche Bestandteile einer Webseite sich die Besucher am meisten interessieren. In der Regel liegen diese im linken oberen Feld des sichtbaren Bereichs.

Beim „Scannen" eben dieser Überschriften stellt und beantwortet sich der Besucher innerhalb von Sekundenbruchteilen eine Unmenge an Fragen, die dann sein Gesamturteil bilden und über die zwei möglichen Optionen „weiterlesen" oder auch „Abbruch und wegklicken" entscheiden:

- Handelt es sich um das richtige Thema?
- Könnte meine (Such-)Frage hier wohl beantwortet werden?
- Handelt es sich um eine eher werbliche Seite bzw. vergleichbare Inhalte oder nicht? Ist es ein unabhängiger oder ein Herstellertext?
- Welcher Art ist der Beitrag (Berichterstattung, Produktbeschreibung, Interview, Reportage, Nachricht, Blog- oder Forenbeitrag, Pressemeldung, persönliche Stellungnahme, Bildergalerie, Video etc.)?
- An welche Zielgruppe richtet sich der Text (Fach- oder Expertenbeitrag, Information für Laien, für Verbraucher, Partner, eher unternehmensinterne Informationen und so weiter)?
- Wie umfangreich, aber auch zielführend sind die gegebenen Informationen?

Unterschätzen Sie diese oftmals im Unterbewussten ablaufende Fähigkeit Ihrer Onlinebesucher nicht, sich alleine anhand der Überschrift und möglicherweise noch den ersten nachfolgenden Wörtern, maximal ein bis zwei Sätzen, ein schnelles Urteil darüber zu bilden, ob der angezeigte Inhalt sie weiterbringt oder etwa nicht. Egal wie professionell und werthaltig Ihre Texte auch immer sein mögen, erzeugen diese in den ersten Sekunden einen Eindruck, der nicht mit dem eigentlichen Inhalt und/oder dem Ziel Ihrer Bemühungen übereinstimmt, so haben Sie bereits verloren. Stimmen die oben genannten äußerlichen Faktoren Ihres Onlineauftritts und haben Sie dennoch – was sich beispielsweise mittels Google Analytics sehr gut herausfinden lässt – mit einer hohen Abbruchquote beziehungsweise einer niedrigen durchschnittlichen Besuchsdauer zu kämpfen, so liegt dies mit hoher Wahrscheinlichkeit an Ihren Inhalten und hier in erster Linie an der Überschrift. Viele im Internet erfolgreiche Unternehmen prüfen beispielsweise regelmäßig über sogenannte A/B-Tests die Wirkung Ihrer Webseitengestaltung, aber eben auch Ihrer Überschriften. In diesem Fall bekommt ein Teil der Besucher Überschrift A angezeigt, ein anderer Teil Überschrift B. „Wie reagiert das Publikum auf welchen Titel?", lautet dann die Frage. Denn die Unterschiede in den zuvor genannten Erfolgskennzahlen können je nach gewählter Überschrift enorm sein.

Doch welche Wege gibt es nun, eine Überschrift (oder sonstige Textelemente) zu einem Beitrag, Produkt oder was auch immer möglichst optimal und wirkungsvoll zu gestalten? Nachfolgend stelle ich einige wichtige Möglichkeiten vor.

3.1.1.1 Aufmerksamkeit um jeden Preis!?

Im Unternehmenskontext nicht ganz ungefährlich ist diese oftmals als etwas „kundenfängerisch" verschriene Form der Überschriftengestaltung. Und dennoch kann sie, wie sich in der Praxis immer wieder unter Beweis stellt, den Unterschied zwischen einem erfolgreichen und einem weniger erfolgreichen Internetauftritt ausmachen.

Ich möchte Ihnen ein paar Beispiele nennen:

Der in Kapitel 1 erwähnte Bäcker mit seiner neuen Tortenkreation könnte den zugehörigen Beitrag auf seiner Homepage, in seinem News-Bereich oder in seinem Blog nun betiteln mit „Neue Sahnetorte im Sortiment – Kunden nehmen das Produkt gut an". Eine wirkungsvolle Alternative wäre jedoch möglicherweise etwas wie „Schlemmen ohne Reue: Bäckerteam macht gerne Überstunden".

Einer der meistgelesenen Beiträge auf einem meiner Portale ist schlicht und einfach betitelt mit „Ordnung muss sein". Hätte ich stattdessen – was inhaltlich durchaus näher liegt – geschrieben: „Neuer Büroservice in der Schweiz eröffnet", so bekäme der entsprechende Beitrag sicherlich deutlich weniger Klicks, egal ob nun von Google oder seitenintern. Dennoch muss, was die Suchmaschinen anbelangt, ein solcher Text erst einmal gefunden werden, doch dazu mehr im folgenden Unterkapitel. „Haribo wird 90 – und ist damit älter als Dein Opa", betitelte der Firmenblog eines Süßwarenvertriebs einen seiner Beiträge. Man hätte den Inhalt auch viel langweiliger ausdrücken können, etwa mit „Mit Süßigkeiten zum Traditionsunternehmen – unser Partner feiert Geburtstag".

Schon schwieriger wird es, wenn man negative Emotionen aufgreift oder ausnutzt: „Wie Yoga den Körper ruinieren kann" überschrieb ausgerechnet ein Anbieter der fernöstlichen Entspannungstechnik einen seiner Beiträge. Dieser dürfte für eine Menge Aufmerksamkeit sorgen und greift – gut recherchiert – die Thematik auf, dass Yoga – falsch oder übertrieben ausgeübt – tatsächlich riskant sein kann. Man erweckt mit einer solchen Überschrift also auch eine Erwartungshaltung, die es zu bedienen gilt. So stolperte ich einst über einen Fachbeitrag zu dem damals neuen sozialen Netzwerk Google Plus mit etwa der folgenden

Überschrift: „Ist Google Plus am Ende?". Der zugehörige Artikel drehte sich jedoch ausschließlich darum, dass eben dieses Netzwerk alles andere als „am Ende" sei, sondern im Gegenteil einen absoluten Aufwärtstrend erlebe. Wie man auch aus den Kommentaren zu besagtem Artikel herauslesen konnte, waren nicht alle Leser wirklich amüsiert ob dieser – in diesem Fall als zu „billig" und durchschaubar empfundenen – Effekthascherei.

Es kommt bei vergleichbaren Überschriftstechniken zudem nicht nur auf die Erwartungshaltung an, die man damit eventuell auslöst, sondern immer auch auf die jeweilige Zielgruppe, aber auch die Intention eines Beitrags. Was innerhalb eines Artikels eines jungen Online-StartUp funktionieren mag, das eignet sich nicht unbedingt für den alteingesessenen Versicherungsmakler. Vergleichbare Aufmerksamkeit erregende Überschriften sollten also zu Ihrer jeweiligen Unternehmenskultur passen, was nicht heißt, dass man nicht auch in einer eher konservativen Branche einmal mit ähnlichen Stilmitteln arbeiten kann. Vielleicht auch gerade, um ein leicht angestaubtes Firmenimage im Zuge der Onlinestrategie ein wenig aufzufrischen und in die Moderne zu übertragen. Nur übertreiben sollten Sie es dabei eben nicht, sondern sich langsam und behutsam an dieses Thema herantasten und stets genau schauen, wie Ihre Leser hierauf reagieren.

Man kann innerhalb einer Onlinepublikation aber nicht ausschließlich mit derartigen Überschriften arbeiten, zu schnell würde das Interesse Ihrer Leser nachlassen, und der positive Effekt könnte dann teilweise sogar in gegenteilige Tendenzen umschlagen. Zudem stellt sich die Frage, ab wann eine solche Überschrift, aber auch ein eher reißerisch verfasster Webtext an sich, manipulative Tendenzen einschlägt oder diese zumindest suggeriert. Nicht wenige Leser reagieren verständlicherweise ungehalten auf derlei versuchte Einflussnahme. Sie sollten es also mit dem „Neugierwecken" niemals übertreiben, sondern dennoch stets sachlich bleiben. Der Grat zwischen Aufmerksamkeitsgewinnung auf der einen und Manipulation auf der anderen Seite hängt dabei sicherlich auch von Ihrer jeweiligen Zielgruppe ab (ist diese eher konservativ aufgestellt oder nicht, kann Ihre Zielgruppe mutmaßlich zwischen einer gewollten Zuspitzung sowie einer neutralen Berichterstattung unterscheiden etc.).

Ein weiterer Nachteil dieser Methode: Das zuvor geschilderte schnelle „Scannen" bzw. Erfassen des eigentlichen Inhalts einer Nachricht durch den Leser ist bei derlei Überschriften nur teilweise möglich. Der Besucher Ihres Portals kann also durch die kreative Überschrift so neugierig geworden sein, dass er dennoch weiterliest, es besteht aber auch die Gefahr, dass er sich stattdessen lieber eine neue Onlinequelle sucht, die schon von vornherein eindeutiger auf seine Fragestellung oder seine Bedürfnisse eingeht.

3.1.1.2 Die Keyword-Technik

Nun folgt eine Technik, die gewissermaßen im genauen Gegensatz zu sämtlichen kreativen Überschriftstechniken steht. Wenn Sie professionell texten, sollten Ihre Werke natürlich möglichst auch gefunden werden, sonst handelt es sich bei der ganzen Professionalität und Arbeit um eine eher vergebliche Liebesmühe. Und wo werden Sie beziehungsweise Ihre Inhalte in der Regel gefunden? In den Suchmaschinen, also bei Google, Bing und Konsorten.

Gehen wir noch einmal zurück auf das Beispiel der Überschrift „Ordnung muss sein". Nehmen wir an, Sie betiteln genau hiermit Ihren neuen, innovativen Büroservice für junge Unternehmen. Interesse mögen diese drei Wörter ja vielleicht wecken, aber wird Ihr Geschäftskonzept hierüber auch gefunden? Ihre potenziellen Kunden werden in Google wohl kaum „Ordnung muss sein“ eingeben, wenn sie Teile ihrer administrativen Tätigkeiten auslagern wollen, sondern viel eher Suchanfragen wie „Büroservice Berlin“, „Sekretariat online“ oder Ähnliches. In diesem Fall sollte also auch Ihre Überschrift möglichst mindestens eines, besser noch mehrere dieser Schlüsselwörter, im Fachbegriff „Keywords“ genannt, enthalten. Schließlich werten Suchmaschinen wie Google gerade die als Überschriften ausgezeichneten Webtexte besonders stark. Das ist genau genommen nur die halbe Wahrheit, denn Google & Co. beziehen natürlich noch eine ganze Menge weiterer Faktoren mit in ihre Suche ein. Wenn beispielsweise der Folgetext nach der Überschrift ebenfalls in ausreichendem Maße mit diesen oder gar ähnlichen Keywords versehen ist, haben Sie dennoch gute Chancen darauf, von der Suchmaschine berücksichtigt zu werden, auch wenn die Überschrift davon völlig abweicht. Trotzdem werden gerade die wichtigen ersten Plätze einer Suche nach „Büroservice Berlin“ wohl eher Seiten enthalten, die auch so oder so ähnlich betitelt sind.

Wie fast überall im Leben macht es auch hier die Mischung. Ihre wichtigsten Haupt- und Einstiegsseiten werden Sie wohl eher mit Schlüsselwort-Überschriften versehen, was jedoch keinesfalls ausschließt, dass diese durchaus insgesamt origineller ausfallen dürfen, als es bei Ihren Mitbewerbern der Fall ist. Google misst nämlich beispielsweise auch, welche Suchtreffer tatsächlich geklickt werden und auf welchen der Besucher dann auch noch längere Zeit bleibt, und bezieht dies in die zukünftigen Auswahlkriterien mit ein. Und gerade wenn fünf von den sechs ersten Ergebnissen – um bei diesem Beispiel zu bleiben – auf „Büroservice Berlin“ lauten, wird Ihre davon leicht abweichende Überschrift mit Sicherheit eher haften bleiben. Dann also schon lieber „Büroservice Berlin – Ordnung muss sein“.

HINWEIS: Ein kleiner Vorausblick auf das Thema Suchmaschinenoptimierung, der an dieser Stelle jedoch ganz gut passt: Wenn Sie alle oder den Großteil Ihrer Überschriften hinsichtlich der immer gleichen Keywords überoptimieren – würde der eben erwähnte Dienstleister also in all seine Beitragstitel die Phrase „Büroservice Berlin“ einbauen –, so kann dies eher schädlich sein. Google würde dies nämlich unter Umständen als Versuch werten, sich innerhalb der Suchmaschinenergebnisse mit wenig werthaltigen (da stets gleichlautenden) Inhalten nach oben zu „mogeln“. Eine Abstrafung und damit ein Listing sehr weit hinten in den Suchergebnissen zu „Büroservice Berlin“ wäre dann die sehr unangenehme Folge. Wie in allen Lebenslagen gilt also selbst hier: Übertreiben Sie es niemals mit solchen Maßnahmen.

Gerade auf den Unterseiten Ihres Onlineauftritts, im Pressebereich oder gar in Ihrem Corporate Blog sollten Sie jedoch durchaus den Mut zu kreativen Überschriften haben, wenn möglich (und passend) auch noch versehen mit einem (wechselnden) für Ihr Unternehmen bzw. die anzusprechende Zielgruppe wichtigen Keyword. Und selbst wenn eine Überschrift völlig atypisch gerät: Sie werden erstaunt sein, welche kuriosen Suchen teilweise zu Ihrem Onlineauftritt führen werden (ebenfalls mittels beispielsweise Google Analytics auswertbar) und wie erfolgreich demnach manchmal solch eine rein kreative und eigentlich nicht wirklich suchmaschinengerechte Überschrift bzw. die zugehörigen Leserzahlen sein können. Außerdem: Würden Sie jeden Ihrer Onlinetexte mit „Büroservice Berlin“ beginnen lassen oder diese Schlüsselwörter in allen Überschriften immer wieder nennen, würden Sie sich wohl nie von Ihren Mitbewerbern absetzen können. Auch die Suchmaschinen dürften nicht allzu erfreut sein, da dies möglicherweise als Versuch gewertet würde, die Suchergebnisse mit dem sogenannten „Keyword-Stuffing", also der unnatürlich häufigen Verwendung bestimmter Wörter, zu manipulieren (siehe die vorangegangene Hinweisbox). Und: Nicht alle Besucher kommen über Suchmaschinen. Werden Sie beispielsweise über einen kreativen (Überschrifts-)Text von einer anderen Webseite verlinkt, so steigern Sie damit oftmals erheblich die Chancen, dass dieser Verweis überhaupt wahrgenommen und auch geklickt wird.

HINWEIS: Einzelne Keywords lassen sich sehr gut über den Google Keyword Planer auffinden und analysieren (siehe Kapitel 5.4). Im weiteren Verlauf werden wir anhand einiger Praxisbeispiele beobachten können, wie man dieses Werkzeug für entsprechende Schlüsselwort-Techniken nutzen kann. Denken Sie jedoch immer daran: Dass einzelne Keywords bei Google sehr oft gesucht werden, heißt noch lange nicht, dass man auch Ihr Portal über diese Begriffe findet, wenn Sie diese einsetzen. Denn je öfter ein bestimmtes Schlüsselwort innerhalb der Suchmaschinen recherchiert wird, umso höher ist in der Regel auch die Anzahl der konkurrierenden Webseiten, deren Inhalte ebenfalls auf dieses Wort oder diese Wortkombination hin optimiert sind.

Neben der reinen Häufigkeit entsprechender Anfragen sollte man bei einer Keyword-Tool-Recherche also immer auch gleichzeitig die Dimension „Wettbewerb" mit berücksichtigen (siehe beispielsweise Bild 2.28 auf Seite 54). Schlüsselwörter, die dort mit „niedrig" gekennzeichnet sind, kommen eher seltener auf Webseiten Ihrer Mitbewerber zum Einsatz, demnach steigt Ihre Chance auf einen der vorderen Plätze in den Suchergebnislisten. ■

3.1.1.3 Off-Topic

Bei dieser Technik geht es nicht nur um reine Überschriften, sondern auch um die Themengestaltung Ihrer Beiträge selbst. Gerade wenn Sie viele Inhalte verfassen (je öfter und verschiedener Sie die Suchmaschinen mit Inhalten „füttern", umso eher werden Sie gefunden, deswegen sind Firmenblogs auch meist so erfolgreich für die Suchmaschinenoptimierung), so wird es Ihnen irgendwann schwerfallen, den tausendsten Bericht zum Thema „Fleischwaren" (für den Metzger) oder den hundertsten Beitrag über „Cloud Computing" (für das Softwareunternehmen) zu verfassen. Machen Sie es anders als die anderen, finden Sie in Ihrer Art und Ausprägung völlig andere Überschriften und damit auch zugehörige Themen als die anderen – so lautet der simple, aber wirkungsvolle Rat, den ich Ihnen mit auf den Weg geben kann (Bild 3.2).

Ein sehr schönes Beispiel habe ich beim bereits erwähnten Süßwarenvertrieb gefunden (siehe Bild 3.3). Eigentlich liegt es nahe, das Thema „Süßigkeiten" mit Artikeln zu den „Helden unserer Kindheit" zu untermalen, denn schließlich naschen nicht wenige Erwachsene (oder kaufen die Süßwaren für ihre Kinder), die sich sicherlich gerne an die Idole und Serienstars ihrer Kindheit und Jugend zurückerinnern. Ein – thematisch – völlig anderer Ansatz also, der dennoch zielführend ist (in diesem Fall jedoch leider bislang nicht regelmäßig weiterverfolgt wurde).

Wie witzig!
Die besten Überschriften des Jahrzehnts

Manche sammeln Kunst, ich sammle Überschriften. SCHLAGfertigeZEILEN, in die Redakteure ihr ganzes Können stecken. Man findet sie nicht im Wirtschaftsteil, wo der Humor noch den Lodenmantel der Nachkriegszeit trägt („Zementindustrie wird neu gemischt", SZ, 11.12.07). Nein, man findet sie in den Feuilletons oder in den Sport- und Reiseteilen, wo die Wörter mit anarchischer Lust malträtiert und sämtliche Musik-, Literatur- und Filmtitel mitleidlos geplündert werden.

1. House und vorbei
   (über das Sterben englischer Musikclubs)
2. Punkt, Punkt, Komma, Stich
   (über die erste Gesichtstransplantation)
3. Dubai sein ist alles
   (über den Bauboom im Emirat)
4. Pop mit Dir, Du Land der Bayern!
   (über die Jugend-Radiosendung „Zündfunk")
5. Leise japsen die Synapsen
   (über die Wahrnehmung des anderen Geschlechts)
6. Es samowar einmal
   (über eine russische Theaterinszenierung in Berlin)
7. Das whirlt schon!
   (über den verbesserungsbedürftigen Wellness-Bereich eines Hotels)
8. Gips mir!
   (über die englische Bildhauerin Rachel Whiteread)
9. Pi mal Daum
   (über den unbekannten Kokainverbrauch eines Fußballtrainers)
10. Stall und Rauch
    (die Weihnachtsgeschichte, neu erzählt)

Wolfgang Michal

Bild 3.2 Einige tolle, unerwartete Überschriften, wie sie unter der leider sehr kryptischen Adresse *www.autoren-reporter.de/index.php?option=com_content&task=view&id=906&Itemid=289* nachzulesen sind.

Bild 3.3 Die Artikelserie „Helden der Kindheit" erinnert liebevoll an Pingu & Co. Da erinnert man sich doch gleich wieder an den Süßwarenladen um die Ecke.

Auch der in Bild 3.4 abgebildete Onlineshop für Familien, Spielzeug und Kinderbekleidung bedient sich dieser Technik.

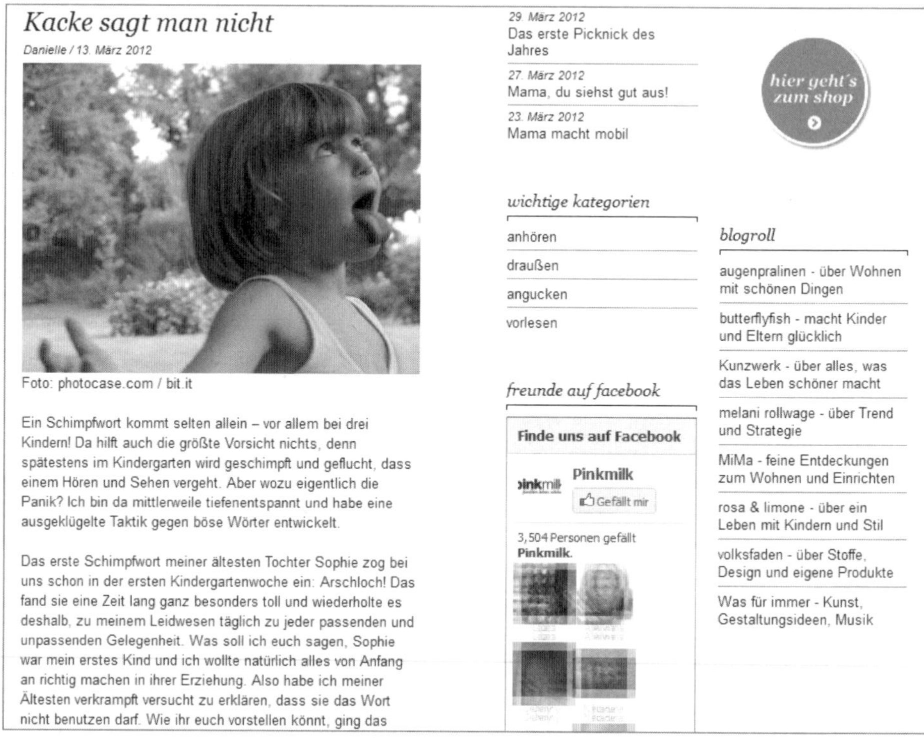

Bild 3.4 Schöne Inhalte für die Familie – man beachte übrigens die unkonventionelle Überschrift.

Der Onlineshop umrahmt sein Programm mit schönen und gerne gelesenen Beiträgen rund um das Thema Erziehung. Und nicht wenige Leser werden – ganz unabhängig vom Shop – über die Suchmaschinen oder die Weiterempfehlung anderer Leser auf diese Beiträge stoßen (oder aber auch, wie in diesem Beispiel gut zu sehen, über den zugehörigen Facebook-Account). Was liegt dann für eben diese Besucher näher, als auch einmal einen kurzen Blick auf die Produkte des Unternehmens zu werfen? Besser und schöner kann man eine indirekte Interessentenansprache wohl kaum gestalten.

Die beiden genannten Beispiele haben nicht wirklich etwas miteinander zu tun, folgen jedoch dem gleichen Prinzip. „Helden der Kindheit" für Süßigkeiten-Fans, Erziehungstipps für Familien auf der Suche nach neuer Kinderkleidung. Nicht nur zur Neukundengewinnung, sondern natürlich auch für das eigene Branding und die Kundenbindung eignet sich eine solche Strategie ganz hervorragend.

3.1.1.4 Antworten geben? Fragen stellen!

Ihre Leser und Kunden suchen Antworten, das wissen wir nun bereits. Und das Internet ist voll von vermeintlichen oder tatsächlichen Antworten. Es gibt sogar komplette Portale, die sich nur darauf spezialisiert haben, für Alltagsfragen aller möglichen und unmöglichen Art eine Lösung zu präsentieren.

Auch Ihre (onlineerfahrenen) Mitbewerber werden jede Menge solcher Lösungsvorschläge und Antworten in Artikelform bereithalten, in der Hoffnung, damit eine möglichst große und zielgruppengerechte Leserschaft zu erreichen. Doch es gibt auch noch eine weitere Möglichkeit, die Aufmerksamkeit auf die eigenen Inhalte zu lenken, indem man innerhalb der Überschrift nicht etwa eine Lösung suggeriert, sondern eine Frage stellt. Menschliche Neugier oder die vermutete Identifizierung des Verfassers mit dem Suchenden scheint in nicht wenigen Fällen dafür zu sorgen, dass Internetnutzer der gleichfalls gestellten Frage den Vorzug geben. Einige Beispiele:

- „Wohnzimmer neu gestalten. Aber wie?" könnte sich etwa der Dekorateur quasi gemeinsam mit seinen potenziellen Kunden überlegen, und dann im Beitrag natürlich Lösungsvorschläge genau hierfür unterbreiten.
- „Welche Altersvorsorge ist die richtige für mich?", so das Pendant eines Finanzmaklers oder eines Kreditinstituts, wobei anschließend möglichst viele Varianten möglichst umfangreich und mit Vor-, aber auch Nachteilen durchleuchtet werden sollten, um glaubhaft zu wirken.
- „Die neuen Sommerfarben im Test: Was steht wem?", diese Frage würde sich für den Mode-Onlineshop eignen, denn nicht gerade wenige (weibliche) Käufer stehen jedes Jahr vor einem ganz ähnlichen Problem.
- Selbst rhetorische, aber auch indirekte Fragen können ein guter Aufhänger sein, um Interesse zu wecken, „Sport ist Mord! Oder etwa nicht?" beziehungsweise „Sport ist Mord? Was Experten raten ..." wären Beispiele hierfür.

Experimentieren Sie einmal ein wenig mit dieser alternativen Form der Überschriftengestaltung und Sie werden schnell erkennen, wie wirksam eine solche in sehr vielen Fällen sein kann. Ähnlich verhält es sich übrigens mit einer Ihrerseits über eine Überschrift formulierte Frage, die gleich noch mit der passenden (mehr oder weniger rhetorischen) Antwort daherkommt. „Sie wollen Stromkosten sparen? Wir haben den passenden Tarif" könnte beispielsweise eine solche Formulierung lauten.

3.1.1.5 Die ultimative Lösung

Aber selbst eine konventionelle Überschrift kann man noch etwas aufpoppen, um die Aufmerksamkeit potenzieller Leser zu erhöhen. Beispiele hierfür finden sich sehr oft etwa auf IT- und Technikmagazinen, wo es dann heißt: „So bekommen Sie Ihr Windows garantiert wieder flott", statt schlicht und einfach: „Windows optimieren leicht gemacht". Oder aber auch: „Windows optimieren: der ultimative Ratgeber", „Das neue Windows: Was Sie wissen müssen", „Insiderwissen Windows", „Exklusiv: Schnelleinstieg Windows" beziehungsweise „Wie Sie das neue Windows bestmöglich nutzen"

Sie sehen, in all diesen Fällen wird sehr oft mit Superlativen oder aber auch implizierten Aussagen gearbeitet. „exklusiv", „ultimativ", „final", „Nur hier:", „erstmals", „einmalig", „garantiert", „Insider", „Geheimwissen", „Weltneuheit", „Hinter die Kulissen geschaut" und Ähnliches, daraus bestünde das Vokabular solcher Überschriften, die eine Lösung nicht nur in Aussicht stellen, sondern quasi per se garantieren. Doch Vorsicht: Derlei maximierte Aussagen sind nicht jedermanns Sache, zu sehr werden sie mittlerweile überstrapaziert, kommen gewissermaßen inflationär zum Einsatz. Und vergleichbare Formulierungen eignen sich auch nicht in jedem Kontext beziehungsweise für jede Zielgruppe. Ein Finanzmakler, der titelt „Insiderwissen: garantiert zur maximalen Rendite", das dürfte heutzutage eher Befremden hervorrufen als aufrichtiges Interesse. In bestimmten Bereichen, wie etwa den eingangs erwähnten IT-Fachzeitschriften, kann die hier genannte Methodik auch schlicht und einfach so voraussehbar sein, dass kaum ein Leser die entsprechenden Superlative und Versprechungen mehr wahrnimmt. Gerade im werblichen unternehmerischen Zusammenhang werden Sie sich zudem schnell, wenn auch vielleicht nur unterbewusst, dem Vorwurf ausgesetzt sehen, mit unseriösen Mitteln zu arbeiten, Aufmerksamkeit nur als Mittel zum Zweck einzusetzen, „Schleichwerbung" zu betreiben oder Ähnliches.

Natürlich weiß jeder potenzielle Kunde, dass Sie als Unternehmen letztendlich Ihre Produkte und Dienstleistungen an den Mann oder die Frau bringen möchten. Doch wird dieses Vorhaben zu direkt, zu aufdringlich formuliert, so wird aus einer freundlichen Kundenansprache schnell ein aufdringliches und unziemliches Verkäufergehabe. Der Grat ist hierbei sehr schmal, und was bei der einen Zielperson Neugierde weckt, kann die nächste fast schon abstoßen - mit nachhaltig negativen Auswirkungen für Ihr Unternehmensbild und Ihre Außenwahrnehmung. Überlegen Sie es sich also gut, wann und ob überhaupt Sie mit derlei Mitteln arbeiten möchten. Denn damit geraten Sie in den Augen Ihrer Zielgruppe möglicherweise in eine Ecke, aus der Sie sich nicht so schnell wieder herausmanövrieren können (Stichwort Abwärtsspirale der Billigheimer- und „Geiz ist geil"-Mentalität).

Bild 3.5 So warb einst ein bekannter Elektronikriese auf seiner Startseite, doch dies hat sich mittlerweile geändert.

Doch zurück zu den positiven Auswirkungen, die eine gezielt ausgewählte Überschrift haben kann, welche die „ultimative" Lösung verspricht. Denn ähnlich verhält es sich mit der Verknappung von Angeboten, wie sie etwa auf zahlreichen Blogs immer wieder sehr gut funktioniert. So lassen Überschriften der Art „Nur noch diese Woche: ..." oder „... - nur für kurze Zeit", aber auch „Neu: ..." die Besuchsraten eines zugehörigen Artikels in der Regel deutlich ansteigen, selbst bei komplexeren Themen wie beispielsweise im Finanzumfeld. Die gute alte Jagd nach Schnäppchen und Vergünstigungen scheint also nach wie vor unsere Kauflust zu wecken, und fast jede Branche kann mit zeitlich oder volumenmäßig begrenzten Angeboten arbeiten. In einem Unternehmenskontext sollten Sie jedoch besser zweimal hinschauen, ob a) eine solche Wortwahl und Mentalität zu Ihnen und Ihrem Angebot überhaupt passt und b) sich Ihre Kunden davon auch wirklich beeindrucken lassen. Zu oft beziehungsweise in zu vielen Beiträgen wird die zugrunde liegende Strategie nicht aufgehen, ohne für Langeweile bei Ihren Besuchern zu sorgen.

3.1.1.6 Struktur, die zieht: „Die 10 ...“, „Die besten ...“

Struktur ist ebenso etwas, was viele Menschen magisch anzuziehen scheint. Wer regelmäßig schreibt, der kennt wohl diesen Effekt: Enthält der Beitragstitel Elemente wie

- „Die 10 Orte in Berlin, die Sie gesehen haben sollten“,
- „Die besten Tipps für den Auto-Frühjahrscheck“,
- „Die schönsten Wohnideen unserer Kunden“,
- „Acht Fragen an ...“,
- „Vorsorge planen von A bis Z“

oder Ähnliches, so sind die Klick- und damit Leseraten oftmals deutlich höher als bei „unstrukturierten“ Überschriften. Fast jeder Mensch sehnt sich nach Struktur, nach Ordnung, gerade wenn er im Internet - bewusst oder unbewusst - nach Antworten sucht. Bei eigentlich genau dem gleichen inhaltlichen Nutzen scheinen ihm die „10 Orte Berlins“ des Reiseveranstalters doch mehr wert zu sein als der „Reiseführer für die Hauptstadt“.

Ein ähnlicher Effekt entsteht übrigens, wenn Sie diese Struktur noch mit einer kleinen Slideshow (dabei handelt es sich um eine Art Online-Diashow) und entsprechend guten bzw. interessanten Bildern hinterlegen. In unserem Beispiel wäre dies eine Zusammenstellung von jedem lohnenswerten Ort in Berlin, jeweils mit einem Foto sowie einem stimmigen Untertitel, durch die sich der Benutzer durchklicken kann. Große Onlinemagazine wie etwa der „Spiegel“ arbeiten sehr oft mit diesem Mittel, bei dem sich Struktur und Spieltrieb ideal ergänzen. Nicht vergessen sollte man jedoch auch hier den Mehrwert der gegebenen Informationen. Wer in einer solchen Auswahl zum millionsten Mal Brandenburger Tor und Reichstag statt spannender Insidertipps als Top 10 präsentiert, der wird wohl kaum punkten können.

Bei derlei strukturierten Inhalten und Webtexten darf man ruhig auch einmal Widerspruch wecken und mit Emotionen arbeiten. Dem Leser müssen in diesem Fall nicht immer unbedingt alle „10“, „besten“, „schönsten“ aufgezählten Punkte gefallen. Gerade die Mischung aus Zustimmung, aber auch gelegentlicher Reserviertheit kann hier eine Authentizität sowie Vertrautheit schaffen, die sich mit keinem Hochglanzprospekt der Welt erzielen ließe.

PRAXISTIPP: Alliterationen, also die Nutzung mehrerer Wörter mit dem gleichen Anfangsbuchstaben, eignen sich ebenfalls als strukturierendes, aber zugleich Aufmerksamkeit erregendes Stilmittel. „Karten, Konten, Kosten: Was Ihre Bank Ihnen nicht verrät“ wäre ein Beispiel hierfür.

Aus vielen Nachrichtenmagazinen bekannt bietet sich zudem die der Alliteration ähnliche Wiederholung ganzer Textelemente an, gerade wenn man mehrere Themenbereiche ankündigen möchte, etwa in einer Artikelserie „Nachgefragt: x im Interview“, „Nachgelesen: Buch y im Praxistest“, „Nachgeschaut: neues Design für Gadget z“ könnte eine solche Folge etwa lauten.

3.1.1.7 Schlüsselwörter, die Ihre Leser lieben

Mit zunehmender Schreibfrequenz werden Ihnen, wenn Sie denn die Auswirkungen Ihrer Onlinetexte und Überschriften gut beobachten, mit der Zeit einige Schlüsselwörter auffallen, die unabhängig von den für Ihre Branche wichtigen rein suchmaschinentechnischen Keywords für Interesse bei Ihrer Leserschaft sorgen. Diese können für jedes Portal – selbst bei sehr ähnlichen Inhalten – vollkommen unterschiedlich ausfallen, weswegen hier leider selbst die Analyse von Portalen Ihrer Mitbewerber kaum Ansätze liefert, um welche „Lieblingsbegriffe" es sich dabei handeln könnte.

Auch kann es Sinn ergeben, beispielsweise in einer Überschrift eine ganz spezifische Zielgruppe direkt und offen mit dem für Sie relevanten Schlüsselwort anzusprechen, gerade dann, wenn sehr unterschiedliche Lesergruppen auf Ihr Portal zugreifen. Als Beispiel dient hier etwa ein „Student und auf Jobsuche? 10 Tipps, die Ihnen weiterhelfen", bei dem gleich zu Beginn klargemacht wird, wer sich von dem Beitrag angesprochen fühlen darf. Gleichzeitig können Sie damit (falls gewünscht) verhindern, dass Personenkreise den Artikel aufrufen, die gar nicht in der Zielgruppe der entsprechenden Vermarktungsaktion stehen.

In einer ähnlichen Richtung sollten Sie vorgehen, wenn Sie mit Ihrem Unternehmen auf einem eher lokalen Markt unterwegs sind. Gerade dann könnte sich die Analyse und Verwendung regionaler Begrifflichkeiten, Formulierungen und gar Redewendungen lohnen, deren Einsatz Ihr Internetportal deutlich von überregionalen Anbietern abheben kann. Vor allem innerhalb der Gastronomie oder in ähnlichen Umfeldern kommen recht häufig bestimmte Nischenbegriffe bei der Onlinesuche zum Einsatz, die sich zur Untermalung der eigenen Inhalte aufgreifen lassen.

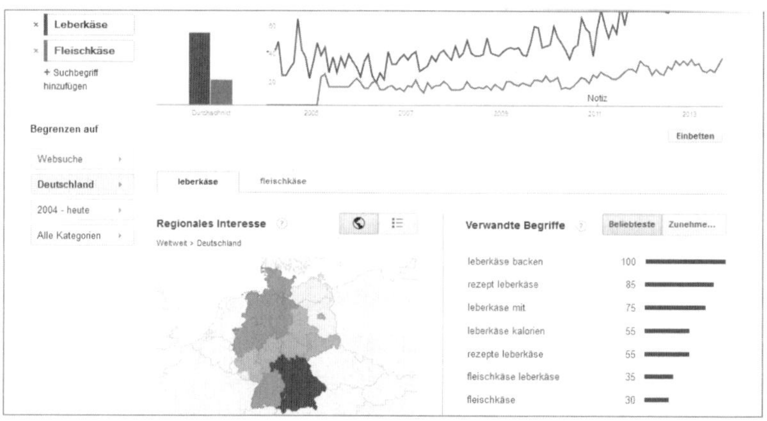

Bild 3.6 Im Nordosten von Deutschland wird es wohl kaum Sinn ergeben, über das Keyword „Leberkäse" regionale Besucher anzusprechen, wie diese Analyse mit Google Trends zeigt. Andererseits hätte dort ein Gastronom, der dieses Stichwort nutzt, wohl kaum Konkurrenz zu befürchten.

3.1.1.8 Die richtige Wortwahl

Der Mehrwert Ihrer Angebote und der entsprechenden Texte stehen stets im Vordergrund, das wurde nun bereits des Öfteren betont. Dennoch lässt sich ein solcher Mehrwert natürlich auch immer noch ein wenig attraktiver machen, wenn die richtige Sprache sowie die richtigen Begrifflichkeiten hierfür zum Einsatz kommen. Ihre Produkte sind zertifiziert und werden auch so bezeichnet? Vielleicht würde es Ihre Zielgruppe noch mehr beeindrucken, wenn man dieses „zertifiziert“ durch „und damit besonders sicher“ ergänzen würde. Sie sprechen von sich als einem „traditionellen“ oder „innovativen“ Unternehmen? Begriffe und Formulierungen wie etwa „vorbildlich/unerreicht“ beziehungsweise „zukunftssicher“ könnten eine gute Alternative hierzu darstellen. Wobei die jeweils genannten Attribute immer auch mit konkreten Argumenten hinterlegt werden sollten, doch dazu gleich noch mehr.

Selbst scheinbare Nachteile Ihrer Dienstleistungen und Produkte lassen sich mit leicht abweichenden Formulierungen oftmals in einem anderen Licht darstellen, wie exemplarisch folgende Beispiele verdeutlichen sollen:

- Bislang nur wenig gekaufte bzw. bekannte Waren und Modelle könnten auch „exklusiv“ sein.
- Klassisch: Ein „lauter“ Standort ist „lebhaft“, der „kleine“ Motor ist „besonders sparsam“.
- Eine „ausgebuchte“ Reise ist „dank der großen Nachfrage bereits wieder in Planung“.
- Der „Zusatzkosten“-Tarif ist „besonders nachgefragt“.

und vieles weitere mehr. Auch hier gilt natürlich: Übertreiben Sie es niemals mit derlei umschreibenden Attributen, damit dies nicht von Ihren Lesern als eine Art Schönfärberei oder auch Mogelpackung erkannt und wahrgenommen wird.

Gleichzeitig gibt es jedoch zahlreiche Formulierungen, die sehr kontraproduktiv sein können und Ihren Onlinetexten eine Richtung geben, die Sie sich sicherlich nicht wünschen. Im Prinzip gelten hierbei die gleichen Grundregeln wie bei der Printkommunikation. Wörter wie beispielsweise „billig“, „obligatorisch“, „selbstverständlich“, „aufpreispflichtig“, „versuchen/bemüht sein“, aber auch unverständliche Fachbegriffe und Anglizismen haben in Ihrer Onlinepräsenz in der Regel nichts zu suchen.

HINWEIS: Zum Stichwort Anglizismen: Gerade wenn Sie einen Onlineshop betreiben, so müssen Sie sich im Klaren darüber sein, dass dieser heutzutage mehr und mehr auch von Kundengruppen genutzt wird, die nicht unbedingt mit den Begrifflichkeiten des World Wide Web aufgewachsen sind. Dies sollten Sie stets bedenken und Wörter wie Browser, Account, Log-in, FAQ, Cookies, aber auch Deals oder die beliebte „Home“-Seite etc. entweder vermeiden oder zumindest um- beziehungsweise beschreiben. Selbst ein für die meisten Onlinekonsumenten bereits selbstverständlicher „Einkaufswagen“, eine „Wunschliste“, ein „Konto“, ein „Kundenbereich“ oder die „persönliche Seite“ kann einer Erklärung bedürfen, etwa in Form eines kleinen, weiterführenden „Was ist das?“-Hinweises.

Und – das gilt für Webseiten insgesamt – nicht jeder Onlinebesucher ist mit den Gegebenheiten des Web 2.0 und seiner Social-Media-Komponenten vertraut. Sie dürfen also nicht voraussetzen, dass alle Leser etwas mit Inhalten wie der „Tag-Cloud“, dem „Tweet“ bzw. „Sharing“, einem „Like-Button“, dem „Bookmark“, einer „App“, aber auch dem „Blog“ (besser: Online-Kundenmagazin?) beziehungsweise dessen Kommentarfunktion etwas anfangen können.

Kleid, Aniston.

- 2-in-1-Kleid
- Mit integriertem Top
- Crash-Optik

Ideal für die heißen Tage des Frühlings oder des Sommers. Süßes **2-in-1-Trägerkleid** mit integriertem Top in leichter Crashoptik und modischem Lagenlook. **Figurumspielende Passform** im Brustbereich und im weiteren Verlauf leicht ausgestellt zum Saum hin. Die Länge des Kleides ist ca. 90 cm. **Hautfreundlich** ausgestattete und trageangenehme Shirtkleid-Qualität, modisch gecrasht.

- 50% Baumwolle
- 50% Polyester

Das Kleid in edler Crash-Optik.
Crash oder auch Crinkle genannt, bedeutet modisch zerknittert, mit edler faltenartiger Oberfläche. Dieses Crash-Kleid brauchen Sie nach der Wäsche nicht zu bügeln. Ideal für die Reise bzw. für den Urlaub, macht sich ganz klein im Koffer. Einfach auspacken und anziehen.

Bild 3.7 Zumindest erläutert dieser Onlineshop-Beitrag, was eine „Crash-Optik" denn eigentlich sein soll. Leider jedoch relativ weit entfernt von der ersten Nennung.

Selbst die Reihenfolge Ihrer Wörter kann in nicht unerheblichem Maße zur Wirkung Ihrer Onlinetexte beitragen. „Muss eine Vorsorge für Kinder sein?" könnte beispielsweise die Überschrift eines Versicherungsmaklers lauten. „Vorsorge für Kinder: Muss das sein?" klingt da schon prägnanter und insgesamt stimmiger. Wenn Sie sich also für eine Überschrift entschieden haben, so würfeln Sie doch einmal die Satzbestandteile durcheinander, ob es nicht noch besser geht.

3.1.1.9 So nicht: unnütze Phrasen und „Vertrieblersprache"

Nach all den Beispielen und Möglichkeiten, wie man gelungene Überschriften, aber auch sonstige Textelemente im Web positiv gestalten kann, möchte ich Sie gleichzeitig darauf aufmerksam machen, wie man es möglichst nicht machen sollte. Obwohl ich diese kleine Negativanleitung im Kapitel der Titelgestaltung anführe, so sind die im Folgenden genannten Ratschläge für die Onlinetext-Erstellung im Allgemeinen wichtig, von der Ausarbeitung ausführlicher Produktbeschreibungen bis hin zur Bildunterschrift.

Ich hatte es bereits erwähnt: Wenn mich Unternehmen um Rat fragen, deren Textstrategie im World Wide Web nicht wirklich aufzugehen scheint, so sieht selbst ein Laie oft auf den ersten Blick: Hier wurde das – weitaus demokratischere, aber deswegen von den Konsumenten auch deutlich kritischer betrachtete – Medium Internet mit einer Hochglanzbroschüre oder einem Werbeflyer verwechselt, wie er vielleicht noch vor einigen Jahrzehnten funktioniert hat, der heute jedoch bei den meisten potenziellen Kunden nur noch ein müdes Lächeln hervorzaubern kann, wenn überhaupt. Was früher dann im Altpapier entsorgt wurde, wird heute einfach weggeklickt. Oder es landet – als Inhalt eines Newsletters – im virtuellen Papierkorb der Empfänger. Natürlich ist es heutzutage um einiges günstiger, seine Botschaften etwa über den eigenen Onlineauftritt unters Volk zu bringen, anstatt Unsummen für diverse Printwerbeformate mit oft zweifelhaftem Nutzen auszugeben. Von daher könnte man meinen: „Schaden wird es schon nicht, wenn ich nun meine Homepage mit derlei Werbetexten ausstatte“, doch weit gefehlt. Gerade durch den bereits beschriebenen Mechanismus, dass die Onlinerezipienten mit und über Google mehr und mehr qualitativ hochwertige Inhalte mit Mehrwert bevorzugen, kann Sie eine solche Strategie ganz schnell an das hintere Ende der Suchergebnisse und damit auf das virtuelle Abstellgleis bringen. Zumal Ihre Onlinereputation im Allgemeinen beziehungsweise die Ihres Unternehmens erheblich darunter leiden dürfte.

Sie sollten außerdem nicht vergessen, dass dank unzähliger Bewertungsinstrumente im World Wide Web die Nutzer selbst bei kleineren Unternehmen oft nur wenige Mausklicks davon entfernt sind, sich auf einschlägigen Portalen ein tatsächliches Bild über die Zufriedenheit anderer Kunden mit Ihnen und Ihrem Unternehmen zu machen. Stimmt dieses Bild dann nicht mit Ihrem Online-Hochglanzprospekt überein und haben Sie darüber hinaus keinen weiteren Mehrwert für Ihre virtuellen Besucher zu bieten, so haben Sie bzw. Ihr Webauftritt äußerst schlechte Karten.

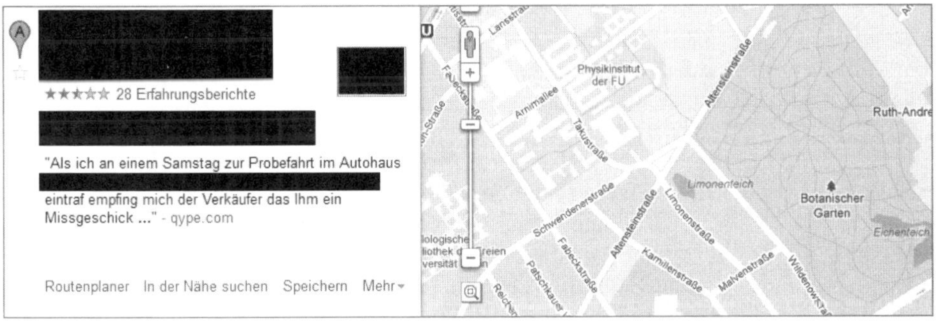

Bild 3.8 Nur 2,5 von fünf möglichen Sternen: ob dieses Autohaus weiß, wie schlecht es um seinen Ruf im Internet bestellt ist? Wahrscheinlich nicht.

Vor allem Selbstständige und Unternehmen der klassischen, ehemals wenig onlineaffinen Branchen scheinen diesen negativen Effekt noch nicht wirklich durchschaut zu haben. So strotzen manche der von mir analysierten Onlineportale nur so vor Texten, die durchsetzt sind von dem, was ich selbst die „klassische Vertrieblersprache“ nenne. Der (schlechte) Vertriebsmitarbeiter meint es gut, lobt die eigenen Produkte oder Dienstleistungen in den höchsten Tönen, lässt keine andere Meinung gelten und erzeugt dabei dennoch meist nur recht unnütze, stets mehr oder weniger anpreisend-klebrige Phrasen, die beliebig und austauschbar sind. Ob er damit Staubsauger verkaufen wollte oder Lebensversicherungen, das war in dieser „alten“ Werbewelt meist völlig egal (siehe Bild 3.9). Das Web funktioniert (glücklicherweise) doch deutlich anders und differenzierter.

Ich hatte überlegt, an dieser Stelle Negativbeispiele aus nach wie vor existierenden Onlineprojekten einiger Unternehmen vorzustellen, die sich genau damit wohl den Erfolg bei den neuen, internetkundigen Zielgruppen verbauen. Doch ich möchte niemanden an den Werbepranger stellen, ich denke, Sie als Leser wissen auch so, worauf ich hinaus möchte.

Bild 3.9 Ob eine moderne Anwendung wie YouTube mit der klassischen „Vertrieblersprache" heutzutage noch punkten könnte? Wohl kaum. Grafik: © Moma Propaganda - SP, Brazil.

Nehmen Sie doch einmal diesen fiktiven Beispieltext, wie er als Begrüßung im Onlineauftritt eines mittelständischen Unternehmens stehen könnte:

> *„Willkommen bei der Firma Turbosauger. Lassen Sie sich überzeugen von unseren vielfach prämierten Staubsaugermodellen, mit denen sich die Hausarbeit fast von alleine erledigt. Als Marktführer im Bereich Ein-Hand-Sauger fertigen wir seit über 50 Jahren und mit über 400 Mitarbeitern absolute Qualitätsware „Made in Germany". Unsere zahlreichen Kunden sind begeistert, gerne präsentieren wir auch Ihnen die Vorzüge unserer neuen Top-Serien Turbo 2000 und Turbo Plus. Lassen Sie sich noch heute unseren unverbindlichen Katalog zusenden".*

Tauschen wir doch einfach einmal die Branche:

> *„Willkommen bei der Firma StrategoFinanz. Lassen Sie sich überzeugen von unseren vielfach prämierten Vorsorgeprodukten, mit denen Sie sorgenfrei in die Zukunft schauen können. Als Marktführer im Bereich offene Immobilienfonds bieten wir Ihnen seit über 25 Jahren und mit unseren über 100 Außendienstmitarbeitern ausschließlich Qualitätsfonds aus Deutschland und dem EU-Raum an. Unsere zahlreichen Kunden sind begeistert, gerne präsentieren wir auch Ihnen die Vorzüge unserer neuen Top-Renditestrategie ImmoDeutschland und ImmoEuropaPlus. Vereinbaren Sie noch heute einen unverbindlichen Termin mit einem unserer Mitarbeiter".*

Würden Sie als potenzieller Kunde einen dieser beiden – beliebig austauschbaren – Texte ernsthaft lesen? Selbst wenn Sie gerade auf der Suche nach einem neuen Staubsauger oder einer Altersabsicherung wären? Und vor allem: Würden Sie nach der Lektüre eine Kontaktaufnahme in Erwägung ziehen mit dem Hintergedanken: „Dieses Unternehmen hat mich mit seinen Argumenten überzeugt und bietet sicherlich das für mich am besten passende Produkt auf dem Markt“? Über solche oder vergleichbare Negativbeispiele stolpert man leider allzu oft in Onlineauftritten von kleineren bis hin zu größeren Unternehmen, es scheint sich also noch nicht herumgesprochen zu haben, dass Marketing im 21. Jahrhundert etwas anders funktioniert – vor allem und gerade im World Wide Web.

PRAXISTIPP: In diesem Zusammenhang sollten Sie sich generell davor hüten, mit zwar häufig verwendeten, aber dennoch allzu leeren, wenig aussagekräftigen Phrasen zu arbeiten. Sie verfügen laut Ihren Webtexten über einen „ausgezeichneten Kundenservice“? Erstens setzt man dies als Kunde voraus und zweitens: Was genau sind die konkreten Eigenschaften, die Ihren Kundenservice so außerordentlich und damit besser als bei der Konkurrenz machen? Ihr Unternehmen ist „Marktführer“ in seinem Bereich? Schön, aber was bedeutet dies nun für Ihre Leser? Wodurch genau zeichnet sich diese Marktführerschaft im Vergleich zu den Mitbewerbern aus? Welche Vorteile haben denn nicht etwa Sie als Unternehmer von dieser Position, sondern Ihre Kunden? Sind damit Ihre Produkte innovativer, zukunftsweisender und zukunftssicherer, internationaler verwendbar, preisbeständiger oder was auch immer? Und in welchen Details zeigt sich diese Innovation, Zukunftssicherheit etc.? Je konkreter Sie Ihre Onlinetexte unter diesen Aspekten verfassen, umso wirkungsvoller werden diese sein.

Auch bei Produktbeschreibungen, etwa in einem Onlineshop, sollten Sie sich stets sicher sein, keine rein inhaltlichen Allgemeinplätze zu verbreiten. Um bei dem Beispiel des Staubsaugers zu bleiben: Es wird die potenziellen Kunden wenig überzeugen, dass dieser über eine „besonders gute Saugkraft“ verfügt. Denn dies wird schlicht vorausgesetzt bei einem vergleichbaren Produkt, oder können Sie sich vorstellen, einen Staubsauger zu kaufen, der nur eine „mittelmäßige“ Saugkraft vorweisen kann? „20 Prozent mehr Saugkraft als herkömmliche Sauger durch eine neu patentierte Düsenform“ oder „Beste Saugkraft laut Stiftung Warentest“, diese Aussagen würden da wohl schon eher wirken können. ■

Stellen Sie sich einmal vor, Sie suchen im Internet eine Lösung, um endlich zuverlässig die lästigen Tierhaare Ihrer vierbeinigen Lieblinge dauerhaft aus dem Teppich Ihres Wohnzimmers zu bekommen, und stoßen dabei auf die fundierte und mit Beispielen hinterlegte Anleitung des Staubsaugerherstellers, mit welchen traditionellen „Hausfrauen-Tricks“ man exakt dieses Problem bewerkstelligen kann. Natürlich ist der Text dezent in einen Onlineshop eingebunden oder mit diesem verlinkt, in dem Beitrag wird jedoch – neben vielen anderen Möglichkeiten – nur generell beispielsweise auf Spezialdüsenzubehör eingegangen, welches dem bereits vorhandenen Staubsauger zusätzliche Kraft für dieses sehr spezielle, aber eine große Zielgruppe betreffende Problem verleiht.

Oder - ein noch weit anschaulicheres und einleuchtenderes Beispiel: Die genannten Finanzexperten beleuchten in einem ausführlichen Beitrag, etwa auf ihrem Unternehmensblog, ganz konkret, ausführlich und vor allem **ehrlich** die Vor- aber eben auch Nachteile der Anlageform „offene Immobilienfonds“ und gehen dabei konsequent auf Fragestellungen der Leser ein, wie etwa:

- Für wen eignet sich ein solches Steuerspar- oder Anlagemodell und vor allem: für wen nicht?
- Welche Alternativen gibt es?
- Über welches Fachwissen sollte man verfügen (oder sich dieses zumindest aneignen), um das Risiko vergleichbarer Fonds abschätzen zu können?
- Welche theoretischen Chancen bietet das Produkt, aber eben auch: Muss ich im schlimmsten Fall mit einem Totalverlust der angelegten Gelder oder gar einer Nachschusspflicht rechnen? Wer haftet in welchem Fall?
- Was kann eine Beratung durch die Agentur leisten und was nicht? Was genau „unterschreibt“ der Kunde am Ende?
- Für „Mutige“ womöglich sogar die Frage: Wodurch verdient die Agentur ihr Geld, wenn sie über ihre Kunden einen Abschluss vermittelt, und wie hoch fallen diese Provisionen aus?

All dies, versehen mit einem verständlichen Text zum Haftungsausschluss am Ende des Beitrags, wird Sie nicht nur als echten Fachexperten auf dem jeweiligen Gebiet auszeichnen. Sie werden dadurch mengenmäßig vielleicht weniger Leads (Verkaufschancen) generieren, die dafür jedoch von der Qualität und dem ernsthaften Interesse her deutlich zielführender sein dürften. Unternehmer und Selbstständige verschiedenster Branchen berichten mir immer wieder, wie erstaunlich gut diese doch sehr offene Web-Kommunikation funktionieren kann. Gerade wenn Sie Ihren Lesern auch noch Raum für offene Fragen und Kommentare lassen, und erst recht, wenn Sie vermutlich einer der wenigen Anbieter Ihres Fachbereichs sind, der sich eben nicht nur hinter mehr oder weniger inhaltsleeren Werbesprüchen versteckt.

Selbst wenn der Leser Ihrer qualitativ hochwertigen Onlinetexte nicht sofort den „Kauf mich!“- oder „Kontaktiere mich“-Button klickt, er wird den Namen Ihres Portals und womöglich sogar Ihres (dezent genannten) Unternehmens im Hinterkopf behalten, den Beitrag vielleicht sogar weiterempfehlen. Spätestens bei einer späteren, konkreteren Onlinesuche, bei der er wieder über Ihr Portal stolpert, dürften die Chancen sehr gut stehen, dass er sich näher mit Ihren Leistungen befasst oder Kontakt aufnimmt. Die indirekte oder explizit nicht werbliche Ansprache führt in diesen Fällen oftmals viel weiter. Probieren Sie es aus. Wenn Sie sich langsam an diese Möglichkeit der alternativen Kundengewinnung herantasten wollen, so testen Sie doch einfach einmal über einen gewissen Zeitraum Ihre bestehenden, eher werblichen Onlinetexte gegen einen gleichzeitig veröffentlichten Qualitätsbeitrag, zum Beispiel auf einer (attraktiven) Unterseite oder Landingpage Ihrer Onlinepräsenz oder aber auf einem eigens hierfür geschaffenen Unternehmensblog, parallel zu Ihrer Hauptseite betrieben, der regelmäßig mit ähnlich fundierten Fachbeiträgen versorgt wird.

PRAXISTIPP: Was leider in der Realität - selbst bei größeren und sehr professionell arbeitenden Unternehmen - oft vergessen wird: Wenn Sie solche unterschiedlichen Anspracheformen potenzieller Kunden gegeneinander testen, sollten Sie stets sehr sorgfältig eine Statistik darüber führen, welche

Kontakte, Leads und Verkäufe bei welchem Webtext mit welcher Art von Überschrift und Inhalt ihren Ursprung fanden. Dies geht entweder über rein technische Methoden (Linktracking, Kontaktformulare mit unterschiedlichen Zieladressen, spezielle E-Mail-Kontaktadressen je Kanal, unterschiedliche Ansprechpartner und Sales-Teams etc.), oder Sie fragen Ihre Interessenten und Kunden schlicht und einfach, über welchen Beitrag diese auf Sie aufmerksam geworden sind. Ich bin immer wieder leicht schockiert darüber, welche große Mühe viele Selbstständige und Unternehmer in die Ausarbeitung ihrer unterschiedlichen Onlinetexte und -portale stecken, aber dennoch nicht messen, wie effizient welche Form der Webkommunikation tatsächlich ist. ■

3.1.1.10 Sachliche versus kommentierende Überschriften

Des Öfteren werde ich gefragt, in welchem konkreten Fall man nun eine Überschrift – oder den gesamten Textbeitrag – eher sachlich und nüchtern oder besser persönlich und kommentierend verfassen sollte. Viele Unternehmer sind hier von vornherein sehr festgelegt, so meine Erfahrung. Während der eine nicht mutiger werden würde als bei einem „Unser neues Produkt KX-3P mit der Hubleistung yy wird heute in zz vorgestellt“, so schreibt der andere schon einmal „Die Revolution auf dem Markt der xy! Yz löst alle Ihre Probleme!“. Ganz abgesehen davon, dass wohl beide Überschriften kaum einen Kunden hinter dem Ofen hervorlocken würden (bei Variante 1 mangelt es an gesuchten Keywords, bei Variante 2 kommt noch die fehlende Glaubwürdigkeit hinzu), so plädiere ich meist zu einem Weg der Mitte – und dies unter Berücksichtigung der bereits zuvor genannten Punkte. Auch das Kapitel fünf mit seinen Tipps zur richtigen Keyword-Findung wird Ihnen hierbei weiterhelfen.

Was ich Ihnen mit diesen beiden Beispielen sagen will: Die meisten Unternehmen sowie deren Marketingverantwortliche tendieren entweder zu dem einen oder dem anderen Extrem. Weder werden Sie mit einer überbordenden Sachlichkeit auf dem Onlinemarkt sehr viel weiter kommen (es sei denn, Ihr Geschäftsgegenstand ist der Handel mit hochkomplexen und risikobehafteten Finanzprodukten) noch mit der eben *nicht* guten alten Marktschreiertechnik. Ansonsten lautet mein etwas lapidarer Kommentar in dieser Hinsicht: Probieren Sie es einfach aus. Je mehr Beiträge Sie und/oder Ihr Team veröffentlichen, umso schneller werden Sie anhand der Zugriffs-, aber auch der Weiterempfehlungszahlen sowie der Leserreaktionen merken, welche Arten von Überschriften Ihre Besucher bevorzugen und welche nicht. Nichtsdestotrotz kann es nie schaden, von der am erfolgreichsten bemessenen Strategie immer wieder einmal abzuweichen. Gerade dann, wenn Sie über regelmäßig wiederkehrende Stammleser verfügen, die Ihnen etwa über Newsletter, Twitter & Co. folgen und die Sie mit dieser unerwarteten Variante überraschen.

Sorgen beispielsweise auf einem meiner eigenen Portale eher sachliche, Mehrwert-benennende Überschriften für die besten Klickraten, so werden diese immer noch in aller Regelmäßigkeit übertroffen, wenn ich ab und an einen Beitrag mit einer unkonventionellen Überschrift einstreue. Denn damit mache ich meine Leser dann ganz besonders neugierig. Dies funktioniert natürlich nur dann, wenn hinter dem betreffenden Beitrag auch ein entsprechend spannender Inhalt steckt und wenn ich diesen Effekt der abweichenden Textstrategie nicht zu oft einsetze, also etwa im Abstand von maximal zehn bis zwanzig „normalen“ Artikeln.

3.1.2 Der Teaser

Mit dem sogenannten Teaser, auch „Leadsatz“ oder „Anreißer“ genannt, ist eine kurze Einleitung gemeint, die quasi ergänzend zur Überschrift in den eigentlichen Text einführt.

Sicherheit im Ehrenamt und Verein: Welche rechtlichen und steuerlichen Pflichten jetzt gelten

12. JUNI 2012 VON DETLEF FÜRTJES KOMMENTAR VERFASSEN

Ohne ehrenamtliches Engagement wäre Deutschland ärmer: In mehr als 500.000 Vereinen betätigen sich Millionen Bürger für sportliche, kulturelle und soziale Zwecke.

Doch welchen rechtlichen und steuerlichen Pflichten unterliegen Vereinsvorstände? Wie können sie sich absichern?

Bild 3.10 Überschrift, Titelbild, Teaser, eigentlicher Beitrag – so die Aufteilung bei dem abgebildeten Onlineartikel

Webtexte sollen nicht zu lang sein, dazu werden Sie später noch mehr erfahren, und von daher gibt es keine einhellige Meinung darüber, ob ein solcher Teaser in einem Onlinebeitrag überhaupt notwendig ist oder nicht. Natürlich werden Sie nicht jeden kurzen Text in Ihrem Onlineshop oder Ähnliches unbedingt mit einem vergleichbaren, den Inhalt noch einmal verlängernden Vorspann versehen. Bei längeren, insbesondere eher redaktionellen oder magazinähnlichen Beiträgen auf einem Unternehmensportal habe ich selbst jedoch gute Erfahrungen mit dieser Überleitung gemacht, vor allem wenn man damit die vom zur Verfügung stehenden Platz her doch recht knapp bemessene Überschrift gleichsam verlängern kann.

Ein Teaser ist dann ideal gestaltet, wenn er zusätzliche Neugier weckt, ohne gleich den kompletten Inhalt des folgenden Beitrags zu verraten. Denn Sie wollen ja, dass Ihre Leser innerhalb des Beitrags möglichst noch irgendeine Art von Aktion auslösen bzw. Reaktion zeigen, sei es die Wahrnehmung von Textdetails, die Ihnen für die Vermarktung besonders wichtig sind, der Klick auf einen weiteren Beitrag, die Anmeldung zum Newsletter oder im Idealfall der Übergang zum angebundenen E-Shop bzw. Kontaktformular. Ein, maximal drei kurze Sätze reichen in der Regel völlig aus (mehr ist auch nicht zu empfehlen), um den Besucher zu halten, weiterführendes Interesse hervorzurufen oder zusätzliche einleitende und für den eigentlichen Beitrag hilfreiche Informationen zu geben. Idealerweise hebt sich dieser Teaser vom Rest des Textes auch gestalterisch ab, beispielsweise durch hervorgehobene oder kursive Schriftauszeichnung sowie einen kleinen Absatz/Abstand zwischen Einleitung und nachfolgendem Text.

Stellen wir uns ein Produkt aus der Finanzbranche vor. Sie möchten Ihre neue Kombianlage aus Tagesgeld und Festgeld auf einer Landingpage, auf einer Produktseite oder innerhalb

Ihres Corporate Blogs vorstellen und neben den reinen Fakten natürlich auch Anreize benennen, warum der Leser in seiner jeweiligen persönlichen Lage ausgerechnet diese Anlageform in Erwägung ziehen sollte. Was möchten Sie nun möglicherweise in Ihrem Beitrag unterbringen? Nehmen wir doch die bereits bekannten W-Fragen, zu beantworten aus der Perspektive des Lesers und möglichen Kunden, und setzen dabei voraus, dass sich der jeweilige Leser – bedingt durch die zuvor erfolgte Suchmaschinenfrage – bereits prinzipiell für ein vergleichbares Finanzprodukt interessieren könnte:

- Wer in welcher typischen Situation zieht einen Nutzen aus der Anlageform?
- Was sind die konkreten Vorteile? Aber auch: Was gilt es zu beachten?
- Wo bekomme ich das Produkt und wo nicht?
- Wann ist der beste Zeitpunkt, sich näher damit zu beschäftigen?
- Wie funktioniert diese Kombianlage genau?
- Warum dieses und nicht ein x-beliebiges anderes Produkt?
- Woher und auf welchem Weg erhalte ich weitere Informationen?

Sie möchten also dementsprechend beispielsweise folgende Inhalte vermitteln:

- Wer Geld zum Ansparen übrig hat, die aktuellen Tagesgeldzinsen aufgrund der Inflation zu niedrig findet, aber dennoch eine sichere Anlageform bevorzugt, für den gibt es nun erstmals eine Alternative.
- Das Produkt bietet höhere Verzinsung als im Bankendurchschnitt, freie Verfügbarkeit der angelegten Beträge, aber nur unter bestimmten Rahmenbedingungen.
- Die Sonderkonditionen können nur bei einer Online-Kontoführung in Anspruch genommen werden.
- Jetzt sollte gehandelt werden: Denn man geht keinerlei Verpflichtungen ein, es gibt keine Mindesteinlage und die Aktion ist zeitlich befristet.
- Das Produkt funktioniert wie ein ganz normales Tagesgeldkonto mit beliebigem Referenzkonto, höhere Summen müssen jedoch – ebenfalls online – gekündigt werden.
- Eine vollkommen abgesicherte Einlage zu so guten Zinssätzen gibt es ansonsten nicht noch einmal auf dem Markt.
- Mit nur einem Klick kann man sich einen Ansparplan ausrechnen lassen und/oder das Konto gleich jetzt und hier eröffnen. Alternativ sind in einem FAQ-Bereich die wichtigsten Fragen noch einmal ausführlich beantwortet.

Nehmen wir weiterhin an, die Überschrift lautet: „Besser als Tagesgeld, sicherer als Fonds: das neue X-Konto“. Sie werden nun wahrscheinlich innerhalb der ersten Zeilen des eigentlichen Beitrags, noch im sichtbaren Bereich, ein sogenanntes „Call to Action Element“ einbinden, welches den Leser dahin führt, wo Sie ihn möglichst haben möchten.

HINWEIS: Als Call-to-Action-Element – diesem Fachbegriff werden Sie in diesem Buch noch des Öfteren begegnen – bezeichnet man prominent positionierte und auch gestaltete Verweise (Links) oder entsprechende Grafiken, über welche der Webseitenbesucher eine bestimmte Aktion auslöst, die Ihnen als Betreiber wichtig ist, etwa um Umsatz zu generieren, einen Lead (Verkaufschance) zu gewinnen und vieles mehr. Bei einem solchen Element kann es sich also um ein auszufüllendes Online-Vertragsformular, ein Kontaktformular, die Newsletter-Bestellbox, den Rückruf-Button, eine Echtzeit-Kundenservice-Chat-Funktion, direkt die „Hier kaufen"-Funktionalität oder Ähnliches handeln. ■

Bevor der potenzielle Kunde nun jedoch diese Interaktion ausführt, möchte er höchstwahrscheinlich trotz seiner ursprünglichen Suchanfrage noch ein wenig mehr über das „X-Konto" erfahren. Muss er hierzu den gesamten, ausführlichen Text durchlesen, so ist die Gefahr groß, dass er an irgendeinem Punkt wieder abbricht. Und genau hier kommt nun der Teaser ins Spiel, der ihn – bei idealer Gestaltung – quasi zu dem gewünschten Web-Element leitet. Sie müssen aus den oben gesammelten unterzubringenden Textinhalten gut auswählen, welche Informationen hierfür hilfreich sein könnten und welche sich auch noch nach dem Call-to-Action-Element unterbringen lassen (sei es für Leser mit noch nicht gestilltem Informationsbedarf oder sei es, um einen möglichst suchmaschinenrelevanten – im Sinne von umfangreichen – Text zu präsentieren).

Bild 3.11 Der Teaser leitet hier von der Überschrift zum Inhalt über. Nach nur einem weiteren Satz folgt ein Call-to-Action-Element. Erst danach folgen „unwichtigere" Textbestandteile.

Ähnlich wie in der Überschrift eines Beitrags lässt sich auch in einem solchen Teaser mit jeglichen „Brüchen" arbeiten, die den Leser quasi fast schon zum Weiterlesen oder zur Interaktion zwingen. Dies kann im Rahmen einer oder mehrerer offener Fragen erfolgen, die in den einleitenden Zeilen gestellt werden und zu deren Beantwortung ein Besucher weiterlesen oder eben klicken muss. Unkonventionelle Abbrüche beziehungsweise Unterbrechungen innerhalb des Kontexts im Teaser können eine ähnliche Wirkung erzielen, wobei man darauf achten sollte, den Leser nicht unbedingt mit diesen zu verärgern oder auch den Eindruck eines unfertigen, unprofessionellen Beitrags zu hinterlassen. Ihre Besucher sollten also stets sichergehen können, dass der gegebene Bruch auch Sinn ergibt, indem er später aufgelöst wird, ganz nach der Art „Fortsetzung beziehungsweise Auflösung folgt".

Als weitere Varianten lassen sich inhaltliche Gegensätze aufbauen, die dann erst nach dem Teaser wieder aufgelöst werden, oder man arbeitet mit bestimmten Schlüsselwörtern und Aussagen in der Einleitung, zu der ganz offensichtlich ein bestimmtes weiteres zugehöriges Keyword noch fehlt, sodass der Besucher weiterlesen möchte, bis eben dieses Schlüsselwort endlich fällt. Manche Autoren und Texter arbeiten gar mit dem Mittel der Provokation. In diesem Fall stellen Sie im Teaser eine These auf, die den Besucher herausfordert und eben provoziert, die eigentliche Auflösung erfolgt dann erst im eigentlichen Beitrag. Mit einem solchen Stilmittel, ursprünglich aus der Berichterstattung von Boulevard- oder auch eher politischen Magazinen bekannt, sollte man jedoch sehr vorsichtig operieren, da dies sicherlich nicht zu jedem unternehmerischen Kontext passen würde. Zudem könnte ein Leser bei nur flüchtiger Wahrnehmung der einleitenden Sätze und ohne weiterzulesen schnell einen falschen oder gar schädlichen Eindruck von Ihnen und Ihrem Unternehmen gewinnen.

3.1.3 Der eigentliche Beitrag

Nun also zur Königsdisziplin, dem Schreiben der Webtexte selbst. Natürlich lassen sich sämtliche bislang geschilderten Methoden und Möglichkeiten wie bereits erwähnt nicht nur für die Überschrift oder den Teaser anwenden, sondern kommen auch im eigentlichen Text zum Tragen. Dennoch stellt sich die Frage: Wie verfasse ich nun meinen eigentlichen Beitrag, damit dieser möglichst hilfreich und auch spannend für den Leser wird? Wie ziehe ich die Leser in meinen Bann, selbst wenn das eigentliche Thema des Artikels nicht gerade zu den spannendsten zählt? Wenn es sehr fachlich, speziell, theoretisch, technisch oder komplex wird?

Nun wird zwar im Onlineauftritt beispielsweise eines IT-Dienstleisters niemand eine Dramaturgie wie bei einem Thriller erwarten, und eine Zahnarztpraxis wird es mit ihren Webtexten wohl kaum bis hin zur Verleihung eines Literaturpreises schaffen, dennoch können Ihnen einige grundlegende Techniken dabei helfen, jedem Ihrer Leser etwas Besonderes zu bieten.

3.1.3.1 Spannung aufbauen und lenken

Egal was der Zweck Ihres Onlineauftritts sein mag und egal welche Ziele Ihr Unternehmen oder Ihre Organisation verfolgt, Sie werden Ihre Leser auf ganz bestimmte Punkte und Bestandteile Ihrer Webseite aufmerksam machen wollen. Und dies möglichst in jedem einzelnen Artikel, egal ob nun konkret eine Aktion ausgelöst werden soll (der E-Shop-Besuch, Banner- und Link-Klick, die Social-Media-Empfehlung durch den Leser, das Setzen eines Bookmarks, der Griff zum Telefonhörer u. v. m.) oder ob Sie eine oder mehrere Botschaften innerhalb der Texte hervorheben wollen (das Ziel Ihres Unternehmens, Ihre fachliche Kompetenz, Ihre Philosophie, Unterstützungsbereitschaft, Werte oder was auch immer). Gleichzeitig möchten Sie möglichst jeden Besucher und Leser „bei Laune halten", er soll von Ihrem Text und damit von Ihnen beziehungsweise Ihrem Unternehmen einen positiven Eindruck erhalten und sich seinen Besuch bei Ihnen bestenfalls sogar merken.

Für beide Zwecke ist es notwendig, eine bestimmte Spannung aufzubauen und diese am besten auch noch auf jene Punkte zu lenken, wo Sie Ihren Leser haben oder auch „greifen" möchten. Ein Beispiel: Ist im oberen Drittel eines Beitrags die Aufforderung enthalten, einen Newsletter zu abonnieren, um mehr über das betreffende Thema erfahren zu können, so werden Sie sicherlich nicht erst – viel später – in den letzten zwei Zeilen des Artikels, den Spannungsbogen auflösen, erst dort verraten, um was es in dem Beitrag eigentlich geht und warum es sich für den Leser lohnt, weitere Informationen anzufordern. Die Gefahr wäre viel zu groß, dass der Internetnutzer bis dahin längst aufgegeben hat, keinen „Sinn" oder auch keine Antwort in den ersten Zeilen gefunden hat und somit abbricht. Sie dürfen nicht vergessen, dass Onlinenutzer noch weit weniger geduldig sind als etwa der typische Zeitungsleser früherer Tage. Denn in den klassischen Printmedien wurde eine eventuelle Handlungsaufforderung oft erst ganz am Schluss untergebracht. Trotzdem könnten Sie – wie in diesem Fall – die Newsletter-Box nicht gleich nach der Überschrift oder dem Teaser einbinden, denn der Leser möchte erst einmal wissen, um was es in dem Beitrag inhaltlich überhaupt geht.

Als recht guter Anhaltspunkt, um längere oder auch erklärungsbedürftige Onlinetexte entsprechend zu strukturieren, hat sich in den meisten meiner eigenen Anwendungsfälle etwas herauskristallisiert, was ich die „Sanduhr-Methode" nenne. Schauen Sie sich einmal auf Seite 87 das Beispiel eines Onlineberichts aus dem Finanzbereich an. Wie ist der dort abgebildete Onlineartikel nun aufgebaut, insbesondere was den Spannungsaufbau anbelangt: Die Fragestellungen innerhalb der Überschrift sowie des Teaser sollen bei der Zielgruppe – Leser, die sich für ein bestimmtes Produkt bzw. eine Dienstleistung aus dem Finanzumfeld interessieren – eine Art Grundspannung aber auch eine gewisse Erwartungshaltung aufbauen. Denn innerhalb beider Textbestandteile wird Ihnen quasi indirekt suggeriert, dass der nachfolgende Text genau die Antworten auf Ihre konkreten Fragen bereitstellt: „Eignet sich das Produkt für mich überhaupt?" und „Welche Vor- aber auch Nachteile gibt es?".

Die nachfolgenden zwei kurzen Absätze erläutern generell – ohne allzu sehr in Details zu gehen – um was es sich bei dem Produkt handelt, und welche Zielgruppe angesprochen wird. Leser, die bereits an dieser Stelle entscheiden, dass sie sich nicht angesprochen fühlen werden höchstwahrscheinlich jetzt bereits abbrechen, aber diese sollen wohl auch gar nicht im Fokus stehen. Viel interessanter: Diese beiden kurzen Abschnitte leiten – bevor die Spannung beziehungsweise das Interesse des Lesers sich langsam abbaut und nachlässt – direkt auf das im Beispiel zentral angeordnete Call-to-Action-Element weiter, über welches sich Interessenten zusätzliche Informationen holen können, beziehungsweise somit möglichst einen Lead generieren sollen.

Danach „plätschert" der Text etwas vor sich hin, natürlich ohne substanzlos zu werden. Dennoch wird nun detaillierter auf Informationen eingegangen, die für den Leser zwar hilfreich und vielleicht sogar förderlich für eine Kaufentscheidung sind, aber eben nicht im absoluten Fokus stehen. Erst gegen Ende des Beitrags wird es wieder spannender, indem konkrete Praxisbeispiele oder bestimmte für den Leser wichtige Erfolgsfaktoren genannt werden. Schließlich soll der Empfänger der Botschaften einen Mehrwert aus dem Text ziehen können (unabhängig davon ob er das Call-to-Action-Element nutzt oder nicht), Ihre Onlinepräsenz damit in positiver Erinnerung behalten, oder aber auch auf ähnliche, weiterführende Beiträge am Ende des Artikels verwiesen werden, um ihn auf dem Onlineportal zu halten. Der Spannungsverlauf verläuft also wie bei einer Sanduhr (siehe Bild 3.13 auf S. 88).

Quirin Bank Berlin: Unabhängiges und günstiges Private Banking?

VON DETLEF FÜRTJES KOMMENTAR VERFASSEN

Die im Jahre 2006 gegründete Quirin Bank ist die erste deutsche Bank, die nicht auf Provisionsbasis, sondern ausschließlich gegen Honorar berät. Welche Hauptgeschäftsfelder hat die Bank? Welche Vor- und Nachteile hat die Beratung auf Honorarbasis?

Geschäftsfelder der Quirin Bank

Die eher kleine Bilanzsumme von gut 400 Millionen Euro deutet darauf hin, dass sich die Haupttätigkeitsfelder der Bank nicht im bilanzwirksamen Bereich zeigen, sondern im außerbilanziellen Berater- und Vermögensverwaltungsgeschäft.

So hat sich die Bank auf drei Kernbereiche spezialisiert: Vermögensverwaltung im weitesten Sinne, Unternehmensberatung bei komplexen Sachverhalten wie Zusammenschlüssen, Platzierung von Unternehmensanleihen und anderen beratungsintensiven Geschäften, und schließlich professionelle Abwicklung von Wertpapiertransaktionen für andere Banken. Sie versteht sich nicht als Direktbank, sondern als Präsenzbank mit 14 Standorten in Deutschland.

Informationen zur Quirin Bank anfordern »

Anzeige

Das bedeutet, dass jeder Kunde einen bestimmten Ansprechpartner bei der Bank hat. Die Idee für die Gründung ist auf den ersten Blick bestechend: Überall dort, wo Privatkunden, Unternehmen und andere Banken nachhaltig Fehler gemacht haben und nachweislich weiterhin machen, bietet die Quirin Bank mit ihren etwa 100 gut geschulten Beratern unabhängige Dienstleistungen an.

Die Bank hat sich inzwischen auf dem Sektor der Honorarberatung einen Namen gemacht, zählt jedoch immer noch zu den kleineren Nischenanbietern. Interessant ist die Frage, wie erfolgreich das Geschäftsmodell der Bank einzustufen ist. Dazu bedarf es eines genaueren Blicks auf die Honorarberatung unter besonderer Berücksichtigung der Quirin Bank.

Vor- und Nachteile der Honorarberatung

Die Beratung gegen Honorar ist in Deutschland noch relativ unbekannt. Bevorzugt wird in der Regel von Kunden und Finanzdienstleistern die Beratung auf Provisionsbasis. Dass auch diese Beratung unabhängig sein kann, zeigt das Beispiel der konzernunabhängigen Versicherungsmakler.

Vorteile der Honorarberatung: Sie ist normalerweise preisgünstiger als die Beratung auf Provisionsbasis. Wenn der provisionsabhängige Bankberater einem Kunden zum Beispiel einen Aktienfonds in Höhe von 50.000 Euro verkauft, so erhalt er hierfür eine Provision von durchschnittlich 4 %, also 2.000 Euro. Ein Honorarberater berechnet einen Stundenlohn von beispielsweise 150 Euro und erzielt somit für vier Stunden intensiver Beratung zu dem gleichen Produkt ein Honorar von insgesamt 600 Euro.

Die Unabhängigkeit ist ein weiterer Vorteil des Honorarberaters. Er braucht keine Produkte seines Arbeitgebers oder seiner Geschäftspartner zu verkaufen. Nachteilig ist jedoch, dass das Honorar auch dann fällig wird, wenn es nicht zu einem Geschäftsabschluss kommt. Die Quirin Bank hat dies erkannt und bietet Privatkunden eine günstige monatliche Flatrate von 75 Euro für sämtliche Dienstleistungen inkl. Beratung an. Sie wirbt auf ihrer Homepage damit, dass Privatanleger bei ihrer Bank mit einem Depotvolumen von 300.000 Euro in einem Zeitraum von 5 Jahren einen Gesamtbetrag von 360.121 Euro erreichen, 28.176 Euro mehr als bei einer konventionellen provisionsabhängigen Beratung.

Gewinnbeteiligung im Erfolgsfall

Der Online-Rechner der Quirin Bank berücksichtigt jedoch keine Kurseinbrüche, sondern rechnet proportional hoch. Auch ist zu berücksichtigen, dass die Bank im Erfolgsfall mit 30 % am Gewinn beteiligt ist. Dass die Bank nach anfänglichen Anlaufverlusten auf der Erfolgsspur ist, zeigt der Gewinn von etwa einer halben Million Euro im Geschäftsjahr 2010.

Nachdem in Großbritannien ab 2013 die Beratung auf Provisionsbasis verboten ist und andere Länder dem Beispiel folgen wollen, setzt die Quirin Bank auch künftig konsequent auf ihr Honorarmodell.

Artikel/Angebot bewerten:

(7 Bewertungen, Durchschnitt: 4,57 von 5 Sternen)

Letzte Artikel

Niedrige Renditen: Bittere Pille für Lebensversicherungen

Alarmruf der Versicherungswirtschaft - Der Garantiezins von derzeit 1,75 Prozent bei … [Weiterlesen...]

Der Euro unter Druck. Jetzt aussteigen?

Der Euro unter Druck. Soll man zum gegenwärtigen Zeitpunkt aussteigen und in andere Währungen … [Weiterlesen...]

Betongold: Sind Immobilienfonds noch eine sichere Sachwertanlage?

In Erwartung steigender Geldentwertung legen Privatanleger wieder Geld in vermeintlich sichere … [Weiterlesen...]

asinG

Leasingo sorgt für mehr Transparenz auf dem Leasingmarkt

Das neue Portal LeasinGo möchte als eine Art Bieterplattform für gewerbliches Leasing den … [Weiterlesen...]

Hoch verzinsliche Mittelstandsanleihen als sichere Anlagemöglichkeit?

Privatanleger suchen nach Alternativen zu Spareinlagen mit niedrigen Zinsen, auch bei … [Weiterlesen...]

Seiten

- Girokonto Prämien in der Übersicht
- Girokonto Vergleich
- Tagesgeld Rechner
- Kontakt
- Impressum
- Datenschutzerklärung & Disclaimer

Bild 3.12 Das Ausgangsbeispiel für die „Sanduhr"-Methode

Quirin Bank Berlin: Unabhängiges und günstiges Private Banking?

VON DETLEF FÜRTJES KOMMENTAR VERFASSEN

quirin bank Die Honorarberater

Die im Jahre 2006 gegründete Quirin Bank ist die erste deutsche Bank, die nicht auf Provisionsbasis, sondern ausschließlich gegen Honorar berät. Welche Hauptgeschäftsfelder hat die Bank? Welche Vor- und Nachteile hat die Beratung auf Honorarbasis?

Geschäftsfelder der Quirin Bank

Die eher kleine Bilanzsumme von gut 400 Millionen Euro deutet darauf hin, dass sich die Haupttätigkeitsfelder der Bank nicht im bilanzwirksamen Bereich zeigen, sondern im außerbilanziellen Berater- und Vermögensverwaltungsgeschäft.

So hat sich die Bank auf drei Kernbereiche spezialisiert: Vermögensverwaltung im weitesten Sinne, Unternehmensberatung bei komplexen Sachverhalten wie Zusammenschlüssen, Platzierung von Unternehmensanleihen und anderen beratungsintensiven Geschäften, und schließlich professionelle Abwicklung von Wertpapiertransaktionen für andere Banken. Sie versteht sich nicht als Direktbank, sondern als Präsenzbank mit 14 Standorten in Deutschland.

Informationen zur Quirin Bank anfordern »

Anzeige

Das bedeutet, dass jeder Kunde einen bestimmten Ansprechpartner bei der Bank hat. Die Idee für die Gründung ist auf den ersten Blick bestechend: Überall dort, wo Privatkunden, Unternehmen und andere Banken nachhaltig Fehler gemacht haben und nachweislich weiterhin machen, bietet die Quirin Bank mit ihren etwa 100 gut geschulten Beratern unabhängige Dienstleistungen an.

Die Bank hat sich inzwischen auf dem Sektor der Honorarberatung einen Namen gemacht, zählt jedoch immer noch zu den kleineren Nischenanbietern. Interessant ist die Frage, wie erfolgreich das Geschäftsmodell der Bank einzustufen ist. Dazu bedarf es eines genaueren Blicks auf die Honorarberatung unter besonderer Berücksichtigung der Quirin Bank.

Vor- und Nachteile der Honorarberatung

Die Beratung gegen Honorar ist in Deutschland noch relativ unbekannt. Bevorzugt wird in der Regel von Kunden und Finanzdienstleistern die Beratung auf Provisionsbasis. Dass auch diese Beratung unabhängig sein kann, zeigt das Beispiel der konzernunabhängigen Versicherungsmakler.

Vorteile der Honorarberatung: Sie ist normalerweise preisgünstiger als die Beratung auf Provisionsbasis. Wenn der provisionsabhängige Bankberater einem Kunden zum Beispiel einen Aktienfonds in Höhe von 50.000 Euro verkauft, so erhält er hierfür eine Provision von durchschnittlich 4 %, also 2.000 Euro. Ein Honorarberater berechnet einen Stundenlohn von beispielsweise 150 Euro und erzielt somit für vier Stunden intensiver Beratung zu dem gleichen Produkt ein Honorar von insgesamt 600 Euro.

Die Unabhängigkeit ist ein weiterer Vorteil des Honorarberaters. Er braucht keine Produkte seines Arbeitgebers oder seiner Geschäftspartner zu verkaufen. Nachteilig ist jedoch, dass das Honorar auch dann fällig wird, wenn es nicht zu einem Geschäftsabschluss kommt. Die Quirin Bank hat dies erkannt und bietet Privatkunden eine günstige monatliche Flatrate von 75 Euro für sämtliche Dienstleistungen inkl. Beratung an. Sie wirbt auf ihrer Homepage damit, dass Privatanleger bei ihrer Bank mit einem Depotvolumen von 300.000 Euro in einem Zeitraum von 5 Jahren einen Gesamtbetrag von 360.121 Euro erreichen, 28.176 Euro mehr als bei einer konventionellen provisionsabhängigen Beratung.

Gewinnbeteiligung im Erfolgsfall

Der Online-Rechner der Quirin Bank berücksichtigt jedoch keine Kurseinbrüche, sondern rechnet proportional hoch. Auch ist zu berücksichtigen, dass die Bank im Erfolgsfall mit 20 % am Gewinn beteiligt ist. Dass die Bank nach anfänglichen Anlaufverlusten auf der Erfolgsspur ist, zeigt der Gewinn von etwa einer halben Million Euro im Geschäftsjahr 2010.

Nachdem in Großbritannien ab 2013 die Beratung auf Provisionsbasis verboten ist und andere Länder dem Beispiel folgen wollen, setzt die Quirin Bank auch künftig konsequent auf ihr Honorarmodell.

Artikel/Angebot bewerten:

(7 Bewertungen, Durchschnitt: 4,57 von 5 Sternen)

Letzte Artikel

Niedrige Renditen: Bittere Pille für Lebensversicherungen
Alarmruf der Versicherungswirtschaft - Der Garantiezins von derzeit 1,75 Prozent bei ... [Weiterlesen...]

Der Euro unter Druck. Jetzt aussteigen?
Der Euro unter Druck. Soll man zum gegenwärtigen Zeitpunkt aussteigen und in andere Währungen ... [Weiterlesen...]

Betongold: Sind Immobilienfonds noch eine sichere Sachwertanlage?
In Erwartung steigender Geldentwertung legen Privatanleger wieder Geld in vermeintlich sichere ... [Weiterlesen...]

Leasingo sorgt für mehr Transparenz auf dem Leasingmarkt
Das neue Portal LeasinGo möchte als eine Art Bieterplattform für gewerbliches Leasing den ... [Weiterlesen...]

Hoch verzinsliche Mittelstandsanleihen als sichere Anlagemöglichkeit?
Privatanleger suchen nach Alternativen zu Spareinlagen mit niedrigen Zinsen, auch bei ... [Weiterlesen...]

Seiten

Girokonto Prämien in der Übersicht
Girokonto Vergleich
Tagesgeld Rechner
Kontakt
Impressum
Datenschutzerklärung & Disclaimer

Bild 3.13 So wird der doppelte Spannungsbogen deutlich sichtbar.

Mit der Überschrift und dem Teaser wird das Interesse geweckt, mit den ersten Zeilen thematisch konkretisiert, bevor die Spannung zu sehr nachlässt eine zentrale Botschaft oder ein zentrales Element eingebunden, und für alle Webseitenbesucher die danach immer noch weiterlesen die Spannung wieder aufgebaut und der Fokus auf weitere Elemente und Bestandteile gelenkt. Es werden somit also gleich zwei Kundengruppen zielgerichtet angesprochen: Jene, die über das Call-to-Action-Element relativ gleich „zur Sache kommen" wollen, sowie jene, die der Inhalt zwar überzeugt oder zumindest interessiert hat, die sich aber dennoch nach Alternativen umschauen möchten.

Theoretisch lässt sich dieser Bogen immerfort wiederholen und man kann Sanduhr an Sanduhr reihen (was bei sehr langen Webtexten, die sich nicht in einzelne Bestandteile zerlegen lassen, auch durchaus Sinn ergeben kann, oder aber wenn man möglichst mehrere Botschaften transportieren möchte). Die Aufmerksamkeit der Leser wird jedoch parallel zur Textmenge immer weiter abnehmen und eine zweite Sanduhr würde demnach wohl deutlich weniger effizient sein als die erste. Ähnliches gilt für ganze Beitragsserien oder mehrteilige Artikel, die in sich selbst jeweils über eine eigene kleine Sanduhrkonzeption verfügen. Zwar werden sich vergleichbare Methoden des Spannungsaufbaus nicht für jegliche Onlinetexte eignen, gerade für eher redaktionell gestaltete Inhalte bewähren sich diese Muster jedoch durchaus, um das Interesse des Betrachters nicht allzu sehr auf ein einziges Element einzuengen, was stets die Gefahr eines Nutzerabbruchs mit sich bringen würde.

Der obere Teil eines Textes, dem diese Methode zugrunde liegt, wird für Sie als Unternehmer mit allerhöchster Wahrscheinlichkeit eine größere Rolle spielen als der untere Teil. Denn natürlich wird das wichtigste Element, in diesem Fall der Call-to-Action-Button, stets zuerst aufgeführt. Und somit werden Sie dort auch die „spannendsten" inhaltlichen Textpassagen unterbringen. Die Bedeutung der initialen Informationen ist jedoch schon alleine deswegen größer als die der restlichen Bestandteile, weil sich diese im sichtbaren Bereich des Bildschirms befinden, wenn der Nutzer den Artikel angezeigt bekommt.

HINWEIS: Der für die Leser sichtbare Bereich auf Ihrem Onlineportal spielt generell eine große Rolle, denn beim ersten Scannen einer Webseite scrollen die wenigsten Benutzer gleich nach unten. Diese sichtbaren Bestandteile bilden also die hauptsächliche Grundlage für die Entscheidung eines Besuchers, ob er Ihrer Seite eine Chance gibt oder auch nicht. Eine solch prominente Stellung gilt es zu berücksichtigen, insbesondere was die besonders sorgfältige Gestaltung der obersten Elemente Ihrer Homepage anbelangt.

3.1.3.2 Die Perspektive wechseln

Sehr viele Texte im Internet, egal ob im Unternehmenskontext verfasst oder auch nicht, werden aus der reinen Ich-Perspektive heraus geschrieben. Das heißt, als Autor und Fachexperte berichte **ich** darüber, was **ich** vermitteln möchte, was **ich** an Wissen transportieren kann, wovon **ich** überzeugt bin und was **meiner** Intention dient. Das funktioniert in vielen Fällen auch recht gut. Wenn Sie in einer Branche unterwegs sind, in der Ihr persönlicher Expertenrat gefragt ist, und wenn Sie zudem auf Ihrer Webseite auch noch den richtigen Ton treffen – ob gewollt beziehungsweise bewusst oder nicht – und die Leser mit Ihren Texten begeistern können, so ist daran auch überhaupt nichts auszusetzen. Stetig steigende

Leserzahlen, zahlreiche Weiterempfehlungen der Beiträge auf sozialen Netzwerken, die Interaktion Ihrer Leser durch Kommentare etc. sowie eine sich aus all diesen Faktoren ergebende positive Umsatzentwicklung aus Ihrem Onlineauftritt heraus sprechen in diesem Fall dafür, dass Sie wohl einiges richtig machen. Dann sollten Sie auch nicht grundsätzlich an diesem erfolgreichen Stil herumexperimentieren, sondern ihm höchstens einen immer weiteren Feinschliff verpassen oder sich an bestimmten inhaltlichen Nuancen versuchen.

Was jedoch, wenn sich trotz intensiver Bemühungen und trotz regelmäßiger, qualitativ hochwertiger Textarbeit keine nachhaltige Stammleserschaft für Ihren Onlineauftritt entwickelt? Wenn – gerade im Vergleich zu anderen Portalen Ihrer Branche, die auf werthaltigen Content setzen – der Funke zu Ihren Besuchern nicht wirklich überspringen will? Dann kann es sein, dass Sie inhaltlich gesehen einfach nicht über das schreiben, was die Internetgemeinde und damit Ihre potenziellen Kunden interessiert. Sich eine solche Möglichkeit einzugestehen fällt sicherlich nicht ganz leicht, gerade wenn Sie bislang bereits sehr viel Energie in Ihre Onlinestrategie gesetzt haben. Und dennoch: Auch in meinem Arbeitsalltag erlebe ich es immer wieder, dass professionell aufgesetzte und betriebene Portale mit guten, fachlich versierten Autoren und damit entsprechend hochwertigen Inhalten nicht wirklich von dem angesprochenen Publikum akzeptiert werden.

Nun können Sie als Unternehmer ja nicht einfach ein komplett neues Portal aus dem Boden stampfen und statt über Haushaltswaren, die Sie nun einmal vertreiben, plötzlich über die neusten Elektronikartikel schreiben, nur weil das bei Ihren Lesern besser ankommt. Doch das ist auch gar nicht notwendig. In den meisten Fällen reicht es schlicht und einfach aus, die Perspektive innerhalb Ihres Fachgebiets und innerhalb Ihrer zugehörigen Textbeiträge zu wechseln. Statt der eingangs genannten reinen Ich-Formulierungen lohnt es sich dann zu fragen:

- Was möchten meine Leser vermittelt bekommen?
- Welches Wissen wollen sich meine Leser aneignen, welche Lösungen wollen Sie kennenlernen?
- Wovon sind meine Leser überzeugt oder was könnte sie überzeugen?
- Was ist denn eigentlich die Intention meiner Leser?
- Wie würden diese einen Beitrag zum zugrunde liegenden Thema verfassen?

Stellen Sie sich doch einmal einen Malermeister vor, der völlig überzeugt ist von den neuen, hochwertigen und sehr edel wirkenden Trendfarben zur exklusiven Wohnraumgestaltung, die er anwendet und vertreibt. Dementsprechend möchte er diese Vorteile natürlich auch in seinen Beiträgen benennen, seine Kompetenz über deren Verwendung darin verbreiten, mit dem letztendlichen Ziel natürlich, möglichst viele neue Kunden für eben dieses Produkt zu gewinnen. Was ist nun jedoch, wenn – so nehmen wir einmal an – es sich bei 90 Prozent der Besucher auf seiner Homepage um junge Familien handelt, die gerade in eine größere Wohnung oder in das erste eigene kleine Häuschen gezogen sind, dafür einen Maler suchen, aber einfach nur eine praktische, haltbare und nicht allzu teure Raumgestaltung vor allem für Kinderzimmer, Küche und Co. im Auge haben? Und nicht etwa das angesagte Ambient-Dekor-Design für ein durchgestyltes Loft-Feeling?

Und nehmen wir nun einmal an, Sie schreiben über dasselbe Produkt, von dem Sie wohl zurecht so überzeugt sind, kehren aber als Inhalt hervor, dass sich eben diese Farben so gut eignen, weil sie besonders langlebig, schadstofffrei, im Notfall abwaschbar oder was auch immer sind und dennoch ansehnlich daherkommen, sprich, weil diese absolut familientauglich sind? Ein solches Einlassen exakt auf die Bedürfnisse der Leser dürfte dem Malermeister einiges mehr an Aufmerksamkeit (und damit an Aufträgen) bescheren als zuvor. Wenn er mag, kann er in einem Extrabereich oder in einzelnen Artikeln für weitere Zielgruppen ja immer noch hervorheben, welche Möglichkeiten der exklusiven Gestaltung er in seinem Portfolio hat. Dies ist ein beliebiges, konstruiertes Beispiel. Aber ich denke, Ihnen werden für Ihre eigene Situation und Branche sicherlich ähnliche Positivbeispiele einfallen, die ein solcher Perspektivwechsel mit sich bringen wird.

PRAXISTIPP: „Woher weiß ich denn, was meine Leser wirklich interessiert?", werden sich nun einige von Ihnen fragen. Gerade wenn etwa die Kommentarfunktion auf Ihrer Webseite noch nicht stetig genutzt wird, so ist dies in der Tat nicht ganz einfach. Zumal - wie bereits erwähnt - die Interessen Ihrer Web-Besucherschaft durchaus von denen einer „echten" Klientel in Ihrem Ladengeschäft vor Ort abweichen können.

Bieten Sie Ihren Besuchern auf Ihrer Homepage zahlreiche, einfach zu bedienende Kontaktmöglichkeiten, vom Kontaktformular über den kostenlosen Rückruf bis hin zum direkten Onlineaustausch über einen eigenen Livechat (siehe etwa Anbieter wie Userlike, erreichbar unter *www.userlike.com*, oder LiveChat unter *www.livechatinc.com*). Wenn nötig incentivieren Sie zu Beginn diese Kontaktaufnahme mit Ihren Besuchern, um herauszufinden, an was diese in der Regel am meisten interessiert sind, wenn sie Ihre Webseite besuchen (nach der Art „Testen Sie uns unverbindlich/Fordern Sie uns heraus und Sie erhalten 10 Prozent Rabatt auf unsere Leistungen" oder was auch immer).

Fragen Sie Interessenten und Neukunden aus Ihrem Onlinekanal stets, wie diese mit den gegebenen Informationen zufrieden waren, welcher Aspekt ihnen möglicherweise noch gefehlt hat, welche Themen sie sich dort wünschen, warum sie bei der Onlinerecherche ausgerechnet auf Ihr Portal aufmerksam geworden sind.

Stets und für alle Unternehmer spannend: Fragen Sie auch explizit, wonach Ihre Neu-, aber auch Bestandskunden was Ihre Branche anbelangt im Internet bereits gesucht haben, und vor allem, worauf diese **keine** wirkliche Antwort fanden. Gelingt es Ihnen, eine solche inhaltliche Lücke Ihrer Branche im World Wide Web zu finden (die trotz unzähliger Webseiten nach wie vor in Hülle und Fülle existieren), so gleicht dies einer kleinen Goldgrube. Denn in diesem Fall sollten Sie sich sofort an Ihre Tastatur setzen und sich Gedanken darüber machen, mit welchen Beiträgen Sie exakt diese Lücke füllen können, um zukünftig über ein einzigartiges Alleinstellungsmerkmal sowie einen großen Wettbewerbsvorteil gegenüber Ihrer (Online-)Konkurrenz zu verfügen. ■

Bild 3.14 Ein toller Weg, um seinen potenziellen Kunden online zuzuhören, ist die Integration eines Live-Chat-Moduls – für den Nutzer kostenlos und sehr einfach zu bedienen. Doch der Mitarbeiter sollte dann auch persönlich benannt werden, und sich nicht – wie im abgebildeten Beispiel – hinter einem anonymen Pseudonym verstecken.

3.1.3.3 Die Aufmerksamkeit des Lesers gewinnen

Ergänzend zu diesem Thema möchte ich Ihnen noch einige weiterführende Hinweise mit auf den Weg geben, mit welchen Inhalten sowie Inhaltstechniken Sie dafür sorgen können, dass die Leser Ihnen und Ihrem Onlineportal treu bleiben.

- Das Internet ist ein sehr gegenwartsbezogenes, aktuelles Medium. Dementsprechend sollten auch Ihre Inhalte gestaltet sein. Jegliche vergangenheitsbezogene Formulierungen eignen sich somit weniger, dem Betrachter ein positives Bild von Ihren Aussagen und Texten zu vermitteln. Wo immer es möglich ist, sollten Sie also selbst von Ihren Erfahrungen und Projekten der Vergangenheit in einer Textform der Gegenwart schreiben. Statt „Es war einmal" zählt hier also das „So ist es bei uns".
- Handlungsaufforderungen jeglicher Art können ein gutes Mittel dazu sein, den Leser nicht nur zu halten, sondern auch zu einer Interaktion zu bewegen. Von „Abonnieren Sie unseren Newsletter" über „Hier weitere Informationen nachlesen" bis hin zur Formulierung „Ihre Meinung ist uns wichtig:" vor dem Kommentarblock – all dies eignet sich dazu, bei den Lesern einen Reflex auszulösen. Ähnliches kann man übrigens auch, auf noch etwas elegantere Art und Weise, über rhetorische Fragestellungen erreichen. So kann eine Formulierung wie „Keinen unserer Beiträge verpassen?" über den Abonnement-Button für die Social-Media-Kanäle die Quote der Fans auf Facebook & Co. oft deutlich erhöhen.
- Verlieren Sie innerhalb eines Beitrags nicht den eigentlichen Fokus aus den Augen. Es ist verständlich, dass Sie Ihren potenziellen Kunden so viele Informationen wie möglich vermitteln wollen. Schnell wird dann aber aus einem Text zum Thema x eine Abhandlung zum Thema y. In diesem Fall sollten Sie besser zwei verschiedene Artikel verfassen, um Ihre Leser nicht zu verwirren oder gar zu verärgern, und um vor allem die Aufmerksamkeit bei dem Thema halten zu können, nach dem der Rezipient ursprünglich auch gesucht hatte.

- Vermeiden Sie die Verwendung von Phrasen, wie Sie auf gefühlt jeder zweiten Unternehmenswebseite zum Einsatz kommen. Ein Beispiel wäre hier der Satz „Was wir Ihnen bieten“ als Nennung auf einer Online-Unternehmensbeschreibung oder auf Ihrer Seite zur Suche neuer Mitarbeiter. Die überproportionale Verwendung vergleichbarer Wortfolgen lässt bei Ihren Besuchern schnell den Eindruck entstehen, dass es sich um beliebige, austauschbare Inhalte handelt. Die Aufmerksamkeit sinkt in diesem Fall sofort gegen null.

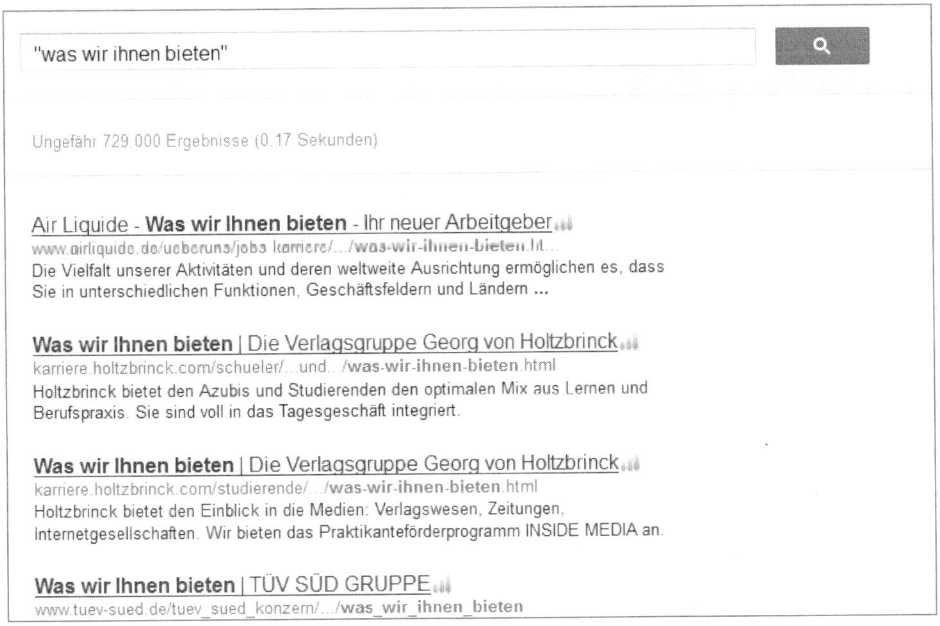

Bild 3.15 Über 700 000 Firmen bieten mir etwas. Da kommt schnell Langeweile auf.

3.1.4 Weitere Textbestandteile

3.1.4.1 Zwischenüberschriften

Zwischenüberschriften sind vor allem für die wirkungsvolle Gestaltung von Texten von enormer Wichtigkeit (dazu mehr in Kapitel vier). Während die Hauptüberschrift dazu dient, den Betrachter überhaupt erst einmal zum Lesen zu animieren, so soll ihn die Zwischenüberschrift anschließend im Text selbst halten.

Wie sollte eine solche Zwischenüberschrift nun jedoch inhaltlich beschaffen sein, um ihre volle Wirkung zu entfalten? Ähnlich wie die Hauptüberschrift muss die Zwischenüberschrift den Leser quasi schon „vorab“ in den Bann der darauf folgenden Zeilen ziehen. Sein Interesse sollte also derart geweckt werden, dass ihm im Idealfall gar nicht viel anderes übrig bleibt, als weiterzulesen. Dies kann beispielsweise dadurch erreicht werden, dass über den Inhalt dieser Zwischenüberschrift neue, für den Leser relevante Fragen aufgeworfen werden, zu denen er quasi auch noch die Auflösung haben möchte. Dazu zählen Formulierungen der folgenden Art:

- „Was Sie sonst noch beachten müssen",
- „Was es unbedingt zu berücksichtigen gilt",
- „Welche Nachteile das bislang Geschilderte jedoch haben kann",
- „Welche Anlaufstellen Ihnen bei dieser Fragestellung weiterhelfen",
- „Wie wir dieses Problem für Sie lösen können" und so weiter

Dies sind typische Beispiele für derartige Elemente, die den Lesefluss fast schon zwingend aufrechterhalten. Wobei Sie dieses und vergleichbare Stilmittel natürlich nur dann einsetzen sollten, wenn es überhaupt gewünscht ist, dass der Leser an dieser Stelle weiterliest. Ein umsatzversprechendes Call-to-Action-Element etwa würde man wohl kaum mit einer vergleichbaren, nachfolgenden Zwischenüberschrift untermalen, um die Aufmerksamkeit des Betrachters nicht unnötigerweise auf die falsche Stelle zu lenken.

Gleichzeitig haben Zwischenüberschriften jeglicher Art immer auch den Zweck, die nachfolgenden Inhalte in einem kurzen, knackigen Statement zusammenzufassen. Dies ist insbesondere deswegen so wichtig, weil viele Ihrer Besucher die Inhalte Ihres Onlineportals nur noch überfliegen, statt diese im Detail und komplett zu lesen. Mit den Zwischenüberschriften können Sie im Fall des sogenannten Scannens durch den Betrachter dennoch Ihre Botschaften an den Mann oder die Frau bringen, die Sie für Ihren individuellen Geschäftszweck unbedingt transportieren wollen (wenn auch in verkürzter Weise). Und das unabhängig davon, wie intensiv oder eben auch nicht intensiv sich der einzelne Leser mit dem eigentlichen Text befasst.

Das bedeutet nun ganz konkret, dass die Inhalte Ihrer Zwischenüberschriften stets möglichst zwei Zwecke gleichzeitig erfüllen sollten: Über konkrete, für den nachfolgenden Text wichtige Schlüsselwörter nahtlos zu diesem überzuleiten und generell die Erwartungshaltung bei den Lesern zu wecken, dass mit dem bisherigen Textverlauf noch nicht sämtliche relevanten Informationen aufgenommen werden konnten.

3.1.4.2 Aufzählungen, Tabellen, Kategorien

Bei den im Rahmen von Kategorien, Aufzählungen, aber auch innerhalb von Tabellen enthaltenen Informationen handelt es sich meist um strukturierende Metainformationen für den Leser. Diese sollen es ihm ermöglichen, einen bestimmten Sachverhalt möglichst schnell einzuordnen oder aufnehmen zu können.

Zu den besonderen Herausforderungen, welche die Inhalte von Aufzählungen, aber auch Tabellen & Co. mit sich bringen, werden wir im weiteren Verlauf dieses Ratgebers noch mehr erfahren. Eines haben alle drei Bereiche jedoch gemeinsam: Die hier verwendeten Inhalte müssen nicht nur besonders zielführend und auf die Informationsbedürfnisse Ihrer Leser hin formuliert werden, sie sollten auch sehr leicht „scannbar" und damit einfach aufzunehmen sein. Reine Fachterminologie im Firmen- aber nicht im Kundensprachgebrauch, lange Wortungetüme, aber auch wenig aussagekräftige und kaum konkrete allgemeine Begrifflichkeiten sollten hier unbedingt vermieden werden. Die Kurzinformationen in Kategorien, Aufzählungen etc. funktionieren meist ähnlich wie in einen Onlinebeitrag eingebundene Fotografien und Bilder. So sollte dem Betrachter also im Idealfall möglichst schnell ersichtlich werden, was die enthaltenen Informationen mit seiner konkreten Frage- oder Problemstellung zu tun haben.

Als Beispiel könnte die hier folgende Abbildung dienen, wie man sie als Stilmittel so ähnlich auf sehr vielen Unternehmenswebseiten sehen kann.

Bild 3.16 Der Leser kommt mit einer Frage und soll unmittelbar erkennen, dass er auf Ihrem Portal die zugehörige Antwort findet. Nicht nur über Bilder und Symbole wird dies gesteuert, sondern über die Wahl der richtigen Begrifflichkeiten.

Dem Leser wird unter der Verwendung von Fragezeichen-Symbolen in der Kombination mit einem Ausrufezeichen – alternativ auch mit dem allseits bekannten Zeichen „i" für Information oder Ähnliches – sehr schnell suggeriert, dass er an dieser Stelle eine Antwort auf seine Fragestellungen erhalten kann, mit denen er sich für den Besuch einer Webseite entschieden hat. Bei solch einer Frage kann es sich in Ihrem Fall um ein konkretes Informationsbedürfnis, eine gesuchte Produktinformation oder direkt um den gewünschten Erwerb einer Ware beziehungsweise Dienstleistung handeln. Gelingt es Ihnen nun, über die vordergründig ersichtlichen Begrifflichkeiten in den Menüstrukturen, Kategorien, Aufzählungen oder Informationstabellen Ihrer Webseite im Kopf des Lesers quasi ein Ausrufezeichen entstehen zu lassen, nach dem Motto „Das ist genau die Art von Informationen, die ich gesucht habe", so haben Sie schon einmal die halbe Miete gewonnen. Den Rest erledigen dann möglichst zielführende und hilfreiche weitere Detailinformationen sowie zugehörige Interaktionselemente.

Gerade bei der Wahl von Kategorien kann man übrigens einiges falsch machen, egal ob es sich um Oberbegriffe für verschiedene redaktionelle Inhalte oder aber für Produkte in einem Onlineshop handelt. Schauen Sie sich doch einmal das in Bild 3.17 dargestellte Beispiel eines sehr bekannten Onlinehändlers etwas genauer an. Ganz abgesehen von der sehr unübersichtlichen Auswahl und Anordnung der einzelnen teils wahllos genannten Unterpunkte in vier verschiedenen Spalten: Eine Kategorie „Funsport" (Was ist das?) mit 40 Unterkategorien wie man missverständlich meinen könnte, wenn man nur die rechte Spalte betrachtet? Oder 22 Unterkategorien für Schlafsäcke? Jeweils fünf, wohl mehr oder weniger willkürlich gewählte Unterbegriffe zu jeder Oberkategorie (Warum werden bei „Musikinstrumente" ausgerechnet „Digitalpiano", „Effekte & Prozessoren" (??), „Musikinstrumentezubehör", „Percussion" und das recht ähnliche „Schlagzeug" genannt?) – ob das so zielführend ist?

Bild 3.17 Auch die großen Onlineportale machen nicht immer alles richtig, wie diese sehr verwirrende Kategorieübersicht unter Beweis stellt.

Die richtige Auswahl und Benennung von Kategorien ist eine kleine Wissenschaft für sich, bei der Sie vor allem folgende Punkte berücksichtigen sollten:

- Weniger ist hier meist deutlich mehr, kein Besucher möchte sich durch 20 Oberkategorien mit 80 Sub- und 200 Sub-Sub-Kategorien „wühlen“. Dies betrifft sowohl die Gesamtanzahl der Kategorien als auch die Tiefe der Navigation (in der Regel sollten Sie, wo immer dies möglich ist, nicht über maximal zwei Navigationsebenen hinauskommen).
- Verwirren Sie Ihre Leser nicht damit, dass mehrere unterschiedliche Kategorien auf immer wieder dieselben Inhalte oder auch Produkte führen. Gerade bei Content-Portalen kann hier ansonsten schnell der unberechtigte Eindruck entstehen, es seien nur einige wenige und dazu auch noch redundante Informationen enthalten. Bei einem Shop hingegen denkt der Kunde schnell, dass das Produktsortiment wohl sehr eingeschränkt sein muss.
- Fragen Sie sich, ob Ihre firmeninterne Struktur sich dafür eignet, mehr oder weniger eins zu eins auch für die Kundenansprache verwendet zu werden. Dies ist in den seltensten Fällen so, weil es innerhalb Ihres Unternehmens auf eine technische Organisation der Produkte ankommt, nach außen hin jedoch auf die Vermarktung von für den Leser relevanten Oberbegriffen. Ihre Bezeichnung sowie die nach außen hin gebräuchliche Sprache haben hierbei oftmals nur sehr wenig miteinander zu tun.
- Verzichten Sie unbedingt auf nichtssagende Kategorien wie beispielsweise „Allgemein“, „Sonstiges“, „Internes“, „Panorama“ etc.
- Vermeiden Sie Wortungetüme wie das obige Beispiel „Musikinstrumentezubehör“. Solche Begriffe sprengen nicht nur den gestalterischen Rahmen einer Menüführung, sie ziehen auch unnötig Aufmerksamkeit auf sich und sind zudem nur schwer inhaltlich zu erfassen.

Bedenken Sie stets: In vielen Fällen gehört die Seitennavigation und damit auch Kategorien & Co. zu einem der meistgenutzten Elemente Ihrer Firmenhomepage, egal ob Sie nun einen Shop und/oder ein Contentportal Ihr Eigen nennen. Verwirren diese strukturierenden Elemente Ihre Nutzer mehr, als dass sie sie unterstützen können, so wird der Eindruck der eigentlichen, womöglich qualitativ sehr hochwertigen Inhalte schnell wieder zunichtegemacht.

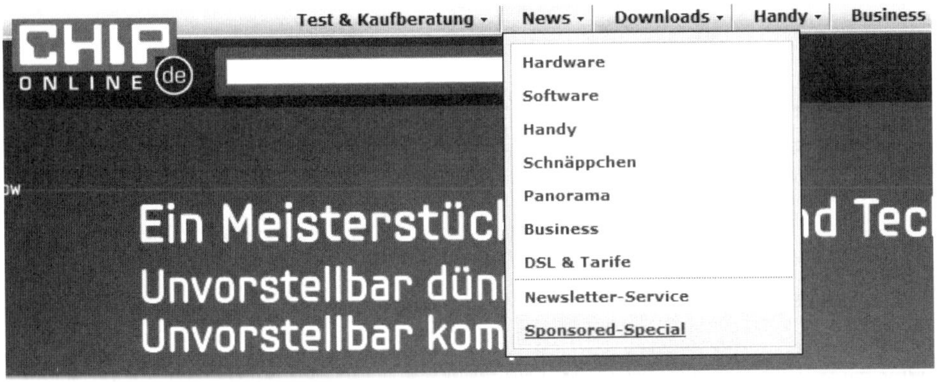

Bild 3.18 Was wohl hinter einer Kategorie namens „Sponsored-Special“ stecken mag? Vermutlich wird es kaum ein Leser ausprobieren.

3.1.4.3 Linktexte, Bildunterschriften & Co.

Die in diesem Abschnitt aufgeführten Textelemente werden leider nicht nur sehr oft in ihrer Wirkung unterschätzt, sondern dementsprechend auch meist sträflich vernachlässigt. Gerade Linktexte – also die auf ein internes oder externes Ziel verlinkende Wortkombination – spielen über die darin genannten Begrifflichkeiten eine zentrale Rolle, beispielsweise bei der Suchmaschinenoptimierung (dazu später noch mehr).

Gleichzeitig sollten Linktexte jeglicher Art nicht nur themen- und umsatzrelevante Keywords enthalten, sondern auch möglichst „sprechend“ sein. Dies vor allem dann, wenn ein Link eben nicht rein für die Suchmaschinen gesetzt wird, sondern wenn Ihre Leser diesem Link möglichst folgen sollen, da auf der Zielseite beispielsweise ein für Ihren Umsatz relevantes Ereignis ausgelöst bzw. angeboten wird. Onlinezeitungen jeglicher Art arbeiten sehr oft mit solchen sprechenden Linktexten, wie das folgende Beispiel des Portals *sueddeutsche.de* zeigt.

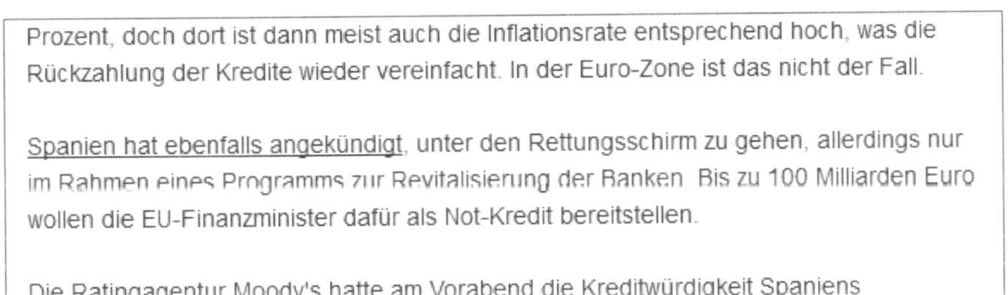
Prozent, doch dort ist dann meist auch die Inflationsrate entsprechend hoch, was die Rückzahlung der Kredite wieder vereinfacht. In der Euro-Zone ist das nicht der Fall.

Spanien hat ebenfalls angekündigt, unter den Rettungsschirm zu gehen, allerdings nur im Rahmen eines Programms zur Revitalisierung der Banken. Bis zu 100 Milliarden Euro wollen die EU-Finanzminister dafür als Not-Kredit bereitstellen.

Die Ratingagentur Moody's hatte am Vorabend die Kreditwürdigkeit Spaniens

Bild 3.19 Durch den Text dieses Links weiß der Leser schon vor dem eigentlichen „Klick“, was auf ihn zukommt.

Dem Leser wird hier quasi sofort klar, welche Information ihn nach einem Klick auf den so gekennzeichneten Verweis erwartet. Wollen Sie eine solche Interaktion nun forcieren, etwa weil Sie Ihre Leser auf einen bestimmten Bestandteil Ihres Onlineauftritts lenken möchten, so ist die Ergänzung um Handlungsaufforderungen hilfreich, wie wir sie bereits in Abschnitt 3.1 kennengelernt haben. Auch versteckt in einem kleinen, anscheinend harmlosen und eher beiläufigen Nebensatz kann ein solcher Verweis eine recht mächtige Wirkung entfalten.

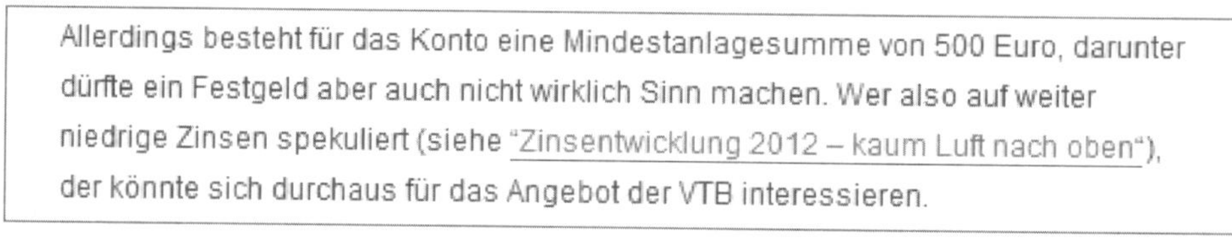
Allerdings besteht für das Konto eine Mindestanlagesumme von 500 Euro, darunter dürfte ein Festgeld aber auch nicht wirklich Sinn machen. Wer also auf weiter niedrige Zinsen spekuliert (siehe "Zinsentwicklung 2012 – kaum Luft nach oben"), der könnte sich durchaus für das Angebot der VTB interessieren.

Bild 3.20 Trotz oder gerade wegen der eher beiläufigen Nennung dieses Verweises dürfte hier jeder klicken, der, wie im Beitrag formuliert, auf „niedrige Zinsen spekuliert".

PRAXISTIPP: Ein interner Link relativ zu Beginn Ihres Webtextes oder gar im Teaser, und damit sehr prominent platziert, kann übrigens dann recht wirksam sein, wenn der Leser den ihm vorliegenden Text als nicht direkt relevant für seine Problemstellung deutet und ihm über den Verweis eine Alternative zu einem weiteren, ähnlichen, aber eben für ihn wichtigeren Thema geboten wird. Somit kann ein Besucher auch bei drohendem Abbruch weiterhin auf einem Portal gehalten werden.

Gerade bei für Ihren Umsatz sehr wichtigen Seiten sollten Sie diesen Effekt jedoch genau im Auge behalten. So könnte es schließlich sein, dass dieser Verweis auch Ihre sonstigen Leser von dem eigentlichen Ziel des Beitrags ablenkt. Gut messen lassen sich solche Effekte beispielsweise über sogenannte Heatmap-Tools wie „Crazy Egg" (erreichbar unter *www.crazyegg.com*) und ähnliche. Denn dort können Sie genau miteinander vergleichen, welcher Anteil der Aufmerksamkeit auf den internen Verweis entfällt und welcher einem weiteren Element wie einem Call-to-Action-Button oder Ähnlichem zuteilwird. Weitere Hinweise hierzu erhalten Sie auch in meinem Beitrag unter *www.blogprofis.de/buch/heatmap*. ■

Bei Bildunterschriften handelt es sich ebenfalls um Webtextelemente, denen oft nur wenig Bedeutung beigemessen wird. Dies geht bis hin zu dem Trend, dass immer mehr Onlinepublikationen generell auf diesen als lästig in der Einrichtung und Befüllung empfundenen Textbaustein verzichten. Nun hat eine Bildunterschrift an sich vielleicht nicht die gleiche suchmaschinenrelevante Bedeutung wie etwa ein Linktext. Etwas pauschal formuliert kann man jedoch sagen, dass Ihre Onlinetexte umso werthaltiger für die Suchmaschinen und Besucher werden, je mehr Informationen beiden Parteien zur Verfügung gestellt werden. Und eine Bildunterschrift – wenn diese nicht etwa eins zu eins einfach nur einen Satz aus dem eigentlichen Artikel wiederholt – ist eben in den meisten Fällen schon wieder ein Satz und damit eine Information mehr, die von maschinellen wie menschlichen Besuchern als Mehrwert wahrgenommen werden kann.

Nicht zu vergessen natürlich die strukturierende, informationsgebende Funktion einer Bildunterschrift für den Betrachter Ihrer Onlineartikel. Kaum eine Abbildung oder ein Foto ist vollkommen selbsterklärend, und oftmals wird deren vollkommene Bedeutung für den umfließenden Text erst mit der Bildunterschrift so wirklich deutlich. Von daher steht eine gute, gelungene Bildunterschrift für sich selbst und fungiert mit ihrem leicht verständlichen Inhalt quasi als Bindeglied zwischen der Bild- und der Textsprache eines jeden Webbeitrags.

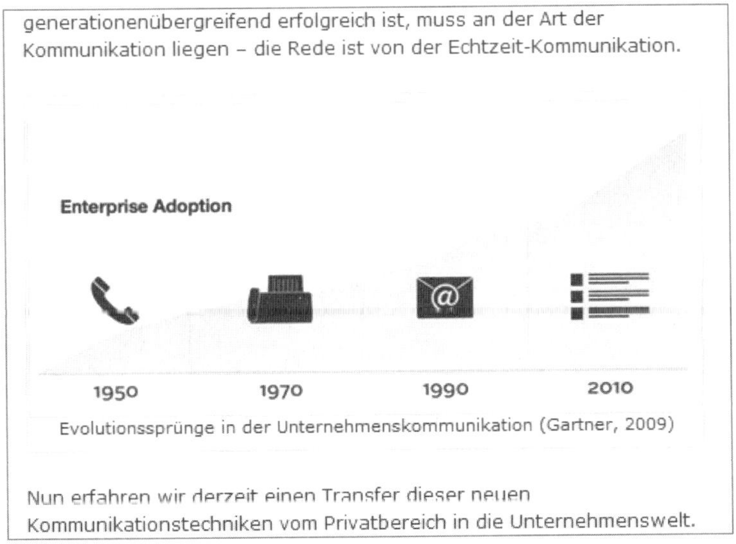

Bild 3.21 Ohne Bildunterschrift wäre diese Abbildung inhaltlich nicht wirklich zu verstehen.

Um ein möglichst einheitliches Erscheinungsbild innerhalb Ihrer Onlinepublikation gewährleisten zu können, empfehle ich Ihnen übrigens, alle innerhalb eines Fließtextes vorkommenden Fotografien und Grafiken mit einer solchen Bildunterschrift zu versehen, und nicht nur einzelne davon. Denn unbewusst erwartet ein Leser eine solche fast schon bei jedem nachfolgenden Bildelement, selbst wenn er sie in nur einem konkreten Fall wahrnimmt.

Hinzu kommt, dass sich Bildunterschriften meistens sehr gut dazu eignen, bestimmte administrativ oder rechtlich notwendige Textelemente auf elegante Art und Weise in einem Beitrag unterzubekommen. Dies können sein:

- Urheberrechtsinformationen zu den Bildelementen oder deren Inhalten
- Namentliche Vorstellung des Autors, des Interviewpartners, Gastautors etc.
- Quellenangaben verschiedenster Art
- Erläuternde Zusatzinformationen zum umgebenden Inhalt, die dort den Lesefluss unterbrechen würden oder für die dort kein Platz vorhanden ist
- Alternative Begrifflichkeiten und Keywords als Ergänzung zum eigentlichen Fließtext (siehe Kapitel 5.1.3).

Ebenso wie die Bildunterschriften sollten auch die sogenannten Alt-Attribute bei eingebundenen Grafiken niemals fehlen. Dabei handelt es sich um einen Alternativtext, der dem Besucher angezeigt wird, falls die Grafik selbst aus irgendwelchen Gründen nicht dargestellt werden kann (Fehler bei der Datenübertragung, keine Unterstützung durch den verwendeten Browser, installierter Werbeblocker etc.). Ähnliches gilt für das title-Attribut, welches in einigen Browsern als beschreibender Text angezeigt wird, sobald man mit der Maus über das zugehörige Bild fährt. Beide Informationen sollten Sie sorgfältig und unabhängig voneinander mit unterschiedlichen Inhalten pflegen. Nicht nur, dass auch hier wieder zusätzlicher, womöglich wertvoller und von einzelnen Suchenden bei Google nachgefragter Content entsteht. Sie lassen Ihre Leser somit auch dann nicht „im Regen stehen", wenn diese aus bestimmten Gründen nicht auf Ihre Bildinformationen zugreifen wollen oder können (Stichwort Barrierefreiheit, siehe auch *http://de.wikipedia.org/wiki/Barrierefreies_Internet*).

Beide Attribute können innerhalb eines HTML-Codes für Grafiken wie folgt eingebunden werden:

```
<img src="www.domain.de/bildquelle.jpg" alt="Alternativer
Beschreibungstext" title="title-Beschreibung" >
```

In der Regel bieten alle Content-Management-Systeme zur Pflege Ihrer Webinhalte jedoch eine einfachere Möglichkeit an, bei der Integration einer Grafik diese Informationen gleich mitzupflegen.

Nun wird es dem einen oder anderen Leser möglicherweise ein wenig zu „spitzfindig", aber auch die Bild-Dateinamen selbst (also beispielsweise „orga-chart-unternehmen.jpg") entfalten dann ihre volle Wirkung, wenn diese für sich selbst sprechen. Kryptische Bilddateinamen wie org987_wz.jpg sagen nicht nur Ihren Lesern wenig, wenn diese sich das Bild einmal, ob von Ihnen gewollt oder nicht, herunterladen oder näher in seinen Metainformationen betrachten (Rechtsklick im Browser auf das Bild und dann „Grafik-Info anzeigen" bzw. „Eigenschaften"). Man geht mittlerweile zudem davon aus, dass Suchmaschinen wie Google sprechende Grafik- und generell Dateinamen durchaus berücksichtigen, wovon „orga-chart-unternehmen" immerhin noch deutlich mehr profitieren dürfte als „org987_wz". Es sei denn, es handelt sich bei „org987_wz" um eine Artikelnummer oder etwas Ähnliches, nach dem Ihre potenziellen Kunden tatsächlich auch im Internet beziehungsweise in den Suchmaschinen suchen.

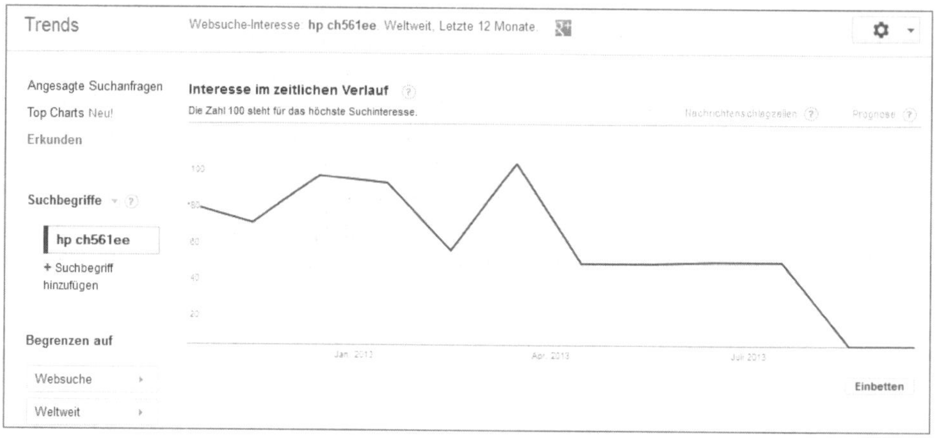

Bild 3.22 Bezeichnungen von oft verwendetem Druckerzubehör haben trotz der kryptischen Namen tatsächlich einen Suchmarkt bei Google & Co. Was die kundenunfreundlichen Artikelnamen selbst aber nicht unbedingt sinnvoller macht.

3.1.5 Metainformationen: Title, Meta-Tags und URL

Innerhalb des HTML-Quellcodes einer Internetseite sind immer auch einige versteckte Metainformationen enthalten, welche der Webseitenbesucher in der Regel nicht zu Gesicht bekommt. Ursprünglich dienen diese Informationen der weitergehenden Deklaration einer Internetseite, etwa für Suchmaschinen. Die meisten Content-Management-Systeme lassen es zu, dass Sie als Autor von Onlinebeiträgen Ihres Webauftritts die wichtigsten dieser Metainformationen ebenfalls frei definieren können.

„Wozu sollte ich dies tun, wenn der Besucher bzw. Leser selbst diese nicht einmal direkt einsehen kann?", wird sich nun so mancher von Ihnen fragen. Nun, insbesondere für Zwecke der Suchmaschinenoptimierung spielen einige wenige dieser Zusatzinformationen eine nicht ganz unbedeutende Rolle. Sie müssen sich das so vorstellen, dass Sie durch die strategische Pflege und Befüllung dieser Informationen quasi noch eine weitere Ebene neben der Beitragsüberschrift sowie den eigentlichen Textinhalten zur Verfügung haben, über die ein Artikel mithilfe von Google & Co. aufgefunden werden kann. Die wichtigsten dieser Metainformationen – sämtliche anderen werden in der Regel zumindest für Sie als Autor eher uninteressant sein – will ich im Folgenden kurz vorstellen.

3.1.5.1 Der Title Tag

Beim sogenannten Title Tag geht man davon aus, dass er mit die wichtigste Rolle für den Bereich der Suchmaschinenoptimierung spielt, was die Metainformationen eines Onlineportals anbelangt. Jede einzelne Internetseite beziehungsweise damit jeder einzelne Onlinebeitrag verfügt idealerweise über einen individuellen, möglichst aussagekräftigen Title, der – rein technisch gesehen – innerhalb des Quellcodes mit den Tags `<title>` sowie `</title>` als solcher gekennzeichnet wird.

Suchmaschinen benutzen diesen Title Tag, um die jeweilige Seite auf deren Inhalt hin zu analysieren und um diese ihrem Index hinzuzufügen. Der Title Tag wird meist auch bei der Auflistung in den Suchergebnislisten angezeigt. Er erfüllt also gleich eine doppelte Rolle: der Suchmaschine selbst wird über diese Metainformation quasi kurz und prägnant beschrieben, um was es sich bei der vorliegenden Seite beziehungsweise dem zugehörigen Webtext inhaltlich überhaupt handelt. Den Suchenden hingegen wird der gleiche Text angezeigt, um diesen eine weitere Entscheidungshilfe mit auf den Weg zu geben, ob der vorliegende Beitrag für ihre Suche und damit für sie selbst relevant ist oder nicht. Beides zeigt: Der Textinhalt des Title Tags sollte knapp und prägnant sein, möglichst einige wichtige Keywords enthalten, und – quasi neben der abgebildeten Überschrift eines Onlineartikels – zudem das Interesse der potenziellen Leser wecken. Wird Ihr Beitrag beispielsweise innerhalb einer Suchergebnisliste auf Platz eins gelistet, der zweite Beitrag verfügt jedoch über den „spannenderen" oder aussagekräftigeren Title, so kann es durchaus sein, dass sich die Klickzahlen zugunsten des eigentlich erst an zweiter Stelle befindlichen Webtextes entwickeln.

Nicht wenige Webseitenbetreiber, aber auch technisch versiertere Autoren verwenden der Bequemlichkeit halber die Überschrift eines Beitrags eins zu eins auch für den Inhalt des Title Tags, weswegen diese beiden sehr unterschiedlichen Merkmale auch oftmals miteinander verwechselt werden. Selbst wenn Sie sich damit einiges an Zeit und kreativer Energie bei der Ausarbeitung gleich zweier prägnanter, treffender Beschreibungen für den zugrunde liegenden Inhalt sparen sollten: Vergeben Sie nicht die große Chance, die ein stets individualisierter Title Tag mit sich bringt. Über kurz oder lang wird sich diese Anstrengung auszeichnen, nämlich durch bessere Rankings in den einzelnen Suchergebnislisten sowie zusätzliche Suchtreffer.

PRAXISTIPP: Bei eher kreativ oder sprechend gehaltenen Beitragsüberschriften kommt oftmals der SEO-Effekt zu kurz, etwa durch die mangelnde Einbindung passender Keywords etc. Manche Webseitenbetreiber gleichen diesen Effekt mithilfe des Title-Tags wieder aus. In diesem Fall wird die eigentliche Überschrift hinsichtlich der inhaltlichen sowie sprachlichen Qualität optimiert, die zugehörigen SEO-Keywords kommen dann eher in die (versteckten) Metainformationen. Somit kann man das journalistische Interesse an hochwertigen Formulierungen mit den Aspekten der Suchmaschinenoptimierung verknüpfen.

Dennoch sollte der Inhalt des Title-Tags generell nicht zu sehr von den Inhalten der Überschrift oder der Zwischenüberschriften abweichen, etwa indem mittels der Keywords im Title Tag Erwartungen auf Textinhalte geweckt werden, die dann so gar nicht Bestandteil des zugehörigen Beitrags sind. Denn dadurch würden Sie möglicherweise kurzfristig Ihre Position in den Suchmaschinenrankings verbessern und höhere Klickzahlen erreichen, doch die meisten Besucher würden sich sehr schnell wieder von den dann tatsächlich vorgefundenen Inhalten abwenden, die nicht den ursprünglichen Sucherwartungen entsprechen. Das wiederum mögen auch die Suchmaschinen ganz und gar nicht, dies könnte im Extremfall von diesen gar als Versuch einer Manipulation der Besucherströme gewertet werden. Die zu einseitige oder häufige Verwendung von Keywords wird generell schnell gefährlich, was die Einstufung durch Google anbelangt. Ähnliches gilt übrigens nicht nur für den Title Tag, sondern auch für alle nachfolgend genannten Metainformationen. ■

3.1.5.2 Meta-Tags „keywords" und „description"

Beim Meta-Tag „description" handelt es sich – einfach gesagt – quasi um eine Erweiterung des Title Tags. Wo für das Title Tag in der Regel wenige stichhaltige Wörter ausreichen müssen, um den Inhalt des vorliegenden Webartikels zu beschreiben, lässt das Tag „description" Raum für eine quasi zweite, erweiterte und damit längere Umschreibung. Im Allgemeinen geht man davon aus, dass diese Metainformation keine übergeordnete Rolle mehr für die Suchmaschinen spielt. Dennoch: Content, der dort aufgelistet wird, ist eben auch immer zusätzlicher Content. Von daher kann es nie schaden, neben Überschrift, Artikelinhalt sowie Title Tag damit noch eine vierte Ebene mit wiederum individuellem, einzigartigem Content auszustatten.

Autoren aus dem klassischen Presse- bzw. PR-Umfeld können sich dies in etwa wie folgt vorstellen:

- Die (sichtbare) Überschrift Ihres Onlinebeitrags würde dem klassischen Titel der Meldung entsprechen.
- Der Title Tag (nicht bzw. nur für Suchmaschinen sichtbar) repräsentiert in diesem Fall den Subtitel oder auch Untertitel.
- Danach folgt der eigentliche Textbeitrag (sichtbar).

- Innerhalb der „description“ wird dann quasi eine Art Kurzbeschreibung oder auch Zusammenfassung des gesamten Beitrags abgebildet (nicht sichtbar).

Dies entspricht insgesamt also einem durchaus logischen Aufbau.

Beim Meta-Tag „keywords“ handelt es sich um eine ergänzende, stichwortartige Angabe und Beschreibung der gegebenen Informationen. Dieses soll den Suchmaschinen einen zusätzlichen Hinweis für die zu erfolgende Verschlagwortung bzw. Indexierung bieten. Würde man also beispielsweise einen Beitrag zum Thema „Auswirkungen von Wechselkursschwankungen auf die Weltwirtschaft“ mit den thematisch passenden, aber durchaus begrifflich unterschiedlichen „keywords“-Metainformationen „global“, „Währung“, „Devisen“, „Ökonomie“ etc. ausstatten, hätte dies den Vorteil, dass der zugehörige Beitrag etwa auch dann bestmöglich in den Suchmaschinen gefunden wird, wenn die Suche auf „Devisen Wechselwirkung für die Ökonomie“ lauten würde.

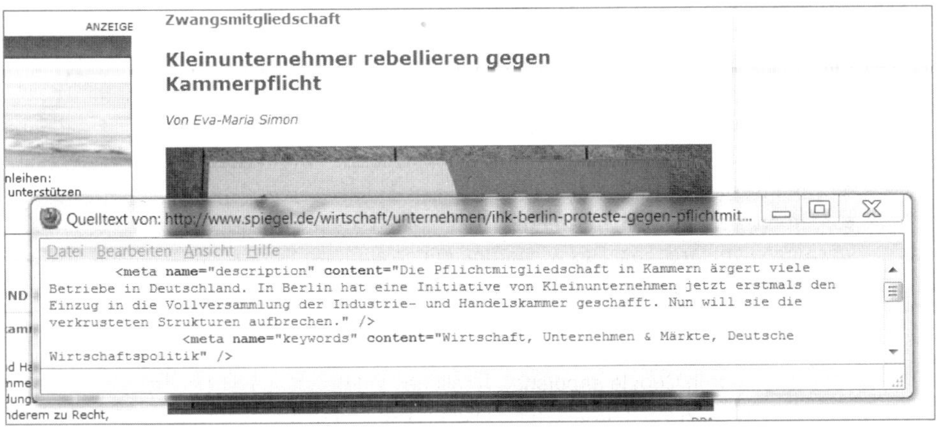

Bild 3.23 Die Meta-Tags „description“ und „keywords“ am Beispiel einer Online-Pressemeldung

Dem Meta-Tag „keywords“ wurde noch vor einigen Jahren eine sehr große Bedeutung hinsichtlich der Suchmaschinenoptimierung einer Webseite zugemessen. Da immer mehr Webseitenbetreiber dies jedoch ausnutzten und in diesen „keywords“ oftmals Schlüsselwörter unterbrachten, die nur noch wenig mit dem eigentlichen Inhalt zu tun hatten, sondern auf möglichst viele Suchanfragen spekulierten, so hat dieser Meta-Tag heutzutage fast keine Bedeutung mehr. Die optimierenden Schlüsselwörter oder -phrasen sind damit eher in den eigentlichen Webtext selbst „abgewandert“. Aber auch hier gilt: Schaden kann die Befüllung dieses Tags wohl nicht, zumal wenn man dort inhaltlich passende zusätzliche Schlagwörter verwendet, die im Fließtext selbst so nicht vorkommen (oder die man unter Umständen auch gar nicht offen sichtbar machen möchte).

3.1.5.3 Sprechende URLs

Die URL (Uniform Resource Locator) einer Webseite – also quasi die Internetadresse selbst mit dem Aufbau *www.domainxy.de/dies ist eine url/...* – zählt zwar nicht mit zu den Metainformationen einer Webseite. Dennoch möchte ich an dieser Stelle kurz erläutern, dass man auch diese URL immer möglichst sprechend gestalten sollte. So gibt es teilweise sehr bekannte und namhafte Internetportale, welche ihre einzelnen Beiträge unter kryptischen URL-„Monstern“ wie beispielsweise *www.beispieldomain.xy/news/zi1/2134567_gj.html*

verschwinden lassen, statt eine sprechende Webadresse zu wählen, wie zum Beispiel

www.beispieldomain.xy/nachrichten/deutschland/finanzdienstleister-xy-meldet-insolvenz-an-100-mitarbeiter-gekuendigt.html

Dies hat gleich mehrere gravierende Nachteile:

- Auch die Bestandteile der URL sowie die darin vorkommenden Schlüsselwörter werden durch die Suchmaschinen analysiert. Was sollen Google & Co. jedoch mit einer solchen verschlüsselten Adresse anfangen?
- Innerhalb von Suchergebnislisten sorgt eine solche URL ebenfalls kaum für Orientierungspunkte, was den potenziellen Leser erwarten könnte. Ein deutlicher Anreiz zum Klicken sieht auf jeden Fall anders aus, und hier zählt neben der Überschrift sowie den ergänzenden Beschreibungstexten eben auch die Onlineadresse des Beitrags selbst.
- Nicht zu vergessen: Trotz Facebook & Co. werden heutzutage immer noch unzählige Webtexte dadurch an Freunde und Bekannte weiterempfohlen, dass die zugehörige URL per E-Mail verschickt wird. In welchem Fall werden die Öffnungsraten wohl höher sein angesichts der zunehmenden Angst vor unseriösen Webseiten und deren schädlichen Inhalten?
- Gerade durch die fehlenden bzw. wenig aussagekräftigen Subkategorien „/news/zi1/" anstelle von „/nachrichten/deutschland/" fällt es vielen Besuchern schwer, sich auf den entsprechenden Internetseiten zurechtzufinden und darin zu navigieren.

Verfügt Ihr Portal also nicht bereits jetzt über für sich sprechende URLs und Seitenbezeichner, so sollten Sie dringend mit Ihrem technischen Verantwortlichen sprechen, um das zugehörige Format dauerhaft umzustellen. Beispielsweise kann man bei sehr vielen Content-Management-Systemen die Artikelüberschrift automatisch zur Generierung einer solchen sprechenden URL heranziehen.

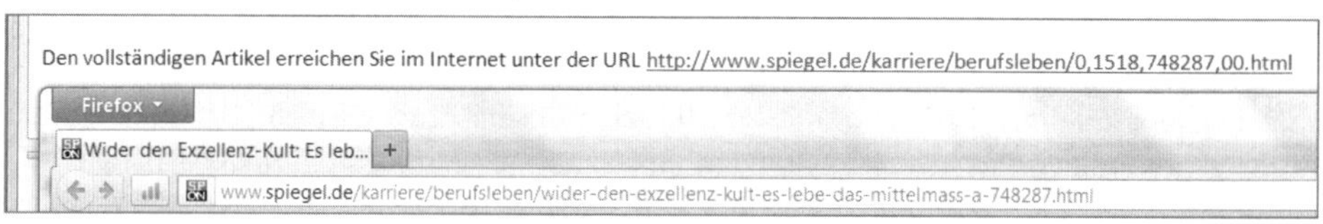

Bild 3.24 Selbst die wohl meistgenutzte Onlinezeitung in Deutschland setzt teilweise immer noch auf kryptische URLs. Diese werden inzwischen zumindest in der Browseranzeige korrekt aufgelöst.

HINWEIS: Was oftmals in diesem Zusammenhang vergessen wird: Ein solches Werkzeug sollte die deutschen Umlaute ä, ö, ü und auch ß automatisch in die zugehörigen internationalen Umschreibungen ae, oe, ue und ss umwandeln. Nicht nur, dass so mancher im Ausland zum Einsatz kommende Besucher oder Browser ansonsten Schwierigkeiten mit den URLs haben dürfte, auch die Suchmaschinen können mit derart sauber codierten Schlüsselwörtern in den URLs deutlich mehr anfangen. Vergessen Sie bei der generellen Umstellung Ihres URL-Formats nicht, dass auch die älteren Beiträge weiterhin unter ihrer bisherigen Form erreichbar sein müssen, etwa wenn diese an anderer externer Stelle verlinkt wurden.

3.2 Produktbeschreibungen und E-Shop-Texte

Auch hier sind wir wieder bei einem Thema, auf das sich sämtliche bislang in diesem Ratgeber gegebenen Tipps anwenden lassen, das aber dennoch mit einigen recht speziellen inhaltlichen Herausforderungen aufwartet. Was bei einem „normalen“, eher redaktionellen Text für Ihre Unternehmenswebseite durchaus richtig und produktiv sein kann, stellt sich in Zusammenhang mit einem Onlineshop manchmal eben doch eher als hinderlich heraus. Da die meisten – durchaus sehr guten aber eher technischen – Bücher und Kompendien rund um das Thema „E-Shops“ kaum oder überhaupt nicht auf das Thema „Texten für Onlineshops und Produktbeschreibungen“ eingehen, so möchte ich Ihnen in diesem Kapitel einen Überblick über die wichtigsten Punkte geben, die es dabei zu beachten gilt.

3.2.1 Welche Informationen benötigt der Kunde?

Gute Produktbeschreibungen leben davon, dass der fast schon zum Kauf entschlossene Kunde darin sämtliche Informationen findet, die **ihm** im Rahmen seiner Entscheidungsfindung wichtig sind. Ich betone das deswegen so deutlich, weil sich diese Informationen nicht mit denen decken müssen, die Sie selbst als relevant betrachten oder die Ihnen überhaupt vorliegen. Betrachten Sie hierzu das folgende Beispiel.

Bild 3.25 Eine typische Produktbeschreibung im World Wide Web

Ich möchte also meinen vierbeinigen Liebling im Auto absichern. Von diesem Produkt erfahre ich, dass es „schwarze Kugeln“ hat, extrem variabel sein **soll**, „bis 54 cm mit Abstützung zum Dach“ ist (was das auch immer bedeuten mag) und vieles Weitere mehr. Aber das Wichtigste erfahre ich nicht: Passt es in mein eigenes Automodell? Sicherlich, da steht: „Passt in alle Fahrzeuge mit Kopfstützen an der Rückbank“, aber das klingt nicht sonderlich vertrauenswürdig. Was hat die Passform mit der Frage „Kopfstützen: ja oder nein?“ zu tun?

Schauen wir uns dasselbe Produkt bei einem anderen Shop-Anbieter an.

Kleinmetall Roadmaster Hundegitter im Überblick:

- Befestigung direkt an den Kopfstützen
- Abstand obere Doppelstrebe 8,5 cm
- Andere Streben variabel verstellbar, Minimum 4 cm
- Höhe: 20 cm (ohne Abstützung zum Dach) bis 54 cm
- Stufenlos breitenverstellbar: 85 cm bis 135 cm
- Montage mit oder ohne obere Gummifüße möglich
- Für Schrägheck- und Kombifahrzeuge
- Gewicht: 4,3 kg

Kleinmetall Roadmaster Passliste

Bild 3.26 Hier werde ich fündig: Eine Passliste zeigt mir, ob das Produkt auch tatsächlich in mein Automodell passt.

Zwar etwas versteckt (man muss ganz schön nach unten scrollen, um diese Information zu erhalten, was ich Ihnen hier natürlich nicht zeigen kann), aber dennoch sehr schön wird dort eine Liste mit gefühlt Zighunderten von ganz konkreten Automodellen mit Hersteller, Baujahr, Bauart etc. als PDF angeboten, aus der ersichtlich wird, ob denn das zugehörige Produkt auch tatsächlich passt oder nicht. Würde Ihnen persönlich das bei Ihrem Online-Einkauf, bei dem Sie ja dieses Gitter weder sehen noch probeweise einbauen können, nicht ein viel sichereres Gefühl geben? Mich würde interessieren, bei welchem Shop die Konvertierungsquoten für eben dieses Produkt höher liegen, aber ich habe da so eine leise Ahnung.

In beiden Beschreibungen finde ich übrigens keinen wirklich konkreten Hinweis, ob bzw. wie ich beim Einbau dieses Modells in die Innenausstattung meines Kfz eingreifen muss. Von diesem Hersteller gibt es nämlich Produkte, die man quasi im Dachhimmel einspannen muss, und andere, bei denen kein solcher Eingriff notwendig ist. Sie werden nun sagen „Das ist doch nur ein kleines Detail“. Erfahrungsgemäß recherchieren viele Kunden jedoch sehr lange in verschiedenen Onlineshops, bevor Sie ein bestimmtes Produkt kaufen, gerade wenn es sich nicht um einen absoluten Standardartikel für 1,99 Euro handelt. Bei einer solchen Recherche tun sich aber meist immer neue Fragen auf (wie in diesem Fall „Dachhimmel möglicherweise beschädigen: ja oder nein?“), und genau diese möchten Ihre Besucher dann auch beantwortet haben, bevor Sie auf „Jetzt kaufen“ klicken.

Machen Sie sich also idealerweise bei jedem einzelnen Produkt oder zumindest bei jeder Produktkategorie eine ganz genaue Liste mit möglichen Fragestellungen und den zugehörigen Antworten. Jedoch nicht mit den Fragen, die Sie dank der Artikelbeschreibung des Herstellers auch sofort beantworten können, sondern mit denjenigen Fragen, die der Kunde – abhängig vom Produkt und seinem Verwendungszweck – wahrscheinlich haben könnte und somit auch haben wird. Denn die Hersteller sind oftmals leider ebenfalls ziemlich betriebsblind, was die möglichen Fragestellungen der Endkunden an ihre Waren und Dienstleistungen anbelangt. In diesem Fall geht der „Schwarze Peter“ also an Sie als Webshopbetreiber weiter. Und Sie haben eben nicht die Chance, die Fragen aus Ihren potenziellen Käufern herauszukitzeln, wie es etwa bei einem traditionellen Ladengeschäft vor Ort der Fall wäre. Detaillierte Produktbeschreibungen sind Ihren Besuchern also wichtig, aber nur jene, die wirklich etwas Relevantes über das Produkt selbst aussagen.

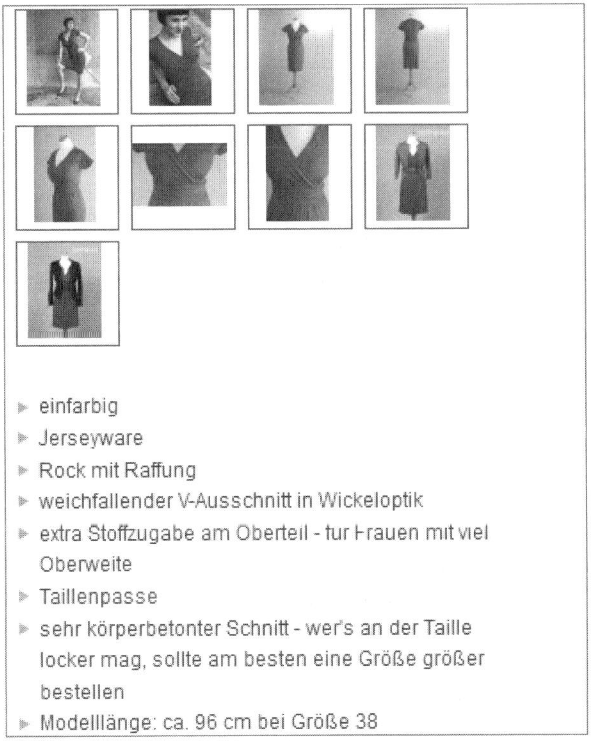

Bild 3.27 Toll: Zu diesem Produkt erfahre ich nicht einfach nur die Größe, sondern erhalte besonders hilfreiche Zusatzinformationen wie „Für Frauen mit viel Oberweite“ oder „Wer's locker mag, sollte eine Größe größer bestellen“.

PRAXISTIPP: Ein kleiner, aber feiner Tipp: Wenn Sie in der glücklichen Lage sind, über einen Onlineshop **und** einen „echten“ Laden zu verfügen, so hören Sie ab sofort ganz genau hin, wenn Ihnen die Kunden vor Ort Fragen zu einzelnen Produkten stellen. Meist handelt es sich dabei um dieselben Fragen, die auch Onlinekäufer beschäftigen, deren Antworten jedoch seltsamerweise nur sehr selten mit in die Produktbeschreibungen auf der zugehörigen Internetseite einfließen. Verkaufen Sie nicht selbst, so sollten Sie Ihre Mitarbeiter dahin gehend instruieren, Ihnen die hierfür notwendigen Informationen zu beschaffen.

Ohne zu tief in die Materie einsteigen zu wollen, denn ich kann an dieser Stelle natürlich unmöglich auf alle denkbaren Warengruppen eingehen, möchte ich im Folgenden entsprechende, meist offen bleibende Fragestellungen der Leser im Allgemeinen anführen.

- Wie bereits geschildert: Passt das Produkt in meine Umgebung, zu bereits vorhandenen Geräten und Technologien (Stichwort Kompatibilität), zu meiner Lebenssituation, zu meiner rechtlichen Situation (Beispiel: Tipps des Satellitenschüssel-Shops, in welchen Fällen man dieses Produkt an einer gemieteten Wohnung anbringen darf etc.)? Wie sicher ist es und wer hat dies überprüft? Welche Zusatzkomponenten benötigt man gegebenenfalls für den Betrieb (die klassische Frage: Sind die notwendigen Batterien inklusive oder nicht?)? Was sind ähnliche Produkte, die meinen Zweck vielleicht noch besser erfüllen? Und so weiter.
- Was bedeuten Angaben wie „Abstand obere Doppelstrebe 8,5 cm" (bei besagtem Hundeschutzgitter)? Oder aber sehr beliebt bei technischen Produkten: Ist eine „Max. Förderleistung 200 l/h" bei einer Pumpe nun gut oder schlecht? Was mache ich mit „4 Steigrohren und 4 Düsenaufsätzen für unterschiedliche Fontänenmöglichkeiten" oder was ist eine „Direktaufnahme sowie Aufnahmeprogrammierung über EPG" bei einem „T Stick+ USB-Stick für DVB-T" (Originalzitat aus einem – nicht gerade kleinen –Onlineshop!)?
- Wer verkauft hier? Der Hersteller selbst? Ein Zwischenhändler? Der Shop vor Ort? Kann ich das Produkt vielleicht sogar irgendwo in meiner Nähe anschauen und abholen? Wie sind die jetzigen und zukünftigen Serviceleistungen? Bekomme ich auch in 10 Jahren noch Ersatzteile?
- Eigentlich selbstverständlich, aber bei einigen Angeboten im World Wide Web frage ich mich tatsächlich: Ist der Preis einmalig? Oder monatlich? Jährlich? Gehe ich einen Vertrag ein? Läuft dieser automatisch aus oder verlängert er sich? Erst neulich musste ich den Kundendienst einer PC-Sicherheitssoftware für hauptsächlich private Endkunden anrufen, weil aus meinen Unterlagen bei (Online-)Kauf nicht hervorging, ob die Lizenz nach einem Jahr ausläuft oder automatisch verlängert wird (ersteres war der Fall, womit man also sogar hätte werben können). Das sorgt für unnötige Verwirrung bei mir als Kunden und gleichzeitig für unnötig hohe Personalkosten bei Ihnen als Verkäufer.
- Bei einem reinen Onlineshop: Wer springt im Garantiefall ein? Wie und über welchen Dienstleister wird verschickt? Muss ich das Produkt irgendwo abholen, wenn mich der Paketdienst nicht erreicht? Muss ich irgendetwas selbst montieren? Etc.
- Wenn ich auf Raten zahle oder über einen der zahlreichen Online-Bezahl- und -Überweisungsdienste: Gehe ich eine Verpflichtung mit diesem zweiten Vertragspartner ein? Wer haftet, wenn dort etwas nicht funktioniert? Welche alternativen Bezahlmodelle gibt es?

Natürlich habe ich es bei einigen dieser Fragestellungen etwas auf die Spitze getrieben, und Sie möchten Ihre Kunden auch nicht mit Antworten auf Fragen beunruhigen, welche diese sich zuvor möglicherweise gar nicht gestellt hatten. Dennoch sollten Sie sich darauf einstellen, dass je nach Art Ihrer Produkte genau solche Fragen sehr häufig auftreten könnten. Idealerweise schauen Sie einmal die E-Mail- und sonstigen Kontaktanfragen der letzten Monate durch, die bei Ihrem Kundenservice oder bei Ihnen direkt auflaufen. Darin werden Sie viele Anhaltspunkte dafür finden, was in Ihren Online-Produktbeschreibungen möglicherweise noch fehlt (vgl. auch Bild 3.28).

Übrigens: Der zuvor beschriebene zweite Tierbedarf-Shop kombiniert insgesamt auf sehr schöne Weise bildliche, aber auch textliche Bestandteile mit interaktiven Elementen (Bewertungen, Bilder von Kunden etc.), wie Sie in Bild 3.29 sehen.

Bild 3.28 „Geplottet und konturgestanzt" oder „Digital gedruckt und UV veredelt"? Der Kunde erfährt in diesem Onlineshop weder den Unterschied noch die Vor- oder Nachteile beider Methoden. Vorsicht also vor Begrifflichkeiten, die Ihnen selbsterklärend erscheinen, Ihren Besuchern jedoch nicht.

Bild 3.29 Eine sprachlich schöne und dennoch werthaltige Beschreibung, eine umfangreiche Bewertungsfunktionalität (die zusätzlichen Content generiert), Produktbilder der Kunden u. v. m. Was will man als Onlinekunde mehr?

HINWEIS: Ein thematisch nicht ganz passender, aber dennoch wichtiger Hinweis: Sehr viele Onlinehändler bieten Ihren Kunden während des Bestellprozesses eine kleine Box oder vergleichbare Elemente an, in die man einen Gutscheincode oder Ähnliches eintragen kann. Dieser reduziert dann beispielsweise den Preis, sorgt für kostenfreien Versand und vieles mehr.

Das ist schön für die Kunden, die irgendwo einen solchen Gutschein auftreiben konnten. Ich jedoch, der ich meistens vergeblich nach einem Rabattgutschein suche, habe dann immer das ungute Gefühl, im Vergleich zu anderen Kunden eigentlich zu viel bezahlen zu müssen. Auf gut Deutsch: Ich fühle mich verschaukelt.

Überlegen Sie also, ob Sie für derartige Sonderaktionen und Vergünstigungen nicht doch eine elegantere Lösung finden. Beispielsweise könnten Sie zusammen mit der Verbreitung eines Gutscheins auch eine spezielle Landingpage-Seitenadresse verteilen. Dort, und nur dort, kann dann der zugehörige Gutscheincode eingegeben werden, während das entsprechende Rabattfeld im normalen Bestellprozess gar nicht erst auftaucht. ■

3.2.2 Wo präsentiere ich welche Informationen?

Bevor Sie nun durch den vorangegangenen Ratschlag gleich all Ihre Produkttexte mit ellenlanger Prosa ausschmücken, so muss ich Sie leider bremsen: Alles bislang Gelernte zum Thema „Kurz und knackig“ sowie „umfangreiche Informationen möglichst in kompakten Aufzählungen oder Ähnlichem unterbringen“, das gilt auch und gerade bei einer Produktbeschreibung. In einem Onlineshop haben die Besucher genauso wenig Zeit zur Verfügung wie auf einem eher redaktionellen Unternehmensauftritt. Hier stehen mit wenigen Mausklicks meist sogar noch deutlich mehr, oft als austauschbar empfundene Konkurrenzanbieter zur Verfügung.

Das bedeutet nun ganz konkret: Sie sollten

a) die einzelnen Informationen nach der wahrscheinlichen Wichtigkeit sortiert präsentieren, also die zentralen, meistnachgefragten Elemente zuerst und dann den Rest,

b) sehr umfangreiche Informationsblöcke stets auslagern, sofern dies möglich und komfortabel genug für Ihre Kunden ist.

Für die Maßgabe b) gibt es dabei zahlreiche Möglichkeiten, die Sie in den vorangegangenen Beispielen teilweise schon kennengelernt haben:

- Detaillierte Produktinformationen, technische Informationen, Preislisten etc. (Letztere nur, sofern Sie Ihre Preise nicht einfacher abbilden können!) in einem gesonderten Datenblatt bereitstellen. Beliebt ist dabei das PDF-Format, das jedoch nicht immer von allen Nutzern akzeptiert wird. Eine Alternative hierzu wäre ein neues Browser-Detailfenster oder Ähnliches, das jedoch eine Druckfunktion etc. beinhalten sollte.
- Verweise auf Tabellen, Beschreibungstexte, „Sternchentexte“ (nur sofern absolut notwendig) unter dem eigentlichen Produktblock und möglichst nach zentralen Call-to-Action-

Elementen wie dem Kauf-Button oder dem Warenkorb unterbringen. Elegant sind in diesem Zusammenhang von den meisten Browsern unterstützte HTML-Elemente („Anker"), mit denen die Nutzer quasi über einen internen Link zu weiter unten oder oben liegenden Informationen auf ein und derselben Internetseite navigieren können, ohne scrollen zu müssen.

- Ein gut sichtbarer und erreichbarer FAQ- bzw. Hilfe-Bereich in Ihrem Portal, der immer wiederkehrende Produktfragen beantwortet. Oder aber auch Verweise auf zugehörige Beiträge in Ihrem Corporate Blog, was in diesem Fall durch die Querverbindung beiden Bestandteilen Ihres Onlineauftritts hilft.
- Nicht zu vergessen die bereits erwähnte Möglichkeit der Bereitstellung in einem dezenten Pop-up (siehe auch Kapitel 4.1.2, manche Nutzer sperren Pop-ups jedoch generell aus).
- Aufklappbare Reiter, schicke Slider, Mouse-over-Effekte und Ähnliches sollten Sie hingegen mit Vorsicht genießen. Zum einen kann es sein, dass der normalsterbliche Internetnutzer diese Möglichkeit schlicht nicht als solche erkennt, zum anderen könnten ältere Browser oder aber auch mobile Endgeräte ein Problem mit der Darstellung vergleichbarer Inhalte haben.
- Die Verwendung von Tags (Schlagwörter, die etwa auf zugehörige Artikel und Beiträge verlinken, siehe Kapitel 4.5.2.2) eignet sich nicht nur, um bestimmte Produkteigenschaften oder -zugehörigkeiten zu benennen, sie wirkt sich zudem in der Regel positiv auf die suchmaschinenrelevanten Eigenschaften Ihrer Shop-Seiten aus.

Welche Möglichkeit sich hier jeweils am ehesten anbietet, hängt sehr von der individuellen Situation Ihres E-Shops sowie der Gestaltung der zugehörigen Produktseiten ab. So kann es im einen Onlineshop funktionieren, alle Produktbeschreibungen mit einem eigenen kleinen Teaser auszustatten, der die wichtigsten Informationen schon einmal plakativ zusammenfasst. Bei einem anderen Shop wiederum erweist sich der Verzicht auf ein solches Stilmittel als zielführender. Idealerweise sollten Sie sämtliche Möglichkeiten einmal gegeneinander testen, um relativ schnell erkennen zu können, welche Variante am besten von Ihren Lesern angenommen wird oder zu den meisten Verkäufen führt.

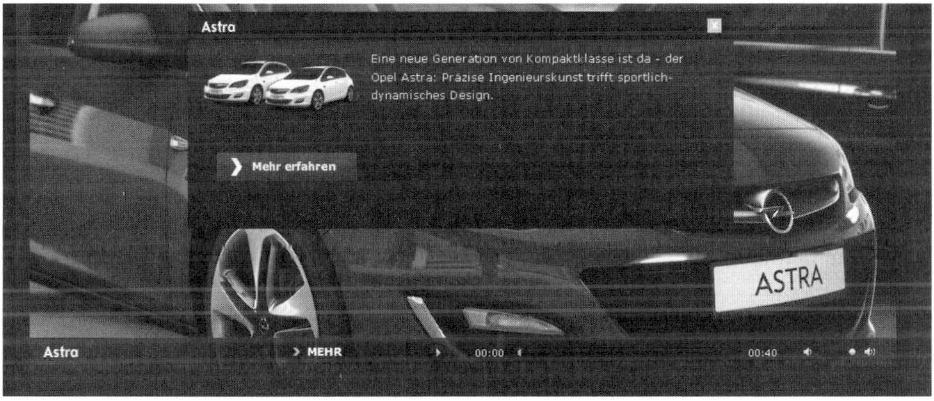

Bild 3.30 Verspieltheit zulasten des Kundennutzens: Interessiert man sich für dieses Auto, so sieht man zunächst nur einen Film. Erst ein Klick auf „Mehr" und dann noch einmal auf „Mehr erfahren" bringt die gewünschten Informationen.

Insgesamt haben beide bereits genannten Aspekte, die Art der Informationen, die Sie Ihren Kunden geben, sowie ihre Platzierung, einen nicht zu unterschätzenden Einfluss auf die Zufriedenheit Ihrer Besucher. Denn bieten Sie zu wenige Informationen oder befinden sich diese an zu versteckten Stellen, so wird sich der Leser schnell enttäuscht abwenden. Eine zu große Fülle an unterschiedlichsten Informationen beziehungsweise eine zu geballte Darstellungsweise wird hingegen dazu führen, dass Ihre potenziellen Kunden schlicht überwältigt und damit überfordert werden.

Bild 3.31 Eine gute Alternative bietet sich oft mit der Einbindung von Auswahlboxen, die sehr platzsparend die unterschiedlichsten Optionen und damit gleichzeitig auch Produktinformationen bereitstellen.

3.2.3 Nichtssagende Informationen vermeiden

Dem Betrachter Ihres Onlineshops können Sie nicht nur zu viele oder zu wenige Informationen bieten, sondern schlicht auch die falschen (im Sinne von nicht zielführenden Einzelheiten). Damit verschenken Sie nicht nur wichtigen Platz, den Sie besser für zielführendere Produktinformationen nutzen könnten, unter Umständen führt dies auch zu einem negativen Gesamteindruck Ihrer Onlinepräsenz. Ich habe für Sie einmal ein paar solcher willkürlich ausgewählten, nichtssagenden Phrasenkonstrukte oder textlichen Ungereimtheiten gesammelt, die man besser vermeiden sollte (es handelt sich übrigens bei allen um „echte" Beispiele aus dem Internet):

- „Rahmenmaterial: Rahmenlos", „Obermaterial: Textil. Futter und Decksohle: sonstiges Material. Außensohle: sonstiges Material"
- „Dank seines verbesserten Triple Action Free Float-Systems … rasiert der Series3 Rasierer …"
- „Die feinen Washed Cargoshorts … sind Shorts"

- „regular waist, slim leg, vorher: tube slim“
- „Dampfbügeleisen Typ: Dampfbügeleisen“
- „Basic +, Scene Intelligent Auto und verschiedene Creative-Filter sorgen für den Komfort, den Sie sich wünschen, wenn Sie sich nicht mit technischen Details auseinandersetzen möchten“
- „Dekor Korpus: Hacienda-schwarz quer“
- „Bei der Kommissionierung wird auf eine einheitliche Anfertigungsnummer geachtet. Allerdings können die oben angegebenen Lagermengen unterschiedliche Anfertigungsnummern beinhalten. Bei unterschiedlichen Anfertigungsnummern sind Farbunterschiede möglich.“

Ich könnte diese Liste wohl noch endlos weiterführen. Es ist mir nicht schwergefallen, die einzelnen Ausrutscher und Negativbeispiele zusammenzutragen, ein wenig Stöbern in zufällig ausgewählten kleineren, aber auch großen und bekannten Onlineshops reicht hierzu völlig aus. Ich habe dabei kaum einen Shop gefunden, der wirklich vorbildlich in seiner zielführenden, verständlichen Produktbeschreibung war. Noch schlimmer und durchaus vermeidbar: Bei nicht wenigen Angeboten fand ich gar zahlreiche Rechtschreibfehler, falsche Textformatierungen, vergessene Leerzeichen oder nicht korrekt HTML-codierte Umlaute vor.

3.2.4 Alleinstellungsmerkmale herausarbeiten

Gerade bei der Beschreibung von Produkten jeglicher Art kommt es immer darauf an, diese möglichst einzigartig und damit wenig austauschbar zu machen. Und das selbst dann, wenn eben dieses Produkt zum gleichen Preis bei unzähligen Online-Mitbewerbern verfügbar ist.

Nun wissen Ihre Seitenbesucher natürlich, dass das Standardprodukt x bei jedem einzelnen Anbieter auch Standardprodukt x ist und bleibt. In der Regel wäre es eigentlich völlig egal, in welchem Onlineshop der Kunde dieses Produkt erwirbt, er erhält am Ende doch exakt die gleiche Leistung. Warum ist genau diesem Kunden dann Shop A mit seiner Produktbeschreibung sympathischer als Shop B? Dies wird nicht nur von der Gesamtpräsentation der angebotenen Waren bestimmt (generelles Shop-Layout und -Design, Qualität und Größe der Produktfotos, Zusatzleistungen wie zoombare oder animierte Ansichten etc.), sondern eben auch von der Qualität der Textbeschreibung. Diese hängt insbesondere davon ab, wie sehr es Ihnen gelingt, das einzelne Produkt über eines oder mehrere Alleinstellungsmerkmale besonders attraktiv zu machen, die zwar möglicherweise bei jedem Onlinehändler vorhanden sind, dort aber nicht benannt werden.

Gute Chancen auf die Herausarbeitung solcher Alleinstellungsmerkmale haben Sie vor allem dann, wenn Sie nicht – wie die allermeisten Shops – den Produkttext eins zu eins vom jeweiligen Hersteller übernehmen. Ganz abgesehen davon, dass dies suchmaschinentechnisch gesehen nur wenig Sinn ergeben würde, so lohnt sich auch hier – wie so oft bei der Onlinevermarktung – der zusätzliche Aufwand einer möglichst eigenständigen Ausdrucksweise. Und sei es notfalls, dass Sie die vorhandenen Produkttexte einfach nur umformulieren, um dabei die konkreten Vorteile des Produkts noch besser herauszustellen. Oder sei es, dass Sie dabei ein Alleinstellungsmerkmal quasi „finden“, welches so zuvor noch gar keines war. Aus dem für viele Kunden unverständlichen „Dekor Korpus: Hacienda-schwarz quer“ der Aufzählung auf S. 113 (ich frage mich jetzt noch, was das „quer“ in diesem Zusammenhang bedeuten soll) könnte dann – zumindest zusätzlich – etwas der Art werden „Passt farblich zu sämtlichen anderen Möbelstücken“.

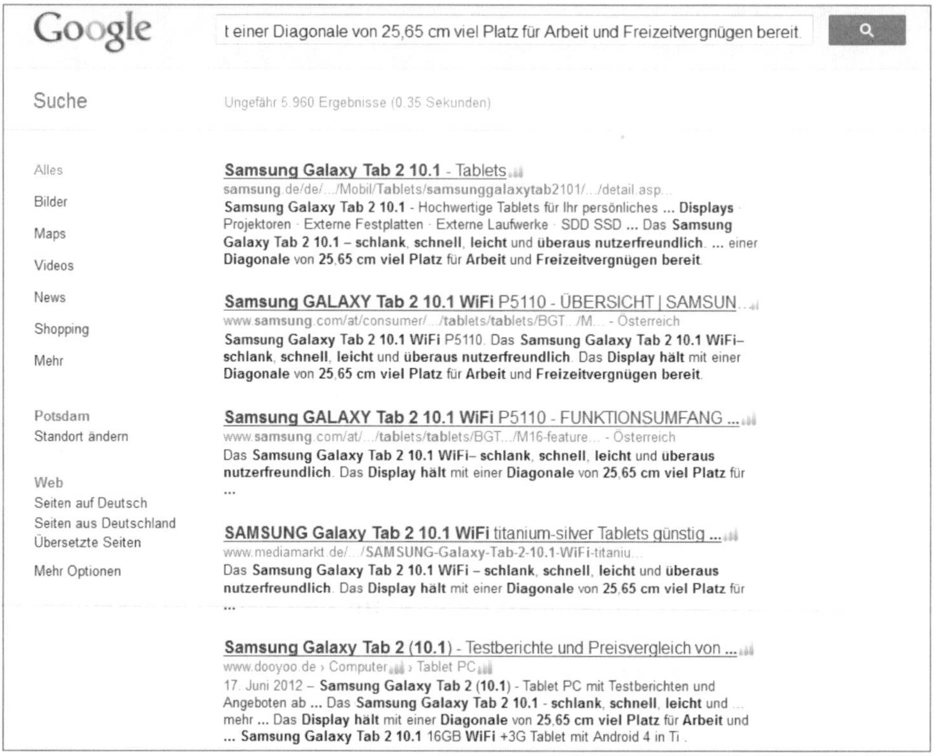

Bild 3.32 Nicht nur der Hersteller verwendet bei diesem Produkt den fast gleichen Text immer wieder, auch die Händler übernehmen diesen ungefiltert, wie die abgebildete Google-Suche zeigt.

Findet sich im Produkt selbst kein nicht bereits genanntes Alleinstellungsmerkmal, so lohnt es sich oftmals, mit angebotenen Zusatzleistungen einen exklusiven Produktstatus zu erzeugen. Dies kann eine besondere Serviceleistung (persönliche Größenberatung bei einem Modeshop), eine erweiterte Gewährleistung oder Umtauschmöglichkeit, ein kostenloser, vergünstigter oder besonders schneller Versand, ein im Preis enthaltener Montageservice, ein Gratis-Zusatzprodukt, das Angebot eines Kooperationspartners, eine Gutschrift für den nächsten Einkauf beim gleichen Händler, die besonders sichere Zahlungsmöglichkeit mit Geld-zurück-Garantie sein und vieles Weitere mehr.

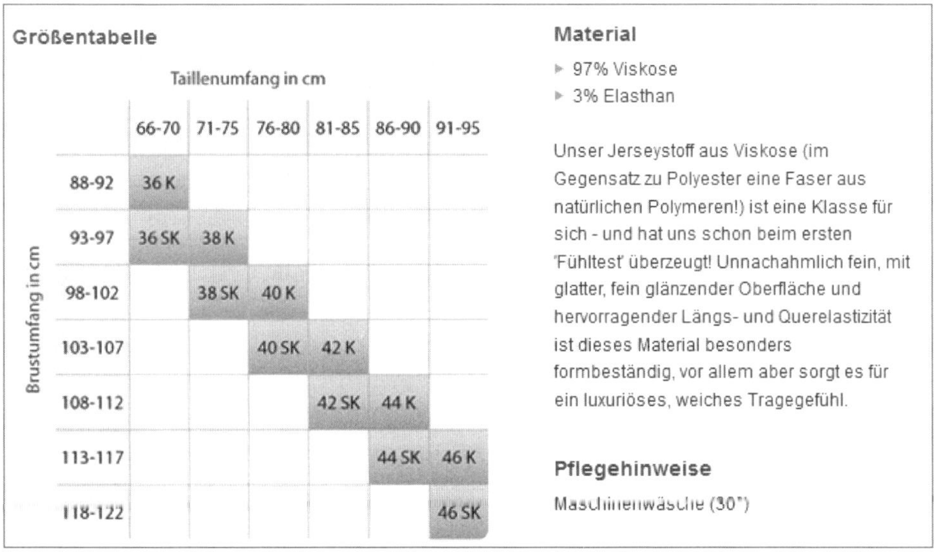

	66-70	71-75	76-80	81-85	86-90	91-95
88-92	36 K					
93-97	36 SK	38 K				
98-102		38 SK	40 K			
103-107			40 SK	42 K		
108-112				42 SK	44 K	
113-117					44 SK	46 K
118-122						46 SK

Bild 3.33 So einfach lässt sich aus einer Standard-Produkteigenschaft („Material: 97 % Viskose“) ein Alleinstellungsmerkmal machen, das zudem noch positiv dargestellt wird (Viskose hat nicht unbedingt den besten Ruf?).

3.2.5 Mehrwert und „Shopping-Erlebnis“ für den Kaufinteressenten

Dieser Abschnitt behandelt nicht die inhaltliche Beschreibung von angebotenen Produkten und Dienstleistungen selbst, sondern den Mehrwert durch zusätzliche, umrahmende Informationen, die dem Besucher bei seiner Kaufentscheidung helfen können. Pionier auf diesem Bereich war und ist der allseits bekannte Onlinehändler Amazon mit Funktionalitäten und Shop-Strukturen wie:

- „Kunden, die diesen Artikel gekauft haben, kauften auch“ sowie „Welche anderen Artikel kaufen Kunden, nachdem sie diesen Artikel angesehen haben?“
- „Wird oft zusammen gekauft“ mit der Benennung inhaltlich passender Zusatz- oder Rahmenprodukte
- „Ähnliche Artikel finden“ und „Anhand des Sachgebietes nach ähnlichen Produkten suchen“
- Die „Lieblingslisten“ anderer Kunden mit vergleichbaren, von diesen empfohlenen Produkten
- Einbindung von externen Pressestimmen sowie Rezensionen
- Aber auch der berühmte „Blick ins Buch“ beziehungsweise das „Reinhören“ in Musikstücke etc.
- Oder etwa das gleichzeitige Anbieten des Produkts als Neu- oder reduzierte Gebrauchtware und nicht zuletzt die transparente, schonungslose und sehr umfangreiche Möglichkeit zur Produktbewertung beziehungsweise -diskussion u. v. m.

Mit all diesen nach und nach eingeführten Funktionalitäten ist Amazon etwas gelungen, was lange Zeit als unmöglich galt: Das Shoppingerlebnis eines Vor-Ort-Einkaufbummels quasi in die deutlich emotionslosere, rein virtuelle Welt des Internets zu übertragen. Denn wo früher ein guter Verkäufer oder eine gute Verkäuferin quasi auf der Tonspur Lust auf „mehr" machte, da müssen heute zusätzliche Informationen und Onlinetexte „ran".

Wenn Sie Amazon selbst nutzen, so ist es Ihnen – etwa bei der Suche nach einem bestimmten Buch oder Film – sicherlich selbst schon einmal passiert, dass Sie über die unterschiedlichsten Produktverweise letztendlich etwas gekauft haben, was Sie vorher weder kannten noch jemals zu kaufen vorhatten. Zwar kann dies auch bei jedem anderen Onlineshop vorkommen, durch die mit Mehrwert aufgebaute Erlebniswelt von Amazon wird ein solches Verhalten jedoch deutlich wahrscheinlicher. So lebt der Online-Gigant zu einem großen Teil wohl nicht nur von konkreten Kaufgesuchen sowie -vorhaben seiner Kunden, sondern auch von den Cross-Selling- und Up-Selling-Umsätzen.

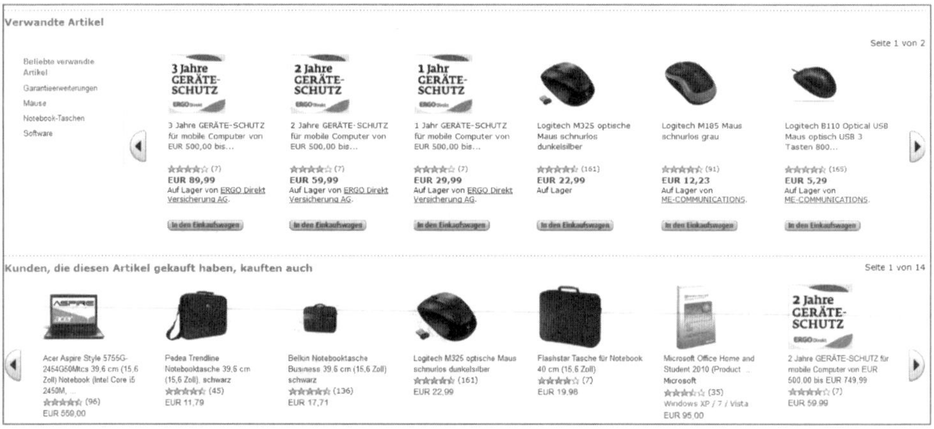

Bild 3.34 Schwierig ist es hingegen, wenn die einzelnen Mehrwert bietenden Elemente zu stark miteinander konkurrieren und es hierdurch unübersichtlich wird. Denn dann kann die Lust schnell auch wieder vergehen.

Nicht umsonst werden viele durch Amazon bekannt gewordene Shopping-Elemente immer öfter nachgeahmt. Auch Sie sollten sich all die genannten Möglichkeiten einmal ganz genau anschauen und davon lernen. Wobei Sie stets nur das aufnehmen und sinnvoll adaptieren werden, was auch zu Ihnen, Ihrem Shop, Ihren Produkten und vor allem den Bedürfnissen Ihrer Kunden passt.

PRAXISTIPP: Wenn Ihr Onlineshop beziehungsweise das zugehörige Unternehmen schon recht lange am Markt ist, so kann ich Ihnen nur empfehlen, einmal die vielen Portale und Shops von StartUps im Bereich Onlinehandel genauer zu studieren, die derzeit gehäuft an den Markt gehen. Die meisten dieser neuen Unternehmen gestalten Ihre Shop- und Produktseiten sehr vorbildlich, sowohl was die Inhalte als auch die Interaktions- und Informationsmöglichkeiten anbelangt.

Von dieser neuen Generation besonders internetaffiner und mit den entsprechenden Marktgegebenheiten vertrauter Gründer kann so mancher gestandene Shop oftmals noch einiges lernen. Einige Beispiele hierfür finden Sie etwa auf einem meiner Portale unter *www.meinstartup.com/category/mode_accessoires*. Wobei die zugehörigen Beispiele, was die zugrunde liegenden Verkaufsmechanismen anbelangt, nicht nur für den Bereich Mode interessant sein dürften. ■

Bild 3.35 Shirt, Hut und Schuhe passend zum Rock (wenn auch ohne Text), das kann einem meist nicht einmal ein Verkäufer vor Ort bieten.

Bild 3.36 Auch ein solch schöner, Bilder zeichnender Text kann eine Art Shopping-Erlebnis hervorrufen, welches man unter Umständen nicht einmal in einem Ladengeschäft vor Ort hätte.

3.2.6 Bewertungen und Testberichte

Externe Stimmen über Ihren Shop und Ihre Produkte haben Sie natürlich nur bedingt in der eigenen Hand. Aber Sie können die Entstehung vergleichbarer Text- und sonstiger Elemente wie grafische Bewertungen (die berühmten zu vergebenden „Sternchen") oder auch Testsiegel und Co. zumindest forcieren, indem Sie

- es Ihren Besuchern möglichst leicht und unkompliziert machen, Bewertungen zu hinterlassen, beispielsweise ohne vorab einen komplizierten Anmeldevorgang zu überstehen (Stichwort „Kommentare und Bewertungen sind nur für angemeldete Nutzer möglich", dann müssen Sie sich auch nicht wundern, wenn kaum jemand die zugehörige Funktionalität nutzt),
- wie bereits erwähnt mit schlichten Aufforderungen dazu animieren, eine Bewertung abzugeben („Ihre Meinung ist gefragt", „Bereits gekauft? Bewerten Sie dieses Produkt hier" etc.),
- eine abgegebene Bewertung möglicherweise sogar incentivieren, wobei hierbei die Gefahr des Missbrauchs einer solchen Belohnung gegeben wäre,
- Ihre Kunden nach dem Kauf per E-Mail zu einer Bewertung auffordern („Wie zufrieden waren Sie mit dem Produkt und unserem Service?"),
- Produktmuster für Rezensionen an Fachverlage und -Blogger verschicken.

Der Fantasie sind hierbei nur wenig Grenzen gesetzt. Idealerweise sollten Sie Textbewertungen jeglicher Art zwar niemals zensieren oder gar löschen, aber dennoch dafür sorgen, dass diese als möglichst authentisch wahrgenommen werden. Amazon, auch hier wieder Vorreiter, bietet für diesen Fall beispielsweise die Möglichkeit verifizierter Produktbewertungen an, entweder über entsprechend geprüfte sogenannte „Real Name"-Rezensionen oder über die Funktionalität „Von Amazon bestätigter Kauf".

Bild 3.37 Dieser Produktbewertung schenkt man wohl deutlich mehr Vertrauen als einem anonymen Statement.

Wie man in der Abbildung übrigens auch erkennen kann, bietet der Online-Versandhändler seinen Besuchern die spannende Möglichkeit, Rezensionen selbst wiederum zu bewerten, und als hilfreich oder eben auch nicht hilfreich zu markieren. Denn selbst wenn es eine rein werbliche, vom Hersteller „gekaufte" Rezension somit in die (moderierten) Bewertungen schaffen sollte, so regulieren die Besucher einen derart unlauteren Versuch der Vorteilnahme über diese „Bewertungen der Bewertung" meist von selbst.

Um möglichst qualitativ hochwertige und umfangreiche Textbewertungen und damit zusätzlichen Content gewinnen zu können, gehen manche Shops mittlerweile dazu über, den kommentierenden Besuchern eine Mindestanzahl an Zeichen oder Wörtern innerhalb der Bewertung vorzuschreiben. Bei einem sehr prominenten Shop mit hoher Besucherzahl und enger Bindung zu den eigenen Kunden mag dies funktionieren, es kann aber auch kontraproduktiv wirken. Denn nicht jeder Kommentator mit ernsthaftem Bewertungsinteresse ist willens, stets und ständig einen kleinen Roman als beurteilenden Text abzuliefern.

HINWEIS: Das Angebot vollkommen transparenter Bewertungsmöglichkeiten setzt einen gewissen Mut Ihrerseits voraus, mit negativen Kommentaren umgehen und leben zu können, auch wenn das Produkt selbst nicht von Ihnen direkt stammt. Sie schaffen sich mit solchen Werkzeugen jedoch ein ideales Mittel, um die Produktqualität in Ihrem Shop von unabhängiger Stelle einschätzen zu lassen und somit auch wenig beliebte oder oft kritisierte Waren aus dem Sortiment nehmen zu können. Ein als „schlecht" bewertetes Produkt stärkt gleichzeitig das Vertrauen in Ihren Shop sowie jene darin enthaltenen Angebote, die besonders positiv beurteilt wurden.

Ein weiterer Vorteil selbst kritischer Textbewertungen, etwa in Kombination mit den zu vergebenden „Sternchen": Nicht selten erlebt man es, dass ein früherer Kunde ein Produkt, für welches man sich interessiert, mit einem Stern und damit sehr schlecht auszeichnet. Aus dem zugehörigen Bewertungstext geht jedoch hervor, dass er dieses Urteil aufgrund einer Produkteigenschaft vergeben hat, die für einen selbst überhaupt nicht wichtig erscheint (etwa wenn das Produkt selbst in Ordnung war, der Versand aber nicht geklappt hat oder Ähnliches). Somit können sich selbst vordergründig nachteilige Kundeneinstufungen teilweise quasi von selbst relativieren. ■

3.2.7 Zusätzliche Hinweise für Shop-Texte

An dieser Stelle noch einige Hinweise, auf die ich nicht in einem eigenen Unterkapitel eingehen möchte, die Ihnen aber dennoch wichtige Ratschläge auf dem Weg hin zu wirksamen Texten für Ihren Onlineshop geben werden.

- Zusammengehörige Produktmerkmale und -hinweise sollten Sie auch stets an einer Stelle zusammenfassen und präsentieren. Am Beispiel eines Modeshops wäre dies ein Hinweiskasten für Ihre Besucher, der sämtliche relevanten Größen- sowie Maßangaben zum Produkt zusammenfasst. Ein potenzieller Kunde sollte sich derartige für ihn wichtige Informationen möglichst nicht aus unterschiedlichsten Elementen wie der eigentlichen Textbeschreibung, einem weiterführenden Infolink sowie einem zusätzlichen Sternchentext zusammensuchen müssen.
- Vor allem bei standardisierten Produkten ist die Auswahl der richtigen Keywords in Ihren Produktbeschreibungen von enormer Wichtigkeit. Wenn der Großteil der potenziellen Kunden in den Suchmaschinen nach einem „Rasierer Braun Serie 7" sucht, so hilft es nur wenig, wenn Ihr Shop eben diesen mit „Braun Series 795cc" bezeichnet (es sei denn natürlich als zusätzliche Information für all jene, die ganz konkret nach einem „Braun 795cc" Ausschau halten). Mehr dazu in Kapitel 5.1.3.

- In den meisten Fällen bringen Sie Punkte, die für die Kaufentscheidung von besonderer Wichtigkeit sind, am besten in Form einer Aufzählung unter und nicht verborgen in einem Fließtext. Generell könnte man sagen, dass der Fließtext mit eher allgemeinen, wertenden Beschreibungen „Lust“ auf das Produkt machen sollte. Die harten, neutralen Fakten und letztendlichen Ausschlaggeber für den Kauf kommen in der zugehörigen Aufzählung unter.
- Selbst für die noch so kleinsten Texteinheiten gilt: Gerade wenn diese eine große Bedeutung für den Bestellprozess haben, so testen Sie stets unterschiedliche Formulierungen gegeneinander. Als Beispiel etwa für eine angebotene Produktprobe: Buttons mit der Aufschrift „Jetzt gratis bestellen“ können eine andere Konvertierungs- bzw. Kaufquote erzeugen als kleine Änderungen wie „Jetzt kostenlos bestellen“ oder „Jetzt unverbindlich bestellen“. Welche Variante in diesem Fall den größten Erfolg verspricht, hängt sehr vom Einzelfall ab, muss also individuell evaluiert werden (Jeweils aktuelle rechtliche Rahmenbedingungen für korrekte Bezeichnungen im Onlineshop-Prozess sollten hierbei natürlich ebenfalls berücksichtig werden).
- Benennen Sie das Kind beim Namen. Versteckte Umschreibungsversuche für ein „Jetzt kaufen“ mögen zwar den einen oder anderen Besucher zum Klick verleiten, der eigentlich gar nicht kaufen wollte, abschließen wird er diesen Vorgang wohl dennoch nicht. Im Gegenzug brechen womöglich einige Kunden den Bestellprozess ab, nur weil Sie einen als solchen bezeichneten Kauf-Button vermissen.
- Für viele Waren und Dienstleistungen gilt: Beschreiben Sie nicht nur das Produkt, sondern vor allem auch das dahintersteckende Erlebnis. Typische Branchen hierfür sind die Gastronomie & Hotellerie, Reiseanbieter oder Event-Agenturen.
- Sorgen Sie für aussagekräftige Texte oder notfalls allgemein bekannte Symbole innerhalb jeglicher Call-to-Action-Elemente (wie in diesem Fall etwa der Kauf-Button, Bezeichnung für den Warenkorb, die Bestellliste, die „Merken“- oder „Weiterempfehlen“-Funktion).

Im Folgenden möchte ich noch einige Anschauungsbeispiele präsentieren.

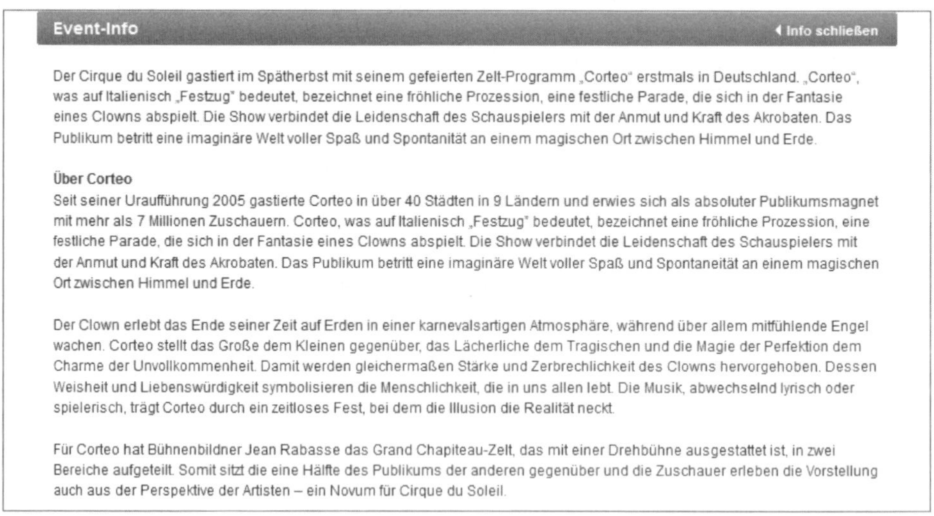
Event-Info ◂ Info schließen

Der Cirque du Soleil gastiert im Spätherbst mit seinem gefeierten Zelt-Programm „Corteo“ erstmals in Deutschland. „Corteo“, was auf Italienisch „Festzug“ bedeutet, bezeichnet eine fröhliche Prozession, eine festliche Parade, die sich in der Fantasie eines Clowns abspielt. Die Show verbindet die Leidenschaft des Schauspielers mit der Anmut und Kraft des Akrobaten. Das Publikum betritt eine imaginäre Welt voller Spaß und Spontanität an einem magischen Ort zwischen Himmel und Erde.

Über Corteo
Seit seiner Uraufführung 2005 gastierte Corteo in über 40 Städten in 9 Ländern und erwies sich als absoluter Publikumsmagnet mit mehr als 7 Millionen Zuschauern. Corteo, was auf Italienisch „Festzug“ bedeutet, bezeichnet eine fröhliche Prozession, eine festliche Parade, die sich in der Fantasie eines Clowns abspielt. Die Show verbindet die Leidenschaft des Schauspielers mit der Anmut und Kraft des Akrobaten. Das Publikum betritt eine imaginäre Welt voller Spaß und Spontaneität an einem magischen Ort zwischen Himmel und Erde.

Der Clown erlebt das Ende seiner Zeit auf Erden in einer karnevalsartigen Atmosphäre, während über allem mitfühlende Engel wachen. Corteo stellt das Große dem Kleinen gegenüber, das Lächerliche dem Tragischen und die Magie der Perfektion dem Charme der Unvollkommenheit. Damit werden gleichermaßen Stärke und Zerbrechlichkeit des Clowns hervorgehoben. Dessen Weisheit und Liebenswürdigkeit symbolisieren die Menschlichkeit, die in uns allen lebt. Die Musik, abwechselnd lyrisch oder spielerisch, trägt Corteo durch ein zeitloses Fest, bei dem die Illusion die Realität neckt.

Für Corteo hat Bühnenbildner Jean Rabasse das Grand Chapiteau-Zelt, das mit einer Drehbühne ausgestattet ist, in zwei Bereiche aufgeteilt. Somit sitzt die eine Hälfte des Publikums der anderen gegenüber und die Zuschauer erleben die Vorstellung auch aus der Perspektive der Artisten – ein Novum für Cirque du Soleil.

Bild 3.38 Inhaltlich gut gemeint, aber diese Event-Beschreibung wirkt insgesamt viel zu nüchtern und lieblos auf den Betrachter – vor allem da das beworbene Produkt selbst durchaus Emotionen und Spannung verspricht.

Bild 3.39 Schon deutlich besser, wenn auch etwas unstrukturiert, ist dieser von passenden und ebenso emotionalen Bildern flankierte Text.

Zum Thema „Call-to-Action" passt das folgende Beispiel sehr gut.

Bild 3.40 Ein aussagekräftiger Call-to-Action-Text kombiniert mit eindeutiger Symbolik, das versteht der Kunde sofort.

Nicht zu vergessen: Jeder einzelne Produkttext ist immer auch ein Aushängeschild für Ihr fachliches Wissen, Ihre Flexibilität sowie Ihre Kundenfreundlichkeit. Geben Sie sich also mit diesen Texten keine Mühe, so wird dies der potenzielle Kunde sofort merken und darüber berechtigter- oder unberechtigterweise Rückschlüsse auf die Qualitäten Ihres Unternehmens insgesamt ziehen. Oder gehen Sie etwa in ein Ladengeschäft vor Ort, dessen Auslage insgesamt lieblos, verwaist und wenig ambitioniert wirkt?

Viele Shop-Betreiber geben sich in diesem Zusammenhang zwar sehr große Mühe bei der Gestaltung der Haupt- oder Einstiegsseite in den Shop oder in eine entsprechende Unterkategorie, vernachlässigen dann aber die Inhalte der einzelnen Produktunterseiten selbst. Auch das wird die Kauflust Ihrer Besucher deutlich bremsen. Entweder auf dem Weg von der „schicken“ Startseite hin zum deutlich weniger schick beschriebenen Endprodukt oder aber wenn diese über eine Suchmaschine kommend direkt und ohne Umwege auf der finalen Produktseite landen.

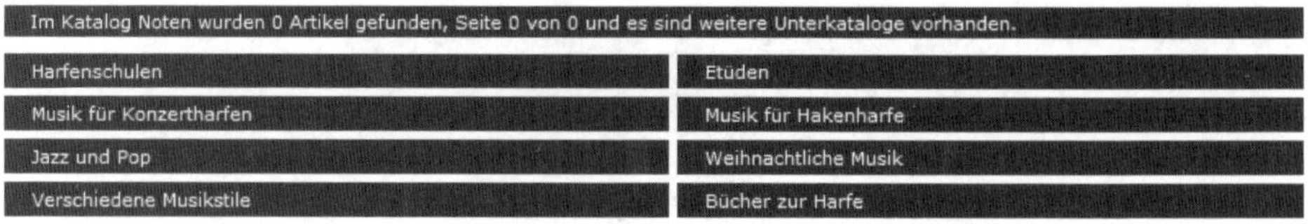

Bild 3.41 Dreimal „null“ ist dreimal zu viel: Nicht nur Produkttexte, auch Kategorien und Kataloge müssen stets gut gepflegt werden, um die Kunden nicht zu frustrieren.

HINWEIS: Dieses Buch ist nicht der geeignete Ort, um die folgende Information ausführlich zu erläutern, da dies wohl den Rahmen sprengen würde. Auf alle Fälle sollten Sie bei der Produktbeschreibung und -gestaltung in Ihrem Onlineshop streng auf eventuelle rechtliche sowie vor allem urheberrechtliche Vorgaben achten. Ein Verstoß gegen die Richtlinien der Hersteller, die Missachtung von wettbewerbsrechtlichen Aspekten oder aber die unerlaubte Verwendung geschützter Materialien können recht schnell sehr teuer werden, wovon nicht wenige Onlineshop-Betreiber leider ein Lied singen können. Eine erste Anlaufstelle für derartige Fragestellungen bietet etwa das recht bekannte Portal unter *www.it-recht-kanzlei.de* oder aber auch der *www.shopbetreiber-blog.de*.

3.3 Besonderheiten für einige Seitentypen

Die bislang genannten Tipps lassen sich in der Regel auf sämtliche Onlinetexte anwenden, egal welchen Formats. Doch manche Bestandteile einer Unternehmenswebsite bedürfen einiger weiterführender Hinweise, um deren besonderer Bedeutung sowie Funktionalität gerecht zu werden. Die wichtigsten davon sollen in den folgenden Abschnitten vorgestellt werden.

3.3.1 Die Start- oder Hauptseite

Der Startseite kommt bei den meisten Webprojekten eine ganz besondere Bedeutung zu, handelt es sich hierbei doch um eine Art Aushängeschild des gesamten Onlineauftritts. Während Blogs und sonstige eher magazinartige Portale auch sehr viel von Direktaufrufen der einzelnen Unterseiten leben, werden zumindest manche Firmenwebseiten zu 80 Prozent und mehr über die Startseite entdeckt. Man muss wohl kaum erwähnen, dass in diesem Fall der erste Eindruck sowie die auf die Schnelle sichtbaren Inhalte über den Erfolg oder eben leider auch den Misserfolg einer Unternehmenspräsenz entscheiden.

Sie werden im weiteren Verlauf noch feststellen, dass es gerade auf der Hauptseite darauf ankommt, die für Ihren Unternehmenszweck wichtigsten Schlüsselwörter an prominenter Stelle zu benennen. Denn nur wenn Ihre Besucher nach einem ersten sehr kurzen Scannen Ihrer Webseite mittels dieser Begriffe feststellen, dass sie hier inhaltlich an der richtigen Stelle sind, nur dann werden Sie Ihrer Onlinepräsenz überhaupt eine Chance geben und weiterlesen. Unabhängig von den noch folgenden Hinweisen gilt es daher insbesondere die folgenden Punkte zu berücksichtigen.

3.3.1.1 Nicht zu viel und nicht zu wenig Information

Der zentralen Bedeutung entsprechend müssen die Texte auf Ihrer Startseite quasi alle bis jetzt genannten positiven Eigenschaften miteinander verknüpfen:

1. Einige wenige sofort ins Auge stechende Stichworte, etwa als Menü- oder sonstige Unterpunkte, ein griffiger, zum Logo passender Slogan und/oder eine zentrale Botschaft (etwa als oberste Überschrift) müssen und sollten hier ausreichen, um das erste Interesse Ihrer Besucher zu wecken.
2. Diese sehr knappen Botschaften sollten griffig und werbewirksam formuliert sein (siehe Kapitel 3.1.1), Ihre Leistungen oder Ihr Produkt für jedermann verständlich auf den Punkt bringen und gleichzeitig möglichst die wichtigsten suchmaschinenrelevanten Keywords enthalten (dazu mehr in Kapitel 5.1.3).
3. Erst im Anschluss beziehungsweise im weiteren sichtbaren Bereich folgen kurze, ebenso prägnante und Neugier weckende Teaser-Texte für die restlichen Bestandteile Ihrer Angebote und damit Seiteninhalte mit einem deutlich sichtbaren Verweislink auf diese weiterführenden Informationen.
4. Wichtige Elemente in einer optionalen Sidebar (dem rechten oder linken Seitenbereich einer Website) wie etwa Social-Media-Anbindungen, eine „Über uns"- oder „Über mich"-Autorenbox, ein möglichst einfach gestaltetes Newsletter-Bestellformular, der Verweis auf den Shop oder den Corporate Blog, eine Kontaktmöglichkeit, Servicenummer oder Ähnliches können diese Informationen abrunden, ohne allzu aufdringlich zu wirken und damit möglicherweise von den sonstigen gegebenen Inhalten zu sehr abzulenken.
5. Im Rahmen eines Onlineshops würden die Teaser sowie die Sidebar-Informationen in der Regel durch Verweise auf zentrale Produktwelten oder gar wichtige Einzelprodukte ersetzt werden.

Weniger ist also mehr, und dennoch sollten Sie natürlich so viel Textinformation bereitstellen, dass a) der Leser einen Eindruck von dem bekommt, was Sie anbieten, und dies eben nicht nur über Bilder, und b) auch Google und andere Suchmaschinen genügend aussagekräftiges und relevantes „Futter" zur Analyse sowie Einstufung Ihrer Webseite bekommen.

Eigentlich gehört also gar nicht allzu viel auf und zu einer solchen Seite, mag man denken, doch dafür beansprucht die richtige inhaltliche Gestaltung der einzelnen Elemente sehr viel Zeit und Aufwand, denn hier kann jedes Wort zählen. In der Regel werden Sie gerade bei Ihrer Einstiegsseite wohl nicht darum herumkommen, hier immer wieder aufs Neue mehrere Inhalts-, aber auch Aufteilungsvarianten gegeneinander zu testen, um die aktuell erfolgversprechendste Variante entwickeln zu können. Denn die gestalterischen Regeln im World Wide Web, aber auch die Vorlieben Ihrer Kunden und Leser ändern sich in aller Regelmäßigkeit, mal schneller, mal weniger schnell.

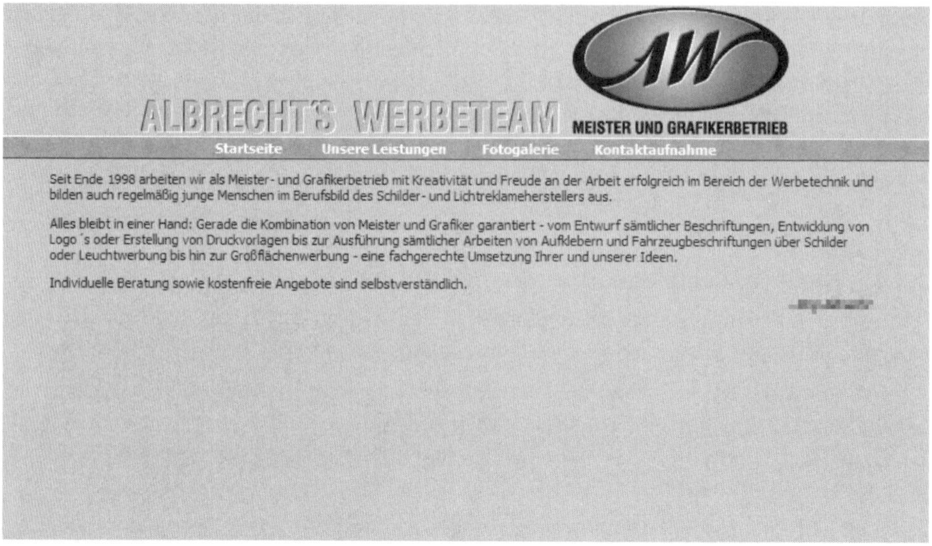

Bild 3.42 So bitte nicht: Auf dieser Startseite wurde „zielgerichtet“ mit „lieblos“ und „wenig aussagekräftig“ verwechselt. Den einzelnen Menüpunkten bzw. den dortigen Inhalten gibt man in diesem Fall meist erst gar keine Chance.

Schauen wir uns doch einmal die in Bild 3.43 und Bild 3.44 dargestellten Portale an, die trotz desselben Mutterkonzerns sehr unterschiedlich ausfallen.

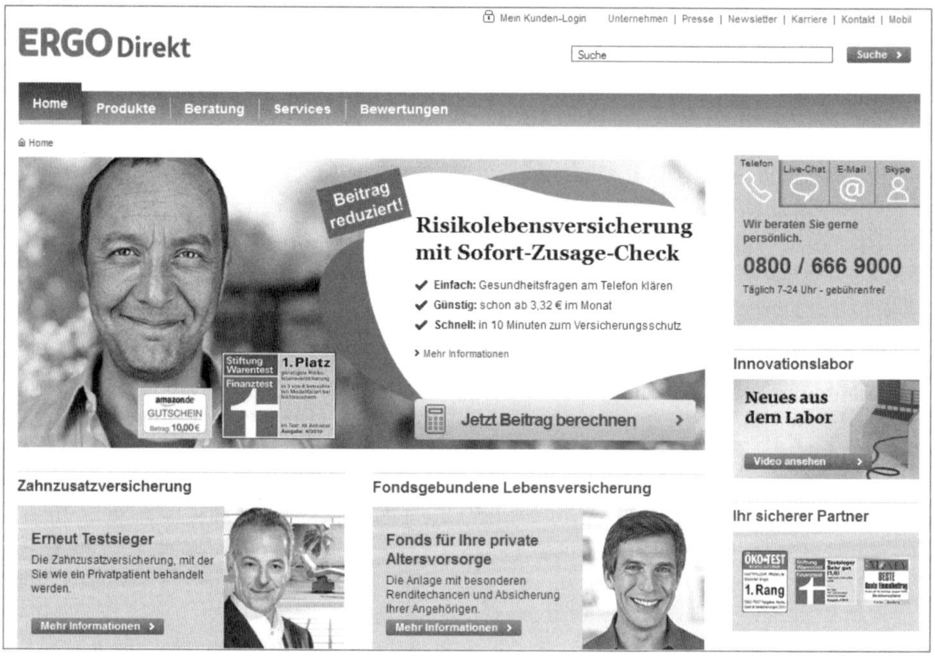

Bild 3.43 Die Onlinetochter eines großen Versicherungskonzerns setzt auf einige wenige, dafür klar strukturierte Informationen.

Risikolebensversicherung, Zahnzusatzversicherung, fondsgebundene Lebensversicherung. Genau drei Produkte stehen bei der ERGO Direkt (Bild 3.43) im Fokus und mehr nicht. Das Ganze ist garniert mit mehr oder weniger aussagekräftigen Fotos, einem Beitragsrechner sowie Gütesiegeln und einem (recht versteckten) Incentive, einem 10-Euro-Warengutschein (bei dem allerdings nicht klar wird, wofür man diesen eigentlich erhalten kann).

Schon umfangreicher kommen die gegebenen Informationen beim Onlineauftritt des Mutterkonzerns (Bild 3.44) daher, was sicherlich nicht nur an dem umfangreicheren Produktportfolio liegt. Hier droht schnell die Gefahr einer Überforderung des Lesers, der dann „den Wald vor lauter Bäumen" nicht mehr sieht.

Bild 3.44 Schon deutlich mehr Textelemente enthält dieses Unternehmensportal. Welche Produkte wohl hier im Fokus stehen?

Die gegebenen Informationen und Auswahlmöglichkeiten sind auf dieser Startseite zwar insgesamt umfangreicher, aber dennoch deutlich weniger auf einzelne Produkte ausgerichtet als bei dem vorangegangenen Beispiel. In diesem Fall sollen die emotionalen Elemente wie

- die ausdrucksstarken Bilder (ein eher schlechtes Beispiel hier: die sehr düster und skeptisch dreinschauende, halb verdeckte Person in der linken Bildmitte),
- ein „weicher" Slogan („Verstehen. Je mehr, desto besser."),
- die Begrifflichkeiten („Klartext-Initiative", „Transparenz", „Verständlichkeit")

wohl eher der Markenbildung und dem Imagegewinn dienen als einem konkreten Verkaufsziel. Unabhängig davon, ob diese Strategie nun aufgehen mag oder nicht, und unabhängig davon, welcher Mehrwert sich einem potenziellen Kunden damit bietet, wird auch hier nur das Wesentliche benannt. Eher schlecht: Die zu klickenden „Reiter“ mit weiteren Textinformationen wie „Ausgezeichnet“, „Verkehrsquiz“ sowie „Planen und Rechnen“. Nicht nur dass sich der Inhalt sowie die Zusammenstellung ausgerechnet dieser Begriffe nur wenig erschließen, insgesamt werden solche Reiter von den Webnutzern meist nicht in dem Maße genutzt, wie man es sich vielleicht wünschen würde.

Mit deutlich weniger Textinformationen kommt hingegen die folgende Startseite aus.

Bild 3.45 Schön bebildert, aber auch zielführend?

Nun mögen die meisten Besucher dieser Seite das zugehörige Unternehmen und dessen Produkte bereits kennen. Dennoch stellt sich hier die Frage: Welche konkreten Inhalte und damit welcher konkrete Mehrwert soll dem Betrachter hier vermittelt werden? Höchstens vielleicht noch das beworbene „Portal für Ärzte und Fachpersonal“ (dieses wird die meisten Leser, da es sich um Endkunden handeln dürfte, nicht wirklich interessieren) oder aber die sehr dürftig beschriebene „Coupon-Aktion“. Ob das ausreicht?

Manche (eher bereits sehr bekannten) Onlineanbieter setzen übrigens ganz bewusst auf einen möglichst guten optischen Eindruck, arbeiten also auf der Startseite fast ausschließlich mit Bildern, bei gleichzeitig dürftigen textlichen Informationen. Um dennoch die Suchmaschinen bedienen zu können, werden dann diese Textinformationen, quasi dezent versteckt für das Auge der menschlichen Besucher, im nicht sichtbaren Bereich der Webseite nachgereicht. Das in Bild 3.46 dargestellte Beispiel verdeutlicht dies sehr gut.

Eine solche Herangehensweise wird nur in manchen, sehr bildhaften Branchen funktionieren (Mode, Design, Accessoires etc.). Und dies wohl auch nur dann, wenn der Großteil der Leser das Unternehmen und dessen Tätigkeitsschwerpunkt bereits im Vorfeld (also noch vor dem Besuch der Webseite) kennt. Derartige Marken müssen sich dann nicht über erläuternde Texte erklären und vorstellen, weil der Bekanntheitsgrad bereits hoch genug zu sein scheint.

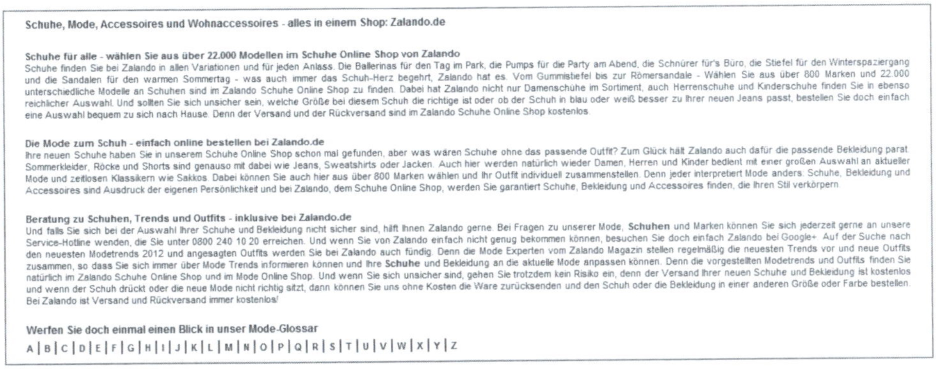

Schuhe, Mode, Accessoires und Wohnaccessoires - alles in einem Shop: Zalando.de

Schuhe für alle - wählen Sie aus über 22.000 Modellen im Schuhe Online Shop von Zalando
Schuhe finden Sie bei Zalando in allen Variationen und für jeden Anlass. Die Ballerinas für den Tag im Park, die Pumps für die Party am Abend, die Schnürer für's Büro, die Stiefel für den Winterspaziergang und die Sandalen für den warmen Sommertag - was auch immer das Schuh-Herz begehrt, Zalando hat es. Vom Gummistiefel bis zur Römersandale - Wählen Sie aus über 800 Marken und 22.000 unterschiedliche Modelle an Schuhen sind im Zalando Schuhe Online Shop zu finden. Dabei hat Zalando nicht nur Damenschühe im Sortiment, auch Herrenschuhe und Kinderschuhe finden Sie in ebenso reichlicher Auswahl. Und sollten Sie sich unsicher sein, welche Größe bei diesem Schuh die richtige ist oder ob der Schuh in blau oder weiß besser zu Ihrer neuen Jeans passt, bestellen Sie doch einfach eine Auswahl bequem zu sich nach Hause. Denn der Versand und der Rückversand sind im Zalando Schuhe Online Shop kostenlos.

Die Mode zum Schuh - einfach online bestellen bei Zalando.de
Ihre neuen Schuhe haben Sie in unserem Schuhe Online Shop schon mal gefunden, aber was wären Schuhe ohne das passende Outfit? Zum Glück hält Zalando auch dafür die passende Bekleidung parat. Sommerkleider, Röcke und Shorts sind genauso mit dabei wie Jeans, Sweatshirts oder Jacken. Auch hier werden natürlich wieder Damen, Herren und Kinder bedient mit einer großen Auswahl an aktueller Mode und zeitlosen Klassikern wie Sakkos. Dabei können Sie auch hier aus über 800 Marken wählen und Ihr Outfit individuell zusammenstellen. Denn jeder interpretiert Mode anders: Schuhe, Bekleidung und Accessoires sind Ausdruck der eigenen Persönlichkeit und bei Zalando, dem Schuhe Online Shop, werden Sie garantiert Schuhe, Bekleidung und Accessoires finden, die Ihren Stil verkörpern.

Beratung zu Schuhen, Trends und Outfits - inklusive bei Zalando.de
Und falls Sie sich bei der Auswahl Ihrer Schuhe und Bekleidung nicht sicher sind, hilft Ihnen Zalando gerne. Bei Fragen zu unserer Mode, **Schuhen** und Marken können Sie sich jederzeit gerne an unsere Service-Hotline wenden, die Sie unter 0800 240 10 20 erreichen. Und wenn Sie von Zalando einfach nicht genug bekommen können, besuchen Sie doch einfach Zalando bei Google+. Auf der Suche nach den neuesten Modetrends 2012 und angesagten Outfits werden Sie bei Zalando auch fündig. Denn die Mode Experten vom Zalando Magazin stellen regelmäßig die neuesten Trends vor und neue Outfits zusammen, so dass Sie sich immer über Mode Trends informieren können und Ihre **Schuhe** und Bekleidung an die aktuelle Mode anpassen können. Denn die vorgestellten Modetrends und Outfits finden Sie natürlich im Zalando Schuhe Online Shop und im Mode Online Shop. Und wenn Sie sich unsicher sind, gehen Sie trotzdem kein Risiko ein, denn der Versand Ihrer neuen Schuhe und Bekleidung ist kostenlos und wenn der Schuh drückt oder die neue Mode nicht richtig sitzt, dann können Sie uns ohne Kosten die Ware zurücksenden und den Schuh oder die Bekleidung in einer anderen Größe oder Farbe bestellen. Bei Zalando ist Versand und Rückversand immer kostenlos!

Werfen Sie doch einmal einen Blick in unser Mode-Glossar
A | B | C | D | E | F | G | H | I | J | K | L | M | N | O | P | Q | R | S | T | U | V | W | X | Y | Z

Bild 3.46 Im sichtbaren Bereich die emotionalen Bilder, weiter nach unten gescrollt – so wie hier – nur der „langweilige" Text.

Google betrachtet derlei eher verborgene, dafür aber umso konzentriertere Textbereiche übrigens immer skeptischer, gerade wenn darin massenhaft suchmaschinenrelevante Keywords wie etwa ein Konglomerat an Produktbezeichnungen, Warengruppen etc. untergebracht werden. Schnell kann hier der Verdacht entstehen, dass es sich um reine SEO-Informationen handelt, ohne speziellen Mehrwert für den Betrachter.

Eindeutig zu viel des Guten an Text-, aber auch sonstigen Informationen weist die in Bild 3.47 dargestellte Unternehmenshomepage auf komplexes, vielseitiges Geschäftsmodell hin oder her.

Bild 3.47 Man weiß gar nicht, wo man zuerst hinschauen und vor allem hinlesen soll. Ein wilder Themenmix aus Malaria, Fußballmeisterschaft und Auslandsstipendium macht nicht wirklich Lust auf mehr. Mittlerweile präsentiert sich das zugehörige Firmenportal ein wenig aufgeräumter.

In Bild 3.48 sehen Sie das gegenteilige Extrem. Denn nur wer wirklich sehr bekannt und gefragt ist, der kann sich wohl eine solche Einstiegsseite im World Wide Web leisten.

Bild 3.48 Exakt zwölf Wörter müssen auf dieser Startseite ausreichen. Werden sie in diesem Fall wohl auch.

3.3.2 Archiv- und Übersichtsseiten

Archiv-, Kategorie- und Übersichtsseiten aller Art, die also auf einzelne Seitenbeiträge oder Produkte zu einem bestimmten Thema verweisen und diese dabei jeweils kurz vorstellen sowie inhaltlich anreißen, werden sehr oft sträflich vernachlässigt, wenn es um begleitende Inhalte hierzu geht.

Bild 3.49 zeigt eine solche Seite, damit Sie wissen, wovon ich spreche. Diese Archivseite eines firmenbegleitenden Onlinemagazins aus dem Finanzbereich listet einzelne Beiträge einer bestimmten Kategorie auf, in diesem Fall zum Themenfeld „Finanztipps“. Durch regelmäßig erscheinende neue Beiträge werden diese einzelnen Seiten und deren Unterseiten (mit den jeweils älteren Artikeln) für Google quasi automatisch immer wieder einmal aktualisiert, und sind somit nicht rein statisch. Dennoch haben in diesem und in ähnlichen Fällen Messungen ergeben, dass es sich durchaus positiv auf die Sichtbarkeit solcher Archivseiten bei Google & Co. auswirken kann, wenn man den bereits durch die Teaser der einzelnen Beiträge vorhandenen Content noch mit eigenem Text ergänzt (siehe Bild 3.50).

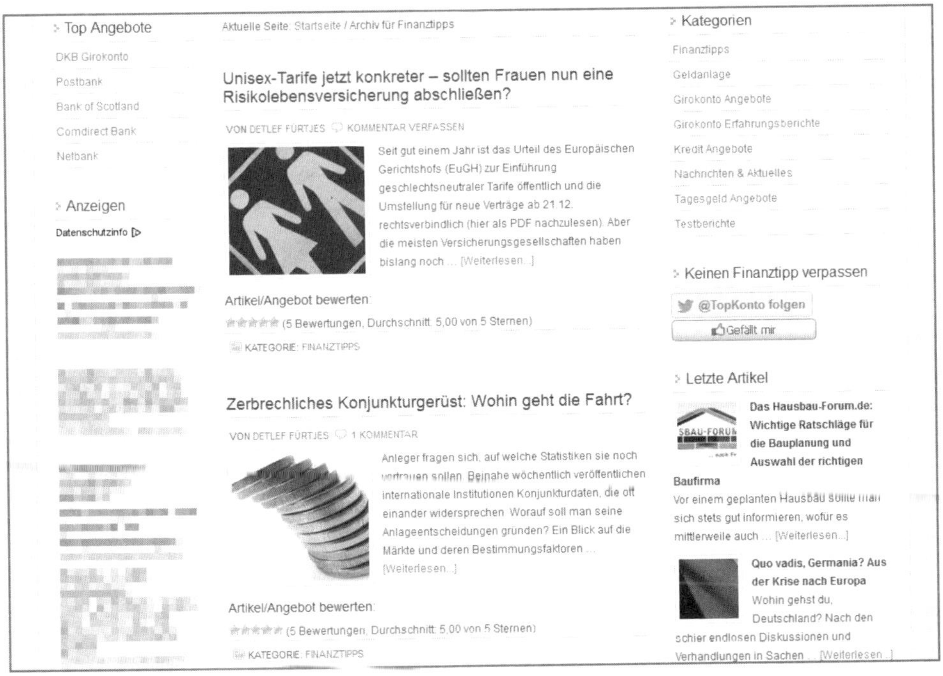

Bild 3.49 Das Artikelarchiv für eine bestimmte Kategorie, gespickt mit Verweisen auf redaktionelle Beiträge.

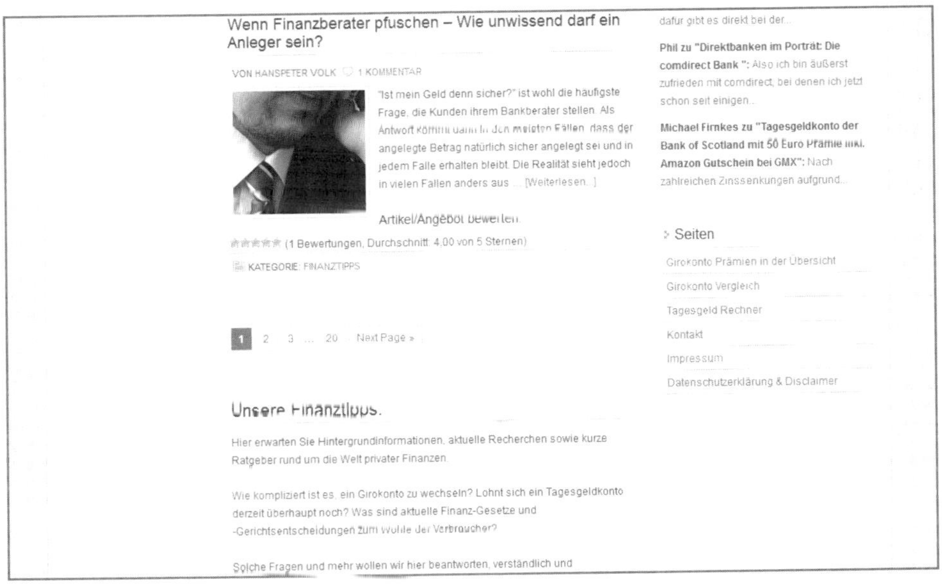

Bild 3.50 Ein ergänzender, inhaltlich passender Text am Ende der Archivseite

Der recht unscheinbare Zusatztext in Bild 3.50 – ganz bewusst an das untere Ende der Seite gesetzt, um das Hauptaugenmerk der Besucher auf die eigentlich wichtigen aktuellen Beiträge zu lenken – sorgt nun dafür, dass ganz unabhängig von den Teasertexten der aktuell auf der Seite gelisteten Artikel dennoch stets die zentralen Keywords zu eben diesem Archivthema genannt werden. Pro Kategorie wird dabei ein anderer Text verwendet, der immer inhaltlich auf das jeweilige Thema zugespitzt ist, um doppelte Inhalte zu vermeiden. Somit kann eine solche Übersichtsseite auch dann durch die Nutzer bei Google gefunden werden, wenn die einzelnen aktuell gelisteten Anreißertexte selbst keines dieser Schlüsselwörter beinhalten.

Was ist nun der Zweck einer solchen Maßnahme? Erstens müssen Sie nun nicht mehr in jedem einzelnen Teaser dafür sorgen, auch wirklich die immer gleichen Keywords unterzubringen, damit diese die Übersichtsseiten gleich mit anreichern, sondern Sie können diese auf das jeweilige Unterthema hin optimieren bzw. sind freier in Ihrer inhaltlichen Textgestaltung. Zweitens kann man in einem derart „versteckt" untergebrachten Textblock auch einmal Wortkombinationen verwenden, die möglicherweise nicht allzu elegant und professionell auf den Leser wirken könnten, dafür aber im Rahmen der Google-Suche gefunden werden sollen.

HINWEIS: „Versteckt" untergebracht heißt in diesem Fall, dass der zugehörige Textblock nicht gerade an der zentralsten und somit auffälligsten Stelle der Website eingebunden ist. Kommen Sie bitte nicht auf die Idee, unschön aussehende Keyword-Folgen und Ähnliches über eine extrem kleine Schriftart oder gar über eine Textfarbe, die der Hintergrundfarbe entspricht, komplett zu verbergen. Solche Versuche wertet Google zu Recht als unlauteren Eingriff in die Suchmaschinenoptimierung, da Sie damit quasi Ihre Leser, aber möglicherweise auch die Suchmaschinen selbst zu täuschen versuchen. Eine unangenehme Abstrafung Ihrer Seite sowie der Ausschluss aus dem Google-Suchindex könnte dann die Folge sein.

Idealerweise verändern Sie nun auch diesen statischen Text auf Ihren Archivseiten immer wieder einmal beziehungsweise schreiben den zugehörigen Text um oder ergänzen diesen. Selbst das werden die Suchmaschinen in der Regel positiv registrieren. Um doppelte Inhalte innerhalb eines Archivs bzw. einer Kategorie zu vermeiden, sollte ein solcher Text auch stets nur auf einer einzigen Archiv- oder Unterseite des jeweiligen Themas erscheinen, beispielsweise auf der ersten Seite. Es ergibt also keinen Sinn oder kann sogar schädlich sein, nun sämtliche Unterseiten einer Kategorie mit dem stets gleichen Text auszustatten. Wer es perfekt machen will, der erstellt einen solchen Text für die erste Archivseite jeder Kategorie, einen anderen für die zweite Seite und so weiter. Wobei man in der Regel wohl nur eine bestimmte Anzahl an Unterseiten mit spezifischen Texten befüllen kann oder will, gerade bei umfangreicheren Portalen.

Ein weiterer Aspekt von Content-Übersichtsseiten, den Sie berücksichtigen sollten: Die meisten Content-Management-Systeme lassen es zu, dass man jeweils bestimmen kann, an welcher Stelle der gezeigte Teaser-Text zum eigentlichen Artikel übergeleitet wird (etwa über einen Link der Art „Hier weiterlesen").

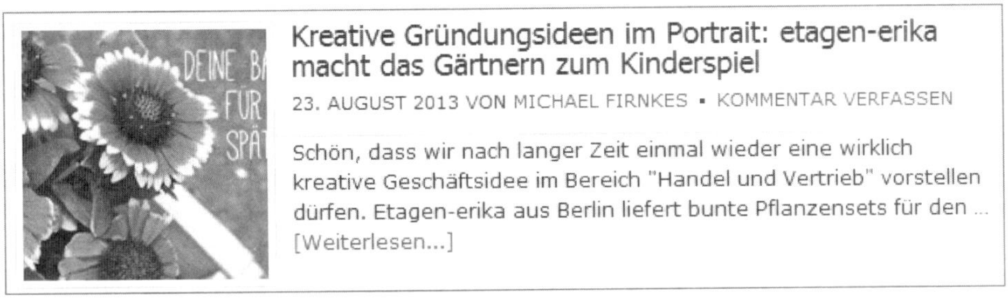

Kreative Gründungsideen im Portrait: etagen-erika macht das Gärtnern zum Kinderspiel

23. AUGUST 2013 VON MICHAEL FIRNKES • KOMMENTAR VERFASSEN

Schön, dass wir nach langer Zeit einmal wieder eine wirklich kreative Geschäftsidee im Bereich "Handel und Vertrieb" vorstellen dürfen. Etagen-erika aus Berlin liefert bunte Pflanzensets für den ... [Weiterlesen...]

Bild 3.51 Hier erfolgt der Übergang zum eigentlichen Beitrag kurz vor dem Ende des zweiten Satzes mit einem [Weiterlesen ...]-Link.

Dieser Umbruch kann je nach System entweder nach einer bestimmten erreichten Zeichen- oder Wortanzahl erfolgen, oder er lässt sich idealerweise sogar komplett individuell setzen. In der Fachsprache nennt man eine solche manuelle Kennzeichnung oft das sogenannte „more“-Tag.

Können Sie als Verfasser der Texte für Ihre Unternehmenswebseite oder als Redakteur nun entscheiden, an welcher Stelle das „more“-Tag gesetzt wird, so sollte man dies (unabhängig vom für einen Teaser verfügbaren Platz beziehungsweise einer logisch-inhaltlich passenden Stelle) nicht willkürlich machen. Kommt an der entsprechenden Stelle etwa ein wichtiges Keyword für den nachfolgenden Inhalt vor, so würde man das „more“-Tag natürlich möglichst erst **nach** diesem Schlüsselwort setzen. Denn hierdurch wäre gewährleistet, dass auf den Übersichts- und Archivseiten diese Keywords zu den einzelnen Beiträgen auch tatsächlich abgebildet werden.

Übrigens: Auch als Bestandteil der Haupt- oder einer Artikelseite können sich Archivansichten anbieten, etwa innerhalb einer Sidebar (siehe Bild 3.52). Solche Angebote wirken sich sehr oft positiv auf die Kennzahlen „Seitenanzahl je Besuch“ aus, der Leser wird in diesem Fall also dazu animiert, sich auch noch weiterführende oder ähnliche Beiträge anzuschauen.

Bild 3.52 Der Hinweis auf weitere Beiträge in der Sidebar eines Content-Portals

3.3.3 Landingpages und Produktseiten

Einzelne Seiten, die speziell dafür vorgesehen sind, eine ganz bestimmte angebotene Dienstleistung oder ein Produkt möglichst direkt zu verkaufen bzw. abzuschließen (sogenannte Landingpages), gehören zur absoluten Königsdisziplin der Webtextgestaltung. Normalerweise sollten die einzelnen Unterseiten eines Unternehmensauftritts untereinander so weit wie möglich konsistent gestaltet sein - das heißt, etwa die Seitenbereiche wie Header, Sidebars, Footer, aber auch einzelne Elemente wie die Social-Media-Anbindung, Autorenboxen, Kontaktmöglichkeiten etc. sollten möglichst immer an der gleichen Stelle auftauchen und auch gleich gestaltet sein, um den Besucher nicht zu verwirren. Im Falle der Landingpages sind sich die Onlinemarketing-Experten nicht wirklich immer einig, was diesen Aspekt der Einheitlichkeit anbelangt.

Insbesondere aus den USA kommt der Trend, vergleichbare Seiten in einer sehr eigenen, deutlich reduzierten Gestaltungsweise abzubilden. Das Ganze sieht dann gerne einmal wie in Bild 3.53 aus.

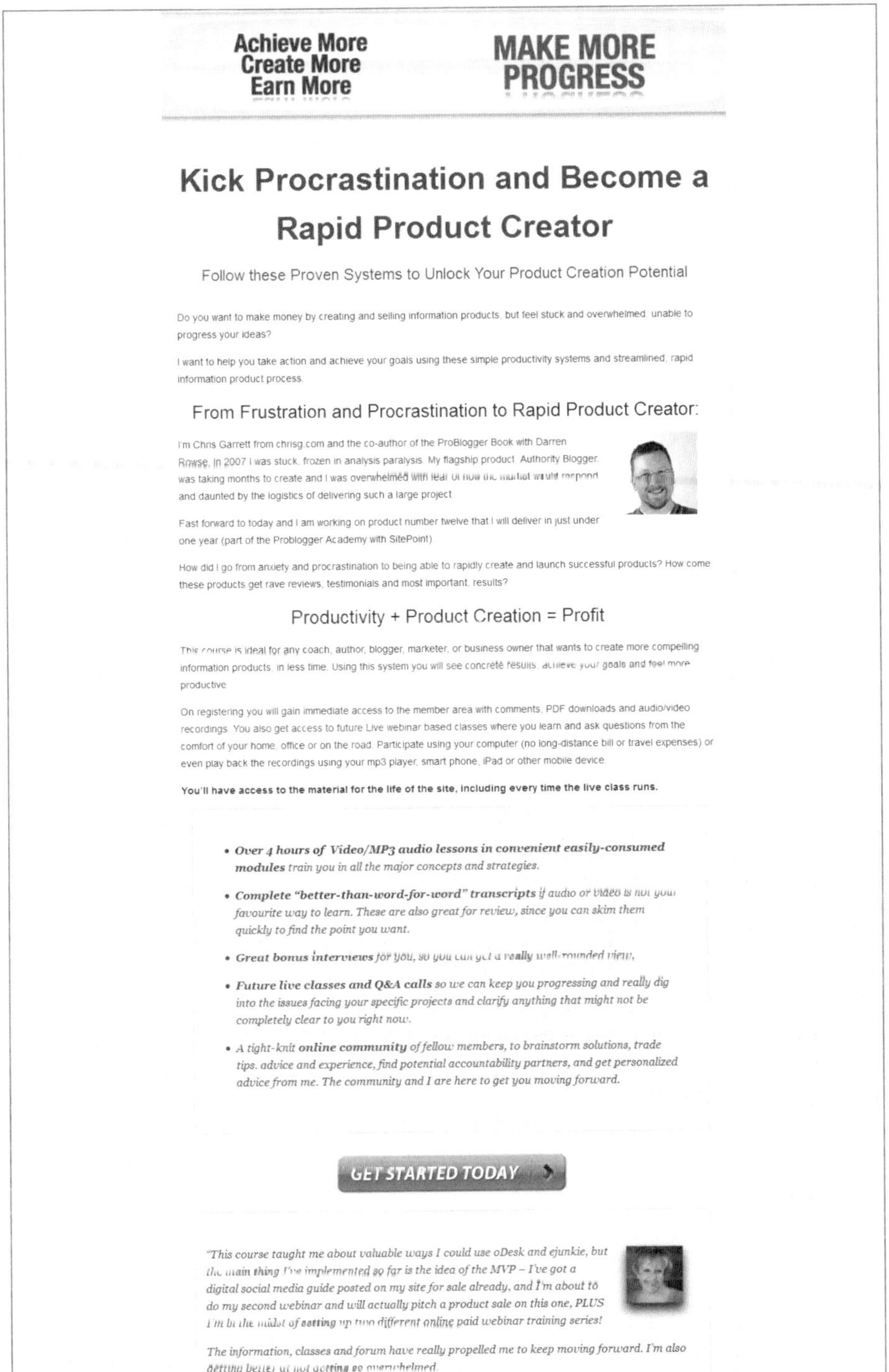

Bild 3.53 Schlicht, fokussiert und mit zentralen (Verkaufs-)Botschaften ausgestattet, so präsentiert sich diese Landingpage.

Zum Vergleich sehen Sie im Folgenden die eigentliche Internetpräsenz des zugehörigen Unternehmers.

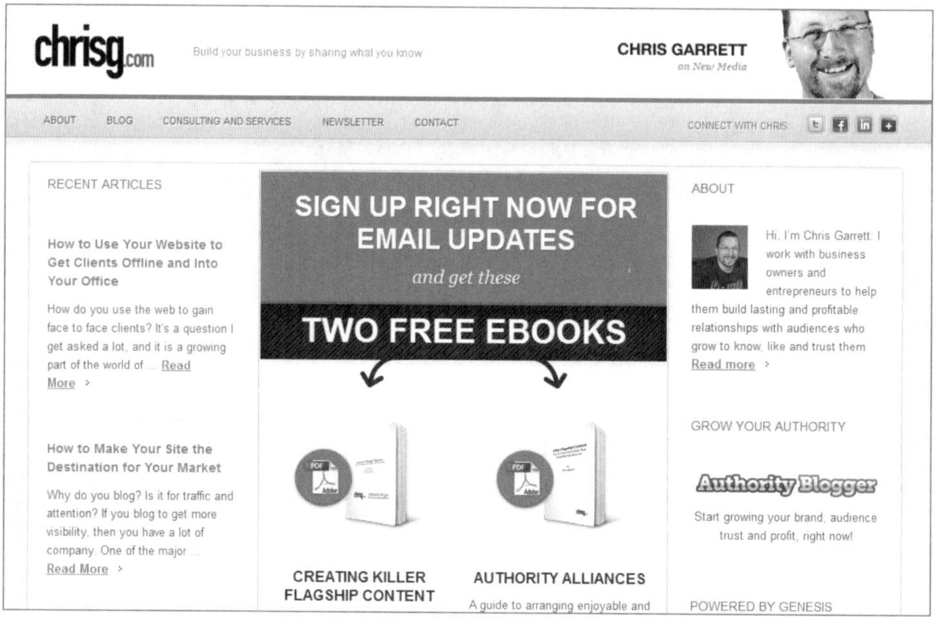

Bild 3.54 Zwar ebenfalls mit zentralen Call-to-Action-Elementen ausgestattet, zeigt sich diese Unternehmenshomepage dennoch in einem völlig anderen Design und Aufbau.

Der grafische, aber auch inhaltliche Aufbau der Landingpage ist in diesem Fall also völlig losgelöst von den Vorgaben der Unternehmenshomepage. Solche sehr Sales-lastigen, plakativen Verkaufs- und Produktseiten zeichnen sich fast immer durch folgende Eigenschaften aus:

- Eine sehr klare, minimalistische Struktur
- Sämtliche nicht wirklich für den Verkaufsprozess benötigten Elemente wie Logos, Header, Menüs, Sidebars, Hintergrundgrafiken etc. werden radikal getilgt.
- Sehr deutlich hervorgehobene, Keyword-lastige Überschriften
- Knappe und einfach gestaltete Texte ohne ablenkende umgebende Elemente
- Eine eingängige, verständliche sowie auf das Wesentliche reduzierte Sprache
- Wenige, aber dafür deutlich den Inhalt stützende sowie lenkende Fotos und Abbildungen, oftmals in einem sehr persönlichen Stil (etwa handgemalte oder comicartige Zeichnungen)
- Einfach gehaltene, großzügig dimensionierte und stets im gleichen Stil gestaltete Grafikelemente, die auf zentrale Botschaften hinweisen (Pfeile, Umkreisungen, markante Hinweisboxen und Ähnliches)
- Das Call-to-Action-Element wie der Kauf-Button oder die Newsletter-Abo-Box stehen ganz klar im Mittelpunkt.
- Aber auch die verkaufende Persönlichkeit wird in der Regel mit Bild vorgestellt.

Eine solche Landingpage als Stilmittel einzusetzen ist nicht unbedingt jedermanns Sache, auch da – zumindest in unserem Kulturkreis – ein derartiges, auf das Wesentliche reduzierte „Anpreisen" von Waren und Dienstleistungen zum Teil immer noch als verpönt gilt und einen als „billig" wirkenden Charakter mit sich bringt. Im englischsprachigen Raum scheinen die meisten Anbieter aber eben auch Kunden weit weniger Berührungsängste mit derlei Produktpräsentationen zu haben. Hinzu kommt: Wenn vergleichbare Formate bislang im deutschsprachigen Raum zum Einsatz kommen, so handelt es sich in der Regel tatsächlich um nicht ganz unumstrittene Angebote nach der Art „Schnell reich werden in 14 Tagen", da sich diese oft an den US-amerikanischen Verkaufsstrategien orientieren. Das hat dem durchaus sehr mächtigen Online-Verkaufskanal Landingpage einen negativen Ruf verpasst, der nicht wirklich gerechtfertigt ist.

Aber es geht auch dezenter und seriöser, wie folgende Landingpage-Beispiele aus dem deutschsprachigen Raum zeigen.

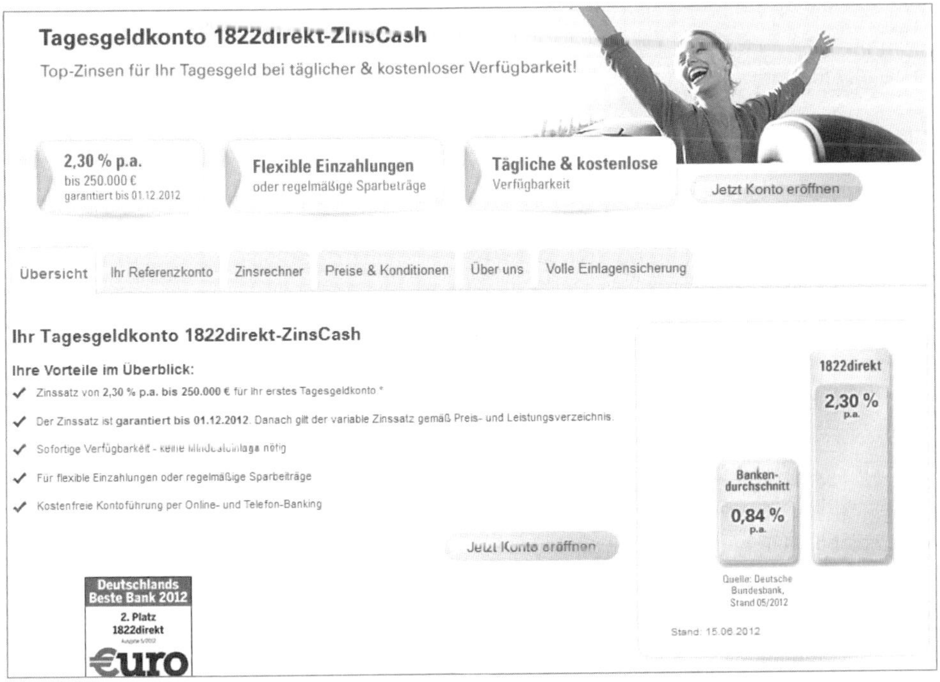

Bild 3.55 Kurz und knackig und ohne ablenkende Elemente werden die wichtigsten Produktmerkmale genannt, alles andere wird dem „Jetzt Konto eröffnen"-Button überlassen.

„Nutzt denn überhaupt jemand die Möglichkeit, online auf diese Weise ein doch relativ komplexes Produkt abzuschließen?", so wird sich der ein oder andere Leser nun sicherlich fragen. Sie würden staunen, wenn Sie wüssten, wie viele Finanz- und ähnliche Produkte mittlerweile rein online abgeschlossen werden, und dies genau über solche Landingpages wie in Bild 3.55 zu sehen.

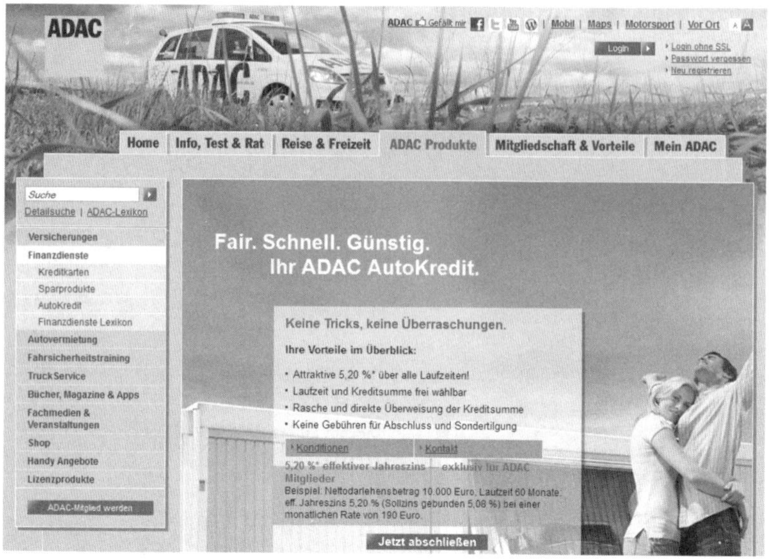

Bild 3.56 Ein ähnliches Beispiel, hier jedoch eingebunden in den Kontext der eigentlichen Unternehmenshomepage. Lediglich die Elemente im zentralen sichtbaren Bereich sind völlig losgelöst von den sonstigen inhaltlichen Vorgaben.

Was im Finanzumfeld funktioniert, das greift auch bei (fast) jeder beliebigen anderen Branche, wie der Telekommunikationsanbieter in Bild 3.57 zeigt.

Bild 3.57 Die grundlegenden Elemente (schwarzer Hintergrund, comicartige Zeichnungen etc.) sind wie auf der eigentlichen Website dieses Unternehmens gestaltet. Ansonsten wurden jedoch sämtliche störenden Elemente wie eine Navigation und Ähnliches entfernt, um den Betrachter rein auf den Button „Zur Kombi Flat“ und damit zum Vertragsabschluss zu bringen.

„Das funktioniert nur im B2C-Umfeld mit privaten Endkunden“, höre ich es förmlich aus manchen von Ihnen heraus„brodeln“. Nein, das stimmt nicht, wie das in Bild 3.58 dargestellte Beispiel zeigt.

Bild 3.58 Selbst komplexe Dienstleistungen verkaufen sich mittlerweile über Landingpages – auch wenn hier die erläuternden Texte sachgemäß ein wenig umfangreicher ausfallen müssen.

Bild 3.59 Auch hier – zum Vergleich – die eigentliche Onlinepräsenz des zugehörigen Unternehmens: Sie enthält deutlich mehr Information, da hier auch deutlich mehr Nutzergruppen angesprochen

werden müssen als eben „nur“ die reinen Interessenten.

Selbst innerhalb einer Unternehmenswebsite eingebunden können einzelne Landingpages durchaus Sinn ergeben. Sehr oft arbeiten beispielsweise Onlineshops im Bereich Mode und Lifestyle mit vergleichbaren Elementen, um quasi ein kleines Subportal beziehungsweise eine Art Themenwelt für ihre Besucher zu schaffen.

Bild 3.60 Diese spezielle Themenwelt wird nicht nur begeisterten Kunden der zugehörigen Marke gefallen, Sie kann – mit mehr Text als in diesem Beispiel ausgestattet – auch gut direkt über Suchanfragen von Google & Co. gefunden werden.

In all diesen gezeigten Fällen sind übrigens die bereits angesprochenen A/B-Tests von enormer Wichtigkeit. Um beim letzten gezeigten Beispiel zu bleiben: Hier könnten sich Umsatzsteigerungen (oder eben auch -einbußen) im zweistelligen Bereich und mehr ergeben, nur weil man die Platzierung von Element A mit der von Element B vertauscht, andere Texte und Bilder verwendet, die Grundstruktur überarbeitet, einzelne Seitenbereiche ausblendet und vieles Weitere mehr. Der Trost für diesen sehr aufwendigen Prozess: Die richtigen Änderungen auf einer zentralen Landingpage wirken sich in den meisten Fällen deutlich positiv auf Ihren Onlineerfolg aus – und das nachhaltig (ansonsten nehmen Sie die getätigten Änderungen schlicht und einfach wieder zurück). Mit kleineren, einfacheren Mitteln und Maßnahmen haben Sie also noch nie eine so große monetäre Wirkung erzielt wie bei der Optimierung einer Landingpage.

PRAXISTIPP: Wenn Sie mit mehreren Call-to-Action-Elementen auf ein und derselben Landingpage arbeiten möchten, etwa mit einem Bestellbutton sowie parallel dazu als Alternative einer Newsletter-Abonnement-Box, so sollten Sie darauf achten, dass Sie nicht mehr als zwei bis drei solcher Bausteine integrieren. Alles andere würde den Betrachter nur unnötig verwirren und eher dafür sorgen, dass er sich für keine der angebotenen Varianten entscheidet.

Auch hier lohnt es sich, über entsprechende Tests die genaue Platzierung, aber auch die abgebildete Reihenfolge der Call-to-Action-Elemente gegeneinander zu testen. Denn nicht immer muss auch tatsächlich das erste oder das am prominentesten platzierte Element die meiste Aufmerksamkeit auf sich ziehen. So können Sie den idealen Platz für eben jene Interaktionsmöglichkeit evaluieren, welche auch am ehesten von Ihren Besuchern genutzt werden soll. ■

HINWEIS: In der Regel gehört nicht zu viel Text und damit Prosa auf eine Landingpage, schließlich soll der Betrachter möglichst eine Aktion ausführen und nicht nur lesen. Ich habe aber auch schon das Gegenteil kennengelernt, bei dem eine Landingpage mit sehr viel Text sowie einem prominent platzierten Kontaktformular (in diesem Fall war das Ziel der Landingpage die Lead- oder Adressengenerierung) deutlich bessere Erfolgszahlen brachte als eine Version mit weniger Text. Denn in diesem Fall wurden die meisten Besucher wohl schnell ungeduldig beim Lesen und dachten sich: „Dann bestelle ich doch lieber gleich den Katalog bzw. schriftliche Informationen, als mich durch diesen Text zu quälen“. Damit erfüllte der ausführlichere Textinhalt genau seinen Zweck. Sie sehen: Probieren geht über Studieren, und was Ihnen heute als zielführende Onlineweisheit dient, das kann schon morgen wieder ganz anders aussehen. ■

4 Texte gestalten

Mindestens ebenso wichtig wie die Qualität der eigentlichen Inhalte ist deren Gestaltung. Mit Gestaltung ist hierbei die Strukturierung eines Textes, aber auch die layouttechnische Einbindung gemeint. Denn weisen Ihre Texte keine vernünftige und für den Lesefluss möglichst effiziente Struktur auf, so kann dies für Ihre gesamte Webseite ebenfalls nicht der Fall sein. Mögen Sie sich also noch so sehr um ein grafisch anspruchsvolles, aber gleichzeitig auch nutzerorientiertes Designkonzept für Ihren Onlineauftritt bemühen, so wird diese Arbeit konterkariert, falls sich eine optimierte Aufteilung nicht auch gleichzeitig wie ein roter Faden durch die Inhalte selbst zieht.

HINWEIS: Interessant ist es in diesem Zusammenhang zu wissen, dass auch Textinhalte auf Webseiten im Auge des Betrachters zunächst als grafische Information wahrgenommen werden. Stimmt also durch eine unruhige oder unschlüssige Textgestaltung das hieraus resultierende „Bild" nicht mit der Erwartungshaltung oder den Lesegewohnheiten eines typischen Internetnutzers überein, so kann dieser die zugehörigen Inhalte und somit die gesamte Webseite schnell als störend empfinden. Das dürfte übrigens auch der Grund dafür sein, dass viele führende Content-Portale nur sehr selten auf ausgefallene textgestalterische Experimente setzen und bei den meisten dieser Onlineangebote die typische Magazin-Struktur zum Einsatz kommt. Eine solche umfasst stets einheitlich strukturierte Text- sowie zugehörige Bildblöcke, wie wir sie beispielsweise von großen Online-Nachrichtenportalen wie spiegel.de oder sueddeutsche.de kennen.

Webtexte sollten von daher zwar durchaus in sich abwechslungsreich gestaltet sein (mit Zwischenüberschriften, Aufzählungen, Textblöcken etc., wie Sie in den folgenden Abschnitten noch lernen werden), aber niemals überladen oder gar untereinander inkonsistent beziehungsweise chaotisch und unruhig wirken.

Rot-Grün schwächelt

Für die SPD geht es nur noch um die Große Koalition

Rückenwind fühlt sich anders an. Zwar hat die SPD bei der Bayern-Wahl leicht zugelegt. Dafür schwächelt jetzt der grüne Koalitionspartner. Offiziell halten beide Seiten am Ziel Rot-Grün fest, doch am Ende dürfte es aus Sicht der Sozialdemokraten nur für eine Große Koalition reichen. *Von Florian Gathmann und Veit Medick* mehr... [Video | Forum]

Presseschau zur Bayern-Wahl: "Die FDP ist nur noch Funktionspartei"
Bayern und seine CSU: Die Unverwundbaren
Seehofers Jubel über Wahlsieg: "Die CSU lebt"
Landtagswahl: CSU holt in Bayern absolute Mehrheit - FDP ist raus
Grünen-Spitzenkandidat: Forscher bringt Trittin mit Pädophilie-Programm in Verbindung

Landtagswahl in Bayern

Schwarz-Gelb wackelt

Die Pleite der FDP in Bayern zeigt: In der letzten Woche vor der Bundestagswahl wird sich alles auf die Frage zuspitzen, ob die Wähler eine Fortsetzung der schwarz-gelben Koalition wollen. Auf Hilfe von Angela Merkel können die Liberalen nicht hoffen. *Ein Kommentar von Roland Nelles* mehr... [Video | Forum]

Landtagswahl in Bayern: Seehofers Triumph, Merkels Risiko

VIDEO ▸

Video ▸ SPIEGEL ONLINE

Teuerstes Fahrzeug der IAA: "Was macht der Panzer hier?"

US-Hochwasser: Dramatische Rettungsaktionen in Colorado

alle Videos ▸

SPIEGEL.TV ▸

Bild 4.1 Die typische Onlinemagazin-Struktur mit standardisierten Text- und Bildblöcken sowie jeweils weiterführenden Verweisen auf ähnliche Inhalte (hier am Beispiel von „Spiegel Online")

Betrachten wir einmal das folgendes Beispiel.

Die besten Geschäftsideen entstehen spontan: Smazaar, die Kleinanzeigen-App

VON MICHAEL FIRNKES • 3 KOMMENTARE

Die "einfachste Kleinanzeigen-App der Welt" verspricht der neue Online Marktplatz namens Smazaar. Frank Schultheiss von Smazaar gibt uns einen spannenden Einblick, wie die Geschäftsidee zu dem Portal entstanden ist..:
Herr Schultheiss, wie erleichtert Ihr Tool den Verkauf von Gegenständen über das Internet? Es sind zwei Innovationen, die das Verkaufen mit Smazaar so einfach machen. Erstens machen wir schon aus einem Foto sofort eine Kleinanzeige. Die Nutzer müssen also nicht weitere Details eingeben oder Rubriken auswählen. Mit der visuellen Umkreissuche können Interessenten trotzdem sofort die Angebote in ihrer Umgebung finden und Kontakt aufnehmen. Zweitens bieten wir den Nutzern an, Anzeigen nachträglich von jedem Gerät aus zu ergänzen. Also bequem vom PC aus oder von unterwegs mit dem Smartphone, dann wann es passt.
Ebay revolutionierte einst den Kleinanzeigenmarkt. Welchen Anteil innerhalb dieses Sektors möchten Sie mit Smazaar für sich gewinnen?

Bild 4.2 Ein Textblock ohne große Auflockerung – Lesen macht hier nicht wirklich Freude

Das folgende Beispiel zeigt im Gegensatz hierzu denselben Text, nur mit diversen Gestaltungsmitteln aufbereitet.

Die besten Geschäftsideen entstehen spontan: Smazaar, die Kleinanzeigen-App

VON MICHAEL FIRNKES • 3 KOMMENTARE

Die "einfachste Kleinanzeigen-App der Welt" verspricht der neue Online-Marktplatz namens Smazaar.

Frank Schultheiss von Smazaar gibt uns einen spannenden Einblick, wie die Geschäftsidee zu dem Portal entstanden ist..:

Herr Schultheiss, wie erleichtert Ihr Tool den Verkauf von Gegenständen über das Internet?

Es sind zwei Innovationen, die das Verkaufen mit Smazaar so einfach machen. Erstens machen wir schon aus einem Foto sofort eine Kleinanzeige. Die Nutzer müssen also nicht weitere Details eingeben oder Rubriken auswählen.

Mit der visuellen Umkreissuche können Interessenten trotzdem sofort die Angebote in ihrer Umgebung finden und Kontakt aufnehmen. Zweitens bieten wir den Nutzern an, ihre Anzeigen nachträglich von jedem Gerät aus zu ergänzen. Also bequem vom PC aus oder von unterwegs mit dem Smartphone, dann wann es passt.

Ebay revolutionierte einst den Kleinanzeigenmarkt. Welchen Anteil innerhalb dieses Sektors möchten Sie mit Smazaar für sich gewinnen?

Bild 4.3 Schon deutlich besser: Ein Bildelement, der einführende Lead-Teil sowie verschiedene, der inhaltlichen Struktur angepasste Schriftauszeichnungen sorgen hier für den notwendigen Überblick.

Welchen Beitrag würden Sie persönlich wohl lieber lesen? Können Sie sich vorstellen, dass das erste Beispiel deutlich abschreckend auf die potenziellen Leser wirken kann und eine um bis zu 400 Prozent und mehr höhere Abbrecherquote erreicht? Und dies ganz unabhängig davon, wie wertvoll der zugehörige Inhalt für den Leser möglicherweise ist? Vergessen Sie niemals den ersten Eindruck, den jegliche Publikation im World Wide Web hinterlässt, und die mittlerweile sehr hohen Erwartungen – angesichts unendlicher Alternativtexte und somit Möglichkeiten, sich zu informieren –, welche bewusst oder unbewusst durch die Besucher an derlei Veröffentlichungen gestellt werden.

Die Rezipienten Ihrer Firmen-Onlinekommunikation sind verwöhnt. Sie lesen mit allerhöchster Wahrscheinlichkeit täglich webbasierte „Hochglanz"-Magazine, die bis auf das letzte Detail in unzähligen Tests und Optimierungsschleifen genau auf die Lesegewohnheiten der Webcommunity hin ausgerichtet sind, inhaltlich, aber eben auch gestaltungstechnisch. Egal ob diese Magazine nun Spiegel Online, sueddeutsche.de oder Zeit Online u. v. m. heißen mögen, absolut jede Ihrer Onlineseiten muss sich mit diesen Maßstäben messen lassen, wenn Sie erfolgreich wahrgenommen werden möchten. Und das erstgenannte Beispiel hätte hierbei – für jeden schnell ersichtlich – wohl kaum eine Chance auf eine solche positive Wahrnehmung. Je mehr Energie Sie in Ihre Onlinetexte stecken, umso bedauerlicher ist es, wenn diese Energie durch eine lieblose oder unüberlegte Gestaltung wieder zunichte gemacht wird.

Doch welche generellen Möglichkeiten gibt es überhaupt, einen Onlinebeitrag entsprechend aufzulockern und zu optimieren? Welche einfachen Elemente lassen aus dem ersten Beispiel mit nur wenig Aufwand einen Beitrag in der Art des zweiten Beispiels werden? Im Folgenden finden Sie eine Übersicht von Gestaltungsmöglichkeiten, mit denen sich prinzipiell jegliche Webtexte aufwerten lassen, egal ob innerhalb einer eher redaktionell betriebenen Firmenseite, eines Onlineshops etc.

4.1 Struktur, Struktur und nochmals Struktur

Was das Negativbeispiel aus dem vorherigen Abschnitt vor allem so charakterlos und schwer zu lesen macht, das ist seine blocksatzartige Gestaltung ohne jegliches strukturierende und damit den Leser führende Element. Die einfachste, aber leider sehr oft vergessene beziehungsweise wenig beachtete Möglichkeit, aus einem solchen den Leser fast schon erschlagenden Textblock einen ansehnlichen Beitrag zu machen, ist die Strukturierung mittels sinnvoller Textabsätze. Das World Wide Web funktioniert hier etwas anders als die gute alte Printkommunikation. Generell sind im Internet die Texte eher kürzer und auf den Punkt gebracht, da meist nur wenig Zeit zur Verfügung steht, um den Leser zu überzeugen und damit zu halten bzw. zu einer Interaktion zu animieren. Ebenso verhält es sich mit der Länge der einzelnen Abschnitte.

Ich selbst habe früher zunächst für Print-Tageszeitungen gearbeitet und danach jahrelang fast ausschließlich im Web kommuniziert. Dabei hat sich mein Schreibstil mit der Zeit fast automatisch so weit dem Medium Internet angepasst, dass es mir schwerfiel, mich bei meinem ersten gedruckten Buch wieder auf die Printkommunikation einzulassen. Ich weiß noch genau, wie meine Lektorin damals meinte, der Inhalt an sich sei ja schön und gut, aber ob ich denn unbedingt nach jedem zweiten Satz einen Absatz einfügen müsse? Erst da wurde mir in vollem Umfang bewusst, wie unterschiedlich Print- und Webtexte doch strukturiert sind. Noch heute muss ich mich bei Texten für Printmedien fast schon dazu zwingen, einen Textabschnitt ruhig auch einmal etwas länger ausfallen zu lassen.

In umgekehrter Weise bedeutet dies für Sie als wahrscheinlich eher weniger webtextaffinen „Schreiberling", sich von alten Gewohnheiten zu lösen. Ein einziger oder gar kein Absatz in einem Text mit mehr als 600 Wörtern, das mag in einem gedruckten Roman funktionieren, im WWW ist diese Herangehensweise unbrauchbar. Warum ich so ausführlich und eindringlich auf diesen Aspekt eingehe? Ich begegne noch heute sehr oft Onlinetexten von wirklichen PR-Profis, die jedoch, obwohl inhaltlich perfekt gedacht und geschrieben, ihr volles Potenzial verschenken, weil man ihnen, was die Textstruktur anbelangt, absolut anmerkt, dass der Verfasser sein Handwerk vor dem Aufkommen des Internets erlernt hat. Ihre Leser haben für eine solche klassische Darstellung mit hoher Wahrscheinlichkeit nur noch wenig Verständnis.

PRAXISTIPP: Gibt es nun eine allgemeingültige Formel, nach wie vielen Anschlägen man einen Webtext auf jeden Fall mit einem Absatz versehen sollte? Leider hängt dies von zahlreichen Faktoren ab, etwa wie viel horizontaler Platz Ihnen auf dem jeweiligen Onlineportal generell für den eigentlichen Beitrag zur Verfügung steht. Aber natürlich auch davon, dass ein Textabsatz inhaltlich einen Sinn ergeben sollte, um möglichst keine direkt zusammengehörenden Informationen „auseinanderzureißen“. Denn auch das würde dem Leser die Aufnahme der Inhalte nur unnötig erschweren.

Umgekehrt gesehen gehören Informationen und Bilder, die inhaltlich gesehen nichts oder nur wenig miteinander zu tun haben, nicht in ein und denselben Absatz. Dennoch kann man sagen, dass bei einer Onlineveröffentlichung mindestens alle etwa sieben bis zehn Zeilen, in Ausnahmefällen auch einmal mehr, ein Textabsatz eingefügt werden sollte, jeweils natürlich an der inhaltlich maximal logischsten Stelle. Das bedeutet: Würde der Abschnitt nach einem Satz in der zehnten Zeile vom inhaltlichen Textfluss her deutlich mehr Sinn ergeben als nach der achten Zeile, so würde man sich wohl eher für die erste Variante entscheiden. Gerade in den ersten und letzten, also eher wichtigen Abschnitten eines Onlinetextes (siehe Kapitel 3.1.3) sollte man noch eher auf möglichst kurze Absätze achten, als dies etwa in der Mitte eines Beitrags der Fall ist. ■

Wo wir schon bei den Texten mit 600 Wörtern sind: Sehr oft kommt die Frage auf, wie lang ein einzelner Webtext denn insgesamt maximal sein sollte. Das hängt leider ebenfalls sehr von der jeweiligen Situation ab, in der Regel ist diese 600er-Grenze jedoch ein ganz guter Anhaltspunkt. Alles, was sehr weit über diese Anzahl hinausgeht, muss den Onlineleser schon deutlich in seinen Bann ziehen, damit seine Aufmerksamkeit bis zum Ende aufrechterhalten werden kann. Hierbei gibt es auch Ausnahmen, wie beispielsweise im Bereich der Interviews, die Sie noch kennenlernen werden. Ansonsten sollten Sie deutlich längere Beiträge lieber auf mehrere Seiten aufteilen oder gar eine kleine Artikelserie daraus machen, deren Bestandteile untereinander verlinkt sind. Zu wenig an Inhalt ist jedoch ebenfalls nicht gut. Kommen auf vielen Unterseiten nur deutlich kürzere Texte zum Einsatz, so können Suchmaschinen dies als Indiz werten, dass der komplette Internetauftritt nur wenig Substanz aufweist, insbesondere bei Content-Portalen.

Auch in diesem Fall gelten dann die bereits besprochenen Ansätze der Sanduhrmethode (Kapitel 3.1.3.1), das heißt, jeder einzelne Artikel sollte über einen am Ende wieder aufzubauenden Spannungsbogen quasi automatisch die „Lust auf mehr“ und damit auch auf den nachfolgenden Beitrag beim Leser erzeugen. Man würde also zudem nicht alle spannenden Inhalte gleich im ersten Text unterbringen, sondern diese gleichmäßig über sämtliche Ausgaben verteilen, wenn man daran interessiert ist, dass möglichst auch alle Teile die gleiche Aufmerksamkeit der Leser bekommen.

PRAXISTIPP: Solche Artikelserien stellen generell eine sehr gute Möglichkeit dar, umfangreiche Themen so zu behandeln, dass sich dies suchmaschinentechnisch möglichst gut auswirkt. Etwas vereinfacht gesagt wird sich Google über fünf werthaltige Textbeiträge zu ein und demselben Thema mehr „freuen" als über einen einzigen, extrem langen Artikel, wobei es auch hier wieder die Mischung macht. Da Suchmaschinen einzelne Bestandteile (etwa den Beginn eines Textes oder auch das Ende) teils mehr gewichten als den Rest, erhöht sich zudem die Wahrscheinlichkeit, dass einer oder mehrere dieser Texte über Google & Co. gefunden werden. Klickt sich ein Leser aufgrund der guten Inhalte tatsächlich von Teil zu Teil der Beitragsserie, so kommt dies gleichzeitig der überaus wichtigen Kennzahl „Seitenaufrufe je Besuch" zugute (siehe Kapitel 5.4). ■

Übrigens – und damit zurück zum Thema beitragsinterne Textstruktur: Ein Fehler, den ich leider immer wieder auf diversen Onlineportalen sehe, ist, dass ein Absatz mit einem Zeilenumbruch verwechselt wird. Ein solcher schlichter Umbruch reicht jedoch in den seltensten Fällen wirklich aus, um dem zugehörigen Text eine auflockernde, lesefreundliche Struktur zu verpassen. Ganz im Gegenteil: Beiträge mit diversen Zeilenumbrüchen, aber jeweils ohne erkennbaren Absatz können fast noch anstrengender zu lesen sein, als ein durchgängiger Textblock. Achten Sie bei der Gestaltung Ihrer Webseite beziehungsweise bei Ihrem Content-Management-System also stets auf den Unterschied zwischen beiden möglichen Varianten, wobei meines Erachtens ein reiner Zeilenumbruch ohne zugehörigen Absatz fast niemals zu einem Gestaltungsmittel guter Onlinetexte gehört.

Hier ein Beispiel. Bei diesem Text werde ich lediglich einen Zeilenumbruch einfügen, um dann gleich im Text fortzufahren.
Dies ist auf Dauer nicht wirklich komfortabel zu lesen, und bedeutet auch keinen erkennbaren Zugewinn an Struktur für den Leser.

Jetzt hingegen wurde vor diesem Satz ein kompletter Absatz eingefügt.

Das wirkt gleich viel besser, meinen Sie nicht?

4.1.1 Zwischenüberschriften

Eines der am meisten unterschätzten Gestaltungselemente in einem modernen Webtext sind Zwischenüberschriften jeglicher Art. Natürlich haben auch bereits die Printmedien wie Tageszeitungen & Co. mit derlei Bausteinen gearbeitet, oftmals jedoch nur, um noch ein wenig „Manövrier- bzw. Füllmasse" beim Umfang der auf einer Seite unterzubringenden Beiträge zu haben. Das Blatt einer gedruckten Zeitung musste schließlich immer komplett voll sein und man hatte keinen Spielraum nach unten, wie dies auf einer Seite im Internet der Fall ist.

In der Onlinekommunikation haben Zwischenüberschriften bei längeren Texten gleich eine mehrfache Bedeutung. Zum einen stellen diese eine ideale Möglichkeit dar, die zuvor geforderte Struktur in einen Artikel zu bringen und diese gar noch zu betonen. Ein Onlinebeitrag mit einigen Absätzen, aber ohne sonstige weitere Elemente ist zwar deutlich besser als ein monotoner Textblock, doch gerade gut gestaltete Zwischenüberschriften können einen solchen optisch noch einmal deutlich wertiger aussehen lassen und quasi „spannender" für das Auge des Betrachters machen. Gleichzeitig haben Sie mit den durch die Schriftgröße, Textabstände etc. deutlich hervorgehobenen Zwischenüberschriften ein der initialen Beitragsüberschrift sehr ähnliches Werkzeug an der Hand, mit dem Sie den Leser zusätzlich steuern können. Denn in den ersten Sekunden nach dem Aufruf eines Onlinebeitrags wird dieser nicht nur die Hauptüberschrift und möglicherweise auch noch die ersten zwei Sätze scannen. Wie die bereits angesprochenen Heatmap-Analysen (siehe Kapitel 3.1.1) regelmäßig belegen, nimmt er zudem in der Regel auch die Zwischenüberschriften im sichtbaren Bereich wahr. Und selbst beim Scrollen durch einen Beitrag, durch welches der Leser feststellen will, ob die weiteren Textbestandteile ebenfalls von inhaltlicher Relevanz für ihn sind, können ihn gute Zwischenüberschriften quasi wieder „zurück" in den Fließtext bringen.

Um gute Zwischenüberschriften zu gestalten, gelten im Prinzip dieselben Maßstäbe wie bereits in Abschnitt 3.1 erläutert. Gerade wenn Sie aus inhaltlichen Gründen etwa ein Call-to-Action-Element oder sonstige für Ihren Zweck wichtigen Inhalte nicht zu Beginn eines Artikels unterbringen können oder wollen, so kann eine eingefügte Zwischenüberschrift direkt oberhalb des im späteren Textverlauf eingefügten Elements wahre kleine Wunder wirken, was die zusätzlich erreichbare Aufmerksamkeit des Lesers anbelangt. Dann sollte die entsprechende Zwischenüberschrift jedoch nicht nur möglichst knapp und fesselnd formuliert sein, sondern auch einen für den Leser schnell ersichtlichen inhaltlichen Zusammenhang mit jenen nachfolgenden Objekten haben, für die Sie ihn gewinnen wollen.

Bild 4.4 Das über die Zwischenüberschrift angekündigte Kreditbeispiel leitet hier direkt über zum zugehörigen Call-to-Action-Element.

Der zweite wichtige Effekt bei den Zwischenüberschriften ist auch hier wieder eine suchmaschinenorientierte Komponente. Nicht nur der menschliche Betrachter wird diesen eine besondere Beachtung zuteilwerden lassen, auch die Suchmaschinen bewerten solche innerhalb des HTML-Quellcodes als Zwischenüberschrift ausgezeichneten Elemente besonders hoch (Diese Auszeichnung erfolgt über sogenannte „Tags" in der HTML-Codierung, in diesem Fall beispielsweise `<h2> Textinhalt </h2>` oder auch `<h3>. . .` und so weiter).

PRAXISTIPP: Was die Häufigkeit der Verwendung von Zwischenüberschriften anbelangt, so haben meine Messungen ergeben, dass idealerweise nach jedem zweiten oder dritten Absatz eine Zwischenüberschrift eingefügt werden kann. Dies hängt natürlich von der Länge der einzelnen Absätze, aber auch des gesamten Beitrags sowie von eventuell eingebundenen Grafiken ab, die eine Zwischenüberschrift oftmals ersetzen können. Als Faustregel kann man sich ebenso damit behelfen, dass im komplett sichtbaren Bildschirmbereich eines Textbeitrags um die zwei bis drei Zwischenüberschriften untergebracht werden können, geht der Text über die gesamte Seitenbreite dann sind eventuell sogar noch mehr solcher Elemente möglich. ■

4.1.2 Aufzählungen und Verweise

Es muss nicht immer gleich ein Textabsatz sein, den man für eine zusätzliche Strukturierung einfügt. Aufzählungen, Abbildungen, Fotos, Tabellen, designtechnisch abgesetzte Zitatblöcke etc. zählen natürlich genauso als auflockernde Elemente.

Insbesondere die Aufzählungen – sei es in nummerierter oder nicht nummerierter Form – haben oft mehr „Macht" innerhalb eines Onlinebeitrags, als man allgemein annehmen dürfte. So haben Messungen ergeben, dass Webtexte mit Aufzählungsblöcken für die Leser in der Regel interessanter zu sein scheinen (was sich etwa in Kennzahlen wie der Verweildauer, aber auch der geringeren Abbruchquote zeigt) als vergleichbare Beiträge ohne derartige Elemente. Möglicherweise gibt es hier eine psychologische Komponente, indem eine Aufzählung gleichsam einen Inhalt für den Leser suggeriert, der besonders schnell und effizient zum gewünschten Informationsziel führt. Selbst Suchmaschinen wie Google scheinen als Aufzählung formatierten Webelementen mehr Aufmerksamkeit zu schenken als dem restlichen Fließtext. Das bedeutet für Sie als Webseitenbetreiber oder Autor: Ähnlich wie etwa bei der Überschrift eines Onlineartikels fließen die Inhalte und damit Keywords aus einer Aufzählung mehr in jenen Algorithmus ein, der Sie beziehungsweise Ihren Text in der Google-Suche auffindbar macht.

Es kann also nichts schaden, in solchen Aufzählungsblöcken auch Keywords (siehe Kapitel 5.1.3) unterzubringen, über die Sie möglichst gefunden werden wollen beziehungsweise die Ihre Hauptzielgruppe möglichst ansprechen (auch hier gilt: Nicht übertreiben, der Text sollte dennoch „natürlich" sowie möglichst sinnvoll bleiben, um weder Leser noch die Suchmaschinen selbst zu vergraulen). Zudem ist die Reihenfolge innerhalb einer Aufzählung wichtig. Punkte und Inhalte, die Sie Ihren Lesern hauptsächlich vermitteln wollen, gehören an den Anfang, weniger wichtige an das Ende einer Aufzählung. Dies gilt vor allem dann, wenn sich in einem Punkt ein wichtiges Call-to-Action-Element in Form eines Verweises oder etwas Ähnliches befindet. Internen Aufzählungen, also der Nennung einzelner Punkte in einem Satz, kann der Leser übrigens teils viel schlechter folgen als einer Aufzählung in einem eigenen Block, gerade wenn es sich um mehr als drei oder vier genannte Begriffe handelt (Wer genau aufgepasst hat: Auch ich mache in diesem Buch ab und an diesen Fehler, jedoch nur, um Ihnen nicht allzu viele Aufzählungsblöcke zumuten zu müssen).

Holen Sie sich Hilfe!

Der vorangegangene Textabschnitt hat gezeigt: Jede mögliche Expansion sollte mit vielen Fragen beginnen. Solche Fragen können etwa sein:

- Wer im jeweiligen Land gehört zu meiner Zielgruppe? Wie groß ist diese Zielgruppe und ist sie vielleicht regional auf Städte begrenzt?
- Wie hoch ist der Bedarf an den Produkten, die ich anbiete, und wie viele Konkurrenten bieten bereits ähnliche Produkte an?
- Falls ein Ladenlokal oder eine Produktionsstätte geplant ist: Welcher Standort im Land würde sich anbieten, wie sieht es mit der Infrastruktur aus?

Es gibt viele weitere Fragen, die anstehen und Antworten könnten letztlich auch zur Entscheidung führen, auf die Expansion zu verzichten oder sich ein anderes Zielland auszusuchen. Als Unternehmer sollte man

Bild 4.5 Eine Aufzählung in einem eigenen Block lockert den Text auf und bietet gleichzeitig Orientierung für den Leser.

HINWEIS: Auch wenn es sich bei Aufzählungen um ein beliebtes, platzsparendes und wirkungsvolles Stilmittel der Webkommunikation handelt, so sollten Sie es mit der Nutzung dieser Möglichkeit nicht übertreiben. Das betrifft zum einen den Umfang einer Aufzählung selbst. Maximal fünf bis sieben Unterpunkte müssen genügen, um die (Lese-)Geduld Ihrer Besucher nicht überzustrapazieren. Eine Auflistung mit mehr Bestandteilen wird durch die Leser meist nicht nur schlicht ignoriert, sondern diese werden generell wenig Lust dazu verspüren, sich mit den nachfolgenden Absätzen auseinanderzusetzen.

Lagert man zahlreichende zu nennende Unterpunkte in mehrere, inhaltlich voneinander getrennte Auflistungsblöcke aus, so kann aber auch dies „zu viel des Guten“ sein. Mehr als zwei, drei Auflistungen in einem einzigen Webartikel dürften nur bei sehr wenigen Inhalten dafür sorgen, dass die Leser am Ball bleiben.

Ähnlich verhält es sich mit der strukturgebenden Eigenschaft von Verweisen (Links) innerhalb eines Textblocks, gerade wenn diese sich farblich oder gestalterisch deutlich vom Fließtext unterscheiden. Was natürlich gerade dann Sinn ergibt, wenn es den strategischen Zielen Ihrer Website entspricht, dass diese möglichst auch aufgerufen werden. Selbst einen notwendigerweise längeren Textabsatz kann man unter Umständen deutlich auflockern und leichter lesbar machen, wenn man einen oder mehrere Verweise darin unterbringt. Dabei ist natürlich eine gewisse Vorsicht geboten. Denn je nach Art dieses Links – gerade wenn dieser nicht in einem neuen Browserfenster geöffnet wird oder wenn er auf einen externen Anbieter führt, der nicht Ihren eigentlichen monetären oder sonstigen Zielen dient – kann die Gefahr groß sein, dass eben dieser Verweis Ihre Leser zu sehr von Ihren Inhalten und damit Ihren eigentlichen Absichten ablenkt.

Dies wäre vor allem dann der Fall, wenn ein solcher Link, beispielsweise über einen attraktiven beschreibenden Linktext, einen vermeintlich noch „besseren“ Webtext beziehungsweise eine möglicherweise noch schnellere Lösung der aktuellen Informationsbedürfnisse des Lesers verspricht. Hier gilt es also in jedem Einzelfall stets gegeneinander abzuwägen, ob eine solche Auflockerung mit Verweisen produktiv oder eher kontraproduktiv wäre. Auch zu viele Verweise in ein und demselben Text wirken nicht nur oft unschön und bremsen den Lesefluss allzu sehr, sie verwirren den Leser nur unnötig. Denn während einzelne Links und damit Interaktionsmöglichkeiten quasi den „Spieltrieb" des Nutzers zufriedenstellen können, wird er sich von zu viel Auswahl schnell gelangweilt abwenden.

Gerade Unternehmen mit ausschließlichem Dienstleistungscharakter wie etwa Google und Facebook sind stark von gesellschaftlichen Trends abhängig und ihr Erfolg oft mit dem Engagement der Gründerpersonen verknüpft.

Die weiteren Teile unserer Serie können Sie hier nachlesen:

- Serie Geldanlage Megatrends Nr. 1: Steigende Nachfrage nach Rohstoffen
- Serie Geldanlage Megatrends Nr. 2: Wachsendes Umweltbewusstsein
- Serie Geldanlage Megatrends Nr. 3: Steigende Lebenserwartung

Bild 4.6 Gerne genutzt von den Lesern: Verweise auf ähnliche oder weiterführende Teile einer Artikelserie

Gleichzeitig kann ein solcher Verweis natürlich auch eine sehr gute Gelegenheit dazu bieten, einen möglichst zielführenden, knappen und damit wirkungsvollen Onlinetext um weiterführende Informationen zu ergänzen. Somit werden zwei verschiedene Gruppen an Rezipienten gleichzeitig bedient: Derjenige, der nur den schnellen Überblick sucht, kann die Links quasi überspringen, jeder, der sich ausführlicher und umfassender informieren möchte, nutzt hingegen gerne den Verweis auf die zugehörigen Details.

Bild 4.7 Bei dieser Landingpage, aufgerufen von einem Virenscanner, würde man sich einen Verweis auf weiterführende Informationen geradezu wünschen: Welche Vorteile hat die kostenpflichtige Version im Vergleich zur kostenlosen? Dies wird hier nur sehr oberflächlich erkennbar, und vor dem Kauf würde man sicherlich gerne noch ein wenig mehr erfahren.

In diesem Zusammenhang können Sie auch mit Links experimentieren, bei denen sich beispielsweise beim sogenannten Mouse-over automatisch eine kleine Infobox mit den entsprechenden Inhalten und Erläuterungen im bereits bestehenden Browserfenster öffnet. Nicht jeder Leser mag jedoch diese Möglichkeit, schon gar nicht, wenn sich diese als Pop-up-Variante in einem neuen kleinen Browserfenster öffnen. Sie sollten hier also stets mit vergleichenden Tests überprüfen, welche der genannten Möglichkeiten von Ihren Besuchern am besten akzeptiert werden. Gleichzeitig kann ein solcher Hinweis direkt bei der betreffenden Textstelle eine leserfreundliche Alternative zu den meist eher weniger beliebten „Sternchentexten" sein. Der Leser verbleibt außerdem – im Vergleich zu einem „echten" Link – auf der jeweiligen Seite, ein großer Vorteil vor allem dann also, wenn Sie ihn dort halten möchten.

Bild 4.8 Bei einem sogenannten Mouse-over über diesen Link („Bedingungen") öffnet sich automatisch ein weiterführender Hinweistext.

Im Folgenden sehen Sie ein eher unschönes Negativbeispiel für die sogenannten Sternchentexte. Nicht jeder Besucher ist willens, lang und breit nach den zugehörigen Informationen zu suchen.

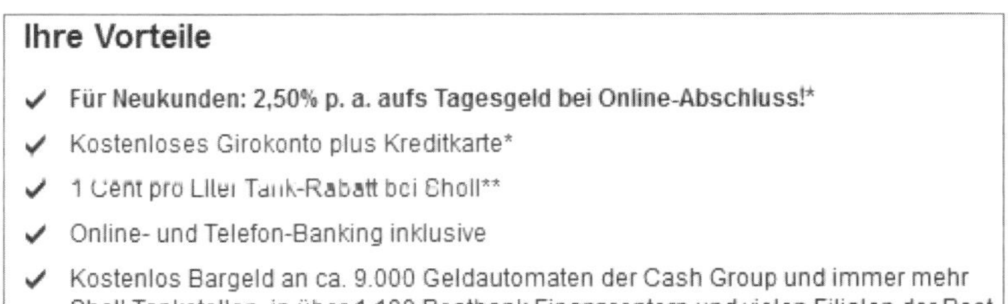

Bild 4.9 Zwei verschiedene Sternchentext-Verweise in drei Aufzählungspunkten. Das riecht zudem förmlich danach, dass hier vor dem Leser etwas versteckt werden soll.

HINWEIS: Vermeiden Sie es, Elemente auf Ihren Webseiten einzusetzen, die wie Verweise oder auch Navigationselemente und Ähnliches aussehen, aber gar nicht dieser Funktionalität dienen. Rein statische Bildelemente mit unterstrichenen Texten, einer der Navigation ähnelnden Umrahmung etc. können durchaus diesen Eindruck erwecken. Klickt der Besucher auf diese Elemente, so passiert nicht das, was er eigentlich erwartet, und das wird ihn natürlich nicht sonderlich erfreuen.

4.1.3 Die Textformatierung oder auch Schriftauszeichnung

Ein weiteres Mittel abseits der reinen Textabsätze und Beitragsblöcke bietet sich mit der Textformatierung selbst. Egal ob fett gedruckt, kursiv, bunt, mit größerer oder kleinerer Schriftart ausgezeichnet, derlei Elemente eignen sich für verschiedene Einsatzzwecke und lassen den Webtext ganz nebenbei auch noch leichter lesbar machen:

- Fettschrift: Hiermit lassen sich typischerweise Informationen (einzelne Wörter bis hin zu kompletten Sätzen und Links) hervorheben, welche dem Leser ganz besonders ins Auge springen sollen und die damit natürlich auch die Zielsetzung Ihrer Beiträge in nicht unerheblicher Weise unterstützen können. Selbst die Suchmaschinen werten derlei ausgezeichnete Textelemente übrigens mehr als den reinen Fließtext, ähnlich wie dies bei den Aufzählungen der Fall ist. Doch Vorsicht: Um keinen gegenteiligen Effekt auszulösen und um den Leser nicht zu verwirren, sollten Sie stets sparsam mit dieser Form der Textformatierung umgehen. Dies gilt, sowohl was die Länge des hervorgehobenen Textes anbelangt (maximal vier/fünf Wörter und auch insgesamt nicht über mehr als maximal eine Textzeile hinweg) als auch die Häufigkeit dieser Variante. Ein Artikel, der von fett formatierten Wörtern nur so strotzt, wirkt meist unseriös oder effekthascherisch und ist zudem nur schwer zu lesen.
- Kursiv: Diese Auszeichnung erzeugt einen ähnlichen Effekt wie die Fettschrift, allerdings in abgemilderter Form. Dennoch gehen Experten auch hier davon aus, dass Google & Co. derlei Abschnitte höher gewichten als normal ausgezeichneten Text. Hierbei sollte man jedoch beachten, dass kursiv ausgezeichnete Textabschnitte meist mit einer ganz bestimmten inhaltlichen Ausrichtung verknüpft werden. So kommt diese Formatierungsart klassischerweise vor allem bei jeglichen Zitaten oder auch der Abbildung von Formeln und vergleichbaren Zwecken zum Einsatz. Deswegen wird man mit der Kursivschrift in der Regel deutlich sparsamer umgehen als mit anderen Auszeichnungsformaten.
- „Bunte" Schrift: Rot, grün, blau, auf manchen Onlineportalen strotzt es geradezu vor Farbenfreude, selbst was die Ausgestaltung der Webtexte anbelangt. Ich selbst gehe mit dieser Möglichkeit – abgesehen von Links und Verweisen, aber auch dann immer nur in einer einheitlichen Farbe – stets sehr vorsichtig um beziehungsweise nutze diese eigentlich überhaupt nicht. Es sei denn rein als gestalterisches, eher grafisches Element, etwa wenn man innerhalb eines Onlineshops einen ehemaligen, nun reduzierten Preis rot hervorheben und damit zusätzlich betonen möchte, zum Beispiel zusammen mit einer durchgestrichenen Textformatierung. In solchen Einzelfällen mag die bunte Vielfalt Ihre Daseinsberechtigung haben, aber ansonsten würde ich zur besonderen Hervorhebung bestimmter Textteile eher zu der Option „Fettschrift" raten. Bunt wird hier ansonsten von vielen Lesern unbewusst als „billig" oder gar „unseriös" gedeutet, vor allem dann, wenn die übrige Gestaltung Ihres Onlineauftritts höchstwahrscheinlich auch nicht gerade extrem eintönig ausfällt.
- Größere oder kleinere Schriftauszeichnung, hoch- oder tiefgestellte Formatierungen: In der Regel sollte man vergleichbare Elemente (was die Verwendung innerhalb des ganz normalen Fließtextes anbelangt) nur dann einsetzen, wenn diese einen ganz bestimmten, für den Leser ersichtlichen und sinnvollen Zweck verfolgen. Dies kann beispielsweise bei der dezenten Nennung von hochgestellten Copyright-Zeichen und Ähnlichem der Fall sein oder um komplette Textabsätze hervorzuheben beziehungsweise abzumil-

dern (etwa bei der notwendigerweise erforderlichen Nennung gesetzlicher oder juristischer Zusatzinformationen). Ansonsten würde gerade die Verwendung unterschiedlicher Schriftgrößen in ein und demselben Textabsatz eher zu einem sehr unruhigen Gesamtbild beitragen.

Nachfolgend sehen Sie ein Beispiel für den Einsatz von allzu viel „bunt".

Bild 4.10 Eine solche Internetpräsenz wirkt heutzutage kaum noch zeitgemäß. Die einzelnen Elemente sind kaum zu erkennen (dennoch wird eine Menge Platz verschenkt), dazu noch mit diversen Typografien bunt blinkend (die Animationen kann ich Ihnen hier leider nicht zeigen), das war einmal.

Eines haben all diese Textformatierungsmöglichkeiten jedoch gemeinsam: Nicht nur, dass man diese selbst jeweils möglichst sparsam einsetzen sollte, um den erwünschten Effekt nicht gleich wieder zu zerstören – diese Regel gilt umso mehr für den Einsatz gleich mehrerer Auszeichnungsformate in einem einzigen Beitrag. Bunter Text gemischt mit Fettschrift, kursiven Abschnitten und möglicherweise gar noch verschiedenen Schriftauszeichnungen und/oder Schriftarten, das wirkt nicht nur wenig professionell, sondern wird Ihre Leser schnell schlicht und einfach überfordern. Auch in diesem Zusammenhang gilt also keinesfalls die Devise „Viel hilft viel", ganz im Gegenteil.

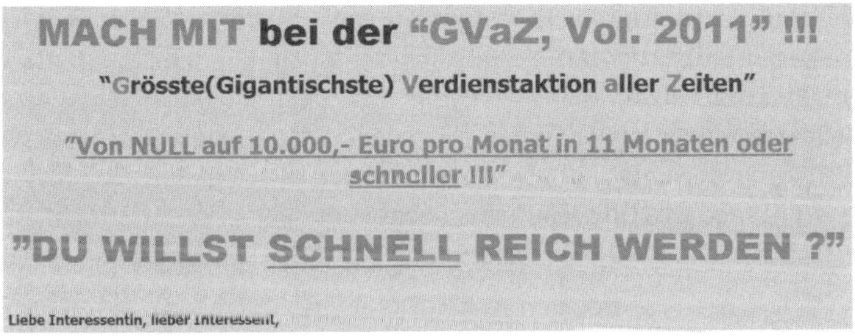

Bild 4.11 Fett, fetter, am fettesten, und dann auch noch unterstrichen: Das wirkt deutlich unseriös.

Egal ob Sie bereits über ein eigenes Onlineportal verfügen oder dieses erst installieren möchten, grundsätzlich sollten Sie sich auch gute Gedanken darüber machen, welchen Schrifttyp Sie verwenden möchten. Neben den klassischen, allseits bekannten Varianten wie etwa Arial, Verdana & Co. bieten hier insbesondere Webfonts (siehe beispielsweise von Google *www.google.com/webfonts*) eine gute Möglichkeit der Individualisierung Ihres Webauftritts. Doch manchmal kann hier ein Zuviel an Individualität auch schaden, denn viele Leser sind die etwas „altbackenen" traditionellen Schriften durchaus gewohnt. Dieses Vertrauen in Altbewährtes kann sich also im Endeffekt als effizienter herausstellen als die Verwendung moderner Individualschriften. Im Übrigen gilt bei sehr vielen Aspekten des Webdesigns die Devise, dass die designtechnisch „schönste" Variante nicht immer unbedingt auch die zielführendste sein muss, wie entsprechende A/B-Tests immer wieder ergeben. Auf jeden Fall sollten Sie in aller Regel auf einen Schrifttypus ohne sogenannte Serifen (die Querstriche oder auch „Füßchen" am oberen und unteren Ende vieler Schriften) setzen, denn diese werden, zumindest im Onlinebezug, meist als deutlich lesbarer wahrgenommen.

Wenn Sie selbst Einfluss darauf haben, so sollten Sie die einzelnen Zeilen vor allem Ihrer redaktionellen Beiträge nicht zu kurz, aber auch nicht zu lang ausfallen lassen, denn beides kann den Lesefluss erheblich beeinträchtigen. Um die 70 bis 80 Zeichen inklusive Leerzeichen sind in der Regel ein effektiver Wert, was jedoch auch von weiteren Faktoren wie etwa der gewählten Schriftgröße abhängt. Ein guter Webdesigner wird Sie auch stets hinsichtlich all dieser genannten Aspekte beraten, die sich bis hin zur richtigen Wahl der Zeichen-, aber auch Zeilenabstände hin ziehen können (Unter *http://de.wikipedia.org/wiki/Typografie* finden sich in den weiterführenden Links übrigens einige sehr gute Portale, falls Sie sich selbst intensiver mit dieser doch recht speziellen Thematik auseinandersetzen möchten).

Ein Text in Verdana, ohne Serifen
und ein Text in Times New Roman, mit Serifen

Bild 4.12 Der Schrifttyp Verdana im Vergleich zu Times New Roman: Wie ein längerer Textblock mit beiden Varianten wirkt, das können Sie auch einfach einmal selbst mit einer Textverarbeitung wie Microsoft Word & Co. und einem beliebigen Beispieltext ausprobieren.

Übrigens sollten Sie bereits vorhandene Offline- bzw. Printtexte, was die Formatierung und Gestaltung anbelangt, niemals unreflektiert eins zu eins in Ihre Onlineformate übernehmen. Was in einer Reklamebroschüre, einer Zeitschrift oder in einem Buch sehr gut und effizient sein kann, das muss auf dieselbe Weise ausgestaltet auf Ihrem Webportal noch lange nicht in gleicher Weise funktionieren. Als Beispiel hierfür dienen Ihnen sicherlich die ja deutlich kürzeren Sätze und Absätze, aber auch die häufigeren Zwischenüberschriften, die einen typischen Onlineartikel in der Regel ausmachen.

PRAXISTIPP: Ein tolles Werkzeug zum Ausprobieren verschiedenster Schriftarten, aber auch Schriftgrößen, -auszeichnungen sowie Textabstände findet sich unter der Internetadresse *http://somadesign.ca/projects/fontfriend*. Zum Zeitpunkt der Drucklegung kostenlos kann man über dieses Tool auf der eigenen oder auch auf fremden Webseiten mit nur wenig Aufwand ausprobieren, wie sich die einzelnen genannten Parameter auf das Erscheinungsbild eines Onlineportals auswirken würden. Damit erspart man sich zum einen die aufwendigen Tests über eine ständig anzupassende Programmierung der zugehörigen Quelldateien, zum anderen bekommen die Besucher Ihres Onlineauftritts von diesen Tests in Echtzeit nichts mit. Ähnlich: *www.typetester.org*. ■

Nicht zu vergessen ist die Frage, wie ein Text mit dem umgebenden Weblayout harmoniert, also auch Punkte wie die richtige Farb- und Kontrastwahl. Eine dunkelgraue Schrift auf einem hellgrauen Hintergrund mag vielleicht edel aussehen, Ihre Leser werden diese Texte jedoch nur mit Schwierigkeiten tatsächlich aufnehmen können. Und dann nützt auch der beste Inhalt nicht wirklich viel.

4.1.4 Grafisch abgesetzte Textblöcke

Eine schöne, leider nur selten gesehene Möglichkeit, einen Onlinetext deutlich aufzupeppen, ist die Verwendung grafisch abgesetzter Textblöcke, etwa durch (dezent!) farbliche Hinterlegung, Umrandungen, Einrückungen, voran- bzw. nebenangestellte wiederkehrende grafische Symbole etc. Im Folgenden sehen Sie ein kleines Beispiel.

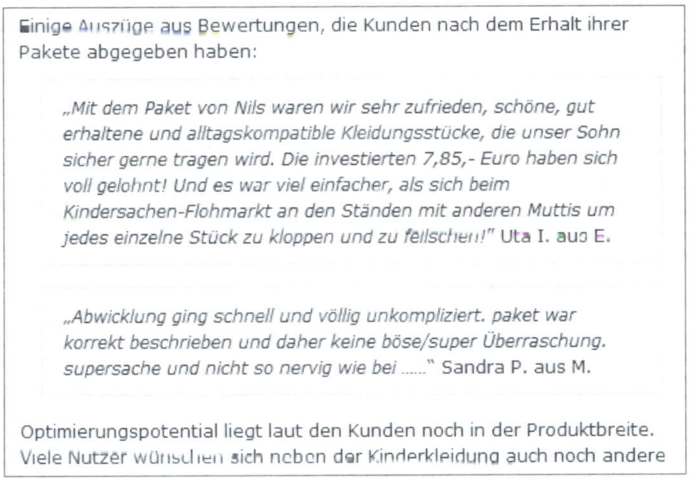

Einige Auszüge aus Bewertungen, die Kunden nach dem Erhalt ihrer Pakete abgegeben haben:

„Mit dem Paket von Nils waren wir sehr zufrieden, schöne, gut erhaltene und alltagskompatible Kleidungsstücke, die unser Sohn sicher gerne tragen wird. Die investierten 7,85,- Euro haben sich voll gelohnt! Und es war viel einfacher, als sich beim Kindersachen-Flohmarkt an den Ständen mit anderen Muttis um jedes einzelne Stück zu kloppen und zu feilschen!" Uta I. aus E.

„Abwicklung ging schnell und völlig unkompliziert. paket war korrekt beschrieben und daher keine böse/super Überraschung. supersache und nicht so nervig wie bei ......" Sandra P. aus M.

Optimierungspotential liegt laut den Kunden noch in der Produktbreite. Viele Nutzer wünschen sich neben der Kinderkleidung auch noch andere

Bild 4.13 Vergleichbare designtechnisch abgesetzte Textblöcke erregen die Aufmerksamkeit des Betrachters und lockern einen Fließtext deutlich auf.

Gerade wenn man diese Vorgehensweise über den kompletten Internetauftritt hin standardisiert, also die Blöcke je nach Verwendungsart möglichst einheitlich gestaltet, verwendete Symbole über das gleiche Layout und die gleiche Gestaltung verfügen oder Abstände und Ausrichtungen zu den umliegenden Elementen und Textabschnitten möglichst immer gleich ausfallen, und wenn man gleichzeitig nicht zu viele unterschiedliche Blockarten für die einzelnen Einsatzzwecke verwendet, so hat man hiermit ein mächtiges und einfaches Gestaltungswerkzeug an der Hand. Dieses werden Sie vor allem dann zu schätzen wissen, wenn Sie beispielsweise mangels entsprechender Grafiken oder vorhandenen Bildmaterials über nur wenige weitere Möglichkeiten verfügen, einen Artikel auf andere Weise optisch ansprechender zu gestalten.

Derlei Blöcke kann man beispielsweise für folgende Arten von Abschnitten innerhalb eines Webtextes nutzen.

- Bei jeglichen Zitaten oder auch Antworten etwa im Rahmen eines Interviewformats
- Bei der Auflistung weiterführender (Web-)Quellen und Links

- Sehr wirksam und authentisch: für die Autorenbox in einem Beitrag, in welcher der Verfasser kurz und möglichst mit Bild sowie Kontaktmöglichkeit vorgestellt wird
- Im Rahmen der Abbildung von Praxistipps, besonderen Hinweisen an den Leser, der Nennung von Angeboten im Fließtext, einer Kontaktmöglichkeit u. v. m.
- Prädestiniert ist diese Vorgehensweise natürlich auch für jegliche Call-to-Action-Elemente, welche direkt in einen Beitrag eingebunden werden sollen.

Nicht zuletzt die in diesem Buch abgebildeten Hinweis- und Praxistipp-Boxen dienen als schöner Beweis dafür, wie wirksam derlei Elemente sind. Und weil es so schön ist, hier gleich noch einmal eine Tipp-Box.

PRAXISTIPP: Gerade was Call-to-Action-Elemente anbelangt, so werden Sie sich an dieser Stelle möglicherweise fragen, ob man diese nicht besser als reines Grafikelement einbinden sollte. Schließlich sind Sie in diesem Fall noch weit flexibler, was die unterschiedlichen Gestaltungsmöglichkeiten anbelangt. Gelingt es Ihnen jedoch, mit reinen Textmitteln und einer entsprechenden Formatierung ein ähnlich professionell aussehendes Element zu erzeugen, so sollte man diesem stets den Vorzug geben. Der schlichte Grund hierfür: Noch können Suchmaschinen diese Textelemente deutlich besser auswerten, gewichten und verwenden, als dies bei rein grafischen Elementen der Fall ist. Außerdem lässt sich der Inhalt eines Textelements in der Regel um einiges leichter administrieren und austauschen als dies bei einer Grafik der Fall ist.

Einige Webseitenbetreiber lassen Hinweisboxen, aber auch Kontakt- beziehungsweise Chatformulare und sonstige interaktive Elemente zudem zeitgesteuert in einem kleinen Extrafenster „aufpoppen“ oder einblenden, wenn der Besucher eine bestimmte Zeit lang keine Aktion vorgenommen hat, also nicht gescrollt oder einen Navigationspunkt aufgerufen hat. Der Hintergrund: Man möchte eben diesem Besucher, bevor er komplett den Webseitenbesuch abbricht, quasi noch eine Alternative bieten und ihn damit dennoch binden. Ein solches Vorgehen ist Geschmackssache. Ich persönlich sehe dies als Betrachter von Internetseiten nicht allzu gerne und fühle mich schnell gestört. Einen Versuch kann es jedoch durchaus Wert sein, vielleicht reagiert Ihre Zielgruppe hier affiner und positiver.

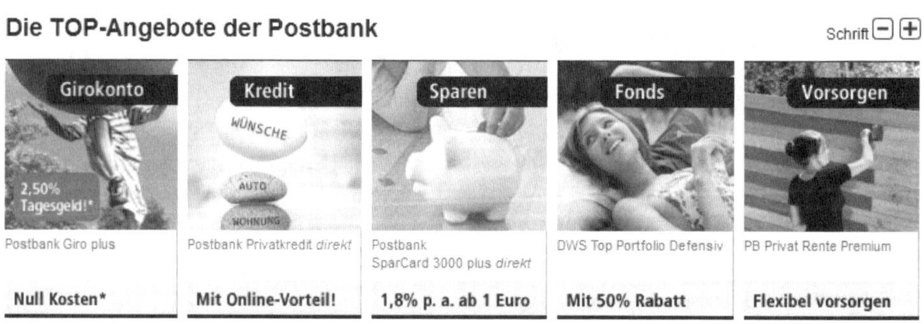

Bild 4.14 Ein schönes Anwendungsbeispiel: Die Ansprache unterschiedlicher Zielbedürfnisse und damit Kundengruppen unter der Verwendung von kombinierten Text-/Bildboxen ist meist sehr effizient.

4.1.5 Fotografien, Grafiken & Co.

Die nachfolgenden Erläuterungen zählen zwar nicht ganz zum eigentlichen Thema dieses Ratgebers, schließlich geht es hier um das Thema „Texten im Web“. Dennoch gehören Fotos und jegliche Abbildungen natürlich stets mit dazu, möchte man die eigenen Leser von der Gesamtheit der Inhalte auf einem Onlineportal oder innerhalb eines zugehörigen Beitrags überzeugen.

Dass bildhafte Elemente einen Onlinetext deutlich aufwerten können, das dürfte bekannt und logisch sein. Doch es stellt sich durchaus die Frage: Wie kombiniere ich derlei Elemente idealerweise mit den umliegenden Textabschnitten, zumal auf einem eher erklärungsbedürftigen Onlineportal, bei dem der Fokus der zu vermittelnden Inhalte nun einmal auf dem geschriebenen Wort liegt? Wie dies leider so oft der Fall ist, so müssen Sie als Unternehmer, Selbstständiger beziehungsweise Webseitenverantwortlicher auch hier einen gewissen Spagat bewältigen. Attraktive, zielgruppengerechte und möglichst themenrelevante Abbildungen werden den Wert eines Webtextes in der Regel deutlich erhöhen, können aber gleichzeitig auch mit diesem konkurrieren. Denn was nützt es Ihnen, wenn Ihre Leser emotional besonders angetan sind von einem attraktiven, niedlichen, erstaunlichen, spannenden, überraschenden oder neuen Foto, aus diesem Grund aber kaum mehr Beachtung für den von Ihnen verfassten Text und die darin möglicherweise enthaltenen Interaktionselemente finden. Oder wenn der Leser keine thematische Verknüpfung zwischen der sehenswerten Abbildung und Ihrem eigentlichen Unternehmenszweck, etwa dem Onlineshop, herstellen kann.

Bild 4.15 Auf dieser Abbildung kann man nicht erkennen, was der Inhalt mit dem zugehörigen Text zu tun hat (Was hält die Frau da überhaupt in der verdeckten Hand? Die wenig logische Auflösung bietet erst der verlinkte Beitrag bzw. das verlinkte Video). Zudem ist im rechten unteren Bereich ein unschöner Bildfehler vorhanden, denn ich denke nicht, dass die weiße Fläche absichtlich eingefügt wurde.

Typisch für derlei Effekte ist etwa die Abbildung attraktiver Menschen oder Alltagssituationen (lächelnde(r) Frau/Mann, glückliche Familie, Kleinkinder, unberührte Natur, niedliche Tierfotografien, emotionale Technikabbildungen etc.), wie man sie auf sehr vielen Onlineportalen zu sehen bekommt. Keine Frage: Derlei Bildmaterial kann das Interesse an einem Onlinebeitrag sowie zugehörige Lead- und Konvertierungsquoten sehr deutlich erhöhen, aber meist auch nur dann, wenn der Rezipient im Unbewussten eine Verknüpfung zwischen der Bildaussage und seiner Websuche beziehungsweise seinen ursprünglichen Zielen herstellen kann. Ein typisches Beispiel hierfür wäre etwa der Beitrag über eine innovative oder besonders vorbildlich erscheinende Berufsunfähigkeitsversicherung eines Finanzdienstleisters. Ein solcher Text in Verbindung mit der professionellen Aufnahme einer sichtlich glücklichen, unbeschwerten Familiensituation junger Eltern mit Ihrem Sprössling könnte gut und gerne den Effekt beim Leser des „hier bin ich richtig" oder des „hier finde ich die notwendige Geborgenheit bzw. Lösung selbst in Notsituationen wie einer drohenden Berufsunfähigkeit und für genau meine persönliche Situation" auslösen.

Das gleiche Bild verwendet innerhalb eines Beitrags zum Thema „Papier verarbeitende Industrie", um ein beliebiges Beispiel zu nennen, löst möglicherweise eher einen negativen, vom eigentlichen Fokus ablenkenden Effekt aus.

Bild 4.16 Jetzt mit der Familie glücklich, später durch die private Zusatzrente? Hier stimmt der Bild-Text-Zusammenhang.

Diesen Aspekt zu betonen finde ich durchaus wichtig, denn gerade im Onlinebereich sind sehr oft Bildmaterialien und ganze Bildsprachen zu beobachten, die nichts, aber auch gar nichts mit dem eigentlichen Thema der zugrunde liegenden Webseiten zu tun haben. Im künstlerischen oder eher kreativen Bereich mag das Arbeiten mit abstrakten Foto- und Bildmotiven durchaus Sinn ergeben, etwa für den Onlineauftritt eines Designbüros, eines Architekten oder Ähnliches. Gerade in der verarbeitenden Industrie, dem Dienstleistungssektor, aber auch sonstigen handwerklichen Berufen sollten Sie den Sinn und die Wirkung solcher Bildelemente stets kritisch hinterfragen. Es sei denn, abstrakte Bilder machen das (im Erfolg messbare) i-Tüpfelchen und Alleinstellungsmerkmal eines Webdesigns aus.

HINWEIS: Auch in diesem zuletzt genannten Fall bieten sich klassische A/B-Tests auf Ihrer Website an, etwa wenn Sie sich nicht sicher darüber sind, ob die zum Einsatz kommenden grafischen Elemente auch wirklich ihren Zweck erfüllen. So kann man beispielsweise über eine bestimmte Zeit hinweg oder aber auch nur auf einem Teil des Onlineauftritts bestimmte Grafik- und Fotografie-„Sprachen" gegeneinander testen und dabei jeweils ganz genau die für Sie wichtigen Erfolgsparameter der Webseite betrachten. Bringt eine eher sachliche Bildsprache in Ihrem Fall eine höhere Konvertierungsquote als eine mehr emotionale Ansprache? Oder verhält es sich genau umgekehrt? Gerade da Sie mit verwendeten Bildmotiven in der Regel sehr langfristig operieren, kann sich dieser einmalige Aufwand einer vergleichbaren Überprüfung meist deutlich auszahlen. ■

Weitere Aspekte neben den reinen Bildinhalten und grafischen Elementen sind:

- Die Größe von Abbildungen jeglicher Art. Diese sollte so gestaltet sein, dass Sie weder möglicherweise sehr wichtige textliche noch sonstige Elemente in den Hintergrund rückt, aber gleichzeitig natürlich auch nicht so ausfallen, dass der Leser nur schwer oder erst auf den zweiten Blick erkennen kann, was die Fotografie oder Grafik denn eigentlich beinhalten soll.
- Der Eindruck, den etwa eine Fotografie beziehungsweise das zugehörige Motiv selbst hinterlässt. Eine eher dunkle, düstere, kontrastarme Bildsprache wird sich wohl kaum für Ihr Unternehmen eignen, es sei denn, Sie betreiben ein Bestattungsunternehmen (selbst oder gerade dann wäre ein Einsatz solcher Elemente fraglich).
- Generell sollte die Optik passen und sich dem Gesamterscheinungsbild angleichen: Ihre Corporate Identity sowie Ihre Unternehmensfarben sind in einem dezenten, hellen Blau gehalten? Dann könnten ein paar farblich differenzierte und vor allem deutlich sichtbare Gegenelemente möglicherweise nicht schaden. Ihr Onlineauftritt ist hingegen in eher auffälligen Farben gehalten? Dann dürfte selbst eine gute Schwarz-Weiß-Aufnahme wahre Wunder wirken. Vor allem sollten sich die zum Einsatz kommenden Farben auf keinen Fall „beißen" oder Konkurrenz machen.
- Die Professionalität der Aufnahme: Selbst in zahlreichen Online-Unternehmensauftritten lassen sich immer wieder Fotografien und Abbildungen finden, die alles andere als gelungen im Sinne von professionell gestaltet sind. Besonders fällt dies oft etwa bei der Abbildung der eigenen Mitarbeiter- oder Managementfotos auf. Ein paar Hundert oder auch Tausend Euro investiert in einen wirklich guten, kompetenten Business-Fotografen können sich hier nach nur sehr kurzer Zeit deutlich amortisieren. Haben Sie zu einem Beitrag einmal kein wirklich gutes, aussagekräftiges und qualitativ hochwertiges Foto, so lassen Sie dieses im Zweifelsfall besser weg und arbeiten Sie mit anderen grafischen Elementen. Auch Ihre Grafikabteilung beziehungsweise ein externer Grafiker und Designer kann aus zentralen Bildelementen in Ihrem Onlineauftritt oftmals mit wenig Aufwand noch eine Menge herausholen, was etwa die Bestimmung des richtigen Bildausschnittes oder die Aufarbeitung einzelner Bildelemente anbelangt.

- Die zum Einsatz kommenden Stilmittel oder besser deren weitestgehende Einheitlichkeit sind ebenfalls von großer Bedeutung: Dieser Punkt ist in etwa analog zu verstehen mit dem zuvor gegebenen Ratschlag, nicht zu viele verschiedene Textauszeichnungselemente „wild“ miteinander zu kombinieren. Ein reales Foto, eine abstrakte Zeichnung, ein eher comicartiges Element, ein Chart, eine davon abweichend gestaltete Tabelle, ein gestalteter Textabsatz sowie diverse steuernde Grafiken und gar noch Banner auf ein und derselben Seite? Und all dies möglicherweise nicht einmal wirklich passend zum Gegenstand Ihres Geschäftsmodells? Das wird wohl deutlich zu viel des Guten sein. Im Zweifelsfall sollten Sie hierbei ein wenig Geld in eine gute, fundierte Online-Designberatung und gegebenenfalls eine Neu- bzw. Umgestaltung Ihres Onlineauftritts stecken. Denn auch das kann Ihre bereits bestehenden Webtexte deutlich wirksamer werden lassen.

Gerade bei StartUps findet sich oft eine sehr positive, schön gestaltete Bildsprache passend zum Unternehmen, den Produkten, aber auch den begleitenden Texten. Und das in den allermeisten Fällen mit wenig finanziellem Aufwand umgesetzt. Die Fotografien sowie deren Inhalte selbst dürfen dabei ruhig auch einmal ein wenig frech sein, wie das folgende Unternehmen unter Beweis stellt.

Bild 4.17 Eine schöne, aussagekräftige und dazu auch noch originelle Bildsprache kommt bei diesem jungen Unternehmen zum Einsatz.

Gerade bei vergleichenden Produktbeschreibungen kann es im Übrigen sehr effektiv sein, wenn man diese visualisiert. Im technischen Umfeld wird sehr oft mit derartigen Formaten gearbeitet, wie das in Bild 4.18 dargestellte Beispiel zeigt.

	SMARTWEB M	SMARTWEB L	1&1 DUAL BASIC
	2,99 €/Mon. Dauerhaft günstig! weiter	3,99 €/Mon. Dauerhaft günstig! weiter	6 Monate 0,– €/Mon. danach 6,99 €/Mon. weiter
Webspace	500 MB	1 GB	4 GB
Monatliches Transfervolumen	unbegrenzt	unbegrenzt	unbegrenzt
Inklusivdomains	2	3	4
Domainendungen	.de	.de	.de .com .net .org .biz .info .name .eu .at
Postfächer mit IMAP und POP3 (2GB)	100	200	300
Programmierung, Skripte	—	PHP	PHP, Zend Framework, Perl, Python, Ruby, SSI
Click & Build-Anwendungen (65) NEU!	2	2	unbegrenzt
MySQL 5-Datenbanken (100) NEU!	—	1	5
Georedundante Systeme NEU!	Doppelte Datensicherung an verschiedenen Standorten: So werden Ausfälle so gut wie ausgeschlossen.	Doppelte Datensicherung an verschiedenen Standorten: So werden Ausfälle so gut wie ausgeschlossen.	Doppelte Datensicherung an verschiedenen Standorten: So werden Ausfälle so gut wie ausgeschlossen.
IPv6 ready	✓	✓	✓
24h-Profi-Hotline, kostenloser E-Mail-Support	✓	✓	✓

Bild 4.18 Auch wenn die sehr kryptischen Bezeichnungen nur Experten verstehen dürften, auf (fast) einen Blick wird hier schnell klar, welches Produkt welche Leistung enthält und was die Unterschiede zwischen den einzelnen Varianten sind.

Was jedoch stets voraussetzt, dass Ihre Leser mit den gegebenen und miteinander verglichenen Informationen auch wirklich etwas anfangen können. In der vorangehenden Abbildung handelt es sich nämlich um den Produktvergleich von Webhosting-Lösungen, die sich an Einsteiger in diese Materie richten. Und die dürften schnell damit überfordert sein, ob denn nun „unbegrenzte Click&Build Anwendungen" so viel besser sind als nur zwei davon oder ob man „Ruby", „Python" & Co. wirklich benötigt.

Der Vorteil einer solchen Darstellung: Sie können einzelne Produkte, die Ihnen besonders wichtig sind, in den Vordergrund rücken, entweder durch eine grafische Hervorhebung oder aber auch einen deutlich sichtbaren Hinweis wie etwa „Meistgewählt", „Favorit unserer Kunden" etc. Jedoch sollten Sie niemals vergessen, die hierbei hinterlegten Informationen auch wirklich als Text und nicht etwa als Grafik auszugeben. Nur so können die Suchmaschinen diese Informationen auswerten. Und selbst wenn derartige Informationen in einer solchen Übersicht eher spärlich ausfallen, so kann sich doch das eine oder andere Wort darin verstecken, über das Ihre Lösungen dann im Endeffekt erst gefunden werden.

Fotografien und sonstige Abbildungen sind schön und gut, man sollte jedoch – wie bereits erwähnt – niemals Textelemente rein durch diese ersetzen. Denn die Suchmaschinen haben dann fast keinerlei Möglichkeit, die Inhalte einzuordnen und in ihren Suchindex mit aufzunehmen, wie das Beispiel der in Bild 4.19 dargestellten, hübschen, aber damit SEO-technisch fast wirkungslosen Unternehmensseite zeigt.

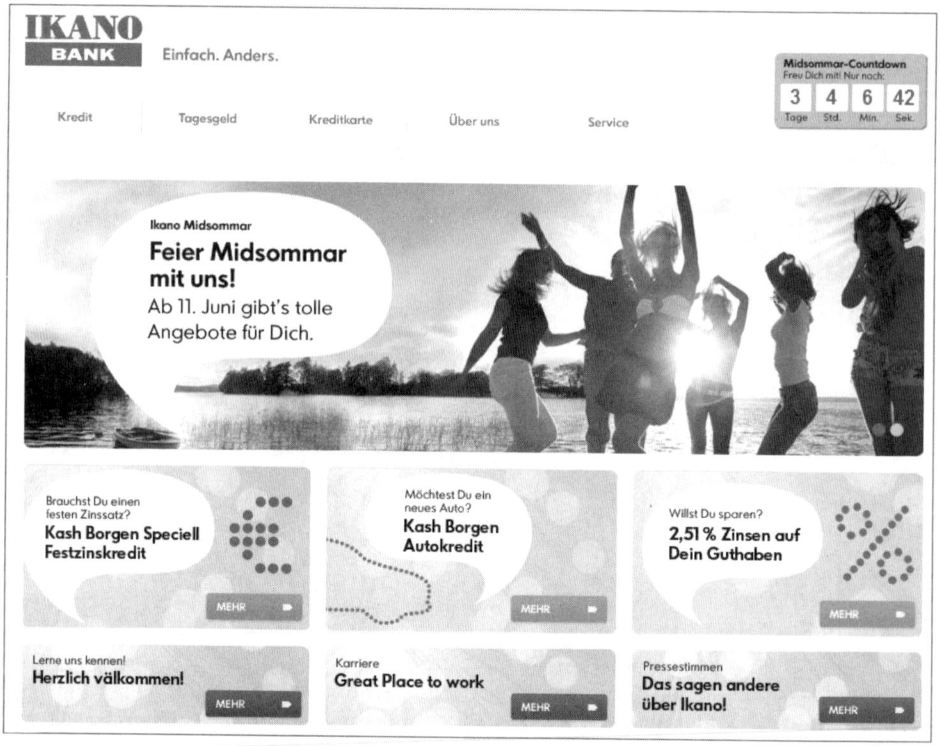

Bild 4.19 „Autokredit", „Festzinskredit" und Ähnliches sind wichtige Keywords, aber es handelt sich in diesem Fall um rein grafische und damit nicht auslesbare Informationen.

Noch schlimmer: Nicht einmal die Bildnamen selbst sind sprechend. Dies beweist ein Blick in die Eigenschaften der enthaltenen Grafikelemente.

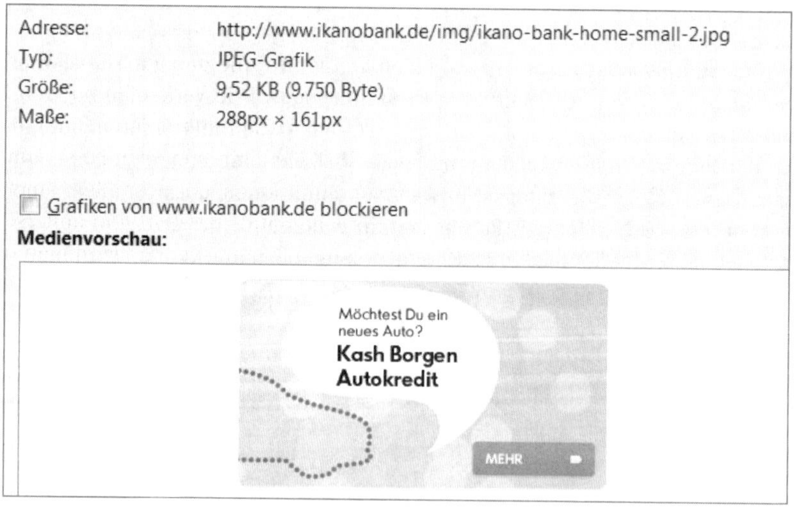

Bild 4.20 „ikano-bank-home-small-2" als Bilddateiname? Ein schlichtes „ikano-autokredit" wäre da schon besser.

Im folgenden Beispiel sind wichtige Textelemente leider ebenfalls in den Bildinformationen versteckt, dennoch handelt es sich hier aus anderer Sicht um eine durchaus vorbildliche Gestaltung.

Bild 4.21 Was macht und wie funktioniert dieses Portal? Einige wenige Grafiken und prägnante Texte bringen es gekonnt auf den Punkt.

Die Grafik mit den einzelnen nummerierten Punkten und ihren Texten bildet eine sehr leicht verständliche und vom Betrachter schnell aufzunehmende Beschreibung, wie das zugehörige Portal funktioniert. Eine „Wie funktioniert unser Service"-Unterseite mit umständlicher Erläuterung kann sich dieses Unternehmen damit komplett sparen. In vielen Fällen kann man Geschäftsmodelle der unterschiedlichsten Art mit einer gelungenen Kombination aus Text und Grafik knapp und äußerst wirkungsvoll umschreiben. Doch leider nutzen bislang nur sehr wenige Onlineauftritte eine vergleichbare Möglichkeit. Sprechen Sie doch einmal mit Ihrem Webdesigner, ob eine solche Lösung nicht auch für Ihre Firmenpräsenz denkbar wäre.

In Bild 4.22 sehen Sie abschließend noch einen kleinen Grafik- und auch Text-Webtipp insbesondere, aber nicht nur, für Inhaber eines Onlineshops. Wie Verkaufen im Web 2.0 und damit auf moderne sowie sehr sympathische Art und Weise funktionieren kann, das zeigt dieser Onlineshop von *fab.de*, für den man sich übrigens erst anmelden muss, um diesen nutzen zu können. Mit tollen Bildern, innovativen Funktionen, aber vor allem einer durchgängig sehr vorbildlichen Textgestaltung und Sprache hat es das Portal in äußerst kurzer Zeit fast schon zum Kultstatus gebracht. Nicht wenige Elemente von fab wird man in naher Zukunft wohl in so manchem E-Shop wiederfinden.

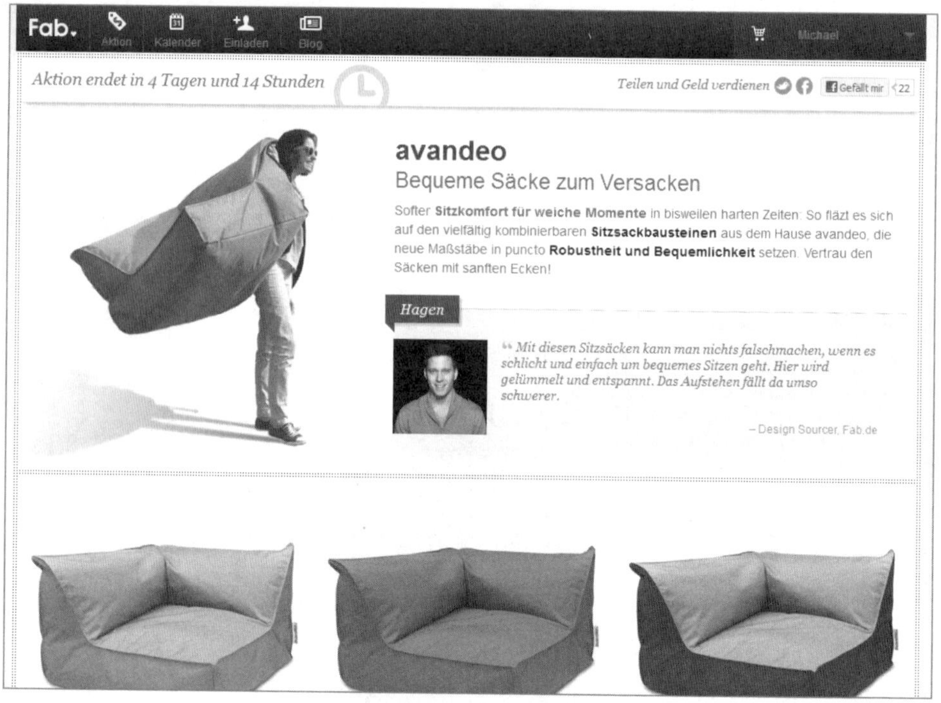

Bild 4.22 Das Portal fab.de bietet nicht nur außergewöhnliche Produkte, sondern einen insgesamt sehr durchdacht gestalteten Shop.

4.1.6 Vorsicht vor dem Ladezeiten-Killer

Gerade angesichts der zunehmenden mobilen Zugriffe auf Internetseiten, aber auch aufgrund von möglichen Einschränkungen des Webhosting-Dienstleisters – bei dem Ihre Onlineinhalte gespeichert und verwaltet werden – dürfen Sie nicht in jedem Fall davon ausgehen, dass die Besucher Ihre Webseiten immer innerhalb von wenigen Sekunden oder gar Millisekunden nach dem initialen „Klick“ oder der Eingabe Ihrer URL auch tatsächlich betrachten können. Dass es sich sowohl auf die Anzahl Ihrer Leser als auch auf das Ansehen Ihres Portals bei Google & Co. positiv auswirkt, wenn Ihr Onlineauftritt möglichst schnell geladen werden kann, ist dabei die eine Seite der Medaille. Doch es gibt möglicherweise noch einen weiteren unschönen Nebeneffekt, den ich gerne den „Ladezeiten-Killer“ nenne.

Nehmen wir einmal an, Ihre Hauptseite, eine wichtige Unterseite oder Landingpage enthält im oberen sichtbaren Bereich eine größere Grafik, ein Video, eine Animation oder sonst ein umfangreiches und von daher ladezeitenträchtiges Element. Wenn nun dieses Element durch eine langsame Internetverbindung oder durch einen kurzzeitigen Engpass bei Ihrem Hosting-Dienstleister stark verzögert angezeigt wird, so sehen Ihre Besucher ganz gemäß der Aufmerksamkeitskurve (siehe Kapitel 3.1.1) zunächst einmal: nichts. Und da nutzt es unter Umständen kaum etwas, wenn die weniger platzintensiven umgebenden Seitenstrukturen – das Logo, die Navigation, Texte und Beiträge unterhalb des grafiklastigen Elements – bereits geladen und nach und nach sichtbar werden. Denn zum einen verschenken

Sie in diesem Fall den Großteil des Platzes, den Ihre Onlinepräsenz bietet und der zudem am wirkungsvollsten ist, an eine zunächst leere Fläche. Zum anderen ist die Gefahr sehr groß, dass der Besucher bereits an dieser Stelle abbricht. Und dabei ist es egal, ob er Ihre Seite schon kennt oder auch nicht und ob er von extern oder durch einen internen Verweis auf diese gelangt.

In einem solchen Fall sollten Sie diese vielleicht „schicken“, aber wenig zielführenden Elemente probeweise durch weniger rechenintensive Inhalte ersetzen (reine Textformate, kleinere Grafiken, statische Grafiken statt Animationen), um evaluieren zu können, wie sich dies auf die Erfolgszahlen Ihrer Webseite auswirkt.

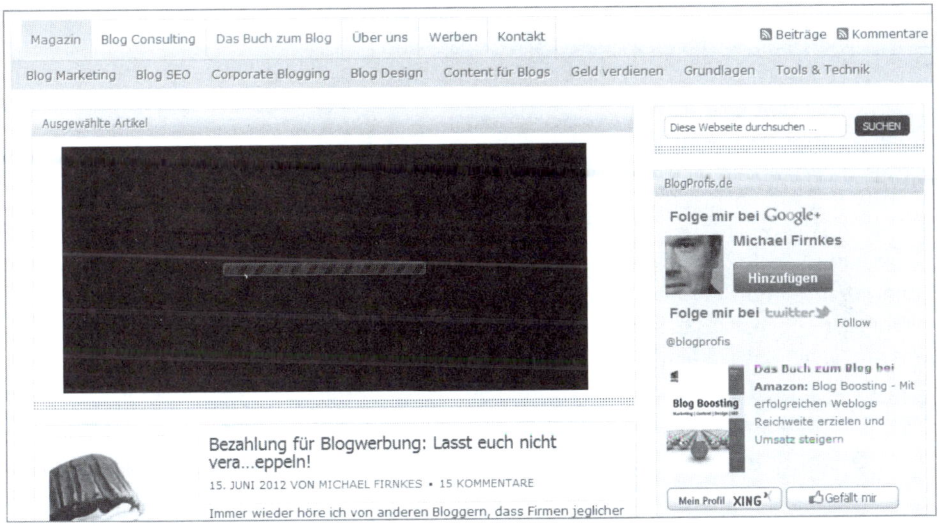

Bild 4.23 Großflächige Elemente auf einer Webseite, die nach dem Laden zunächst „leer“ bleiben, können die Geduld Ihrer Besucher deutlich überstrapazieren. So wie hier zu sehen bei der ehemaligen Version meiner eigenen Internetseite. Nicht zuletzt deswegen verzichte ich mittlerweile auf derartige, Slider genannte Bild-Diashows.

4.2 Alternative Content-Formen

Egal ob es um den eigentlichen Textinhalt oder die zugehörige Ausgestaltung geht, selbst bei einem bereits vorhandenen Themen- und Ideenspektrum wird es Ihnen nicht immer ganz leicht fallen, regelmäßig neue Beiträge für Ihren Onlineauftritt verfassen zu können. Dies wird vor allem dann der Fall sein, wenn Ihr Unternehmen sich sehr stark auf ein ganz bestimmtes Thema fokussiert oder Ihre Dienstleistung nicht gerade zu den kreativsten gehört. Vertreibt Ihre Firma beispielsweise Risikolebensversicherungen für Selbstständige, so wird es irgendwann mühsam, den x-ten Artikel zu den Vor- und Nachteilen dieser Absicherungsform zu schreiben. Und dennoch sind regelmäßig neu hinzukommende Inhalte ein Schlüssel zum dauerhaften Onlineerfolg.

Dann kann es durchaus Sinn ergeben, statt dem eigentlichen Inhalt einfach einmal die Form sowie die Betrachtungsweise zu ändern. Mit welchen alternativen Inhaltsvarianten dies gelingen kann, möchte ich Ihnen in den folgenden Abschnitten näherbringen.

Vorab noch eine kleine Anekdote mit einem durchaus ernsten Hintergrund, was das Thema „regelmäßig neuen Content hinzufügen" betrifft. Ein Kollege erzählte mir einst die Geschichte eines seiner Kunden, der eine kleine Onlinepräsenz zu seinem Warengeschäft betrieb. Dieser wunderte sich nun, dass trotz regelmäßig verfasster neuer Inhalte auf den zu seinem Shop gehörenden Content-Seiten die Anzahl der Webseitenbesucher stagnierte oder sogar eher rückläufig war. Bei einer Analyse stellte mein Kollege nun mehr oder weniger entsetzt fest, dass dieser Kunde nun nicht etwa stets einen neuen Beitrag und damit eine neue Internetseite zu seiner Webpräsenz hinzufügte, sondern die alten Inhalte bzw. Seiten zu diesem Zweck immer wieder komplett überschrieb. Und dies auch dann, wenn es sich inhaltlich um völlig unterschiedliche Textbeiträge handelte.

Bereits onlineerfahrene Unternehmer und Leser mögen darüber schmunzeln, doch woher sollte eben dieser Kunde auch wissen, dass Suchmaschinen wie Google nun nicht rein die Textänderung einer bereits bestehenden Internetseite positiv bewerten, sondern vor allem an einem stets wachsenden Fundus an Textbeiträgen insgesamt interessiert sind. Sprich: Selbst wenn bestimmte Textbeiträge veraltet und nicht mehr aktuell sind, so lohnt es sich dennoch, diese veröffentlicht zu lassen und beispielsweise anhand des hierzu abgebildeten Datums zu zeigen, dass es sich eben um einen archivierten Beitrag handelt. Sie können sich dies so vorstellen wie ein Pressearchiv, bei dem Sie Pressemeldungen, die bereits einige Monate oder gar Jahre alt sind, auch nicht löschen würden, und der Onlineleser dennoch erkennen kann, dass es sich um ursprüngliche Informationen handelt.

Die zugrunde liegende Funktionsweise der Bevorzugung stetig wachsender oder zumindest fortlaufend aktualisierter Informationsquellen im World Wide Web ist übrigens genau der Grund dafür, dass bei Unternehmen jedweder Art und Ausrichtung die inhaltliche Form der redaktionellen Onlinemagazine oder Corporate Blogs etc. so viele suchmaschinentechnisch relevante Vorteile mit sich bringt.

4.2.1 Das Interview

Interviews aller möglichen Art eignen sich in idealer Weise, um eine Firmenpräsenz um besonders werthaltige, aber auch besuchszahlensteigernde Inhalte zu erweitern. Dabei ist mit einem Interview die klassische Form des schriftlich fixierten Dialogs gemeint, über den Sie einen Fachexperten jeglicher Art (dies kann ein Dozent sein, aber auch ein Mitarbeiter, Lieferant, Sub-Dienstleister, Buchautor, Kunde, sogar ein Mitbewerber) zu einem für Ihre Leser spannenden Thema befragen.

Warum sind derartige Interviews nun so erfolgreich? Hierfür gibt es gleich mehrere Gründe:

- Gut gemachte, inhaltsreiche Textinterviews werden von vielen Besuchern gerne gelesen, da diese – in nicht werblicher Form gehalten (!) – als durchaus authentisch wahrgenommen werden, meist verschiedene und gar neue Aspekte ein und desselben Themas beleuchten sowie von Natur aus in einer eher aufgelockerten Textform daherkommen.
- Bei einem bekannteren Interviewpartner steht zudem nicht immer nur das Interesse an den eigentlichen Inhalten, sondern auch an den Äußerungen der Person an sich im Vordergrund.

- Ein Interview hat stets zwei Beteiligte: Interviewnehmer und Interviewgeber. Neben dem Portalbesitzer selbst wird also zudem auch der Interviewpartner für eine Verbreitung dieser Inhalte sorgen, etwa unter Freunden und Bekannten oder innerhalb seiner eigenen Leserschaft.
- In der Regel resultieren aus diesem Format nicht nur sehr werthaltige, sondern auch sehr umfangreiche Textinhalte, was natürlich wiederum die Suchmaschinen freut.
- Die Inhalte unterscheiden sich von den sonstigen Inhaltsstrukturen gerade auf den üblichen Unternehmensportalen, was ebenfalls als positiver Ranking-Faktor zählen kann.
- Vor allem schriftlich geführte Interviews, die gerade im Onlinezeitalter mehr und mehr an Akzeptanz gewinnen, sind normalerweise mit weniger Aufwand verbunden als redaktionelle Beiträge vergleichbaren Umfangs. Somit handelt es sich um eine sehr effiziente Form der Onlinetext-Erstellung.

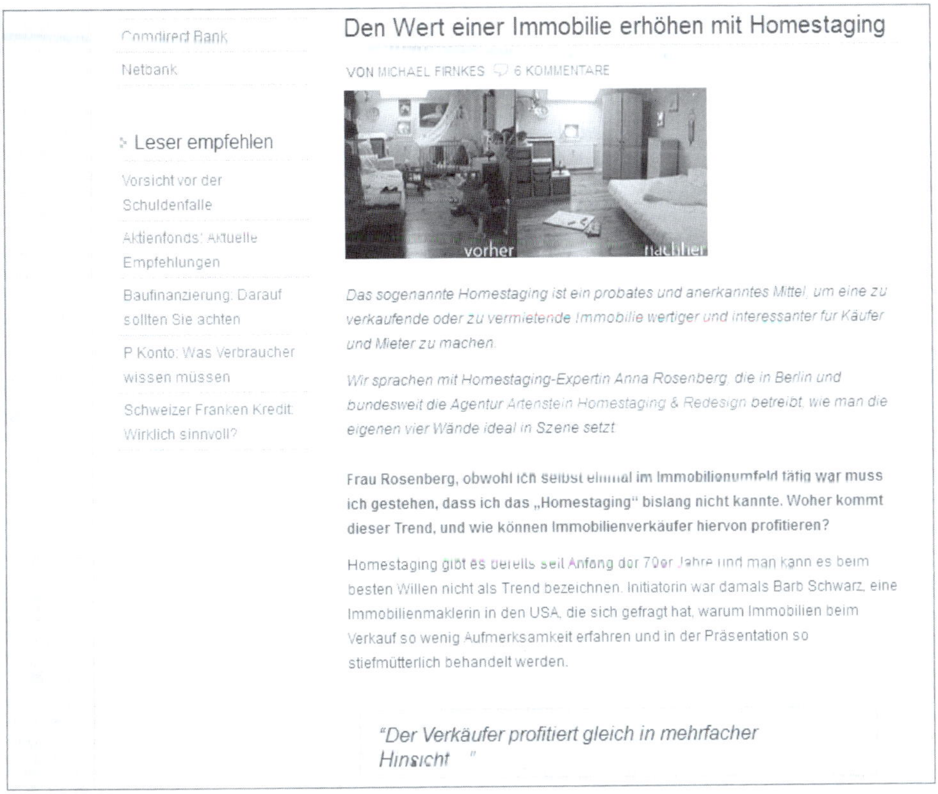

Bild 4.24 Interviewbeiträge sorgen meist für eine große Resonanz sowie Weiterverbreitung bei den Lesern.

Hinzu kommt, dass bislang leider nur sehr wenige gewerbliche Portale mit der Beitragsform des Interviews arbeiten, wodurch sich die genannten Vorteile noch einmal deutlich potenzieren.

HINWEIS: Wichtig in diesem Zusammenhang: Auch ein noch so sorgfältig vorbereitetes Interview wird nur dann auf Interesse bei Ihren (potenziellen) Lesern stoßen, wenn diese damit einen Mehrwert oder auch eine Form der unterhaltsamen Lektüre verknüpfen. Umso wichtiger ist es, den Interviewpartner über möglichst spannende und konkrete Fragestellungen dazu zu bewegen, auch möglichst viel Interessantes sowie Neues von sich oder seinem Thema preiszugeben. Hierbei gilt es folgende Aspekte zu beachten:

- Durchaus auch kritische beziehungsweise kontrovers zu betrachtende Fragen zu stellen
- Mit konkreten, praxisbezogenen Fragestellungen dem Interviewpartner wenig Raum für die „Selbstbeweihräucherung" zu geben. Zur Präsentation der zugehörigen Person oder des Unternehmens kann dann immer noch eine allgemein gehaltene letzte Frage innerhalb des Interviews dienen, nach der Art „Ein paar Worte zu Ihnen und Ihrem Unternehmen".
- Man sollte sich stets vorab fragen: Welche Fragestellungen beziehungsweise zugehörigen Antworten könnten für meine Leser von besonderem Interesse sein? Welche Fragen stellen diese zum Beispiel üblicherweise an mich und mein Unternehmen oder in den Kommentaren meines Portals, die ich nun aufgreifen und weitergeben kann? Welche inhaltlichen Aspekte sind bislang auf meinem Onlineauftritt zu kurz gekommen, die ich nun in Form eines Interviews klären könnte?
- Auch und gerade bei einem Interview ist der Spannungsbogen besonders wichtig. Viele Onlineinterviews beginnen mit dem für den Leser meist „langweiligsten" Aspekt, der Vorstellung des Interviewpartners. Alle Fragen, die Antworten mit Mehrwert für den Leser generieren, gehören also an den Anfang. Notfalls stellen Sie die Reihenfolge der Fragen im Nachhinein und in Abstimmung mit dem Interviewpartner einfach dementsprechend um.

4.2.2 Der Gastartikel

Auch an diese Form der Inhaltsgenerierung trauen sich leider nur wenige Unternehmer und Selbstständige heran, oftmals aus der falschen Angst heraus, man würde damit eher dem Gastschreiber eine Marketingbühne bieten als den eigenen Inhalten. Richtig ist, dass ein Gastbeitrag natürlich immer vom „Geben und Nehmen" lebt. Ein (unbezahlter) Gastautor wird in der Regel auch sich und seine Dienstleistungen präsentieren, und sei es nur in eher indirekter Form. Sie dürfen hierbei jedoch nicht vergessen, dass solche Gastartikel die Reputation sowie die Authentizität Ihres eigenen Portals enorm aufwerten können. Zudem können Sie beim Briefing zu einem solchen Gastbeitrag immer noch vorgeben, dass es sich um einen nicht werblichen sowie vor allem uniquen Text handeln soll (siehe Kapitel 2.1.10). Dafür erhält der Autor als Gegenleistung einen Verweis auf sein Portal oder Ähnliches.

Bild 4.25 Transparenz ist bei einem Gastbeitrag sehr wichtig, so sollte auch der Autor in gut sichtbarer Form genannt werden.

Es muss ja nicht gleich eine Person oder ein Unternehmen sein, welches in direkter Konkurrenz zu Ihren eigenen Dienstleistungen steht. Um beim Beispiel des eingangs erwähnten Finanzmaklerbüros für Risikolebensversicherungen zu bleiben: Dort könnte etwa ein Unternehmensberater für Selbstständige in einem Gastartikel zu Wort kommen, der darin erläutert, welches die am häufigsten unterschätzten Risikofaktoren bei einer Unternehmensgründung sind. Wobei der für das Maklerbüro wichtige Gesundheits- bzw. Absicherungsaspekt des Unternehmers nur ein beiläufiger Bestandteil wäre. Denn gerade bei einem Gastbeitrag gilt: Hier muss die inhaltliche Qualität sowie der Mehrwert für den Leser sehr deutlich im Vordergrund stehen, damit dieser Beitrag für beide beteiligten Seiten seine volle Wirkung entfalten kann.

Ansonsten gelten für Gastartikel jeglicher Art beinahe dieselben Vorteile, aber auch Richtlinien und Hinweise, wie dies bei den Experteninterviews der Fall ist. Probieren Sie doch einfach einmal ein paar solche Beiträge von Gastautoren aus, schauen Sie, wie Ihre Leser auf diese reagieren, sowie ob und wie diese sich in den sozialen Medien etc. weiterverbreiten. Denken Sie daran: Das Internet ist ein offenes Medium, welches eben auch von dieser Offenheit lebt. Wenn Sie sich gegen Meinungen und Texte von nicht zu Ihrem Unternehmen gehörenden Personen generell abschotten, so werden Sie es mit der Vermarktung und dem Reichweitengewinn Ihres Portals sehr schwer haben.

4.2.3 Interaktive Beitragsformen

Nun kommt wieder ein wenig der (Corporate) Blogger in mir durch, für den jegliche interaktive „Mitmach"-Beitragsformen natürlich zu einem der effizientesten Onlinemarketing-Mittel überhaupt gehören. Doch dieses Stilmittel der Interaktion eignet sich meines Erachtens für jedes Onlineportal, egal ob dieses eine eher redaktionelle Textgestaltung beinhaltet oder nicht. Die Vorteile jeglicher interaktiver Textformen dürften naheliegen. Die Leser fühlen sich durch vergleichbare Inhalte beteiligt, ernst genommen sowie herausgefordert. Was sich viele Unternehmen oftmals sehr teuer mit Werbekampagnen & Co. erkaufen wollen, nämlich dass der potenzielle Kunde sich mit der Firma oder dem Produkt identifiziert, kann man auf diese Weise quasi zum Nulltarif erreichen. Am besten lässt sich auch diese Content-Alternative anhand einiger Beispiele erläutern:

- Sie fordern innerhalb eines Textbeitrags Ihre Leser zur Mithilfe und eben Interaktion auf, etwa indem Sie ganz bestimmte inhaltliche Punkte offen lassen und zur anschließenden Diskussion stellen. Hierfür bedarf es dann jedoch einer entsprechenden Kommentarfunktionalität, idealerweise direkt auf Ihrer Website oder ansonsten in angeschlossenen Foren bzw. sozialen Medien (etwa der Facebook-Unternehmensseite).
- Incentivierung ist eine altbekannte, aber auch im Internetzeitalter nach wie vor sehr gute Möglichkeit, die eigenen Seitenbesucher zur Interaktion anzuregen. So können Sie beispielsweise in einem Interview mit einem zu Ihrem Unternehmenskontext passenden Fachautor gleich auch ein paar Exemplare seines Buches verlosen. Somit sorgen Sie nicht nur für eine zusätzliche, im Idealfall gar virale Verbreitung Ihrer Onlinetexte, die Gewinner, aber auch die Teilnehmer insgesamt werden Ihren Unternehmens- und Webseitennamen in positiver Erinnerung behalten. Nicht selten kann somit auch die Anzahl der Twitter-, Facebook- oder Google-Plus-Folger eines Unternehmens deutlich und nachhaltig gesteigert werden. Geben Sie als Bedingung für die Teilnahme am Gewinnspiel zusätzlich noch vor, dass die Teilnehmer einen Kommentar zum dazugehörigen Beitrag verfassen sollen, idealerweise verbunden mit einer bestimmten Fragestellung, so sammeln Sie zudem wertvollen zusätzlichen nutzergenerierten Content.
- Auch eine in einem Beitrag enthaltene Onlineumfrage oder ein Aufruf zu einem Leserwettbewerb kann eine schöne Möglichkeit sein, die eigenen Leser und zukünftigen Kunden zu beteiligen. Einige sehr erfolgreiche StartUps gehen mittlerweile sogar dazu über, die Leser in Form solcher Umfragen an der Produktgestaltung selbst teilnehmen zu lassen. So gibt es beispielsweise Unternehmer im Modebereich, die den eigenen Onlinenutzern mögliche zukünftige Kollektionen oder Bestandteile davon präsentieren. In Serie gehen dann jene Werke und Designs, die zuvor bei den Lesern die meisten Stimmen erhalten haben. Dabei handelt es sich um eine Form viralen Marketings, wie man sie besser und effizienter kaum gestalten kann.
- In leichter Abwandlung dieser Idee gehen manche Unternehmen dazu über, Ihre Besucher Videos, Textbeiträge, Werbeslogans oder gar Musikstücke zu einem bestimmten Thema erstellen und einreichen zu lassen, die dann auf der Unternehmenswebseite oder einer eigens hierfür geschaffenen zugehörigen Onlineplattform präsentiert werden. Die zugehörige Incentivierung muss dabei nicht immer rein materieller Art sein, so manchen Teilnehmer reizt alleine schon die Aussicht auf öffentliche Darstellung oder auf den medialen Effekt.

- Sogar für die Inhaltsplanung Ihres Portals selbst lässt sich das Prinzip der Leserbeteiligung nutzen. Sie sind sich nicht sicher, ob Ihre Inhalte bei den Lesern selbst ankommen, und diese einen Mehrwert daraus ziehen können? Sie wissen nicht, in welche inhaltliche Richtung der Content Ihrer Unternehmenswebsite generell ausgebaut werden sollte? Oder Sie sind noch auf der Suche nach einer guten Idee für eine Beitragsserie, wie sie von den Mitbewerbern bislang nicht angeboten wird? Fragen Sie doch einfach einmal Ihre bisherigen Leser, etwa gleichfalls über eine kleine Onlineumfrage oder mit offenen Nennungen in den Kommentaren, was diesen bislang noch auf Ihrem Portal fehlt oder welche nützlichen Onlineinformationen sich diese generell für Ihre Branche vorstellen könnten. Nicht wenige unternehmerische Webseitenbetreiber sind erstaunt darüber, mit welchen hilfreichen Ideen ihre Bestandsleser teilweise aufwarten können.

Den Kunden fragen, was man ihm bieten soll? Vielen Unternehmern mag dies wenig professionell oder gar als eine Art Eingeständnis vorkommen, dass man selbst keine guten Ideen mehr entwickeln könne. Das Web 2.0 „tickt" hier jedoch oft ganz anders, und die Nutzer erwarten es geradezu, nach Ihrer Meinung gefragt zu werden. „Informationen sowie Lösungen einfach nur vorsetzen war gestern, die Kunden daran beteiligen ist heute", so könnte man diesen Trend zusammenfassen.

HINWEIS: Zumindest manche der hier gezeigten Beispiele, insbesondere die Einreichung von Leserbeiträgen, werden wohl erst dann funktionieren, wenn Sie bereits eine bestimmte Leserschaft für sich verzeichnen können. Hier gibt es zwar keine allgemeingültige Formel für all die unterschiedlichen inhaltlichen Bereiche, dennoch können Sie davon ausgehen, dass sich vergleichbare Aktionen ab etwa 5000 bis 10 000 monatlichen Besuchern lohnen können. Denn eine vergleichbare Initiative, an der sich am Ende niemand oder nur sehr wenige Teilnehmer beteiligen, kann eher kontraproduktiv wirken. Gerade für so manches selbstständige oder freiberufliche Geschäftsmodell mögen diese Besucherzahlen sehr hoch klingen, einzelne der genannten Beitragsformen wie etwa incentivierte Gewinnspiel-Artikel können jedoch auch bei deutlich weniger Lesern bereits dazu führen, Interesse zu wecken sowie die Besucherzahlen nachhaltig zu steigern. Möglicherweise lässt sich in Kooperation mit einem befreundeten Unternehmen, einem Lieferanten, einer anderen Onlineplattform etc. eine gemeinsame interaktive Aktion gestalten, die damit deutlich mehr Reichweite erzielt.

4.2.4 Fachlexika & Co.

Auf den eigenen Internetseiten ein Fachlexikon, Glossar oder einen erweiterten FAQ (Frequently Asked Questions)-Bereich passend zu Ihrem Unternehmensangebot unterzubringen, sorgt nicht nur für werthaltigen Content, es wird darüber hinaus Ihren Ruf als Innovationsführer sowie zuverlässige Fachquelle im Internet stärken. Besonders ausführliche und vor allem nicht werbliche Informationsangebote dieser Art können zudem für zahlreiche werthaltige Verlinkungen von außen sorgen, etwa wenn redaktionelle Fachportale und -blogs, aber auch Hochschulen und andere Institutionen auf Ihre Erklärungen aufmerksam werden. Sind solche Glossare inhaltlich komplett von Ihren eher werblichen Unternehmensinformationen getrennt, so kommt unter Umständen sogar eine Verlinkung bei Wikipedia infrage (siehe *http://de.wikipedia.org*), was sich sehr positiv auf Ihr Onlineportal insgesamt auswirken kann.

Wenn Sie sich die Schaffung eines solchen Bereichs vorstellen können, so sollten Sie in diesem Zusammenhang vor allem auf folgende Punkte achten:

- Soll ein vergleichbares Online-Fachlexikon seine volle Wirkung entfalten, so sollte dieses auch entsprechend umfangreich sowie von namhaften Experten erarbeitet werden. Eine entsprechende Investition in qualitativ hochwertige, unabhängige Texte wird sich auf Dauer auszahlen.
- Dementsprechend sollte es sich auch nicht um ein Lexikon oder Wissensportal für Ihre Produkte und Dienstleistungen handeln, sondern für Ihre Branche und Fachdisziplin im Allgemeinen.
- Überlegen Sie genau, ob Sie ein derartiges Standardwerk in Ihren eigenen Internetauftritt integrieren oder unter einer neutralen weiteren Domain publizieren, mit Ihrem Unternehmen als „Sponsor". Viele hochwertige Webquellen tun sich schwer damit, auf einen als Firmenwebseite erkennbaren Onlineauftritt zu verlinken, egal wie neutral und gut die gegebenen Informationen sein mögen.
- Eine insgesamt wertige Gestaltung mit guten, aussagekräftigen Illustrationen, aber auch einem eigenständigen Webdesign verhilft solch einer Publikation zu zusätzlicher Aufmerksamkeit und damit Besuchern.

Unter Umständen kann ein derartiges Glossar in Zusammenarbeit mit einem anerkannten Fachverband oder einer Ausbildungsinstitution erstellt werden. Denn entsprechend werben dann auch diese Multiplikatoren für eine Verbreitung der Inhalte, oder die Texte werden als besonders unabhängige Informationsquelle aufgewertet.

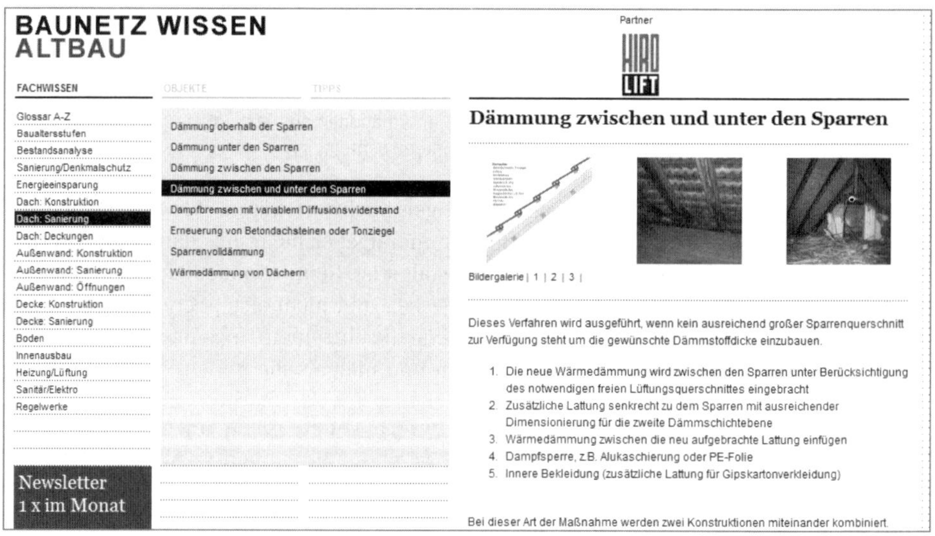

Bild 4.26 Hier ein Beispiel für ein schön gestaltetes und „gesponsertes" Onlineglossar aus dem Baubereich.

4.2.5 Onlineratgeber

Im Prinzip kann man fast dazu raten, jeglichen Onlinetext, und sei er auch noch so kurz, in Form eines Ratgebers zu verfassen. Denn damit wird er automatisch das so wichtige Kriterium des für den Leser vorhandenen Mehrwerts erfüllen. Doch natürlich kann man sich dieses sehr praxisbezogene Instrument auch zunutze machen, um ganze Webseitenbereiche oder gar komplette Portale auf diese Weise zu gestalten. Die Vorteile liegen dabei auf der Hand: Der Leser wird die geballte inhaltliche Kompetenz automatisch mit Ihnen und Ihren Angeboten verknüpfen, und wenn die zugehörigen Informationen gut gemacht und aufbereitet sind, so wird er bei offenen Fragen in der Regel auch auf Ihre Dienstleistungen oder Produkte zurückkommen.

Bild 4.27 Einen sehr gelungenen Ratgeberbereich mit Informationen aus Text-, aber auch Videoinhalten bietet dieser Baumarkt seinen Kunden und Interessenten.

Wobei wir mit „gut gemacht" schon beim richtigen Stichwort wären. Wie für alle anderen Webinhalte gilt hierbei ganz besonders: Ein Onlineratgeber bietet nur dann einen Vorteil, wenn er möglichst konkret und hilfreich ausgestaltet ist. Reine Product-Placement-Plattformen werden Ihre Leser schnell als solche aufdecken und nicht akzeptieren. Daher sollten Sie in diesem Fall wirklich „Rat geben", indem Sie die einzelnen Tipps und Arbeitsschritte oder Empfehlungen in den Vordergrund stellen und niemals die reinen Produkte, zumindest nicht Ihre eigenen (von einer generellen Verwendung von allgemeinen Produkt- sowie Hilfsmittelbezeichnungen einmal abgesehen, die nicht direkt mit Ihrem Unternehmen verbunden werden). Denn nur wenn Sie diese Unabhängigkeit wahren, wird der gegebene Mehrwert auch als solcher erkannt. Zudem steigt dann die Chance enorm, dass ein quasi lediglich „gesponserter" bzw. rein redaktionell betreuter Onlineratgeber unter den jeweiligen Hilfesuchenden weiterempfohlen wird und somit einen gewissen Bekanntheitsgrad erreichen kann.

PRAXISTIPP: Wenn Sie auf Nummer sicher gehen wollen, so lohnt sich sogar die Überlegung, ein entsprechendes Ratgeberportal von einer vollkommen unabhängigen, externen Quelle erstellen zu lassen und dieses wirklich nur mit Ihrem Label versehen zu sponsern beziehungsweise mit nicht zu aufdringlichen sowie zu häufigen Verweisen auf Ihr Hauptportal oder Ihren Shop zu versehen. Gegebenenfalls können Sie sogar nach bereits vorhandenen, gut besuchten und gut gemachten privaten bzw. semiprofessionellen Ratgeberwebsites, -blogs oder auch -foren in Ihrem inhaltlichen Bereich forschen und den Webseitenbetreiber nach den Möglichkeiten einer entsprechenden Kooperation befragen. Dies hat den Vorteil, dass ein solches Portal die neuen Kunden quasi gleich mit sich bringt, wenn das Sponsoring selbst nicht zu aufdringlich und damit abschreckend für diese gestaltet wird. ■

4.2.6 Nutzen Sie Ihr Netzwerk

Wenn ich meinen Kunden, die stets auf der Suche nach neuem Content für Ihre Onlineprojekte sind, von diesen zuvor genannten alternativen Formen der Inhaltsgestaltung und -beschaffung berichte, so bekomme ich insbesondere bei den in der Regel so wirksamen Interviews und Gastbeiträgen sehr oft den Einwand zu hören: „Das würden wir ja gerne machen, aber wie sollen wir denn entsprechende zu uns passende Interviewpartner oder Gastautoren finden?“

Wenn ich eben diese Geschäftsführer und Marketingverantwortlichen dann ein wenig nach ihrem persönlichen Geschäftskontakte-Netzwerk „ausfrage“, so fallen mir meist ganz spontan Dutzende Möglichkeiten ein, eben diese Ansprechpartner für eine dementsprechende Content-Partnerschaft zu nutzen. Oftmals wird man als Webseitenverantwortlicher relativ schnell betriebsblind, was diese Möglichkeiten anbelangt, das geht mir selbst mit meinen eigenen Portalen ganz genauso. Wenn ich mit offenen Augen durch meinen Arbeitsalltag gehe, dann lerne ich täglich spannende Menschen und Fachexperten kennen, die ich interviewen oder um einen Gastbeitrag bitten könnte. Und dabei kämen stets Inhalte heraus, die für meine Leser sicherlich sehr spannend wären, also den so wichtigen Mehrwert gleich mit sich brächten. Jegliche E-Mail-Anfragen, Kooperationswünsche, neue Twitter-Follower, Xing-Kontakte (bei Xing handelt es sich um ein weit genutztes Online-Business-Netzwerk, siehe *www.xing.de*), aber auch Bekanntschaften im persönlichen Umfeld sollte man sich stets auch unter diesem Aspekt betrachten. Mit der Zeit werden Sie fast schon von alleine beginnen, Ihr Umfeld fortlaufend dahin gehend zu „scannen“, ob sich nicht interessante Ansatzpunkte für neue Beiträge auf Ihrer Unternehmenswebsite ergeben.

Die zweite Frage lässt dann allerdings meist nicht sehr lange auf sich warten: „Wieso sollten diese Personen ein Interesse daran haben, mir für ein Interview zur Verfügung zu stehen oder gar einen zeitlich recht aufwendigen Gastbeitrag zu schreiben?“. Die Antwort ist relativ einfach. Zumindest ich beobachte immer wieder, dass sich derart angefragte Personen in der Regel darüber freuen, als Experte und Ansprechpartner zur Verfügung stehen zu dürfen. Wer fühlt sich nicht geschmeichelt, wenn er sein eigenes Wissen auf einer externen Webseite präsentieren darf? Bei meinen Anfragen in dieser Richtung höre ich nur extrem selten ein höfliches „Nein", und dann auch meist nur aus Gründen mangelnder Zeit. Und: Wenn Sie in einem solchen Interview Ihr Gegenüber sowie dessen Unternehmen beziehungsweise Internetpräsenz, über die ja doch die meisten Fachexperten mittlerweile verfügen, namentlich benennen und sogar noch auf diese verlinken, so bedeutet dies für Ihren Interviewpartner oder Gastautor mit die beste Weiterempfehlung, aber vor allem auch suchmaschinenoptimierende Maßnahme, die man sich vorstellen kann.

Wenn Ihr Gegenüber schlau ist, wird er oder sie sich alleine wegen dieses inhaltlich wertvollen Backlinks fast schon darum reißen, als Ansprechpartner oder Autor zur Verfügung stehen zu dürfen.

Überprüfen Sie also Ihr Umfeld ganz genau. Suchen Sie nach für Ihren thematischen Bereich spannenden Persönlichkeiten und deren „Geschichten", unter anderem:

- Bei Geschäfts- und Kooperationspartnern, Zulieferern, externen Dienstleistern, freien Beratern, Werbekunden etc.
- Bei Bestandskunden, aber auch Leads bzw. potenziellen Kunden (eine schöne Gelegenheit, das Geschäftsverhältnis und die Bindung zu diesen weiter zu vertiefen, auch wenn am Ende kein Auftrag dabei herauskommt)
- An Ausbildungsinstituten, der IHK sowie Fachhochschulen und Universitäten, die im Zusammenhang mit Ihrer Tätigkeit und Ihren Produkten stehen
- Bei freien Journalisten, Autoren in Fach- und Branchenmagazinen sowie -büchern, Presseverbänden und mehr
- Im Umfeld von Verbänden, Vereinen und sonstigen Interessenvertretungen, Berufsgenossenschaften, Branchentreffen, Fachmessen, Kooperationsbörsen etc.

Ganz nach dem „Win-win"-Prinzip können Sie somit in relativ kurzer Zeit zahlreiche Möglichkeiten ausfindig machen, Ihre Webinhalte fortlaufend um spannende Komponenten zu erweitern.

HINWEIS: Als Unternehmer, Freiberufler oder Repräsentant einer Institution mit einer eigenen Onlinepräsenz stehen Sie heutzutage immer öfter in Konkurrenz mit einer Personengruppe, die man als „Digital Natives" bezeichnet (siehe *http://de.wikipedia.org/wiki/Digital_Native*). Also mit Menschen, die mit den Möglichkeiten des Internets sowie der sozialen Medien von Anfang an aufgewachsen sind. Ich gehe einmal davon aus, dass sich viele Leser dieses Ratgebers nicht unbedingt einer solchen Gruppe zurechnen dürften.

Digital Natives werden nun von sich aus um einiges entspannter, aber auch erfahrener mit dem Thema Kooperationen und Austausch im World Wide Web umgehen, als es bei den Nicht-Natives der Fall sein dürfte. Twitterer, Blogger & Co. sind es gewohnt, Anfragen zu erhalten, aber auch zu stellen, die unter anderem in die Richtung „gegenseitiges Teilen von Inhalten jeglicher Art" gehen. Aber keine Sorge, selbst wenn Ihnen derartige Interaktionen bislang eher fremd waren, die Übung macht auch hier den Meister. Sehr schnell wird es Ihnen dann fast selbstverständlich vorkommen, über Ihr ganz persönliches Webnetzwerk den Content auf Ihren Onlineseiten ständig zu optimieren und zu erweitern.

■

4.3 Sonderform: Texte für den mobilen Zugriff

Ist das Erstellen von wirkungsvollen Texten für das Internet an sich schon eine durchaus herausfordernde Tätigkeit, so kommt seit einiger Zeit erschwerend hinzu, dass es heutzutage gleich mehrere Möglichkeiten und Medienwege gibt, auf Ihr Portal und dessen Webtexte zuzugreifen. Was früher der gute alte und technisch immer sehr ähnlich ausgeprägte Desktop-PC war, mit dem man auf das World Wide Web zugreifen konnte, das sind heute immer auch diverse Smartphones, Tablet-PCs, Netbooks, E-Book-Reader und sonstige mobile Endgeräte bis hin zum internetfähigen Heimkino. Von drei Zoll Bildschirmdiagonale bis zu 27 Zoll und deutlich mehr, Internetnutzer erwarten heutzutage, dass jegliche Onlineinhalte auch immer gleich auf das soeben verwendete Format und Endgerät hin optimiert sind. Sprich: Ein und dieselbe Webseite soll auf dem Notebook natürlich anders aussehen und gestaltet sein als auf dem kleinen, praktischen Smartphone.

In der Regel werden zumindest die Webseiten größerer Unternehmen diesem Anspruch gerecht, indem technisch gleich mehrere Plattformen zur Erstellung bzw. Auslieferung der eigenen Internetseiten zur Verfügung gestellt werden. In der Regel also zumindest eine Desktop- sowie eine Mobile-optimierte Version (mit stetig steigendem Gerätevolumen oftmals zusätzlich auch noch eine Tablet-optimierte Version für Apple- und Android-Systeme). Dabei werden die jeweiligen Inhalte, also neben den grafischen Elementen auch die Webtexte, möglichst optimiert dargestellt. Möchte man es hierbei besonders gut und wirkungsvoll machen, so werden gar verschiedene Textversionen je Ausgabeformat erstellt und an die Leser ausgeliefert. Somit bleibt beispielsweise gewährleistet, dass sich der Smartphone-Besitzer nicht durch einen für seine Bildschirmverhältnisse sehr langen Text „quälen" muss, der ursprünglich für die Desktop-Version geschrieben wurde.

Bild 4.28
Mit Onlinetools, wie beispielsweise unter *http://quirktools.com/screenfly* erreichbar, lässt sich überprüfen, wie Ihre Website auf verschiedenen (mobilen) Endgeräten ausgeliefert wird. Das Ergebnis ist nicht immer sehr schmeichelhaft.

Was gibt es nun gerade bei der Texterstellung für den mobilen, meist platzmäßig deutlich eingeschränkten Zugriff auf die Informationen Ihrer Webseiteninhalte zu beachten?

4.3.1 Kommen Sie zum Punkt

Für die klassischen Texter und Journalisten unter Ihnen wird es nun noch ein wenig quälender: Während die Webkommunikation an sich den zur Verfügung stehenden Textraum bereits deutlich einschränkt, zumindest was die Lesergewohnheiten anbelangt, so werden Sie sich auf einer mobilen Webseite noch einmal nicht unerheblich knapper fassen müssen. Was im Printbereich gerne einmal 2000 Wörter und mehr umfassen durfte, musste für das Desktop-Internet auf um die 500 Wörter gekürzt werden. Auf einer rein mobilen Onlineseite können hingegen 100 Wörter schon mehr als genug sein, zumindest wenn wir von Displays im Smartphone-Format sprechen. Denn auf dem Tablet-PC bzw. Netbook stehen in der Regel fast die gleichen Abmessungen zur Verfügung wie auf einem herkömmlichen Desktop-PC oder Notebook.

Natürlich werden Sie nicht jegliche Inhalte so kurz und knapp transportieren können, die schöne neue Unterwegs-Onlinewelt eignet sich aber eigentlich auch nicht für jede Webseite beziehungsweise für jedes Thema. Sie werden es dennoch nicht in der Hand haben, mit welchem Endgerät man auf Ihren Onlineauftritt zugreift, und die zunehmende Anzahl der mobilen „Surfer" natürlich genauso von Ihren Inhalten und damit von sich bzw. Ihrem Unternehmen überzeugen wollen. Generell gibt es mehrere Möglichkeiten, umfangreichere Textinformationen für kleinere Bildschirmformate zu adaptieren:

1. Sie ziehen tatsächlich nur die Quintessenz oder auch den kleinsten gemeinsamen Nenner aus Ihren Beiträgen und komprimieren diese zu einer Extra-Textversion für den mobilen Zugriff via Smartphone. Dann sollten Sie entsprechend früh im Textverlauf auch auf eventuell wichtige Call-to-Action-Elemente oder Ähnliches verweisen.

   Die Vorteile dieser Methode: Smartphone-Nutzer finden sich in einer Art von Kontext wieder, dessen knappe Formulierungen sie bereits gewohnt sind. Es kommt also nicht zu einem indirekten Medienbruch.

   Die Nachteile: Zum einen müssen Sie für diesen Fall quasi einen völlig separat zu erstellenden Beitrag bereithalten. Und bei vielen Themenbereichen ist es inhaltlich, aber auch zeitlich anspruchsvoller, eine reduzierte Version zu erstellen als eine umfangreiche. Mag man beispielsweise von der Boulevardzeitung mit den großen Buchstaben halten was man will, dafür entsprechend auf den Punkt gebracht zu formulieren erfordert ein echtes Können. Zum anderen ist es bei erklärungsbedürftigen Inhalten oftmals ein Ding der Unmöglichkeit, diese in deutlich weniger als 200 Wortern zu erläutern, möchte man beim Leser nicht zahlreiche offene Fragen oder gar Missverständnisse provozieren.

2. Sie teilen die ursprünglichen Textinformationen quasi in mehrere kleine „Häppchen" auf, durch die sich der Smartphone-Leser nun quasi nacheinander durchklicken oder auch durchscrollen bzw. beim Smartphone „durchwischen" kann. Um die Anzahl dieser Pakete weitestgehend zu reduzieren, empfiehlt es sich dennoch, den Originaltext zuvor möglichst umfangreich zu kürzen.

Vorteile: Möglicherweise können Sie den Standardtext mit relativ wenig Aufwand bereits deutlich kürzen und dann inhaltlich dennoch fast eins zu eins vermitteln. Somit ist die Gefahr gegenüber der extrem gekürzten Fassung geringer, dass wichtige Informationen auf der Strecke bleiben.

Nachteile: Gerade die Geduld der mobilen Nutzer ist bedingt durch geringere Bandbreiten oder das Lesen nebenbei und unterwegs natürlich recht endlich. Von daher ist es gut möglich, dass kaum ein mobiler Leser Ihren Text komplett aufnimmt. Auch kann es bei erklärungsbedürftigen Produkten und Dienstleistungen schwer sein, ein entscheidendes Call-to-Action-Element bereits auf der ersten Seite unterzubringen, und danach sinken die Chancen auf einen „Klick" oder eine ähnliche Interaktion rapide.

3. Sie verweisen nach einem kurzen Text-Teaser oder Ähnlichem auf eine externe Version, die explizit als für größere Endgeräte optimiert ausgezeichnet ist. Das Smartphone kann diese Folgeinformationen dann natürlich als ganz normale HTML-Seite anzeigen, was aber unter anderem die Navigation, Bedienbarkeit und auch Darstellung deutlich negativ beeinflusst.

   Vorteile: Es können – zumindest theoretisch – keine relevanten Informationen verloren gehen, und wichtige Inhaltsbestandteile müssen auch nur an einer zentralen Stelle gepflegt werden.

   Nachteile: Hierbei handelt es sich um einen deutlichen Medienbruch, den nicht jeder Nutzer akzeptieren wird, was wiederum Abbrüche provozieren kann. Bei erklärungsintensiven Inhalten werden Sie jedoch oftmals kaum um diese Möglichkeit herumkommen, auch wenn dies möglicherweise zulasten der Usability gehen sollte. Alternativ könnten Sie dem Besucher die Möglichkeit bieten, sich den Verweis auf die Desktop-Version zusenden zu lassen (als E-Mail, SMS, Twitter-Direktnachricht, Bookmark etc.), damit er diese später von zu Hause oder seinem Büro aus anschauen kann.

Egal für welche Variante Sie sich auch immer entscheiden mögen: Messen Sie der Information mobiler Nutzer einen großen zukünftigen Stellenwert bei, so lohnt es sich, bereits jetzt in ein Content-Management-System oder entsprechende möglichst offene und zukunftsfähige Zusatzmodule zu investieren, über welche die einzelnen Textbestandteile effizient und einfach von einer einzigen Stelle aus gepflegt werden können. Und grämen Sie sich nicht, wenn Sie einen umfangreichen Textbeitrag, in den Sie viel Zeit und Engagement gesteckt haben, auf einen Bruchteil zusammenstreichen müssen. Zumindest einige Texte werden durch eine solche Kürzung sogar eher besser und noch wirkungsvoller, denn gut gemeint ist nicht immer gleichzusetzen mit gut gemacht. Und die Erfassung des Wesentlichen gehörte schon immer zu einem zentralen Anliegen des qualitativ hochwertigen Journalismus. Twitter, mobile Webseiten & Co. müssen also nicht zwingend für den Untergang der Schreibkultur an sich sprechen.

Unter der Domain *www.letter-factory.com/elektorat.php* ist übrigens ein recht hilfreiches, kostenfrei verfügbares Werkzeug zu erreichen, mit dem sich unnötige Füllwörter jeglicher Art herausfinden und somit streichen lassen. Nicht nur die Lesbarkeit der eigenen Texte wird damit erhöht, sondern die Beiträge lassen sich quasi automatisch schon einmal um ein gutes Stück unter anderem für den mobilen Einsatz kürzen. Alleine in den beiden vorangegangenen Sätzen hat dieses Tool übrigens gleich fünf Füllwörter entdeckt, wenn auch eines davon nicht gestrichen werden könnte, ohne die Logik des Inhalts zu verzerren. Aber zum Glück schreibe ich diesen Inhalt ja für ein Buch und nicht für das Smartphone.

PRAXISTIPP: Nutzen Sie bereits den Onlinedienst Twitter (erreichbar unter der Adresse *www.twitter.com*) für die Onlinekommunikation Ihres Unternehmens? Dieses Tool kann nicht nur ein sehr effizientes Werkzeug dazu sein, neue Leser für Ihr Onlineportal zu gewinnen und die suchmaschinentechnischen Aspekte zu verbessern. Twitter eignet sich zugleich hervorragend dafür, eine möglichst knappe und zielführende Web-Ansprache zu erlernen. Der Dienst erlaubt es seinen Nutzern lediglich, in kurzen Texten mit maximal 140 Zeichen darzustellen, was man seinen Lesern und der Welt mitteilen möchte. Was für viele Kommunikationszwecke zunächst unmöglich scheint, stellt sich mit einiger Übung als durchaus machbar heraus. Es schärft zudem den Blick dafür, was die wesentlichen Eigenschaften, aber auch Vorteile Ihrer Produkte und Unternehmenslösungen sind.

Die erfolgreiche Kommunikation eines Unternehmens auf Twitter erfordert jedoch einiges an Fingerspitzengefühl, um nicht einen eher negativen, Spam-mäßigen Eindruck bei den dortigen Nutzern zu hinterlassen. Sollten Sie sich dennoch für dieses sehr angesagte Marketinginstrument interessieren, so empfehle ich Ihnen die Lektüre eines entsprechend spezialisierten Ratgebers für die Unternehmenskommunikation in sozialen Netzwerken (z. B. das von mir ebenfalls im Hanser Verlag veröffentlichte Buch „SEO & Social Media – Handbuch für Selbstständige und Unternehmer", ISBN 978-3-446-43550-6).

Aber auch das vergleichende Experimentieren mit eigenen AdWords-Kampagnen, bei denen Sie kleine Werbeblöcke für Ihr Onlineangebot innerhalb der Google Suchergebnislisten schalten können, sind eine sehr gute Übung, um auszuprobieren, welche möglichst knappen Formulierungen und Schlagwörter bei Ihren potenziellen Kunden für die meiste Aufmerksamkeit, aber auch Konversion (Umwandlung eines Interessenten in einen Käufer) sorgen. ■

HINWEIS: Generell eignen sich übrigens Aufzählungen jeglicher Art recht gut, um einen bestimmten Sachverhalt stichpunktartig und damit knapp sowie dennoch verständlich online zu kommunizieren. Denn bei einer solchen Aufzählung können Sie in der Regel auf jede ausschmückende Prosa und Satzgestaltung verzichten, ohne dass sich der Leser hierdurch gestört fühlt. Ein kurzer einleitender sowie ausleitender Satz sollte einer solchen Auflistung dennoch einen geeigneten Rahmen verschaffen.

Auch Tabellen können genutzt werden, um komplexere Informationen möglichst kompakt darzustellen. Meines Erachtens wird diese Form der Textdarstellung im Onlinebereich jedoch nicht immer wirklich akzeptiert beziehungsweise durch den Leser wahrgenommen, weil es oftmals einer gewissen Zeit bedarf, bis man sich mit den Inhalten einer solchen Tabelle vertraut machen kann. Eine Zeit, die gerade mobile Internetnutzer nur sehr selten investieren dürften. ■

Bild 4.29 Ein Beitrag auf Twitter: Bei 140 Zeichen bleibt nur wenig Platz für ausschmückende Prosa.

4.3.2 Auch bei der Gestaltung gilt: Weniger ist mehr

Grafiken, Diagramme, Symbole, Tabellen, Informationsboxen, Zwischenüberschriften etc.: All das, was Ihnen in diesem Buch für die Optimierung einer Standard-Textversion empfohlen wurde, um einen Beitrag möglichst attraktiv und lesbar zu machen, das kann für eine mobile Version bereits zu viel des Guten sein. Natürlich sollte etwa die Smartphone-Version Ihrer Webseite nicht „grau in grau" daherkommen. Mit dezenten Hintergrundgrafiken, einigen wenigen Text-Highlights (Farbe oder Textauszeichnung) sowie einer stimmigen Typografie können Sie für den mobilen Einsatz jedoch oft mehr erreichen als mit allzu bunten Bildchen. Zumindest dann, wenn es Ihnen hauptsächlich um die Vermittlung von (Text-)Inhalten geht.

Gute informationsvermittelnde mobile Seiten oder auch Smartphone-Apps sind oft sehr nüchtern, aber klar strukturiert. Hier zählt nicht jeder Satz, sondern jedes Wort, denn meist bleibt Ihnen für einzelne Überschriften, Menüpunkte oder weiterführende Elemente gar nicht viel mehr Platz zur Verfügung. Genauso wie die Inhalte darf auch die Menüführung selbst nicht zu kompliziert sein. Eine umständliche, verschachtelte Seitennavigation, unzählige wechselnde Querverweise, ständig voneinander abweichende Menübezeichnungen und Ähnliches funktionieren bereits bei einem Onlineauftritt für größere Bildschirmformate mehr schlecht als recht, bei einer mobilen Applikation kann dies sogar recht schnell das „Aus" bedeuten. Doch gerade die administrativen Texte für die Navigation sowie weitere Funktionalitäten gehören nun einmal zu einem möglichst wirksamen Webtext mit dazu. In einem derartigen Fall heißt es: Besser gar keine mobile Variante oder Textversion entwickeln als eine schlechte.

Bild 4.30 Äußerst übersichtlich und auf den Punkt gebracht, so müssen sich mobil kommunizierte Botschaften präsentieren.

PRAXISTIPP: Mit den neuen mobilen Onlineformaten entstehen mehr und mehr Internetpräsenzen, welche die technischen, aber auch inhaltlichen Möglichkeiten der Smartphone- und Tablet-Betriebssysteme sowie -Browser möglichst ausnutzen wollen. Das Ganze erinnert manchmal ein wenig an die Anfänge des Internets an sich, als sich die einzelnen Webseiten mit möglichst bunten, blinkenden sowie vor allem individuell gestalteten Inhalten und Seitenstrukturen voneinander absetzen wollten.

Ein eher „langweiliges" im Sinne von konventionelles mobiles Onlineformat hat jedoch den entscheidenden Vorteil, dass sich Ihre neuen, aber auch bereits bestehenden Nutzer darin sofort auskennen werden. Man muss das Rad also nicht zwangsweise neu erfinden. Die Navigation an der gewohnten Stelle, ähnliche beziehungsweise gleiche Kategorieformate und -namen wie bei der nicht mobilen Version und vieles mehr, all dies kann dazu beitragen für eine schnelle Akzeptanz bei den Nutzern zu sorgen. Ganz abgesehen davon, dass eine allzu unterschiedliche Gestaltung der „normalen" Internetpräsenz sowie der zugehörigen Mobilversion nicht gerade dazu beiträgt, eine einheitliche Online-Corporate-Identity zu schaffen.

4.3.3 Trennung von Funktionalität und Inhalten

Den Unternehmens- und Produktdarstellung über Webseiten, aber insbesondere auch speziellen Applikationen (Apps) für Smartphones jeglicher Art kommt eine immer größere Bedeutung zu. Manche Experten behaupten gar, der rein mobile Zugriff auf Informationen könnte unser Lese- und Interaktionsverhalten in ähnlicher Weise revolutionieren, wie es seinerseits die flächendeckende Einführung des Internets selbst getan hat. Gleichzeitig geht man jedoch auch davon aus, dass der Webkonsument der Zukunft nicht mehr hauptsächlich über ein und dasselbe Endgerät auf Onlineinformationen zugreifen wird, wie es bis vor Kurzem noch der Fall war. Die biegsame E-Zeitung am Frühstückstisch, danach das Head-up-Display im Auto, das Smartphone auf dem Weg zum Büro, dort dann der klassische großformatige Bildschirm und nach Feierabend schließlich das Tablet: Sowohl die Informationsbedürfnisse als auch die Inhalte und Formate werden sich der jeweiligen aktuellen Lebenssituation anpassen. Ob dann jegliche Informationsquellen gleich mehrfach für alle möglichen Endgeräte aufbereitet werden müssen, dürfte fraglich sein, da dies eben nicht nur eine rein technische, sondern auch immer eine redaktionell inhaltliche und damit ressourcentechnische Herausforderung darstellt.

In diesem Zusammenhang kann es für Sie als kleineres, aber auch größeres Unternehmen durchaus sinnvoll sein, zweigleisig zu fahren. Sie stellen wie bisher umfangreiche Inhalte im klassischen Webformat für das E-Book, den Desktop- oder den Tablet-PC zur Verfügung. Den mobilen Werbeeffekt und somit die mobile Kundenansprache überlassen Sie aber beispielsweise einer für Ihr Unternehmen entwickelten App, die nicht etwa einfach nur Ihre Informationen widerspiegelt, sondern ganz im Gegensatz dazu eine (wahrscheinlich kostenfreie) Funktionalität für Ihre Kunden sowie Interessenten bereitstellt. Und diese Funktionalität dient dann wiederum dem mobilen Branding bzw. teasert Ihre weiterführenden Desktop-Informationen an, die dann sinnvollerweise über ein anderes Ausgabegerät betrachtet werden können.

So, wie es derzeit allmählich zum Standard wird, dass jeder Bäckermeister und jede Rechtsanwaltskanzlei über ihre eigene umfangreiche Webpräsenz verfügt, so könnte es zukünftig auch fast selbstverständlich werden, dass eine eigene mobile Anwendung zur Verfügung gestellt wird. Diese sollte dann natürlich aber auch einen inhaltlichen Bezug zu Ihnen beziehungsweise Ihrem Geschäftsfeld haben. Beispielsweise könnte das Autohaus eine App bereitstellen, mit der man den gewünschten Service- und Wartungsauftrag von unterwegs aus planen, reservieren und einreichen kann. Oder der Steuerberater sponsert seinem Firmenkunden einen Kfz-Leasingrechner, mit dem sich die steuerlichen Auswirkungen beim zugehörigen Sachbezug für die eigenen Mitarbeiter ausrechnen lassen, der Modeshop spielt beim Vorbeigehen am Ladengeschäft die größenmäßig passenden Schnäppchen auf das Smartphone-Display und vieles Weitere mehr. Es könnte also auch ein gangbarer Weg sein, die eher inhaltliche, redaktionelle und damit Desktop-orientierte Onlinewerbung von der gleichzeitig erfolgenden mobilen Ansprache zu trennen. Den eigentlichen Content Ihrer Webseite, die dortigen Ratgeber- und Magazintexte, wird man jedoch stets parallel und jeweils optimiert an größere als auch kleine Endgeräte ausliefern. Schließlich stellen Ihre Texte im Rahmen einer Content Marketing Strategie Ihr wichtigstes Hab und Gut dar. Moderne Content Management Systeme ermöglichen dies mittels einer einzigen zentralen Onlinepräsenz, welche die Inhalte automatisiert auf unterschiedliche Ausgabeformate hin optimiert, unterstützt durch das sogenannte Responsive Webdesign (siehe http://de.wikipedia.org/wiki/Responsive_Webdesign).

4.4 Von Print zu Web

Stehen Sie vor der Aufgabe, bereits vorhandene Offlineinhalte aus Büchern, Produktbroschüren, Anleitungen etc. in ein Onlineportal zu übertragen, sollten Sie dies in der Regel nicht eins zu eins tun, wie wir bereits erfahren konnten. Und dies nicht nur aus rein gestalterischer Hinsicht. Denn in den seltensten Fällen nutzen solche Offlinetexte die spezifischen Merkmale und Vorteile reiner Webformate aus, die Sie in den vorangegangenen Kapiteln bereits kennengelernt haben.

Auch wenn dies zusätzliche Arbeit mit sich bringt, ein solch intensiv überlegter Transformationsprozess lohnt sich. Es müssen dabei auch nicht unbedingt die ehemaligen Verfasser selbst sein, welche diesen Schritt übernehmen. Manchmal fällt es einer am ursprünglichen Entstehungsprozess unbeteiligten Person sogar leichter, die Quintessenz aus einem gedruckten Text zu ziehen und diesen mit leicht veränderten Worten online zu stellen.

Um mich nicht zu wiederholen, so möchte ich Ihnen an dieser Stelle nur einige kurze Hinweise dazu geben, worauf es bei einer solchen Transformation von Print zu Web zu achten gilt:

- Denken Sie daran: Sätze müssen meist gekürzt oder unterteilt, Absätze enger gefasst werden als bei der ursprünglichen Printfassung. Wortungetüme sollten Sie ersetzen, sehr umfangreiche Beiträge, die kaum zu kürzen sind, möglichst in eine Artikelserie umwandeln. Sie werden oftmals deutlich mehr, also auch neue, Zwischenüberschriften einbinden müssen, um die Textblöcke aufzulockern.
- Nutzen Sie gerade für Kataloge, Glossare und Ähnliches die zeitgemäßen, durch den Nutzer zu steuernden Möglichkeiten der Strukturierung: interne sowie externe Verweise, Menüführungen, Suchverzeichnisse, Auswahlboxen und mehr.
- Überlegen Sie, ob ein „alter“ Offlinetext tatsächlich den Mehrwert für die Besucher bietet, den diese sich im World Wide Web erwarten. Werbebroschüren der früheren Machart entsprechen in ihren Inhalten sehr oft nicht dieser Erwartungshaltung. Dann sollten Sie sich besser neue, praxisbezogenere Botschaften und Ratschläge für Ihre Leser ausdenken und die Hochglanzprospekte dem Papierkorb überlassen.
- Ebenfalls gehören zu einer solchen Diskussion die Fragen: Ist die (Online-)Zielgruppe noch dieselbe wie für den früheren (Offline-)Text? Welche neuen Faktoren müssen in dieser Hinsicht berücksichtigt werden? Ist der alte Text Keyword-optimiert (denn das ist er aller Wahrscheinlichkeit nach nicht)? Passt er ohne größere Änderungen in den sprachlichen, aber auch inhaltlichen Kontext unserer neuen (Online-)Textformate?
- Auch sehr detaillierte Abbildungen mit vielen enthaltenen Informationen sind für die auf Schnelligkeit ausgerichtete Webkommunikation oftmals zu komplex. Dann sollten Sie diese vereinfachen oder in mehrere Untergrafiken aufteilen.

Sind Sie sich gar nicht sicher darin, wie Sie insbesondere umfangreiche Offlineinhalte in die schöne neue Welt des Internets übertragen können, so gibt es für diese Aufgabe mittlerweile auch einige spezialisierte Dienstleister (zu finden etwa unter den Google-Suchbegriffen „Offline Texte adaptieren“).

4.5 Texte organisieren

4.5.1 Organisation für den Leser

Ihre Webtexte für den Leser organisieren? Das mag Ihnen im ersten Moment etwas seltsam vorkommen. Um nichts anderes handelt es sich aber eigentlich bei der Grundidee und -konzeption des World Wide Web und den wichtigsten Elementen seiner Auszeichnungssprache HTML selbst. Das ursprünglich Revolutionäre am Phänomen und heutigen Massenmedium Internet war einst ein Bestandteil, den wir heutzutage als selbstverständlich und manchmal gar schon leicht lästig im Sinne von überproportional oft verwendet empfinden: der Link beziehungsweise Verweis.

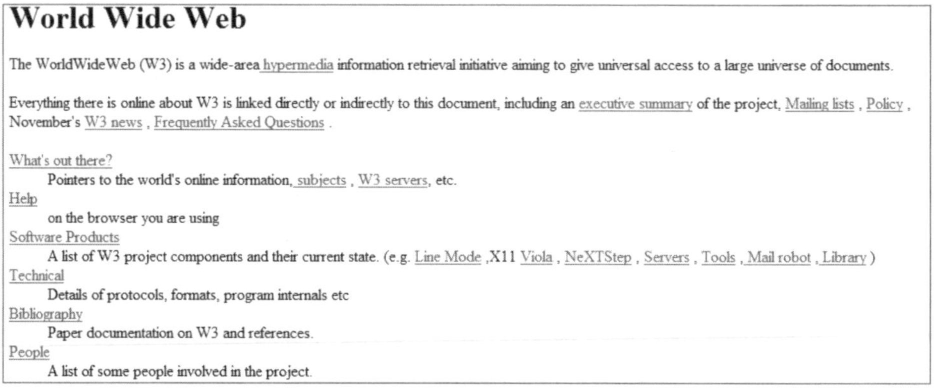
World Wide Web

The WorldWideWeb (W3) is a wide-area hypermedia information retrieval initiative aiming to give universal access to a large universe of documents.

Everything there is online about W3 is linked directly or indirectly to this document, including an executive summary of the project, Mailing lists , Policy , November's W3 news , Frequently Asked Questions .

What's out there?
Pointers to the world's online information, subjects , W3 servers, etc.
Help
on the browser you are using
Software Products
A list of W3 project components and their current state. (e.g. Line Mode ,X11 Viola , NeXTStep , Servers , Tools , Mail robot , Library)
Technical
Details of protocols, formats, program internals etc
Bibliography
Paper documentation on W3 and references.
People
A list of some people involved in the project.

Bild 4.31 Dies ist die angeblich erste Seite im World Wide Web, bei der schnell klar wird, welch wichtige Bedeutung die Links damals hatten (erreichbar ist diese Seite übrigens unter der Adresse *www.w3.org/History/19921103-hypertext/hypertext/WWW/TheProject.html*).

Im Prinzip ist Ihre „kleine" Internetseite, auf welche Sie die Aufmerksamkeit Ihrer potenziellen Leser und/oder Kunden lenken wollen, nichts anderes als ein unendlich kleines Teil innerhalb eines riesigen, weltumspannenden Gesamtkunstwerks, wenn man es einmal so nennen möchte. Die Anzahl der einzelnen Webseiten lässt sich heutzutage kaum noch seriöserweise schätzen, geht aber je nach Betrachtungsweise in die Milliarden. Deswegen können Sie eigentlich sehr stolz und froh sein, wenn ein neuer Nutzer über eine Suchmaschine genau auf **ihrer** Internetseite gelandet ist.

Vorausgesetzt, Ihre Inhalte liegen nun tatsächlich im Fokus des Betrachters und bieten diesem gleichzeitig auch noch einen Mehrwert, was liegt da näher, als diesen nun in Ihr eigenes kleines Sub-Internet zu führen und ihn mittels Links und Verweisen auf weitere Beiträge und Unterseiten Ihrer Website bzw. Ihres Blogs aufmerksam zu machen? Nicht nur, dass Sie Ihre Leser in diesem Fall auf Ihrem Portal halten, die Suchmaschine dies wohlwollend und quasi als Pluspunkt für Ihren Onlineauftritt registriert oder der Internetnutzer Ihre Internetseite oder Ihren Firmennamen eher im Gedächtnis behält – vor allem steigt hierbei die Chance, dass der Nutzer irgendeine für Sie und Ihren Umsatz positive Interaktion durchführt.

Die derartige interne Organisation Ihrer Onlinetexte mit gegenseitigen Querverweisen und Erwähnungen ist eine kleine Wissenschaft für sich, zählt jedoch zu einem besonders wichtigen Bestandteil der effizienten und wirkungsvollen Webtexterstellung. Natürlich hängt die konkrete Ausgestaltung einer entsprechenden projektinternen Organisations- und damit Linkstrategie davon ab, welche Ziele Sie mit jeder einzelnen Internetseite verfolgen. Während Sie auf einer Landingpage – bei welcher die Leadgenerierung oder der konkrete Verkauf im Vordergrund stehen – den Leser möglicherweise überhaupt nicht durch irgendwelche Verweise ablenken möchten, kann in einem eher redaktionellen Beitrag durchaus großzügiger mit diesem strukturierenden und weiterführenden Element gearbeitet werden (beispielsweise von einem Corporate Blog hin zu ähnlichen Beiträgen oder direkt zu passenden E-Shop-Artikeln etc.). Wichtig ist es dabei jedoch, dass Sie immer nur Textbestandteile und Elemente untereinander verlinken, bei denen dies auch inhaltlich einen Sinn ergibt, beziehungsweise wenn dem Leser hierdurch ein Mehrwert geboten wird, etwa indem er zu weiterführenden Informationen gelangt. Verlinken um des Verlinkens willen wird Ihre Leser eher irritieren, auch ist, wie bereits erwähnt, ein mit Links gespickter Onlinetext nicht wirklich angenehm zu lesen. Die Qualität der einzelnen Verweise geht also dringend vor Quantität.

Wie organisieren Sie Ihre internen Links und damit die einzelnen Artikel sowie Seitenbereiche so, dass möglichst ein Mehrwert für den Leser, aber auch für Sie selbst entsteht? Hier ein paar Beispiele, wie wir Sie teilweise bereits kennenlernen durften:

- Binden Sie ein Call-to-Action- oder sonstiges wichtiges Element in Ihrem Beitrag ein, so kann es sich lohnen, weiterführende Verweise erst nach diesem Objekt anzubringen. In diesem Fall wird der Betrachter nicht durch möglicherweise konkurrierende, wenn auch interne, Links abgelenkt. Hat er dennoch kein unmittelbares Interesse an dem für Sie wichtigen zentralen Objekt oder Inhalt, so können Sie ihn danach mittels der Verweise möglicherweise für weitere Inhalte interessieren oder erhöhen zumindest seine Verweildauer und einen möglichen „Branding"-Effekt.
- Gerade diese optionalen, weiterführenden Elemente sollten dann aber auch möglichst sprechend und interessant gestaltet sein. Ein Verweistext der Art „unter diesem Link" oder schlicht und einfach „hier" ist weder für den Besucher noch für die Suchmaschinen sonderlich hilfreich. Benennen Sie möglichst konkret, gleichzeitig aber knapp formuliert, welche Inhalte den Besucher beim Klick auf diesen Link erwarten. Hat er an diesen Informationen Interesse, so wird er schon von sich aus motiviert sein, dem Verweis zu folgen. Führen Sie Ihre Nutzer hingegen keinesfalls in die Irre, indem Sie anhand des Linktexts Erwartungen wecken, die der dann folgende Beitrag inhaltlich nicht halten kann. Das dürfte eher Verärgerung über die „vergeudete" Zeit und die enttäuschte Erwartungshaltung auslösen und könnte einen zuvor gegebenen Mehrwert oder ein bereits gewecktes Interesse wieder komplett zunichtemachen.
- Interne Verweise sollten stets im selben Webfenster geöffnet werden, um die eigenen Nutzer nicht zu verwirren. Alles andere wäre eine Art Medienbruch im Onlinesegment. Zudem ist der Betrachter eher gewillt, ein soeben neu geöffnetes Fenster oder einen neuen Tab gleich wieder zu schließen (womöglich ohne sich überhaupt die Inhalte anzuschauen) als die Oberfläche zu verlassen, auf der er sich eh schon bewegt.
- Eine Alternative ist die Aufzählung ähnlicher Artikel oder Beiträge Ihres Onlineauftritts unterhalb des eigentlichen Textbeitrags mit jeweiliger Verlinkung auf diese (siehe Kapitel 3.1.3.1). Meine Messungen haben ergeben, dass eine solche Maßnahme – bei themenrelevanten Verlinkungen, wohlgemerkt – die Verweildauer auf einem Onlineportal um bis zu

100 Prozent und mehr erhöhen kann. Ähnlich, wie Sie dies aus dem E-Shop-Bereich vielleicht von der Amazon-Funktionalität „Kunden, die diesen Artikel gekauft haben, kauften auch …" her kennen, kann es sich dabei gleichfalls um einen eingebundenen Empfehlungsalgorithmus der Art „Leser dieses Beitrags haben ebenfalls gelesen …" handeln.

4.5.2 Organisation für den Autor und Webseitenbetreiber

Egal ob Sie nun gleich Texte für mehrere voneinander getrennte Onlineauftritte verfassen oder aber zentral auf eine einzige Webpräsenz zugreifen: Mit zunehmenden Inhalten wird es immer wichtiger, auch Ihre bestehenden Beiträge sowie neue Textentwürfe und -ideen effektiv zu strukturieren. Im Folgenden möchte ich Ihnen ein paar grundlegende Techniken hierfür vermitteln.

4.5.2.1 Seiten-Templates

In diesem Kapitel haben Sie bereits gelernt, dass ein und dieselbe Textbeitragsart auf Ihrer Onlineseite stets möglichst gleich strukturiert sein sollte, um Ihren Lesern ein einheitliches Bild sowie einen gewissen Wiedererkennungswert mit auf den Weg geben zu können. Dies geht hin bis zu solch vermeintlichen Kleinigkeiten dass:

- in einem Interviewbeitrag die Abstände zwischen den Fragen sowie den zugehörigen Antworten stets gleich ausfallen, die Infobox über den Interviewpartner immer in gleicher Weise gestaltet und positioniert ist etc.,
- Gastbeiträge stets über eine einheitlich formatierte Kennzeichnung verfügen,
- Links je nach Art auf das gleiche oder ein neu zu öffnendes Fenster verweisen,
- automatisch die zum Text passenden Informationen oder auch Werbeeinblendungen innerhalb der Seitenbereiche (Sidebar) der Website eingebunden werden,
- auch Bildinformationen in bestimmten Standardformaten je Portal eingebunden sowie mit den richtigen Zusatzinformationen versehen werden (Untertitel, HTML-Bildinfo …)

und vieles Weitere mehr. Eine solche Struktur lässt sich idealerweise über sogenannte Seiten-Templates steuern. Dies bedeutet, dass man beim Verfassen eines neuen Beitrags am Ende nur noch die Art des jeweiligen Templates (dabei handelt es sich vereinfacht gesagt um das technische Grundgerüst) über ein Menüfeld auswählen muss („Newsbeitrag", „Interview", „Gastbeitrag", „Landingpage" oder Ähnliches), und schon wird die zugehörige Internetseite korrekt formatiert ausgeliefert.

Dies erspart Ihnen nicht nur eine Menge an administrativer Arbeit, etwa den Eingriff in die jeweils spezifische HTML-Programmierung, sondern lässt auch eine komplette themenbezogene Webseitenstruktur entstehen. Möchten Sie dann beispielsweise sämtliche Gastbeiträge oder sämtliche Landingpages mit einem neuen Call-to-Action-Element innerhalb der Sidebar ausstatten, so brauchen Sie lediglich einmalig das zugehörige Template-Format anzupassen, statt jeden einzelnen Artikel überarbeiten zu müssen. Zudem erhalten Sie gleichzeitig einen besseren Überblick darüber, welche bereits existierenden Beiträge innerhalb Ihres Redaktionssystems welcher Art und welchem Template zugeordnet werden können. Selbst der Wechsel bei einem bestimmten Artikel hin zu einem anderen Ausgabeformat ist damit in der Regel mit einem einzigen Klick zu bewerkstelligen.

Bild 4.32 Von einfachen Möglichkeiten der Layout-Einstellung, so wie hier abgebildet, bis hin zu umfangreichen Formatierungen: Die meisten Content-Management-Systeme verfügen über vergleichbare Funktionalitäten.

4.5.2.2 Kategorien und Tags

Die Funktionalität der Einordnung von Onlineartikeln in einzelne Kategorien wird von den meisten gängigen Content-Management-Systemen unterstützt, auch wenn die Bezeichnung hierfür im Einzelnen möglicherweise abweicht. Worum handelt es sich nun bei diesen Kategorien? Wie der Name schon vermuten lässt, bieten sie eine inhaltliche, thematische Untergliederung der einzelnen Textinformationen auf einem Content-Portal. So wie ein Onlineshop im Tierbedarfsbereich etwa über Kategorien verfügt wie „Tierfutter“, „Spielzeug“, „Zubehör“ oder „Fachliteratur“, so hätte ein zugehöriges redaktionell betreutes Onlinemagazin wahrscheinlich Kategorien wie „Ausbildungstipps“, „Veranstaltungen“, „Produktneuheiten“, „Experteninterviews“, „Hinter den Kulissen“ oder Ähnliches.

Idealerweise entsprechen diese bei jedem neuen Beitrag wählbaren Kategorien einem zugehörigen Menüpunkt auf der Oberfläche Ihres Webportals, sodass ein Leser, der sich für „Veranstaltungen“ rund um die Vierbeiner interessiert, über diese Auswahl eine Übersicht der Textbeiträge angezeigt bekommt, die eben Informationen zu den einzelnen kommenden Events präsentieren. Denn selbst wenn ein neuer Leser direkt über einen bestimmten Suchbegriff bei Google auf eine Ihrer Seiten gelangt, so möchten Sie natürlich, dass dieser möglichst noch weiter in Ihrem Onlinemagazin oder in Ihren Informationen stöbert. Auch dann wird er die Kategorien nutzen, um auf Inhalte zu gelangen, die ihn in seiner jeweiligen Situation interessieren.

Bild 4.33 Idealerweise sollten die einzelnen Kategorien nicht in einem Untermenü „versteckt“ werden, so wie hier ersichtlich. Gerade bei umfangreichen Strukturen gelingt dies jedoch nicht immer.

HINWEIS: Kategorien könnten in einem solchen Fall natürlich auch aus einzelnen Produktlinien oder Dienstleistungsbereichen bestehen, die auf einen oder mehrere zugehörige Textbeiträge verweisen. Wobei dann oftmals die Gefahr besteht, dass Sie sich zu sehr auf die technische, rein sachliche Präsentation Ihres Unternehmens fokussieren (siehe Kapitel 2.1.5).

Rein sprechende Kategoriebezeichnungen könnten hingegen bereits bestehende Kunden in die Irre führen, die nicht auf der Suche nach eher marketingtechnischen Hintergrundinformationen sind, sondern sich ganz gezielt die Details zu Produkt oder Leistung xy anzeigen lassen wollen. Haben Sie dann keinen vom Hauptportal oder E-Shop getrennten Onlinemagazin-Bereich zur Verfügung, so sollten Sie darüber nachdenken, beide genannten Navigationsmöglichkeiten anzubieten (etwa jeweils als Submenü, beispielsweise einmal unter dem Hauptmenüpunkt „Produkte" und einmal unter „Nachrichten", „Magazin", „Praxistipps" oder Ähnlichem). ■

Ordnen Sie Ihre eher redaktionellen Beiträge übrigens in solche Kategorien ein, so ist es für den Leser stets hilfreich, an prominenter Stelle angezeigt zu bekommen, an welcher Stelle Ihres Onlineportals beziehungsweise in welcher Kategorie er sich denn gerade befindet. Gerade bei Direktzugriffen auf einzelne Unterseiten Ihrer Website, etwa von einer Suchmaschine kommend, erleichtert dies die gegebenenfalls eintretende sowie erhoffte weiterführende Navigation. In diesem Zusammenhang hat sich zudem die sogenannte Breadcrumb-Navigation (zu Deutsch: „Brotkrümelnavigation") bewährt:

Bild 4.34 Die Breadcrumb-Leiste über dem Artikel zeigt Ihren Besuchern, wo diese sich gerade befinden.

Oberhalb eines jeden Artikels sowie jeder Seite eingebunden zeigt Sie dem Leser nicht nur sehr augenscheinlich, wo und in welcher Tiefe er sich gerade auf Ihrem Portal befindet, dieser kann – über die integrierten Verweise – zudem schnell und bequem zu übergeordneten Seitenstrukturen wechseln. Dies ist etwa dann von Vorteil, wenn ihm der aktuelle Textbeitrag gefallen hat und er sich noch weitere, ähnliche Artikel der zugehörigen Oberkategorie anschauen möchte.

Herrenmode > Themen > Sommerwelt > Sommermode für Damen > Kleider & Röcke >
Möbel > Themen > Sommerwelt > Sommermode für Damen > Kleider & Röcke >
Specials > Mode & Schuhe > Basics > Kleider >
Wäsche > Themen > Strandmode > Röcke & Kleider >

Bild 4.35 So bitte nicht: „Kleider& Röcke“ als Unterpunkt von „Herrenmode“ oder „Möbel“? Diese Navigationshierarchie, gesehen in einem Onlineshop, wird kein Nutzer verstehen.

Neben den Kategorien bieten die sogenannten „Tags“ eine zusätzliche Möglichkeit, für Struktur und damit Organisation auf Ihrem Portal zu sorgen. Dabei ordnen Sie die einzelnen Textbeiträge oder Shop-Artikel einem passenden Stichwort zu, welches man dann das „Tag“ nennt („Tag“ ist in diesem Fall englisch und steht für „Anhänger“ oder „Anhängeschild“). Es handelt sich dabei um eine untergeordnete, kleinteiligere Hierarchieebene als die Kategorien. Ein Beispiel: Nehmen wir an, ein Onlineshop für Gartenbedarf verfügt über die Kategorie „Heckenpflanzen“. Die Produkte darin wären dann mit Tags versehen wie „immergrün“, „Laubgehölz“, „Nadelgehölz“, „nicht blühend“ oder „blühend“.

Ein Produkt – oder ein Textbeitrag – kann meist über mehrere Tags gleichzeitig verfügen. Diese werden dann etwa unter dem Artikel jeweils in Form eines Links aufgelistet, der auf andere Artikel mit demselben vergebenen Tag führt. Eine solche weitere Hierarchieebene (neben den Kategorien) bietet also

a) eine zusätzliche Navigationsmöglichkeit für Ihre Leser, die, um beim Beispiel zu bleiben, gleich nach weiteren „Heckenpflanzen“ mit genau der Ausprägung „Nadelgehölz“ Ausschau halten wollen sowie

b) eine organisatorische Komponente für Sie als Webseitenbetreiber, der damit den strukturellen Aufbau seiner Onlinepräsenz kontrollieren und gegebenenfalls weiter ausbauen kann.

Um dies ein wenig verständlicher zu machen, hier noch ein entsprechendes Beispiel für ein Content-Portal. Nehmen wir den Steuerberater, der Beiträge zu einer Kategorie „Umsatzsteuer“ verfasst. Zugehörige „Tags“ könnten dann zum Beispiel sein: „Vorsteuerabzug“, „Kleinunternehmer“ oder „Freibeträge“.

Ab 2012 elektronisches Lohnsteuer-Verfahren

Die elektronische Lohnsteuerkarte soll die Lohnsteuerkarte aus Papier bis 2012 ablösen. In der Übergangsphase gilt die Lohnsteuerkarte 2010 auch für 2011.

Ab 2011 ist allein das Finanzamt Ihr Ansprechpartner für Auskünfte zu gespeicherten Steuerdaten sowie für Änderungen. Die Gemeinden stellen somit künftig keine Lohnsteuerkarten mehr aus. Sie bleiben – wie bisher – für die Meldedaten zuständig. Wer 2011 erstmals eine Lohnsteuerkarte benötigt, beantragt sie bei seinem zuständigen Finanzamt.

Was Sie 2011 beachten müssen:

Mehr...

Einkommen-/Lohnsteuer, Erbschaftsteuer, sonstige Steuern, Umsatzsteuer

Arbeitszimmer, doppelte Haushaltsführung, eingetragene Lebenspartner, elektronische Jahreserklarung Umsatzsteuer, haushaltsnahe Dienstleistungen, Jahressteuergesetz 2010, Kinderfreibetrag, Lohnsteuer-Verfahren, Riester-Zulagen

Bild 4.36 Auf diese Weise werden Kategorien und Tags meist am Ende eines Beitrags abgebildet.

5 Text(er)-Strategien für Onlinemarketing und SEO

Eingangs hatte ich bereits erwähnt, dass ich persönlich nicht der Verfechter des reinen SEO-optimierten Schreibens bin (die Abkürzung SEO bedeutet wie bereits erwähnt „Search Engine Optimization", also Suchmaschinenoptimierung). Zu viele mir bekannte Beispiele hatten mit dieser Strategie eher weniger oder gar negative Erfolge, gerade da die Suchmaschinen, allen voran Google, in den letzten Monaten und Jahren nicht gerade dümmer geworden sind. Das Schreiben allein aus dem SEO-Aspekt heraus hat zudem immer auch etwas Unnatürliches, und mittlerweile gibt es genügend Algorithmen und sonstige technische Strategien, um derart unnatürliche Manipulationsversuche erkennen zu können – denn um nichts anderes handelt es sich nach Meinung der Suchmaschinenbetreiber.

Mit seinen „Panda" und „Pinguin" (Penguin) genannten Suchmaschinenranking-Updates hat Google 2011 und 2012 genau solche Algorithmen eingeführt, die für einigen Wirbel in der SEO-Szene sorgten. Stark verkürzt erläutert wurden mit diesen Updates all jene Seitenbetreiber abgestraft, die bislang auf minderwertige SEO-Methoden, aber eben auch auf minderwertigen Content setzten. Die Leidtragenden der neu eingeführten Algorithmen waren vor allem die meist kleineren Unternehmen, die von unseriösen SEO-„Optimierern" zu einem solchen Verhalten verleitet wurden, oft gar unwissentlich. Die zugrunde liegende Selektion wird in Zukunft noch weiter voranschreiten, und so werden es möglichst natürliche – also ohne einen bestimmten Hintergrund formulierte – Texte deutlich einfacher haben, von den potenziellen Lesern auch tatsächlich gefunden zu werden.

Ein weiteres Argument aus SEO-Sicht: Bei meinen eigenen Portalen, aber auch bei Onlineauftritten von Unternehmenskunden funktionieren meist jene Beiträge am besten und sorgen damit für das größte Feedback bzw. die beste Erfolgsquote, bei denen sich der Autor kaum oder gar keine Gedanken um eine rein SEO-basierte Textstrategie gemacht hat. Dennoch gibt es natürlich auch bei qualitativ hochwertigen Texten einige Ansätze und Methoden, teils technischer, teils marketingrelevanter Art, um für ein Mehr an Aufmerksamkeit in den Suchmaschinen zu sorgen und somit aus einem qualitativ guten Webtext auch einen quantitativ erfolgreichen zu machen. Einige solche Strategien möchte ich Ihnen auf den folgenden Seiten vorstellen.

5.1 Textbasierte Strategien

5.1.1 Mehr Sein als Schein: Onlineauftritt versus Werbeprospekt

Wir haben die folgende Thematik bereits kurz gestreift, aber ich möchte noch einmal ein wenig ausführlicher auf diese eingehen, da sie meines Erachtens den Schlüssel zu einer erfolgreichen Onlinekommunikation für Selbstständige und Unternehmer jeglicher Art darstellt. Und ja, es handelt sich durchaus um eine Strategie beim Texten, da gefühlt 80 Prozent der Unternehmer beziehungsweise deren für die Onlinetexte verantwortlichen Mitarbeiter noch nie von den dahintersteckenden Regeln gehört zu haben scheinen, zumindest was den Mittelstand und die vielen Selbstständigen anbelangt. Zudem sind die zugehörigen Mechanismen für jeden der im Internet publiziert von Interesse, da auch ich selbst bei meinen eigenen Onlinetexten immer wieder feststelle, dass ich in die (nicht immer) gute alte Werbe- und damit Sprachwelt des Marketings 1.0 abgleite.

Worum genau geht es? Ich möchte das in diesem Fall zur Abwechslung einmal anhand von zwei Beispielen aus der Printwerbung verdeutlichen. Schauen Sie sich einmal Bild 5.1 und Bild 5.2 an, entnommen ein und derselben Ausgabe eines lokalen gedruckten Magazins aus dem B2B-Bereich, aber die inhaltlichen Aussagen lassen sich sicherlich auch auf B2C-Werbeformate adaptieren.

Bild 5.1 Die Printanzeige einer Personalagentur, deren Text man sich auch gut auf dem zugehörigen Onlineauftritt vorstellen könnte.

Sehen Sie sich weiterhin folgenden Werbetext einer Rechtanwaltskanzlei an.

Informationen zum Gesellschaftsrecht (59)

Neues zur Einziehung von GmbH-Geschäftsanteilen

Nach bisher überwiegender Meinung wurde ein Beschluss über die Einziehung eines Geschäftsanteils an einer GmbH erst mit der vollständigen Zahlung des Abfindungsbetrages wirksam. Bis dahin verblieb der betroffene Gesellschafter in der GmbH, seine Stimmrechte ruhten jedoch. Einige wenige Gerichte und Autoren vertraten hingegen die Auffassung, dass der Gesellschafter bereits mit der Mitteilung des Einziehungsbeschlusses aus der Gesellschaft ausscheidet. Der BGH hat nun mit Urteil vom 24.01.2012 - II ZR 109/11 – entschieden, dass dann, wenn der Einziehungsbeschluss weder nichtig ist - dies ist er dann, wenn bereits bei der Beschlussfassung feststeht, dass die Gesellschaft den Abfindungsbetrag nie wird aufbringen können - noch angefochten und für nichtig erklärt wird, die Einziehung bereits mit der Mitteilung des Beschlusses an den betroffenen Gesellschafter wirksam wird. Da hier für den betroffenen Gesellschafter das Risiko besteht, dass die Gesellschaft später insolvent wird und die Abfindung nicht zahlen kann, haften nach dem BGH die Gesellschafter, die den Einziehungsbeschluss gefasst haben, dem ausgeschiedenen Gesellschafter anteilig für den Abfindungsbetrag. Diese Haftung der verbleibenden Gesellschafter gilt nur dann nicht, wenn sie dafür sorgen, dass die Abfindung aus dem ungebundenen Vermögen der Gesellschaft geleistet werden kann oder sie die Gesellschaft auflösen. Fraglich ist, was gilt, wenn im Gesellschaftsvertrag geregelt ist, dass nach der Einziehung die Rechte des betroffenen Gesellschafters ruhen. Da hier der Gesellschaftsvertrag von einer bis zur Zahlung des Abfindungsbetrages weiterbestehenden Mitgliedschaft ausgeht, könnte die Einziehung in solchen Fällen auch erst später wirksam werden.

Zu einem weiteren Streitpunkt bei der Einziehung liegt jetzt die erste Entscheidung eines Oberlandesgerichts vor. Wird bei der GmbH ein Geschäftsanteil eingezogen, so kommt es zu einer Differenz zwischen der Höhe des Stammkapitals und der Summe der Nennwerte der verbleibenden Geschäftsanteile. Diese Auswirkung wurde bis zur GmbH-Reform 2008 für zulässig gehalten. Aufgrund einer Angabe in der Gesetzesbegründung zur GmbH-Reform, entbrannte ein Streit darüber, ob dies auch weiterhin zulässig ist. Die wohl herrschende Meinung verneinte dies und erörterte, ob ein Einziehungsbeschluss ohne gleichzeitige Neuschaffung eines Geschäftsanteils oder anteilige Erhöhung der verbleibenden Geschäftsanteile endgültig unwirksam ist oder durch nachträgliche Beschlussfassung geheilt werden könne. Das Landgericht Essen hatte mit Urteil vom 09.06.2010 - 42 O 100/ 09 - und das Landgericht Neubrandenburg mit Urteil vom 31.03.2011 - 10 O 62/09 - sich der Auffassung angeschlossen, dass eine Einziehung ohne gleichzeitige Erhöhung der übrigen Geschäftsanteile unwirksam sei. Das Oberlandesgericht Saarbrücken hat nun mit Urteil vom 01.12.2011 - 8 U 315/ 10-83 - entschieden, dass eine durch eine Einziehung entstehende Divergenz zwischen Stammkapital und Summe der Nennwerte der verbleibenden Anteile nicht zur Nichtigkeit des Einziehungsbeschlusses führt. Gegen die Entscheidung ist beim BGH eine Nichtzulassungsbeschwerde anhängig.

Prof. Dr. Andreas Klose, Rechtsanwalt,
Fachanwalt für Steuerrecht und für Handels- und Gesellschaftsrecht

HÜMMERICH & BISCHOFF

Am Kanal 16-18, 14467 Potsdam
Tel.: 0331/74796-0
Fax: 0331/74796-25
andreas.klose@huemmerich-partner.de
www.huemmerich-partner.de

Unsere früheren Beiträge finden Sie auf unserer Internetseite unter Medien / Mandanteninformationen sowie auch weiterhin unter www.rechtsanwaelte-klose.com unter Publikationen.

Bild 5.2 Werthaltige Informationen werden hier gegeben, die jedoch verständlicher formuliert und vor allem strukturiert sein könnten. Im Internet würde zudem der Streueffekt wegfallen, das heißt, es würden fast nur Leser auf diesen Text stoßen, die sich aktuell für das Thema „Gesellschaftsrecht" bei GmbHs interessieren.

Stellen Sie sich einmal vor, Sie würden diese beiden Texte in Ihrem Onlineauftritt veröffentlichen, um auf sich und Ihre Leistungen aufmerksam zu machen. Die erste Anzeige ist sicherlich professionell aufgemacht, aber: Was wäre der Mehrwert, der sich dem Leser erschließt? Sicherlich, das Unternehmen ist groß, hat jüngst einen Preis bekommen, und nach eigener Aussage – und damit wenig verwunderlich – sind dessen Kunden zufrieden mit den erbrachten Leistungen. Als markenbildende Maßnahme in einem Printmagazin mag dies ausreichend sein, aber Ihre potenziellen Onlineleser wollen deutlich mehr.

Sehen wir uns das zweite Beispiel an. Ja, der Text ist unstrukturiert, schwer zu lesen und durchsetzt mit teils unverständlicher Fachsprache. Rein von der Idee her eignet sich dieser dennoch viel besser für einen entsprechenden Onlinebeitrag, denn er bietet einen ganz konkreten Mehrwert. Wer sich für die sehr spezielle Thematik „Wirksamkeit der Einziehung von Geschäftsanteilen bei einer GmbH" interessiert, der wird nicht nur mit relativ großer Wahrscheinlichkeit über eine entsprechende Websuche auf genau diesen Text stoßen, er wird zudem auch noch einen Mehrwert beziehungsweise die gewünschte Information daraus ziehen können (wie gesagt unabhängig davon, dass der Text für den Laien natürlich deutlich praxisorientierter und lesefreundlicher verfasst sein könnte). Und beinahe nebenbei präsentiert sich auch noch der zuständige Fachanwalt als Lösungspartner bei weiteren Fragen.

Welcher Beitrag eignet sich online wohl eher als Akquisemittel? Und was lernen wir daraus? Die Zeit der eher unkonkreten, bunten und hübschen, aber inhaltslosen und wenig aussagekräftigen Massenansprache ist vorbei. Was früher schon wahrscheinlich eher schlecht als recht funktioniert hat – denn nicht umsonst beschwerten sich viele Printanzeigenkunden über das mangelhafte Kosten-Nutzen-Verhältnis derartiger Anzeigenschaltungen – geht im Web 2.0 erst recht nicht mehr. Ihre Leser und Besucher erwarten eine ganz konkrete Lösung für ein ganz konkretes Problem. Und – was man ebenfalls nicht vergessen darf – Ihre jetzigen (Online-)Interessenten finden Sie nicht mehr durch zufälliges „Blättern" in einem Magazin oder Katalog, sondern diese gehen ganz gezielt auf die Suche nach einer Lösung und nach Mehrwert. Gefunden und dann auch noch gelesen werden Sie also nur, wenn Sie einen solchen Mehrwert statt bunter Werbeprospektbilder liefern können.

Ein kleiner Trost, den wir bereits haben anklingen lassen: Gelingt es Ihnen, mehrwertbehaftete Onlineinformationen bereitzustellen, so sind die zugrunde liegenden Marketingmaßnahmen nicht nur um ein Vielfaches zielgerichteter, sondern auch deutlich günstiger. Was früher eine Printanzeige mit Kosten im fünfstelligen Bereich leistete, die wahrscheinlich nur von einem Bruchteil der Rezipienten aktiv wahrgenommen wurde und dann möglicherweise noch nicht einmal auf einen konkreten Bedarf gestoßen ist, das können Sie heutzutage teils viel effizienter mit einem Webtext für eine zweistellige Summe haben.

HINWEIS: In diesem Zusammenhang erwähnt sollten Sie bei Ihren Onlinetexten auch stets sparsam mit jeglichen Superlativen umgehen. Das größte, tollste, schnellste, kundenfreundlichste, günstigste und überhaupt beste Unternehmen in seinem Bereich? Solche pauschalen Aussagen – ohne konkrete Belege und weiterführende Hilfestellungen – funktionieren glücklicherweise kaum mehr. Onlineleser sind im Allgemeinen zu Recht sehr kritisch gegenüber derartigen Behauptungen eingestellt. Und dann dürfen Sie sich über mangelnde Besucherzahlen, eine hohe Abbruchquote oder fehlende Interaktionen durch Ihre Leser nicht wundern.

Selbst Gütesiegel und Auszeichnungen werden hinterfragt beziehungsweise wirken oft nur noch bei einigen wenigen sehr renommierten und anerkannten ausgebenden Institutionen, hat doch deren Verwendung gerade im Onlinebereich inflationär zugenommen. Und die meisten Leser wissen sehr wohl, dass viele solcher Labels eher künstlicher und kommerzieller Natur sind.

5.1.2 Virales & Social Textmarketing

Sie haben nun bereits einiges darüber erfahren, warum es so wichtig ist, den eigenen Onlinelesern Texte und Inhalte mit Mehrwert an die Hand zu geben. Doch nicht nur auf diese direkte Zielgruppe im eigentlichen Sinn wird sich dies auswirken. Ich habe es bereits angesprochen: Im World Wide Web konkurrieren unzählige Content-Portale miteinander, selbst in jedem noch so kleinen inhaltlichen Nischenbereich. Zudem entdecken immer mehr private, aber auch semiprofessionelle Webseitenbetreiber den Markt der Onlinemagazine für sich, selbst zu jedem noch so kurios oder speziell anmutenden Fachthema existieren heutzutage gleich mehrere deutschsprachige Onlineblogs von privater Hand. Denn es hat sich herumgesprochen, dass sich mit einem solchen Portal meist zumindest ein kleiner Nebenverdienst erwirtschaften lässt.

Aber auch immer mehr Anwender, Endverbraucher, Hobbybegeisterte und sonstige Privatpersonen entdecken die Leidenschaft für sich, heutzutage mit sehr einfachen und günstigen Mitteln und ohne große technische Kenntnisse online publizieren zu können. Kostenlose, einfach zu bedienende Content-Management-Systeme wie WordPress & Co. (siehe *http://wpde.org/*) machen es möglich. So entstanden und entstehen nach und nach unzählige Onlinemultiplikatoren auch für Ihren unternehmerischen Bereich, vom privaten Finanzmagazin über den Bestattungsblogger bis hin zu technischen Spezialpublikationen sowie entsprechenden Foren. Suchmaschinen-, aber auch besuchertechnisch gesehen kann Ihnen nun fast nichts Besseres passieren, als wenn Sie genau in einer solchen Onlinepublikation genannt und verlinkt werden. Natürlich können Sie thematisch passende Webseitenbetreiber aktiv ansprechen und um eine derartige Veröffentlichung bitten. Allerdings werden Sie sich gerade im privaten, nicht kommerziellen Bereich damit manchmal nur wenig Freunde machen, sind solche Versuche der Einmischung in die redaktionelle Berichterstattung zu Recht umstritten und könnten als „unlauter" wahrgenommen werden, was Ihrem eigenen Onlinerenommee nachhaltig schaden könnte. Auch die Versuche, sich solche Links mit barem Geld zu erkaufen, werden glücklicherweise zunehmend skeptisch gesehen, sind doch in letzter Zeit zahlreiche erfolgreiche Onlineportale tief in der Gunst von Google & Co. gesunken, die auf genau solche Maßnahmen setzten.

Was hilft also, um dennoch erreichen zu können, dass sich Ihre Inhalte auf möglichst natürliche Weise viral, also autonom verbreiten, weiterempfohlen werden, in sozialen Netzwerken verlinkt, „geliked" und auf sonstige Art erwähnt werden? Es ist fast schon ein alter Hut beziehungsweise ich muss mich wiederholen: qualitativ hochwertige Inhalte. Sie sind der einzige Modellbauhersteller, der seinen Kunden online verrät, wie man die erworbenen Bausätze mit eigenen, günstigen Mitteln noch etwas aufwerten kann? Der einzige lokal ansässige Metzger, der detailliert auf der Website veröffentlicht, welche Zusatzstoffe in welchem seiner Produkte enthalten sind oder eben nicht? Der einzige Steuerberater, der grundlegende Tipps zur Steuererklärung Marke Eigenbau kostenlos und für jedermann verfügbar über das Internet bereitstellt? Der erste Modedesigner am Ort, der online mit seinen potenziellen Kunden über die eigenen Werke diskutiert und diese über die zukünftige Kollektion mit abstimmen lässt? Ein Bauunternehmer, der sogar Mängel, und natürlich deren Beseitigung, bei seinen Kunden in einem Internettagebuch dokumentiert? Der erste freiberufliche Fachinformatiker, der sein Spezialwissen auch für Halblaien verständlich aufbereitet weitergibt, und dies ohne Angst, deswegen möglicherweise den einen oder anderen Auftrag zu verlieren (den er dafür an anderer Stelle durch sein positives Marketing wieder erhält)?

Ich denke, ich muss diese Liste nicht weiterführen, Sie werden sicherlich erkannt haben, wie ein positives, nachhaltiges Onlinemarketing heutzutage funktioniert. Das ist zwar eine schlechte Nachricht für all jene, die bislang tunlichst darauf geachtet haben, auch ja nicht irgendwelche „Insiderinformationen" aus Angst vor der Konkurrenz oder gar dem mündigen Kunden weiterzugeben. Diese Personen werden sich jedoch generell schwer damit tun, eine inhaltlich wirksame Onlinepräsenz zur Kundenakquise aufzubauen, da sie kaum etwas Werthaltiges zu berichten haben. Allen anderen sei verraten, dass sich eine transparente (Fach-)Informationspolitik zwar nicht sehr oft, dafür aber umso wirkungsvoller zu einer echten kleinen viralen Online-Erfolgswelle ausdehnen kann.

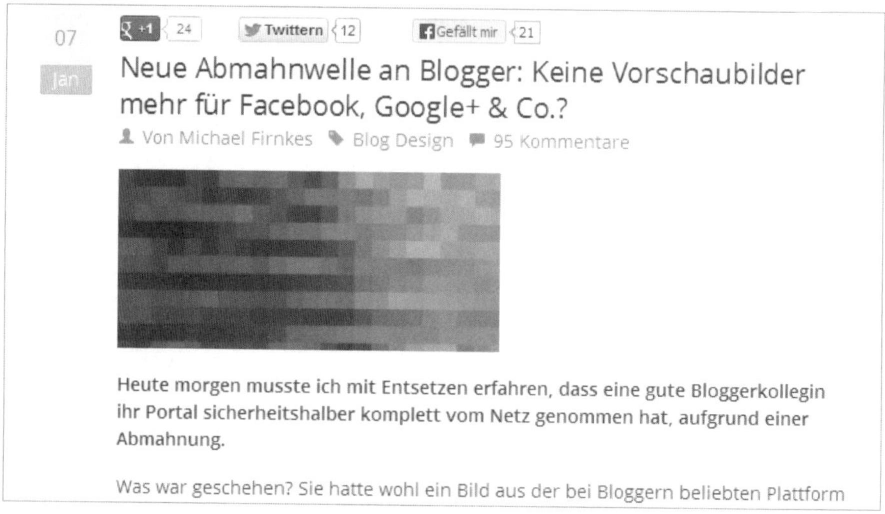

Bild 5.3 Jegliche Tipps, die man selbst nach und nach gesammelt und „entdeckt" hat, weiterzugeben, das kommt bei den Lesern immer gut an und verbreitet sich von ganz allein.

Und es gibt natürlich noch einen weiteren angenehmen Nebeneffekt dieser Transparenz. In der heutigen Onlinemedienwelt ist es ein Leichtes, etwa nach einem Maler in der Region zu suchen, den man beauftragen möchte. Je mehr Sie von sich preisgeben, umso mehr werden Sie auch als fachliche Instanz wahrgenommen werden. Ich kenne nicht wenige, selbst nicht sonderlich onlineaffine Freunde und Bekannte, die sich für einen Handwerker oder ein sonstiges Unternehmen bzw. Produkt allein deswegen entschieden haben, weil Ihnen die im zugehörigen Onlineauftritt gegebenen Informationen zusagten und weil diese eine gewisse Kompetenz ausstrahlten. Präsentieren Sie sich als Unternehmer dann auch noch sehr persönlich und mit entsprechender Eigeninitiative auf Ihrer Website, so wird aus einem derartigen Onlinerenommee recht schnell auch ein Offline-Expertenstatus. Dieser Effekt wird immer weiter zunehmen, nachdem mehr oder weniger persönliche Unternehmensportale nach und nach die gedruckten „Gelben Seiten" und ähnliche Präsentationsmöglichkeiten ablösen. Wer dann online kein Fachwissen zu präsentieren hat, und zwar möglichst auf seinem eigenen Portal, der wird sich in Zukunft sehr schwer damit tun, öffentliches Marketing zu betreiben.

5.1.3 Die Keyword-Auswahl und -Dichte

Ich habe lange darüber nachgedacht, wie ich Ihnen diesen eher technischen Ansatz einer möglichst optimalen Häufigkeit der Nennung relevanter Keywords nahebringe, da es sich in diesem Fall um eine Strategie handelt, die auch genau das Gegenteil bewirken kann. Vor allem dann, wenn man es mit den zugehörigen Maßnahmen übertreibt. Um die Wichtigkeit der Nennung bestimmter Schlüsselwörter (also Keywords) etwa in der Überschrift, aber auch im Fließtext selbst ging es bereits im vorherigen Kapitel.

Um es wieder an einem Beispiel zu zeigen: Wollte vor nicht allzu langer Zeit ein Onlineautor etwa ein „kostenloses Girokonto" in seinem Webtext vermarkten und dabei auch möglichst viele Leser erreichen, die bei Google genau nach diesem Stichwort bzw. dieser Phrase suchten, so ging er in der Regel wie folgt vor.

- Die Überschrift lautete irgendetwas mit „kostenloses Girokonto“, idealerweise standen die beiden Begriffe dabei auch noch direkt am Anfang
- Im Fließtext wurde andauernd auf eben diese Begriffe „kostenloses Girokonto“ eingegangen, sowie auf Varianten davon („Girokonto kostenlos“, „kostenlose Girokonten“, „gratis Girokonto“, „Girokonto ohne Gebühren“ etc.)
- Typischerweise wurden einige oder gar alle dieser Nennungen auch noch mit einem weiterführenden Link versehen, der auf eine entsprechende Landingpage zum Abschluss des Kontos oder auf ähnlich Sales-relevante Bausteine führte

Es kursierten damals in manchmal mehr, manchmal weniger informierten SEO-Kreisen sogar ganze Berechnungsformeln, wie oft man denn diese Keywords im Verhältnis zum Umfang des restlichen Texts nennen müsse, um möglichst attraktiv auf die einzelnen Suchmaschinen zu wirken. Verlockende Aussagen bis hin zu „Damit kommt man bei Google garantiert auf Platz eins“ machten die Runde. So hieß es dann beispielsweise, die Phrase „kostenloses Girokonto“ müsse im Beitrag einen Anteil von genau 3,5 Prozent haben und damit genau x-mal vorkommen. Webbasierte Schreibtools sorgten dafür, dass man den zugehörigen Text auch ja nicht mit einer Quote von 3,4 oder 3,6 Prozent abschließen konnte, und nicht wenige Onlinetexter halten sich auch heute noch an vergleichbare Vorgaben.

Was dies für die Qualität der dabei entstehenden Webtexte bedeutete, das können Sie sich denken. Es macht wahrlich keinen Spaß, etwa folgenden Artikel zu lesen.

Bild 5.4 „Girokonto kostenlos“ und zugehörige Varianten 13-mal in 132 Wörtern zu lesen, dazu noch jede Menge „gratis“ und „kostenlos“, das will sich heutzutage kein Leser mehr zumuten.

Nicht nur, dass man sich damit seine „natürlichen“ Leser vergrault, auch für die Suchmaschinen funktioniert ein solch stupides Vorgehen glücklicherweise nur noch in den wenigsten Fällen. Dennoch können Sie mit einer ähnlichen, wenn auch weit organischeren Vorgehensweise immer noch beeinflussen, wie Ihre über Suchmaschinen kommenden (Neu-) Besucher auf genau Ihren Onlineauftritt stoßen, beziehungsweise über welche Suchbegriffe Sie hauptsächlich gefunden werden.

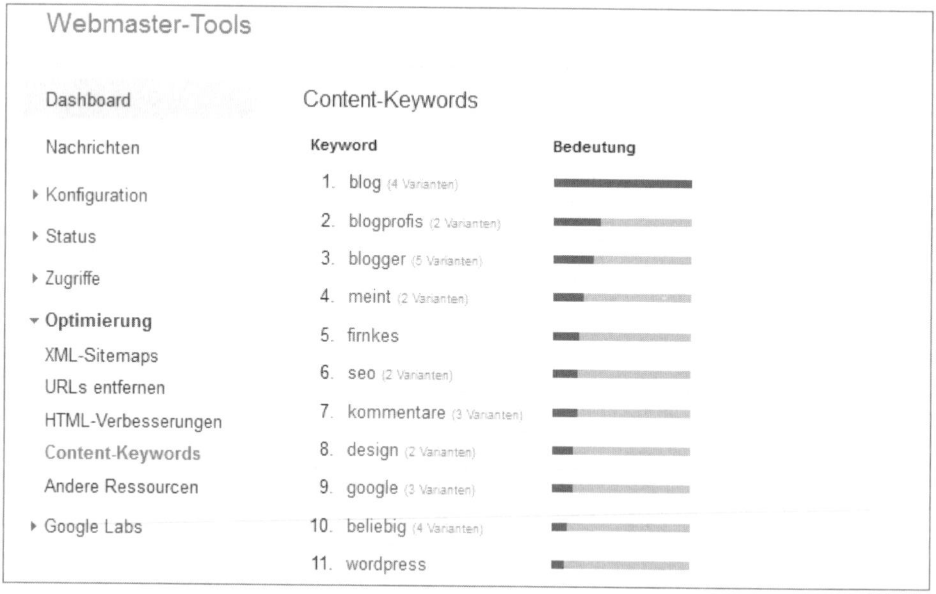

Bild 5.5 Die Keyword-Verteilung eines Content-Portals, ausgewertet von und mit Google

Die hier abgebildete Keyword-Verteilung eines Onlineportals – wie Google sie in etwa „sieht“ – wurde mit dem kostenfreien Onlinewerkzeug „Google Webmaster Tools“ erstellt, erreichbar unter der Adresse *www.google.com/webmasters/tools*. Aber auch mit Google Analytics lassen sich ähnliche Listen erstellen, zumindest was die meistgesuchten Suchbegriffe, die zu Ihrem Onlineauftritt führen, anbelangt. Das oben abgebildete Beispiel ist dabei nicht sonderlich repräsentativ, es zeigt eine Momentaufnahme der Keyword-Verteilung meines eigenen Portals *www.blogprofis.de* und damit in etwa, was Google bezogen auf die relevanten Textbegriffe in den Inhalten meiner Webseiten über dieses „denkt“. Und doch wird anhand des Beispiels recht schnell ersichtlich, dass die recht häufige Nennung des Keywords „blog“, in diesem Fall in den vier von Google erkannten Varianten „blog, blogs, blogger und blogging“, zu einem Problem für blogprofis.de werden könnte. Denn immerhin scheint dieses überdimensional häufig im Vergleich zu den weiteren Keywords vorzukommen, was sich anhand des Charts und des darin abgebildeten relativ großen Abstands zwischen Platz eins und den restlichen Platzierungen zeigt.

Nun benutze ich den Begriff „blog“ keinesfalls bewusst als Keyword, um möglichst viele Suchende auf mein Portal zu lenken, rein anhand des Themas muss ich diesen quasi so oft verwenden. Aber weiß das Google? Ich kann nur hoffen, dass es in diesem Fall einen weiteren Algorithmus gibt, der etwa „blog“ als nicht sonderlich kommerzielles Keyword ausweist oder der erkennt, dass auch alle anderen Portale, die sich hauptsächlich mit der Thematik

Blogs beschäftigen, über eine ähnliche Keyword-Verteilung verfügen. Mit solchen oder so ähnlichen Gedankengängen, und natürlich noch weitaus komplexer, mag Google wohl filtern, bis zu welcher Keyword-Verteilung es sich um einen natürlichen Aufbau handelt und ab wann wohl gemogelt wurde.

Was will ich Ihnen damit nun sagen? Es ist schlicht und einfach so, dass Sie sich natürlich – abseits von der gesamten Diskussion rund um qualitativ hochwertige Webtexte – Gedanken darüber machen sollten, welche Texte, Begriffe, Produkt- oder Dienstleistungsnamen, Phrasen, Sätze, Überschriften, Menübezeichnungen und damit also immer auch potenzielle Keywords Sie wie häufig auf Ihrem Onlineportal einsetzen. Ohne dies zu übertreiben, natürlich, und ohne eine möglichst gleichmäßige Keyword-Verteilung aus den Augen zu verlieren, die Sie ja beispielsweise mithilfe der Google Webmaster Tools jederzeit überprüfen können. Denn wenn keine einzelnen Keywords oder Keyword-Kombinationen extrem dabei herausstechen, so ist es natürlich von absoluter Relevanz, ob bei Ihnen als Bäckermeister Schmidt an erster Stelle ein Keyword wie „Bäcker“, „Backwaren“, „Brötchen“, „Torten“, „Konditor“ oder worauf auch immer Sie Wert legen steht oder das vermeintliche Keyword „Schmidt“ (im letzteren Fall käme wohl nur noch die prozentuale Reduzierung des Begriffs „Schmidt“ im Vergleich zu den sonstigen Inhalten infrage, um den „Bäcker“ wieder nach vorne zu bringen). Es sei denn natürlich, Ihr Marken- oder Produktname ist eine Instanz, und Sie möchten auch möglichst darüber gefunden werden, weil Ihnen dieser Begriff umsatztechnisch am meisten Erfolg verspricht.

PRAXISTIPP: Mit der Anwendung dieses Wissens kann man übrigens auch ein wenig spielen. Stellen Sie sich vor, bei besagtem Bäcker Schmidt steht an zweiter Stelle in der Keyword-Liste der Begriff „Bäcker“, an dritter und mit relativ geringem Abstand „Konditor“. Momentan werden also höchstwahrscheinlich mehr Internetsuchen der Art „Bäcker in xyz“ auf seine Seite führen. Fügt eben dieser Bäcker seinem Portal nun ein paar gute und werthaltige Onlineartikel hinzu, die eher den Begriff „Konditor“ statt „Bäcker“ enthalten, so wird sich mit der Zeit diese Keyword-Verteilung auf dem zweiten und dritten Platz genau umdrehen. Nun führen also mehr „Konditor in xyz“-Abfragen auf die Internetseiten des Bäckers Schmidt. Ich habe inhaltlich relativ wenig Ahnung vom Bäckerhandwerk, aber was wäre, wenn genau diese Suchanfragen letztendlich zu mehr Umsatz führten als die Suchanfragen zuvor? Probieren geht auch hier oft über Studieren. ■

Diese Anwendungsszenarien lassen sich nun natürlich auch umdrehen und in eine Art eigene Negativ-Keyword-Liste umwandeln. Tauchen also in der Keyword-Liste der Webmaster Tools einzelne Begriffe auf, mit denen Sie nicht unbedingt assoziiert werden möchten oder über die man Ihren Onlineauftritt möglichst nicht finden soll, so sollten Sie diese Wörter in Zukunft in Ihren Texten eher vermeiden. Beispielsweise könnte man in einem solchen Fall auf unterschiedliche Synonyme ausweichen, die jeweils für sich gesehen in einer geringeren Dichte in den Texten vorkommen werden und somit nicht gleich wieder in die Top-Keyword-Listen Einzug halten können.

PRAXISTIPP: Zu diesem Zweck oder um generell eine möglichst vielseitige Sprachqualität zu erreichen, eignen sich Online-Synonym-Werkzeuge, wie sie beispielsweise unter *www.openthesaurus.de*, *http://synonyme.woxikon.de* oder in ähnlicher Form auch bei *www.semager.de* zu finden sind. Ein schöner Nebeneffekt, der sich hier bietet: Mit der daraus resultierenden Sprachvielfalt in Ihren Texten lassen sich dann noch mehr unterschiedliche Suchanfragen der Google-Nutzer abdecken, also mehr Besucher generieren. Verfassen Sie zum Beispiel einen Artikel über „sparsame Motoren", so könnten Sie im Text auch einmal abweichend davon von einem „effizienten Antrieb" schreiben und decken somit auch jene Sucher ab, welche die zweite Schreibvariante in den Suchschlitz bei Google eingeben.

Ebenfalls spannend in diesem Zusammenhang ist das frei verfügbare Keyword-Recherchetool unter der Adresse *http://ubersuggest.org*. Lassen Sie sich nicht von dem etwas seltsam anmutenden Namen abschrecken. Passend zu eingegebenen Suchbegriffen listet dieses Werkzeug unzählige weitere thematisch passende Schlüsselwort-Kombinationen auf, die unter anderem mithilfe von Google Suggest (siehe Kapitel 2.2.4.3) und ähnlichen Diensten zusammengetragen werden. Auch wenn dabei nicht immer nur brauchbare Suchbegriffe herauskommen, so kann man doch einige Anregungen finden, gerade um bereits oft in Beiträge gefasste Themen auf dem eigenen Portal unter einem anderen Blickwinkel betrachten und recherchieren zu können. ■

Die Verwendung der richtigen Keywords auf Ihrem Onlineportal hat aber nicht nur eine rein suchmaschinentechnisch relevante Auswirkung. Insbesondere auf der Startseite Ihrer Unternehmenswebseite, aber auch auf wichtigen Landingpages etc. ist es von enormer Wichtigkeit, welche Schlüsselwörter der Besucher an prominenten Stellen zu sehen bekommt. Beispielsweise innerhalb der einzelnen Menüpunkte, der Sidebar-Überschriften etc. Denn innerhalb von wenigen Sekunden oder gar Millisekunden scannt jeder Besucher eines Onlineportals diese prominent vorkommenden Begriffe, auch wenn das meist nur unbewusst geschieht. Stimmen dann die hauptsächlich vorkommenden Keywords inhaltlich nicht mit dem überein, was er sucht, so wird er sich schnell wieder von Ihrem Portal abwenden. Und dies unabhängig davon, ob hinter den gegebenen, aber für ihn nicht zuzuordnenden Schlüsselwörtern möglicherweise doch genau der Ansatz steckt, welcher zu seinem Informationsbedürfnis passt.

Angesichts der schieren Masse an Lösungsmöglichkeiten im Internet ist hier die Ungeduld der Nutzer schließlich meist stärker als die genaue Überprüfung der einzelnen Suchergebnisse auf inhaltliche Übereinstimmung. Besonders ärgerlich wäre dieser Effekt dann, wenn der Besucher etwa über die Gestaltung Ihrer Metadaten (siehe Kapitel 3.1.5) und deren Auflistung in der Suchergebnisliste zunächst annimmt, auf das „richtige" Portal gestoßen zu sein, diese Annahme dann aber aufgrund der fehlenden Abbildung zugehöriger Keywords auf Ihrer Startseite wieder revidiert. Innerhalb aller Seitenbereiche und Navigationspunkte sollte Ihr Unternehmensportal also stets die gleiche inhaltliche Ausrichtung verfolgen, die möglichst auf jene Begriffe und Keywords zugespitzt ist, welche Ihre Besucher auch gesucht haben und damit plastisch auch sehen möchten.

Bild 5.6 Ich weiß, die Deutsche Bank hat ihr Privatkundengeschäft fast komplett ausgelagert. Ob sich dennoch alle relevanten Besucher mit Begriffen wie „Stiftungsvermögen", „Asset Management" und „RREEF" angesprochen fühlen? Der Fluch einer großen Produktpalette, wenn man nicht auf verschiedene Kundenportale setzen kann oder will.

HINWEIS: Die zielgerichtete Ansprache hängt dabei natürlich nicht nur von den einzelnen zum Einsatz kommenden Schlüsselwörtern selbst ab. Auch ansonsten begegnen mir in meinem Arbeitsalltag immer wieder einmal Onlineportale, bei denen mir nicht ersichtlich ist, was denn eigentlich der Gegenstand oder das Geschäftskonzept des zugehörigen Unternehmens ist. Und dies nicht nur in jenen Fällen, die mit unterschiedlich anzusprechenden Zielgruppen zu kämpfen haben (siehe Kapitel 2.1.6).

Stellen Sie sich Ihr Unternehmensportal und dessen einzelne Seiten doch einmal wie die Auslage eines guten alten Warengeschäfts vor. Würden Sie in ein Geschäft hineingehen, bei dem Ihnen anhand der gezeigten Waren sowie der ganzen Gestaltung im Schaufenster überhaupt nicht klar wird, was hier eigentlich genau verkauft wird? Wohl kaum. Schon gar nicht, wenn Sie – wie die meisten Internetnutzer – gerade auf der Suche nach einer bestimmten Produktgruppe oder gar einem ganz bestimmten Produkt sind.

Auch hier hilft meist nur ein kritischer Blick von außen, um die „Auslage" Ihres Onlineportals in seiner Außenwirkung einschätzen zu können, beispielsweise in Form von sogenannten Usability-Tests (siehe *http://de.wikipedia.org/wiki/Usability-Test*). Diese können Sie selbst mit neutralen und möglichst nicht mit Ihrem Unternehmenszweck vertrauten Personen durchführen oder einen entsprechenden Dienstleister damit beauftragen. Bestandteil eines solchen Tests würde dann eben nicht nur die Bedienbarkeit Ihres Onlineportals sein. Sie könnten gleichzeitig überprüfen lassen, ob Außenstehenden über die Inhalte Ihres Portals überhaupt ersichtlich wird, was der Zweck Ihres Unternehmens und/oder Ihrer angebotenen Produkte ist. ■

Fatal kann es sich auch auswirken, wenn wichtige Keywords und Keyword-Gruppen gleich gänzlich vergessen werden. Und dies passiert leider öfter, als man denken sollte. Nehmen wir einmal an, Sie möchten mit Ihrer Unternehmenswebsite ein Hotel oder eine Ferienanlage vermarkten. Nun können Sie noch so wertvoll ausgearbeitete, werthaltige Textinformationen für Ihre Besucher bereitstellen. Wenn Sie in diesem gesamten Text jedoch wichtige Schlüsselwörter wie zum Beispiel „Urlaub“ oder den Namen der Urlaubsregion (statt nur der Nennung des Ortes der Ferienanlage) vergessen, so werden Sie ein unglaubliches Potenzial an Suchanfragen sowie entsprechenden Besuchern verlieren. Sie meinen, auf der Webseite eines Hoteliers oder des Inhabers einer Ferienwohnung werde doch sicherlich irgendwo das Wort „Urlaub“, „Kurzurlaub“, „Wochenendurlaub“, „Reise“ oder Ähnliches vorkommen? Ich habe bereits genügend gegenteilige Beispiele entdeckt.

Sucht dann jemand nach „Urlaub im Harz“ sowie umliegenden Wortkombinationen, so kann Ihr Angebot noch so sehr im Harz liegen oder noch so sehr für den Urlaub geeignet sein: Kommen beide Begriffe in Ihren Texten nicht vor, so können diese auch nicht gefunden werden. Sie sollten also immer auch ganz genau hinhören, nach welchen Schlüsselwörtern Ihre vermeintlichen Kunden in der Regel Ausschau halten, um dann für Ihr Unternehmen beziehungsweise Ihre eigene Branche überprüfen zu können, ob die entsprechenden Begrifflichkeiten auch tatsächlich innerhalb Ihrer Webtexte zum Einsatz kommen.

Den gröbsten Fehler in dieser Richtung sieht man leider immer noch auf unzähligen Firmenportalen. Denn nicht gerade wenige Webseiten begrüßen ihre Besucher nach wie vor mit einem „Herzlich willkommen bei der xyz GmbH“ oder Ähnlichem, am besten (bzw. besser schlimmsten) auch noch formatiert in der besonders suchmaschinenwirksamen HTML-Überschriftenformatierung <h1>. Gratulation, denn dann wird Google Ihre Webseite wohl auf Platz eins der Suchmaschinenergebnisse listen, wenn jemand den Suchbegriff „Herzlich willkommen bei der xyz GmbH“ eingibt. Fragt sich nur, ob dies jemals in Ihrer Unternehmensgeschichte tatsächlich der Fall sein wird. Eine persönliche Ausrichtung sowie höfliche Behandlung Ihrer Leser ist aller Ehre wert, doch in diesem Fall verschenken Sie ein unglaubliches Potenzial für einen absolut unsinnigen Suchbegriff beziehungsweise eine unsinnige Schlüsselwortfolge.

Für Ihren Umsatz beziehungsweise Ihr Kerngeschäft, aber auch für Ihre Leser wichtige Schlüsselbegriffe sollten sich also stets auch an prominenter Stelle auf Ihren Webseiten wiederfinden (Aber nicht übertreiben! Eine zu hohe Keyworddichte mag Google wie bereits erläutert nicht. Idealerweise beziehen Sie bei dieser wichtigen Frage einen mit der Suchmaschinenoptimierung vertrauten Experten mit ein). Vor allem und gerade auf sogenannten Einstiegsseiten, über die Ihre Nutzer hauptsächlich zu Ihnen finden. Dies sind zum einen die Startseite, wichtige Landingpages, aber auch sonstige Unterseiten, welche viele Ihrer

Besucher über die Google-Suchergebnisse oder andere externe Verweise aufrufen. Denn – ich kann es leider nicht oft genug betonen – eine solche prominente Nennung von Keywords etwa in den Überschriften oder der Menüführung hat zwei wichtige Effekte:

a) Der Leser sieht über diese Schlüsselbegriffe beim Scannen sofort, dass sich Ihre Seite um das Thema dreht, nach dem er gesucht hat und für das er eine Lösung oder Antwort in irgendeiner Form erwartet. Und:

b) Die Suchmaschinen ordnen die entsprechenden Seiten auch dem zum Keyword zugehörigen Thema zu, wenn es um die Zusammenstellung einzelner Suchergebnislisten geht.

Eine prominente Nennung bedeutet hierbei sowohl eine „ins Auge stechende" räumliche Platzierung auf der Webseite für den Leser als auch die suchmaschinengerechte Hervorhebung mit den zugehörigen Auszeichnungsformaten und Tags (siehe Kapitel 4.1.1).

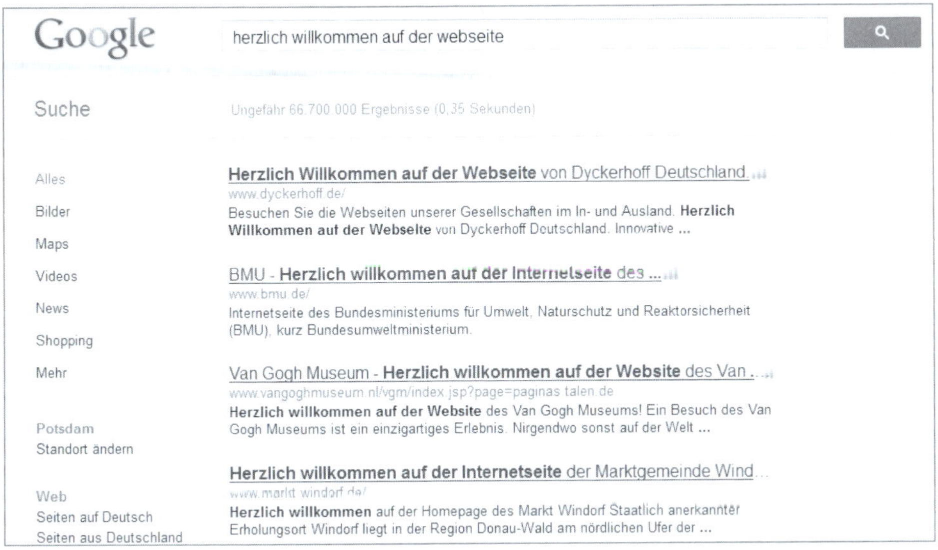

Bild 5.7 Über 66 Millionen Seiten enthalten die Floskel „Herzlich willkommen auf der Webseite/Internetseite" an prominenter Stelle. Ich hoffe, Ihre gehört nicht auch dazu.

PRAXISTIPP: Gerade wenn Sie regelmäßig neue Onlineinhalte für Ihr Unternehmensportal verfassen, kann es Sinn ergeben, die wichtigsten dieser Begrifflichkeiten in einer kleinen Tabelle zu erfassen, um bei jedem einzelnen Beitrag überprüfen zu können, dass kein Keyword durch das Raster fällt. Natürlich müssen die einzelnen Beiträge selbst auch darüber hinaus umfangreich und abwechslungsreich genug ausfallen, denn weder Google noch Ihre Besucher dürften es als positiv empfinden, in jedem einzelnen Text auf immer die gleichen Wörter zu stoßen, gerade wenn diese nicht besonders generisch und gebrauchlich sind. Bei Ihren wichtigsten Beiträgen kommen Sie jedoch nicht umhin, die zentralen Schlüsselbegriffe für den jeweiligen Inhalt auch konkret zu benennen, statt diese womöglich nur mit anderen Synonymen oder Formulierungen zu umschreiben.

Möchten Sie hingegen mit neuen Schlüsselwörtern experimentieren und sind Sie außerhalb der bereits beschriebenen Recherchemöglichkeiten noch auf der Suche nach passenden, lohnenswerten Begrifflichkeiten, so schauen Sie doch einfach einmal, mit welchen Keywords Ihre im Onlinebereich erfolgreichsten Mitbewerber ihre Webpräsenz ausgestattet haben. Ein Blick auf die wichtigsten Menüpunkte, Überschriften, aber auch in die Metadaten kann hier bereits weiterhelfen. Sie sollten jedoch niemals einfach nur die komplette Sammlung dieser Keywords kopieren und ebenfalls verwenden. Denn gerade eine möglichst einzigartige und noch nicht vorhandene Mischung aus einzelnen Schlüsselbegriffen kann Ihren Onlineauftritt in den Suchergebnissen aus der Masse herausstechen lassen. Nicht „klauen", sondern inspirieren lassen lautet hierbei also die Devise. ■

Um nicht die stets und ständig gleichen Schlüsselbegriffe verwenden zu müssen – was bei speziellen inhaltlichen Themen mit einem im Kern eingeschränkten Spezialwortschatz durchaus der Fall sein kann – so lohnt es sich durchaus, ab und an neben – in diesem Fall wohl kaum vorkommenden – Synonymen auch weitere Alternativen zu eben diesem Wort mit einzustreuen. Dies könnten beispielsweise sein:

- Abwechslung zwischen Singular- und Pluralformen einzelner Begriffe
- Erweiterung oder Verringerung des Wortstamms (z. B. „Bankkonto" statt „Konto")
- Unterschiedliche Schreibweisen (etwa „selbständig" und „selbstständig", beides sind derzeit noch korrekte Schreibweisen)
- Ausgeschriebene Wörter versus Abkürzungen („Kfz" und „Kraftfahrzeug", „Dispo", „Dispokredit", „Dispositionskredit")
- Akronyme („Azubi" statt „Auszubildender")
- Umgangssprachlichen Umschreibungen („Kohle" statt „Geld"), wobei man hiermit im Firmenkontext etwas vorsichtiger umgehen sollte

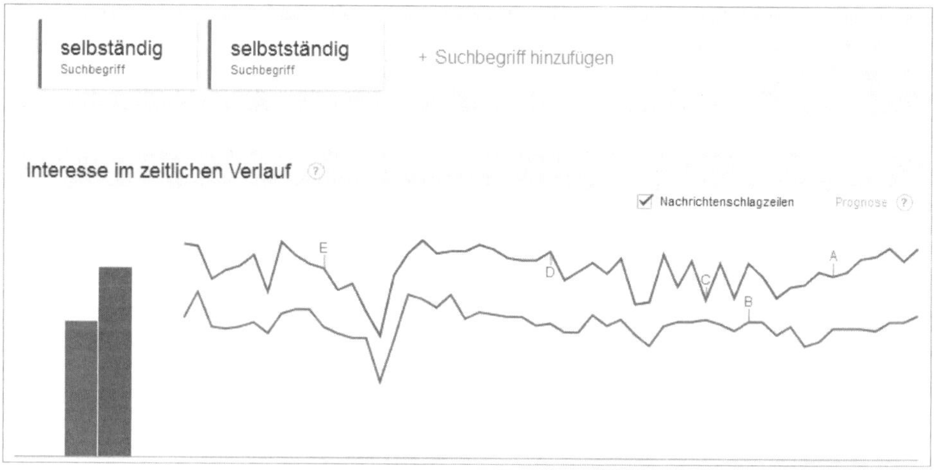

Bild 5.8 „Selbständig" oder „selbstständig"? Nach beidem wird gesucht, also sollte man auch beide Schreibweisen verwenden (Auswertung aus Google Trends).

Zwar erkennen Suchmaschinen wie Google – bis (zumindest derzeit noch) auf das letztgenannte Beispiel – die meisten dieser Korrelationen zwischen nahestehenden Begriffen durchaus, dennoch geht man davon aus, dass jede einzelne Form unterschiedlich gewichtet wird. Somit gerät Ihr Text unter der Verwendung einer solchen Technik weniger in Verdacht, reines Keyword-Spamming zu betreiben. Und am Beispiel des Wortes „selbständig" ist sehr schön zu erkennen, dass Sie unter der Verwendung beider Begrifflichkeiten in ein und demselben Beitrag zum Teil deutlich mehr Suchmaschinenabfragen generieren dürften, als wenn Sie sich nur auf die Leser konzentrieren, die einen der beiden Schreibweisen bevorzugen.

Noch ein Hinweis an dieser Stelle: Gerade Anbieter neuer Technologien oder StartUps stehen vor der Herausforderung: „Wie schaffe ich es, mit einem Produkt oder einer Lösung im Internet gefunden zu werden, von der bislang noch niemand etwas weiß?" Sprich: Sie wollen etwas an den Mann oder die Frau bringen, von dem Sie selbst zwar absolut überzeugt sind, nach dem aber noch niemand sucht. In diesem Fall werden Sie sich verständlicherweise schwer damit tun, die richtigen Keywords zu finden. Hier bleibt nur die Möglichkeit der Umschreibung. Suchen Sie also nach ähnlichen, bereits vorhandenen Situationen und Bedürfnissen, für die Ihr Produkt oder Ihre Leistung eine Lösung bieten könnte. Mit zugehörigen Schlüsselwörtern und Phrasen können Sie sich dann nach und nach an relevante Such-Zielgruppen herantasten.

Ein abstraktes Beispiel hierfür: Der Erfinder des elektrischen Rasenmähers hätte in Zeiten des World Wide Web wohl versucht über Begrifflichkeiten wie „Sense schärfen" oder „Schleifgerät Sense" auf sich und sein Gerät aufmerksam zu machen.

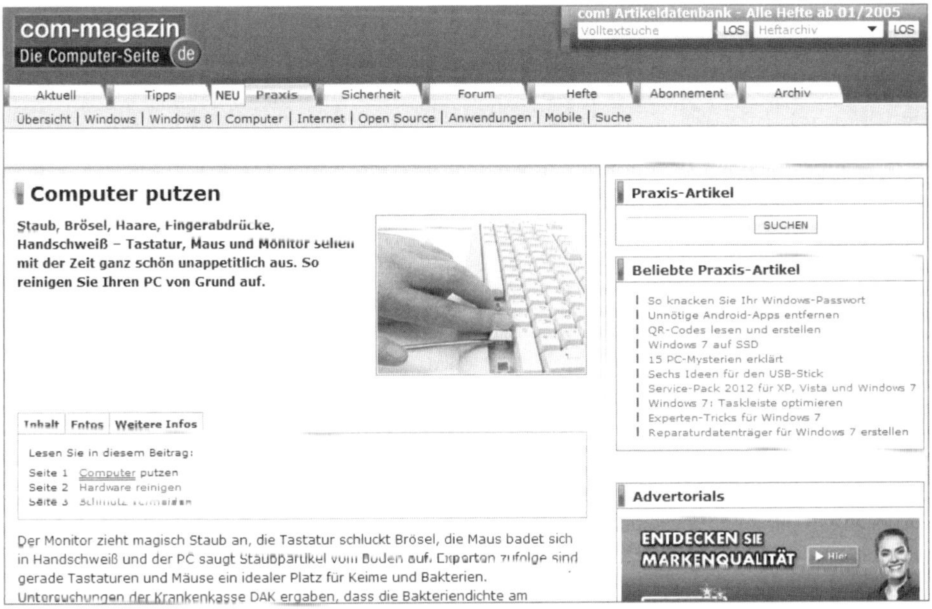

Bild 5.9 Den Computer „putzen"?

Die in Bild 5.9 dargestellte Artikelüberschrift erregte meine Aufmerksamkeit. Ich dachte, das umgangssprachliche Wort „putzen“ statt „reinigen“ käme hier zum Einsatz, um sich von ähnlichen Beiträgen abzusetzen. Doch das kann eigentlich nicht der Fall sein, wie eine kurze Analyse mit Google Trends zeigt.

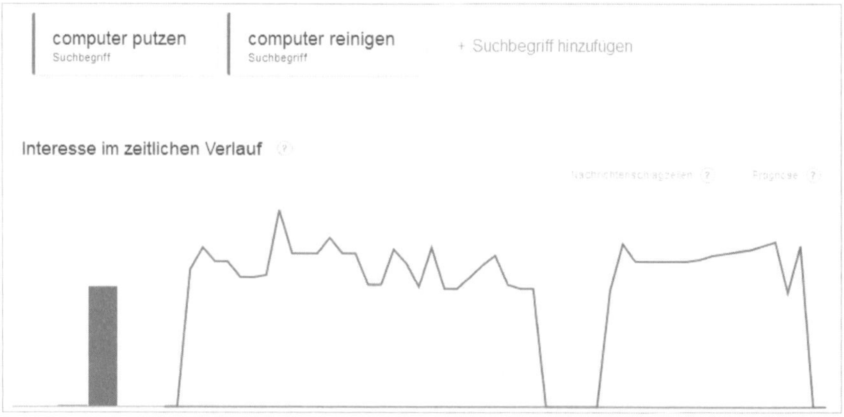

Bild 5.10 Niemand sucht nach „Computer putzen“, nur nach „Computer reinigen“. Die Überschrift des vorangehend abgebildeten Beitrags hätte demnach wohl auch besser genau so gelautet, um bei Google gefunden zu werden.

PRAXISTIPP: Wenn Sie sich intensiver mit der Disziplin der Suchmaschinenoptimierung beschäftigen, so wird Ihnen irgendwann der Begriff der sogenannten „Long-Tail-Keywords“ begegnen. Dabei handelt es sich um Schlüsselwort-Kombinationen, die auf einen Nischenbereich innerhalb einer Branche zielen, also eher selten zum Einsatz kommen, dafür aber für ein Alleinstellungsmerkmal Ihrer Website bzw. deren Inhalte sorgen können. Am Beispiel des sehr generischen und umkämpften Keywords „Immobilienmakler“ wäre ein zugehöriges Long-Tail-Keyword dann etwa „Immobilienmakler Gewerbeimmobilien Frankfurt“. Gerade für Onlineshops spielen vergleichbare Schlüsselbegriff-Kombinationen (wie etwa spezifische Produktnamen, nach denen bei Google gesucht wird) eine große Rolle.

Unterfüttern Sie Ihre Website oder einzelne Seiten daraus mit einem solchen sehr spezifischen Nischen-Keyword, so sind die Chancen recht gut, damit auch auf einem der oberen Plätze innerhalb der Google Suchergebnislisten zu landen. Dafür wird aber auch die Anzahl entsprechender Suchanfragen deutlich niedriger ausfallen. Nicht wenige gerade kleine und mittelständische Unternehmen sowie Selbstständige und Freiberufler haben jedoch einen großen Teil Ihres Onlineerfolgs der Verwendung von Long-Tail-Keywords zu verdanken, die oftmals sogar unbewusst innerhalb eines Beitrags zum Einsatz kommen und damit erst entstehen.

■

5.1.4 Regionalisierung

Wie Sie an anderer Stelle noch erfahren werden, spezialisieren sich die Suchmaschinen wie Google immer mehr auf regionale Treffer und Suchergebnislisten. In vielen Fällen kennt Google heutzutage Ihren Standort, auch wenn Sie nicht mobil unterwegs sind und einen Dienst wie Google Maps verwenden, etwa über die identifizierende IP-Adresse Ihres Rechners (IP = Internetprotokoll). Bei manchen Suchen und Branchen wird dieser Faktor zunehmend berücksichtigt. Das bedeutet ganz konkret: Gibt ein Suchender in München den Begriff „Friseur“ in den Suchschlitz ein, so wird er in der Regel ein völlig anderes Ergebnis erhalten als ein auf gleiche Weise Suchender in Berlin. Die jeweils lokalen Friseur-Ladenlokale werden dann beiden zuerst angezeigt (und danach, nur noch einmal zur Erinnerung, folgen wohl zunächst jene mit den umfangreichsten, aktuellsten und besten Onlineinhalten sowie den meisten Backlinks).

Es wird also zunehmend wichtiger, auch die „richtigen“ ortsbezogenen Keywords auszuwählen. Vor allem dann, wenn Sie Ihre Dienstleistungen auf einem räumlich begrenzten Markt anbieten oder etwa bei bundesweiten Angeboten eine bestimmte Region noch stärker für Ihr Unternehmen gewinnen wollen. Im Prinzip gelten hierfür die gleichen Auswahlkriterien, wie sie von den generell bei der Keyword-Findung bereits beschriebenen Methoden vorgegeben werden. Gerade wenn Sie in einem größeren Ort oder einer Stadt wohnen, werden Sie sich zwischen umfassenderen und dafür umkämpfteren Ortsnamen sowie zwischen kleineren, seltener genutzten Bezeichnungen (Stadtteile, Kieze, Unterregionen) entscheiden können. Idealerweise nutzen Sie beide Varianten und schauen, mit welchen Namen Sie am meisten Erfolg verzeichnen können.

PRAXISTIPP: Es kann nie schaden, beispielsweise bei Ihren Kontaktdaten oder innerhalb einer Wegbeschreibung auch umliegende Bezirke, Stadtteile etc. zu benennen. Befindet sich Ihr Ladengeschäft etwa in Berlin-Kreuzberg, aber in unmittelbarer Nähe zu Berlin-Mitte, so sollten Sie auf Ihren Webseiten beide Unterbezirke erwähnen („in unmittelbarer Nachbarschaft zu Berlin-Mitte“ o.Ä.). Denn nehmen wir einmal an, Sie sind der eben beschriebene Friseur, dann würden Sie in diesem Fall bei zwei Suchabfragen gefunden: bei „Friseur Berlin-Kreuzberg“ wie auch bei „Friseur Berlin-Mitte“.

Vergessen Sie in diesem Zusammenhang zudem nicht, dass zumindest manche Suchenden mit Wortkombinationen wie „Nähe Flughafen“, „an der Oper“, „am Hauptbahnhof“, „Berlin-Süd“, „zentral“ u. v. m. nach einzelnen Geschäften forschen. Je mehr solche zutreffenden Begriffe also innerhalb der Beschreibung und im Fließtext auf Ihrer Firmenwebsite vorkommen, umso mehr steigt die Chance, auch tatsächlich gefunden zu werden.

5.1.5 Das Google-Deutsch

„Auto online kaufen Erfahrung“ lautet zum Beispiel eine relativ beliebte Suchbegriff-Kombination im deutschsprachigen Google-Suchschlitz. Denn solange die Suchmaschinen unsere Anfragen noch nicht wirklich verstehen können, und glaubt man Experten wird dies auch noch einige Jahrzehnte dauern, so wird eine vergleichbare Kauderwelsch-Suche wohl bessere Ergebnisse liefern als eine Anfrage der Art „Welche Erfahrungen haben andere Kunden beim Onlinekauf Ihres Pkw gemacht?“.

Da wir alle ständig bei Google & Co. suchen und mittlerweile recht gut wissen, welche Suchanfragen und damit welche ganz eigene Sprachwelt in der Regel zu den hilfreichsten Suchergebnislisten führen, hat sich quasi ein eigener „Slang“ entwickelt, den ich persönlich gerne das „Google-Deutsch“ nenne. Und dieser Slang hat leider – oder zum Glück – oft nur sehr wenig mit der Sprachwelt und der Semantik zu tun, deren wir uns normalerweise im Alltag bedienen. Dieses Google-Deutsch arbeitet sehr viel mit Substantiven, Verben in ihrer Grundform, einer generell eher passiven Grammatik sowie einem stark eingeschränkten Grundwortschatz. Denn alternative Bezeichnungen wie „Verbrennungsmotor-betriebenes Kraftfahrzeug im offen zugänglichen Internet käuflich erwerben Erfahrungswerte“ würde wohl kaum jemand in den kleinen Suchschlitz bei Google eingeben.

Ein Textbeitrag mit der Überschrift sowie dem ab und an wiederkehrenden Inhalt „Auto online kaufen Erfahrung“ hätte nun derzeit wohl recht gute Chancen, bei einer entsprechenden Suchmaschinenabfrage auf einem der vorderen Plätze in den Ergebnislisten zu landen. Es sei denn, Sie verwenden diese seltsame Phrase im Vergleich zu Ihren Mitbewerbern des Öfteren, was von Google wohl als Manipulationsversuch gedeutet würde. Doch wer möchte dies seinen Lesern wohl schon zumuten, gerade auf einer seriösen Unternehmens-website? Sprachqualität versus Google- oder Suchmaschinen-Deutsch lautet also der Spagat, mit dem sich Webseitenbetreiber jeglicher Art auseinandersetzen müssen. Hier gibt es leider kein allgemeingültiges Erfolgsrezept oder eine konkrete Anleitung, wie Sie das richtige Mittelmaß zwischen qualitativ hochwertigen Onlinetexten und gleichzeitiger Berücksichtigung des Google-Keyword-Slangs finden können. Wie Sie zuvor bereits gelernt haben, kann es nicht schaden, auf geschickte und möglichst neutrale Art und Weise in einen Qualitätstext immer wieder einmal die eine oder andere für Ihren Unternehmensauftritt wichtige Keyword-Kombination in den Text mit einzubauen, solange es sich dabei nicht immer um dieselben Formulierungen gleichen Musters handelt und solange Sie diesen Effekt nicht auf allen Ihren Seiten beziehungsweise allzu oft anwenden.

Eine indirekte Verwendung von „Auto online kaufen Erfahrung“ in einem qualitativ einigermaßen akzeptablen Kontext wäre beispielsweise die Überschrift zu einem Leserbericht der Art „Autos online kaufen: meine Erfahrung mit Fahrzeugen aus dem Internet“, da die Keyword-Kombination nicht immer absolut eins zu eins übernommen werden muss (oder gar sollte, Stichwort Suchmaschinenmanipulation), um von Google entdeckt zu werden. Da der Suchmaschinenanbieter wie erwähnt seine Qualitätsbemühungen immer weiter ausbaut und die reine Keywordverwendung (eben „Auto online kaufen Erfahrung“) in zentralen Elementen wie der Überschrift damit zukünftig neutraler oder gar sehr kritisch sehen wird, so scheint mir dieser indirekte – in einen logischen inhaltlichen Zusammenhang eingebundene – Weg der umschreibenden Verwendung vergleichbarer Phrasen derzeit der zielführendste zu sein.

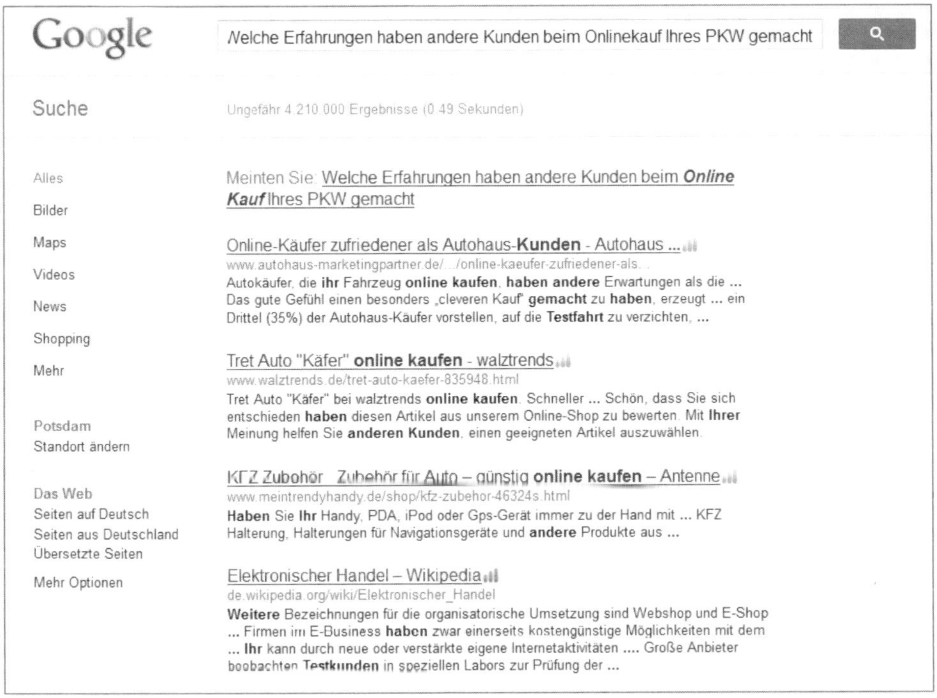

Bild 5.11 Manche Nutzer von Google und anderen Suchmaschinen geben komplette Fragestellungen ein. Bislang können die Onlinedienste damit jedoch nur begrenzt umgehen.

HINWEIS: Man sieht trotz der relativ geringen Chance auf entsprechenden Erfolg immer wieder Internetnutzer, die Google & Co. mit ganz konkreten Fragen füttern, in der Hoffnung auf eine entsprechend passende Antwort. Denn unabhängig davon, dass die Suchmaschinenbetreiber bereits daran arbeiten, einfache Fragestellungen inhaltlich deuten zu können (geben Sie einmal „Das Wetter in Berlin?“ bei Google ein), so ist dies bei den allermeisten Anfragen noch längst nicht der Fall. Manche meinen nun, man könnte in den eigenen Webinhalten solche konkreten Fragestellungen einzelner Google-Anwender ausnutzen.

Beispielsweise könnten Sie als Inhaber einer Autovermietung einen Beitrag online stellen, der lautet: „Wo kann ich in xyz günstig ein Auto für das Wochenende mieten?“. Ganz abgesehen davon, dass Sie nun natürlich nicht jeden Ihrer Beiträge mit einer vergleichbaren Überschrift versehen können, ohne allzu einseitige Inhalte zu produzieren, so sind bei den meisten dieser konkreten Fragestellungen die Chancen, über diese auch gefunden zu werden, (noch) relativ gering. Einen Versuch kann dies jedoch natürlich wert sein. ■

5.1.6 Mit den Augen der Suchmaschinen

An dieser Stelle folgt ein kleiner Exkurs, der sowohl im Zusammenhang mit dem Aufspüren der richtigen Schlüsselwörter für Ihre Unternehmenswebsite wichtig ist, aber auch Auswirkungen auf Ihre Textstrategie insgesamt haben kann.

Des Öfteren haben wir nun bereits angemerkt, dass Google sowie andere Suchmaschinen Ihren Onlineauftritt mit ganz eigenen Augen sehen. Grafiken und sonstige visuelle Elemente verlieren einen Großteil ihrer Wichtigkeit, Überschriften und anderen prominenten Textelementen wird eine besondere Aufmerksamkeit zuteil, jeder noch so unscheinbar wirkende Satz wird analysiert. Was läge da näher, als sich den eigenen Webauftritt einmal aus der Perspektive einer Suchmaschine sowie deren Crawler anzeigen zu lassen? Auch hierfür gibt es längst gratis verfügbare Onlinewerkzeuge, wie zum Beispiel unter *www.seo-browser.com* oder unter *www.feedthebot.com/tools/spider/index.php* verfügbar. Wobei das zweite Tool zwar die deutschen Umlaute nicht immer korrekt ausliest, dafür aber noch einige weitere interessante Analysemöglichkeiten bietet. Der SEO-Browser hingegen bietet ohne eine Anmeldung lediglich die einfache Untersuchungsmethode namens „Simple" an, die für unsere Zwecke jedoch völlig ausreicht.

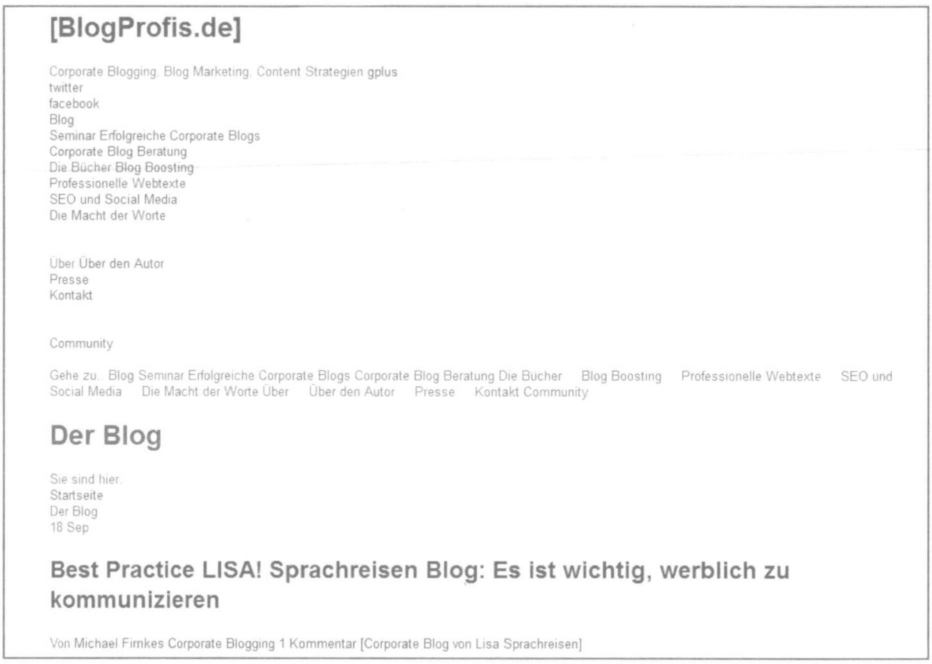

Bild 5.12 Das Beispiel einer Seitenanalyse mit dem „SEO-Browser"

Sie erkennen mit einem solchen Tool quasi, wie Google Ihre Webseite sieht beziehungsweise welche Inhalte es darin erkennen kann. Und das ist – je nach Webseite – manchmal erstaunlich und erschreckend wenig. Denn wenn wir mit unserem menschlichen Auge eine Onlinepräsenz betrachten, so gehören für uns alle visuellen Informationen mit dazu. Und so kann aus einer grafiklastigen Startseite mit sehr spärlichen Textinformationen dennoch eine eindrucksvolle, umfassend erscheinende Webpräsentation werden. Sieht man eben diese Webseite jedoch nüchterner und mit den Augen des Textcrawlers der großen Suchmaschinen, so bleibt oft nur noch wenig an inhaltlicher Substanz übrig.

Was Ihnen ein solcher nüchterner Blick von außen nun sagen soll? Ganz einfach: Können Sie auf Ihren Webseiten - betrachtet mit einem der oben genannten Werkzeugen - nur wenig inhaltliche Substanz erkennen, so bleibt auch für die Suchmaschinen selbst kaum ein anderer Eindruck. Und das wiederum bedeutet: Liefert eine solche Suchmaschinenbetrachtung nur sehr dürftige, in wenigen Zeilen abbildbare Ergebnisse, so ist es auch um den textlich-inhaltlichen Mehrwert Ihrer Website nicht viel besser bestellt. Dann sollten Sie in der Regel also nachbessern und deutlich mehr Inhalte für die Suchmaschinen, aber eben auch für Ihre Leser zur Verfügung stellen.

Bild 5.13 Dieses Portal sieht doch an sich ganz schick und informativ aus, oder etwa nicht?

Auch bei diesem Beispiel hilft erst ein entlarvender Blick mit dem SEO-Browser oder einem ähnlichen Tool weiter.

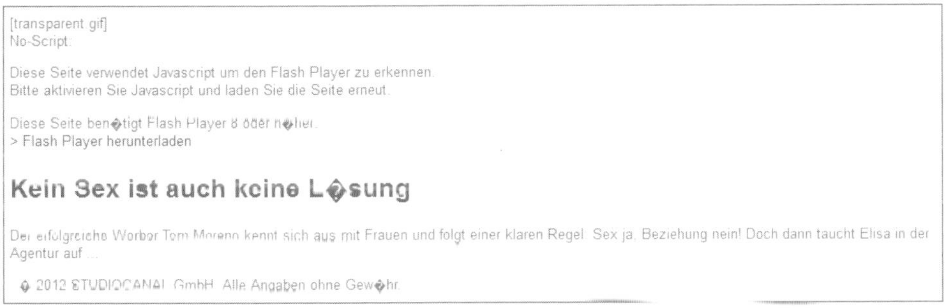

Bild 5.14 Wie Sie sehen, sehen Sie nichts, denn das ist bereits die komplette Ausgabe über den SEO-Browser: Aus der Sicht der Suchmaschine bleibt kaum etwas übrig, um das zuvor abgebildete Onlineportal inhaltlich zuordnen zu können. Doch dann wird es auch nur selten in den diversen Suchergebnislisten vorkommen.

HINWEIS: Im Bereich der Suchmaschinenoptimierung erfahrenere Leser werden nun zu Recht anmerken, dass Google & Co. noch deutlich mehr Faktoren bei der Einstufung einer Webseite berücksichtigen, als mit den gezeigten Onlinewerkzeugen sichtbar werden. Das ist sicherlich korrekt, Hilfsmittel wie der seo-browser.com und ähnliche Dienste können nur ein sehr oberflächliches und auch unvollständiges Bild davon abbilden, wie Google die einzelnen Webportale betrachtet.

Dennoch steckt in den Ergebnissen solcher Werkzeuge ein gutes Stück Wahrheit, welches Sie für sich und die Optimierung Ihrer Internetpräsenzen nutzen sollten. Schärft diese Reduzierung auf das Wesentliche doch den Blick dafür, was Sie Ihren Besuchern und damit Ihren potenziellen Kunden tatsächlich an inhaltlicher Substanz und damit an Mehrwert liefern - oder eben auch nicht. Und, nicht zu unterschätzen, ein solches Tool kann Ihnen unter Umständen sehr schnell aufzeigen, welche scheinbaren Textinformationen für die Suchmaschinen unlesbar sind, da diese beispielsweise in Form von nicht lesbaren Grafiken oder Animationen versteckt sind. ■

5.1.7 Gegen den Strom

Die nachfolgend erläuterte Strategie wird nicht wirklich jedermanns Sache sein, da sie in einem gewissen Sinn nicht nur den „Mut zur Lücke" voraussetzt, sondern auch die zuvor in diesem Buch immer wieder gepredigten Qualitätskriterien konterkariert. Es geht im Prinzip um die Tatsache, dass, zumindest in einigen Branchen, Ihre potenziellen Kunden bei Google zwar durchaus auf der Suche nach den Produkten oder Dienstleistungen sind, die Sie anbieten, dafür jedoch nicht unbedingt die korrekten Begrifflichkeiten verwenden.

Im Finanzbereich, egal ob bei den großen Banken oder aber den Finanzmaklern etc., gehört die Suche nach Produkten rund um das Keyword „Tagesgeld" zu einem der suchmaschinentechnisch umkämpftesten Terrains überhaupt. Gerade wer sich mit neuen Webtexten zu diesem Thema etablieren möchte, der hat oft kaum eine Chance, an den unzähligen Onlineinhalten vorbeizukommen, die bislang schon rund um diese Begrifflichkeit angeboten werden.

Einige wenige Finanzdienstleister gehen nun einen Weg durch die „Hintertür", indem sie zugehörige Onlineinhalte immer auch zumindest zusätzlich mit Textinhalten und Begrifflichkeiten rund um das Keyword „Sparbuch" unterlegen. Denn wie die in Bild 5.15 abgebildete Anfrage in Google Trends zeigt, sind nicht gerade wenige Nutzer im World Wide Web nach wie vor auf der Suche nach eben diesem „Sparbuch". Und das selbst wenn der Begriff und meist auch das zugehörige Produkt in weiten Teilen des deutschsprachigen Raums längst der Vergangenheit angehören. Zudem ist das Keyword „Sparbuch" natürlich in der Regel deutlich weniger umkämpft als das „Tagesgeld". Und - wie die Auswertung ebenfalls zeigt - In Österreich scheint das Sparbuch teilweise sogar immer noch deutlich prominenter zu sein als dessen Nachfolger.

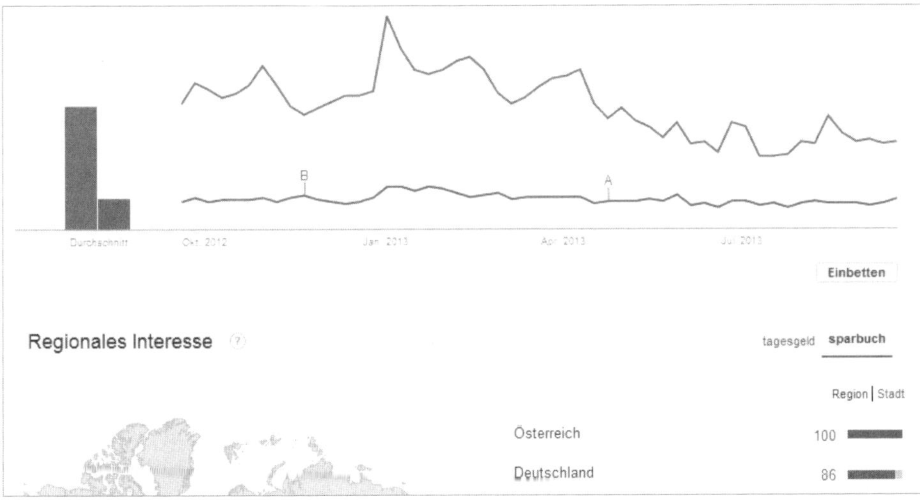

Bild 5.15 Nicht wenige Onlinenutzer suchen nach wie vor nach einem „Sparbuch“, und meinen wohl eigentlich die moderne Form davon: das „Tagesgeld“.

Oder nehmen wir ein allseits bekanntes Beispiel aus dem Bereich Handel bzw. Elektronik und Kommunikation (siehe Bild 5.16).

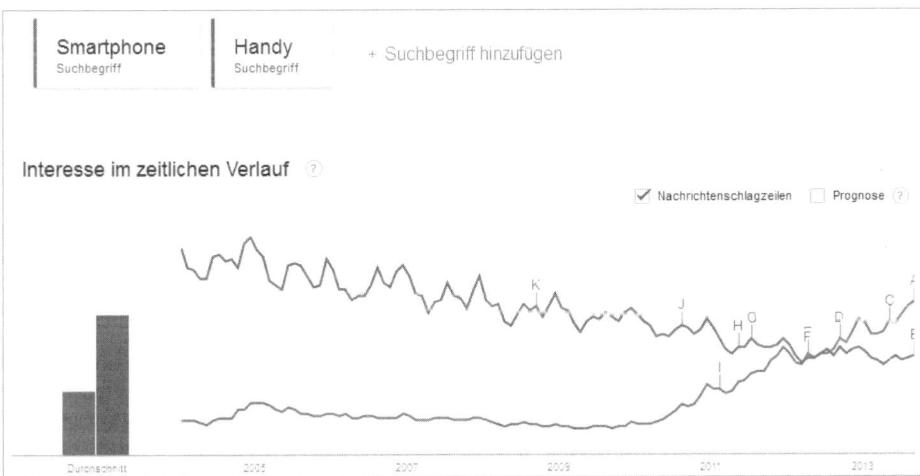

Bild 5.16 Wie soll ich werben: Lieber mit dem „Handy“? Oder doch lieber sprachlich sowie technisch korrekter mit dem „Smartphone“? Das ändert sich durchaus.

Sie mögen sich in Ihrem Onlineauftritt als Elektronikhändler möglicherweise noch so sehr bemühen, die schicksten, neusten Smartphones sowie deren Vorzüge an den Mann oder die Frau zu bringen. Wenn immer noch die Hälfte aller Suchenden ein „Handy“ statt ein „Smartphone“ besitzen möchte, dann wird Ihr Umsatz womöglich deutlich geringer ausfallen, wenn Sie dieses antiquierte Wort nicht irgendwo in Ihren Webtexten unterbringen. Oder denken Sie doch nur an das „Notebook“ und den „Laptop“ und raten Sie einmal, ob hier die korrektere oder die umgangssprachliche Schreibweise in der Gunst der Google-Nutzer vorne liegt (eine gute Gelegenheit also, an dieser Stelle Google Trends einmal selbst auszuprobieren).

Die Idee, die hinter diesen beiden Beispielen steckt, dürfte schnell klar sein. Die Fachterminologie, die Sie in Ihrer Branche kennen und nutzen und die Ihnen selbstverständlich zu sein scheint, muss nicht unbedingt mit dem Volksmund übereinstimmen. Es kann sich also durchaus lohnen, Ihren Kunden einmal ganz genau auf diesen Mund zu schauen: Welches Ihrer Produkte oder Dienstleistungen interessiert diese denn eigentlich, wenn sie nach A suchen, eigentlich fachlich korrekt jedoch B meinen? Lässt sich die Terminologie von A dennoch in Ihren Onlinetexten unterbringen, auch wenn Ihnen selbst dies als Fachmann möglicherweise widerstreben mag? Und schon kommt das ins Spiel, was ich eingangs als Abkehr von zuvor immer wieder wiederholten Qualitätsstandards bezeichnete. Rein inhaltlich, sprachlich sowie fachtechnisch gesehen arbeiten Sie sicherlich nicht ganz korrekt, wenn Sie die umgangssprachlichen Begrifflichkeiten in Ihren Texten verwenden, selbst oder gerade dann, wenn diese mit den richtigen Bezeichnungen kombiniert werden. Und Sie sollten in einem solchen Fall stets gegeneinander abwägen, ob die Nutzung von „falschen" Wörtern und Wortkombinationen Ihrer Onlinereputation möglicherweise mehr schadet, als es die zusätzliche Umsatzsteigerung hieraus wieder wettmachen kann.

Sollte die Variante der zumindest teilweisen sprachlichen Ungenauigkeiten für Sie jedoch eine Überlegung wert sein, so gibt es noch weitere ähnliche Ansatzpunkte dieses „Gegen-den-Strom-Schwimmens":

- Einzahl versus Mehrzahl: Zwar geht es hier nicht um eine falsche Schreibweise im eigentlichen Sinn, dennoch kommt bei zahlreichen Keywords lediglich die Einzahl des zugehörigen Begriffs zum Einsatz, obwohl durchaus auch nach der Mehrzahl gesucht wird. Am erstgenannten Beispiel wären dies etwa die – laut Google Trends durchaus gesuchten – „Tagesgeldkonten" als Ergänzung zum „Tagesgeldkonto".
- In ähnlicher Art und Weise können auch grammatikalisch verschiedene Schreibweisen einzelner Suchphrasen durchaus Sinn ergeben, Stichwort Dativ, Genitiv & Co. So kann laut Google Instant eine längere Suchkombination zum Thema Kfz durchaus auch „dem Auto" statt „das Auto" beinhalten (etwa in der kuriosen, aber gar nicht selten vorkommenden Suchanfrage „dem Auto Gutes tun", vielleicht eine passende Artikelidee bzw. -überschrift für einen Autozubehörhändler).
- Gänzlich falsche Schreibweisen (um beim Händler für Kfz-Teile zu bleiben: das bei Google zu immerhin 40 Prozent gesuchte „Amaturenbrett", statt des korrekten „Armaturenbrett") sind natürlich absolut grenzwertig, zumindest was deren Verwendung in einem Textbeitrag auf Ihrer offiziellen Unternehmenswebsite anbelangt. Zwar könnten Sie derlei Begriffe in den Metainformationen Ihres Portals verstecken (siehe Kapitel 3.1.5), die Frage ist jedoch, ob Google dies bei zu massivem Einsatz möglicherweise als unlautere Manipulation werten könnte.
- Ähnlich verhält es sich mit sogenannten Vertipper-Wörtern und -Keywords (suchen Sie bei Google doch einmal nach „Armaturenbett").

HINWEIS: Möchten Sie solche unsauberen Begrifflichkeiten nicht auf Ihrem eigentlichen Onlineportal verwenden, so könnte man diese beispielsweise auf einer extern betriebenen Internetseite oder einem eigenen privaten Blog unterbringen, der dann wiederum auf Ihr Unternehmen sowie die dortigen Leistungen verweist. Aber auch mit derlei Möglichkeiten sollte man sehr sparsam und vorsichtig umgehen, um nicht sowohl die eigenen Leser als auch die Suchmaschinen zu verprellen. ■

5.1.8 Die richtige Nische finden

Wenn ich mir besonders erfolgreiche Unternehmensportale anschaue, egal ob von einem Einmannbetrieb oder von einem größeren Mittelständler oder gar Großunternehmen, so stolpere ich immer wieder über die Tatsache, dass die Macher und Autoren dieser Webpräsenzen eine ganz bestimmte inhaltliche Nische gefunden haben, die für sich genommen bereits für einen stetigen Zulauf an neuen Besuchern aus den Suchmaschinen sorgt. Und ich spreche dabei nicht von einem Unternehmen, welches selbst in einem sehr engen Markt operiert, also etwa Gehhilfen für gehandicapte Vierbeiner herstellt. Mit „die richtige Nische finden" ist in diesem Zusammenhang eher die Spezialisierung auf einen oder mehrere Unterbereiche gemeint, die Ihr jeweiliges Geschäftsmodell ausmachen. Dies könnte etwa sein:

- Der Fokus auf nachgefragte, aber nur selten erhältliche modische Übergrößen eines Online-Dessous-Versandhändlers
- Weiterführende Informationen eines Versicherungsmaklers zu Policen speziell für Existenzgründer
- Der Dachdeckermeister, der sich jeweils im Spätherbst auf Beiträge rund um das Thema „Schneefangschutz für Einfamilienhäuser" spezialisiert
- Ein Gastronom, der Rezepte zu fast vergessenen lokalen Spezialitäten veröffentlicht
- Aber auch der Baumarkt, der nicht nur die jeweiligen Produkte beschreibt, sondern immer auch gleich eine Online-Textanleitung mitliefert, wie diese am besten zu bedienen sind

Wenn Sie sich die Tipps zur Optimierung der richtigen Keyword-Reihenfolge aus den Google Webmaster Tools anschauen (siehe Kapitel 5.1.3), so werden Sie möglicherweise auch in Ihrer ganz persönlichen Keyword-Ranking-Tabelle Schlagwörter finden, die das Potenzial zum erfolgreichen Einstieg in eine textliche und inhaltliche Nische beziehungsweise Onlinespezialisierung bieten könnten. Schauen Sie sich doch einmal folgende exemplarische Analyse an, die sich unter dem Menüpunkt *Zugriffe* > *Suchanfragen* in den Webmaster-Tools von Google erstellen lässt.

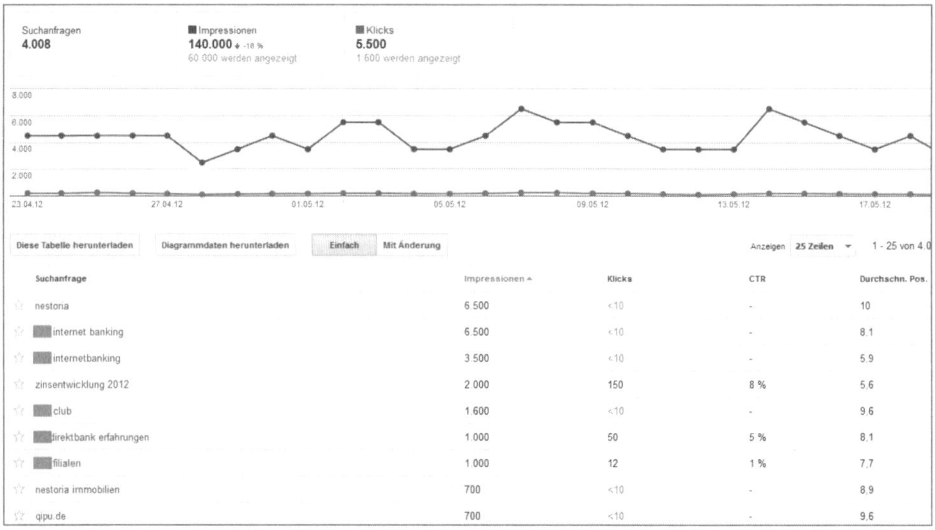

Bild 5.17 Eine Suchanfragen-Auswertung innerhalb der Webmaster Tools von Google

Darin sehen Sie nicht nur, welche Suchanfragen von Google auf Ihre Seiten führen, sondern auch, über welches zahlenmäßige Besucherpotenzial diese monatlich verfügen und wie Ihr Portal selbst in den Suchergebnislisten zu eben diesem Keyword aufgestellt ist. Die Analyse des abgebildeten Portals aus dem Finanzdienstleisterbereich zeigt also, dass es sich möglicherweise lohnen könnte, die inhaltliche Nische rund um das Thema „Zinsentwicklung 20xx" mit speziell hierfür geschaffenen Webtextinhalten weiter zu vertiefen. Denn dann könnte die Positionierung und damit der Anteil der Besucher, die über dieses nicht oft verwendete Keyword auf Ihre Seite kommen, unter Umständen noch einmal sehr deutlich steigen.

5.2 Sonstige Strategien

5.2.1 Wider den Linkgeiz

Setzt man sich etwas intensiver mit den Theorien und Werkzeugen der Disziplin Suchmaschinenoptimierung auseinander, so wird dort heute noch etwas praktiziert, was ich persönlich den „Linkgeiz" nenne. Eingehende Verweise von Portalen anderer Webseitenbetreiber waren stets willkommen, ausgehende Links wurden jedoch auf jeder einzelnen Seite bis aufs Letzte hin optimiert, das heißt idealerweise komplett gestrichen oder mit einem bestimmten, die eigene „Linkpower" nicht weitergebenden Attribut versehen (dem sogenannten NoFollow-Attribut). So erhoffte man sich eine bessere Linkbilanz (möglichst viele eingehende Links versus möglichst wenig ausgehende), um das eigene Suchmaschinenranking optimieren zu können. Wer rechnen kann, der merkt schnell, dass diese Strategie World-Wide-Web-weit betrachtet wohl kaum funktionieren kann, und so kam es zu solch unschönen Auswüchsen wie der Linkmiete oder dem Linkkauf (hierbei werden eingehende Links von anderen Portalen gegen Bezahlung erworben, was von Google selbst geächtet wird und als Strategie keinesfalls zu empfehlen ist).

Ich selbst und viele weitere Webseitenbetreiber, die ursprünglich eher aus der Blogger-Szene kommen, haben jedoch schnell festgestellt, wie gut die genau gegenteilige Strategie wirken kann. In meinen eigenen Onlinebeiträgen verlinke ich stets sehr gerne und quasi großzügig auf gute, informative externe Webquellen, selbst auf jene von der vermeintlichen Konkurrenz (Es sei denn natürlich es handelt sich um eine Landingpage oder Ähnliches, auf der möglichst kein einziger Verweis den Besucher ablenken oder von meinem Portal wegführen soll). Die meisten erfolgreichen Unternehmensseiten und -blogs beziehungsweise Onlinemagazine, die ich kenne, gehen sehr ähnlich vor, und fragen sich nicht bei jedem eingebundenen Link nach „draußen", ob sich dieser eventuell schädlich auf die eigenen SEO- oder Unternehmenskennzahlen auswirken könnte.

Ich weiß, sehr vielen Lesern wird diese Vorgehensweise recht suspekt vorkommen. Auf einen guten Webtext eines indirekten oder auch direkten Mitbewerbers verweisen? Dann kann ich ja gleich dessen Werbeprospekte in meiner Filiale auslegen lassen? Richtig dosiert – denn natürlich werden Ihre eigenen Interessen und inhaltlichen Verweise stets im Vordergrund Ihrer Onlinekommunikation stehen – kann eine solche Strategie zahlreiche Vorteile mit sich bringen. Denn gut ausgewählte externe Links führen unter anderem zu Folgendem:

- Nicht selten habe ich es erlebt, dass auf einen externen Verweis irgendwann ein Gegenverweis folgte, in dem das von mir erwähnte und verlinkte Portal wiederum auf einen meiner Webtexte hingewiesen hatte. Selbst Dritte verweisen oftmals lieber auf einen Onlineauftritt, der sichtbar entspannt mit der Verlinkung auf außenstehende Informationen umgeht. Insgesamt kann sich dies also langfristig gesehen durchaus sehr positiv für den eigenen Linkaufbau auswirken.
- Fast noch spannender ist der Aspekt der Außenwirkung im B2B-Umfeld. Sehr oft werden andere – kleinere wie größere – Webseitenbetreiber erst dann auf Ihr Portal beziehungsweise einen ganz bestimmten Onlinetext von Ihnen aufmerksam, wenn sie hieraus verlinkt werden. Aus meiner Erfahrung entstehen dabei sehr wertvolle Kontakte und vor allem Kooperationsanfragen von Firmen-, aber auch Privatportalen (private Blogs, Foren etc.), die ebenfalls an einer gegenseitigen Vernetzung interessiert sind. Und eben diese Vernetzung ist mit einer der wichtigsten Erfolgsfaktoren in jeglichem Onlinebusiness.
- Selbst potenzielle Gastautoren, Mitarbeiter, Investoren, Werbepartner, Multiplikatoren, Lieferanten, Kunden, Presseorgane, Fachzeitschriften etc., von denen Sie ansonsten nie wahrgenommen worden wären, werden so in einer global vernetzten Webcommunity auf Sie aufmerksam. Ich selbst bin immer wieder erstaunt darüber, zu welchen spannenden und fruchtbaren Kontakten einzelne meiner Webtexte sowie die darin enthaltenen Verweise führen – und dies nachhaltig beziehungsweise auch noch lange Zeit nach der eigentlichen Veröffentlichung.
- Auch Ihr Webtext selbst kann suchmaschinentechnisch gesehen sogar eher von dieser externen Verlinkung profitieren. Neuere Untersuchungen gehen etwa davon aus, dass Verweise auf qualitativ gute, hochrangige und viel besuchte Webseiten indirekt sogar als ein positiver Faktor für das eigene Suchmaschinenranking gewertet werden.

Wenn Sie sich nicht trauen, diese Strategie auf Ihrem Hauptportal auszuprobieren, so versuchen Sie es doch einmal in Ihrem Corporate Blog oder einem sonstigen eher abgesetzten Bereich Ihres Onlineauftritts. Eine erste Wirkung wird zwar wohl etwas auf sich warten lassen, kann dann aber umso nachhaltiger ausfallen.

5.2.2 Tu Gutes und rede darüber ...

In diesem Abschnitt wird es um eine Art Erweiterung der zuvor genannten Taktik gehen, wenn man diese einmal als solche bezeichnen möchte. Wie bereits gesagt bin ich persönlich schon immer sehr offen mit der Benennung externer Webinhalte umgegangen. Und so kam es sehr oft vor, dass ich - direkt oder indirekt - eine wertvolle Empfehlung für einen externen Schreibkollegen oder ein Unternehmen bzw. dessen Produkte oder Dienstleistungen ausgesprochen habe. Denn ein solcher Verweis bringt ja nicht nur potenzielle Besucher und damit Kunden auf das in dieser Form erwähnte Portal, auch aus SEO-Gründen kann sich der Betreiber der Zielwebsite durchaus freuen.

So habe ich mir irgendwann einmal angewöhnt, nicht nur Gutes zu tun, sondern auch darüber zu reden. Ganz konkret bedeutet dies, dass ich im Anschluss an einen veröffentlichten externen Verweis den entsprechenden Webseitenbetreiber beziehungsweise das zugehörige Unternehmen genau hierüber informiere, indem ich etwa an den Presse- oder Marketingverantwortlichen eine E-Mail schreibe in der Art: „Zu Ihrer Information: Gerne habe ich auf Ihren Beitrag/Seite xyz verwiesen". Und dies zusammen mit einem Beleg-Link meiner zugehörigen Internetseite, auf welcher der Verweis eingebunden wurde.

Am Anfang mag Ihnen eine solche Vorgehensweise womöglich leicht befremdlich vorkommen, und je nach Empfänger würde man natürlich auch den Inhalt der zugehörigen Nachricht anpassen oder erweitern, die Resonanz ist in den allermeisten Fällen jedoch sehr positiv. Im „schlimmsten" Fall werden Sie wohl keine Antwort erhalten, aber man hat Sie und Ihr Unternehmen zumindest wahrgenommen. Und nicht jeder Selbstständige beziehungsweise jeder Marketingverantwortliche betreibt aktives Online-Medien-Monitoring, würde also unter Umständen andernfalls niemals auf Ihre Verlinkung aufmerksam werden.

HINWEIS: Es ist Geschmackssache, ob man in einer solchen E-Mail- oder sonstigen Nachricht dezent darauf hinweist, dass man sich über einen Gegenlink durchaus freuen würde. Dies hängt sehr von der Art des Verhältnisses zwischen Absender und Empfänger ab und könnte auch schnell als „Spam"-Versuch abgetan werden, also einen eher negativen Eindruck hinterlassen. Im Zweifelsfall sollten Sie auf die Nennung eines solchen Hinweises wohl eher verzichten, und auch so wird sich der Adressat bei Ihnen melden, wenn er etwa Ansatzpunkte für eine mögliche zukünftige Zusammenarbeit oder Ähnliches sieht.

Gutes tun und darüber reden kann aber auch bedeuten, innerhalb der eigenen Onlineinhalte den Lesern und Kunden zu vermitteln, für welche Werte Ihr Unternehmen steht. Sehr viele Geschäftsführer und Selbstständige verfolgen eine Mission, die nicht nur rein auf die eigenen Produkte, Dienstleistungen oder den eigenen Umsatz zielt. Da werden Ausbildungsplätze geschaffen, Personal eingestellt, Standorte im eigenen Land gehalten, lokale Vereine, Schulen und Initiativen unterstützt, Spenden getätigt, Fachwissen weitergegeben, Fachgremien und Stiftungen gegründet und vieles Weitere mehr, und keiner spricht darüber. Wieso sollten Sie ein solches Thema nicht einmal etwa in Ihrem Corporate Blog aufgreifen, auf Ihrer „Über uns"-Seite, dem seiteninternen Stellenteil oder im Pressebereich?

Zwar gilt es hierzulande teilweise immer noch als ein wenig verpönt, über derartige Erfolge zu sprechen, doch dies sehen meist nur die Unternehmer untereinander so. Für die Außenwirkung hingegen kann ein „Über das Gute reden und schreiben" sehr erfolgversprechend sein, wenn nicht zu viel Pathos oder wenig fundiertes Eigenlob in der zugehörigen Kommunikation mitschwingt.

Bild 5.18 Dieses Unternehmen steht klar zu seiner Philosophie und kommuniziert diese auch in seinem Onlineauftritt.

5.2.3 Teilen Sie Ihre Informationen

Der Satz

> *Informationen werden nicht wertvoller, wenn man sie einsperrt. Sie werden wertvoller, wenn man sie teilt.*

trifft die Aussage des nun folgenden Abschnitts recht gut. Er stammt von dem Kulturwissenschaftler und Blogger Michael Seemann. Onlineauftritte von kommerziellen Unternehmen und die Aussage eines medienkritischen Kulturwissenschaftlers, passt das zusammen? – Durchaus.

Wie Sie in den vergangenen Absätzen sicherlich schon bemerkt haben, bin ich ein Verfechter des Teilens von Informationen jeglicher Art. Ich selbst wäre in meiner Selbstständigkeit niemals so weit gekommen, wenn ich mein angesammeltes Wissen wie einen gut behüteten Schatz horten und stets nach außen hin verteidigen würde. Der offene Umgang mit Fachwissen, unter anderem über die Einbindung in Ihren Webcontent, ist meines Erachtens der

Schlüssel zu einer guten Offline-, aber vor allem eben auch Onlinereputation. Und eine solche Webreputation wiederum hat einen großen Anteil an einer erfolgreichen Onlinemarketing-Strategie, egal ob für einen selbstständigen Einzelkämpfer oder ein größeres Unternehmen.

Ich bin mir durchaus bewusst darüber, dass es nicht wenige mittelständische und sonstige Firmen gibt, die vorsichtig sein müssen mit der allzu großzügigen inhaltlichen Verbreitung ihres Know-hows und ihrer Patente. Dennoch sollte sich jeder Unternehmer stets überlegen, welchen Anteil seiner wirtschaftlichen Forschungs- oder Praxisleistung er der Gesellschaft wieder zurückgeben kann. Und tut er dies in Form von inhaltlich fundierten Fachbeiträgen auf seinem Unternehmensportal oder in einem Corporate Blog für Endanwender oder Spezialisten, so wird sich dies langfristig deutlich für seinen gesamten Onlineerfolg auszahlen. Genau eine solche Vorgehensweise nennt man übrigens Content Marketing.

5.2.4 Content-Sponsoring

Sie müssen für Ihre Zielgruppe werthaltige Onlineinhalte gar nicht immer in Eigenregie erarbeiten und/oder veröffentlichen. Ein oftmals sehr wirkungsvolles Instrument indirekter Onlinewerbung kann es sein, quasi als „Sponsor" externer Webtexte aufzutreten. Erinnern Sie sich noch an das Fachlexika-Beispiel aus Kapitel 4.2.4? Wenn Sie das dort abgebildete Praxisbeispiel aufmerksam beobachten, so werden Sie feststellen, dass die dortigen Beiträge von einem inhaltlich passenden Unternehmen unterstützt bzw. gesponsert werden. Dies hat gleich mehrere handfeste Vorteile, die teilweise bereits in den vorangegangenen Kapiteln erläutert wurden:

- Sie können auf diskrete Weise innerhalb eines womöglich sehr werthaltigen und fachlich anerkannten Onlinemediums auf sich und Ihr Unternehmen aufmerksam machen, ohne dass dies gleich als Schleichwerbung angesehen wird.
- Es handelt sich um eine sehr zielgruppengerechte Ansprache, da die zugehörigen Informationen nur von Internetnutzern gelesen werden, die auch ein zumindest potenzielles Interesse an Ihnen und Ihrem Portfolio haben dürften.
- Eine zugehörige Verlinkung von dem Fachportal zu Ihrem Unternehmensauftritt wird sich in der Regel positiv auf Ihre Leserzahlen, aber auch auf Ihre Rankings in den Suchmaschinen auswirken. Zudem werden mögliche Neukunden auf Ihr Unternehmen sowie Ihren Internetauftritt aufmerksam, die bislang möglicherweise noch keine beziehungsweise noch keine gefestigte Beziehung zu Ihnen und Ihrem Unternehmen hatten (Stichwort Branding).
- Können Sie die hierdurch entstehenden Besucherströme detaillierter auswerten (Stichwort Google Analytics), so haben Sie zudem einen weiteren Indikator dafür zur Verfügung, welche Fachthemen bei Ihren potenziellen Kunden derzeit besonders gefragt sind.
- Eine solche Content-Partnerschaft lässt sich in der Regel auch gut auf weitere Bereiche, etwa gegenseitige Gastbeiträge, ausdehnen.
- Sie selbst wiederum können Ihre eigenen Leser auf diesen von Ihnen finanziell unterstützten Onlinedienst aufmerksam machen, was nicht nur Ihrem eigenen Onlinerenommee zugutekommt, sondern Ihren Besuchern auch noch einen zusätzlichen Mehrwert bietet.

Mit welcher Art von Portalen lässt sich nun eine solche Partnerschaft anstreben? Es gibt mittlerweile in quasi jeder Fachdisziplin unzählige von privater Hand oder von unabhängigen Institutionen betriebene Onlineangebote, die teilweise von herausragender fachlicher, aber auch inhaltlicher Qualität sind. Und stimmen beispielsweise „nur" die dort angebotenen Inhalte, aber das Erscheinungsbild entspricht nicht unbedingt Ihrem eigenen Anspruch an ein hochwertiges Onlineportal, so lässt sich ein zugehöriges modernes Layout sicherlich ebenfalls sponsern.

Die meisten dieser privaten, aber auch semiprofessionellen Webseitenbetreiber werden froh sein, wenn sie sich über ein Content-Sponsoring einen namhaften Partner, aber auch gern gesehene, da nicht zu allzu offensichtlich werbliche, und vor allem regelmäßig fließende Zusatzeinnahmen sichern können. Infrage kommen hierfür etwa:

- Moderierte Fachforen, bei denen man jedoch ein besonderes Augenmerk auf die Qualität des Portals selbst sowie auf dessen Inhalte und Nutzer beziehungsweise Besucher legen sollt
- Private, semiprofessionell, aber auch hauptberuflich (etwa von unabhängigen Autoren und Onlinefirmen) betriebene Fachblogs und sonstige Onlinemagazine, die bereits seit einiger Zeit existieren und zahlreiche regelmäßige Besucher in der jeweiligen Zielgruppe aufweisen können
- Sowie in zunehmendem Maße Anbieter kleinerer bis größerer Onlinetools und Smartphone-Apps, die zu Ihrem Geschäftsmodell passen und gerade bei jüngeren Zielgruppen eine sehr hohe Wahrnehmung erreichen

Ich selbst habe auf meinen Fachblogs bereits sehr gute Erfahrungen mit einem solchen Sponsoring-Modell machen können, in diesem Fall eher auf der Seite des Inhalteanbieters. Die zugehörigen Unternehmen berichten mir jedoch immer wieder, wie erstaunt Sie von dem Erfolg eines solchen Modells sind. Denn passen die beiden Portale und jeweiligen Zielgruppen inhaltlich gut zueinander oder ergänzen sich gar, so dürften dem finanzierenden Unternehmen zahlreiche neue Kontakte und Verkaufs-, aber auch Kooperationsmöglichkeiten gesichert sein – und dies sowohl im B2B- als auch B2C-Umfeld.

PRAXISTIPP: Haben Sie einen geeigneten Content-Partner für eine derartige Kooperation gefunden, so sollten Sie die zugehörigen Details und Vereinbarungen stets schriftlich in einem eigenen kleinen Vertrag festhalten. Dazu gehören zu klärende Punkte wie beispielsweise der konkrete Umfang des Sponsorings, der Leistungen, die der Webseitenbetreiber in welchem Zeitraum zu erbringen hat, die zugehörige Vergütung, eventuell zu erreichende beziehungsweise nicht zu unterschreitende Traffic- bzw. Visits-Zahlen sowie die Laufzeit und Exklusivität der Zusammenarbeit (Stichwort exklusives Sponsoring für einen fest definierten Zeitraum). Auch sollte eine mögliche Haftungsfrage ausgeschlossen werden, sodass Sie als Sponsor nicht etwa für bestimmte Inhalte oder mögliche Verfehlungen des Content-Partners geradestehen müssen und in einem solchen Fall die Partnerschaft jederzeit beenden können. Aus diesem Grund bietet es sich gerade bei Kooperationen mit kleineren Portalen unbedingt an, entsprechende Referenzen früherer Werbe- und Anzeigenpartner einzuholen, sofern dies möglich ist. ■

5.3 Autoreninformationen und Author Rank

Die Persönlichkeit zählt zu den wichtigsten Faktoren für erfolgreiche Webtexte und das Content Marketing, wie zahlreiche Beispiele und Strategien in diesem Ratgeber zeigen. Waren es die Onlineleser noch vor wenigen Jahren gewohnt, Beiträge unter dem Namen „Redaktion", unter einem kryptischen Kürzel oder mit überhaupt keiner Benennung der Urheber präsentiert zu bekommen, gerade im unternehmerischen Umfeld, so hat sich dies radikal gewandelt. Verbraucher werden diesbezüglich immer verwöhnter und auch kritischer. Angesichts der Diskussion um werbliche oder gar manipulierte Inhalte möchte man schon wissen, wer für die gegebenen Informationen buchstäblich „seinen Kopf hinhält", mit der Nennung des vollen Namens, idealerweise einem Foto und einer persönlichen Kontaktmöglichkeit. Das gilt nicht unbedingt für jeden kleinen Content-Schnipsel auf einem Unternehmensportal oder Produktbeschreibungen in Onlineshops (wobei sich selbst dort dieser Trend der persönlichen Empfehlung und Präsentation – etwa durch prominente Werbeträger – nach und nach durchsetzen wird), aber für jegliche Ratgeberbeiträge, Blogartikel und Ähnliches mehr.

In letzter Zeit erfährt diese Persönlichkeit eine neue Dynamik und erreicht eine ganz andere Dimension. Suchmaschinen – allen voran Google – haben Autoreninformationen für sich entdeckt, um die Qualität von Webtexten besser einschätzen zu können. Vereinfacht dargestellt gilt dabei Folgendes: Wenn ein Autor nachweislich Beiträge auf Portalen veröffentlicht, die von Google bislang schon als hochwertig eingestuft werden (etwa große, bekannte Onlinemagazine und Unternehmensportale, aber auch Webseiten mit SEO-Indikatoren wie einem hohen PageRank, siehe *http://de.wikipedia.org/wiki/PageRank*), so ist dieser mehr „wert" als ein Autor, der auf unbekannten oder gar von Google abgestraften Projekten Informationen veröffentlicht. Somit werden also nicht mehr nur einzelne Portale eingestuft, sondern deren schreibende Protagonisten. In diesem Sinne „gute" Autoren verfügen dann über einen hohen sogenannten „Author Rank" (siehe *www.netzpiloten.de/author-rank-willst-du-leser-haben-musst-du-google-nutzen/*). Ein solcher positiver Author Rank färbt – theoretisch, dazu gleich mehr – wiederum auf die Portale ab, auf denen der zugehörige Autor Beiträge veröffentlicht.

PRAXISTIPP: Damit Google einzelne Webseiten und Beiträge einem Autor gesichert zuordnen kann, müssen bestimmte Autoreninformationen – ein sogenanntes Google Authorship Markup – im Quellcode der Seite hinterlegt werden. Der Suchmaschinenanbieter setzt dabei, zumindest derzeit noch, gleichzeitig voraus, dass der jeweilige Autor über einen Account bei Google sowie über ein eigenes Google+-Profil verfügt. Hierüber kann sichergestellt werden, ob sich tatsächlich eine „reale" Person hinter dem angegebenen Autorennamen verbirgt, um Missbrauch vorzubeugen. Gleichzeitig ist diese Verknüpfung jedoch ein geschickter Schachzug, um das hauseigene soziale Netzwerk Google Plus zu stärken.

Es würde an dieser Stelle zu weit führen, die technischen Details einer solchen Verknüpfung zu erläutern, zumal Google diese immer wieder einmal anpasst. Eine sehr gelungene grundsätzliche Einführung in das Thema Google Authorship Markup und Author Rank findet sich unter der Adresse *www.seo-trainee.de/google-authorship-markup-und-author-rank-eine-einfuehrung/*. Weitere Anleitungen, auch zur Kenntlichmachung von kompletten Unternehmensseiten für Google und seine Suchergebnislisten, sind hier nachzulesen:

- *www.blogprofis.de/buch/autoreninformation*
- *www.blogprofis.de/buch/plusverlinkung*
- *www.blogprofis.de/buch/plusseiten*
- *http://blog.kennstdueinen.de/2013/02/google-seite-relpublisher-oder-relauthor-zur-verknupfung-der-website-verwenden/*

Die verschiedenen Möglichkeiten sind seitens Google nicht ganz einfach zu bedienen und zu durchschauen. Idealerweise beziehen Sie Ihren Webmaster und/oder Ihren Suchmaschinenexperten mit in diesen Prozess ein. ■

Zukünftig werden sich Unternehmen ihr Redaktionsteam wohl auch danach zusammenstellen, wie hoch der Author Rank eines internen oder externen Mitarbeiters einzuschätzen ist. Oder sie sorgen dafür, dass die Beiträge der Mitarbeiter mit deren Google+-Profil verknüpft werden – sofern dies von den Mitarbeitern akzeptiert wird und, was die inhaltliche Ausrichtung der Profile anbelangt, Sinn macht.

Google steht mit der Entwicklung der hier beschriebenen Mechanismen erst am Anfang. Es ist unter Experten umstritten, ob, wann und in welchem Maße Berechnungen wie ein möglicher Author Rank Einzug in das Ranking der Suchmaschinenergebnisse finden. Zumal in die Berechnung von Author Rank Informationen theoretisch noch weitere Kriterien einfließen könnten. Darunter fallen etwa solche Punkte, wie aktiv das jeweils zugehörige Google Plus Profil gepflegt wird, wie viele „Fans" der Person dort folgen, über welchen Author Rank diese wiederum verfügen und vieles Weiteres mehr. So oder so sind jegliche persönliche Autoreninformationen jedoch der Schlüssel zu mehr Vertrauen seitens Ihrer Leser. Und je früher Ihr Unternehmen Maßnahmen wie die Nennung der Urheber, aber auch die Verknüpfung mit Google-Accounts nutzt, umso höher fällt der Vorteil gegenüber Ihren Mitbewerbern aus.

Ein kleiner Nebeneffekt der Google-konformen Einbindung von Autoreninformationen: In den Suchergebnislisten werden entsprechende Beiträge mit zusätzlichen persönlichen Informationen sowie einem Foto des Urhebers der jeweiligen Webseite versehen (siehe Abbildung 5.19). Alleine hierdurch erhöht sich in der Regel die Aufmerksamkeit der Nutzer für solche Einträge, gerade im Vergleich zu Ergebnissen ohne eine Abbildung. Auf indirektem Wege sorgt dies also bereits jetzt für einen suchmaschinenoptimierenden Effekt.

Bild 5.19 Verknüpft man die Beiträge auf einer Webseite mit dem Google+-Profil des Autors, so werden sein Foto und weitere Informationen in den Suchergebnissen angezeigt. Das sorgt für mehr Aufmerksamkeit und Vertrauen.

5.4 Die Erfolgsmessung

Wie merken Sie denn nun, ob alle Ihre Bemühungen um Qualitätscontent und inhaltlichen Mehrwert auf Ihrem Onlineportal auch wirklich fruchten? Zwar wird sich der Erfolg selbst mit noch so guten Webtexten nicht von heute auf morgen einstellen, dafür ist ein kontinuierliches Arbeiten an ständig neuen informativen Inhalten notwendig. Dennoch möchten Sie natürlich wissen, ob Sie mit Ihrer Textarbeit die richtige Strategie verfolgen und das gewünschte Publikum ansprechen oder ob Sie eventuell noch einmal mit einer anderen, erweiterten inhaltlichen Ausrichtung gegensteuern müssen.

5.4.1 Beispielfaktoren anhand von Google Analytics

Ich möchte Ihnen einige passende Erfolgsfaktoren anhand des bereits vorgestellten Google Analytics (*www.google.com/analytics*) präsentieren, da sich dieses doch längst als ein Standard im Bereich Webanalyse und -controlling durchgesetzt hat und kostenfrei verfügbar ist.

Bei Google Analytics handelt es sich um ein sehr mächtiges und umfangreiches Werkzeug, daher bitte ich Sie um Verständnis, dass ich nicht im Detail auf die Einrichtung und Bedienung des Tools eingehen kann. Hierfür gibt es sehr gute weiterführende Literatur, wie etwa das Buch *Google Analytics. Implementieren. Interpretieren. Profitieren* von Timo Aden, ebenfalls erschienen im Carl Hanser Verlag (ISBN 978-3-446-42308-4).

HINWEIS: Was ich Ihnen nicht verschweigen möchte: Der Einsatz von Google Analytics wird in Sachen Datenschutz als nicht immer ganz unproblematisch angesehen. Weiterführende Informationen hierzu beispielsweise unter der Adresse *http://de.wikipedia.org/wiki/Google_Analytics#Datenschutz_von_Benutzerprofilen.*

5.4.1.1 Besuche und Besucher

Die Besuche und Besucher auf Ihrem Onlineportal gehören natürlich zu einem der mit Abstand wichtigsten Faktoren, lebt doch jeder Webauftritt davon, auch tatsächlich wahrgenommen zu werden. Und aus Besuchern sollen – über gute Inhalte – tatsächliche Leser und möglichst auch Kunden sowie Käufer werden. Ein weiteres wichtiges Kriterium: Besucher bringen auch immer noch weitere Besucher und Besuche mit sich, sei es durch einen Wiederbesuch, durch Weiterempfehlung Ihrer Seite im Bekanntenkreis oder durch die Nennung innerhalb von sozialen Netzwerken.

Kurz zur Unterscheidung zwischen den Webkennzahlen Besuche und Besucher, Letzteres in Google Analytics korrekterweise auch mit „absolut eindeutige Besucher“ bezeichnet. Im Prinzip wird mit der sehr oft zum Einsatz kommenden Anzahl der Besuche in einem bestimmten Zeitraum ein klein wenig Augenwischerei betrieben, denn begibt sich ein und dieselbe Person innerhalb kurzer Zeit (die Grenze liegt bei Google derzeit bei 30 Minuten) erneut auf Ihr Portal, so werden zwei Besuche verzeichnet. Die spezifischere Kennzahl „eindeutige Besucher“ würde hieraus nur einen einzigen Besucher machen. Wobei hierbei der aufrufende Computer zählt, denn Google kann natürlich nicht messen, wie viele unterschiedliche Personen möglicherweise über ein und denselben PC auf Ihrem Onlineauftritt landeten. Je nachdem, wie unternehmens- bzw. umsatzrelevant für Sie ein wiederkehrender Besucher also ist (verdoppelt ein Wiederbesuch die Chance auf einen Lead oder würden Sie dies gar als zwei Leads betrachten), so werden Sie dementsprechend eher die eine oder die andere Kennzahl beobachten.

Wobei wir schon beim Stichwort sind, denn wie bei eigentlich allen Messgrößen, die für den Onlineerfolg ausschlaggebend sind, lebt eine entsprechende Statistik von der regelmäßigen, möglichst täglichen Beobachtung. Grundtendenzen werden Sie natürlich erst in längeren Abständen beobachten können, beispielsweise über die Messung, zu wie viel Prozent die Besucherzahlen monatlich oder quartalsmäßig insgesamt zunehmen. Dennoch können auch einzelne tagesaktuelle Peaks und Ausschläge nach oben oder unten auftreten. Haben Sie an einem Tag deutlich mehr Besucher und Besuche als normalerweise, so könnte dies sehr gut an einem vor wenigen Tagen oder gar Stunden veröffentlichten Beitrag liegen. In diesem Fall sollten Sie sich also den zugehörigen Tag und die dortigen Zielseiten (dazu gleich mehr) Ihrer Besucher im Detail anschauen. Denn sorgt tatsächlich ein bestimmter neuer Webtext für eine deutliche Steigerung der Besuchszahlen, dann haben Sie natürlich einen perfekten Ausgangspunkt für zukünftige weitere erfolgreiche Beiträge ähnlicher Art zur Hand.

Nicht immer lassen sich die Ergebnisse aus den Messgrößen „Besuche“ oder „Besucher“ so eindeutig auf Ihre Bemühungen zurückführen, Ihren Lesern gute Onlinetexte zur Verfügung zu stellen. Nicht wenige Onlinebeiträge entfalten Ihre volle Wirkung erst nach und nach, was auch daran liegt, wie schnell Google diese in seinen Index aufnimmt oder das Thema von den Lesern „entdeckt“ und weitergereicht wird. Besuche und Besucher sind also eher ein allgemeiner Indikator. Zeigen die zugehörigen Kurven in Google Analytics jedoch langsam, aber stetig nach oben, so liegt die Annahme nahe, dass dies vor allem an der Quantität sowie Qualität Ihrer Texte liegt.

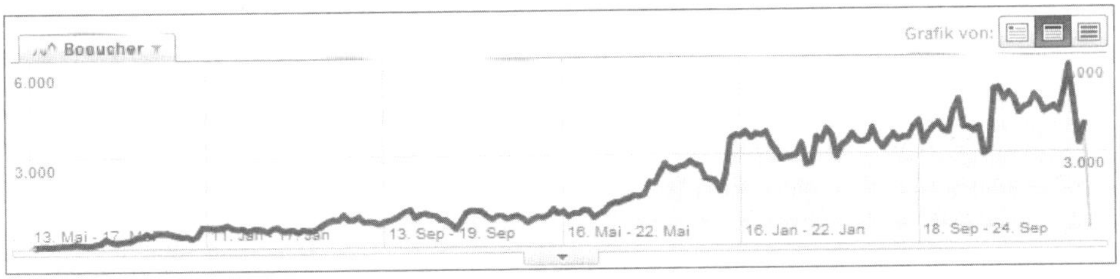

Bild 5.20 Ein Beispiel kontinuierlicher Besucherzuwächse über mehrere Jahre, in diesem Fall fast ausschließlich erreicht durch hochwertigen Content

5.4.1.2 Seitenaufrufe je Besuch, Besuchszeit und Absprungrate

Eine schon unmittelbarere Auswirkung bzw. Korrelation zum Umfang und der Qualität Ihrer Inhalte haben die folgenden Kennzahlen, die sich ebenfalls recht einfach mit Googles Analysewerkzeug abrufen lassen:

- Seitenaufrufe je Besuch: Diese früher eher weniger beachtete Messgröße ist mittlerweile von allergrößter Wichtigkeit für das SEO Ihres Portals, aber auch was die inhaltliche Qualität eines Onlineportals anbelangt. Sie spiegelt wider, wie viele Seiten Ihres Internetauftritts im Durchschnitt aufgerufen werden. Lesen die meisten Besucher nur einen Beitrag und wenden sich dann einem anderen Portal zu? Oder stöbern diese regelrecht durch die angebotenen und untereinander verlinkten Artikel? Natürlich hängt dies von der Art Ihres Onlineauftritts ab. In einem E-Shop klickt sich der Nutzer möglicherweise durch einzelne Artikel statt Textbeiträge, und auf einer Landingpage als Zielseite möchte man unter Umständen gar nicht erst erreichen, dass der Nutzer weitere Seiteninhalte besucht. Dennoch liegt es gerade innerhalb der contentlastigen Bereiche Ihres Portals nahe, dass die Besucher umso mehr Texte aufrufen, je mehr sie mit diesen „anfangen" können, sprich je mehr Mehrwert diese bieten.

- Durchschnittliche Besuchszeit: Dieser Faktor ist ergänzend zu den Seitenaufrufen je Besuch zu sehen und sollte ebenfalls regelmäßig gemessen werden. Denn stellen Sie sich einmal vor, Ihre Leser besuchen im Durchschnitt fünf Seiten Ihres Portals, was bereits ein sehr guter Wert wäre, aber jede einzelne Seite nur wenige Sekunden oder gar Millisekunden lang. Dann spricht dies wohl kaum für Ihr Portal und dessen Inhalte. Beide Kennzahlen sind also stets in Korrelation miteinander zu betrachten. Sobald einer der beiden Messwerte ansteigt, der andere jedoch stagniert oder gar rückläufig ist, so sollten Sie die Qualität Ihrer Inhalte kritisch hinterfragen.
- Die Absprungrate: „Die Absprungrate ist der prozentuale Anteil von Zugriffen auf nur eine Seite oder von Zugriffen, bei denen die Besucher Ihre Website bereits auf der Einstiegsseite (Zielseite) wieder verlassen haben. Verwenden Sie diesen Messwert als Maßstab für die Besuchsqualität", so definiert es Google selbst. Und weiter: „Eine hohe Absprungrate weist in der Regel darauf hin, dass die Einstiegspunkte zur Website von den Besuchern als nicht relevant angesehen werden." Das trifft den Nagel auf den Kopf, denn „nicht relevant" bedeutet in diesem Fall, dass die Besucher keinerlei für ihre jeweilige Situation wichtigen Mehrwert erkennen konnten, zumindest nicht auf den ersten Blick. Hierfür kann zwar auch eine optisch suboptimale Gestaltung der Webseite selbst verantwortlich gemacht werden, oder die Leser erkennen nicht schnell genug (etwa anhand einer guten und griffigen Überschrift), dass die gebotenen Inhalte doch von einer gewissen Relevanz für sie sind. In den meisten Fällen kann jedoch tatsächlich der Webtext selbst für eine hohe Absprungrate verantwortlich gemacht werden, gerade wenn nur einzelne Seiten über einen solchen sehr negativen Wert verfügen.

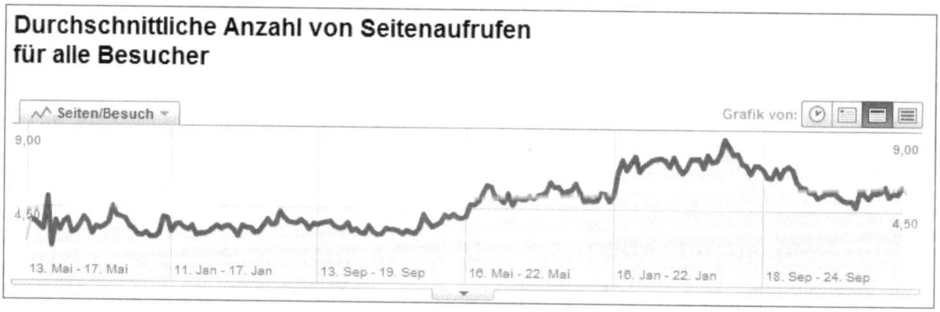

Bild 5.21 Die beispielhafte Auswertung der Kennzahl „Seitenaufrufe je Besuch" über einen bestimmten Zeitraum hinweg: Hier würde sich die Frage stellen, wie das Portal und dessen Inhalte bei dem zu verzeichnenden Peak gestaltet waren, da die Leser dort wohl besonders von diesen überzeugt waren.

HINWEIS: Ein weiterer entscheidender Faktor für die Wichtigkeit der Kennzahlen „Seitenaufrufe je Besuch" und „Besuchszeit" ist, dass sich mit längerer Verweildauer Ihrer Leser natürlich zudem die Chance erhöht, dass diese eine für Ihren Umsatz relevante Interaktion auf dem Portal vornehmen. Dies kann eine Bestellung, aber auch der Aufruf des Kontaktformulars sowie der Griff zum Telefonhörer sein, je nach Art Ihrer Dienstleistung und Ihres Geschäftskonzepts.

PRAXISTIPP: Immer wieder werde ich von meinen Kunden gefragt, was denn nun „gute" Werte für die hier genannten Kennzahlen sind. Dies hängt natürlich sehr vom Gegenstand und der Zielgruppe eines Onlineportals ab. Während im Finanzbereich ein Wert von 1,5 aufgerufenen Seiten je Besuch bereits positiv sein kann, so kann dieser bei einer umfangreichen, gut intern verlinkten Webseite im Consulting- oder auch Ratgeberumfeld bei ab 5 Seiten je Besuch und mehr liegen.

In der Regel werden Sie für Ihre Branche zu Beginn selbst einen gewissen Referenzwert ermitteln müssen, um zu beobachten, ob und in wiefern sich dieser nach und nach langsam steigert. Erwarten Sie hierbei keine Wunder. Der Anstieg der Referenzwerte Seitenaufrufe/Besuch oder Besuchszeit um 10 Prozent über mehrere Monate hinweg wäre bereits ein gutes Indiz für die steigende Textqualität, da sich diese Werte bei den meisten Internetportalen kaum signifikant bewegen.

Haben Sie bislang nur wenige Inhalte und zugehörige Seiten online, so kann diese Messgröße natürlich auch stagnieren. In der Regel bemerkt man, beispielsweise bei Corporate Blogs, eine erste signifikante Bewegung dieser Kennzahlen ab 100 veröffentlichten Textbeiträgen aufwärts. Was die Absprungrate anbelangt, so sollten Sie sich Sorgen machen, falls diese über alle Unterseiten hinweg gesehen im Durchschnitt um die beziehungsweise über 80 Prozent liegt. Aber selbst das hängt sehr von der grundlegenden Beschaffenheit Ihrer Webseiten ab.

5.4.1.3 Besucherquellen

Die Besucherquellen sind immer wieder äußerst spannend zu beobachten, insbesondere was die Kennzahl „Keywords" in Google Analytics anbelangt. Über diese können Sie quasi sehen, über welche Suchmaschinenfragen Ihre Leser zu Ihrem Portal gelangt sind und wie oft dies der Fall war. Wie bereits verdeutlicht, hängt hier von eine Menge für Sie und Ihr (Online-)Geschäftsmodell ab. Finden die meisten Leser über Keyword-Kombinationen sowie zugehörige Themen zu Ihnen, die vermeintlich keine Auswirkung auf Ihre Unternehmensziele haben? Dann sollten Sie unter Umständen dringend den Fokus Ihrer Berichterstattung ändern hin zu den Inhalten (und damit Schlüsselwörtern), mit denen Sie bei Google & Co. auch tatsächlich gefunden werden möchten.

Aber auch in umgekehrtem Sinn lässt sich die Analyse der Besucherquellen Keywords nutzen. Manchmal entdeckt man gerade bei den weniger oft genannten Keyword-Kombinationen innerhalb der Analytics-Tabelle kleine Schlüsselwort-Perlen in dem Sinne, dass diese sehr zielführend und relevant für Ihr Business sind, Sie aber noch gar nicht wussten, dass zumindest einige Ihrer Besucher über genau diese Suche zu Ihnen gelangen. Denn manchmal können sich die zugehörigen Wortkombinationen oder sogar nur semantisch ähnliche Textpassagen, die zu den Suchanfragen Ihrer Besucher passen, sehr tief in einem Ihrer Webtexte verstecken. Wenn Sie nun eben diese Suchanfrage zur Hand nehmen und aus dem zugrunde liegenden Thema einen neuen, prominenten Beitrag machen, am besten noch mit der exakten Keyword-Folge in der Beitragsüberschrift, so können aus den paar wenigen Besuchern der zugrunde liegenden Wortkombination recht schnell sehr viele werden. Die Wahrscheinlichkeit ist dann gegeben, dass Sie mit exakt diesen Schlüsselwörtern innerhalb der Suchergebnislisten-Rankings von Google aufsteigen, und zwar dank der nun deutlicheren, auch für die Suchmaschine besser sichtbaren Positionierung der Keyword-Kette auf Ihrem Portal.

Ein eher indirektes Indiz für Ihren Weberfolg verspricht hingegen die ebenfalls unter der Dimension „Besucherquellen“ genannte Kennzahl der „Quellen“. Zum einen sehen Sie hier, wie viele Ihrer Besucher überhaupt über Google zu Ihnen finden und wie viele Direktaufrufe Ihres Portals es gibt (etwa mit steigender Bekanntheit, also in dem Fall, dass ein Besucher direkt *www.ihredomain.de* in seinen Webbrowser eintippt). Damit lässt sich dann auch bemessen, welche Relevanz eine Suchmaschinenoptimierung jeglicher Art überhaupt für Sie besitzen würde. Aber auch sonstige Verweisquellen werden an dieser Stelle gelistet, also etwa externe Portale, die auf Sie verlinken und über deren Link Besucher zu Ihnen gelangt sind. Für Ihre Webinhalte hat dies nur insofern eine Auswirkung, dass Sie mit jenen Portalen eine intensivere Kooperation (etwa durch regelmäßige Gastbeiträge) anstreben sollten, welche Ihnen zahlreiche Besucher einbringen oder welche thematisch gesehen von besonderer Relevanz für Ihr Geschäftsmodell sind.

5.4.1.4 Content und Zielseiten

Ähnlich verhält es sich mit den „beliebtesten Webseiten“ Ihres Portals, also einer recht einfachen Messung, welche Unterseite auf Ihrem Onlineauftritt wie oft innerhalb eines bestimmten Zeitraums abgerufen wird. Dieses Wissen kann man sich gleich in mehrfacher Weise zu eigen machen:

- Wird diese Tabelle angeführt von einer Seite, die Ihnen umsatztechnisch gesehen eher weniger einbringt, so nutzen Sie doch den dort starken Traffic, indem Sie von eben dieser Stelle auf einen inhaltlich ähnlichen Beitrag mit höherer Konvertierungsquote verlinken.
- Umgekehrt: Taucht ein Ihnen wichtiger Beitrag nur auf den untersten Rängen auf, so können Sie diesen gegebenenfalls besucher-, aber auch suchmaschinentechnisch stärken, indem Sie innerhalb oft aufgerufener Seiten auf diesen verweisen. Was den SEO-Effekt anbelangt, gilt jedoch auch hier: Eine qualitativ hochwertige Verlinkung (etwa von Seiten mit einem hohen PageRank) zählt mehr als pure Quantität (Massenverlinkung von möglichst vielen Seiten aus). Ein externer Link auf eine solche Seite – sofern Sie diesen bzw. dessen Inhalt steuern können – kann hier ebenfalls einiges bewirken.
- Auch an dieser Stelle sehen Sie natürlich, quasi als Gegenstück zu den Besucherquellen-Keywords, welche Beiträge und Themen in der Gunst Ihrer Leser besonders gut ankommen, sei es nun aus einem Google-Aufruf resultierend oder über eine interne Verlinkung

etc. Sind hier aus Ihrer Sicht die „richtigen" Artikel ganz vorne mit dabei, so können Sie durch Variationen des zugehörigen Themas in zusätzlichen Beiträgen möglicherweise noch weitere Lesergruppen anziehen. Sie sollten dann jedoch aufpassen, dass Sie sich innerhalb der Suchergebnislisten von Google nicht selbst Konkurrenz durch allzu ähnliche Artikel machen. Stimmen die Top-Platzierungen hingegen nicht mit Ihrer ursprünglichen Zielsetzung überein, so sollten andere, lohnenswertere Themen zukünftig vorrangig bedient werden. Oder Sie arbeiten eben so weit wie möglich mit der Veränderung der internen, aber auch externen Linkstruktur.

Der Erfolg würde sich in all diesen Fällen daran messen lassen, dass die umsatzstärksten Ihrer Webseiten auch am meisten aufgerufen werden bzw. in der Tabelle immer weiter nach oben auf einen der vorderen Ränge rutschen.

5.4.1.5 Rankings (Position) in den Suchmaschinen

Neben den tatsächlichen Besucherzahlen und der daraus resultierenden momentanen Attraktivität Ihrer einzelnen Webseiten lohnt es sich immer auch, das jeweilige Ranking bzw. die Suchmaschinenpositionierung Ihres Portals zu bestimmten Suchanfragen zu analysieren. Denn während bei den tatsächlichen Besucherzahlen – unabhängig von Ihrer Position bei Google – ja einige Faktoren eine Rolle spielen (Besucher über externe Links, Besucher über interne Verweise, saisonale oder themenbezogene Effekte etc.), haben Sie hier ein Kriterium, an dem sich Ihr Onlineerfolg wirklich messen lassen kann. „Wandern" neue Beiträge von Ihnen regelmäßig in den Google-Platzierungen von hinteren Plätzen nach vorne oder steigen diese mit der Zeit gar direkt von der Veröffentlichung an immer höher ein, so scheinen Sie suchmaschinentechnisch und inhaltlich gesehen einiges richtig zu machen.

Gleichzeitig haben Sie hier bei bereits gut rankenden Artikeln einen enormen Hebel zur Verfügung. Das bedeutet: Ist ein umsatzträchtiger Beitrag oder eine entsprechende Webseite bereits innerhalb der ersten fünf bis sechs Suchergebnisse unter einem für Sie ebenfalls wichtigen Keyword zu finden, so kann es sich durchaus lohnen, auf die Optimierung eben dieser Seite ganz besonderen Wert zu legen. Denn dann kann aus Platz fünf oder sechs nach und nach Platz vier, drei, zwei oder gar eins werden. Eine solche Optimierung erfolgt beispielsweise, indem Sie neue Verlinkungen von anderen Portalen – dort wo Sie es steuern können – möglichst auf diese Unterseite verweisen lassen und Ähnliches. Warum ist das so wichtig beziehungsweise was hat es nun mit diesem Hebel auf sich? Nun, je weiter oben in der Ergebnisliste ein bestimmter Treffer gelistet ist, umso häufiger wird dieser auch tatsächlich besucht und geklickt. Untersuchungen gehen je nach Ausgangssituation in etwa davon aus, dass:

- allein zwischen 30 bis 40 Prozent der Klicks innerhalb einer Suchergebnisliste von Google auf die erste Position entfallen,
- bis maximal 20 Prozent auf die Position zwei,
- nur noch um die 10 Prozent entfallen auf den dritten Eintrag,
- Platz vier bis sieben schwanken zwischen acht bis vier Prozent
- und danach geht es schon rapide abwärts.

Das bedeutet jedoch: Schaffen Sie es nun durch geeignete Maßnahmen, einen Artikel von Platz drei auf Platz zwei zu bringen, so erreichen Sie hiermit im Endeffekt 100 Prozent und mehr an steigenden Besucherzahlen für diese Seite. Damit sind wir zwar nicht mehr nur im Bereich des qualitativ hochwertigen Textens, sondern eher bereits bei der Disziplin der reinen Suchmaschinenoptimierung, aber Sie werden in vergleichbare Regionen bei Google wohl eh nur mit möglichst guten Webtexten vordringen können.

PRAXISTIPP: Wie Sie das Ranking Ihrer Webseiten zu bestimmten Suchbegriffen selbst ermitteln können, das zeigen unter anderem diese beiden Beiträge unter *http://blog.tim-bormann.de/google-ranking-ermitteln-3-lsungen.html* sowie *www.ranking-check.de/tipps-tools/seo-tools/suchmaschinen-ranking*. Aber auch jedes konventionelle SEO-Tool verfügt in der Regel über eine solche Auswertungsmöglichkeit.

5.4.2 Nicht vergessen: die Offline-Erfolgsmessung

Jüngst begegnete ich einem Onlinewerbekunden, von dem ich wusste, dass seine geschalteten Werbebanner eine erstaunlich gute Resonanz einbrachten, was die zugehörige Klickrate anbelangte. Aus diesen Klicks müssten eigentlich zahlreiche qualitativ hochwertige Leads hervorgegangen sein, da auch die zugehörige Zielgruppe übereinstimmte. Ich fragte ihn also, wie viele Kunden er durch die Webanzeige gewonnen habe. Das erstaunliche Ergebnis war, dass er mir diese Frage nicht beantworten konnte. Weder hatte er online gemessen, aus welchen Quellen seine Interessenten stammten, noch ermittelte er dies bei entsprechenden telefonischen Anfragen, die im Falle seines Unternehmens nach wie vor sehr häufig vorkamen und auch aus der Nennung der Servicenummer auf seiner Website resultierten.

Nun ist es im Offlinebereich eine altbekannte Weisheit, dass man neue Kunden und Kontakte stets fragen sollte, wie diese denn auf das eigene Unternehmen aufmerksam geworden sind. Gleiches gilt aber auch für die Onlinewelt, gerade in Branchen, in denen eben nicht 95 Prozent der Anfragen auf rein elektronischem Weg erfolgen. Selbst bei E-Shop-Besuchern lohnt es sich, falls möglich, zu erfragen, auf welchem Wege diese denn ursprünglich auf Ihren Onlineauftritt und die dortigen Produkte aufmerksam geworden sind. Nur so können Sie nachvollziehen, welche Webtextbemühungen zu welchem Prozentsatz auch tatsächlich wahrgenommen werden und vor allem zu einer tatsächlichen Interaktion und damit zu mehr Umsatz führen.

PRAXISTIPP: Akquirieren Sie Ihre Kunden für Ihr Ladenlokal vor Ort über verschiedene Marketingmaßnahmen (Printwerbung, Onlinewerbung, Ihre eigene Internetseite etc.), so gibt es eine sehr einfache Maßnahme, beispielsweise die Besucher herauszufiltern, welche direkt über Ihre Webseite auf Ihr Geschäft aufmerksam geworden sind. Bieten Sie nur in diesem zu messenden Onlinevertriebskanal ein bestimmtes, wiedererkennbares, aber attraktives Incentive („fünf Prozent Rabatt für Neukunden", Bonusprogramm etc.) an, welches ansonsten nicht kommuniziert wird. Alle Kunden, welche dieses „Schmankerl" nutzen, müssen also direkt oder indirekt aus Ihrem Unternehmensauftritt heraus resultieren.

5.4.3 A/B-Tests

Um eine weitere, eher makrotechnische Variante der Erfolgsmessung handelt es sich bei den sogenannten A/B-Tests, die als Begriff bereits einige Male in diesem Buch gefallen sind. Hiermit ist weniger die generelle, onlineportalübergreifende Erfolgsmessung gemeint, sondern die ganz spezifische Analyse, wie sich einzelne Textelemente auf die Wirksamkeit Ihrer Onlinestrategie auswirken. Indem Sie über einen gewissen Zeitraum (der mindestens um die 500 Besuche der jeweiligen Seite umfassen sollte, um einigermaßen repräsentativ zu sein) mehrere Varianten an Texten oder auch der jeweiligen Textgestaltung gegeneinander testen, können Sie ganz individuell je Unterseite überprüfen, welche Änderung sich positiv oder aber auch negativ auf Erfolgsfaktoren wie die Konvertierungsrate, Abbrecherquote etc. auswirkt.

Einige Beispiele hierfür habe ich Ihnen bereits in den diversen Unterkapiteln genannt. Hier der Vollständigkeit halber jedoch noch einmal exemplarisch einige Möglichkeiten, wie Sie nach und nach Ihren kompletten Onlineauftritt optimieren können:

- In welcher Schriftgröße sorgen Ihre Beitragsüberschriften auf der Startseite, in Archivansichten etc. für die meiste Aufmerksamkeit?
- Bei welcher optischen, aber eben auch inhaltlichen Gestaltung wird eine „Hier weiterlesen ...“-Funktionalität am ehesten geklickt?
- Mit welcher Überschrift lässt sich die Anzahl der Suchmaschinenbesucher erhöhen und gleichzeitig die Abbruchquote senken?
- Erhöht die Fett-Schriftauszeichnung des Teasers die Leserate oder nicht?
- Welche Arten von Linktexten sorgen für die höchste Klick-, aber auch Konvertierungsrate? Erhöht sich diese bei einer bestimmten Linkfarbe oder bei unterstrichenen Verweisen? Wie sollte die Ziel-URL möglichst gestaltet sein? Wirken kryptische Zieldomains „abschreckend“ auf den Leser? Etc.
- Führt Produktbeschreibung A oder B zu höheren Verkaufszahlen?
- An welcher Stelle im Text sorgt ein interner Link für die höchste Aufmerksamkeit?
- Wie muss die Warenkorb-Funktionalität idealerweise beschriftet sein, um möglichst oft genutzt zu werden?

Diese Liste könnte dabei beliebig fortgesetzt werden. Doch Sie werden mit den ersten Testversuchen recht schnell herausfinden, welche Aspekte für Ihre eigene Unternehmenspräsenz besonders relevant und damit betrachtungswürdig sind oder eben auch nicht.

Solche Tests und ihre Implementierung, aber auch Auswertung sind oftmals sehr zeitintensiv, sodass Sie diese in der Regel nur für Ihre wichtigsten Seiten, etwa die Hauptseite und zentrale Landingpages, durchführen können werden. Stellen Sie jedoch nach den ersten Versuchen in diese Richtung eine Besserung der relevanten Kennzahlen fest, so wird Sie dies motivieren, fortlaufend an der Optimierung Ihrer meistgenutzten Internetseiten zu arbeiten. In größeren Unternehmen lohnt es sich meist sogar, einen speziellen Mitarbeiter ausschließlich mit dieser Aufgabe zu beauftragen oder aber ein externes, auf Webtests spezialisiertes Dienstleistungsunternehmen hierfür zu suchen.

HINWEIS: An dieser Stelle möchte ich Ihnen gerne kurz das Portal *www.whichtestwon.com* vorstellen. Wöchentlich werden dort echte Praxisbeispiele von A/B-Tests auf Webseiten unterschiedlichster Art präsentiert, zusammen mit dem Ergebnis, welche spezifischen Änderungen sich wie auf die Erfolgszahlen des dahintersteckenden Unternehmens ausgewirkt haben. Neben eher grafischen Elementen werden dort sehr oft auch textliche Gestaltungsmöglichkeiten gegeneinander getestet. Zwar ist das Portal auf den englischsprachigen Markt und dessen Bedürfnisse hin ausgerichtet, kann aber dennoch wichtige Anhaltspunkte sowie Anschauungsmaterialien für Ihre eigenen Onlinetests liefern. ■

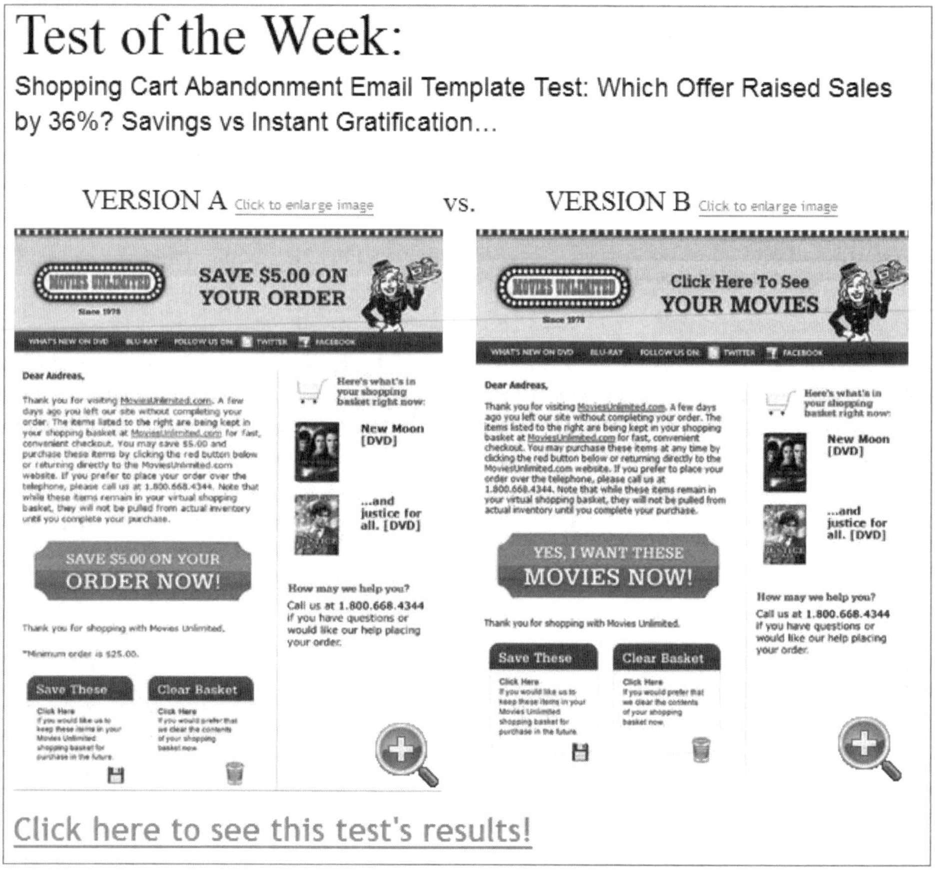

Bild 5.22 Ein Test bei whichtestwon.com: Die Varianten unterscheiden sich in dem hier abgebildeten Fall lediglich in Details, und dennoch konnte über die Optimierung eine signifikante Umsatzsteigerung erzielt werden.

5.5 Die Zusammenarbeit mit SEO-Dienstleistern

Auch wenn es in einigen bisherigen Passagen dieses Buches möglicherweise so aussah, als würde ich „kein gutes Haar" an Dienstleistern und Selbstständigen bzw. Freiberuflern aus dem Umfeld der Suchmaschinenoptimierung lassen, so betrifft dies immer nur jene leider vorhandene Grauzone an zugehörigen Unternehmen, welche unseriöse Versprechungen machen oder aber mit unseriösen und (aus der Sicht von Google) verbotenen beziehungsweise geächteten Maßnahmen arbeiten. Denn gerade für mittlere bis größere Unternehmen mit entsprechendem Marketingbudget kann es durchaus sehr sinnvoll oder gar überlebensnotwendig sein, regelmäßig mit einem guten SEO-Berater zusammenzuarbeiten. Ebenso natürlich in Onlinebranchen mit einer hohen Wettbewerbsdichte, bei der manchmal sehr kleine Details über Platz eins, zwei oder drei ... in den Suchergebnislisten entscheidend sein können.

Sie sollten jedoch stets nur einen Dienstleister auswählen, der

a) eine fachliche Ahnung sowie inhaltliche Beziehung zu Ihrer Branche aufweisen kann,

b) über entsprechende Referenzen verfügt sowie

c) die Mittel des natürlichen, text- und qualitätsbasierten Onlinemarketing- und Linkaufbaus nicht nur als hohle Phrase betrachtet, sondern bei dem sie den Schwerpunkt seiner SEO-Tätigkeit ausmachen (in der Fachsprache nennt man derartige Bemühungen einen „organischen" Linkaufbau).

Den letzten Punkt möchte ich Ihnen ein wenig ausführlicher erläutern. Nicht wenige Suchmaschinenoptimierer sehen in ihrer Disziplin eine eher mathematische oder rein technische Angelegenheit. Setze Link a auf Portal b, optimiere Keyword x auf Seite y in der vorgegebenen Frequenz z, und schon wird sich der Erfolg von allein einstellen. So oder so ähnlich klingt deren Credo, stark vereinfacht ausgedrückt natürlich. Doch der Onlineerfolg ist schon längst nicht mehr rein berechenbar und mit viel Geld käuflich zu erwerben, dem haben die Suchmaschinen – allen voran Google – mit ihren Bemühungen mittlerweile einen Riegel vorgeschoben. Die Gründe für diese Qualitätsoffensive wurden bereits zu Beginn dieses Ratgebers erläutert.

Qualitativ hochwertige Inhalte sind heutzutage der Schlüssel zum Erfolg Ihrer Onlinepräsenz. Und diesen Erfolg kann man sich demzufolge nicht schnell und schon gar nicht einfach sowie verlässlich vorhersehbar erstellen lassen. Wenn Ihnen ein (in diesem Falle höchstwahrscheinlich selbst ernannter) Suchmaschinenoptimierer die einfache und unmittelbar wirksame Lösung verspricht („Platz eins bei Google"), so sollten Sie stets alle möglichen Alarmsignale schrillen hören. Denn es gibt durchaus kurzlebige „Techniken", die Sie beziehungsweise Ihre Onlinepräsenz relativ schnell um einige Suchmaschinenplätze nach oben bringen können. Der Absturz einige Wochen, Monate oder gar Jahre später fällt hierfür dann umso tiefer, aber auch nachhaltiger aus. Und ist es erst so weit gekommen, kann selbst ein sehr erfahrener SEO Spezialist oftmals nur noch wenig für Sie tun.

In diesen Tagen bekomme ich nicht wenige E-Mails und Anfragen von mehr oder weniger verzweifelten unternehmerischen Webseitenbetreibern (bei denen teilweise die komplette Existenz davon abhängt), die von Google „abgestraft" wurden, wie es umgangssprachlich so schön heißt. Sie wurden also auf die hinteren Plätze in den Suchergebnislisten oder sogar komplett aus dem Index verbannt. In aller Regel geht eine solche Abstrafung mit einem enormen prozentualen Besucherverlust auf dem Onlineportal einher. Hinzu kommt eine Benachrichtigung durch den Suchmaschinenbetreiber, dass man als Webseitenverantwortlicher gegen gewisse Richtlinien (siehe Kapitel 5.5.3) verstoßen habe, die oftmals nur sehr vage und wenig konkret aufgelistet werden. Spätestens dann sollten Sie sich an Ihre (bis dahin) verantwortliche SEO-Agentur oder Ihren SEO-Berater wenden, denn dieser weiß vermutlich eher, aufgrund welcher Verstöße man auf die unattraktiven Suchergebnisränge verbannt wurde.

Worauf lohnt es sich also bereits im Vorfeld zu achten, wenn Sie die Zusammenarbeit mit einem externen SEO-Dienstleister in Erwägung ziehen? Im Folgenden finden Sie eine Auflistung der wichtigsten Grundsätze.

5.5.1 Die zugrunde liegende Philosophie

Es gibt – teils notgedrungen – immer mehr SEO-Agenturen, die in allererster oder ausschließlicher Linie auf inhaltliche Textqualität als Optimierungsfaktor achten. Das bedeutet, dass Sie ein solcher Dienstleister – quasi ähnlich oder ergänzend zu den Ratschlägen in diesem Buch zu Fragen berät wie etwa:

- Welche Zielgruppen werden zum derzeitigen Stand von Ihrem Onlineportal angesprochen (detaillierte Bestandsaufnahme), wie kann dieses Potenzial noch besser ausgeschöpft werden und welche zusätzlichen Lesergruppen könnten mit welchen inhaltlichen Mitteln gewonnen werden?
- Wie sieht in diesem Zusammenhang die Situation der tatsächlichen sowie potenziellen Mitbewerber im Onlinebereich aus?
- Welche Textformate und -ausprägungen fehlen noch auf Ihrem Portal, um zusätzliche Besucher auf sich aufmerksam machen zu können?
- Wie sind die bisherigen Texte formuliert und wie sollten sie gegebenenfalls angepasst werden, damit die Suchmaschinen noch eher auf diese aufmerksam werden?
- Aber auch, ganz unabhängig von Google & Co.: Welche bestehenden oder zukünftigen Inhalte haben mit welcher konkreten Ausprägung das Potenzial dazu, sich möglichst viral innerhalb des World Wide Web sowie der sozialen Netzwerke verbreiten zu können?
- Durch wen können passende zusätzliche Webinhalte idealerweise erstellt werden? Also eine fundierte Beratung hinsichtlich der Frage, ob und welche unternehmensinternen beziehungsweise externen Quellen hierfür dienlich sein könnten

und vieles Ähnliches mehr. Eine solche Beratung ist, was den nachhaltigen Erfolg anbelangt, der reinen und ausschließlichen Backlink-Vermittlung stets vorzuziehen.

5.5.2 Das Netzwerk

Eine gute, wirksam arbeitende Suchmaschinenagentur bringt immer auch ein Netzwerk an Kontakten mit in die Zusammenarbeit ein, das sich für den Ausbau der bisherigen Content-Strategie nutzen lässt. So würde Ihnen die Agentur dann geeignete, themenspezifische Ansprechpartner vermitteln für:

- die Erstellung und den Austausch gegenseitiger Textinhalte (Gastbeiträge, Interviews etc.),
- die gemeinsame Vermarktung von Inhalten, etwa in Newsletter-Einträgen und Ähnlichem,
- aber auch für die Suche nach passenden (Fach-)Autoren zur Erstellung der hierfür notwendigen Texte.

Bevor Sie gegebenenfalls gleich einen Vertrag mit einer SEO-Agentur abschließen, so sollten Sie das zugehörige Netzwerk zunächst mit einigen Probe- bzw. Testaufträgen auf seine Eignung hin überprüfen. Denn es nützt Ihnen nichts, wenn Sie am Ende Ansprechpartner genannt bekommen, die mit ihren Portalen und Unternehmen in einer völlig anderen Branche unterwegs sind als Sie selbst.

5.5.3 Die Google-Qualitätsrichtlinien

Es ranken sich unzählige Mythen rund um Google und seine Methoden, einzelne Webseiten zu bewerten und in den Suchergebnislisten ranken zu lassen. Insbesondere dann, wenn ein Portal aufgrund der Verwendung bestimmter unzulässiger SEO-Praktiken abgestraft wird, das heißt wie bereits erwähnt auf die hinteren Suchergebnisränge verbannt oder gar komplett aus dem Suchindex entfernt wird. Tritt eine solche Situation bei einem Unternehmensauftritt im World Wide Web ein, so ist die Not natürlich sehr groß. Gerade wenn das zugehörige Unternehmen zu einem großen oder gar dem kompletten Teil von den Online-Einnahmen lebt.

Dabei ist es selbst für Laien im Bereich der Suchmaschinenoptimierung gar nicht so kompliziert, sich zumindest grundlegend damit vertraut zu machen, welche Maßnahmen einem Onlineauftritt eher nutzen und welche diesem eher schaden können. Denn Google hat hierfür recht umfangreiche Qualitätsrichtlinien aufgestellt, die unter der leider etwas kryptischen Adresse

http://support.google.com/webmasters/bin/answer.py?hl=de&answer=35769

für jedermann einsehbar sind (oder Sie googlen nach „Google Qualitätsrichtlinien"). Wollen Sie also mit einer externen Betreuung hinsichtlich einer Suchmaschinenoptimierung Ihrer Unternehmenswebsite zusammenarbeiten oder bestimmte dieser Aspekte in Eigenregie bzw. durch einen Mitarbeiter übernehmen lassen, so lohnt es sich stets, diese Richtlinien in einer ruhigen Minute ganz genau zu studieren. Selbst eine regelmäßige Lektüre kann hierbei nicht schaden, da diese Hinweise von Google immer wieder einmal um aktuelle Maßnahmen und Empfehlungen ergänzt werden.

Richtlinien für Webmaster

Best Practices, die Google beim Finden, Crawlen und Indexieren Ihrer Website helfen

Bei Einhaltung dieser Richtlinien kann Google Ihre Website leichter finden, indexieren und platzieren. Auch wenn Sie keinen dieser Ratschläge befolgen, wird dringend empfohlen, die Qualitätsrichtlinien zu beachten. In diesen Richtlinien werden einige der unerlaubten Verfahren beschrieben, die zur dauerhaften Entfernung einer Website aus dem Google-Index oder zu einer sonstigen Beeinträchtigung durch algorithmische oder manuelle Spam-Maßnahmen führen können. Von Spam-Maßnahmen betroffene Websites werden möglicherweise nicht mehr in den Suchergebnissen auf Google.de oder auf einer Partner-Website von Google angezeigt.

Richtlinien zur Gestaltung und zum Content	Weitere Informationen...
Technische Richtlinien	Weitere Informationen...
Qualitätsrichtlinien	Weitere Informationen...

Bei Fertigstellung Ihrer Website:

- Reichen Sie Ihren Inhalt über die Seite http://www.google.de/submit_content.html bei Google ein.
- Senden Sie uns mithilfe der Google Webmaster-Tools eine XML-Sitemap. Anhand Ihrer

Ähnliche Inhalte

How can I create a Google-friendly site?
Google-freundliche Websites › General guidelines

How do I add my site to Google's search results?
Über die Google -Suche

Suchmaschinenoptimierung (SEO)
Google-freundliche Websites › General guidelines

Überprüfung: Meta-Tag
Webmaster-Tools verwenden › Konten und Bestätigung

Titel und Beschreibung von Websites
Über die Google -Suche

Hinzufügen einer Website zu Google
Über die Google -Suche

Bild 5.23 Lesen Sie sich die Qualitätsrichtlinien von Google ganz genau durch, bevor Sie jegliche SEO-Maßnahmen umsetzen oder jemanden damit beauftragen wollen.

Was das Thema „qualitativ hochwertige und wirkungsvolle Texte für das World Wide Web" anbelangt, so gibt der Suchmaschinenriese dabei in den einzelnen Abschnitten seiner Richtlinien wertvolle Hinweise zu den Dos, aber auch den Don'ts der Texterstellung. Beispielsweise hinsichtlich der Punkte:

- Wie sollte ein gut auffindbarer Onlinetext gestaltet werden?
- Was macht eine wirksame interne, aber auch externe Verlinkung Ihrer Beiträge aus und was nicht?
- Welche Methoden können als Regelverstoß betrachtet und somit bestraft werden und wie erkennt man diese?
- Welche Inhalte bewertet Google als besonders positiv und wie müssen diese beschaffen sein, damit sie durch den Google Crawler berücksichtigt werden können?
- Welche technischen Grundlagen müssen für ein optimales Suchmaschinenranking berücksichtigt werden?

Arbeiten Sie mit einem internen oder externen Suchmaschinenoptimierer zusammen, so scheuen Sie als Webseitenverantwortlicher sich auch nicht davor, diesen ganz genau dahin gehend zu befragen, wie er es mit der Beachtung der Google-Qualitätsrichtlinien hält. Denn ein rechtzeitiges Gegensteuern könnte Sie hier vor so manchen unangenehmen und nur schwer wieder zu beseitigenden negativen Überraschungen bewahren. Und wenn Sie Ihrem Gegenüber zu verstehen geben, dass Sie die Google-Richtlinien durchaus kennen und auch ernst nehmen, wird allein diese Tatsache das (in diesem Fall sorgfältigere) Arbeiten Ihres SEO-Dienstleisters beeinflussen.

Denken Sie immer daran: Ein richtlinienkonformes Onlinemarketing kostet viel Mühe und nimmt vor allem einiges an Zeit und Ressourcen in Anspruch (indem immer wieder neue qualitativ hochwertige Inhalte erstellt und hinzugefügt werden müssen), bis erste positive Ergebnisse sichtbar werden können. Dafür bewahrt es Sie und Ihr Unternehmen jedoch auch davor, eines Tages bei Google oder anderen Suchmaschinen in Ungnade zu fallen und sich damit Ihrer eigenen Onlineexistenz zu berauben.

5.5.4 Onpage- versus Offpage-SEO

Prinzipiell lässt sich das Thema Suchmaschinenoptimierung in zwei grobe Bestandteile aufsplitten. Mit der sogenannten Onpage-Optimierung sind jegliche Maßnahmen auf Ihrem Onlineportal selbst gemeint, die dazu beitragen, die einzelnen Seiten für Suchmaschinen besser auffindbar zu machen. Dazu zählen fast alle in diesem Ratgeber aufgelisteten Bemühungen um qualitativ hochwertige Textbeiträge, denn jeder einzelne einzigartige und umfangreiche Artikel erhöht die Chance auf nachhaltig wirkende neue Besucherströme via Google & Co. Der zweite Optimierungsbereich, die Offpage-SEO-Optimierung, zielt in erster Linie auf die Bewertung Ihrer Seiten von außen ab, also unabhängig von den darauf befindlichen Inhalten. Diese Bewertung wird von der Art sowie der Vielfalt der Links bestimmt, die von Webseitenangeboten anderer Personen und Institutionen auf Ihr Onlineportal verweisen.

Möchten Sie also die Onpage-Reputation Ihres Firmenportals verbessern, so hilft es Ihnen, die in diesem Buch bereits gegebenen Ratschläge und Hinweise nach und nach umzusetzen. Einige Leser werden sich jedoch zu Recht fragen, ob sich auch das direkte, unmittelbare Offpage-SEO mithilfe von hochwertigen und durchdachten Textstrategien beeinflussen lässt. Im Prinzip ist dies in all jenen Fällen möglich, bei denen Sie Einfluss auf die umgebenden Inhalte sowie die konkreten Verlinkungstexte der Verweise haben, die von außen auf Ihr Portal führen. Also etwa dann, wenn die zugehörigen Verlinkungen im Rahmen einer gegenseitigen Kooperation entstehen, diese aus einem Gastbeitrag aus Ihrer Feder resultieren etc. Doch Vorsicht: Eine solche geplante bzw. verabredete Einflussnahme der gegenseitigen Verlinkung kann den zuvor genannten Qualitätsrichtlinien von Google widersprechen. Vor allem dann, wenn die Gestaltung der Verweise etwa über die Nennung ganz bestimmter Keywords im Linktext der Manipulation der Google-Suchergebnislisten dienen soll.

Denn früher hatte Ihr Onlineportal vor allem dann einen Vorteil im Vergleich zu den Mitbewerbern, wenn etwa ganz viele weitere Webseiten im World Wide Web über ein für Sie wichtiges Keyword auf Ihre Unternehmenspräsenz verlinkten. Als Beispiel ließ dann der lokale Reifenhändler möglichst oft über den Linktext „günstige Reifen Köln" oder Ähnliches auf sich verlinken. Mittlerweile hat Google dieser Manipulation einen großen Riegel vorgeschoben, denn im Rahmen der bereits erwähnten Qualitätsoffensiven und zugehöriger Ranking-Updates kann eine Onlineseite sogar deutlich abgestraft werden, wenn immer wieder dieselben Keyword-Kombinationen von externer Seite auf die Website führen. Schließlich könnte Google – nicht ganz zu Unrecht – davon ausgehen, dass eine massenweise Ansammlung derartiger immer gleicher Links über unlautere Methoden (Stichwort Linkkauf oder Linkmiete) zustande gekommen sind.

Sollten Sie also direkt oder indirekt die Art der umgebenden Inhalte sowie der Verweise selbst mitbestimmen können, die zu Ihrem Portal führen, so gilt es, sehr ähnlich wie bei der Optimierung Ihres Onpage-SEOs, insbesondere auf folgende Punkte zu achten:

- Sorgen Sie stets für einen Linktext sowie einen inhaltlichen Kontext, innerhalb dessen dieser abgebildet wird, der auch zu den Inhalten des Beitrags passt, auf den verwiesen wird. Weder menschliche Besucher noch Suchmaschinen mögen es besonders, wenn der Link andere Inhalte verspricht, als dann letztendlich auf der Zielseite angeboten werden.

- Möglichst „sprechende“ Verweistexte sorgen in der Regel für eine höhere Klickquote. Verwenden Sie also – um am oben genannten Beispiel zu bleiben – etwa innerhalb eines Satzkonstrukts den kompletten Bestandteil *„der auf diesem Portal günstige Reifen anbietet“* als quasi auffordernden Linktext zur Überleitung auf das Verweisziel, statt schlicht und einfach nur *„günstige Reifen“* im gleichen Zusammenhang zu wählen. Der Verdacht auf eine reine Keyword-Verlinkung fällt dann meist ebenfalls weg.
- Keywords innerhalb der Linktexte können Ihrem Ranking bei Google für eben dieses Stichwort zugutekommen. Aber man sollte dies niemals übertreiben, sondern einerseits für eine möglichst gute Mischung der unterschiedlichen verlinkenden Keywords sorgen, und andererseits die einzelnen Keywords selbst in verschiedenen Variationen sowie ergänzt mit immer weiteren Wörtern zum Einsatz kommen lassen.
- Je umfangreicher, qualitativ hochwertiger sowie auf Ihr Thema zugespitzter ein externer Webtext verfasst ist, umso positiver wird sich dies in der Regel auch auf den darin enthaltenen Link zu Ihnen auswirken. Und umso öfter wird ein entsprechender Beitrag natürlich innerhalb der sozialen Medien etc. weiterempfohlen, was sich letztendlich ebenso in einer tendenziell höheren Klickrate auf den zu Ihrem Portal führenden Verweis ausdrückt.
- Ist ein Beitrag auf einem externen Portal gespickt mit Links, und einer dieser Verweise führt zu Ihnen, so hat dies natürlich einen weniger suchmaschinentechnisch relevanten Effekt, als wenn nur Ihr Verweis in eben diesem Text vorkommt.

All dies gilt auch dann, wenn Sie quasi selbst auf Ihre eigenen Webinhalte verweisen, indem Sie beispielsweise in einem Posting auf Facebook, Twitter, Google Plus & Co. einen neuen eigenen Beitrag erwähnen sowie auf diesen verlinken.

PRAXISTIPP: Sie sehen, dass gerade die Verweise von außerhalb eine möglichst natürliche Struktur aufweisen sollten. Selbst wenn Sie in bestimmten Fällen also um Rat gefragt werden beziehungsweise mitgestalten können, wie ein Link zu Ihnen aussehen soll, so kann es sich in diesem Zusammenhang durchaus lohnen, die Gestaltung vollkommen dem externen Webseitenbetreiber zu überlassen und demzufolge keine entsprechenden Vorgaben zu machen. Durch die unterschiedlichsten Autoren und textlichen Methoden der Webseitenbetreiber werden Sie hierdurch zwar ab und an einen relativ unwirksamen Verweis als Resultat erhalten, dennoch bleibt die externe Verlinkung auf Ihre Unternehmenswebsite insgesamt in der Regel so natürlich wie möglich.

5.6 Beispiele aus der Praxis

Man muss keine Texte für die Suchmaschinen schreiben, um im Internet erfolgreich Marketing betreiben zu können. Und dennoch lässt sich der Aspekt des Mehrwerts für den Leser ideal mit den Grundpfeilern der Suchmaschinenoptimierung kombinieren. Im Gegensatz zur „alten“ Medienwelt ist das Internet meist absolut transparent und zeigt sehr schnell, aber auch gnadenlos, welche Inhalte zum aktuellen Zeitpunkt gefragt sind und welche nicht. Dieses Wissen lässt sich für jedes Unternehmen und für jeden Selbstständigen nutzen, die notwendigen Werkzeuge hierfür haben Sie bereits kennengelernt.

Im Folgenden zeige ich Ihnen einige abstrakte Beispiele ganz unterschiedlicher Art und Genres, die dennoch eines gemeinsam haben: Sie lassen sich auf nahezu jede beliebige Industrie und geschäftliche Situation hin adaptieren. Wenn Sie sich in den folgenden Abschnitten also nicht eins zu eins mit Ihrem Geschäftsmodell wiederfinden, so sollten Sie dennoch alle genannten Hinweise verinnerlichen. Denn was in einem ganz anderen unternehmerischen Kontext gut funktioniert, das kann auch Ihnen einige Anregungen für ganz ähnliche Versuche geben, um an neue Leser- und damit Zielgruppen zu gelangen.

5.6.1 Handwerk

Nehmen wir doch einmal beispielhaft die Suchanfrage „Möbel streichen lassen“, und analysieren diese Keyword-Kombination mit dem Keyword-Planer von Google *(https://adwords.google.com/ko/KeywordPlanner/Home)*. Sortiert man danach die resultierenden Keyword-Ideen nach dem Wettbewerb aufsteigend - das bedeutet, wir lassen jene Suchanfragen bei Google zuerst anzeigen, zu denen es insgesamt am wenigsten geschaltete Anzeigen und damit wohl auch potenzielle Suchergebnisse gibt - so erhalten wir nach Klick auf die Keyword-Ideen folgende Liste.

Bild 5.24 Keyword-Ideen mit niedrigem Wettbewerb rund um die Suchphrase „Möbel streichen lassen“

Dabei fällt unter anderem die Suchanfragen-Kombination „Furnier streichen“ auf. Immerhin wird diese monatlich über 700-mal bei Google gesucht, doch der Wettbewerb und damit die Belegung von konkurrierenden Schreinern und Lackierern scheint gering zu sein.

Gibt man nun „Furnier streichen“ in den ganz normalen Suchschlitz von *www.google.de* ein, so bestätigt sich dieses Ergebnis. Neben allerlei Fragen von Nutzern in Foren und Frage-Antwort-Portalen der Art „Wie streiche ich denn ein Furnier?“, deren Antworten das ernsthafte Informationsbedürfnis der Suchenden zudem nur wenig befriedigen dürften, erscheint zum Zeitpunkt vor der Drucklegung dieses Buches innerhalb der ersten und damit wichtigen Suchergebnisse nur ein einziger vernünftiger Internettext zu diesem Thema, der zudem gar nicht direkt von einem Schreiner oder Lackierer zu kommen scheint.

Bild 5.25 Ein einziges, aufgrund seiner guten Inhalte Mehrwert bietendes Suchergebnis zum Thema „Furnier streichen“

Zudem lautet die dortige Überschrift – über die Google den Beitrag gefunden hat – „Was Sie zum Furnier Lackieren brauchen“ und nicht etwa „Furnier streichen …“. Würden Sie nun also als Schreiner- oder Lackiererunternehmen auf Ihrem Onlineportal einen Text mit einer Überschrift sowie zugehörigem ausführlichem und vor allem praxisbezogenem Inhalt der Art „Furnier streichen leicht gemacht – So klappt es günstig und schnell“ veröffentlichen, so hätten Sie sehr gute Chancen, mit steigender Bekanntheit Ihres Portals auf den vordersten Plätzen bei der Google-Suchanfrage „Furnier streichen“ zu landen. Und somit brächte Ihnen allein dieser einzelne Beitrag bis zu 700 neue zusätzliche Onlinebesucher im Monat, von denen sicherlich der eine oder andere während des Lesens feststellt, dass ihm das „Furnier selbst streichen“ wohl doch zu viel Arbeit ist. Ist Ihr Unternehmen dann noch in seiner

Nähe, so wird er wohl zunächst Sie anrufen statt eines Mitbewerbers, um einen Auftrag zu vergeben.

Da Sie als Schreiner oder Lackierer wohl kaum bundesweit arbeiten werden, hängt der Erfolg in diesem Fall von einigen Zufallsfaktoren ab. Doch jeder Leser auf Ihrem Portal ist wertvoll, empfiehlt Ihren Text möglicherweise weiter und sorgt vor allem dafür, dass Google mehr und mehr auf genau Ihre Internetseiten aufmerksam wird. Zudem werden Sie mit mehreren solchen Nischenartikeln arbeiten, die insgesamt für einen kontinuierlichen Zustrom an Neukunden sorgen. Haben Sie Vertrauen in die hier geschilderten Maßnahmen, denn viele bereits jetzt im Internet erfolgreiche Portale leben Ihnen genau diese Erfolgsprinzipien vor.

Neben den direkten Auswirkungen auf die Kundengewinnung gibt es zudem noch eine Reihe weiterer peripherer Effekte, für die sich eine solche Recherche und ein dazu passender Beitrag lohnen. So wird Ihre Internetseite nach und nach zu einer echten Wissensinstanz heranwachsen. Und bei der hier vorgestellten Keyword-Kombination handelt es sich ja nur um eine von Zigtausenden, die für einen Schreiner- bzw. Lackiererbetrieb von Interesse sein könnten. Die Schlussfolgerung dürfte naheliegen: Schaffen Sie auf diese Weise Webtexte mit echtem Mehrwert, für die es auch noch einen Markt, also deutlich messbare und vor allem regelmäßige Suchanfragen gibt, so kann Ihr Onlineportal relativ schnell sehr erfolgreich werden. Dann wird sich auch die Anzahl der relevanten Kundenanfragen häufen.

Bild 5.26 Hier ein schönes Beispiel eines Corporate Blogs rund um das Thema Handwerk.

5.6.2 Finanzdienstleistungen

Begeben wir uns doch einmal auf ein im Internet äußerst hart umkämpftes Terrain, auf dem jegliche relevanten Suchanfragen bereits besetzt scheinen mit schier unendlich vielen Onlineangeboten. Nehmen wir an, ein mittelständisches Finanzmakler-Büro hat private Krankenversicherungen im Angebot. Nun mit irgendeinem Onlinetext zum Keyword „private Krankenversicherung Vergleich" oder Ähnlichem an den Millionen von entsprechenden Webseiten vorbeizukommen, das scheint ein Ding der Unmöglichkeit zu sein. Doch auch hier gibt es nach wie vor Lücken beziehungsweise unbesetzte Nischen.

Man muss nur ein wenig mit dem Google Keyword-Planer sowie Begriffen wie „PKV" statt „private Krankenversicherung" spielen und schon landet man irgendwann bei folgendem Ergebnis.

Anzeigengruppen-Ideen | Keyword-Ideen

Keyword (nach Relevanz)	Durchschnittl. Suchanfragen pro Monat ?	▲ Wettbewerb ?	Durchschn. CPC ?
arbeitgeberzuschuss pkv 2011	20	Niedrig	0,00 €
private krankenkasse check	10	Niedrig	2,02 €
bkk	22.200	Niedrig	0,67 €
pkv gehaltsgrenze	30	Niedrig	0,00 €
maximaler arbeitgeberzuschuss pkv	320	Niedrig	3,40 €
bbg pkv	20	Niedrig	2,54 €
private krankenversicherung steuer	50	Niedrig	0,00 €
krankenversicherungssystem deutschland	50	Niedrig	0,00 €

Bild 5.27 Selbst bei Finanzthemen gibt es noch Nischen, in denen ein „niedriger" Wettbewerb herrscht.

Immerhin 320 monatliche Anfragen zum Thema „maximaler Arbeitgeberzuschuss PKV" registriert Google. Und wenn Sie sich nun selbst auf die Suche nach eben diesen Stichwörtern begeben, so bekommen Sie bislang kaum relevante Informationen, vor allem nicht mit exakt der zugehörigen Suchanfrage in der Überschrift.

Bild 5.28 8000 Suchergebnisse (das ist für das Internet eine sehr geringe Anzahl), und dazu noch nicht einmal ein unmittelbares oder gar hilfreiches

Ein fundierter und weiterführender Beitrag „Maximaler Arbeitgeberzuschuss PKV: So holen Sie das Beste aus Ihrer Krankenversicherung heraus" würde sich also durchaus sehr lohnen auf Ihrem Portal. Zumal Sie als mittelständischer Finanzdienstleister möglicherweise bundesweit für potenzielle Kunden von Interesse wären und von daher tatsächlich bis zu 320 neue Leads monatlich Ihr Eigen nennen könnten.

Oder nehmen wir einmal das Beispiel eines Steuerberaterbüros, welche Sie in der nachfolgenden Abbildung sehen.

Anzeigengruppen-Ideen | Keyword-Ideen | Herunterladen

Keyword (nach Relevanz)		Durchschnittl. Suchanfragen pro Monat	Wettbewerb	Durchschn. CPC	Anteil Anz.
arbeitszimmer absetzen 2012		590	Niedrig	0,24 €	
arbeitszimmer absetzen lehrer		260	Niedrig	0,31 €	
steuer arbeitszimmer		260	Niedrig	0,23 €	
arbeitszimmer lehrer		260	Niedrig	0,02 €	
steuererklärung arbeitszimmer		210	Niedrig	1,58 €	
arbeitszimmer 2011		210	Niedrig	0,00 €	
arbeitszimmer absetzen 2011		170	Niedrig	0,00 €	
aufwendungen für ein häusliches arbeitszimmer		170	Niedrig	0,00 €	
arbeitszimmer steuer		170	Niedrig	0,04 €	

Bild 5.29 Jede Menge Beiträge und Artikelüberschriften rund um die Absetzbarkeit eines Arbeitszimmers bieten sich hier an.

Unzählige verschiedene Suchanfragen mit jeweils sehr niedrigem Wettbewerb rund um das Thema „Arbeitszimmer absetzen" sind eine wahre Fundgrube an potenziellen Webtextthemen für jedes Steuerbüro, möglicherweise auch noch kombiniert mit der Nennung der jeweiligen Stadt oder Region des Firmensitzes. Wer nicht weiß, wie man sein Home-Office steuerlich absetzen kann, und dementsprechend nach den abgebildeten Inhalten bei Google sucht, der hat sich vermutlich gerade selbstständig gemacht. Auf jeden Fall wird er in nächster Zeit die Dienste eines guten Steuerberaters zu schätzen wissen. Wenn Sie nun mit Ihrer Kompetenz im Internet punkten und eben dieser Suchende über einen Artikel der Art „Worauf man bei der steuerlichen Absetzbarkeit des selbstständigen oder freiberuflichen Arbeitsplatzes achten muss" auf Sie aufmerksam wird, so dürften Sie sich hiermit einen guten Namen bei zahlreichen potenziellen Neukunden verschaffen können.

5.6.3 Industrie und Handel

Einmal angenommen, Ihr Unternehmen stellt Büromöbel her oder vertreibt diese im Internet. Ein begehrtes Feld, bei dem zahlreiche entsprechende nationale und internationale Dienstleister um Kewyord-Rankings zu vergleichbaren Begriffen buhlen. Allein nach dem Begriff „Büromöbel" suchen mehr als 200 000 Personen pro Monat, nimmt man ähnliche Bezeichnungen wie etwa „Bürostuhl", „Bürotisch" oder „Bürosysteme" etc. hinzu, so landet man schnell bei über einer Million monatlicher Suchanfragen allein bei Google. Derzeit bis zu 3 Euro je tatsächlich erfolgtem Klick zahlen entsprechende Firmen und Dienstleister bei Google AdWords, um neue Besucher über diese Begrifflichkeiten auf Ihr Onlineportal zu locken. Es scheint also relativ lukrativ zu sein, über Onlinemarketing-Maßnahmen entsprechende Neukunden zu generieren, entsprechend hoch ist der Wettbewerb einzustufen.

Ein schönes Beispiel in diesem Umfeld ist die Onlinesuche nach „ergonomischer Arbeitsplatz“. Deutlich über 5000 Suchanfragen monatlich allein für den exakt in dieser Form geschriebenen Begriff, ein ebenfalls relativ dichter Wettbewerb, zahlreiche hochrangige Unternehmen und Onlineportale auf den ersten Suchergebnisseiten bei Google: Wer sich hier platzieren will, müsste sehr viel Geduld haben und vor allem viel Geld in die Hand nehmen, um sich, etwa über bezahlte Suchmaschinenplatzierungen mittels Google AdWords, einen Teil dieses Kuchens zu sichern. Doch es geht auch anders. Ändert man bei dieser Suchanfrage nur einen Buchstaben und macht aus „ergonomischer Arbeitsplatz“ die Kombination „ergonomischen Arbeitsplatz“, so sieht das Resultat schon völlig anders aus: Über 12 000 Personen und Firmen suchen monatlich nach eben diesem Begriff „Ergonomischen Arbeitsplatz“, und erhalten ein Ergebnis wie das folgende.

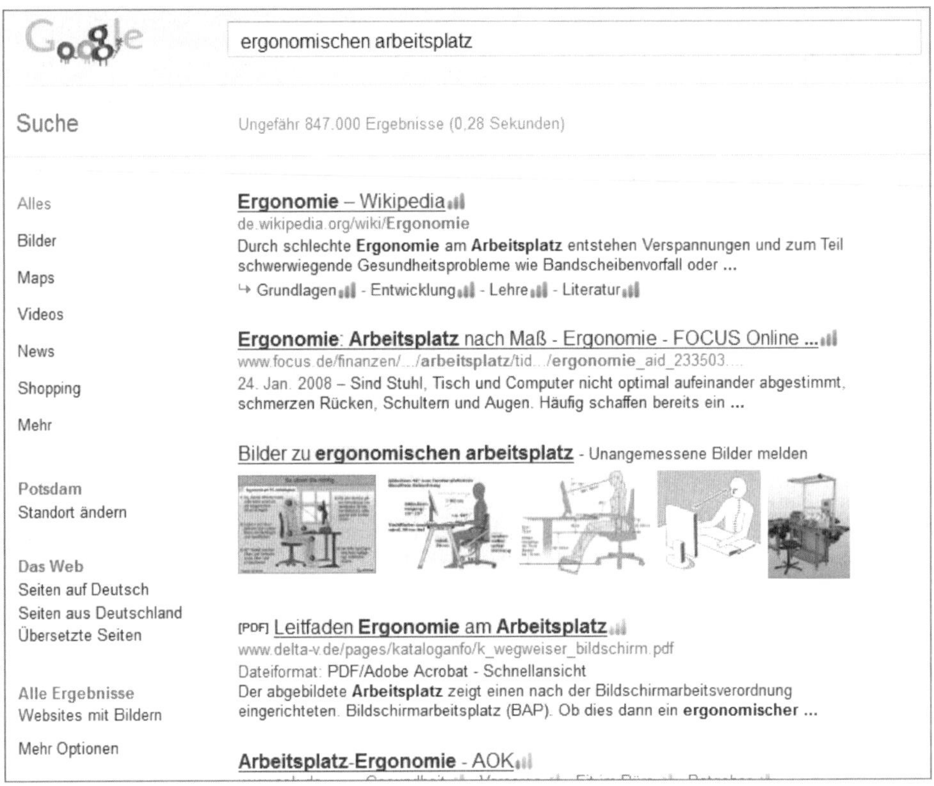

Bild 5.30 Nur Bilder in der Google-Bildersuche, jedoch kein Beitrag auf den vordersten Rängen enthält die Keyword-Kombination „ergonomischen Arbeitsplatz“.

Direkte Konkurrenz durch andere Hersteller und Lieferanten beziehungsweise zum direkten Begriff „ergonomischen Arbeitsplatz“? Fehlanzeige. Nun werden Sie sich natürlich fragen, warum in aller Welt sucht jemand nach dieser vermeintlich grammatikalisch nicht sonderlich korrekten Wortfolge? Veröffentlichen Sie doch einmal einen Artikel mit der Überschrift und dem Thema „Ergonomischen Arbeitsplatz einrichten: So motivieren Sie Ihre Mitarbeiter“ oder so ähnlich, und Sie werden durch die steigenden Besucherzahlen auf Ihrem Portal schnell die Antwort hierzu haben. Der Google Keyword-Planer analysiert also immer auch Bestandteile von einzelnen weiterführenden Suchbegriffen, die für sich allein stehend nicht immer wirklich Sinn ergeben, in der Kombination mit weiteren Begriffen und in einen Satz bzw. Kontext eingebunden jedoch eine große Wirkung entfalten können.

Die zugehörige Recherche mit dem Google Keyword-Planer bringt übrigens noch zahlreiche ähnliche Themen ans Tageslicht, die sich zur Themenfindung für zugehörige Webtexte eignen würden.

Keyword (nach Relevanz)	Durchschnittl. Suchanfragen pro Monat ?	Wettbewerb ?	Durchschn. CPC ?
ergonomie am arbeitsplatz	4.400	Mittel	1,15 €
ergonomischer bürostuhl	1.900	Hoch	1,14 €
ergonomischer arbeitsplatz büro	50	Hoch	1,41 €
ergonomische arbeitsplätze	50	Hoch	0,92 €
ergonomische arbeitsplatzgestaltung	390	Hoch	1,20 €
ergonomische stühle	480	Hoch	0,97 €
bürostuhl ergonomisch	1.000	Hoch	1,39 €
ergonomischer arbeitsplatz computer	40	Hoch	0,00 €

Bild 5.31 Auch ansonsten liefert das Tool Anregung für zahlreiche Beiträge rund um das Thema.

5.6.4 Kreative Berufe

Entscheiden wir uns doch zur Abwechslung einmal für eine lokale Suchanfrage. Berlin ist das neue Mekka der kreativen Szene, umso schwerer wird es etwa ein Designer in der Hauptstadt haben, auf sich und seine Arbeiten online aufmerksam zu machen. Dementsprechend sind die Keywords „Designer Berlin“ oder „Designer in Berlin“ recht „überlaufen“.

Was also tun? Ändert man hier nur ein kleines Wort und sucht nach „Designer aus Berlin“, so verzeichnet das Keyword Tool immer noch über 40 000 monatliche Gesuche, da es alle drei sehr ähnlichen Suchanfragen zu einer aggregiert. Wenn man nun jedoch direkt die Google-Suche bemüht, so geben diese einzelnen Anfragen ein sehr unterschiedliches Bild ab.

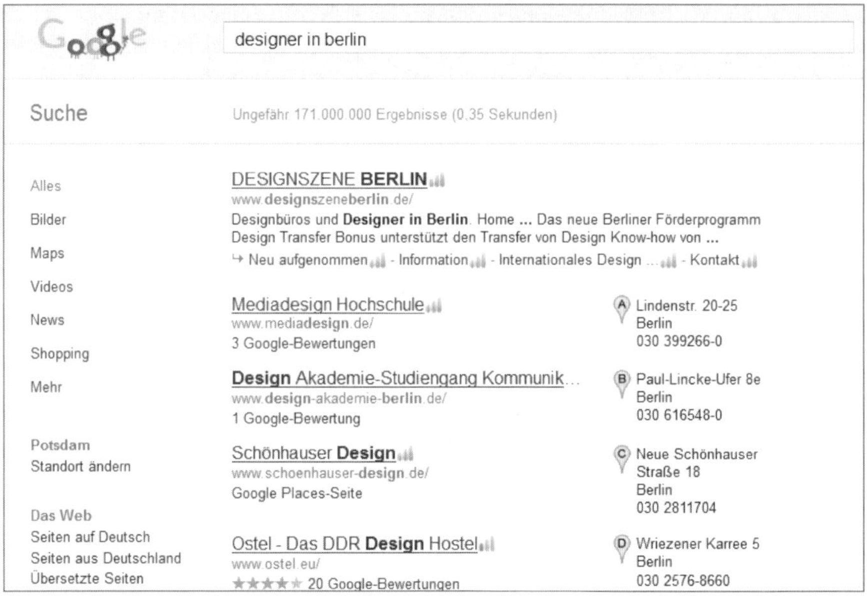

Bild 5.32 Die Abfrage „Designer in Berlin"...

„Designer aus Berlin" liefert im Vergleich dazu folgendes Ergebnis.

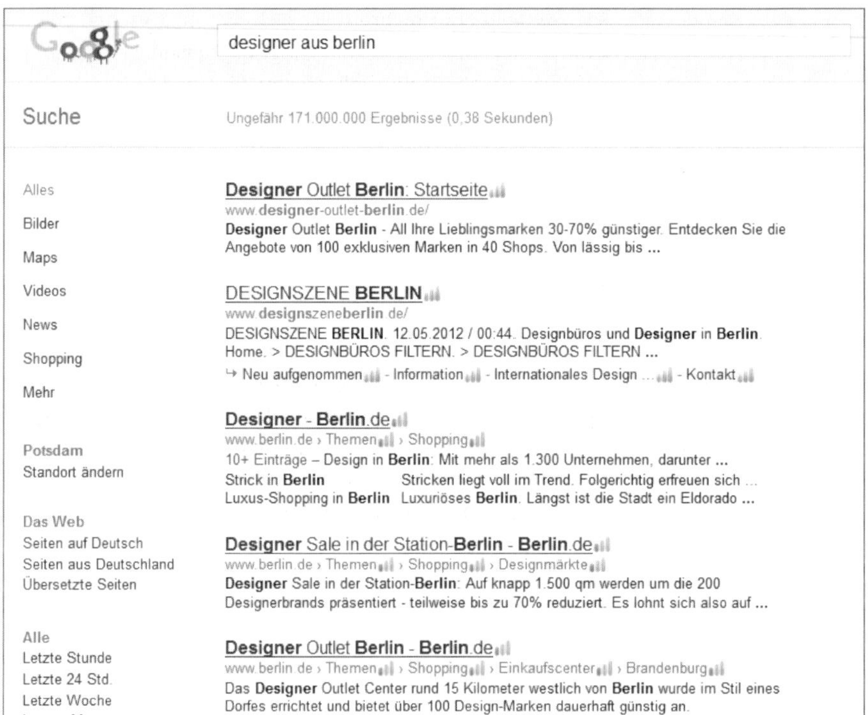

Bild 5.32 Bei „Designer aus Berlin" fallen die Ergebnisse durchaus unterschiedlich aus.

Haben Sie also in diesem Fall mit den auf Ihrer Seite höchstwahrscheinlich vorkommenden Keywords „Designer Berlin" keinen Erfolg, so verfassen Sie doch einmal einen schönen Beitrag zum Thema „Designer aus Berlin". Und scheuen Sie sich in diesem Fall nicht, dort auch grundlegend, wenn es sein muss ohne konkrete Namensnennung, auf Ihre Mitbewerber einzugehen. Wo befinden sich die angesagtesten Kieze und Straße für Designfans aus aller Welt? In welchem Designhotel sollte man für diesen Besuch unbedingt nächtigen? Zu welcher Jahreszeit gibt es die besten kleinen Events zum Thema, abseits der großen, bekannten Messen? Eine sehr breite Themenvielfalt, aus der sich fast schon eine komplette Artikelserie oder sogar ein kompletter Corporate Blog zur Thematik „Designer aus Berlin" machen lässt.

HINWEIS: An dieser Stelle übrigens ein allgemeiner Hinweis: Eine solche erfolgreiche Keyword- und Suchanfragen-Analyse ist mit ein wenig Geduld nicht schwer zu bewerkstelligen, und gerade in weniger internetaffinen Branchen haben Sie sogar die Chance, dass nur wenige Mitbewerber auf diese Weise vorgehen. Dennoch: Hieraus resultierende Ergebnisse stellen immer nur eine Momentaufnahme dar.

Einerseits werden Sie sicherlich möglichst viele Keyword-Kombinationen in entsprechenden Webtexten ausprobieren und besetzen wollen, um ein Maximum an potenziellen Kunden zu erreichen. Andererseits können sich gerade diese Keyword-Rankings sehr schnell verändern. Ein heute wenig umkämpftes Themengebiet kann morgen schon zahlreiche Mitbewerber auf den Plan rufen. Selbst wenn Sie also eine oder mehrere lukrative Webtextnischen gefunden haben, so darf man sich leider nicht unbedingt auf diesen Lorbeeren ausruhen. Das (suchmaschinenoptimierte) Onlinetexten ist eine Disziplin, die man ständig im Auge haben sollte, um dauerhaft erfolgreich werden und auch bleiben zu können. ■

5.6.5 Gesundheitswesen

Nun ist es im Gesundheitswesen aufgrund der gesetzlichen Bestimmungen nicht immer ganz einfach, Werbung für das eigene Unternehmen oder die eigene Praxis zu machen. Doch gerade dann kann die redaktionelle Berichterstattung durchaus eine Alternative sein. Zahlreiche vor allem unbekanntere Fachbegriffe, Krankheitsbilder sowie Behandlungsmethoden lassen hier spezialisierten Selbstständigen und Unternehmern auf diesem Gebiet eine gute Chance zukommen, bislang kaum besetzte Onlinenischen zu erobern. Der Vorteil hierbei – wie natürlich auch bei allen anderen Branchen –: Sie können durch die Textgestaltung und -ausrichtung auf Ihrem Onlineportal genau jene Adressaten ansprechen, die im Fokus Ihrer Bemühungen um neue Kunden stehen.

Aber selbst bei eher allgemeinen Suchbegriffen finden sich relativ schnell Stichworter und Themenfelder, die bislang kaum oder nur wenig besetzt sind und die sich für eine Online-Berichterstattung etwa im Magazin- oder Servicestil ideal eignen dürften.

Wie beispielsweise Tipps zu den derzeit kaum mit entsprechenden Inhalten hinterlegten Suchanfragen:

- „Lagerung von Medikamenten“
- „Gesündeste Lebensmittel“
- „Gesundheit im Alter“
- „Bonusheft Zahnarzt“
- „Medizinische Abkürzungen“
- „Unterschied Psychologe Psychiater“
- Die lokale Suche nach „Geburtshilfe“

um nur einige wenige momentane Rechercheergebnisse zu benennen.

5.6.6 Einzelhandel

Ein ebenso eher regionales Themenfeld, welches derzeit jedoch wachsende Konkurrenz von zahlreichen neuen Internetdienstleistern mit Liefer- oder Versandservice erhält und natürlich gerade deswegen darauf angewiesen sein wird, eine möglichst sichtbare Onlinepräsenz aufzubauen.

Gibt man im Google Keyword-Planer allein einmal den doch recht generischen Begriff „Lebensmittel“ ein, so erhält man eine Tabelle mit unzähligen nur sehr schwach umkämpften Keywords, die in etwa wie folgt aussieht.

Keyword (nach Relevanz)	Durchschnittl. Suchanfragen pro Monat [?]	▲ Wettbewerb [?]	Durchschn. CPC [?]
eiweisshaltige lebensmittel	260	Niedrig	0,10 €
entwässernde lebensmittel	1.000	Niedrig	0,49 €
e nummern lebensmittel	110	Niedrig	0,00 €
blähende lebensmittel liste	260	Niedrig	0,30 €
nährwerttabelle lebensmittel	170	Niedrig	0,32 €
antioxidantien lebensmittel	260	Niedrig	0,52 €
eiweiss lebensmittel	90	Niedrig	0,18 €
supermärkte deutschland	210	Niedrig	0,03 €
deutsche lebensmittel	70	Niedrig	0,48 €

Bild 5.34 Die meisten Portale rund um das Thema „Lebensmittel“ haben diese und viele weitere Keywords sowie zugehörige Beiträge wohl sträflich vernachlässigt.

Möge also noch ein lokaler Lebensmittelhändler behaupten, er wisse nicht, mit welchen Inhalten er einen möglichen Onlineauftritt füttern solle. Eine kleine Anekdote am Rande: Einer der besuchermäßig erfolgreichsten Corporate Blogs im deutschsprachigen Raum ist ausgerechnet ein kleines, aber feines Portal eines Supermarktleiters aus Bremen (siehe *www.shopblogger.de*), der es noch nicht einmal darauf anlegt, möglichst viele Onlinebesucher anzuziehen (siehe den Beitrag unter *www.blogprofis.de/buch/shopblogger*). Doch da er sehr früh und vor allem sehr regelmäßig damit angefangen hat, praktische, aber auch launige Onlinetexte zu allen möglichen und unmöglichen „Supermarkt“-Themen zu publizieren, so wird ihm sein Rang wohl kaum so schnell wieder streitig gemacht. Dieses Beispiel sollte Ihnen zu denken geben, wenn Sie irgendwann wieder einmal insgeheim sagen: „Der ganze Aufwand im Internet lohnt sich doch eh nicht ...“

Bild 5.35 Unbedingt lesenswert, nicht nur als Anschauungsbeispiel: Der Shopblogger

Doch egal ob Optiker (beispielsweise über die Keyword-Phrase „Brille putzen“), Reifenhändler („Mindestprofil Sommerreifen“ oder „ab wann Sommerreifen“), Zoofachhandel (amüsant und doch oft gesucht: „was fressen Hunde“), Dessous-Boutique („Unterwäsche waschen“) oder Baumarkt („Bauanleitung Insektenhotel“): Es gibt unzählige ungewöhnliche, teils kuriose, unerwartete, aber auch sehr naheliegende Suchbegriffe, bei denen es bislang kaum einen Wettbewerb um zugehörige Inhalte gibt. Gerade wenn Sie sich erst relativ kurz mit der Thematik Onlineportal und Webtexte beschäftigen, so wird Ihnen mit derlei Themen ein Einstieg sowie die erste Besuchergewinnung um einiges leichter fallen als mit stark umkämpften Keywords, die bereits seit Jahren unter den großen Anbietern aufgeteilt sind.

PRAXISTIPP: Manchmal können auch Keyword-Folgen und entsprechende Themen sehr erfolgreich zur Leserakquise genutzt werden, die nicht unbedingt im Fokus Ihrer eigentlichen Geschäftsziele liegen. Als kleines Beispiel dient mir ein Onlinetext aus dem Finanzumfeld zum Thema „P-Konto“ (Pfändungsschutzkonto), über den ich innerhalb sehr kurzer Zeit eine erstaunlich hohe Anzahl neuer Besucher auf eines meiner eigenen Portale lenken konnte. Nun lässt sich an Verbraucher, die sich wohl eher gezwungenermaßen über das Thema Pfändungsschutz informieren, wohl kaum ein klassisches und vor allem lukratives Produkt vermarkten, weswegen es bislang auch so wenige gute Onlineartikel zu diesem Thema gibt.

Dennoch können Sie mit solch einem Beitrag natürlich Ihre Kompetenz sowie Ihre Bekanntheit steigern, aber dies eventuell auch im geschäftlichen Kontext nutzen. Man denke nur an die (Verkaufs-)Themen Umschuldung oder etwa die rechtsanwaltliche Beratung für den Fall der Privatinsolvenz. Ein wenig quer zu denken bei der Frage „Wonach suchen meine potenziellen Kunden?“, kann also in keinem Falle schaden.

5.6.7 (Spezial-)Technik

Schwieriger wird die Methode der Suche nach ertragreichen inhaltlichen Onlinenischen, wenn man sich in sehr spezielle, erklärungsbedürftige oder auch technische Themenfelder begibt. Haben Sie ein Produkt oder bieten Sie eine Dienstleistung an, die potenziell nur ein paar Tausend Abnehmer überhaupt interessieren könnte, so werden Ihnen jegliche Recherchemethoden mangels Masse nur sehr selten brauchbare Ergebnisse liefern. Doch es ist kein Ding der Unmöglichkeit, selbst bei (derzeit noch) weniger stark gesuchten Begriffen und Technologien auf Anhaltspunkte zu stoßen, die Ihnen das erfolgreiche Onlinetexten zumindest ein wenig erleichtern können. Man muss sich hier nur noch etwas kreativer beziehungsweise indirekter auf die Suche begeben.

Nehmen wir doch einmal das Beispiel Maschinenbau und Anlagentechnik und gehen wir davon aus, Ihr Unternehmen oder Ihr Beratungsinstitut ist in diesem Umfeld tätig. Schauen wir uns nun ein paar nur wenig beachtete Ergebnisse aus dem schon altbekannten Google Keyword Tool an:

- Immerhin 170 Personen monatlich suchen nach „Fachzeitschrift Maschinenbau“ und scheinen oftmals nicht wirklich fündig zu werden. 170, diese Zahl mag nicht sehr hoch klingen. Aber wenn Sie beispielsweise einen Teil Ihres Onlineauftritts oder Ihren Unternehmensblog auf das Thema „Fachinformationen aus dem Maschinenbau“ ausrichten, so dürften Sie zahlreiche sehr ähnliche Suchanfragen ebenfalls mit abdecken. Ganz zu schweigen davon, dass es in Ihrem Bereich möglicherweise schon sehr lohnenswert sein kann, wenn nur ein ganz bestimmter dieser 170 Suchenden auf diese Weise über Ihr Onlineportal stolpert.
- Manchmal reicht es aus, ein wenig mit den Begriffen zu spielen, über die man gefunden werden möchte. Ist beispielsweise das Keyword „Maschinenbau“ sehr umkämpft, so scheint es bezüglich der Recherche nach „Maschinen bauen“ oder auch „Maschinenbauer“ schon deutlich entspannter auszusehen.

- Ebenso kann es hilfreich sein, entsprechend zusammengesetzte oder auch ergänzende Begriffe in den eigenen Onlinetexten zu verwenden. Diese werden zwar seltener gesucht, tauchen aber gleichzeitig auch auf noch weniger bereits existierenden Webportalen und -beiträgen auf. Im konkreten Fall wären dies Wörter wie „Maschinenbauarbeiter“, „Maschinenbaubetriebe“, „Maschinenbauberufe“, „Maschinenbau Design“ und viele weitere mehr, die eventuell zu Ihrem ganz persönlichen unternehmerischen Kontext oder zumindest einem Teil davon passen.
- Zugehörige Techniken und Arbeitsschritte sollten ebenfalls in Ihrem Fokus stehen, da es zu diesen sehr selten relevante Suchergebnisse gibt. Etwa im Bereich „Spannen von …“ oder auch „Spanen von …“.
- Nicht rein im Produktfokus, aber ebenfalls spannend: Sie suchen händeringend nach qualifiziertem Nachwuchs für Ihr Unternehmen? Der Suchbegriff „Maschinenbau Studium wo“ wartet anscheinend noch ebenso händeringend auf ein paar aussagekräftige Onlinetexte zum Thema. Wäre dies kein Aufhänger für Ihr Onlinemagazin oder Ihren Blog, um heute schon die Fachkräfte von morgen auf Ihr Unternehmen aufmerksam zu machen? Aber auch der eine oder andere Multiplikator beziehungsweise selbst Unternehmer dürfte diesen Suchbegriff ab und an benutzen, um sich über neue Trends auf diesem Gebiet zu informieren. Wenn man dann auf diese Weise auf Ihre Firma aufmerksam wird, so kann dies sicherlich nicht schaden.

Wenn Sie sich innerhalb des Keyword-Planungstools die Ergebnisse zu einzelnen Technikdisziplinen und Verfahrensweisen anschauen, so werden Sie zudem sehr oft auf Marken- und Firmennamen einzelner Hersteller stoßen. Die Anzahl der jeweiligen monatlichen Suchanfragen stimmt dabei nicht immer mit der tatsächlichen Größe oder Bekanntheit dieser Unternehmen überein. Schauen Sie sich die dortigen prominentesten Beispiele aus Ihrer Branche bzw. deren Onlineauftritte einmal ein wenig genauer an. In nicht wenigen Fällen resultiert eine gute Nachfrage in den Suchmaschinen auch daraus, dass die entsprechenden Hersteller gute und umfassende Onlineinformationen und -texte bereitstellen. Davon können Sie durchaus lernen und sich für Ihre eigene Arbeit im World Wide Web inspirieren lassen.

5.6.8 Selbstständige & Freelancer

Egal ob Sie nun Webdesign anbieten, Schreibaufträge übernehmen, im Bereich Projektmanagement unterstützend tätig sind oder als Consultant arbeiten: Gerade für Freiberufler und kleinere Selbstständige sind eigene, redaktionell betreute Onlineportale eine perfekte Möglichkeit für die Kundenakquise. Ich kann dies an meinem eigenen Beispiel verdeutlichen. Ursprünglich gründete ich das Portal bzw. den Blog „blogprofis.de“ rein aus Hobbyzwecken. Meine Berichte zu unterschiedlichsten Aspekten der Themen „Bloggen“ und „Corporate Blogging“ führten jedoch sehr schnell zu einem angenehmen Nebeneffekt, an den ich ursprünglich überhaupt nicht gedacht hatte: Die ersten Unternehmer und Firmen fragten relativ bald aktiv bei mir an, ob ich sie nicht bei entsprechenden Projekten unterstützen könne. Und das obwohl ich zum damaligen Zeitpunkt an keiner Stelle auf meinem Portal erwähnt hatte, dass ich derartige Consulting Leistungen anbiete.

Das hat in diesem Fall nicht nur mit dem Medium Blog zu tun – welches an sich schon durch die ihm zugrunde liegenden Techniken besonders suchmaschinenoptimiert ist – sondern vor allem mit den veröffentlichten Inhalten. Die zugehörigen Webtexte – die ich auf dem Portal verfasst hatte – gaben ganz konkrete Tipps für die Praxis nach der Art: Wie erstelle und vermarkte ich einen (Corporate) Blog? Was sind die besten bereits existierenden Beispiele hierfür? Welcher Firmenblogger hat mit welchem Konzept Erfolg? Wie sollten die Inhalte gestaltet sein, um möglichst viele Besucher erreichen zu können? Das kam bei den Lesern gut an. So gut, dass mich einige hinter vorgehaltener Hand sogar fragten, warum ich meine wertvollen Tipps so offen und vor allem kostenlos veröffentlichen würde. Und ob ich keine „Angst" hätte, damit meiner „Konkurrenz" zuzuspielen. Ich habe diese Offenheit – die sich für den Leser in konkretem Mehrwert ausdrückt – jedoch nie bereut, ganz im Gegenteil. Das rege Interesse von potenziellen Kunden, die ansonsten wohl nie auf mich und meine Dienstleistungen aufmerksam geworden wären, bestärkt mich in meiner Annahme, dass qualitativ hochwertige, hilfreiche Onlineinhalte den besten Weg zu einem unternehmerischen Erfolg darstellen.

Gleichzeitig bin ich immer wieder erstaunt darüber, für wie viele – an sich recht umkämpfte – Freiberufler- und Selbstständigen-Disziplinen kaum wirklich gute Content-Portale existieren, die regelmäßig nicht werbliche, werthaltige Inhalte auf Ihrem jeweiligen Fachgebiet vermitteln. Hier warten noch zahlreiche Akquisemaschinen darauf, aus dem Dornröschenschlaf geweckt zu werden. Beispielsweise mit folgenden Onlineportalen sowie zugehörigen Texten:

- Ein umfassendes Portal eines Projektmanagers oder Beraters zu Fragen wie „Welche Hilfsmittel gibt es, um ein Projekt vorzubereiten und zu planen?", „Was macht einen guten Projektmanager aus?", „Was tun bei Projektverzug?", „Soziale Komponenten innerhalb eines Projektteams", „Best Practices erfolgreicher Projekte" und vieles Weitere mehr. Zwar würden auf einem solchen Portal sicherlich auch zahlreiche Projektmanagementkollegen mitlesen, was absolut kein Schaden sein muss, aber eben mit der Zeit und regelmäßiger Berichterstattung auch ebenso viele potenzielle Auftraggeber.
- Warum sollte ein freiberuflicher Fotograf nicht einfach nur sein Portfolio online präsentieren, sondern gleichzeitig viel gefragte Ratschläge geben wie: „Wie bereite ich ein Set bei Personenaufnahmen vor?", „Welche rechtlichen Aspekte sind bei der Lizenzierung von Fotografien zu beachten?", „Kann man mit Kompaktkameras wirklich professionelle Aufnahmen machen?", „Tipp-Serie zur digitalen Bild-Nachbearbeitung" etc.
- Im Falle eines PR-Profis oder einer PR-Agentur würden sich Praxisbeispiele zu den Themen „erfolgreiche Online-Pressearbeit", „Neuerungen im Bereich Social-Media-Kommunikation", Handlungsempfehlungen für erklärungsbedürftige Dienstleistungen, ein Leitfaden Bildsprache, Aspekte der erfolgreichen Corporate Identity und mehr anbieten.
- Man könnte als Schreibtrainer oder Suchmaschinenoptimierer auch aus dem Thema dieses Buches einen guten Blog oder ein sonstiges Portal machen. Bislang habe ich kaum umfassende und aggregierte Onlineinhalte speziell zu dem Thema „geschäftliches Texten für das Internet" gefunden. Möglicherweise eine weitere Marktlücke?

Sie sehen also: Gerade für Selbstständige und Freiberufler, die ja meist spezielle Nischen besetzen und vor allem aus einem tiefen Fundus an alltäglichen Praxisbeispielen schöpfen können, ist es in der Regel sehr leicht, Themen für die eigenen Onlinetexte zu finden. Außerdem haben Sie in diesem Fall den Vorteil, bei Ihrer Textarbeit nicht auf bestimmte Befindlichkeiten und Einschränkungen reagieren zu müssen, wie sie etwa im Kontext eines größeren Unternehmens meistens durchaus vorkommen.

Bild 5.36 In diesem Blog eines Fotostudios werden konkrete Tipps dazu gegeben, wie man bestimmte Bild- und Kundenaufträge am besten umsetzt – ein schöner Mehrwert

6 Texterstellung effizient und kostengünstig outsourcen

In den vorangegangenen Kapiteln haben Sie nun eine Menge Ratschläge bekommen und in Best Practice Beispielen gelernt, wie man wirkungsvolle Webtexte schreiben und erstellen kann. Das Wissen über die zugehörigen Grundlagen ist für jeden Selbstständigen, Unternehmer und Marketingverantwortlichen wichtig, auch wenn Sie gar nicht selbst zur Tastatur greifen. Schließlich möchten Sie in einem solchen Fall zumindest die richtige Onlinetext-Strategie für Ihren Webauftritt erarbeiten, Ideen für die zugehörigen Inhalte sammeln oder schlicht und einfach überprüfen können, ob die von Ihnen beauftragten Autoren, egal ob firmeninterner oder externer Natur, den Möglichkeiten einer qualitativ hochwertigen, aber auch werbewirksamen Berichterstattung im World Wide Web gerecht werden.

Sie müssen also nicht immer selbst tätig werden. Entweder haben Sie anhand der bisherigen Informationen in diesem Buch festgestellt, dass andere (Fach-)Kräfte wohl besser geeignet sind, um den eigenen Firmenauftritt inhaltlich voranzubringen, oder Sie haben gar keine Zeit, in Eigenregie entsprechende Beiträge zu planen und zu verfassen. In diesem Fall gibt es diverse Möglichkeiten, jemand anderen mit dieser durchaus anspruchsvollen Aufgabe zu beauftragen. Im Folgenden werde ich diese jeweils näher erläutern und dabei auf Vor-, aber auch Nachteile jeder einzelnen Variante eingehen.

HINWEIS: Viele Personen unterschätzen Ihre Fähigkeiten, was die Schaffung von guten, aber auch aussagekräftigen und unterhaltsamen Texten anbelangt. „Ich kann nicht schreiben“, dieses persönliche Vorurteil hört man so oft wie ein „Ich kann nicht singen“ und vieles Ähnliches mehr. Wenn nur dieses Vorurteil Sie darin bremst, selbst zur Tastatur zu greifen, so kann ich Ihnen nur raten, es einfach einmal auszuprobieren. Nicht wenige Selbstständige und Unternehmer sind erstaunt darüber, wie gut Ihre von ihnen selbst als wenig professionell eingestuften Texte dann im Endeffekt bei den Lesern ankommen. Und: Übung macht den Meister. ■

Zunächst sollten wir uns jedoch damit befassen, was eine Onlinetext-Fachkraft oder jemand, der dies werden soll, möglichst mitbringen sollte. Unabhängig davon, wen Sie dann später für diese Aufgabe rekrutieren und auf welche Art – folgende grundlegende Eigenschaften erleichtern den Einstieg in die doch recht komplexe Materie des webbasierten Schreibens.

- Fachwissen ist gut und wichtig, darf aber auch nicht überbewertet werden. Dass jemand über ein äußerst fundiertes technisches oder inhaltliches Wissen in dem Bereich verfügt, den Sie Ihren Kunden und Lesern näherbringen wollen, heißt leider noch lange nicht, dass diese Person die notwendigen Inhalte auch allgemein verständlich vermitteln kann. So wie sich Wissenschaftler nicht immer für die Lehre eignen oder IT-Fachspezialisten für eine Computerschulung, so sind auch hier andere Faktoren meist wichtiger. Es sei denn, natürlich, Sie verkaufen Produkte oder Dienstleistungen, die sehr spezialisiert und erklärungsbedürftig sind und bei denen die potenziellen Kunden auch erwarten, von jemandem „in Augenhöhe" über diese informiert und beraten zu werden.
- Umgekehrt gesehen bedeutet dies: Eine mit der Erstellung von Onlinetexten betraute Person sollte unbedingt Freude am Texten und Schreiben generell haben. Und dies auch oder gerade dann, wenn Ihre Unternehmensprodukte einer eher „trockenen" Materie angehören. Für einen Abenteuer-Eventveranstalter emotionale und begeisterte Onlinetexte zu verfassen mag nicht schwer sein, stellt Ihr Unternehmen jedoch Spezialschrauben her, so wird dies schon schwieriger. Der Autor in spe muss inhaltlich und fachlich hinter den Dingen stehen, über die er schreiben soll. Aber er muss eben auch Spaß daran haben, diese Inhalte einem möglichst breiten Publikum zu vermitteln.
- Eine gewisse Kreativität, aber auch Experimentierfreude ist dringend anzuraten, sollen die zu verfassenden Texte möglichst lebendig und authentisch sein. Gute Onlinetexte zu schreiben ist in den seltensten Fällen eine rein wissenschaftliche Angelegenheit. „Geschichten erzählen zu können", diese Fähigkeit zeichnet einen erfolgreichen Onlinetexter in quasi jeder Branche aus. Was natürlich nicht bedeutet, dass die entsprechenden Inhalte allzu vertriebs- und verkaufslastig oder gar „kumpelhaft" an den Mann oder die Frau gebracht werden sollen.
- Der sichere Umgang mit der deutschen Sprache stellt in diesem Metier eine Selbstverständlichkeit dar. Die Texte dürfen nicht nach einer trockenen Abhandlung klingen, aber dennoch ist es für die Unternehmensdarstellung im World Wide Web ein Muss, dass diese stets grammatikalisch einwandfrei erfolgt.

PRAXISTIPP: Was insbesondere den letzten Punkt anbelangt: Nicht selten finden sich innerhalb oder außerhalb eines Unternehmens geeignete Autoren, die zwar äußerst gut und lebendig texten können, aber dennoch auf Kriegsfuß mit so manchen Feinheiten der Rechtschreibregeln stehen, da diese ihre Kreativität eher ausbremst oder hemmt. In diesem Fall lohnt es sich, darüber nachzudenken, eben diese Person dennoch mit der Onlineredaktion Ihres Unternehmensauftritts zu betrauen und die entstehenden Texte – etwa über einen externen Dienstleister – final redigieren zu lassen, bevor sie veröffentlicht werden. Dies muss keine Unsummen kosten und kann sich dennoch gleich doppelt auszahlen. Denn wichtig ist es zunächst, einen Autor zu finden, der Ihre (potenziellen) Leser im wahrsten Sinne des Wortes ansprechen kann, die entstehenden Texte einem Feinschliff zu unterziehen könnte hingegen eine nachgelagerte Aufgabe sein.

6.1 Die firmeninterne Lösung

6.1.1 Mitarbeiter aus der Belegschaft

Gerade wenn Sie kein selbstständiger oder freiberuflicher Einzelkämpfer sind, so liegt es als erste Möglichkeit nahe, jemanden aus Ihrem Mitarbeiterkreis mit der inhaltlichen Pflege und Weiterentwicklung Ihrer Onlineportale zu beauftragen. Wichtig ist hierbei meines Erachtens die saubere Trennung zwischen der redaktionellen und der technischen Betreuung. Viele Unternehmer meinen, dies müsse ein und dieselbe Person erledigen, doch gerade IT-technisch versierte Mitarbeiter sind nicht immer zwangsläufig dafür geeignet, auch gute, werbewirksame Texte zu verfassen. In diesem Fall sollte man beide meist höchst unterschiedlichen Aufgabenfelder lieber sorgfältig voneinander trennen (also nicht gleich rufen: „Das kann doch unser Webmaster machen!").

Idealerweise steht dem oder der Verantwortlichen für die unternehmenseigene Onlineredaktion ein leicht zu bedienendes Content-Management-System (CMS) zur Verfügung, mit dem Inhalte einfach und unkompliziert auf der Firmenwebsite veröffentlicht werden können, sodass sich die entsprechende Person voll und ganz auf ihre eigentliche Aufgabe konzentrieren kann. Denn eine nicht oder nur unzureichend vorhandene Infrastruktur zur Pflege und Veröffentlichung würde die kreative Arbeit eines redaktionellen Mitarbeiters deutlich ausbremsen und zu einem Mangel an Motivation führen.

HINWEIS: Ein gutes Content-Management-System ist in diesem Fall dringend anzuraten, ein solches muss dabei auch keine Unsummen kosten. Völlig kostenfrei kann man nahezu alle inhaltlichen Bereiche einer Unternehmenswebseite auch mittels Open-Source-Systemen wie beispielsweise Portalen auf Basis von WordPress pflegen (siehe *http://wpde.org*), dessen mittlerweile sehr komfortable Bedienung selbst für Laien meist äußerst schnell und einfach zu erlernen ist. Reservieren Sie für die redaktionellen Inhalte auf Ihrem Unternehmensportal einen eigenen News-Bereich oder Ähnliches beziehungsweise nutzen Sie hierfür einen Corporate Blog, so werden Sie mit größtmöglicher Wahrscheinlichkeit eh diese freie Technologie einsetzen, welche weltweit mittlerweile auf über 60 Millionen Portalen zum Einsatz kommt. ■

Ebenso wichtig: Nennen Sie einen sehr umfassenden Onlineauftritt Ihr Eigen, also beispielsweise einen E Shop kombiniert mit redaktionellen, aber auch firmeninternen Intranetbereichen, so ist es nicht immer die beste Lösung, ein und dieselbe Person oder ein einziges Fachteam mit der Betreuung zu beauftragen. Ein Marketingmitarbeiter, der großartige Produkttexte für den Onlineshop schreiben kann, oder aber auch der Onlinemarketing- und SEO-Spezialist in Ihrem Haus ist nicht in jedem Fall pradestiniert dafür, auch gute redaktionelle Inhalte zu verfassen. Zumal wie in den vorangegangenen Kapiteln beschrieben eine zu sehr auf das Marketing, den Vertrieb oder das SEO ausgerichtete „Schreibe" nicht unbedingt das ist, was die potenziellen Leser als echten Mehrwert wahrnehmen und bewerten.

Doch wem vertrauen Sie nun am besten die Aufgabe der Onlinetext-Erstellung an? Dem Marketingmitarbeiter, der vermeintlich noch „Luft" hat, um nebenbei ein paar kleine Beiträge zu verfassen? Dem Praktikanten oder Werkstudenten, der von seiner Ausbildung her ja schließlich wissen muss, wie man „schreibt"? Der Person, die bislang immer die hübschen Verkaufsprospekte erarbeitet hat? Dem Vertriebsleiter, dem die besten Argumente einfallen müssten, um Ihre Lösungen an den Kunden zu bringen?

In vielen Unternehmen erlebe ich es immer wieder, dass derjenige etwa als inhaltlich Verantwortlicher für den neu zu startenden Corporate Blog ernannt wird, der als Letzter eine Ausrede parat hat, warum er oder sie eigentlich keine freien Ressourcen für diese Aufgabe zur Verfügung hat. Sprich: Derjenige, der sich am wenigsten wehrt oder wehren kann, der hat den Job bereits so gut wie sicher. Ich kann Ihnen nur dringend davon abraten, auf ähnliche Weise vorzugehen. Das professionelle und wirkungsvolle Texten ist alles andere als eine Arbeit, die man mal so und quasi nebenbei erledigt, ohne dass eine grundsätzliche Eignung und vor allem Motivation dahintersteckt. Weiten Sie Ihre Suche lieber aus und lassen Sie sich die nötige Zeit dafür. Der zukünftige Onlineredakteur, denn so kann man diese Rolle in ihrer Themenvielfalt durchaus bezeichnen, muss nicht zwingend aus der Marketingabteilung oder dem PR-Bereich rekrutiert werden – und schon gar nicht aus der IT. Manchmal schlummern die für diese Arbeit notwendigen Talente in Abteilungen, in denen man sie nicht vermuten würde, sei es im Vertrieb, im Backoffice, dem Produktmanagement oder im Außendienst.

HINWEIS: Schätzungen gehen davon aus, dass – je nach Branche – mittlerweile bis zu 10 Prozent der Berufstätigen privat ein eigenes Internetportal oder einen Weblog ihr Eigen nennen und regelmäßig pflegen. Zumindest in einigen unternehmerischen Bereichen dürfte also die Chance recht gut sein, dass innerhalb der Belegschaft möglicherweise gleich mehrere Onlinetext-Experten vorhanden sind, die aus ihren privaten Erfahrungen heraus ganz genau wissen, wie die Kommunikation 2.0 authentisch funktioniert. Forschen Sie doch einmal nach, ob nicht auch einer Ihrer Mitarbeiter über eine Expertise verfügt, die bislang unentdeckt und vor allem ungenutzt blieb. Im Zweifelsfall kann hier die unternehmensweite Ausschreibung der Mitarbeiterrolle „Onlineredakteur/-in" unter Umständen gänzlich neue Perspektiven aufzeigen. ■

6.1.2 Suche nach Fachkräften zur festen Anstellung

Werden Sie innerhalb Ihrer Firma nach den zuvor genannten Kriterien nicht fündig und sind Sie auf der Suche nach einer dauerhaften Ressource für umfangreiche zu pflegende und neu zu erstellende Onlineinhalte, so bietet sich in nicht wenigen Fällen eine entsprechende externe Stellenausschreibung an.

Es gibt hierzulande sehr viele gute und fähige Journalisten, die unter anderem aufgrund der nach wie vor andauernden Krise in den Printmedien und -verlagen auf der Suche nach einem neuen und spannenden Betätigungsfeld sind. Dabei kann man kaum die „eine" und die „beste" Lösung benennen. Geeignete Personen für einen Job als Unternehmens-Onlineredakteur können sich aus den verschiedensten Umfeldern heraus entwickeln, wie Sie bereits im vorangegangenen Abschnitt erfahren haben. Auch sogenannte Quereinsteiger findet man nicht selten in solchen und ähnlichen Berufen. Dennoch lohnt es sich, über ein paar grundlegende Dinge Gedanken zu machen, bevor man eine vergleichbare Stelle ausschreibt:

- Reine Onlinejournalisten, welche diesen Beruf von Anfang an gelernt haben, sind bislang noch nicht sehr weit verbreitet. Ein guter alter Offline-Journalist, der zu Ihnen und Ihrem Unternehmen passt, kann sich für diesen Job jedoch mindestens genauso gut eignen. Denn wer schreiben kann, der kann mit ein wenig Weiterbildung auch online publizieren, wie Ihnen ja auch dieses Buch vermitteln dürfte.
- Wie so oft bei der Suche nach Fachkräften gilt auch hier: Suchen Sie nicht zu weit „oben", aber auch nicht zu weit „unten". Man muss kein Dr. phil. sein, um als Onlineredakteur Texte zu verfassen, ganz im Gegenteil. Eine solche Person strebt unter Umständen relativ schnell nach Höherem, als selbst in die Tasten zu greifen. Sehen Sie dieses Aufgabenfeld aber auch keinesfalls als geeignet für einen reinen Befehlsempfänger an, der für möglichst wenig Geld still und leise seine Arbeit erledigt. Die Rolle eines Onlineredakteurs, oder wie auch immer Sie diese nennen wollen, sollte als sehr eigenverantwortlich geplant und ausgeschrieben werden. Schließlich hat ein entsprechender Mitarbeiter in sehr vielen strategischen Bereichen ein Wörtchen mitzureden, vom Onlinemarketing über die Webstrategie bis hin zum Direkt- und Dialogmarketing.
- Schauen Sie sich die Referenzen Ihrer Kandidaten ganz genau an. Idealerweise hat die Person der Wahl einen eigenen kleinen privaten Internetauftritt bzw. Blog. Auch ist es nicht verkehrt, wenn ihr die grundlegenden Mechanismen von Twitter, Facebook & Co. vertraut sind.
- Keine Scheu vor Selbstständigen und Freiberuflern in der Kreativbranche. Es gibt einige sehr positive Beispiele von Bloggern und Webseitenverantwortlichen, die in der Hälfte ihrer Zeit ihre eigenen Projekte verfolgen und halbtags das Gleiche für ein Unternehmen machen. Selbst wenn viele Firmen nur sehr ungern Personen einstellen, die nicht „ganz und gar" in Vollzeit und Festanstellung ihrem Unternehmen angehören: Mit einer solchen Maßnahme würden Sie einen echten Webtextprofi akquirieren und einbinden können.

Nicht zu erwähnen brauche ich wohl, dass man insbesondere im letzten Fall eine geeignete Fachkraft auch erst einmal auf Projektbasis einstellen kann, um die gegenseitige Eignung zu prüfen. Aus solch einem Projekt lässt sich dann immer noch eine Festanstellung machen. Doch zögern Sie nicht zu lange, der Bedarf an Mitarbeitern mit einer guten Online-„Schreibe" wird in Zukunft stark anwachsen.

6.2 Externe Ressourcen und Möglichkeiten

6.2.1 Freie Mitarbeiter

Für die meisten kleinen und mittelständischen Unternehmen wird hingegen eher eine unabhängigere Lösung infrage kommen, wenn es darum geht, externe Kräfte mit der Inhaltserstellung für Firmenportal, E-Shop, Corporate Blog & Co. zu beauftragen. Und auch hier gibt es gleich mehrere Möglichkeiten, wie die folgenden Tipps und Hinweise zeigen.

6.2.1.1 Texte über Content-Plattformen verfassen lassen

Der Bedarf an qualitativ hochwertigen Texten für die Onlinekommunikation hat mittlerweile eine eigene kleine Branche entstehen lassen, die sich auf die Vermittlung von freien Autoren für die gelegentliche, aber auch regelmäßige Texterstellung spezialisiert hat. Im Prinzip kann man sich diese Dienstleister wie eine Art Online-Vermittlungsplattform vorstellen: Man beschreibt, welche Art von Text man für welche Branche und welchen Zweck benötigt, legt einen maximalen Preis fest (in der Regel wird dieser nach einem Muster der Art Preis pro Wort festgelegt), und die an die Plattform angeschlossenen Autoren, Texter und Journalisten können sich dann für diesen Auftrag bewerben bzw. diesen übernehmen. Fachlich geeignete Texter können dort jedoch auch recherchiert sowie direkt beauftragt werden, wobei man meist nach Kriterien wie inhaltliches Spezialgebiet, Ausbildung, Erfahrung, Einstufung der Textqualität, Preis, aber auch Kundenbewertung filtern kann. Selbst Serienaufträge sind dabei möglich, mit denen man also ein bestimmtes Kontingent an Beiträgen monatlich, wöchentlich oder gar täglich vergibt.

Die Art der Texte, die man auf solchen Plattformen „bestellen" kann, ist dabei sehr vielfältig. Je nach Autor und Schwerpunkt werden beispielsweise folgende Formate angeboten:

- Klassische Onlinepressearbeit und zugehörige Texte
- Produkt- und Artikelbeschreibungen, Produkttests etc.
- Redaktionelle Beiträge jeglicher Art
- Ratgeberartikel
- Blogbeiträge
- Suchmaschinenoptimierte Texte
- u.v.m.

Der Vorteil solcher Dienste liegt auf der Hand: Man kann sich ohne große Verpflichtungen und ohne bestimmte Auftragsvolumen und Abnahmemengen vertraglich zusagen zu müssen an das Arbeiten mit externen Autoren herantasten. Auch für Selbstständige und Unternehmer mit schwankendem Marketingbudget oder aber etwa saisonal bedingtem, recht unterschiedlichem Bedarf an Onlinetexten eignet sich diese Möglichkeit hervorragend.

Selbst sehr ausgefallene und fachlich fundierte Spezialtexte können in Auftrag gegeben werden, da zumindest bei den Marktführern dieser Texterbörsen eine breite Vielfalt an potenziellen Autoren zur Verfügung steht. So habe ich selbst beispielsweise für den Finanzsektor, der ja eine sehr sorgfältige und fachlich fundierte Texterstellung voraussetzt, schon mehrere wirklich hervorragende externe Mitarbeiter gefunden. Kunden haben mir zudem berichtet, dass sie selbst für sehr spezielle beziehungsweise technische Disziplinen fündig geworden sind. Im Zweifelsfall sollten Sie dies für Ihre eigene Branche einfach einmal antesten und quasi probeweise mehrere inhaltlich herausfordernde Texte in Auftrag geben.

Was den Vorteil dieser Plattformen ausmacht – nämlich die zugrunde liegende Basis sehr vieler und sehr unterschiedlicher Autoren – ist zugleich auch der gewichtigste Nachteil: Sie wissen bei der Beauftragung nicht unbedingt, welche Textqualität hieraus jeweils resultiert. So sind auf diesen Plattformen professionelle freiberufliche Schreibkräfte und (Fach-)Journalisten vertreten, aber eben auch der Schüler oder Student von nebenan, der sich einen kleinen Zusatzverdienst sichern möchte (wobei es für einige Textaufträge bzw. Genres absolut kein Nachteil sein muss, wenn dieser den Auftrag übernimmt). Vieles hängt davon ab, wie klar und deutlich Sie die jeweilige Aufgabenstellung beziehungsweise den einzelnen Textauftrag in diesen Portalen formulieren, teilweise, aber nicht immer, auch vom Preis, den Sie pro Wort zu zahlen bereit sind. Wobei Sie keine Angst haben müssen, für jeden kleineren Textauftrag gleich ein umfangreiches Briefing erstellen zu müssen, denn dann wäre der für Sie arbeitserleichternde Effekt des Text-Outsourcings ja gleich wieder zunichtegemacht. Ich selbst steuere die meisten Aufträge schlicht und einfach über einen aussagekräftigen Auftragstitel wie beispielsweise

- „Nicht werblicher Erfahrungsbericht zur Finanzdienstleistung xy, ohne Nennung konkreter Anbieter, nur an Kunden des Unternehmens xy zu vergeben"
- „Fachlicher Ratgeber zum Umgang mit der neuen Technologie yz (Was sind die Vor-, aber auch Nachteile? Wie gelingt der Einstieg? Was sollte man beachten? Nützliche weiterführende Webquellen hierzu)"

und ohne sonstige weiterführende Prosa.

Den Nachteil der teils recht unterschiedlichen Qualität kann man jedoch durchaus auch ausgleichen. Denn sobald man die ersten Aufträge von diversen Autoren zurückerhält, so ist die Wahrscheinlichkeit erfahrungsgemäß recht groß, dass Sie auf einen Auftragnehmer stoßen, der sowohl fachlich als auch textlich sehr gute und für Ihre Zwecke exakt passende Texte abliefert. Diese kann man gegebenenfalls über zukünftige Briefings sogar noch detaillierter korrigieren bzw. steuern lassen. Ein solcher in sehr guter Qualität gelieferter Text ist Gold wert, denn in diesem Fall können Sie – genügend freie Zeit des entsprechenden Autors vorausgesetzt – mittels einer sogenannten „Direct Order" zukünftig genau diese Person wieder beauftragen, sei es nun für einen bestimmten Anteil oder gar für alle Ihre benötigten Texte. Sie nehmen hierbei jedoch andererseits das Risiko in Kauf, dass eben diese Person plötzlich weniger freie Kapazitäten zur Verfügung hat beziehungsweise ihre freie Tätigkeit bei dem Portal sogar gänzlich einstellt. Nicht selten ergeben sich in diesem Zusammenhang jedoch sehr stabile und vor allem fruchtbare Partnerschaften.

Und falls Sie auf diese Weise einen festen Autor finden, der von seiner Historie her zwar sehr gut texten kann, sich jedoch nicht wirklich mit den Gegebenheiten der neuen Onlinekommunikation auskennt, so stellen Sie ihm doch einfach dieses Buch zur Verfügung.

HINWEIS: Gerade im Onlinebereich ist es suchmaschinentechnisch betrachtet extrem wichtig, stets ausschließlich sogenannten „Unique Content" auf Ihrem Portal zur Verfügung zu stellen. Das bedeutet, dass der zu veröffentlichende Text nicht bereits irgendwo an anderer Stelle im World Wide Web publiziert sein darf, auch nicht in Auszügen oder in irgendeiner erkennbaren Form abgewandelt (siehe Kapitel 2.1.10). Umso wichtiger ist es also, dass die mittels der Texterplattformen beauftragten Autoren ihre Arbeitsergebnisse nicht einfach aus anderen Quellen zusammenkopieren. Die meisten Plattformen bieten jedoch den automatisierten Einsatz sogenannter Copysearch-Verfahren an, welche jeden abgelieferten Text auf genau dieses Kriterium der Einzigartigkeit hin untersuchen.

Anders verhält es sich jedoch mit der Haftung für den Inhalt der Texte. Sie sollten diese also stets inhaltlich, aber auch auf eventuelle rechtliche Aspekte hin überprüfen, bevor sie online gestellt werden (zum Beispiel könnten vergleichende Werbeaussagen oder sonstige Verstöße gegen das Wettbewerbsrecht enthalten sein, aber auch schlicht und einfach inkorrekte Aussagen). Denn stets übernimmt derjenige die Haftung für die veröffentlichten Inhalte, der sie publiziert, und nicht etwa der ursprüngliche Autor. Ein Problem, mit dem Sie als Webseitenbetreiber jedoch grundsätzlich zu leben haben, selbst bei der Beschäftigung einer festen Textagentur und erst recht bei unternehmensinterner Vergabe.

Bestimmte Aspekte lassen sich im Falle der ausgelagerten Textarbeiten bereits bei der Auftragstellung selbst klären. Etwa indem Sie beispielsweise bei einem zu liefernden Finanztext von vornherein über das Briefing ausschließen, dass konkrete Zinskonditionen oder auch Mitbewerber genannt werden.

■

PRAXISTIPP: Sie erinnern sich vielleicht noch an den Ratschlag, die Texte für ein Unternehmensportal immer in einem möglichst persönlichen Kontext zu veröffentlichen. Das bedeutet: Gerade redaktionelle Beiträge, bei denen der Autor namentlich genannt und möglicherweise sogar in einer kleinen Autorenbox neben dem Beitrag mit Foto und kurzer Vita vorgestellt wird, wirken auf den Leser um einiges authentischer, aber auch werthaltiger.

Dies steht nun im Widerspruch zu der eher anonymen Auftragsarbeit bei den hier beschriebenen Content-Dienstleistern. Doch gerade wenn Sie einen Autor für regelmäßige Direct Order für sich gewinnen konnten, so lohnt sich eine Nachfrage bei eben diesem, ob er mit einer namentlichen Nennung oder gar kurzen Vorstellung auf Ihrem Unternehmensportal einverstanden ist. In der Regel sind nur wenige Auftragnehmer hierzu nicht bereit.

■

Die beiden größten Content-Plattformen im deutschsprachigen Raum möchte ich Ihnen an dieser Stelle kurz vorstellen, mit beiden konnte ich selbst, aber auch meine Kunden recht gute Erfahrungen sammeln:

6.2.1.1.1 Content.de

Egal ob Unternehmen, Agentur, Selbstständiger oder Freiberufler: Die Plattform eignet sich sowohl für kleinere als auch größere Auftragsvolumen und kann auf einen sehr breiten Stamm entsprechender Autoren zurückgreifen. Von Themen wie Tourismus, Lifestyle, Bildung, Recht, Gesundheit, Technik, Finanzen, Telekommunikation, Marketing und Wirtschaft bis hin zu Fachaufsätzen und ganzen Lexika bzw. FAQ-Bereichen werden nahezu alle Fachgebiete abgedeckt. Auch Übersetzungen in andere Sprachen können beauftragt werden, was besonders dann praktisch ist, wenn Sie Ihr Unternehmensportal für verschiedene Zielmärkte aufstellen wollen.

Die einzelnen Autoren werden je nach ihrem ungefähren Qualitätsniveau eingestuft, entsprechend reichen auch die Preise von ungefähr 1,2 Cent pro Wort bis hin zu 6 Cent. Hinzu kommt eine kleine Einstellgebühr. Ein Onlinetext mit 500 Wörtern kann so also zwischen ab 6 Euro bis zu 30 Euro und mehr liegen. Empfehlenswert ist es jedoch, mindestens die Qualitätsstufe „4 Sterne Plus" mit einem Wortpreis von derzeit 3 Cent zu wählen, zumal der Preis für die gebotene Leistung immer noch sehr niedrig ist. Bei höheren Ansprüchen lohnt es sich, auf eine höhere Stufe auszuweichen. Bezahlt wird im Voraus, das heißt, man bucht ein bestimmtes Budget bzw. Kontingent, welches man ab 25 Euro aufwärts frei wählen kann. Die einzelne Gebühr wird natürlich erst dann von diesem Budget abgebucht, wenn man einen beauftragten Text final abgenommen und bestätigt hat, wobei man stets die gewünschte Maximalanzahl an Wörtern je Auftrag festlegen kann. Das Risiko gerade zum Ausprobieren solcher Plattformen ist also sehr überschaubar.

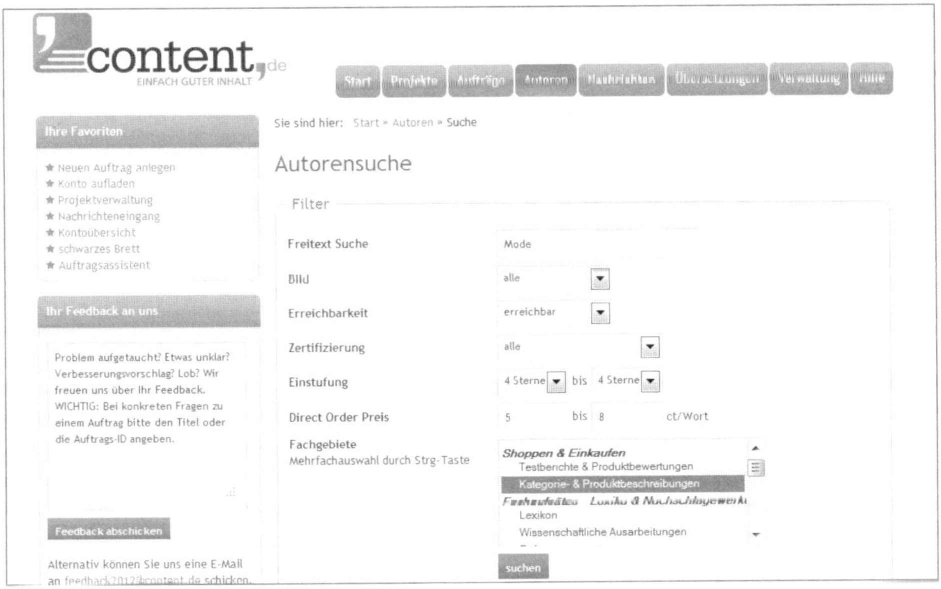

Bild 6.1 Autoren können bei Plattformen wie content.de nach diversen Kriterien ausgesucht werden.

Das Briefing für jeden einzelnen Textauftrag wird hier durch optional nutzbare Musterformulierungen erleichtert, etwa wenn man einen Ratgeberbeitrag, einen Blogartikel oder eine Produktbeschreibung in Auftrag geben will. Auch lassen sich eigene Muster-Briefings für eine spätere regelmäßige Verwendung erstellen und abspeichern. Die Bedienung der Plattform selbst ist sehr einfach. Erhält man den Text zu einem abgegebenen Auftrag, so kann man diesen entweder freigeben oder zur Revision geben und am Ende den Autor und seine gelieferte Textqualität bewerten. Die Aggregation dieser Bewertungen ist für jeden Auftraggeber einsehbar und kann als wichtiges Auswahlkriterium etwa bei zu vergebenden Direktaufträgen dienen.

Durch die große Menge an verfügbaren Autoren werden selbst exotischere Textaufträge in der Regel innerhalb von mindestens ein bis zwei Tagen vergeben, meist dauert es sogar nur wenige Minuten, bis ein geeigneter Texter zugreift. Die zur Verfügung stehende Bearbeitungsdauer ist ab einem Tag frei wählbar. Doch Achtung: Textaufträge können von jedem

Autor ohne Begründung auch wieder zurückgegeben werden, was vor allem bei frei zugänglichen Aufträgen nicht gerade selten vorkommt. Diese werden dann zwar sofort wieder neu vergeben, Sie können jedoch nicht mit aller Sicherheit davon ausgehen, dass ein gewünschter Text zum quasi vereinbarten Termin auch wirklich vorliegt. Sehr eilige Auftragsarbeiten sind also mit einem gewissen Risiko behaftet.

HINWEIS: Bei *Content.de*, wie bei einigen anderen Plattformen auch, kann man als Auftraggeber übrigens auf einer Art „Marktplatz" zunächst nach passenden Autoren suchen. Man schildert möglichst genau, welche Ausprägung an Texten man für welchen Zweck sucht, was man mit diesen erreichen möchte und was die entsprechenden Autoren an Fach- und Hintergrundwissen mitbringen sollten. Selbst bei anspruchsvolleren Themenstellungen melden sich dabei meist gleich mehrere, teils höchst qualifizierte Texter und (Online-)Journalisten, mit denen man dann die Verfassung eines ersten Probetextes aushandeln kann.

6.2.1.1.2 Textbroker.de

Im Prinzip unterscheidet sich dieser Dienstleister kaum von dem zuvor genannten. Das grundlegende Prinzip sowie die Funktionsweise ist fast bis in die Details identisch. Wie bei Content.de gibt es dort zusätzlich die Funktionalität einer sogenannten Teamorder, das bedeutet, dass man sich bei regelmäßigen Textaufträgen quasi einen eigenen kleinen Pool an geeigneten Autoren zusammenstellen kann, welche diese zu zuvor festgelegten Konditionen übernehmen können.

Der Preis je Wort reicht hier von 1,5 bis 10 Cent. Wie auch bei content.de können größere Auftragsarbeiten sogar mittels einer CSV-Datei bereits in Ihrem Unternehmen vorbereitet, und dann importiert werden. Somit ersparen Sie sich die einzelnen Arbeitsschritte pro zu vergebendem Text, was insbesondere bei umfangreicheren Bestellungen für Webshoptexte interessant ist. Die Überprüfung auf Textplagiate findet hier teilweise sogar manuell durch ein Serviceteam statt. Ergeben sich durch die maschinelle Prüfung bestimmte Auffälligkeiten, so findet in diesem Fall also eine Nachprüfung durch einen Mitarbeiter statt. Schließlich könnte es sich ja auch schlicht etwa um die Nennung bestimmter Zitate handeln, welche den „Copy-Alarm" ausgelöst haben.

Grundsätzlich bleibt das Urheberrecht an den Texten wie bei allen anderen Plattformen auch beim ursprünglichen Autor, dies ist gesetzlich so vorgegeben. Stattdessen überträgt der Texter jedoch die exklusiven Nutzungsrechte an den Käufer, ohne zeitliche Beschränkung und für jegliches Medium. Der Autor darf den eigenen Text somit nicht einmal selbst verwenden, etwa auf einem eigenen Onlineportal.

Durch die große Ähnlichkeit der beiden Portale gibt es keine Empfehlung für einen bestimmten Dienstleister. Wer die Content-Erstellung über Online-Texterbörsen für seinen Firmenauftritt ausprobieren möchte, der sollte am besten einmal verschiedene solche Anbieter austesten. Denn gerade wenn man einen mehr oder weniger festen freien Texter sucht, dessen Qualität man einschätzen kann und den man von daher regelmäßig mit Direktaufträgen versorgen möchte, so kann man diesen je nach Themengebiet unter Umständen bei dem einen Portal eher finden als bei dem anderen.

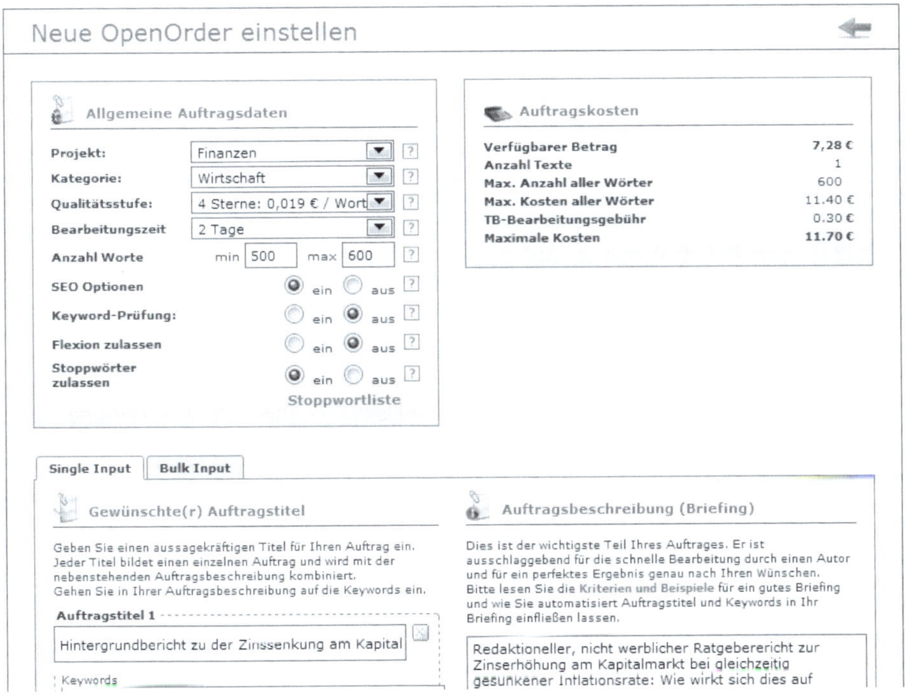

Bild 6.2 Die Erstellung eines Textauftrags am Beispiel von Textbroker.de: Wie Sie hier sehen, können bei Bedarf auch bestimmte SEO-Vorgaben gemacht werden.

HINWEIS: Es gibt auch Onlinedienstleister, die bereits vorgefertigte Texte für zahlreiche Branchen und zu unterschiedlichen Einsatzzwecken zum Kauf anbieten. Hier ist jedoch Vorsicht geboten, da zumindest einige dieser Dienstleister erst im „Kleingedruckten" darauf hinweisen, dass entsprechende Lizenzen nicht immer exklusiv vergeben werden. Das bedeutet, dass ein solcher Text, der nicht günstiger sein muss als ein individuell beauftragter, durchaus auf mehreren Internetportalen oder gar bei einem Mitbewerber von Ihnen auftauchen kann – mit allen Folgeproblemen der Duplicate-Content-Problematik. ■

PRAXISTIPP: Bei den meisten Content-Plattformen können bereits bei der Auftragstellung je Text bestimmte Keywords sowie sogar deren Frequenz im zu liefernden Text vorgegeben werden, woran sich der jeweilige Autor dann halten muss. Ich persönlich rate von dieser Möglichkeit eher ab, da Sie zum einen den Texter in seiner Kreativität, aber auch Authentizität bremst und zum anderen meist sehr künstlich wirkende Textbeiträge hervorbringt. Auch die Suchmaschinen könnten mit derlei überoptimierten Artikeln ein Problem haben, wie Sie ja bereits gelernt haben. ■

An dieser Stelle noch einige Worte zum Thema „Briefing“ von externen Autoren, welches gerade auf solchen ja eher anonymen Texter-Plattformen doch einen gewissen Stellenwert hat. Natürlich benötigen einige Textaufträge ein umfangreiches und ausgeklügeltes Briefing, welches von der Intention für den zugehörigen Beitrag bis hin zu gewünschten Ergebnissen im Text reichen kann. Derartige Instruktionen zu verfassen, das kann jedoch fast so viel Zeit in Anspruch nehmen, als wenn Sie den Artikel selbst verfassen, was eher kontraproduktiv wäre. Daher ziehe ich persönlich es bei anspruchsvolleren und komplexeren Themen vor, über Direct Order & Co. möglichst immer mit denselben, von mir bereits geprüften Autoren zusammenzuarbeiten, die ich, sofern möglich, nur ein einziges Mal ausführlicher über meine grundsätzliche Zielsetzung sowie die gewünschten Ergebnisse informieren muss.

6.2.1.2 (Freie) Beschäftigung in Eigenregie

Wenn Sie eine konstantere oder noch individueller steuerbare Lösung suchen, um externe freie Mitarbeiter mit der Texterstellung für Ihr Firmenportal zu beauftragen, so werden Sie sich möglicherweise auf die Suche nach eigenen, selbst beauftragten und dennoch nicht fest angestellten Fachkräften begeben. Hier haben Sie natürlich den Vorteil, nach Ihren ganz eigenen Kriterien einen geeigneten Mitarbeiter auswählen zu können, bei dem Sie wissen, dass er sich auch mit Ihnen und Ihrem Unternehmen beziehungsweise Ihren Produkten und Dienstleistungen identifizieren kann. Nachteilig ist hingegen, dass Sie eine solche Person erst einmal finden müssen, was sich je nach Branche und Anforderung als durchaus nicht ganz einfach herausstellen kann (dazu gleich mehr).

Zudem sind Sie selbst in der Pflicht, die rechtlichen, aber auch sonstigen Rahmenbedingungen für ein solches Arbeitsverhältnis zu schaffen, etwa was die Abtretung der Nutzungsrechte an den entstehenden Texten anbelangt. Während Sie bei einer Texter-Vermittlungsbörse zumindest in gewissen Teilen durch die dortigen Vereinbarungen des Anbieters mit seinen Autoren geschützt sind, so müssen Sie dies bei einem direkten Angestelltenverhältnis, auch oder gerade bei einer freien Mitarbeit, selbst regeln. Zwar gibt es im Internet Musterformulare wie Autorenverträge und Ähnliches, die zumindest die grundsätzlichen gegenseitigen Regelungen absichern (siehe zum Beispiel die Texte unter *www.blogprofis.de/buch/autorenvereinbarung*). Gerade jedoch bei eher sensibleren unternehmerischen Tätigkeiten oder aus bestimmten spezielleren Haftungsgründen heraus werden Sie als Unternehmer wohl nicht darum herumkommen, einen Spezialisten mit der Ausarbeitung beziehungsweise Anpassung entsprechender Verträge zu beauftragen.

Doch bevor Sie sich um derlei Einzelheiten Gedanken machen können, stellt sich zunächst einmal natürlich die Frage: Wo und wie finde ich einen freien Texter, der sich für mein Unternehmen und mein Onlineportal eignet? Hier einige der wichtigsten Möglichkeiten:

- Meist am einfachsten ist die Variante, direkt auf dem eigenen Portal über eine entsprechende Stellen- oder Projektausschreibung nach einem oder mehreren freien Mitarbeitern zu suchen. Auch ein Corporate Blog eignet sich oft sehr gut, um über oder gar für diesen passende Auftragsautoren zu finden. Schließlich werden diese Portale in der Regel von Personen gelesen, die inhaltlich und fachlich bereits über einen Bezug zur grundlegenden Thematik verfügen. Nicht jedes Unternehmen und jeder Selbstständige möchte jedoch so viel Transparenz zeigen und ganz offen auf dem eigenen Portal um geeignete Fachkräfte werben.

- Projekt-Ausschreibungsbörsen wie beispielsweise *www.twago.de*, *www.projektwerk.com* oder auch *www.freelance.de* werden ebenfalls oft genutzt, um umfangreichere oder dauerhaft ausgelegte Schreibaufträge zu positionieren. Einerseits ist hier in den meisten Fällen eine gewisse Anonymität und Vertraulichkeit bei der Suche nach externen Mitarbeitern gegeben, andererseits sind viele dieser Börsen eher auf IT-lastige Themengebiete spezialisiert.
- Fachmagazine jeglicher Art können in diesem Zusammenhang eine gute Alternative darstellen, sowohl offline als auch online. In diesen lässt sich über eine offene oder aber auch verdeckte Anzeige nach geeigneten Fachjournalisten und sonstigen Autoren suchen, ohne dass der Streueffekt allzu groß ist. Wobei die rein themenspezifische fachliche Eignung wie bereits erwähnt nur *ein* Kriterium bei der Auswahl eines geeigneten Texters darstellt. Oder aber Sie können einen Autor des jeweiligen Magazins selbst für sich gewinnen.
- Auch private sowie (semi-)professionelle Blogs aus Ihrem Fachgebiet sind eine sehr gute Anlaufstelle für Autorengesuche, da deren Leser oftmals nicht nur über das spezifische Hintergrundwissen verfügen, sondern sich in der Regel auch mit den speziellen Gegebenheiten der Onlinekommunikation auseinandersetzen bzw. auskennen. Viele Blogger sind gerne bereit, gegebenenfalls gegen eine kleine Gebühr oder die Schaltung einer Werbeanzeige, unter Nennung des Unternehmens oder aber auch anonymisiert eine Art „Stellenausschreibung" für freiberufliche Texter mit Bezug zur Blogthematik zu veröffentlichen. Dass solche Gesuche teils sehr erfolgreich verlaufen, davon konnte ich mich bereits des Öfteren selbst auf meinen eigenen Blogportalen überzeugen. Ebenso stellt das Spezialportal *www.bloggerjobs.de* eine Rubrik bereit, in der kostenlos nach geeigneten Gastautoren, aber auch regelmäßig schreibenden freien Mitarbeitern gesucht werden kann.
- Eine ähnliche, hierzulande leider noch nicht sehr verbreitete Möglichkeit: Man kann einen Blog- oder sonstigen eher privaten Portalbetreiber, dessen Onlinetexte man zu schätzen weiß, auch direkt ansprechen, ob dieser nicht bereit wäre, regelmäßig redaktionelle Inhalte für das eigene Unternehmensportal zu verfassen. Mittlerweile gibt es im deutschsprachigen Raum bereits einige Fachblogger, die von ihren eigenen Portalen leben, aber einem zusätzlichen Verdienst bzw. einer zusätzlichen Herausforderung gegenüber durchaus aufgeschlossen sind. Der große Vorteil einer solchen Option: Unter Umständen finden Sie hierbei einen echten Online-PR-Profi, der die meisten oder alle in diesem Buch veröffentlichten Tipps und Hinweise bereits ideal beherrscht. Zudem kann dieser in der Regel auf ein hervorragendes branchenspezifisches Netzwerk zurückgreifen. Wenn diese Zusammenarbeit zwischen Ihrem Unternehmen und dem Blogger offiziell und transparent kommuniziert wird sowie auf eine saubere Trennung zwischen den Inhalten für das private und das Unternehmensportal geachtet wird, so werden in der Regel auch die bereits bestehenden Leser dieses Webseitenbetreibers nichts gegen eine derartige Konstellation einzuwenden haben.
- Nicht zu vergessen: Fragen Sie zunächst erst einmal Ihre Mitarbeiter, ob diese entsprechende Kontakte haben. Oftmals wird man auf diesem Weg sehr schnell nach geeigneten externen Kräften fündig.

HINWEIS: Wenn Sie externe Kräfte engagieren, um für Ihr Unternehmen (Online-)Texte zu erstellen, so kann dies unter die Abgabepflicht der Künstlersozialkasse (KSK) fallen. Sicherheitshalber sollten Sie sich dann unter der Adresse *www.kuenstlersozialkasse.de* über die für Ihren speziellen Anwendungsfall gültigen Vorschriften informieren.

6.2.2 Agenturen

Für nahezu jedes Themen- und Fachgebiet gibt es mittlerweile eine große Anzahl an PR- und sonstigen Agenturen, die sich unter anderem auf die Erstellung von Fachtexten für den Off- und Onlinebereich spezialisiert haben. Eine solche Agentur kann dann eine sehr gute Lösung darstellen, wenn Sie mit den Prozessen der Texterauswahl, Qualitätskontrolle, aber eventuell auch der Themenfindung selbst möglichst wenig zu tun haben wollen. Gute PR- und Textdienstleister können Ihnen den kompletten Prozess teilweise sogar bis hin zur technischen Publizierung auf Ihrem Onlineportal abnehmen. Von der strategischen Beratung bis zum fertigen Endprodukt haben Sie somit alles in einer Hand, was allerdings auch meist seinen Preis hat.

Die Arbeitsweisen, aber auch Qualitäten sowie das Engagement solcher Agenturen fallen teilweise jedoch sehr unterschiedlich aus, was man als Blogger, und damit am anderen Ende der Wertschöpfungskette von PR-Profis und -Agenturen, fast täglich selbst zu spüren bekommt. Sehr viel Licht gibt es da, aber eben auch Schatten. Deswegen gilt es, bei der Auswahl eines solchen Dienstleisters unter anderem folgende Punkte zu beachten:

- Alle PR-Firmen schreiben sich mittlerweile auf die Fahnen, über spezielle Kenntnisse und Mitarbeiter für die Texterstellung im Onlinebereich zu verfügen. Hier sollten Sie jedoch durchaus kritisch sein und auch nachfragen, etwa seit wann konkret man sich mit dem Thema Onlinekommunikation beschäftigt, über welche entsprechenden Qualifikationen und Ausbildungen die betreffenden Mitarbeiter verfügen, für welche Arten von Unternehmen und Onlinepublikationen man bereits erfolgreich tätig ist und welche Referenzen man selbst nachlesen kann. Kein PR-Dienstleister kann es sich heutzutage mehr leisten, nicht mit speziellen Kenntnissen und Leistungen der Onlinekommunikation zu werben. Doch um aus einer klassischen (Print-)PR-Agentur einen geeigneten Onlinespezialisten zu machen, bedarf es gerade im Bereich des Textens, aber auch der zugehörigen Disziplinen wie des Suchmaschinenmarketings expliziter Fachkräfte, die nicht immer tatsächlich zur Verfügung stehen. Gerade wenn Ihnen die Agentur sämtliche Arbeitsschritte für Ihr Onlineportal abnehmen soll, sind derartige Qualifikationen jedoch unerlässlich.
- Schön ist es, wenn man bei der Textarbeit mit einem möglichst proaktiven Dienstleister zusammenarbeiten kann. Dieser sollte also von sich aus Vorschläge machen, welche Inhalte sich für Ihr Portal anbieten. Und dies sowohl aus strategischer als auch aus besuchertechnischer und SEO-Sicht.
- Auch hier wieder: Fragen Sie, über welches Netzwerk die Agentur verfügt, und zwar selbst außerhalb der reinen Texterstellung. Mögliche fachlich spannende Interviewpartner, Blogger sowie Webseitenbetreiber, bei denen man Inhalte unterbringen kann, bis hin zur Vermittlung von Gastautoren: Ein guter Dienstleister wird Ihnen auch in diesem Zusammenhang behilflich sein können.
- Sogenannte Allround-Dienstleister, die PR- und SEO-Arbeiten unter einem Dach anbieten, müssen nicht die bessere Wahl darstellen. Zumindest sollten dann beide Einheiten auch mit den entsprechenden Experten besetzt sein. Weder SEO noch gute Online-PR macht man „mal eben so nebenbei“.
- Eine Agentur, welche das (Online-)Texten vom Dachdecker über den Onlineshop bis hin zum großen Industrieunternehmen für nahezu alle Branchen anbietet, die ist meist kaum

dafür geeignet, wirklich überzeugende und authentische Webtexte für Ihren eigenen Firmenzweck zu entwickeln. Wenn irgendwie möglich, so sollten Sie einen Dienstleister suchen und auswählen, der sich auf Ihr ganz spezifisches unternehmerisches Themenfeld konzentriert hat.

Insgesamt gesehen können Sie eine PR- oder Textagentur meist danach beurteilen, wie sehr man auf Ihre individuellen Bedürfnisse eingeht. Dazu gehört ebenfalls ein detailliert ausgearbeiteter Maßnahmenplan, mit welcher Strategie man Ihren Onlineauftritt inhaltlich fit für die Zukunft machen möchte.

6.3 Weiterführende Hinweise

6.3.1 Beiträge revidieren und ergänzen

6.3.1.1 Revisionsschleifen

Egal ob Sie Ihre Onlinetexte und -beiträge nun intern oder extern produzieren lassen: In der Regel werden eine oder mehrere Personen damit beauftragt sein, die entsprechenden Artikel zu sichten, zu kontrollieren, und dementsprechend für die Veröffentlichung freizugeben oder eben revidieren zu lassen. Dies kann je nach Unternehmensgröße ein eigener Onlineredakteur sein, der oder die Verantwortliche für das Marketing, die Unternehmensführung, eine externe Agentur oder auch einfach Sie selbst als Einzelkämpfer. Aus meiner eigenen Erfahrung sowie den Berichten zahlreicher Kunden heraus kann ich Ihnen nur raten, diese Hierarchien und Revisionsschleifen so flach wie möglich zu halten. „Viele Köche verderben den Brei", dieser Grundsatz gilt im Rahmen der Onlinekommunikation fast noch mehr als in allen anderen Branchen.

Ich kann mich noch gut an meine Zeiten als Mitarbeiter in einer größeren Marketingabteilung mit bis zu 100 involvierten Personen erinnern, die direkt oder indirekt bei der Gestaltung einzelner Texte ein Wörtchen mitzureden hatten. Nicht nur dass es jeweils unglaublich lange dauerte, bis ein einigermaßen aktueller Beitrag auf diese Weise erstellt und auch tatsächlich veröffentlicht werden konnte, durch unzählige Korrekturschleifen wurden die Texte nach und nach nicht gerade besser. Zumal jeder einzelne Verantwortliche natürlich versuchte, seine ganz persönliche Sicht der (unternehmerischen) Dinge auch noch mit in die finale Version einzubringen. Für den Leser oder Kunden resultieren hieraus sehr oft Inhalte, wie wir Sie bei den eher negativen, unverständlichen sowie wenig zielführenden Beispielen in diesem Buch kennengelernt haben.

Kurioserweise habe ich es nicht selten erlebt, dass gerade unternehmensinternen Autoren in diesem Zusammenhang fast noch mehr fehlendes Vertrauen entgegengebracht wird als externen Texteragenturen oder Journalisten. Entsprechende immer wiederkehrende Korrekturversuche sind nicht nur kontraproduktiv, sie nehmen den einzelnen Verfassern zudem jegliche Motivation. Maximal eine Revisionsschleife sollten Sie in diesem Zusammenhang etablieren, und auch diese ist nicht etwa dazu da, die kompletten abgelieferten (Web-)Texte noch einmal neu umzuschreiben, sondern sie sollte lediglich nach dem Vier-Augen-Prinzip dazu dienen, etwaige Ungenauigkeiten in der Recherche oder der Formulierung bzw. der Grammatik und korrekten Schreibweise zu korrigieren (die letzten beiden Punkte lassen sich wie gesagt auch prima outsourcen). Trauen Sie den Autoren Ihres Onlineauftritts nicht zu, in Eigenregie auch anspruchsvolle und umfangreichere Onlinetexte zu erstellen, so lösen Sie dieses Problem keinesfalls mit der Einführung weiterer Kontroll- und Korrekturinstanzen.

Bei größeren Firmen gehört zu solch einer Revision oft auch die Überprüfung bestimmter unternehmensinterner Sprachvorgaben. Dabei kann es sich um die korrekte Benennung von Produktbezeichnungen bis hin zur Beachtung ganzer Compliance-Richtlinien handeln (siehe *http://de.wikipedia.org/wiki/Compliance_(BWL)*). Sollten Sie in diesem Fall mit externen Autoren arbeiten, so müssen diese entweder sehr genau in entsprechende Vorgaben eingearbeitet werden, oder aber Sie benötigen wiederum eine spezielle interne Kontrollinstanz, bevor zugehörige Texte veröffentlicht werden.

6.3.1.2 Die Aktualität von Onlinetexten

Das World Wide Web ist besonders schnelllebig, die Konsumenten, aber auch die Suchmaschinen erwarten ständig neuen Text-„Stoff", damit Ihr Portal im virtuellen Gespräch bleibt. Wie bereits erläutert können Beiträge der eher redaktionellen Art - wenn es sich also nicht um Produktbeschreibungen und Ähnliches handelt – durchaus auch archiviert werden in dem Sinne, dass diese zwar nicht mehr aktiv beworben und verlinkt werden, aber weiterhin für Ihre Besucher und vor allem für Google & Co. aufrufbar sind. Unter diesem Prinzip wird beispielsweise ein typischer Blog betrieben, dessen daraus resultierende umfangreiche Inhalte die Suchmaschinen lieben.

Gleichzeitig sollten diese älteren Webtexte jedoch regelmäßig aktualisiert werden, um weiterhin einen Mehrwert für Ihre Besucher und die Suchmaschinen bieten zu können. Dafür bieten sich – je nach Art der jeweiligen Inhalte natürlich – unter anderem folgende Möglichkeiten an:

- Sie ergänzen den bereits bestehenden Beitrag um weitere, neue Anhaltspunkte, die sich in der Zwischenzeit ergeben haben. Dies kann – etwa im typischen Blogstil – auch am Ende des Artikels erfolgen, wenn Sie die neu hinzugekommenen Passagen als solche kennzeichnen und zu Beginn des Beitrags auf diese Ergänzung hinweisen (zum Beispiel farblich hervorgehoben oder in sonstiger Weise markiert). Somit ist sichergestellt, dass ein Leser möglichst den kompletten Beitrag aufmerksam verfolgt. Möchten Sie besonders authentisch sein, so weisen Sie Ihre Leser darauf hin, falls Sie bestimmte veraltete Passagen gestrichen oder inhaltlich angepasst haben. Bei einem Blog wird ein solch transparentes Verhalten sogar vorausgesetzt.
- In ähnlicher Weise können Sie einen ehemaligen Beitrag komplett bestehen lassen, aber an prominenter Stelle intern auf einen neueren, weiterführenden beziehungsweise aktuelleren Text verweisen. Der alte Content bleibt somit bestehen und wird auch über die Suchmaschinen gefunden, der Leser freut sich über den Hinweis auf die neue Fassung, und Google freut sich über einen zusätzlichen seiteninternen Klick sowie eine längere Besuchszeit.
- Sie tauschen zumindest einzelne relevante Informationen und Aspekte aus, wie etwa Inhalte von Tabellen, Datumsangaben, Jahreszahlen, Quellen, aber auch Grafiken und Bilder. Wichtig: Wenn Sie lediglich die Grafiken austauschen und dabei sogar den Dateinamen bestehen lassen, so wird Google diese Änderung nicht registrieren können.

- Manche Portalbetreiber lagern Artikel eines bestimmten Alters oder einer nicht mehr im Fokus stehenden Thematik auch komplett in einen eigenen Unterbereich ihres Portals aus, der von den Suchmaschinen zwar noch erfasst und indexiert werden kann, aber nicht unmittelbar (etwa direkt über die Startseite) für die Besucher erreichbar ist.
- Weniger gut ist aus suchmaschinentechnischen Gründen das komplette Umschreiben der bereits existierenden Inhalte. Was sich jedoch leider nicht immer vermeiden lässt, etwa wenn Sie für veraltete, nicht mehr korrekte Fakten nicht haftbar gemacht werden wollen.

Immer wieder werde ich in diesem Zusammenhang gefragt, was denn der richtige Rhythmus für eine solche Aktualisierung sei. Dies kommt natürlich sehr auf den Zweck und die Art der einzelnen Informationen an, wird aber wohl hauptsächlich von Ihren internen oder externen Redaktionsressourcen abhängen. Mindestens ein- oder zweimal im Jahr sollten Sie alle Ihre redaktionellen Inhalte komplett analysieren (auch die bereits archivierten, aber noch frei zugänglichen), um den jeweiligen Aktualisierungsbedarf, aber auch passende Aktualisierungsmöglichkeiten einschätzen zu können. Dies gilt für alle inhaltsreichen Portale, die mit redaktionellen Inhalten, Nachrichten etc. arbeiten, also deutlich mehr als 100 einzelne Seiten und Beiträge aufweisen. Besteht Ihr Onlineauftritt hingegen nur aus einigen wenigen Unterseiten (was sich nach der Lektüre dieses Ratgebers hoffentlich ändern wird), so sollten Sie die dortigen Inhalte natürlich kontinuierlich im Auge behalten. Denn je weniger Informationen den Lesern und den Suchmaschinen zur Verfügung stehen, umso mehr fallen natürlich einzelne Unkorrektheiten ins Gewicht.

6.4 Die Dos und Don'ts der Webkommunikation

An dieser Stelle möchte ich Ihnen noch einige grundlegende Regeln mit auf den Weg geben, was nicht nur das Texten im World Wide Web anbelangt, sondern die Kommunikation sowie die Interaktion innerhalb dieses Mediums generell. Diese Regeln wurden dabei nicht von einer bestimmten Person oder einer Gruppe aufgestellt, sie entwickelten sich quasi nach und nach als eine Art Konsens innerhalb der Websphäre und zwischen deren Nutzern. Es ist für Sie als Webseitenbetreiber immer gut, die wichtigsten dieser Grundsätze zu kennen, egal ob Sie nun selbst für die Inhalte verantwortlich zeichnen oder ob Sie diese Arbeit anderen überlassen.

Einige dieser Regeln werden Sie bereits in vorangegangenen Kapiteln kennengelernt haben. Ich möchte hier trotzdem noch einmal die wichtigsten allgemeinen Richtlinien vorstellen, auch um Ihnen eine Übersicht sowie eine Art kleines Nachschlagewerk bieten zu können.

6.4.1 Die Dos

- Verweisen Sie stets auf externe Quellen im Internet beziehungsweise benennen Sie diese, wenn Sie daraus Ideen oder Teile davon für Ihre Beiträge gezogen haben.
- Lassen Sie Fakten sprechen und keine leeren Versprechungen oder reinen Werbeaussagen.

- Kennzeichnen Sie jegliche werblichen Beiträge auch deutlich als solche, gerade wenn Sie Texte und weitere Inhalte für externe Portale erstellen (lassen).
- Verfassen und veröffentlichen Sie Ihre Inhalte möglichst unter Ihrem persönlichen, vollen Namen. Andernfalls sollten Sie stets transparent machen, wer hinter einem Beitrag steckt. Auch bei externen Autoren empfiehlt sich diese Regelung.
- Geben Sie Ihren Lesern stets die Möglichkeit, mit Ihnen in Interaktion zu treten.
- Kommunizieren Sie barrierefrei (*http://de.wikipedia.org/wiki/Barrierefreies_Internet*).
- Informieren Sie Ihre Nutzer darüber, was Sie gegebenenfalls mit deren Daten machen (Beispiel Google Analytics). Nehmen Sie den Datenschutz ernst (*www.bfdi.bund.de/bfdi_wiki/index.php/Hauptseite*).

Im Folgenden finden Sie noch einen kleinen Webtipp für den wichtigen Punkt der Barrierefreiheit, aber auch für die möglichst offene Gestaltung von Webinhalten selbst.

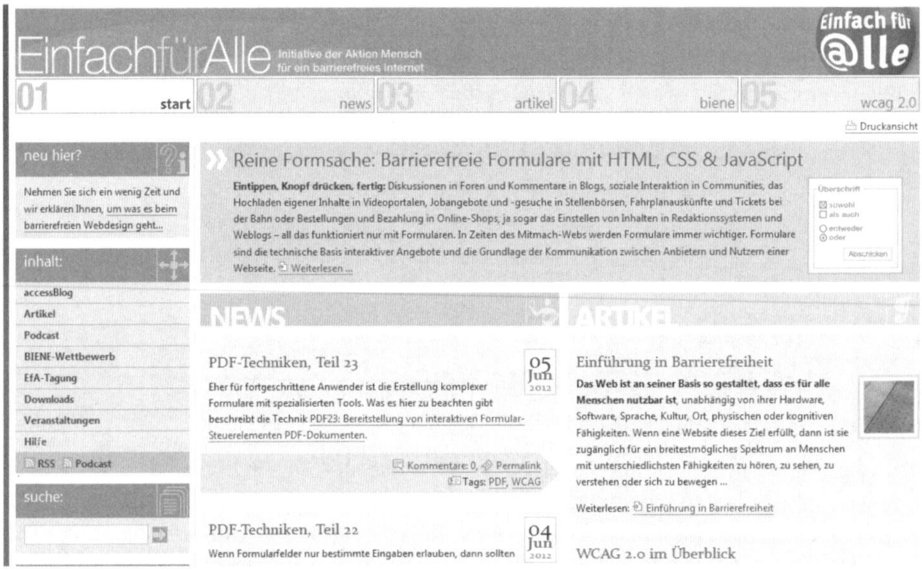

Bild 6.3 Unter der Internetadresse www.einfach-fuer-alle.de sind sehr gute Tipps rund um das Thema barrierefreies Webdesign zusammengefasst.

6.4.2 Die Don'ts

- Sprechen Sie nicht schlecht über andere. Gerade im Internet sollten Sie mit Ihren eigenen Leistungen überzeugen.
- Übernehmen Sie keine Inhalte ungefragt von anderen Portalen.
- Falls Sie Ihren Lesern eine Beteiligung in Form von Kommentaren oder Ähnlichem anbieten: Üben Sie niemals Zensur aus. Wenn Sie sich, etwa bei persönlichen Beleidigungen etc., dafür entscheiden, einzelne Passagen nicht zu veröffentlichen oder unkenntlich zu machen, so sollte dies Ihren Lesern gegenüber offengelegt werden.

- Verwenden Sie niemals Kundenaussagen oder sonstige Statements zu Ihren Produkten und Dienstleistungen, deren Herkunft Sie nicht nachweisen können oder die gar manipuliert wurden.
- Versuchen Sie nicht, etwaiges Fehlverhalten oder sonst irgendetwas im Internet zu „vertuschen“. Das wird nicht funktionieren.
- Verfassen Sie keine Inhalte ohne Mehrwert auf einem fremden Portal, beispielsweise nur um einen Backlink auf Ihren Unternehmensauftritt ergattern zu können.
- Kaufen Sie keine Links und mieten Sie keine Links.
- Verletzen Sie keine Urheber-, Marken- und Namensrechte.

Wozu die Nichtbeachtung solcher Regeln führen kann, das zeigt etwa das Beispiel dieses Telekommunikationsanbieters, der mittlerweile nicht mehr auf dem Markt ist.

Bild 6.4 Das Unternehmen „verbot“ sich Kritik auf seinem Facebook-Profil, was sich erst recht zu einer großen Empörungswelle ausweitete. Die Verantwortlichen konnten sich schließlich vor negativen Kommentaren kaum mehr retten (Bildquelle: pronlino.do).

7 Content Marketing

Die erste Ausgabe dieses Ratgebers kam noch ohne ein eigenes Kapitel zum Thema Content Marketing aus. Und das, obwohl sich der Inhalt um quasi nichts anderes drehte. Content Marketing ist in weiten Teilen ein Aufmerksamkeit erregendes Schlagwort, das altbewährte Mechanismen beschreibt und zusammenfasst. Die Blogosphäre – also die Gesamtheit der Blogger – ärgert sich teils ein wenig über den Hype rund um das Thema. Arbeitet sie doch seit jeher mit qualitativ hochwertigen Inhalten, die das Grundgerüst des Content-Marketing-Prinzips bilden und die sich genau durch diese Qualität von selbst verbreiten – sei es über die sozialen Netzwerke (als Empfehlung oder „like") oder auch im Internet generell (in Form von Linkverweisen oder sonstigen Nennungen sowie Kommentaren). Aber diesem Hype hat die Netzgemeinde durchaus etwas zu verdanken: Qualitäts-Content rückt plötzlich wieder in den Fokus, auch oder gerade bei kommerziellen Onlineprojekten. Von daher schärfen derartige Schlagwörter und Modebegriffe wie Content Marketing das Bewusstsein für die dahinter stehenden Prozesse und erregen damit nicht nur die Aufmerksamkeit der Fachwelt, sondern auch der unzähligen kleinen und großen Webseitenbetreiber.

Professionelle Webtexte sind also in gewisser Weise gleichzusetzen mit Content Marketing – und umgekehrt. Selbst wenn zum Marketingaspekt noch weit mehr gehört, als einfach nur „gut zu schreiben", doch dazu gleich mehr. Content Marketing kann dabei durchaus als Mission aufgefasst werden, indem man sich auf die ursprüngliche Intention eines World Wide Web zurückbesinnt: einen Ort zu schaffen, der hilfreiche Informationen jeglicher Art bereitstellt. Natürlich soll auch Ihr Unternehmen davon profitieren, in Form von höherer Aufmerksamkeit, mehr Reichweite, neuen Lesern, einem aufzubauenden Expertenstatus und damit letztendlich auch mehr Umsatz. Dieses letzte Ziel steht jedoch bei gutem Content Marketing niemals im Vordergrund. Es ist eher ein angenehmer Nebeneffekt. Content Marketing funktioniert hauptsächlich mit nichtwerblichen Inhalten. Dass „Marketing" und „nichtwerblich" nicht im Widerspruch stehen, dazu werden Sie noch zahlreiche Praxisbeispiele kennenlernen.

In den folgenden Abschnitten möchte ich Ihnen einige Rezepte mit auf den Weg geben. Wie genau funktioniert Content Marketing, was macht zugehörige Inhalte aus und was davon können Sie wie für Ihre eigenen Pläne auf dem Weg zu bestmöglichem Online-Erfolg ableiten? Bitte sehen Sie es mir nach, wenn ich mich dabei an der einen oder anderen Stelle wiederholen und bereits beschriebene Mechanismen erneut einbringen muss. Die Eckpfeiler guter Onlinetexte sind gleichzeitig auch die Eckpfeiler einer darauf aufbauenden Marketingstrategie. Doch somit erhalten Sie einen kompakten Überblick, ohne ständig zwischen den einzelnen Kapiteln hin und her springen zu müssen.

7.1 Was ist und wie wirkt Content Marketing?

7.1.1 Einführung und Ziele

Was Content Marketing ist, das kann ich nicht besser beschreiben als der zugehörige Eintrag bei Wikipedia (siehe *http://de.wikipedia.org/wiki/Content_Marketing*):

> *Content Marketing ist eine Marketing-Technik, die mit informierenden, beratenden und unterhaltenden Inhalten die Zielgruppe ansprechen soll, um sie vom eigenen Unternehmen und seinem Leistungsangebot zu überzeugen und sie als Kunden zu gewinnen oder zu halten.*
>
> *Im Gegensatz zu werbenden Techniken wie Anzeigen, Banner oder Werbespots stellen die Inhalte des Content Marketings nicht die positive Darstellung des eigenen Unternehmens mit seinen Produkten in den Mittelpunkt, sondern bieten nützliche Informationen, weiterbringendes Wissen oder anziehende Unterhaltung.*

Schaut man sich diese Definition an, so stehen dabei also nicht etwa die bestmögliche Platzierung des Unternehmens/der Produkte an erster Stelle, sondern hilfreiche und den Leser in seiner jeweiligen Situation weiterbringende Inhalte. Dies gepaart mit einer individuellen, persönlichen Ansprache. Von daher lässt sich Content Marketing am besten als eine Art indirekte Vermarktungsart beschreiben. Berücksichtigt man die dahintersteckenden Ideen, so schreibt man nicht mehr – bewusst etwas salopp formuliert – „Ich bzw. mein Unternehmen/meine Produkte sind die Größten, Schnellsten, Besten, Billigsten", um die Aufmerksamkeit potenzieller Kunden zu gewinnen. Die Leser und somit Verbraucher werden derlei Anpreisungen gegenüber zunehmend müde. Schließlich behauptet jeder von sich, über die jeweils größte, schnellste, beste etc. Lösung zu verfügen. Mit Content Marketing sagt man hingegen eher: „Wir helfen euch erst einmal weiter. Mit guten, kostenlosen, Wissen bringenden Texten. Und wenn ihr wollt, dann bleibt und schaut euch weiter um, was wir noch zu bieten haben."

Ein schönes Beispiel hierzu – und an dieser Stelle muss ich leider doch springen – wäre der Handwerker aus Abschnitt 2.1.4 (siehe Seite 31). Er gibt auf seinem Onlineportal oder Blog sehr detailliert Anweisungen, wie man bestimmte Schreinerarbeiten selbst erledigt, ohne einen Experten damit beauftragen zu müssen. Solche Inhalte verbreiten sich im Netz, werden bei Google aber auch besonders gut gefunden (siehe Kapitel 5). Sie führen dann dennoch zu umso mehr Folgegeschäft für den Handwerker. Längst nicht jeder, der seine Anleitungen liest, hat am Ende die Geduld oder Zeit, selbst zur Säge oder zum Bohrer zu greifen. Wer wird dann engagiert? Der Webseiteninhaber selbst, da dieser durch seinen Content beweist, dass er Ahnung von der Materie hat. Aber daneben zählen auch Motive wie „Dankbarkeit". Content Marketing hat gleichzeitig immer etwas mit Psychologie zu tun. Was sind nun die Ziele einer entsprechenden Content Marketing Strategie?

- Das eigene Wissen – webgerecht aufbereitet – soll in der Regel kostenlos zur Verfügung gestellt werden. Und das möglichst bevor Ihre Mitbewerber dies tun, um maximale Aufmerksamkeit gewinnen zu können. Ihre Leser sollen sich zugehörige Beiträge merken, bei Facebook mit „Gefällt mir" markieren, per E-Mail an Freunde und Kollegen schicken, Ihren Newsletter für weitere Tipps abonnieren und so weiter.

- Inhalte zu produzieren, die sich so in ihrer speziellen Ausprägung, ihrer Gestaltung, ihrer verständlichen Formulierung oder ihrem Detailgrad an keiner weiteren Stelle finden (Je mehr neuartigen Content Sie bereitstellen, umso öfter wird Ihr Portal aus den Suchmaschinen heraus gefunden werden, siehe Kapitel 5.1 zum Thema Keyword Marketing). Und Inhalte, die sich auch nicht kaufen lassen. Sie kennen sicherlich die TV-Werbung eines Kreditkartenanbieters, der verschiedene Dinge mit ihrem ganz weltlichen Preis vorstellt. Um am Ende einen ganz besonderen Moment oder ein Ereignis zu präsentieren, versehen mit dem Wort „unbezahlbar". Genau dieses Gefühl – etwas pathetisch formuliert – vermittelt sehr guter Content. Und das soll nicht nur im Großen so sein, sondern auch bei ganz kleinen alltäglichen Problemen und den entsprechenden von Ihnen gebotenen Lösungen.
- Einen Status als Experte auf dem eigenen Gebiet aufzubauen. Egal ob ein ganzes Unternehmen, einzelne Mitarbeiter davon oder Selbstständige bzw. Freiberufler diesen Status bekommen sollen. So kann sich der Handwerker zur regionalen Größe für Fragen rund um Malerarbeiten einer bestimmten Ausprägung entwickeln, ebenso wie der internationale Großkonzern nach und nach als die Anlaufstelle für Versicherungsfragen, Erziehungstipps, Raumgestaltung, eMobilität, autarke Energiesysteme oder was auch immer gilt. In dem nicht (nur) über Produkte geschrieben wird, sondern über davon völlig unabhängige **Lösungen.**
- Ebenso kann Content Marketing in diesem Zusammenhang ein Markenimage verbessern, die Fachpresse hellhörig werden lassen, ein Unternehmen als fairen, innovativen Arbeitgeber präsentieren oder gar die Krisenkommunikation unterstützen und vieles mehr. Dann fällt der rein monetäre Aspekt fast gänzlich weg.

Zusammenfassend formuliert: Content Marketing, das wirkt, ist:

- **Offen:** Es gibt Firmen- oder Branchenwissen weiter, egal ob nun auf direkte Weise ein Kunde hieraus resultiert oder nicht. Hinderlich ist hingegen die Angst, „zu viel" verraten zu können, zumal auch noch kostenlos, also ohne direkten monetären Gewinn. Oder dem Mitbewerber zuzuspielen. Diejenigen Unternehmen, die als führend in der Content Marketing Kommunikation betrachtet werden können, scheren sich meist sehr wenig oder überhaupt nicht um derlei Vorbehalte. Und sind genau deswegen so erfolgreich. Dennoch sollten Sie natürlich für sich selbst festlegen, wie weit Sie in diesem Zusammenhang gehen wollen und welches Wissen (etwa mit Patentrelevanz etc.) tabu bleiben soll. Geben Sie hingegen Informationen weiter (unter der Berücksichtigung wettbewerbsrechtlicher Aspekte), die den Kunden Ihrer Branche typischerweise vorenthalten werden, so machen Sie sich höchstwahrscheinlich unbeliebt bei der Konkurrenz. Und doch arbeiten einige sehr erfolgreiche Start-ups und junge „frische" Unternehmen mit genau diesem Mittel.
- **Nicht werblich:** Diesen Punkt kennen Sie bereits, aber man muss ihn sich immer wieder aufs Neue vergegenwärtigen, gerade wenn man aus der „alten" Marketingwelt stammt. Der Mehrwert für den Leser steht im Vordergrund, nicht die Markenbotschaft. Nehmen Sie die erfolgreichsten privaten Blogs aus Ihrem inhaltlichen Umfeld bzw. Ihrer Branche als Referenz. Diese stellen nichtkommerziellen Content zur Verfügung und ziehen deswegen an anderen weit größeren Portalen vorbei – hier eröffnet sich ein riesiges Feld an Ideen und Vermarktungsstrategien für Ihre eigenen Texte.
- **Mutig:** Content Marketing ist in der Regel interaktiv, da es über soziale Netzwerke und/ oder Corporate Blogs verbreitet wird. (Potenzielle) Kunden sagen dabei ihre Meinung,

und die ist nicht immer sehr schmeichelhaft. Das muss man aushalten können oder – viel besser – als Chance begreifen, bisherige unternehmerische Ausrichtungen auf den Prüfstand zu stellen. Funktionieren diese auch noch im Zeitalter des kritischen Web 2.0?

- **Persönlich:** Auch das kommt Ihnen bekannt vor. Weder der „Admin“ noch die „Redaktion“ schreiben hier, sondern Menschen aus Fleisch und Blut, mit Foto, Vita, persönlicher E-Mail-Adresse. Um einen Beitrag als hilfreich zu empfinden, zählt nicht nur, „was“ geschrieben wird, sondern ebenso „von wem“. Gerade nichtwerbliche Botschaften wirken noch echter und belegbarer, wenn eine als solche nachvollziehbare Person zu den Inhalten steht. Noch wirkungsvoller ist es, wenn die Inhalte so ausgestaltet sind, dass diese Person darin quasi „aus dem Nähkästchen plaudert“, also mit persönlichen Erfahrungen, Tipps und Tricks. Siehe hierzu insbesondere Kapitel 2.1.3.
- **Vielfältig:** Content Marketing Strategien lassen auch andere zu Wort kommen, selbst indirekte Konkurrenten. Dies kann mittels Gast-, aber auch Mitarbeiterartikeln, Experteninterviews und mehr geschehen. In der Umkehrung bedeutet dies, dass man als Unternehmer oder Mitarbeiter eines Unternehmens auch selbst auf anderen Portalen werthaltigen Content publiziert, ebenfalls in der Form von Gastbeiträgen. Viele thematisch passende kleinere Nachrichtenportale und vor allem Blogger freuen sich über derartige Artikel. Jedoch nur, wenn der Inhalt absolut nicht werblicher Natur ist und auch Neues für die jeweiligen Leser bietet.
- **Speziell:** Über immer neue Beiträge etwa in einem Corporate Blog lassen sich Stück für Stück sämtliche Sub- und Nischenthemen Ihres Unternehmensgegenstands beziehungsweise Ihrer Branche ansprechen, die dann aller Voraussicht nach nur von Ihrem Unternehmen besetzt werden. Ein Beispiel: Der fleischverarbeitende Betrieb schreibt nicht nur über seine Erzeugnisse im Allgemeinen, sondern publiziert einen Beitrag etwa zum Thema „Ratgeber: Fleisch als Lebensmittel bei Zöliakie, worauf muss man achten?“ (Zöliakie ist eine spezielle Nahrungsmittelunverträglichkeit). Damit erreicht er zwar nicht sehr viele, dafür aber neue sowie einzigartige Zielgruppen. Das hinter diesem Ansatz steckende Prinzip nennt sich Long Tail Marketing *(http://de.wikipedia.org/wiki/The_Long_Tail)*.
- **Interaktiv:** In zugehörigen Beiträgen sollte ein Feedback-Kanal für die Leser zur Verfügung stehen, die darin etwa weiterführende Fragen stellen können. Das kann die normale Kommentarfunktion bei Facebook oder Google+ sein, wenn der Beitrag dort geteilt wird, oder aber auch die entsprechende Möglichkeit auf dem firmeneigenen Blog. Steht ein solcher nicht zur Verfügung, so lassen sich auch in die meisten Standardportale entsprechende Funktionalitäten einbauen. Der kleinste gemeinsame Nenner wäre, dass die Leser den Beitrag selbst via Facebook-, Twitter-, Google+-Button etc. teilen und dabei kommentieren können. Oder aber es sollte zumindest eine Möglichkeit vorhanden sein, direkt mit dem Autor/der Autorin Kontakt aufzunehmen.
- **Multimedial:** Ein kompletter Beitrag oder zumindest Teile davon in Form von Video oder Audio, das **kann** den gewissen Unterschied ausmachen, gerade bei Inhalten, zu denen bereits unzählige Textinhalte existieren. Doch Vorsicht: Nicht jeder Leser oder jede Zielgruppe hat die Geduld, fünf, zehn, 20 Minuten oder gar mehr zu reservieren, um sich exklusiv auf einen multimedialen Beitrag zu konzentrieren (Einen Text kann man schneller erfassen, in einer unruhigen Umgebung oder im Gemeinschaftsbüro und ohne größere technische Voraussetzungen konsumieren sowie „nebenbei“ bzw. mit Pausen lesen).

- **Beständig:** Content Marketing ist kein einmaliges Projekt. Zwei bis drei neue ausführliche Beiträge pro Woche sollten es in der Regel schon sein (abhängig von der Branche, der Wettbewerbssituation, der Zielgruppe und den Zielen), egal ob diese nun auf dem eigenen Portal oder auf anderen veröffentlicht werden. Anfangs können es gar mehr sein, bis ein gewisser Grundstock an guten Texten steht. Genau daran scheitern leider viele Onlineprojekte beziehungsweise deren inhaltliche Marketingstrategie.
- **Leserorientiert:** Dabei handelt es sich um den wichtigsten, eigentlich am einfachsten zu handhabenden Punkt, der jedoch nicht selten sträflich vernachlässigt wird. Der Begriff leserorientiert wird von vielen Unternehmensverantwortlichen als gern bediente Floskel herangezogen, aber nicht wirklich gelebt. Fragen Sie sich stets, welche Fragen Ihre Leser beantwortet haben möchten, mit welchen Bedürfnissen und Zielen diese auf Ihr Portal gelangen, etwa aus einer Suchmaschinenanfrage heraus. Und mit welchen Inhalten ihnen in ihrer jeweiligen Situation oder von mir aus auch ihrem jeweiligen Stand im Kundenlebenszyklus weitergeholfen werden kann (Ein Kundenlebenszyklus-Modell steckt Ihre Besucher meist in eine unternehmerische Schublade und widerspricht von daher vielen Grundideen des Content Marketings).

Gutes Content Marketing bedeutet immer auch, sich von der einen oder anderen Konvention zu verabschieden. Einige der geschilderten Mechanismen sind dabei nicht ganz ohne Risiko, hieraus entstehende Beiträge könnten Ihre Rechtsabteilung beschäftigen. Von daher schadet es nicht, diese in den Prozess Ihrer inhaltlichen Neuausrichtung mit einzubeziehen, solange dies nicht die fruchtbare Kreativität der Autoren und sonstigen Protagonisten negativ beeinflusst. Was den letzten genannten Punkt „Leserorientiert" anbelangt: Schaffen Sie es tatsächlich, die Bedürfnisse Ihres Unternehmens in den Hintergrund zu drängen und sich wieder mehr an Ihren Lesern und Kunden zu orientieren, dann mache ich mir um den Erfolg Ihrer Bemühungen keine Sorgen.

HINWEIS: Es ist im Sinne einer ganzheitlichen Content Marketing Strategie nicht nur wichtig, die Fragen Ihrer potenziellen Besucher zu kennen, sondern ebenso, welche Begrifflichkeiten hierbei zum Einsatz kommen. Sie haben derartige Beispiele bereits in den vorangegangenen Kapiteln kennengelernt, doch man kann nicht oft genug auf diesen Umstand hinweisen. Ihr Unternehmen stellt hochwertige Chronometer her und schreibt Inhalte sowie Ratgeberbeiträge hierzu, ein Großteil Ihrer Kunden sucht aber (sprachlich nicht ganz korrekt) nach einem Chronographen? Dann wird die beste Content Strategie nicht fruchten, wenn darin nur der erste Begriff vorkommt

Im Zusammenhang mit den zuvor erläuterten Eigenschaften sollten Sie sich also weniger die Frage stellen, was guter Content für Sie als Unternehmen ist und bedeutet, sondern was Ihre Leser und Zielgruppen hierunter verstehen. An erster Stelle steht dabei das **Zuhören** beziehungsweise das Mitlesen, dann erst das Texten selbst. Resultieren aus dieser Betrachtung Attribute wie folgende:

- Nützlich
- Hilfreich
- Inspirierend

- Fokussiert
- Umfassend
- Zielgerichtet
- Einzigartig
- Spannend und/oder unterhaltsam
- Versiert
- Authentisch
- Nachvollziehbar bzw. verständlich
- Ausführlich/umfangreich

dann haben Sie die richtigen Bausteine für professionelle, erfolgversprechende Webtexte in der Hand. Internetnutzer merken sich sehr wohl, welches Portal und welches Unternehmen sie in diesem Zusammenhang vorangebracht hat. Vergessen Sie aber nicht, Ihre zukünftigen Inhalte immer wieder aufs Neue auf diese Kriterien hin zu überprüfen. Auch das wissen all jene, die bereits erfolgreich Content Marketing Rezepte anwenden: Mit der Zeit droht immer eine gewisse Routine, die bisherigen Anstrengungen wieder zunichte zu machen. Neue inhaltliche Ausrichtungen, aber auch Formen sowie frischer Input von außen – und sei es in Form neuer Mitarbeiter und Autoren – sorgen dann dafür, lebendig in der Kommunikation zu bleiben.

HINWEIS: Bezüglich der Nichtwerblichkeit der Beiträge noch eine Anmerkung: Hierbei gibt es grundsätzlich zwei Vorgehensweisen, dennoch auf sich als Unternehmen und die eigene Produktpalette aufmerksam zu machen. Oftmals werden Verweise zu Angeboten und Dienstleistungen in den an sich nichtwerblichen Text eingestreut oder am Ende dessen aufgeführt. Andere wiederum trennen den Mehrwert-Content ganz strikt von jeglichen Offerten. Produkte werden dann ausschließlich etwa in einem separaten Menüpunkt im Header oder innerhalb der Sidebar gelistet, außerhalb des Textbeitrags. Viele Corporate Blogs arbeiten auf diese Weise. Ab und an werden überhaupt keine Angebote benannt oder verlinkt, dies ist dann der Fall, wenn – zum Beispiel über das eingebundene Unternehmenslogo – lediglich ein Branding-Effekt erreicht werden soll.

Testen Sie, welche Vorgehensweise für Ihr unternehmerisches Ziel und bei Ihrer Zielgruppe besser funktioniert. Text ohne „Werbeeinblendungen“ wird natürlich in der Regel deutlich positiver aufgenommen, gleichzeitig steigt die Bereitschaft, diesen weiterzuempfehlen. Doch es gibt in einzelnen Branchen und Konstellationen auch Leserschaften, die kaum Berührungsängste mit eingestreuter Werbung haben. Am Ende zählt, welche Strategie insgesamt und langfristig betrachtet zu mehr Leads, Umsatz, Reichweite, Nennungen in der Presse, Reputation etc. führt.

PRAXISTIPP: Unter *www.siegemedia.com/content-marketing-checklist* hat eine Content Marketing Agentur aus den USA eine sehr hilfreiche Tabelle zur Verfügung gestellt, mit der sich die eigenen Inhalte strukturiert auf ihren Mehrwert und weitere Aspekte hin überprüfen lassen. Leider ist dieses Hilfsmittel nur auf Englisch verfügbar, doch man kann die dort aufgelisteten Punkte durchaus als Ideengeber für eine selbst erarbeitete Liste heranziehen. Das Angebot der Agentur ist übrigens ein schönes Beispiel dafür, wie die Bereitstellung von derlei Hilfestellungen selbst als Content Marketing Maßnahme dient. Es wird lediglich der Rahmen vorgegeben, nicht aber die zu erarbeitenden Inhalte, trotzdem spricht sich solch ein Werkzeug herum. Ihr Unternehmen kann sicherlich ebenfalls die eine oder andere Ratgeber-Checkliste zur Verfügung stellen, ob nun für Kunden, Partner, Lieferanten oder andere Multiplikatoren. ■

Bild 7.1 Coca Cola Deutschland scheint die Wirkung von Content Marketing erkannt zu haben. Es reagiert mit einem eigenen Onlinemagazin statt einem klassischen Unternehmensportal und gleich mehreren Blogs, erreichbar unter *www.coca-cola-deutschland.de*.

Die Wirkung von Content Marketing geht bei all dem weit über einen den Lesern zu bietenden Mehrwert hinaus. Die neue Marketing-Macht entscheidet über nichts anderes als darüber, ob ihr Geschäftsmodell – oder zumindest die Online Anteile hiervon, die prozentual immer weiter wachsen werden – eine Zukunft hat. Das klingt übertrieben? Nun: Onlinemarketing mit seiner Unterdisziplin Content Marketing bringt nicht nur eine neue Nichtwerblichkeit ins Spiel. Es bricht mit zahlreichen weiteren Gesetzmäßigkeiten, die beim Offlinemarketing vergangener Zeiten noch als selbstverständlich galten. Verbraucher können heutzutage mit einem kleinen Mausklick von einer Botschaft zur anderen springen, von einem Anbieter zum anderen. Dieser Geschwindigkeit sowie dieser Vielfalt muss man als Unternehmen erst einmal gewachsen sein, etwa mit aktuellem Content, bei dem die Nutzer „hängen bleiben". Was hinzukommt: Die Verbraucher können immer mehr selbst beurteilen, ob ihnen ein Produkt oder eine Dienstleistung gefällt oder auch nicht. Und sie tun ihre Meinung für alle sichtbar kund, auf Bewertungsplattformen, in Blogkommentaren, den sozialen Netzwerken, Foren und mehr. Diese Meinungen sind in vielen Fällen unauslöschlich im Gedächtnis des World Wide Web gespeichert, werden über Social Media Kanäle millionen- und milliardenfach von Nutzer zu Nutzer weitergetragen. Das wiederum bedeutet nichts anderes, als dass die Verbraucher zunehmend kritischer agieren. Platte Werbebotschaften versanden in diesem Getriebe. Stimmt gar das zugrunde liegende Produkt oder der Service nicht, so bricht schnell der Sturm der Onlineentrüstung über ein Unternehmen los. Gleichzeitig funktionieren Kommunikationskanäle wie klassische Werbe-, Vertriebs- und Akquiseformate, produktlastige Newsletter (die also nicht mit Content Marketing Mechanismen optimiert wurden) oder die konventionelle Pressearbeit nicht mehr in gewohnter Manier. Dies ist ein doppeltes Dilemma.

Die gute Nachricht ist: Sie können auf all diese Neuerungen reagieren. Ebenso wie eher negative Inhalte in Sekundenbruchteilen ihren Weg durch das Internet finden, so werden natürlich auch die Positivbeispiele geteilt, mit einem „Gefällt mir" oder ähnlichen Merkmalen versehen und damit hervorgehoben. Diese Positivbeispiele sind immer weniger Zufallstreffer, sondern das Ergebnis einer fundierten Content Marketing Strategie. Je früher Sie sich also Gedanken über eine solche Strategie machen, umso eher können Sie aus der unendlichen Masse an Onlineinformationen aller Art hervorstechen. Zumal die meisten Ihrer Mitbewerber nach wie vor Inhalte produzieren, die alles andere als mustergültig sind. Noch ein paar Worte zum Punkt „Offenheit" aus der Aufzählung der Wirkungsmechanismen. Wie bereits angedeutet, haben Freiberufler und unabhängige Experten im Dienstleistungsbereich üblicherweise deutlich weniger Berührungsängste damit, ihr Wissen in Form von Onlineinhalten preiszugeben und genau damit neue Kunden zu gewinnen, als eher gestandene bzw. größere Unternehmen und Industrien. Manche dieser Experten geben fast ihr gesamtes Know-how in Form von Onlineratgebern, Blogs, Podcasts (siehe *http://de.wikipedia.org/wiki/Podcasting*), Newslettern, E-Books etc. preis. Dennoch oder gerade deswegen leben sie sehr gut von Beratungsaufträgen, da es für die Kunden mühsam und nicht immer individuell zielführend genug ist, sich das Wissen aus all diesen frei verfügbaren Quellen zusammenzustellen. Arbeiten Sie in einem größeren Unternehmen oder eher produktorientiert beziehungsweise im B2C-Umfeld, dann schauen Sie sich dennoch sehr intensiv die Onlinekommunikation der Einzelkämpfer an, egal ob diese nun inhaltlich zu Ihrem Geschäftsmodell passt oder nicht. Sie werden hieraus jede Menge Anregung für Ihr eigenes Content Marketing gewinnen.

Übrigens: Das Content Marketing Prinzip lässt sich natürlich nicht nur auf Ihrem Onlineportal oder Ihrem Corporate Blog anwenden. Ebenso werden Sie damit jeglichen weiteren unternehmerischen Inhalten neues Leben einhauchen. Sei es in/bei

- Ihren Newslettern und E-Mails
- E-Books (quasi begleitend zum Portal, oftmals sehr hilfreich, um eine Wirkung über das Onlineportal hinaus zu erreichen, einen Ansatzpunkt für die Presse- und PR-Arbeit zu schaffen oder um dieses als „Schmankerl" und Anreiz zu präsentieren)

- Print-Fachbüchern (Immer öfter begegne ich solchen Fachbüchern, in denen sich der/die AutorIn als Mitarbeiter oder Verantwortlicher eines zum fachlichen Gegenstand passenden Unternehmens zu erkennen gibt. Das nutzt dem Expertenstatus der Firma bzw. Institution natürlich teils ganz erheblich)
- Online-Werbeschaltungen und -Advertorials, AdWords-Textanzeigen
- Video- und weiteren Multimediaformaten
- Onlineshop-Texten, Produktbeschreibungen, Leistungskatalogen etc.
- Gastbeiträgen, Interviews, Social Media Kommentaren und Ähnlichem mehr
- Kunden- und Supportinformationen, Akquisematerialien, FAQ-Bereichen
- als begleitendes Webinar/Onlineschulung aufbereitet

Hierzu zählt zudem jegliche Offline-Kommunikation, also auch „Werbe-“Broschüren und Ähnliches, sofern Sie weiterhin mit derlei Materialien arbeiten. Für eine einheitliche Außenwirkung wäre es schließlich nur wenig hilfreich, wenn Ihr Unternehmen online eine Strategie des Mehrwerts fährt, Ihre Printprodukte aber weiterhin von rein werblichen Aussagen beherrscht werden.

PRAXISTIPP: Zum Punkt E-Books: Generell können gute Inhalte noch einmal einen deutlichen „Boost“ erhalten, wenn man mit kostenlosen Beigaben arbeitet. Das mag im Content-Bereich eine frei verfügbare nichtkommerzielle Wissensdatenbank sein, im B2B-Umfeld eine (gute!) Fallstudie bzw. Marktforschungsauswertung als Dreingabe etwa zu einem Newsletter-Abo, exklusives wissenschaftliches Material (in Kooperation mit einer Hochschule), gesponserte Auszüge aus einem Fachbuch, werthaltige Infografiken (siehe *http://t3n.de/tag/infografik*) und Weiteres mehr. Aber natürlich zählen ebenso die klassischen Gutscheine, Produktproben etc. dazu.

Dann sollten Sie jedoch ganz genau messen und beobachten: Kommen durch diese Aktionen die „richtigen“ Leser? Wird mein ursprünglicher Content bzw. meine Aussage darin wahrgenommen, oder interessieren sich die Besucher dann nur noch für die Gratisbeigabe? Was ist also gut und wirkungsvoll, der Beitrag oder das dazugehörige Schmuckwerk? Nicht wenige Unternehmen, die mit derlei Mitteln arbeiten, gehen davon aus, dass man sich wirklich für ihre Produkte und zugehörige Texte interessiert. Wird die Dreingabe jedoch einmal weggelassen, so sind viele davon recht ernüchtert, da das Interesse deutlich nachlässt. ■

PRAXISTIPP: Je mehr unterschiedliche Medien Sie bedienen, umso eher stellen sich Synergieeffekte ein. Dann dient etwa die Aufzählung aus der Kundenpräsentation als Vorlage für einen neuen Blog- oder Gastbeitrag. Oder aber für mehrere einzelne Tipps & Tricks-Posts auf Facebook & Co. Achten Sie jedoch darauf, dass sich diese Elemente nicht zu oft wiederholen, zumindest nicht für das gleiche Zielpublikum. Und dass die Inhalte – dem jeweiligen Medium gerecht werdend – jeweils neu aufbereitet sind. Bei jeder Folgeveröffentlichung neue Aspekte zu ergänzen und veraltete zu entfernen, etwa resultierend aus Leserfragen sowie -kommentaren, das hilft ebenfalls dabei, immer wieder neuen Mehrwert zu generieren. Jedes Unternehmen sammelt fortlaufend erhebliche Mengen an Wissen. Etablieren Sie Prozesse, um dieses strukturiert zu sammeln und um es in zukünftige Inhalte einfließen zu lassen. Dann erst lebt Content Marketing. ■

7.1.2 Strategiewechsel bei Google: Der Durchbruch für Content Marketing

Gerade auf Content-Portalen und Firmenblogs, die regelmäßig aktualisiert und um neue Beiträge ergänzt werden, wirkt Content Marketing dauerhaft. Ich selbst bin immer wieder erstaunt darüber, wie Nutzer aus Google heraus auf ältere Beiträge meines Blogs stoßen und diese dennoch kommentieren, in den sozialen Netzwerken teilen, von da aus meine Leistungen aufrufen und auch buchen, mit mir Kontakt aufnehmen, Rückfragen stellen etc. Es sei denn, die Inhalte sind ganz offensichtlich veraltet, was natürlich stets vermieden werden sollte. Aber selbst dann findet ab und an eine Interaktion seitens der Leser statt, und sei es nur, um einen aktuellen Stand zu erfragen. Die Lebensdauer von Beiträgen auf unternehmenseigenen Portalen ist in der Regel deutlich länger als bei Inhalten, die nur innerhalb von Facebook, Google+, Twitter, Xing & Co. geteilt werden, unter anderem da Suchmaschineneinträge, aber auch sonstige Verweise auf anderen Webseiten zu ihnen führen. Das sollten Sie bei Ihrer Strategie berücksichtigen, um nicht ausschließlich auf externe Social Media Kanäle zu setzen (Blogs werden zwar ebenfalls dieser externen Social Media Welt zugerechnet, sie sind mit ihren Inhalten jedoch in Ihrem eigenen Besitz und von daher unternehmensintern).

Während früher jener Anbieter auf den berühmten ersten Platz bei Google gelangte, der möglichst viele Verweise von anderen Portalen auf sich ziehen konnte (Backlinks), Keywords in einem bestimmten optimierten Verhältnis nutzte und generell unter dem Einsatz von Onlinemarketing-Experten und viel „Technik" stets und ständig Suchmaschinenoptimierung betrieb, so zieht der Suchmaschinenbetreiber aus Mountain View/Kalifornien immer mehr hochwertige Inhalte für die Bemessung seiner Rankings heran. Zwar spielen nach wie vor geschätzt Hunderte oder gar Tausende Faktoren eine Rolle, wenn es um die Ermittlung der Platzierungen je Suchanfrage geht. Doch eine stetig wachsende Zahl dieser Faktoren hat direkt oder indirekt mit der Qualität der Webtexte eines Portals zu tun. Die riesige Datenbasis, über welche Google verfügt, sowie neue technische Verfahren lassen diese Qualität immer messbarer werden – das Nutzerverhalten, Referenzwebseiten, mit denen die Inhalte anderer Portale verglichen werden, statistische Auswertungen sowie zunehmend auch semantische Bewertungsmethoden spielen dabei eine Rolle. Und das ist erst der Beginn. Nicht nur Textinformationen werden zunehmend durchleuchtet und hinsichtlich ihrer Tauglichkeit überprüft. In nicht allzu ferner Zukunft werden sich zudem Bild-, Audio- und Videoinformationen einer ähnlichen Prozedur stellen müssen.

Die angesprochenen Backlinks sind weiterhin wichtig für den Onlineerfolg. In jüngster Zeit zeigt sich, dass Google jedoch selbst diese immer stärker auf unterschiedliche Qualitätskriterien hin überprüft. Galt früher hinsichtlich der Verweise – die von außen auf ein Portal zeigten – „viel hilft viel", so bestraft der Suchmaschinenprimus zunehmend Links, die rein aus Optimierungskalkül gesetzt wurden. Dies wird dann als „Überoptimierung" bezeichnet, worunter Backlinks fallen können, die von einzelnen Portalbetreibern zu häufig oder in falscher Form gegenseitig gesetzt werden oder die gar – zum Zwecke der Suchmaschinenoptimierung – gekauft oder gemietet sind, was Google in seinen Richtlinien für Webmaster untersagt (siehe Kapitel 5.5.3). Content Marketing kann dem entgegenwirken. Gute Onlineinhalte werden nicht selten von ganz alleine verlinkt. Sind Ihre Ratgeberbeiträge für einen privaten Webseitenbetreiber, einen Blogger, der über Ihr Fachthema schreibt, einen Onlinejournalisten oder gar den Autor einer Online-Enzyklopädie wie Wikipedia – beziehungsweise für deren Leserschaft – besonders hilfreich oder erklärt ein solcher Beitrag gar einen Fachbegriff oder eine Methode besonders ausführlich, den der Webseitenbetreiber nicht selbst noch einmal erläutern will, so verweist man gerne auf Ihre entsprechende Seite. Diese natürlich entstehenden Backlinks sind, vereinfacht formuliert, in ihrer Ausprägung für Google & Co. meist deutlich mehr wert als proaktiv initiierte oder erbetene Verweise. Verlinkt wird dann, weil es der Inhalt wert ist, und nicht, weil man künstlich dazu getrieben wurde. Suchmaschinen können eine solche Natürlichkeit immer öfter erkennen.

HINWEIS: Ganz Ähnliches gilt im Übrigen auch für Nennungen, Empfehlungen und Verweise in den sozialen Netzwerken wie beispielsweise Facebook, Twitter, Google+ oder Xing. Zwar ist unter Experten umstritten, inwieweit Suchmaschinen wie Google derartige Elemente (die „Social Signals" genannt werden) für ihr eigenes Ranking heranziehen. Doch alleine als direkte Verweisquelle sind solche Nennungen sehr hilfreich. Immer mehr Portalbesucher werden nicht aus den Suchmaschinen oder aus Verweisen von anderen Portalen heraus gewonnen, sondern indem die Inhalte Ihres Unternehmens in den sozialen Netzwerken geteilt oder erwähnt werden, idealerweise mitsamt Link zu Ihrer Webseite.

In nicht wenigen Branchen wird der Erfolg eines Unternehmens in Zukunft davon abhängen, wie oft man über dieses in Social Media Kanälen „spricht" – in positiver Art und Weise. Die Markenbildung verlagert sich mehr und mehr weg von den Printmedien oder TV-Formaten und Ähnlicher hin zu sozialen Onlinenetzwerken. Mit einem ganz entscheidenden Vorteil für all jene Unternehmen, die gute Produkte, einen vorbildlichen Kundenservice, aber auch qualitativ hochwertigen Content bieten: Die Verbraucher selbst sind es, die bei Facebook und ähnlichen Plattformen eine Empfehlung aussprechen, nicht das Unternehmen. Sich selbst beweihräuchernde Werbebotschaften werden dabei durch echte Fakten ersetzt. ■

7.1.3 Mehr Philosophie als Technik: Warum Content Marketing ein Umdenken erfordert

Content Marketing wird Ihr Unternehmen und Sie selbst beziehungsweise Ihre Mitarbeiter verändern. Ich erlebe es in meinem Beraterallltag sehr oft, dass sich vor allem jene Manager, Marketingverantwortliche, Firmeninhaber etc. früh mit dieser sehr offenen Art zu kommunizieren anfreunden können, welche diese Offenheit auch in der alltäglichen Unternehmenskultur zulassen und vorleben. Gleichzeitig wirkt praktiziertes Content Marketing verstärkend in eben diese Richtung. Mit den ersten Erfolgen hieraus werden involvierte Personen sowie Entscheidungen und Prozesse nach und nach mutiger, transparenter, kundenfreundlicher und insgesamt umsichtiger. So nutzen sie zunehmend offenere Medien wie soziale Netzwerke oder Blogs für ihre Kommunikation nach außen, aber auch nach innen. Nicht zuletzt wird Ihnen Content Marketing dabei helfen, einen echten Expertenstatus aufzubauen. Oder aber – im B2C- oder Konsumgüterumfeld – den Ruf als Innovationsführer zu festigen. Schaut man sich die aktuellen Umbrüche in der Geschäfts- und Technologiewelt an, so machen all die eben genannten Attribute in Zukunft ein erfolgreiches Geschäftsmodell aus.

Wenn Ihr Unternehmen hingegen bislang auf eine Kommunikationsstrategie setzt, die eher allgemein gehalten ist, von Marketing-Floskeln beherrscht wird, wenig über das eigentliche Produkt oder die angebotene Dienstleistung verrät, was über allgemein bekanntes Wissen hinausgeht oder nicht auch bei Ihren Mitbewerbern nachzulesen ist, dann werden Sie sich mit der Ansprache des Web 2.0 zunächst schwertun. Oder Sie werden gar das Feedback Ihrer Kunden und sonstiger Verbraucher fürchten. Hier hilft nur ein stufenweises Vorgehen, indem man:

1. jegliche Angebote, aber auch CRM-Prozesse (siehe Abschnitt 7.2.3) zunächst so weit optimiert, dass die Kundenzufriedenheit nachweislich ein bestimmtes Level erreicht, bei dem positive Rückmeldungen die eher negativen deutlich überwiegen (zu messen etwa über Ihr Callcenter oder mit Mitteln der Marktforschung).
2. nach und nach in die Onlinekommunikation die geschilderten Content Marketing Maßnahmen mit einfließen lässt.

Diese Tests führt man idealerweise zunächst auf kleineren eigenen Webseiten durch. Wofür sich auch neu zu schaffende Portale und Blogs eignen, die bei Google noch nicht prominent gelistet sind und auf die man gezielt – etwa über Verweise von besucherstärkeren Portalen – Besucher leitet. Ohne eine kritische Masse solcher Besucher lassen sich natürlich kaum Reaktionen erzielen, die zeigen, wie der neue Content wirkt.

HINWEIS: Der Hinweis, das eigene Angebot zunächst zu optimieren, bevor man sich an eine auf Content Marketing Grundsätzen basierende Kommunikation heranwagt, mag einigen Lesern befremdlich beziehungsweise überflüssig erscheinen. Tatsächlich gibt es jedoch immer wieder Unternehmen, die sich „in die Höhle des Online-Löwen wagen", obwohl sie oder ihre Produkte bereits in der Offline-Welt nicht gerade den besten Ruf genießen. Und die sich dann darüber wundern, dass der Unmut der Verbraucher im Mitmach-Web umso geballter auf sie niederprasselt. Es gibt Beispiele von bekannten Marken aus umstrittenen Branchen (etwa im Bereich der Fleischproduktion), die sich aus der Social Media Ansprache zurückziehen mussten, weil sie sich dort unablässiger und massenhafter Kritik ausgesetzt sahen. So kann es durchaus sein, dass ein vergleichbares Unternehmen feststellen muss, nicht für die transparenten Content Marketing Ansätze geeignet zu sein. Dann bleibt nur noch das Hoffen auf klassische PR-Maßnahmen oder aber ein unternehmenskultureller Wandel.

Doch auch ohne eigene Social Media Kanäle, Blogs mit ihrer Kommentarfunktion etc. werden diese Marken natürlich weiterhin kritisiert: auf privaten Accounts in den sozialen Netzwerken, in Portalen und Foren von Verbraucherschutzorganisationen und Ähnliches mehr. Manche Verfechter des Web 2.0 sehen hierbei gar das Potenzial für eine Art Marktbereinigung, bei der nichttransparent oder unfair arbeitende Unternehmen schlicht keine Chance mehr haben werden. Es gibt zahlreiche Beispiele dafür, wie die Macht der Onlineverbraucher stetig ansteigt. Man denke nur an die massive Kritik am Onlinehändler Amazon im Zusammenhang mit den dort vorherrschenden Arbeitsbedingungen, die den Internetriesen letztendlich zu einer Reaktion zwang. ■

Für Unternehmer bietet Content Marketing somit eine Chance, die eigenen Ziele, aber auch Grundsätze und Werte auf den Prüfstand zu stellen. Akzeptiert die online-mündige Gesellschaft mein Geschäftsmodell überhaupt noch? Wird dieses eventuell als veraltet, überteuert, nicht hilfreich, undurchsichtig, wenig sozial- oder umweltverträglich etc. betrachtet? Oder gibt es mittlerweile bessere Alternativen von neu aufstrebenden jungen Unternehmen, die andere Online-Geschäftsmodelle, aber auch innovative Online-Vertriebskanäle nutzen? Wenn Ihnen Ihre Produktmanager oder Ihre Vertriebsmitarbeiter (über den Kundenkontakt) nicht offenbaren, dass eine Korrektur dringend angebracht wäre, so werden die ersten Versuche einer offenen Webkommunikation dies tun. Damit sorgt Content Marketing gleichsam für einen Rollentausch. Betrieben Unternehmen früher Marketing nach dem Prinzip „Wir sagen dir, lieber Kunde, was du von uns halten sollst", so werden sie heutzutage selbst zu Getriebenen ihrer eigenen Onlinemarketing-Strategie. Das steht in diesem Fall jedoch für eine positive Dynamik, unter der ein Anbieter die Möglichkeit hat, sich fortlaufend an die **tatsächlichen** Bedürfnisse seiner Kunden anzupassen. Aus der Push-Kommunikation (Unternehmen „drückt" Werbebotschaften in den Markt hinein) alter Tage wird also immer mehr eine Pull-Kommunikation (Der Verbraucher entscheidet selbst, was ihn interessiert und welchen Inhalten er Glauben schenkt), mit enormen Auswirkungen darauf, wie zielgerichtetes Marketing heutzutage betrieben werden muss.

In diesem Sinne zwingen Onlineinhalte ab und an gar zu einer Rückbesinnung auf alte unternehmerische Grundsätze wie „Der Kunde ist König". Wenn Sie absolut nichts über Ihr Produkt schreiben können, was der Gesellschaft einen Mehrwert zurückgibt, oder wenn die Reaktionen auf Ihre Inhalte bei Weitem nicht so ausfallen wie erhofft, dann sollten Sie in sich gehen und Ihr Modell – oder Teile davon – auf den Prüfstand stellen. Das Web ist schonungslos. Aber das ist keine schlechte, sondern eine gute Nachricht. Trifft der allgemeine Online-Unbill ein Unternehmen, dann hätte dieses in der realen Welt meist ebenfalls keine nachhaltige Perspektive mehr (siehe das Beispiel des Telekommunikationsanbieters aus

Kapitel 6.4.2, der kurz darauf Insolvenz anmelden musste). Und so bleibt eventuell noch die Zeit zum Gegensteuern, zumal sich über erweiterte Inhalte auf Ihren Onlineportalen austesten lässt, welche Produkte und Leistungen denn besser bei den Verbrauchern ankommen würden.

Übrigens, auch Ihre Kunden selbst betreiben Marketing mit Content. Dies tun sie in ganz eigener Sache, wenn einmal ein Produkt oder ein Service nicht das hält, was man sich darunter verspricht (siehe Bild 7.2).

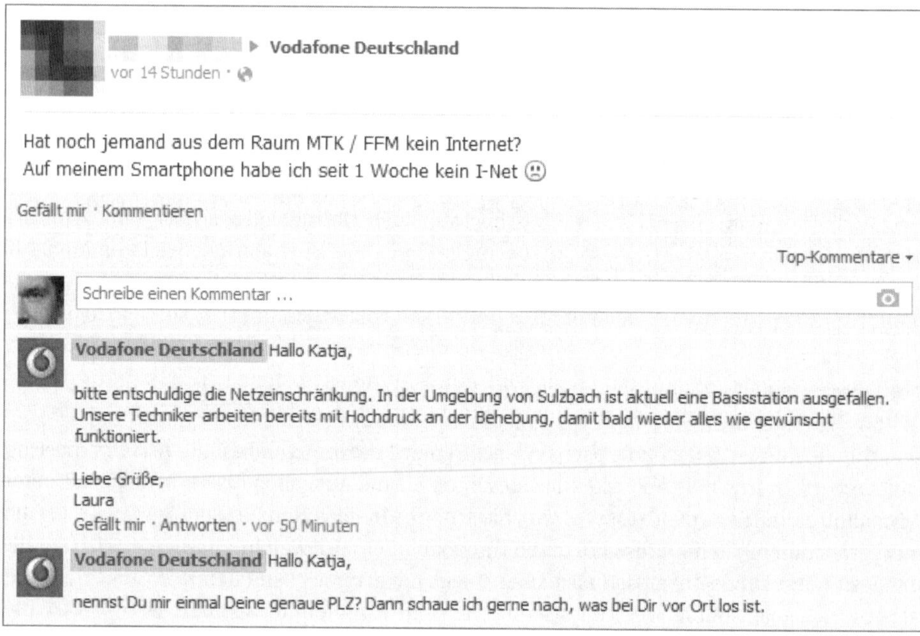

Bild 7.2 So wie hier bei Facebook erfährt ein Unternehmen heutzutage ganz unmittelbar, ob die eigenen Produkte und Services stimmen – oder auch nicht. Und die ganze Welt schaut zu.

In diesem Fall wird die Öffentlichkeit dazu genutzt, schneller an eine Lösung für das eigene Produktproblem zu gelangen. Hat die Anonymität eines Callcenters früher viele Anbieter nicht unbedingt dazu verleitet, schnell und umfassend auf Serviceanfragen zu reagieren, so sieht dies bei der für jeden nachvollziehbaren Social Media Kommunikation schon deutlich differenzierter aus. Kunden und Nichtkunden erhalten auf diese Weise eine ganz neue Machtoption. Aber immerhin: Das Unternehmen hat – ebenfalls öffentlich – die Chance, gut und souverän zu reagieren.

7.1.4 Die Kosten von Content Marketing

Was gute Webtexte an Ressourcen binden und wie die Kosten bei einer externen Beauftragung aussehen können, dazu haben Sie bereits in Kapitel 6 mehr erfahren. Gestaltet man einen Beitrag nach den genannten Richtlinien der optimalen Content-Vermarktung, dann wird schnell klar, dass der Aufwand hierbei noch einmal deutlich steigt. Dafür sorgen zeitaufwendige Arbeitsschritte wie die Themenfindung und die Recherche für den Inhalt, das Messen und Analysieren von Leserbedürfnissen, die Einarbeitung der Ergebnisse hieraus in die Texte, aber auch periphere Aufgaben wie das Beantworten von Kommentaren, das individuelle Ankündigen und Teilen in den sozialen Netzwerken oder die fortlaufende Aktualisierung von Beiträgen nach dem Veröffentlichen.

Jüngst begegnete ich dem Betreiber eines sehr erfolgreichen Onlinemagazins, das mit seinen hochwertigen Inhalten als Vorbild für die Webkommunikation von Unternehmen aller Art dienen könnte. Jeweils mehrere Mitarbeiter feilten teilweise bis zu 40 Stunden und deutlich mehr an Texten von um die 1000 Wörtern. Diese wurden dann durchschnittlich mit einem Budget von beinahe einem vierstelligen Betrag veranschlagt (für einen einzigen Beitrag wohlgemerkt). Dementsprechend generierte das Magazin aber auch neue Leser sowie Tausende Weiterempfehlungen mit jedem neuen Artikel. Wenn ich mir meine Diskussionen mit manchen Firmeninhabern anschaue, die ihren freien Mitarbeitern 40 Euro für einen typischen Webtext bezahlen und dabei insgeheim schon nach einem noch günstigeren Preis recherchieren, dann ist der Wert eines hochwertigen Onlinebeitrags noch längst nicht in den Köpfen der Verantwortlichen angekommen. Ein guter Blogbeitrag etwa kann Monat für Monat einen Umsatz in vier- oder gar fünfstelliger Höhe und mehr generieren, und das langfristig. Natürlich wird der kleine Handwerker von nebenan nicht so viel Geld (beziehungsweise zeitliche Ressource) in seinen Content stecken können als der DAX-Konzern. Und dennoch scheinen mir die kleineren Anbieter oftmals noch mehr Verständnis dafür zu haben, dass Onlinemarketing mit Inhalten nicht umsonst zu haben ist.

Egal ob Sie nun zu den „Großen“ oder den „Kleinen“ gehören: Insbesondere wenn Sie schon seit vielen Jahren auf dem Markt sind, so sollten Sie die Ausgaben für hochwertigen Content einmal in Relation setzen zu dem, was Sie früher für Hochglanzprospekte, Anzeigenschaltungen in den lokalen Zeitungen, den Branchenbüchern und mehr ausgeben mussten. Dies bei weit höherem Streuverlust, als es bei einem Zielgruppen- und damit Keyword-optimierten Onlineportal jemals der Fall sein kann. Reine Onlineunternehmen hingegen können sich anschauen, welche Summen sie monatlich für Bezahlkampagnen etwa bei Google AdWords ausgeben. Nicht selten würde ein Bruchteil dieses Budgets dafür ausreichen, effizientes, da qualitätsorientiertes Content Marketing zu betreiben. Webtexte haben deswegen nicht den Stellenwert, der ihnen eigentlich gebührt, weil sich unzählige freie (teils Hobby-) Texter deutlich unter Wert verkaufen müssen. Solange gut operierende Unternehmen bei Content-Plattformen Inhalte für um die 1 Cent pro Wort bestellen, wird sich an dieser Situation nichts ändern. Klar ist aber auch: Content Marketing zu Schnäppchenpreisen wird in den seltensten Fällen gelingen, dazu jedoch gleich noch einmal mehr. Was bedeutet dies nun für die Praxis?

- Sie beziehungsweise Ihr Redaktionsteam erzeugt jetzt schon sehr viel Output in Form von immer neuen Beiträgen, diese Strategie fruchtet aber bislang nicht wirklich? Dann sollten Sie es mit mehr Qualität statt Quantität probieren. Also lieber einen statt vier Beiträge in der gleichen Zeit verfassen (lassen), der dafür aber umso hochwertiger ausfällt, etwa was die Recherche, die inhaltliche Planung, die Wettbewerbsanalyse, aber auch das Texten selbst anbelangt.
- Wenn Sie es sich leisten können, dann sollten Sie für die Texterstellung mit Stundensätzen kalkulieren, die denen anderer kreativer Internet-Dienstleistungen (Webdesign, aber auch Onlinemarketing und SEO) sehr nahe kommen. Diese fangen bei etwa 60 Euro je

Stunde an, können aber auch einmal das Doppelte und mehr umfassen (vorausgesetzt die Qualifikation der Autoren beziehungsweise die Ergebnisse stimmen).

- Ein guter Webtext braucht dann aber auch seine Zeit, die je nach Thema sehr unterschiedlich ausfallen kann. Man würde also nicht sagen „Ich bestelle eine fest definierte Anzahl von x Texten für ein monatliches Budget y", sondern: „Ich habe Budget y zur Verfügung, unabhängig davon, wie viele Texte hierfür am Monatsende erstellt werden können."
- Dementsprechend rate ich einem Unternehmen, das es ernst meint mit dem Content Marketing, immer auf die qualitativ hochwertigste und verbindlichste Lösung zurückzugreifen. Das bedeutet: Fest eingestellter Onlineredakteur/Journalist geht vor freiberuflicher Kraft geht vor Content-Plattform. Wobei ich die in Kapitel 6 genannten Vorteile der Plattformen (Flexibilität etc.) einmal außen vor lasse, die zudem für Kleinunternehmen oftmals die einzige Wahl darstellen. Auch stellt die Aussage „Fest eingestellt vor freiberuflich" keine Abwertung gegenüber qualifizierten freien Texter-Mitarbeitern dar. Doch je mehr sich eine Firma an eine Lösung bindet, desto größer ist die Wahrscheinlichkeit, dass die Content Marketing Strategie mit dem notwendigen Ernst und der bestmöglichen Nachhaltigkeit vorangetrieben wird.
- Das wiederum bedeutet, dass dem Auswahlprozess für einen geeigneten redaktionellen Mitarbeiter (oder gar für ein ganzes Team) eine sehr hohe Bedeutung zukommt. Die Rolle des Redakteurs/der Redakteurin wird zukünftig oftmals eher über den unternehmerischen Erfolg entscheiden als die des Marketing-Managers selbst. Diesem Stellenwert muss auch Ihr Recruiting Rechnung tragen. Hinweise dazu finden Sie ebenfalls in Kapitel 6.

Die beste Wahl würde dabei auf Mitarbeiter fallen, die

a) über eine qualifizierte fachliche Ausbildung oder entsprechende Berufserfahrung verfügen (Journalismus und Online-Journalismus)

b) sich bezüglich der Inhalte Ihres Unternehmens auskennen, ohne in eine reine Fachsprache zu verfallen, und – neu hinzukommend zu der Auflistung in Kapitel 6.1.2.:

c) wissen, was Content Marketing bedeutet, und die dessen Mechanismen selbst bereits nachweislich angewendet haben, etwa über erfolgreiche Beiträge auf eigenen oder fremden Portalen und Blogs.

Es ist sicherlich nicht einfach, derart vielseitige Mitarbeiter zu finden. Aber – mit etwas Recherche in Fachmagazinen oder auch unter erfolgreichen Bloggern mit Bezug zu Ihrer Branche – auch nicht unmöglich. Der Aufwand für eine solche Recherche wird sich deutlich lohnen.

PRAXISTIPP: Ob jemand Content Marketing nicht nur vom Begriff her kennt, sondern auch in seiner ganzen Dimension verstanden hat, dafür gibt es einen recht einfachen Test. Fragen Sie Ihre Bewerber – analog zu meiner kleinen Einführung in dieses Kapitel – doch schlicht und einfach danach:

- Warum Content Marketing deren Meinung nach wirkt (generell und speziell in Ihrer Branche)?
- Welche Attribute sollten bzw. können zugehörige Texte enthalten?

- Welche Fragen stellen sich die Zielgruppen Ihres Unternehmens mutmaßlich?
- Welche beispielhaften, viral wirkenden sowie ganz konkreten Beitragsideen lassen sich hieraus ableiten? (Ein solches Beispiel muss nicht in all seinen unternehmensfachlichen Aspekten bis zum Ende durchdacht sein, aber Sie erhalten ein Gespür dafür, ob sich der/die BewerberIn schon einmal ernsthaft an einer Content Marketing Planung versucht hat.)
- Mit welchen Maßnahmen würde der entstehende Beitrag am Ende weiterverbreitet (siehe Abschnitt 7.3.6) und auf welches eigenes oder zu recherchierendes Netzwerk könnten die Bewerber hierbei gegebenenfalls zurückgreifen (Fachforen und Multiplikatoren-Kontakte in den sozialen Netzwerken, Beziehungen zu wichtigen unternehmensrelevanten Bloggern etc.)?

Wer diesen Test souverän besteht, der hat sich nicht nur Gedanken über Ihr Unternehmen und seine mögliche Aufgabe darin gemacht, er weiß auch die so wirkungsvollen Bausteine der Content-Vermarktung zu nutzen. ■

Wenn Sie erfolgreiche Content Marketing Beispiele aus unterschiedlichsten Branchen ganz genau verfolgen (siehe den nachfolgenden Abschnitt), so werden Ihnen immer wieder Kampagnen begegnen, die mit wenig Aufwand und damit Budget sehr viel Reichweite generieren. Diese lassen sich meist in die Kategorie „Virales Marketing" einordnen. Gemeinsam ist solchen Erfolgen in der Regel, dass sie

- in ihrer Dynamik nicht vorherschaubar sind, es sich also in gewisser Weise um „Zufallstreffer" handelt, zumindest teilweise. Sehr hochwertige oder unterhaltsame Inhalte bilden die (planbare) Basis, gehen jedoch nicht mit einer Erfolgsgarantie einher. Es erfolgt in besonders positiv wirkenden Fällen a) die richtige Ansprache b) zum richtigen Thema c) zum richtigen Zeitpunkt und d) auf dem richtigen Medium, was für eine hohe Komplexität sorgt.
- in bestimmten Branchen mit einem möglichst „sexy" Produkt deutlich eher anzutreffen sind. So wird es der Hersteller angesagter Sportschuhe leichter haben, virale Onlinebotschaften zu platzieren, als der mittelständische Spezialwerkzeugfabrikant. Dabei können auch in weniger angesagten Bereichen vergleichbare Treffer gelandet werden, mit deutlich weniger, aber einer dafür sehr zielgerichteter Reichweite. Lesen bei dem Werkzeughersteller nur eine Handvoll Personen mit, die jedoch als Auftraggeber oder Produktpartner infrage kommen, so kann dies für die dortigen Verhältnisse möglicherweise schon als „viral" bezeichnet werden.

Natürlich lässt sich eine auf virales Onlinemarketing spezialisierte Agentur damit beauftragen, eine möglichst erfolgreiche Kampagne zu planen. Doch selbst dieser wird – abhängig vom zu verbreitenden Unternehmensgegenstand – nur in einigen wenigen Fällen ein Überraschungscoup gelingen. Ganz abgesehen davon, dass dann wiederum der finanzielle Aufwand erheblich steigt. Wenn Sie über mehrere Monate und Jahre Content Marketing in Eigenregie betreiben, so werden Sie immer wieder einmal Achtungserfolge erzielen, welche die „normalen" Beiträge in ihrer Außenwirkung deutlich übertreffen. Möglicherweise sogar exakt in jenen Fällen, in denen Sie am wenigsten damit gerechnet haben (Das macht Content Marketing ebenfalls aus: Es ist nicht immer derjenige Webtext-Beitrag am erfolgreichsten, den man möglichst sorgfältig vorbereitet und erstellt hat). Mit zunehmender Erfahrung werden sich jedoch bestimmte Muster herauskristallisieren, die den Erfolg der Content Strategie zumindest ein wenig planbarer machen. Diese Muster gelten dabei ausschließlich für Ihr Unternehmen und Ihre Ziele. Sie sind damit in ihrer Individualität ein Alleinstellungsmerkmal, das Ihnen kein Online-Mitbewerber so schnell nachahmen und damit streitig machen kann.

7.2 Beispiele aus der Praxis

Erfolgreiches Content Marketing kann man nur sehr selten nach Vorlagen wie aus dem Lehrbuch planen. Zu unterschiedlich sind die zu transportierenden Inhalte, deren Aufbereitungsmöglichkeiten, die damit verbundenen Ziele, vor allem aber die ständig wechselnden Interessen der Zielgruppen. Der Großteil einer Content Strategie besteht also schlicht und einfach im Beobachten von Beispielen aus der Praxis, die nachgewiesenermaßen gut funktioniert haben und deren Grundprinzipien man in Teilen oder gar komplett nachahmt, natürlich ohne einfach nur zu kopieren. Jegliche sich viral verbreitenden Inhalte müssen eine eigene „Seele“ aufweisen und einzigartig sein, das wissen Sie nun bereits. Doch beim Gerüst – also der Form, der Beitragsart und der Ausgestaltung der Inhalte – kann man sich sehr wohl inspirieren lassen.

Im Folgenden zeige ich Ihnen nun einige solcher Beispiele. Dies dient quasi als Hilfestellung, wodurch man sich anregen lässt und bei welchen Portalinhalten Sie in Zukunft besser zwei Mal hinschauen sollten. Selbst wenn Sie in Kapitel 8 zahlreiche weitere Praxisbeispiele finden, so liegt in diesem Fall der Fokus auf hauptsächlich nicht werblichem Content, der sich durch seine innovative Form und die hilfreichen Inhalte in den Köpfen der Leser festsetzt.

7.2.1 Aufmerksamkeit und Markenbildung

Content Marketing Formate sollen aufmerksam machen, auf die Inhalte selbst und die darin genannten Lösungen. Diese müssen nicht immer allzu ernst daherkommen, der Faktor „Unterhaltung“ spielt nicht selten eine ebenso große Rolle wie der „Mehrwert“. Das dachte sich wohl auch ein Onlinemagazin mit angeschlossener Community für Autofans, das anlässlich einer Bundestagswahl den „Wahl-Auto-Mat“ speziell für Kfz-Fans ins Leben rief (siehe Bild 7.3). Hier wurde eine bestehende Idee adaptiert und auf die eigene Zielgruppe hin angepasst, um für einiges an Aufsehen zu sorgen: Selbst marktführende Onlinezeitungen berichteten über die Initiative beziehungsweise verlinkten gar auf diese, obwohl sie ein Konkurrenzangebot darstellt. Der kreative Content war stärker als derartige Bedenken und sorgte damit für einen Bekanntheitsschub zugunsten der herausgebenden Community.

Bild 7.3 Wenn interaktiver Content auf Kreativität trifft: der „Wahl-Auto-Mat".

Es muss dabei nicht immer das geschriebene Wort sein. Auch mit außergewöhnlichen Bildersammlungen kann man viel erreichen. Zwar werden die Suchmaschinen nicht unbedingt in gleicher Weise auf diese aufmerksam (wobei die richtigen Bild-Metadaten hierbei ein gutes Stück weiterhelfen, siehe Kapitel 3.1.4.3), dafür aber die Leser aus sozialen Netzwerken. Unter dem Link *www.boredpanda.com/amazing-home-interior-design-ideas/* sammelt ein Webmagazin aus dem englischsprachigen Raum 33 inspirierende und verrückte Beispiele, wie sich die eigenen vier Wände aufhübschen lassen. Das Resultat: über 70 000 Likes und Weiterempfehlungen bei Facebook. Hätte sich ein Möbelausstatter die gleiche Kampagne ausgedacht, wäre er nun wohl um einige Kunden reicher.

Eine ungewöhnliche Aktion – die virales Marketing mit Videocontent verbindet – ließ sich ein US-amerikanischer Comedian einfallen. Er meldete sich via Online-Videochat persönlich bei einigen überraschten Fans, plauderte mit ihnen über Alltagsthemen und machte eine amüsante Beitragsserie daraus. Von derlei Künstlerideen können auch mutige Unternehmen einiges für sich gewinnen, nachzulesen unter *www.popularity-reference.de/happy-birthday-skype-mark-malkoffs-welt-videochat/*. Manchmal bestreiten Marken inhaltlich gesehen völlig neue Wege, um auf sich aufmerksam zu machen, so wie der Kosmetikhersteller aus Bild 7.4. Die Strategie ist kreativ, aber auch riskant. Verknüpfen die Leser das eine mit dem anderen Thema und stellen einen Bezug her? Das sollte man messen (siehe Kapitel 5.4). Denn nur dann lohnt sich der Aufwand, der im Falle eines völlig eigenständigen und fortlaufend zu pflegenden Portals nicht unerheblich sein dürfte.

Bild 7.4 Dieser Hersteller „natürlicher“ Kosmetik bloggt zu „natürlichen“ Reisezielen und will damit seine Marke festigen.

Offline- und Online-Content auf ideale Weise verbunden hatte hingegen ein Wörterbuchverlag. Er korrigierte die Rechtschreibung von Beiträgen einiger handverlesener bekannter Blogger und schickte diesen das individuelle Ergebnis in Form einer Art Schulaufsatz zu – mitsamt Notenvergabe und handschriftlichen Verbesserungstipps (siehe *www.basicthinking.de/blog/2009/07/22/pons-schickt-basic-thinking-zurueck-auf-die-schulbank-note-2-koennte-besser-sein/* oder die Google-Abfrage nach „Pons Kampagne“). Das Ganze diente als charmante Werbung für ein neu gestartetes Onlineportal des Verlags und verfehlte seine Wirkung nicht. Aus dieser Aktion lässt sich einiges lernen, obwohl sie mittlerweile einige Jahre zurückliegt und zu einem Klassiker geworden ist: Gelungenes Content Marketing überwindet Mediengrenzen und erhöht damit die Aufmerksamkeitskurve zusätzlich.

Mit Emotionen als Aufmerksamkeitstreiber arbeitet der Blogbeitrag aus Bild 7.5, was für überdurchschnittliche Leserzahlen sorgte. Dort schildert ein Jugendlicher, dem kein Betrieb die Chance auf Ausbildung gewähren wollte, wie er dann doch noch bei einem marktführenden Fahrzeughersteller unterkam – und wie dies sein Leben veränderte. Derartige Artikel sind eine Gratwanderung zwischen authentischer Berichterstattung auf der einen und als inszeniert empfundener Eigenwerbung auf der anderen Seite. Sie können Begeisterung, aber auch Ablehnung hervorrufen. In diesem Fall hat der Faktor „Persönlichkeit“ – inklusive der Einbindung von Fotos des Auszubildenden – dazu beigetragen, das Ganze nicht wie einen reinen PR-Bericht aussehen zu lassen. Selbst wenn Ihr Unternehmen hehre Ziele verfolgt und darüber berichtet, so kann dies in der Öffentlichkeit durchaus falsch verstanden werden. In diesem Punkt unterscheidet sich die unternehmerische Kommunikation hierzulande deutlich etwa im Vergleich zum US-amerikanischen Markt, auf dem man mit eigennützigen Botschaften meist deutlich entspannter umgeht.

Bild 7.5 Vorsicht ist beim Umgang mit Emotionen angesagt. Diese können eine große Wirkung entfalten, die aber nicht immer im Einklang mit den Unternehmenszielen stehen müssen. Gegebenenfalls sollte man sich an vergleichbare Themen vorsichtig herantasten.

7.2.2 Expertenstatus

Wie man sich im Dienstleistungsumfeld einen Namen mit guten Webtexten macht, das zeigt der Blog eines – nicht zuletzt wegen dieses Portals – in Onlinekreisen sehr bekannten Fachanwalts unter *http://rechtsanwalt-schwenke.de/blog/* (siehe auch Bild 7.6). Seine Beiträge etwa der Art „Die große FAQ zu Abmahnungen wegen unerlaubter Bildernutzung" erreichen regelmäßig Tausende Nutzer und werden bei Facebook, Google+ & Co. sehr häufig weiterempfohlen. Das führt bis dahin, dass man als Social Media Nutzer automatisch „aufhorcht", wenn ein neuer Text die Runde macht. Man weiß, die inhaltliche Qualität stimmt, es handelt sich nicht um Eigenwerbung, und man kann die enthaltenen Hinweise gut für den Arbeitsalltag, aber auch für private Zwecke gebrauchen. Schauen Sie sich das eben erwähnte und sehr ausführliche Beispiel unter *http://rechtsanwalt-schwenke.de/faq-abmahnung-unerlaubte-bildernutzung/* einmal genauer an. Nur selten lernt man so komprimiert so viel über gutes Content Marketing. In der Folge einer derartigen Strategie werden der Anwalt – aber auch KollegInnen, die ähnlich vorgehen – verstärkt als Redner auf Kongressen gebucht, sie publizieren teils ein dazu passendes Fachbuch (in beiden Fällen können sie auf einen sehr großen Fundus bereits vorhandener Inhalte zurückgreifen), generieren ständig wachsenden Traffic für ihre Webseite und automatisieren damit einen Großteil ihrer Kundenakquise.

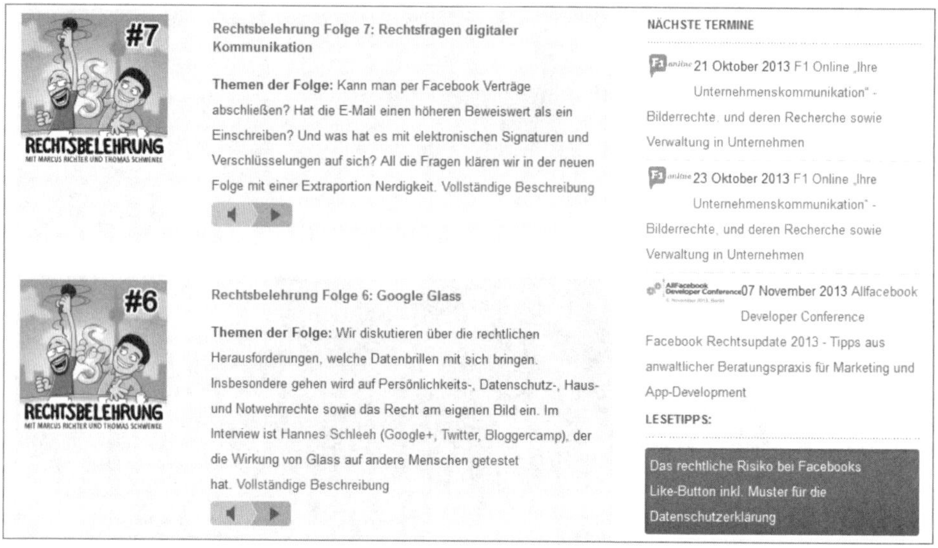

Bild 7.6 Zur Content Strategie des Rechtsanwalts gehören zudem regelmäßig ausgestrahlte Podcasts (abonnierbare Audio- oder Video-Ratgeber), aber auch Mustervorlagen zur freien Einbindung in die Webseiten und Social Media Profile der Leser.

Indirekter funktioniert das Vorgehen „sich mit Inhalten einen Namen machen" im Konsumgüterbereich. An sich eine schöne Content-Idee hatte der Hersteller aus Bild 7.7. Der Inhalt könnte dazu beitragen, seinen Ruf als Instanz zu festigen, in diesem Fall für das Thema „Mundhygiene". Könnte, denn die Umsetzung ist leider weniger gelungen, da

- die einzelnen Subthemen („Vorsorge", „Milchzähne", „Mundgeruch") jeweils einen eigenen Beitrag mit eigener URL verdient hätten. So hält sich der Mehrwert der kurzen Textabschnitte in Grenzen. Und sowohl die Suchmaschinen als auch die Besucher werden ihre Mühe damit haben, den für sie gerade relevanten Aspekt der Inhalte aufzuspüren.
- unterhalb des Beitrags zu lesen steht: „Im nächsten Monat erfahren Sie alles Wichtige über ...". Doch **wo** man dieses nachlesen kann bzw. unter welchem Link, das erfährt man nicht. Auch gibt es – zumindest an dieser Stelle – keine Möglichkeit, die Inhalte zu abonnieren, etwa über einen Newsletter. Buttons zum Teilen in den sozialen Netzwerken sucht man ebenso vergebens. Es scheint so, als würde der Content der abgebildeten Seite immer wieder mit neuen Teilen der angekündigten Lexikon-Serie überschrieben. Eine „Sünde" im Bereich Onlinemarketing und der Suchmaschinenoptimierung, die ja zu einem Großteil von sich ständig erweiternden Inhalten auf einem Portal lebt.
- Die Adresse des Beitrags ist sehr kryptisch, dadurch nicht merkbar und zudem nicht auf den sprachlichen Zielmarkt ausgerichtet (*http://magazin.palmolive-applications.com/live/DE/health-fitness/abc.cvsp).*

Sie sehen, auch Marktführer in ihrem jeweiligen Bereich machen längst nicht alles richtig. Und eine gute Idee führt nicht zwingendermaßen zu gutem Content.

Bild 7.7 Gute Idee – lieblose und nicht onlinegerechte Umsetzung. Das macht so manch kleiner Webseitenbetreiber deutlich besser.

Eine ähnliche Branche mit ähnlichen Fehlern in der Ausgestaltung zeigt Bild 7.8. In diesem Fall ist die vertane Chance besonders schade, da das zugehörige Unternehmen – beispielsweise in seinen TV-Spots – regelmäßig durch sehr kreatives Marketing auffällt. Wird hier ein Kanal, das Fernsehen und YouTube, optimiert, aber die Onlineplattform mit einer dort inhaltlich weitergeführten Content Strategie vergessen, so bedeutet dies nichts anderes, als dass (teures) Kampagnenbudget „verbrannt" wird. Was stört mich an den dargestellten Webinhalten? Die dort gegebenen Tipps sind lieblos und knapp, es gibt keine Navigation zu einer übergeordneten Ratgeber-Übersicht oder zu weiteren hilfreichen Beiträgen (Die Verweise unter „am häufigsten empfohlen" führten lediglich zu Produkten und – noch deutlich schlimmer – in zwei Fällen sogar zu: „Die Seite, die Sie angefordert haben, existiert leider nicht" sowie „Server Error – File or directory not found"), der Gefällt-mir-Button hängt recht einsam da, die für den knappen Text viel zu hohe Sidebar unterstützt den verwaisten Effekt noch (in der Abbildung nicht sichtbar) und so weiter.

Es ist mir wichtig, Ihnen auch derlei optimierungsbedürftige Beiträge zu zeigen. Ich will damit kein Unternehmen bloßstellen. Doch es zeigt, dass man die Inhalte aller Unterseiten eines Onlineportals ständig im Auge haben muss. Funktioniert alles noch so, wie gewünscht? Denn wären die Inhalte im Falle von Bild 7.8 deutlich besser, so würde sich das Unternehmen dennoch wundern, warum die Online-Erfolgszahlen stagnieren – bei nicht funktionierender interner Verlinkung. In einem solchen Fall nützt die beste Strategie nichts. Und: Von derlei Content kann man mindestens genauso viel lernen wie von den positiven Beispielen.

Bild 7.8 Die empfohlenen Beiträge in der Box rechts oben waren zum Zeitpunkt der Abfrage nicht mehr erreichbar. Solche Fehler dürfen nicht passieren, schon gar nicht bei einem Marktführer. Wer diese Seite besucht und von dort weiter navigieren möchte, gewinnt somit einen negativen Online-Eindruck.

7.2.3 Content Marketing und CRM

Unter Customer Relationship Management (kurz CRM) oder zu Deutsch: dem Kundenbeziehungsmanagement versteht man den fortlaufenden Ausbau und die Pflege des Kontakts zu Ihren Kunden. Darunter fallen Disziplinen und Ziele wie die Kundenbetreuung und -bindung, die Erhöhung der Kundenzufriedenheit, aber auch die initiale Kundengewinnung sowie Up- und Cross-Selling-Ansätze (siehe *http://de.wikipedia.org/wiki/Customer-Relationship-Management*). Guter Content wird Ihnen dabei helfen, Ihre Kundenbeziehungen deutlich zu intensivieren. Er wirkt dann weit über einen Kaufprozess hinaus. Die Kunden stoßen in Zukunft immer öfter und schneller auf Lösungen im World Wide Web, die von Ihrem Unternehmen bereitgestellt wurden. Egal, ob diese

- zielgerichtet auf Ihrem Onlineauftritt danach gesucht haben,
- von extern (über Google & Co., Verweise auf anderen Plattformen oder in den sozialen Netzwerken) und damit quasi zufällig darauf stoßen
- oder aber die hilfreichen Inhalte gar auf anderen Plattformen finden, in Form von Gastbeiträgen, gegebenen Experteninterviews Ihres Unternehmens und Ähnlichem.

Der positive Effekt wird so oder so als Pluspunkt für Ihre Kundenfreundlichkeit gezählt. Die Anzahl der positiven Kontaktpunkte mit (potenziellen) Kunden zu erhöhen, was als eines der wichtigsten Ziele im CRM-Bereich gilt, wird also mit guten Inhalten deutlich wahrscheinlicher. Stehen diese Inhalte – wie der letztgenannte Aufzählungspunkt verdeutlicht – zudem auch noch auf externen und damit unabhängigen Portalen zur Verfügung, so wirkt dies besonders authentisch und markenbildend. Dies ist als ein kleines Plädoyer dafür zu verstehen, sich auch auf anderen Onlinepublikationen mit eigenen werthaltigen Inhalten zu beteiligen und nicht immer nur die eigenen Plattformen im Auge zu behalten.

Weiterhin werden gute Inhalte dazu beitragen, dass sich Ihre Kunden intensiver mit Ihnen und Ihrem Onlineportal auseinandersetzen. Egal ob hieraus nun häufigere und/oder insgesamt längere Besuche auf den Internetpräsenzen Ihres Unternehmens resultieren. Die Chance steigt, dass dabei eine Interaktion ausgelöst wird, die den jeweiligen Unternehmenszielen entspricht. Das kann das Abonnement eines Newsletters ebenso sein wie der Aufruf von Produktinformationen oder die Bestellung im angeschlossenen Onlineshop. Einige größere Unternehmen mit entsprechendem Marketingbudget gehen sogar so weit, für jede Phase des Kundenlebenszyklus eigene kleine Sub-Content Marketing Strategien zu erarbeiten, die meist auch über Subportale gestreut werden. Ein Interessent möchte bei vielen Produkten oder Dienstleistungen anders angesprochen werden als ein Bestandskunde oder ein ehemaliger Kunde, da sich jede Gruppe jeweils andere Fragen zu diesen stellt und über andere Erfahrungswerte verfügt.

Bild 7.9 Unternehmen aus der Nahrungsmittelbranche arbeiten oft mit Rezepten & Co. als Content, so wie hier bei Facebook geteilt. Das dient dem Branding und der Kundenbindung, bedeutet aber gleichzeitig Arbeit in der Nachbereitung, etwa bei der Beantwortung von Rückfragen und Kommentaren.

Mit multimedialem Content gestaltet die Windelmarke Pampers ihre Online-CRM-Strategie (zu finden unter *www.pampers.de*). Dazu gehören interaktive Tools wie der „Windelgröße-Finder“ ebenso wie zahlreiche Ratgeber und Gesundheitstipps für die Zielgruppe (präsentiert auf einzelnen Landingpages, siehe Kapitel 3.3.3), Baby-Yoga-Videos oder Produktforen. Gerade Foren sind – wie die Firmenblogs – ein wichtiges Mittel, um über die dort gestellten Fragen neue Content Ideen zu sammeln, aber auch um CRM-fördernde Inhalte unterzubringen. Das Unternehmen geht sogar noch einen Schritt weiter und bringt Content Marketing in Form einer App für Smartphones wie das iPhone unter *(www.pampers.de/app)*. „Wissenswertes rund um die Entwicklung Ihres Babys" ist darin ebenso zu finden wie Spiele oder Notfallnummern und Erste-Hilfe-Tipps. Noch hält sich der Mehrwert vieler Marken-Apps in Grenzen. Auch dort muss sich erst noch die Erkenntnis durchsetzen, dass hilfreiche Inhalte Vorrang vor reinem Product Placement haben. Gut gemacht kann man über dieses zusätzliche Medium jedoch eine sehr enge Kundenbindung erreichen (Man denke nur an Content, der automatisch je nach Alter des Säuglings eingeblendet wird, Glückwünsche und Gutscheine zum Geburtstag und vieles Weiteres mehr).

Ähnliches gilt übrigens für geschlossene Interessenten- und Kundenbereiche auf dem Unternehmensportal. Ist die Hürde der dortigen Registrierung einmal überwunden und bieten Sie Ihren Nutzern auch hier wieder einzigartige Vorteile und Informationen, so geben nicht wenige Konsumenten freiwillig wichtige CRM-Merkmale wie Kaufinteressen, aber auch Geburtsdaten etc. preis. Genau damit lassen sich individuelle Sub-Content-Marketing-Strategien steuern, die Bestandteil eines integrierten Kampagnenmanagements (siehe *www.4managers.de/management/themen/kampagnenmanagement/*) sind. Das eröffnet viele Chancen, stellt aber gleichzeitig einen erheblichen personellen sowie technischen Aufwand dar.

HINWEIS: Überlegen Sie es sich gut, ob Sie bestimmte Onlineinhalte tatsächlich nur registrierten und damit ausgewählten Nutzern zukommen lassen wollen. Sie vergeben dabei die große Chance, zusätzliche Kunden über Suchmaschinenanfragen oder aus Social Media Weiterempfehlungen heraus zu generieren. Content in geschlossenen Bereichen wird in der Regel nicht von außerhalb gefunden, und er kann auch nicht effizient an Freunde und Bekannte geteilt werden. Der Faktor „Offenheit" ist sehr wichtig bei jeglichen Bemühungen um eine wirksame Content Strategie. Testen Sie die Vor- und Nachteile geschlossener und offener Inhalte gegeneinander, wobei sich natürlich nur Beiträge mit einer jeweils ähnlichen Außenwirkung und Zielsetzung vergleichen lassen. Anhand verschiedener Indikatoren (Zugriffszahlen, Konversion, SEO-Wirkung etc.) lässt sich dann die zielführendste Vorgehensweise ableiten. ■

7.2.4 Mehrwert-Informationen

Man muss nicht immer auf Unternehmensnachrichten oder einen Corporate Blog setzen. Selbst auf dem eigentlichen Firmenportal bieten sich oftmals genügend Gelegenheiten, **mehr** zu bieten als die Mitbewerber: ein Mehr an Produktinformationen oder aber Einblicke in Herstellungsprozesse, die Lieferantenkette, Rohstoff- bzw. Materialgewinnung und -beschaffenheit, Forschung und Entwicklung, Ausbildung, Mitarbeiterbereiche, das Thema Corporate Social Responsibility (in Bezug auf eine nachhaltige Unternehmensführung) und Ähnliches (siehe Bild 7.10).

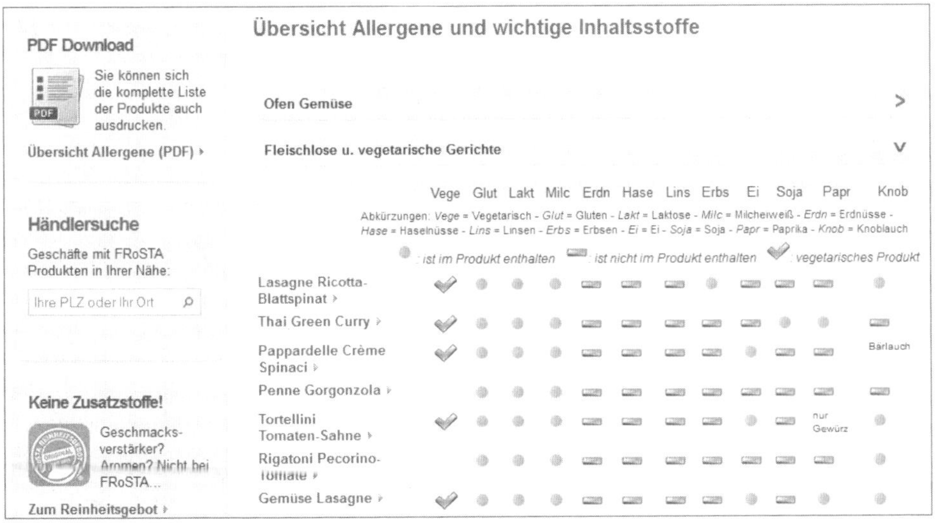

Bild 7.10 Auch das ist Content Marketing: Dieser Lebensmittelhersteller macht – als einer der wenigen – Allergene und Inhaltsstoffe transparent. Solche Angebote sprechen sich bei betroffenen Verbrauchern herum und sorgen für Vertrauen sowie Authentizität.

Ein großer Vorteil dieser Inhalte: Sie kommen dem Recherchebedürfnis Ihrer (potenziellen) Kunden entgegen. Denn diese sollen die gewünschten Informationen bei Ihnen auf der Webseite finden und nicht beim Mitbewerber, in einem Onlinemagazin, Verbraucherportal oder bei einem sonstigen Anbieter. Selbst wenn der Nutzer dabei an einer Stelle landet, die nicht in direkter Konkurrenz zu Ihnen steht, so birgt dies immer noch die Gefahr, dass

a) Ihr Produkt/Ihre Dienstleistung an einer Stelle gekauft wird, die Ihnen weniger oder nichts einbringt (etwa als Gebrauchtware oder indem für die Vermittlung des Leads/Sales eine Provisionszahlung an den externen Portalbetreiber fließt)

b) ein anderes Produkt/anderer Hersteller dort besser zur Geltung kommt, sich der Leser also am Ende doch noch für einen Mitbewerber entscheidet

Die gebotenen Mehrwert-Informationen müssen dabei nicht immer äußerst umfangreich sein, wie in Abbildung 7.10 zu sehen ist. Manchmal reichen kleine Text-„Schnipsel" aus, um sich im Vergleich zu anderen Portalen positionieren zu können. Ich selbst erinnere mich gut daran, wie ich eine Internetrecherche bei Google verfolgte, bei welcher die Nutzerin herausfinden wollte, ob ein sehr bekanntes Kaufhaus in Berlin am verkaufsoffenen Sonntag teilnimmt. Sie gab also – typisch für nicht sehr online-affine Verbraucher – folgende Anfrage in den Suchschlitz bei Google ein:

Hat xyz am Sonntag xx.yy.zzz geöffnet

Eine Abfrage, die mit dem zunehmenden semantischen Verständnis der Suchmaschine auch absolut Sinn macht. Nun berichteten alle möglichen Onlineportale darüber, welche Kaufhäuser in Berlin an diesem Sonntag ihre Pforten öffneten – nur das besagte Warenhaus selbst nicht. Das Resultat hieraus: Die potenzielle Käuferin entdeckte über die Abfrage auf einem Vergleichsportal einen anderen Anbieter, der räumlich noch näher lag, und besuchte also diesen. Ein unkompliziert zu publizierender Blogeintrag des eigentlich gesuchten Kaufhauses der Art „Wir nehmen am verkaufsoffenen Sonntag am xx.yy.zzzz teil" hätte genügt, um diese, aber auch andere Kundinnen nicht zu verlieren. Kleine Ursache, große Wirkung.

Bild 7.11 Gab man zum Zeitpunkt der Drucklegung dieses Buchs „Schadstoffe Spielzeug" bei Google ein, so landete man gleich an dritter Stelle bei dem abgebildeten Hersteller, noch vor Webinstanzen wie der Stiftung Warentest. Hier hat der informative Content eine direkte Auswirkung auf die Suchmaschinen-Rankings.

7.2.5 Content Marketing für weitere Unternehmensbereiche

Unternehmensverantwortliche übersehen nicht selten, dass sich die Elemente einer Content Marketing Strategie nicht nur zur Vermarktung von Produkten oder Dienstleistungen sowie zum Aufbau einer Markenbekanntheit eignen. Ebenso wie ja auch ein Firmenportal nicht nur diesen beiden Zielen dient. Um dies zu veranschaulichen, möchte ich stellvertretend einige Beispiele aus dem Bereich der Mitarbeiterakquise anführen. Im Falle eines Süßwarenherstellers berichten Mitarbeiter regelmäßig auf Facebook sowie im angeschlossenen Corporate Blog über den Unternehmensalltag (siehe Bild 7.12). Dabei bleiben selbst kritische Themen nicht außen vor, etwa wenn sich der Konzern über seine Protagonisten darüber äußert, ob Presse- und Verbrauchergerüchte zur angeblichen Beendigung nachhaltiger Projekte stimmen oder nicht. Die Beiträge dienen dem generellen Branding, vermitteln jedoch gleichzeitig einen Eindruck der Art: „Wir stehen zu unserem Arbeitgeber, und es macht Spaß, hier beschäftigt zu sein". Gerade angesichts der aktuellen Diskussion um Fachkräftemangel und fehlende Bewerber für Ausbildungsplätze in einigen Branchen wird schnell klar: Genau solches Content Marketing müssen zukünftig nahezu alle Unternehmen betreiben, um sich als attraktiv für potenzielle Bewerber darzustellen.

Bild 7.12 Eine sympathische Ansprache durch sympathische Protagonisten: Das macht ein Unternehmen nicht nur für Kunden, sondern auch für Stellensuchende attraktiv.

HINWEIS: Noch weiter geht die Disziplin des sogenannten „Employer Branding" (auch „Arbeitgebermarkenbildung", siehe *http://de.wikipedia.org/wiki/Employer_Branding*). Dieses hat mit gezielten Maßnahmen eben nicht potenzielle Kunden im Visier, sondern bestehende und zukünftige Fachkräfte. Aber auch die bereits im Unternehmen Beschäftigten, die es zu motivieren und zu halten gilt. Ein schönes Anschauungsbeispiel dafür, wie mit indirekten Content Marketing Maßnahmen eine Employer Branding Strategie aufgebaut wird, finden Sie unter *www.blogprofis.de/buch/employer*. ■

Auf Umwegen versucht das Unternehmen aus Bild 7.13, geeignete Mitarbeiter und Auszubildende zu gewinnen. Das kann funktionieren, doch bei einer derart indirekten Content Marketing Form sollte man sich die folgenden beispielhaften Fragen ganz genau stellen:

- Handelt es sich bei den Lesern, die sich für einen derartigen Beitrag (in diesem Fall zum Thema „Kündigung") interessieren, auch tatsächlich um jene potenziellen Arbeitnehmer, die ich ansprechen möchte?
- Wie hoch wird der Streueffekt sein, von Lesern, die sich für den Ratgebertext interessieren, nicht aber für mein Unternehmen?
- Welche Außenwirkung erziele ich mit dem Inhalt? Diese Frage sollte man sich nicht nur gegenüber der hauptsächlichen Zielgruppe des Beitrags, sondern auch gegenüber Kun-

den, Partnerunternehmen, der Presse, gegebenenfalls Aktionären und Anteilseignern stellen.

Um dies anhand des gezeigten Beispiels zu verdeutlichen: Die Schweizerischen Bundesbahnen müssten damit leben können, wenn die Medien nach Veröffentlichung des Beitrags titeln: „SBB hilft bei der Kündigung". Aber diese Gefahr besteht bei allen Inhalten, welche auf die Offenheit von Content Marketing Strategien setzen, ja selbst bei ganz „normalen" konventionellen Texten. Sie sollten sich jedoch stets darüber im Klaren sein, dass ein Mehr an Content gleichzeitig ein Mehr an unerwarteten Reaktionen bedeutet.

Bild 7.13 Die SBB gibt generelle Tipps für Arbeitnehmer. Und hofft damit wohl, auch den einen oder anderen passenden Bewerber anzusprechen.

Was tolle Inhalte wirklich ausmacht, das lernt man auch hier wieder von der Gegenseite, also von privat betriebenen Portalen. Wie in Bild 7.14 dargestellt, suchte eine Onlinemarketing-Expertin nach einer neuen Herausforderung – öffentlichkeitswirksam über den eigenen Blog. Mit Text, Referenzen, Zitaten, eingebundenen Tweets, Video und mehr. In naher Zukunft werden sich immer mehr Arbeitgeber auf diese Weise finden lassen statt selbst zu suchen. Die USA machen diesen Trend vor, dort setzen sich Vita-Blogs zum Auffinden neuer Job-Chancen schon seit Längerem durch. Besser lassen sich die Mechanismen, die bei der Content-Vermarktung wirken, kaum verdeutlichen. Lernen Sie von derlei Beispielen aus privater Hand. Übrigens, wenn Sie noch auf der Suche nach geeignetem Webtexte- und Content-Marketing-Personal sind: Wer einen solchen Aufruf wie in Bild 7.14 initiiert, der versteht sein Handwerk. Schauen Sie sich also die privaten Webseiten und Blogs entsprechender Bewerber gut an. Aus diesen heraus lässt sich schnell erkennen, ob ein Kandidat wirklich Ahnung von der Wirkung guter Inhalte hat.

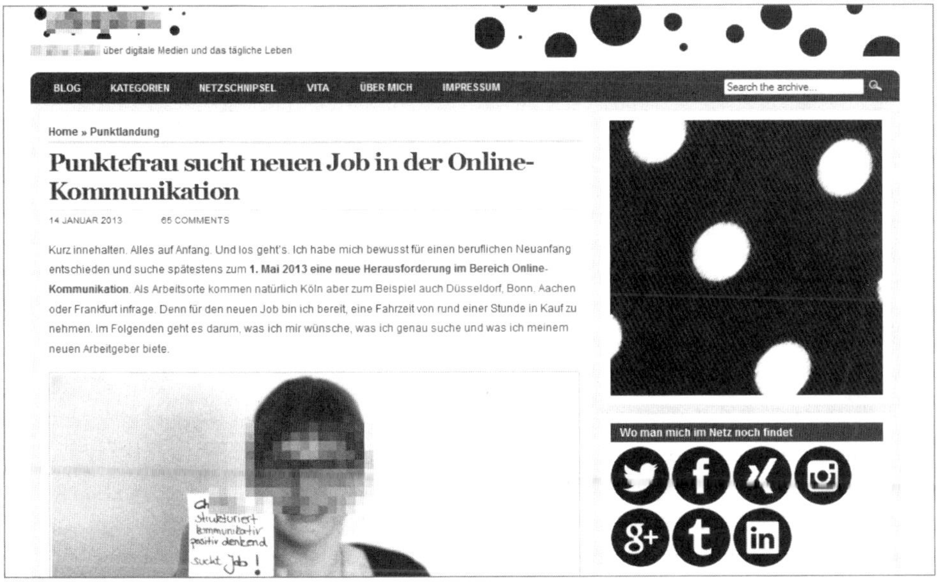

Bild 7.14 Unzählige Reaktionen gab es auf dieses ungewöhnliche Stellengesuch. Und auch einen neuen Job.

PRAXISTIPP: Manche Unternehmen lassen ihre Auszubildenden und neuen Mitarbeiter selbst sprechen. Das wirkt meist besonders sympathisch und vor allem authentisch. Wer dem Nachwuchs die Chance gibt, der Öffentlichkeit Rede und Antwort zu stehen, der muss fast ein vorbildlicher und transparenter Arbeitgeber sein. Die Beiträge sorgen – über die Social Media Profile der Unternehmen gestreut – zumindest teilweise für reges Interesse bei der Zielgruppe, so dass Informationen über neue Trainee-Programme schon einmal hundertfach weiterempfohlen werden oder die Leser konkrete Rückfragen zu Inhalten und Voraussetzungen der Ausbildung stellen, in Form von Kommentaren. Manchmal sind die Inhalte jedoch eher belangloser Natur, so dass kaum eine Interaktion zu messen ist. Einige Beispiele für Blogportale von Auszubildenden finden Sie unter:

- *http://ottoazubiblog.de*
- *www.tui-azubiblog.de*
- *www.seo-trainee.de*
- *www.warsteiner-azubis.de*
- *www.dfs-azubiblog.de*

Vor allem der SEO-Trainee-Blog hat sich in seiner Branche zu einer echten Größe entwickelt, die dortigen Tipps werden von vielen Experten gerne gelesen und verfolgt. Ein solches Portal geht also über eine reine Beschäftigungsmaßnahme weit hinaus, und kann – mit der richtigen Motivation betrieben – einiges zum unternehmerischen Erfolg beitragen.

Nicht nur zu Recruiting-Zwecken lässt sich Nischen Content Marketing – also in speziellen inhaltlichen Umfeldern – nutzen, sondern ebenso zum Beispiel für:

- die Aufarbeitung wissenschaftlicher Ergebnisse, die im oder in Kooperation mit dem Unternehmen entstehen (dies dient gleichzeitig dem Aufbau wichtiger Kontakte in die Hochschulwelt hinein, zu Forschungsgruppen, Innovationstreibern etc.)
- den Bereich Investor Relations
- innovative Medienportale, die in ihrem Mehrwert weit über die oftmals nicht mehr wirklich effizienten Pressemeldungen „alten“ Schlags hinausgehen
- Public-Private-Partnership-Initiativen, die lokale Vernetzung, soziale und ökologische Kampagnen
- die Gewinnung von Kooperations- und Technologiepartnern, Zulieferbetrieben etc.
- die Bewerbung von Veranstaltungen, Kongressen, Schulungen, Events aller Art
- unternehmensinterne Intranet-Bereiche

Oder aber es ist eine Unterstützung auch – idealerweise eng begleitet durch entsprechende PR-Profis – für die Krisenkommunikation, zum Aufbau vertrauensbildender Maßnahmen oder zur „Aufklärung“ über Produktgruppen und Dienstleistungen, die zu Unrecht unter einer negativen Wahrnehmung in der Öffentlichkeit leiden.

7.3 Leitfaden für Ihre Content Marketing Strategie

Es gibt einige grundlegende Voraussetzungen und bestimmte Vorgehensweisen, welche Ihnen den Einstieg in die Content Marketing Welt erleichtern oder aber die bereits bestehende Strategie optimieren. Im Folgenden finden Sie einige Anhaltspunkte hierzu, sofern diese nicht bereits in den vorangegangenen Abschnitten erläutert wurden.

7.3.1 Den richtigen Ort schaffen

Wie bereits angedeutet, fällt es mit den richtigen Medien deutlich leichter, Content Marketing zielgerichtet zu betreiben, als über ein starres, unflexibles Hauptportal. Blogs und ähnliche Webseiten, aber auch Social Media Profile eignen sich durch ihre interaktiven Funktionen sehr gut für diese Aufgabe. Idealerweise verknüpft man beide Bereiche miteinander, um über einen Ort im Eigenbesitz (Blog oder sonstiges content-basiertes Portal) sowie eine oder mehrere externe Stellen (soziale Netzwerke) zu verfügen, über die der Content gestreut wird. Mehrere solcher Orte erhöhen die Chance, die Reichweite zu stärken und neue Zielgruppen anzusprechen. Jedoch nur dann, wenn genügend personelle und finanzielle Ressourcen zur Verfügung stehen, für eine jeweils individuelle Pflege der Inhalte zu sorgen. Eine halb verwaiste Anlaufstelle Ihres Unternehmens im World Wide Web oder in der Welt der sozialen Netzwerke kann mehr Schaden als Nutzen bringen.

Der Aufbau einer solchen für das Content Marketing geeigneten Seite orientiert sich – im Gegensatz zu konventionellen Portalen – deutlich mehr an den Lesern. Statt marketingoptimierter Selbstdarstellung in den Texten, breiten Raum einnehmenden PR-Bildern, einer zu erwartenden sowie wenig innovativen Seitenstruktur („Produkte", „Leistungen", „Unternehmen", „Über uns", „Presse", „Investor Relations", „Partner") und generell wenig verwertbarem, allgemein gefasstem Content kommen dann Elemente zum Einsatz wie:

- prominent platzierte Ratgeberbeiträge zu **konkreten** Themen, idealerweise Bezug nehmend auf ein aktuelles Ereignis/Bedürfnis der Leser (etwa saisonal oder auf die derzeitige Nachrichtenlage abgestimmt)
- Menüpunkte, die eine konkrete Lösung anbieten (beispielsweise „Rezepte" statt „Produkte" beim Einzelhandelsunternehmen)
- eine gesunde Mischung aus Unternehmensinformationen und Mehrwert-Content (messbar beispielsweise über A/B-Tests, siehe Kapitel 5.4.3)
- interaktive Bausteine wie Kommentarfunktionen, prominent eingebundene Social Media Verknüpfungen (zu den einzelnen Unternehmensprofilen, aber auch zum Teilen der jeweiligen Inhalte und Seiten), Umfragen oder Chat-Module bei Rückfragen der Leser
- die Abo-Funktion für den nichtwerblichen Newsletter (der auch als solcher beschrieben wird, etwa durch beispielhaft genannte Inhalte)
- Gesichter zum Unternehmen, dies nicht unbedingt in allzu glatter bzw. geschönter Personalfoto-Bildsprache (aber dennoch herzeigbar)

und Ähnliches mehr. In diesem Zusammenhang fällt mir immer wieder ein Punkt auf, der eher mit dem Webdesign der Portale zusammenhängt als mit konkreten Inhalten. Aber auch die zielführende Gestaltung ist ein wichtiger Bestandteil der Content Marketing Strategie. Nicht wenige Firmenportale setzen auf einen Header (der obere Bereich einer Webseite, der für alle Unterseiten gleiche Inhalte wie das Logo, die Menü- und Suchfunktion, Stimmungsbilder, Produkt-Werbeflächen etc. bereithält), der durch seine Höhe einen großen Teil des sichtbaren Bereichs einnimmt. Die Aussagekraft der Header-Informationen hält sich dabei meist in Grenzen. Man muss als Nutzer also erst einmal nach unten scrollen, um an die wirklichen Inhalte zu gelangen. Gerade für Content Marketing Formate und Corporate Blogs ist dies in der Regel fatal, da neue Besucher den Eindruck gewinnen: „Hier warten nur wenig aussagekräftige Bilder auf mich, aber keine Informationen, die meine Frage beantworten oder mein Suchbedürfnis befriedigen". Reduzieren Sie solche Header einmal deutlich, und messen Sie, wie sich dies auf die wichtigsten Kennzahlen aus Kapitel 5.4 auswirkt. Der Effekt ist oft verblüffend, erzielt durch eine sehr einfache Maßnahme.

Generell kann man ein Onlineportal so gestalten, dass die werthaltigen Inhalte im Vordergrund stehen und nicht all die kleinen „Spielereien" der Webdesigner. Ich selbst nenne diesen Ansatz „Content First", in Anlehnung an die Bezeichnung „Mobile First" für mobiloptimierte Webseiten. Natürlich soll ein Portal nicht langweilig oder gar unprofessionell wirken. Doch je mehr ablenkende Grafikelemente wie

- Slider (eine Art Online-Diashow, welche auf einzelne Beiträge verweist, siehe beispielsweise *http://wowslider.com/de/*)
- Fotografien und Abbildungen diverser Ausprägung
- Animationen

- unterschiedlich hervorgehobene Seitenbereiche
- Sidebars
- sogenannte Tabs und Accordions (siehe Bild 7.15)

auf einem Portal enthalten sind, umso mehr droht die Gefahr, dass die eigentlichen Inhalte in den Hintergrund rücken. Oder dass dem Besucher so viele Optionen geboten werden, dass die wirklich wichtigen nur noch zu einem Bruchteil genutzt werden. Ein guter Webdesigner weiß um diese Gefahr und wird Sie auch entsprechend beraten, also lieber einmal zu einem Bildelement weniger raten. Konzentriert sich der sichtbare Bereich der Webseite (die Ansicht direkt nach dem Laden der Seite, ohne dass man scrollen muss) auf die wesentlichen Elemente? Liegen Beitragsüberschriften und Teaser-Texte innerhalb dieses Raums oder werden diese durch ein zu großes Beitragsbild verdrängt? Bekommt ein externer oder firmeninterner Werbebanner zu viel Aufmerksamkeit? Welchen Blickverlauf lässt die Seitenaufteilung zu und welchen nicht? Fragen wie diese sollte der Designdienstleister gemeinsam mit Ihnen klären (siehe auch Kapitel 4). Besonders erfolgreiche Content-Portale bestechen nicht selten durch ihre schlichte Eleganz.

Bild 7.15 Text, der erst durch Klick auf ein sich aufklappendes Element sichtbar wird (wie hier in sogenannten Tabs und Accordions), ist mit Vorsicht zu genießen. Nicht wenige Onlinenutzer nehmen derlei Möglichkeiten überhaupt nicht mehr wahr beim schnellen Scannen der Seite.

Was in diesem Zusammenhang auf Ihrer eigenen Webseite zu viel und was zu wenig des Guten ist, das lässt sich ebenfalls über A/B-Tests herausfinden. Oder über Heatmap-Analysen bzw. Usability-Tests (siehe die Kapitel 3.1.1 und 5.4.3). Sind Sie in der komfortablen Lage, ein gänzlich neues Portal oder einen neuen Blog zu etablieren, dann sollte ein Content-First-Ansatz von Anfang an mit in die gestalterischen Planungen einbezogen werden. Das Gleiche gilt für den Fall, dass eventuell demnächst ein Webseiten-Relaunch ansteht. Hier lohnt es sich, in eine fundierte fachliche Begleitung zu investieren (optimiertes Design und anschließende Programmierung). Denn was Sie dabei an finanziellem Mehraufwand tragen müssen, das gewinnen Sie über ein content-optimiertes Erscheinungsbild sehr schnell wieder zurück (längere Verweildauer, geringere Abbruchquoten etc. und damit mehr Besucher, Reichweite, Leads, Verkäufe ...), und zwar dauerhaft. Was nützt Ihnen schließlich der beste Content, wenn er nicht richtig wahrgenommen wird.

Es gibt einige Gründe dafür, warum es sich bei einem für Ihr Content Marketing optimierten Ort nicht unbedingt um Ihr „normales" Onlineportal handeln muss. Und weswegen nicht wenige Unternehmen – die im Internet besonders erfolgreich sind – zwei- oder mehrgleisig fahren. Die wichtigsten dieser Gründe sind:

- Auf Ihrer offiziellen Webseite sind Sie nicht selten eingeschränkt, was die freie Art zu kommunizieren anbelangt. Die Erwartungshaltung Ihrer Kunden, unternehmensinterne Richtlinien, die zu wahrende Corporate Identity, suchmaschinenoptimierte und damit nur behutsam zu erweiternde/verändernde Inhalte, gesetzliche Vorgaben, aber auch Restriktionen seitens der Geschäftsführung und Weiteres mehr können dafür sorgen, dass keine Entfaltung im Sinne der Content Marketing Prinzipien möglich ist. Das wird auf einem weiteren Portal, einem Blog oder via Social Media Kommunikation einfacher.
- Technische Restriktionen des zum Einsatz kommenden Content Management Systems (siehe *http://de.wikipedia.org/wiki/Content-Management-System*) machen es unmöglich oder schlicht zu aufwendig/zu teuer, das Hauptportal entsprechend mit fortlaufend neuen Inhalten zu versorgen, die sich dazu noch interaktiv von den Nutzern kommentieren lassen. Dieser Punkt ist leider nach wie vor weiter verbreitet, als man denken mag.
- Aus diesen Restriktionen heraus können Sie auf Ihrem Hauptportal nicht so schnell reagieren, wie es für eine zielführende Content Strategie notwendig ist.
- Das ursprüngliche Portal ist die werbliche Basis, denn ohne Produkt- und Dienstleistungsbeschreibungen oder den Onlineshop für Kunden oder bereits überzeugte Neukunden geht es natürlich nicht. Auf einem separaten Portal lässt sich dann nichtwerblich kommunizieren und an geeigneten Stellen zum eigentlichen Onlineauftritt überleiten. Dies läuft über normale Textlinks, Call-to-Action-Elemente, eingebundene Newsletter-Kommunikation, eigene Werbemittel und Weiteres mehr. Somit lassen sich beide Plattformen – die werbliche und die eher nicht werbliche – für Ihre jeweiligen Zwecke optimal nutzen. Auf einem einzigen Portal hingegen würden die unterschiedlichen Bereiche in Konkurrenz zueinander stehen, etwa was die Besucherströme aus den Suchmaschinen anbelangt.
- In diesem Zusammenhang erweitern Sie mit mehreren Plattformen die Möglichkeit zum Arbeiten mit Keywords, und das in teils erheblichem Umfang. Portal A deckt dann andere zugehörige Themen ab als Portal B. Im Prinzip lassen sich somit beliebig viele Satellitensysteme aufbauen. Diese dann jedoch jeweils mit qualitativ hochwertigen Inhalten zu befüllen, und das auch noch regelmäßig, das stößt schnell an die Grenzen jeder Onlineredaktion. Generell spricht vieles im Rahmen der Suchmaschinenoptimierung dafür, nicht nur mit einer einzigen Online-Anlaufstelle zu arbeiten (siehe beispielsweise mein ebenfalls im Hanser Verlag erschienenes Buch *„SEO & Social Media für Selbstständige und Unternehmer“*, ISBN 978-3446435506).
- Auf Ihrem Hauptportal soll die Unternehmensleitung oder aber ein abstraktes „Wir“ zu Wort kommen. Der Blog dient dann als Sprachrohr der einzelnen Fachmitarbeiter und -autoren. Dabei könnten auf einem Subportal einzelne Ihrer Mitarbeiter einen eigenständigen Expertenstatus aufbauen, der wiederum Ihrer kompletten Onlinestrategie zugutekommt.
- Auf einem Spezialblog oder -portal lassen sich ganze Teile der Unternehmenskommunikation auslagern. Diese erhalten dann – je nach Ausgestaltung – auf einer eigenen Domain mehr Stellenwert, als wenn sie lediglich über eine der vielen Unterseiten der zentralen Webseite erreichbar wären. Beispiele für derartige Spezialportale wären der Recruiting-Blog zur Personalsuche, eine eigene Anlaufstelle für die Fachpresse, das Online Kundenmagazin, eventuell gar eine von den Mitarbeitern genutzte und gepflegte Seite, die dem bereits erwähnten Employer Branding dient (siehe *www.blogprofis.de/buch/employer*).

Oder aber es werden für einzelne Produkte und Dienstleistungen eigene Webseiten geschaffen, die sich dann zielgerichteter aussteuern lassen und sich nicht im internen Wettstreit mit anderen Produktlinien befinden.

Ebenso lassen sich mit weiteren Portalen neue unternehmerische Bereiche, aber auch Content Strategien relativ risikofrei antesten und ausprobieren, bevor man diese an gewichtigerer Stelle einbindet.

Ähnliches gilt für Ihre Profile in den sozialen Netzwerken. Zwar sind Sie dort in Ihren gestalterischen Möglichkeiten eingeschränkt. Anbieter wie Facebook bieten jedoch Funktionen und Seitenbereiche, welche einen kreativen Umgang mit den naturgemäß vorhandenen Restriktionen erlauben (etwa in Form von zusätzlichen Unternehmensseiten für unterschiedliche Einsatzzwecke und Zielgruppen, aber auch durch Bildergalerien, Apps und mehr).

HINWEIS: Den „richtigen Ort" für Ihren werthaltigen Content zu schaffen, das bedeutet gleichzeitig, diesen einfach sowie frei zugänglich zu machen. Oft begegne ich Unternehmen, welche diesen nur unter bestimmten Voraussetzungen freigeben. Angefangen vom zuvor verpflichtend werdenden Newsletter-Abo über ein auszufüllendes Kontaktformular bis hin zu Bezahlt-Inhalten reicht dabei die Palette. Wenn Sie derlei Barrieren abbauen, dann fällt möglicherweise eine wichtige Lead- oder Einnahmequelle weg. Wachsende Zugriffszahlen und damit neue potenzielle Kunden können diesen Verlust jedoch mehr als wettmachen. Hier hilft nur eines: Ausprobieren.

7.3.2 Themen und Inhalte finden

„Über was soll ich denn schreiben?", mit dieser Frage haben Sie sich bereits in Kapitel 2 auseinandergesetzt. Denn klar ist: Die beste Content Marketing Strategie hilft nur wenig, wenn es an inhaltlichen Ideen mangelt. Hier folgt ergänzend noch eine weiterführende Aufstellung, wie in einem solchen Fall vorgegangen werden kann:

- **Fachmedien nutzen:** In Abschnitt 7.3.7 führe ich einige Portale und Diskussionsforen auf, die sich mit der Disziplin Content Marketing auseinandersetzen. Die dortigen Inhalte folgen dabei ebenfalls den Content Marketing Regeln, indem sie mit unzähligen leicht nachvollziehbaren Beispielen aus der Praxis unterlegt werden. Gerade in den Foren, aber auch in den Blogkommentaren diskutieren Experten über Vor- unh Nachteile der jeweiligen Maßnahmen. Das Resultat ist eine wahre Fundgrube an Beitrags-, aber auch Formatideen. Hier gilt ebenfalls: Die Branche oder Zielgruppe muss dabei keineswegs übereinstimmen. Teile nahezu jeder erfolgreichen Content Marketing Kampagne lassen sich auf Ihre ganz eigenen unternehmerischen Ziele hin adaptieren.
- **Online zuhören:** Gerade in den sozialen Netzwerken lassen die Nutzer schnell erkennen, welche Werbekampagnen und Unternehmensinhalte bei ihnen ankommen, welche einen Mehrwert gebracht haben oder welche gar – im schlimmsten Fall – als „peinlich" empfunden werden. Besuchen Sie regelmäßig die Social Media Profile – etwa den Facebook-Auftritt – größerer Mitbewerber. Dort findet in der Regel genug Interaktion statt, damit sich

nachahmenswerte Positivbeispiele aufspüren lassen. Wo kaum eine oder gar keine Interaktion zu messen ist, da lässt sich höchstens beobachten, welche Arten von Content und Inhalten **nicht** zielführend sind.

- **Offline zuhören:** Lassen Sie sich fortlaufend darüber informieren, was Ihre Kunden dem Vertrieb, dem Support etc. zu berichten haben. Oder lassen Sie in den entsprechenden Gesprächen ganz gezielt nach gewünschten Lösungen und Inhalten fragen. Wenn ich an meine eigene Zeit als Vertriebsmitarbeiter zurückdenke, so hatte ich damals fast täglich „Stoff" für gleich mehrere Blogbeiträge, Social Media Posts und Ähnliches mehr erhalten. Und dies bezog ich direkt von der Quelle, ganz nebenbei und ohne teure Marktforschungsbudgets. Das gleiche Prinzip gilt für Gespräche und Diskussionen auf Messen, Fachveranstaltungen, Kundenevents, Schulungen, Vor-Ort-Einsätzen und mehr. Die Fragen, die Ihnen dabei gestellt werden, sind meist genau jene, die auch Ihre Onlinebesucher beantwortet haben möchten.
- **Meinungsmacher identifizieren:** Vor allem in den sozialen Netzwerken, aber auch in Blogs haben sich mittlerweile zu nahezu jedem beliebigen (auch nichttechnischen) Sachthema neue Meinungsmacher etabliert. Diese stellen nicht nur eine Konkurrenz zu altgedienten Printmagazinen dar. Sie schreiben zudem besonders „frisch", innovativ und betreiben Content Marketing in Reinkultur. Hören Sie diesen Meinungsführern aufmerksam zu, indem Sie die jeweiligen Kanäle abonnieren bzw. ihnen folgen.
- **Kunden und Nichtkunden befragen:** Ganz gezielte Einzel-Interviews sowie größere Umfragen bringen ebenso Licht ins Dunkel der Content-Bedürfnisse Ihrer (potenziellen) Leser. Oft hilft dabei das schlichte Beobachten weiter. Stellen Sie möglichst unabhängigen und nicht mit Ihrem Unternehmen verbundenen Testpersonen die Aufgabe, via Google & Co. nach Ihren Produkten oder Dienstleistungen zu suchen. Das Szenario sollte dabei möglichst realistisch sein, etwa indem ein Autohersteller oder -händler den werdenden Familienvater bei seiner Onlinesuche nach einem geeigneten Kfz für die sich verändernden Bedürfnisse begleitet. Dabei sollten Sie sich dezent im Hintergrund halten und nicht steuernd eingreifen oder bestimmte Vorgaben machen, die das Ergebnis verfälschen könnten. Stößt der Familienvater bei seiner nicht auf einen bestimmten Hersteller bezogenen Recherche dennoch öfter auf die Inhalte Ihrer Mitbewerber, dann machen diese wohl etwas richtig, was in Ihrem Unternehmen optimiert werden muss. Dies ist lediglich ein abstraktes Beispiel, aber ich denke, Sie wissen, worauf ich damit hinaus möchte.
- **Reaktionen beobachten:** Einer Ihrer Beiträge führt zu doppelt so vielen Social Media Weiterempfehlungen als üblich? Kunden-, Kooperations- oder Presseanfragen resultieren gehäuft aus einer bestimmten Seite Ihres Portals? Ein externer Gastbeitrag hat zahlreiche Rückmeldungen in Form von Kommentaren oder Besuchen Ihrer Homepage zur Folge? Dann muss der Inhalt wohl hilfreich gewesen sein. Eine Auswertung eben dieser Reaktionen (idealerweise der Kommentare) hilft Ihnen dabei, das Alleinstellungsmerkmal beziehungsweise den Grund für das Leserinteresse zu erfassen. Zugrunde liegende Mechanismen lassen sich dann – eventuell in leicht abgewandelter Form – über weitere Inhalte in anderen Beiträgen/auf anderen Plattformen wiederholen.
- **Inhalte eingrenzen:** Manchmal passiert es, dass sich nicht so genau sagen lässt, warum ein bestimmter Beitrag nun so gut funktioniert. Dann lässt sich dieser unter Umständen in kleinere inhaltliche Bausteine zerlegen, die man für sich stehend erneut testet (gegebenenfalls auf einem anderen Portal, einem zweiten Unternehmensblog oder Ähnlichem,

um vom ursprünglichen Beitrag unabhängige Ergebnisse zu erhalten). Oder aber – wenn die zugehörige Internetseite über genügend Besucher für aussagekräftige Ergebnisse verfügt – Sie verändern einzelne Teile des bestehenden Texts und finden hierüber heraus, ob das Interesse weiter zunimmt oder aber rückläufig ist. Dieses Eingrenzen ist mühevoll, kann aber dafür sorgen, dass Sie genau jene erfolgreichen Elemente bis hin zu einzelnen Aussagen oder gar einzelnen Keywords in Ihrer Onlinekommunikation evaluieren, die maßgeblich für den Erfolg (oder Misserfolg) Ihrer Strategie verantwortlich sind.

- Sich **an Diskussionen beteiligen:** Nutzen Sie Social Media Communities (etwa auf Facebook, Google+ oder Xing), die einen Bezug zu Ihrem Geschäftsgegenstand haben, um bei dort auftretenden Fragen und Streitpunkten mitzudiskutieren. Dies sollte absolut nicht werblich aufgezogen werden, also ohne die eigenen Leistungen oder Produkte zu erwähnen. Im Rahmen einer solchen Diskussion können Sie selbst Fragen stellen oder Punkte ansprechen, über die Sie für Ihre Content Strategie mehr erfahren möchten. Ein Beispiel: Der Finanzdienstleister diskutiert mit potenziellen Kunden, aber auch mit anderen Experten darüber, welche Vor- und Nachteile ein Produkt in der öffentlichen Wahrnehmung hat, welche Missverständnisse existieren oder welcher Informationsbedarf dazu besteht. Das bringt ihm wichtige Erkenntnisse darüber, welche Aspekte er in seinen eigenen Inhalten stärker berücksichtigen bzw. hervorheben sollte.
- **Online-Tools nutzen:** Welche Werkzeuge Ihnen beim Aufspüren lohnenswerter Webtexte-Themen helfen, das haben Sie in Kapitel 2.2 erfahren. Diese lassen sich in gleicher Weise zur Evaluierung von neuen oder noch nicht ausreichend besetzten Content Marketing Trends Ihrer Branche nutzen.

Nicht zu vergessen: Schauen Sie sich ganz genau an, welche Inhalte von Ihrem Unternehmen bislang bereits online, aber auch offline geschaffen wurden. Es wäre nicht das erste Mal, dass sich darin Ansätze für neue Beiträge verbergen. Der Vorteil: Somit kann ein „alter“ Text gegebenenfalls abgeändert und quasi recycelt werden, was oftmals den Aufwand minimiert. Dabei müssen jedoch jegliche überholten Sprachkonstrukte und Botschaften aus der früheren Werbewelt entfernt werden.

Wenn Sie Ihre Kunden zu Wort kommen lassen – über Interviews, Anwenderberichte (sogenannte Case Studies) oder Testimonials (schriftliche Kundenreferenzen) –, dann erweitern Sie zwar die Themenvielfalt enorm. Doch im Rahmen einer qualitätsorientierten Content Strategie muss hierbei mit Bedacht vorgegangen werden. Die meisten derartigen Anwenderberichte lesen sich wie ein künstlich generierter Hochglanzprospekt. Fragen Sie Ihre Kunden nicht nur nach den Vorteilen, sondern ebenso nach den noch zu optimierenden Aspekten Ihres Produkts beziehungsweise Ihrer Dienstleistung. Oder danach, welche Bereiche bei der Implementierung länger dauerten/mehr Fragen aufwarfen, gar mehr kosteten, als geplant war. Belassen Sie auch einmal einen O-Ton des Kunden in seiner ursprünglichen Fassung, ohne diesen sprachlich und grammatikalisch allzu sehr zu optimieren (enthaltene Umgangssprache etc.). Als ganz mutiger Dienstleister lassen Sie Ihre Kunden in einem solchen Beitrag Tipps geben, was diese beim nächsten Projekt mit Ihrem Unternehmen anders angehen würden. Das wirkt authentisch und wird hierdurch eher im World Wide Web geteilt. Und es enthält nicht nur Lobesarien, sondern einen ganz konkreten Mehrwert für potenzielle Neukunden, die vor den gleichen Fragestellungen wie Ihre am Ende ja doch zufriedenen Kunden stehen.

PRAXISTIPP: Liegt Ihnen diese Strategie der klaren Benennung von Licht und Schatten nicht, so kann man seine Kunden darum bitten, einen reinen Ratgeberbeitrag zu verfassen, unabhängig vom Kundenprojekt selbst. Dann handelt es sich – am Beispiel eines CRM-Dienstleisters – um einen Text der Art „Wie wir ein CRM-System eingeführt haben und welche Probleme wir dabei wie lösen konnten" und nicht „Wie Firma xy bei uns erfolgreich ein CRM-System eingeführt hat". Somit erhalten Sie dennoch werthaltigen Content, bei dem ebenfalls der Name des gastbeitragenden Unternehmens nach außen hin strahlt: Dezent, aber dafür umso wirkungsvoller. ■

Zum Schluss noch zwei kleine Beispiele dafür, wie sich die Themenfindung strukturieren lässt und dabei gleichzeitig auf die Bedürfnisse Ihrer unterschiedlichen Zielgruppen eingeht. Hier ist eine Auflistung der Art hilfreich: „Welches Angebot für welche Zielgruppe führt zu welchen Fragen und damit welchem Content?". Nehmen wir doch beispielsweise den Steuerberater, der Ihnen in Kapitel 8 erneut begegnen wird. Die – im Endergebnis deutlich ausführlichere – Tabelle könnte Punkte wie die folgenden enthalten:

Angebot/Zielgruppe	Fragestellung	Resultierender Content
Neugründungen/ Start-ups	Welche Rechtsform ist die richtige?	Für wen eignet sich eine Personengesellschaft/UG/GmbH, was sind jeweils die Voraussetzungen, wo kann man diese wie gründen? Mustervorlagen zur Gründung etc.
Wechselwillige Kleinunternehmer	Muss Steuerberatung so viel kosten?	Vor- und Nachteile von Pauschal-Bezahlmodellen für Steuerbüros versus Rechnungsstellung nach Aufwand
Wechselwillige mittlere und größere Firmen	Berücksichtigt mein Steuerberater wirklich alle relevanten Aspekte?	Welche Fragen ein Steuerberater vor dem Jahresabschluss stellen sollte; welche Steuersparmodelle eignen sich für welches Unternehmen? Gibt es Möglichkeiten der nachträglichen Gewinnausschüttung etc.?
Bestandskunden	Geht die Zuarbeit nicht bequemer?	Anleitungen zur effizienten Nutzung der Steuersoftware, Lesehilfen und Fallbeispiele für die monatliche Auswertung, Checklisten zur Einreichung von Unterlagen für die Einkommensteuererklärung, welche weiteren Leistungen können an das Steuerbüro ausgelagert werden und Ähnliches mehr. Sind diese Ratgeber – etwa in Form neutraler Mustertexte – öffentlich sichtbar, so erreicht man damit gleichzeitig potenzielle Neukunden.

Die Zielgruppe lässt sich dabei nach Belieben weiter verfeinern, etwa wenn unterschiedliche Zielpersonen angesprochen werden sollen (je nach Funktion der Ansprechpartner in einem Unternehmen; Altersstruktur, Familienstand bzw. Interessen bei Privatpersonen u. v. m.). Um auch den in der Themenauswahl nicht selten deutlich schwierigeren Bereich B2C/Konsumgüter abzudecken, so ziehen wir nach dem gleichen Prinzip einen Onlineshop für hochwertige Herrenmode heran:

Angebot/Zielgruppe	Fragestellung	Resultierender Content
Berufseinsteiger	Welche Kleidung für welchen Zweck?	Dunkles Sakko, braune Chino, geht das? Was steht welchem Haut-/Haar-/Farbtyp und was nicht? Krawatte versus Einstecktuch; müssen gute Business-Schuhe rahmengenäht sein? Wann ist eine Anzughose zu lang und wann zu kurz?
Kunden, die bislang vor Ort eingekauft haben	Ist die Onlinebestellung wirklich bequemer? Erhalte ich dennoch einen Service?	Körpergrößen richtig messen; welche weiteren Produkte passen zu welchem Artikel? Wie lange kann man was umtauschen und was ist davon ausgeschlossen? Welche Kleidungsstücke fallen eher eine Nummer größer/kleiner aus? Wie (unkompliziert) funktioniert die Rücksendung?
Kunden mit schmalem Budget	Geht „angezogen“ und günstig zugleich?	Wie kann man welche Basis-Kleidungsstücke so miteinander kombinieren, dass dennoch mehrere Garderoben resultieren?
Trendsetter	Was muss im kommenden Jahr/in der kommenden Saison in meinen Kleiderschrank?	Bebilderte Magazinbeiträge zu den neusten Trends, idealerweise geschrieben beziehungsweise begleitet von einer prominenten Person; Bildergalerien auf Facebook & Co.; Mitmach-Aktionen, bei denen die Kunden ein Foto ihres neuen Lieblings-Kleidungsstücks einreichen können;
Qualitätsbewusste und kritische Verbraucher	Habe ich auch noch in zwei Jahren Freude an dem Anzug? Unter welchen Bedingungen werden die Schuhe hergestellt?	Einblicke in den Fertigungsprozess, Vorstellung von Designern und Lieferanten, Erläuterung der Auswahlkriterien für Materialien, genaue Beschreibung und Erklärung dieser, belegbarer Katalog sozialer und ethischer Richtlinien sowie der Mechanismen zur Überprüfung;

Der resultierende Content kann sich in diesem Fall auch in einer Produktbeschreibung oder in einem kleinen FAQ-Kasten wiederfinden, es muss sich nicht immer um einen kompletten Ratgeberbeitrag handeln. Texte zum Thema „Wie lange kann ich was umtauschen?“ mögen Sie dabei als selbstverständlich betrachten. Tatsächlich muss man bei zahlreichen eShops lange genug nach genau solchen sehr wichtigen Informationen suchen.

7.3.3 Die Texterstellung

Ich möchte an dieser Stelle nicht all die Tipps zu einem optimierten Schreibprozess wiederholen, welche die Kapitel 2 und 3 enthalten. Dennoch gilt es – im Zusammenhang mit der Content Marketing Strategie –, folgende ergänzende Punkte und Fragen zu berücksichtigen:

- Wie analysiert man möglichst strukturiert und umfassend, ob und wie der geplante Beitrag seine Zielgruppe erreicht, **bevor** dieser verfasst wird? Ja, dies ist tatsächlich möglich. Mit einer guten Vorbereitung lässt sich Content Marketing Erfolg zumindest in Teilen planen. Das gelingt nicht immer, aber nach und nach mit wachsender Erfahrung immer öfter.
- Eine solche Analyse schließt unter anderem folgende Quellen mit ein: Fragen, die bislang bereits an das Unternehmen herangetragen wurden oder die den Mitbewerbern gestellt werden (etwa in deren öffentlichen Social Media Accounts). Sämtliche Leserreaktionen auf bisherige thematisch oder formell/strukturell ähnliche Beiträge sowie die Auswertung von Weiterempfehlungsraten in sozialen Netzwerken (beides ebenfalls für interne und externe Texte). Hinzu kommen die Analysemöglichkeiten aus den Kapiteln 2.2 sowie 5.1 und 5.4. Aktuelle Marktforschungsergebnisse und Studien zum Thema zählen ebenfalls dazu wie eine fundierte Recherche mit Google Trends und Google Instant (beide beschrieben in Kapitel 2.2.4).
- Beantwortet mein Text sämtliche dieser evaluierten Fragen, die sich die Leser mutmaßlich stellen werden? Oder lagere ich einzelne Antworten ganz bewusst in einen Folgebeitrag aus (was man in dieser Form auch ankündigen kann, um die Leser zu einem Wiederbesuch zu animieren)? Lasse ich gar einzelne Punkte offen oder deute deren Lösung nur an, um zum Kommentieren des Beitrags anzuregen? Auch dies sind wichtige Entscheidungskriterien, die man sich idealerweise bei jedem Text aufs Neue stellt.
- Wer ist warum die am besten geeignete Person zur Verfassung genau dieses Beitrags? Dabei muss es sich keineswegs um den Mitarbeiter handeln, der normalerweise textet, selbst wenn dieser explizit hierfür eingestellt wurde. Ist eine andere Person von ihrem fachlichen Hintergrund, den Recherchemöglichkeiten oder ihrem (den Beitrag nach der Veröffentlichung weiterteilenden) Netzwerk her besser geeignet, dem Thema den notwendigen „Boost“ zu verpassen, auf den es beim Content Marketing ankommt? Dann sollten interne Befindlichkeiten und Regelwerke keine Rolle spielen, das bestmögliche Ergebnis zählt. Die „beste“ Person kann dabei auch unternehmensextern sein und extra hierfür recherchiert sowie beauftragt, etwa im Falle von bekannten Bloggern, Journalisten und Fachexperten als Gastautoren.
- So könnte man, je nachdem, welche Zielgruppe erreicht werden soll, ein Mitglied eben dieser Zielgruppe schreiben lassen, welches damit als Interesse weckendes Sprachrohr fungiert. Ein Beispiel: Will ein Onlineshop-Unternehmen über einen Beitrag neue exklusive Lieferanten auf sich aufmerksam machen, so könnte ein bereits existierender Lieferant seine Erfahrungen schildern. Oder, in vielen Fällen wohl noch effektiver, da weniger werblich, der Lieferant verfasst einen Ratgeberartikel, worauf man bei Kooperationen im eCommerce-Umfeld generell achten sollte.

Dem letztgenannten Punkt kommt oftmals eine große Bedeutung zu. Durch die inhaltliche Nähe eines Autors zur Zielleserschaft kann eine große Vertrautheit geschaffen werden, die auf Ihr Unternehmen positiv abfärbt. Dies ist insbesondere dann der Fall, wenn sich der

Verfasser einen Namen in der jeweiligen „Szene“ gemacht hat oder als ausgewiesener Experte gilt. Und – dieser Aspekt wurde bereits erwähnt – solche Autoren streuen den Beitrag nicht selten an eine hochgradig wirkungsvolle Gefolgschaft von Kontakten und Multiplikatoren, etwa durch eine Erwähnung in den eigenen Social Media Profilen oder auch durch eine Nennung sowie Verlinkung auf der eigenen Webseite (Das ist wichtig für den Aufbau von Backlinks, also von Links externer Onlineprojekte, die auf Ihr Onlineportal führen und dieses damit stärken).

HINWEIS: Jemand würde sich durch seine Reputation ideal als Gastautor eignen, hat aber nicht die nötige Zeit oder schreibtechnische Kompetenz hierfür? Manche Unternehmen gehen in einem solchen Fall so weit, dass sie einen Ghostwriter engagieren. Von diesem stammt dann der Text beziehungsweise besser die (mehr oder weniger erfundene) Geschichte, die als Gastautor vermerkte Person steuert lediglich ihren Namen bei. Oder aber ein Beitrag des Gastautors wird durch eine professionelle Redaktion bis zur Verfremdung optimiert. Ganz unabhängig von presse-ethischen Fragen, die sich hierbei auftun, sollten Sie damit sehr vorsichtig umgehen. Merken andere Experten oder auch sonstige Leser, dass hier nachgeholfen wurde (etwa durch eine zu konstruierte Sprache oder nicht schlüssige Inhalte), so kann die Glaubwürdigkeit Ihres Unternehmens erheblichen Schaden nehmen. ■

Generell gilt es, jegliche Gastbeiträge nur sehr behutsam zu bearbeiten, etwa was die Bereinigung von Rechtschreibfehlern oder allzu störenden umgangssprachlichen Floskeln anbelangt, die auch dem Verfasser selbst schaden würden. Denn kleinere, nicht gänzlich perfekte Textpassagen, aber auch unterschiedliche Schreibstile verleihen nicht selten genau jene Authentizität, die als ein wichtiges Ziel der Content Strategie gilt. Hinzu kommt: Sind alle Webtexte auf content-basierten Portalen beziehungsweise auf Portalen mit Nachrichten- und Ratgebercharakter durchgängig gleich aufgebaut und sprechen diese eine allzu einheitliche Sprache, dann kommt schnell Langeweile beim Leser auf. Ab und an einen recht unkonventionellen Beitrag zu veröffentlichen, das wird jeder Webseiten-Gefolgschaft, jedem Social Media Kanal, aber auch jedem Newsletter und Onlineshop neues Leben einhauchen. Es sei denn natürlich, Ihre Klientel legt naturgemäß großen Wert auf eine gewisse Stringenz oder Seriosität. Aber dann werden Sie sich mit einigen Content Marketing Grundsätzen sehr schwertun.

7.3.4 Content Curation

Diese Content Marketing Subdisziplin erfährt derzeit ebenfalls große Aufmerksamkeit. Und das obwohl auch hier die dahintersteckenden Prinzipien keineswegs neu sind. Unter Content Curation versteht man das Zusammentragen, Erwähnen, Umstrukturieren, Ergänzen und Kommentieren von bereits bestehenden Inhalten; nicht im Rahmen einer Eins-zu-eins-Kopie, sondern in eigenen Worten. Dies können Beiträge anderer Webseiten und Onlinemagazine ebenso sein wie Videos, Infografiken, Zitate oder Zusammenfassungen aus Podcasts, Informationen aus Statistiken, Onlineumfragen und vieles Weiteres mehr, auch Offline-Wissen aus Fachpublikationen, Interviews etc. Ein Beispiel: Der Pharmakonzern startet eine neue Serie in seinem Blog über Wirkstoffunverträglichkeit und deren Folgen, inklusive Handlungsempfehlungen für Verbraucher. Dabei zitiert er Onlinebeiträge und sonstige Arbeiten anerkannter Experten, verlinkt zu Blogartikeln von Betroffenen, befragt Selbsthilfegruppen, nennt häufige Fragen aus Fachforen und Kommentare aus dem eigenen Blog oder bindet erklärendes Bildmaterial von Fachverbänden ein, wobei der Hauptbestandteil des Inhalts aus eben diesen externen Quellen besteht.

Es gibt mehrere Gründe, warum sich ein Unternehmen für diese Form der Inhaltserstellung entscheidet, statt auf eigene Ideen und Texte zu setzen:

- Man demonstriert damit Offenheit und die Bereitschaft, sich mit Meinungen und Aspekten außerhalb des eigenen Unternehmens auseinanderzusetzen. Und Fairness, indem man die Inhalte anderer auch als solche benennt und nicht etwa als Ergebnis eigener Überlegungen darstellt.
- Der Verweis auf externe Quellen kann somit der eigenen Reputation dienen oder aber auch der gezielten Untermauerung eigener Ansichten und Ziele. Übertreibt man es mit dem zweitgenannten Aspekt, werden die Leser dies jedoch zu Recht als Lobbyismus und Schönfärberei enttarnen.
- Man bietet dem Leser noch mehr Fakten und damit noch mehr Mehrwert, was auf das eigene Unternehmen zurückfällt.
- Es lässt sich schnell auf aktuelle Trends reagieren, ohne allzu viel Aufwand in die eigene Recherche stecken zu müssen.
- Content Curation Beiträge lockern den Nachrichtenstrom beispielsweise von Corporate Blogs auf. Manchen Lesern, aber teilweise auch ganzen Zielgruppen gefällt zudem die kompakte, sich auf das Wesentliche konzentrierende Form mehr als umfassende Prosa von Ratgeberbeiträgen (Diese mögliche Präferenz sollten Sie bei Ihrer eigenen Zielgruppe testen).
- Die Verweise auf externe Quellen erzeugen nicht selten einen Rückverweis, etwa indem auf der anderen Seite über den kuratierten Beitrag berichtet wird, man diesen in den sozialen Netzwerken weiterempfiehlt, auf diesen verlinkt etc. Ganz nach dem Motto: „Schaut mal, hier hat jemand über uns berichtet". Solche Rückverweise stärken das eigene Portal. Sie sorgen zudem für neue, möglicherweise bislang unerreichte Besucherströme.
- Ebenso resultieren aus der Nennung externer Quellen häufig sehr fruchtsame Kooperationen, gegenseitige Gastbeiträge und Ähnliches mehr.

Manche Unternehmen setzen auf Content Curation, um Kosten bei der Texterstellung einzusparen. Doch ein guter, sorgfältig vorbereiteter und durchdachter kuratierter Beitrag nimmt meist ebenso viel Zeit in Anspruch als ein eigen geschriebener. Das hastige Zusammenfassen einigermaßen passender Quellen, unter Umständen gar durch Aushilfsmitarbeiter, die sich nur wenig mit der Materie auskennen, ist hingegen kontraproduktiv. Denn Content Curation Formate sind stets eine Gratwanderung zwischen wenig originellen, zusammenkopierten Texten auf der einen sowie hilfreichen oder gar mutigen Beiträgen auf der anderen Seite. Richtig angewandt entfalten sie nicht selten große Wirkung und verbreiten sich teilweise gar noch besser (etwa in den sozialen Netzwerken) als reine Eigenproduktionen. Falsch angewandt schaden sie der Glaubwürdigkeit eines Unternehmens oder wirken „billig“, doch dazu gleich mehr. Auf Content Curation basierende Beiträge sind hilfreich, wenn

a) durch Ihre Kommentierung oder Ergänzung der geteilten Beiträge neue Aspekte hinzukommen, dem Leser also ein zusätzlicher inhaltlicher Mehrwert geboten wird, der über den der Originalquellen hinausgeht.

b) die Leser über Ihren Text auf Inhalte stoßen, die ihnen ansonsten mit großer Wahrscheinlichkeit verborgen geblieben wären. Zum Beispiel gute Texte von wenig bekannten Nischenportalen und -blogs oder Beiträge fremdsprachiger Quellen (deren Quintessenz von Ihnen übersetzt werden könnte, ohne den Originalbeitrag eins zu eins zu verwenden, als zusätzlicher Service für die Leser).

c) die einzelnen kuratierten Quellen in ihrer Gesamtheit ein bestimmtes Thema in einem neuen Licht erscheinen lassen, hierdurch neue Rückschlüsse aus diesen gezogen werden können, neue Aspekte hervorgehoben werden oder indem zum ersten Mal ein Nischen- bzw. Subthema auf solch umfassende Art und Weise beleuchtet wird.

In irgendeiner Form müssen also auch zusammengetragene Texte über ein Alleinstellungsmerkmal verfügen, damit man diese liest und über sie „spricht“. Mutig sind Content Curation Beiträge, wenn:

a) auf Inhalte von potenziellen Mitbewerbern verwiesen wird oder gar auf für das Unternehmen kritische/nicht unbedingt vorteilhafte Stimmen und Standpunkte (natürlich nur, wenn diese Auseinandersetzung aus ehrlichen Beweggründen heraus erfolgt und nicht etwa, um das Gegenüber bloßzustellen).

b) man die genannten Inhalte um eigene, durchaus auch einmal kontrovers zu diskutierende oder persönliche Meinungen ergänzt. Auch hier gilt es, den Urheber der Quelle keineswegs in einem schlechten Licht erscheinen zu lassen sowie diesem die Möglichkeit einzuräumen, auf eventuell falsch interpretierte Aussagen zu reagieren (indem man ihn über die Nennung im Beitrag informiert und ihn um Rückmeldung etwa in Form eines auf der Webseite abzugebenden Kommentars bittet). Außerdem muss stets klar sein, welche Meinung und welche Äußerung von welcher Seite stammen.

c) diese Beiträge besonders gut bei Ihren Lesern ankommen und man damit einen Großteil des Besucherinteresses mit den anderen Quellen teilt oder es gar an sie abgibt. Doch auch ein solches Szenario kann Ihre Kommunikation bei den Lesern besonders authentisch und beliebt machen, nach der Devise: „Dieses Unternehmen blickt über den Tellerrand hinaus, verheimlicht mir nichts und hat nicht nur den eigenen Vorteil im Sinn“. Zudem zahlt sich jeder zusätzliche Leser, der durch einen kuratierten Beitrag auf Ihr Portal aufmerksam wird, am Ende aus. Und sei es rein dadurch, dass er Ihre Inhalte an Freunde und Bekannte teilt, die eher als potenzielle Käufer Ihrer Produkte und Dienstleistungen infrage kommen.

Sie beziehungsweise Ihr Redaktionsteam sollten jedoch ein echtes Interesse an den empfohlenen und kuratierten Inhalten haben, was man der Qualität des resultierenden Beitrags auch anmerken wird. Bei manchen Unternehmen hat man den Eindruck, sie bauen rein aus Kalkül auf Content Curation Formate, um als besonders innovativ oder auch vertrauenswürdig zu gelten, haben sich aber eigentlich nicht wirklich mit den Aussagen der externen Texte auseinandergesetzt. Dann wird aus „mutig“ schnell ein „unglaubwürdig“. Unterschätzen Sie nicht das wachsende Gespür der Onlineverbraucher für derlei konstruierte Geschichten.

Generell gilt: Content Curation sollte immer nur einen Teil Ihrer Kommunikation ausmachen. Wie hoch der prozentuale Anteil sein darf, ohne die Leser zu verprellen, das lässt sich recht genau beobachten. Sinkt das Interesse an neuen kuratierten Texten (hier kann ebenfalls wieder die Social Media Weiterempfehlungsrate herangezogen werden oder aber Kennzahlen wie die mittels Google Analytics zu messende durchschnittliche Besuchszeit auf der entsprechenden Webseite), so ist die Frequenz dieser unter Umständen zu hoch. Dann sollten mehr „normale“ Text- und Ratgeberbeiträge dazwischen gestreut werden.

HINWEIS: Beim Kuratieren von Texten sind unbedingt die rechtlichen Rahmenbedingungen wie beispielsweise das Urheberrecht zu beachten. Zwar ist das Zitieren anderer Quellen im Normalfall erlaubt, jedoch nur in sehr engen Grenzen, etwa was den Umfang der Zitate anbelangt (siehe den Ratgeber unter *http://rechtsanwalt-schwenke.de/texte-richtig-zitieren-statt-plagiieren-anleitung-mit-checkliste/*). Zumal diese Grenzen hierzulande von Gericht zu Gericht immer wieder einmal unterschiedlich ausgelegt werden. Das Kommentieren anderer Beiträge könnte hingegen als Verfälschung oder gar Manipulation ausgelegt werden, insbesondere wenn man das Wettbewerbsrecht heranzieht.

Ein Fachblogger wird sich in aller Regel sehr freuen, wenn Sie ihn zitieren und verlinken. Nach Absprache darf das Zitat dabei eventuell sogar gerne umfangreicher ausfallen. Oder der Blogger beteiligt sich gar mit einem eigenen Gastbeitrag. Direkte oder indirekte Mitbewerber, aber auch kommerzielle Onlineportale reagieren unter Umständen weit weniger kulant. Im Zweifelsfall sollten Sie den Betreiber der erwähnten Webseite vorab fragen, ob und in welchem Umfang Sie seine Inhalte wiederverwenden dürfen. Das gilt vor allem für Infografiken und weitere Abbildungen oder Fotografien, denn hier reagieren die Urheber meist besonders empfindlich auf eine unautorisierte Einbindung. ■

PRAXISTIPP: Wenn Sie eine externe Quelle erwähnen oder gar verlinken, so gibt es noch einen ganz anderen Grund, deren Betreiber darüber zu informieren. Eine proaktive Nachricht der Art „Ich habe heute Ihren Beitrag x auf meiner Seite y verlinkt“ sorgt nicht selten für Gegenlinks, Kooperationsanfragen, Kommentare oder inhaltliche Ergänzungen des erwähnten Autors auf Ihrer Seite und Weiteres mehr. Zumindest aber machen Sie damit positiv auf sich und Ihr Portal aufmerksam.

Weiterführende Beiträge zum Thema Content Curation – inklusive einiger Beispiele aus der Praxis – finden Sie unter *http://t3n.de/news/content-content-curation-456349/* oder *http://espresso-digital.de/blog/2013/08/27/content-curation-marken-mit-fremden-inhalten-beflugeln/*. ■

7.3.5 Analyse und fortlaufende Optimierung

Wie alle professionellen Webtexte, so sollten insbesondere Content Marketing Formate regelmäßig analysiert und optimiert werden, um ihre Wirkung bei den Lesern beibehalten zu können. Obwohl eine solche Optimierung nicht in jedem Fall die beste Wahl sein muss. Ab und an werden ältere Beiträge über die Suchmaschinen nach wie vor gefunden, gerade weil sie Informationen enthalten, die nicht auf dem neusten Stand sind (etwa bestimmte Keywords, Jahreszahlen etc.) oder die Sie heutzutage anders formulieren würden. Dies gilt es genau zu beobachten, etwa über Google Analytics, um nach einer Aktualisierung nicht plötzlich weniger oder die „falschen" Besucher zu generieren. Zudem sollte eine Überoptimierung verhindert werden, in dem Sinne, dass die Besucher, die über externe Verweise zu der jeweiligen Webseite gelangen, plötzlich andere Inhalte vorfinden, als ursprünglich bei der Beschreibung des Links versprochen wurden. Es sei denn, Sie machen sich die Mühe, die wichtigsten verlinkenden Quellen um eine entsprechende Änderung zu bitten oder dies selbst vorzunehmen (bei Verweisen in sozialen Netzwerken oder auf Portalen im Eigenbesitz).

Die Gründe für eine fortlaufende Optimierung dürften auf der Hand liegen, vor allem dann, wenn Sie bemerken, dass das Interesse an einzelnen Seiten und Inhalten spür- und messbar nachlässt. Themen und Trends ändern sich ebenso wie die Vorlieben und das Verhalten Ihrer Zielgruppen, wie ein Blick auf nahezu jedes beliebige Keyword innerhalb von Google Trends (siehe Kapitel 2.2.4) schnell zeigt. Im zeitlichen Verlauf kommen dort immer wieder neue Nuancen hinzu, das Interesse an Suchanfragen und Nischen-Keywords kann jederzeit ab- oder zunehmen. Nun haben Sie bezüglich der Überarbeitung von Onlineinhalten ebenfalls bereits einiges erfahren, hier dennoch meine Ergänzungen passend zur Content Strategie.

Aktualisierung

Wie oft Sie welche Beiträge aktualisieren können, das hängt natürlich davon ab, welche Ressourcen Ihnen zur Verfügung stehen. Ich kenne nicht wenige Portal- und Firmenblogbetreiber, die alte Inhalte überhaupt nicht mehr anpassen (sofern das Thema und rechtliche Aspekte dies zulassen), sondern sich lieber darauf konzentrieren, ständig neue gute Beiträge zu publizieren. Und diese Unternehmen fahren nicht schlecht mit ihrer Strategie. Sie löschen lieber einmal einen völlig veralteten Text (Vorsicht: Google freut sich nicht wirklich hierüber, vor allem wenn sich plötzlich nicht mehr erreichbare Webseiten häufen), als Zeit und Geld in diese zu investieren. Ich selbst fahre bei meinen eigenen Webprojekten eine Strategie des Mittelwegs. Ich analysiere regelmäßig, in der Regel mindestens einmal im Quartal, welche Beiträge mir nach wie vor wichtige Besucher, Weiterempfehlungen oder Leads/Sales einbringen. Diese optimiere ich ständig, unter der genauen Beobachtung, welche Änderungen in den Besucherströmen dies mit sich bringt (um gegebenenfalls eine Aktualisierung wieder zurücknehmen zu können, wobei nicht garantiert ist, dass Google dem Beitrag danach einen ähnlichen Stellenwert einräumt wie vor der ursprünglichen Änderung). Andere lasse ich unverändert stehen, in seltenen Fällen lösche ich Beiträge, die gänzlich veraltet oder unpassend wurden.

PRAXISTIPP: In diesem letzten Fall sollten Sie sich mit Ihrem Webmaster und/oder Onlinemarketing-Spezialisten absprechen, was der in Ihrem Fall beste Weg ist, um Google und andere Suchmaschinen, aber auch echte Besucher der nicht mehr erreichbaren Webseite dennoch möglichst wenig zu verärgern. Ein schöner Beitrag hierzu – der nicht alle, aber sehr viele Anwendungsfälle abdeckt – ist zu erreichen unter *www.seo-book.de/onpage/404-fehlerseite-alles-was-du-uber-http-statuscode-404-wissen-musst.* ■

Optimierung

Der Austausch veralteten Bildmaterials mitsamt Bildunterschriften, die Überarbeitung nicht mehr relevanter Metadaten, das Löschen von nicht mehr erreichbaren oder nicht mehr gewünschten Verlinkungen (extern & intern), eventuell die Ergänzung um Autoreninformationen (insbesondere für den Author Rank relevante, siehe Kapitel 5.3), die Überprüfung eingebundener Multimediaformate auf Funktionalität (Beispiel YouTube-Videos, die plötzlich nicht mehr erreichbar sein können): All dies gehört zur zeitintensiven Arbeit mit älteren Inhalten dazu. Ebenso natürlich auch die Beobachtung und zeitnahe Beantwortung von Leserkommentaren, sofern Ihr Portal diese unterstützt. Hierbei lohnt sich eine Alert-Funktion, die Sie etwa per E-Mail benachrichtigt, sobald ein neuer Kommentar auf Freischaltung oder Beantwortung wartet. Die meisten Content Management Systeme unterstützen vergleichbare Techniken.

Teilen

Auf diesen Punkt kommen wir gleich noch einmal ausführlicher zu sprechen. Ändern sich wichtige Inhalte eines Beitrags, so kann es sich lohnen, diese erneut über soziale Netzwerke und sonstige Kanäle zu streuen. Die Leser und Abonnenten dürfen jedoch nicht den Eindruck gewinnen, Ihr Unternehmen würde ständig die gleichen Themen immer wieder neu aufwärmen. Reagieren Nutzer auf erneut geteilte Beiträge deutlich reservierter, so erkennen sie demnach den Mehrwert der aktualisierten Webtexte nicht. Dann müssen Sie sich andere Wege einfallen lassen, Ihnen wichtige Aktualisierungen zu streuen. Bei Blogs etwa können Leser die Kommentare einzelner Beiträge abonnieren (in der Regel über eine zusätzlich einzurichtende Funktionalität). Dies wird von den Seitenbetreibern oft dazu genutzt, aktuelle Zusatzinformationen oder Änderungen in Form eines Kommentars zu veröffentlichen, und zwar anstelle oder zusätzlich zur Aktualisierung des Beitrags selbst. Alle Abonnenten, denen der Beitrag demnach wichtig genug war, werden somit automatisch zum jeweils neusten Stand informiert.

Zweitverwertung eigener Texte

Bei älteren Webseiteninhalten lässt das Interesse der Leser und der Suchmaschinen in der Regel immer mehr nach, da neue Informationen bevorzugt werden. Dennoch sind in zugehörigen Texten nicht selten wertvolle Inhalte verborgen. Um diese wieder neu zu beleben und um sich selbst Arbeit zu sparen, kann daraus ein völlig neuer Webtext erarbeitet werden. Der dann wiederum – etwa als Gastbeitrag – auf einem externen Portal veröffentlicht wird und dort für neue Besucherströme sorgt. Der aktuelle Text sollte jedoch wirklich komplett neu formuliert werden, zumindest zum allergrößten Teil, um nicht für Duplicate Content zu sorgen (siehe Kapitel 2.1.10). Externe Autoren kann man gegebenenfalls ebenso darum bitten, eine neue Version ihres Texts bereitzustellen, die aktuelle Entwicklungen berücksichtigt oder andere Aspekte beleuchtet. Gerade wenn der ursprüngliche externe Beitrag auf großes Leserinteresse stieß, kann man diesen Erfolg unter Umständen wiederholen. Auch hier wieder mein Rat: Gehen Sie sparsam mit diesem Mittel um, damit keine Langeweile oder gar Verärgerung bei Ihren Stammlesern aufkommt.

Suchmaschinenoptimierung

Genauso wie das Texten ist die zugehörige Keyword-Recherche eine Lebensaufgabe. Fallen einzelne Keyword-Gruppen im Interesse der Suchmaschinennutzer stark ab, denen Sie einen Großteil Ihrer Inhalte gewidmet haben (wobei es eh unbedingt gilt, eine allzu große Konzentration auf einige wenige Keywords zu vermeiden, um bei Google nicht in Ungnade zu fallen), dann haben Sie ein Problem. Es gibt Unternehmen, denen genau aufgrund dieser Problematik innerhalb von wenigen Monaten ein Großteil ihres Geschäftsmodells beziehungsweise ihrer Einnahmen weggebrochen sind. Das fortlaufende Beobachten von Keyword-Trends, die stetige Recherche neuer und auch gänzlich anderer relevanter Keyword- und Nischen-Keyword-Gruppen sowie die rechtzeitige Reaktion auf diese Ergebnisse helfen dabei, derartige Einbrüche zu vermeiden. Ein weiterer SEO-Aspekt: Geänderte Webinhalte erzeugen nicht selten neue Backlinks von anderen Portalen, da deren Betreiber erst durch die Aktualisierung auf diese aufmerksam wurden oder da diese thematisch nun besser passen. Auch Kooperationspartnern und Ähnlichen mehr kann man diesbezüglich den Beitrag erneut zur Verlinkung vorschlagen, falls dies beim ersten Mal fehlschlug.

7.3.6 Inhalte streuen – Content Seeding

Unter Content Seeding – erneut ein Schlagwort für einen altbewährten Prozess – versteht man nichts anderes als das Streuen eigener Onlineinhalte auf anderen Webportalen, an (Online-)Multiplikatoren und innerhalb der sozialen Netzwerke. Dabei kann es sein, dass man die Inhalte exklusiv streut, also quasi zum Erst- oder gar Alleingebrauch auf dem externen Medium, oder im Anschluss an die initiale Eigenverwendung. Letzteres entspräche dann etwa der Empfehlung eines neuen Beitrags aus dem Corporate Blog an andere Medien, Partner, Fachexperten, Kundengruppen, Communities etc.

Beim Content Seeding geht es im Prinzip rein darum,

1. die richtigen Multiplikatoren (Medien oder Einzelpersonen) zu identifizieren, die a) ein Interesse an Ihren Inhalten haben könnten sowie b) die passende Zielgruppe ansprechen, an welche der Inhalt letztendlich geteilt wird
2. diese Multiplikatoren möglichst intelligent anzusprechen

Das klingt einfach, gelingt aber erst mit sehr viel Übung und Ausprobieren. Was bedeutet in diesem Zusammenhang „intelligent"? Nun, auch hier geht es wieder rein um einen zu schaffenden Mehrwert. Die Multiplikatoren sind daran interessiert, ihren eigenen Lesern hochwertige, spannende Inhalte weiterzuempfehlen. Warum? Da sie sicherlich ebenfalls schon einmal etwas von der Disziplin Content Marketing gehört haben, deren Prinzipien für das Teilen externer Inhalte ebenso gilt wie für interne Beiträge. Sie brauchen also nicht nur qualitativ hochwertige Texte, um diese effizient streuen zu können, Sie müssen andere auch noch davon überzeugen, dass sich das Teilen lohnt. Haben bereits viele Leser ein Facebook-„Gefällt mir", ein Google Plus oder Ähnliches zu Ihrem Beitrag vergeben, dann hilft dies sicherlich bei der Überzeugungsarbeit. Ebenso wie ein möglichst spannender, Hilfe versprechender oder origineller Beitragstitel (siehe Kapitel 3.1). Denn Multiplikatoren scannen einen Text – den sie vielleicht weiterempfehlen wollen – meist noch oberflächlicher, als die Leser selbst es tun.

PRAXISTIPP: In aller Regel mögen es potenzielle Multiplikatoren nicht, direkt auf das Teilen eines Beitrags angesprochen bzw. darum gebeten zu werden. Es sei denn, Sie sind bereits sehr gut mit diesen bekannt (online oder offline), und selbst dann kann ein unschöner Eindruck entstehen. Ihre Inhalte müssen schlicht so gut sein, dass sich diese von alleine herumsprechen. Ansonsten versucht man meist auf indirektem Wege, mögliche Multiplikatoren auf sich aufmerksam zu machen, etwa indem man ihnen selbst in den sozialen Netzwerken folgt. Online- und Social Media Beziehungen aufzubauen, diese Herausforderung hat ihre ganz eigenen Regeln oder besser „Dos und Don'ts". Diese hier aufzulisten, würde den Rahmen bei Weitem sprengen. Falls Sie vergleichbares Wissen aufbauen wollen, so hilft Ihnen geeignete Fachliteratur wie etwa das bereits erwähnte Buch „SEO & Social Media", ebenfalls erschienen im Hanser Verlag.

Egal ob Sie nun geeignete Personen bereits kennen oder erst ausfindig machen müssen: Sprechen Sie mögliche Multiplikatoren nicht zu häufig oder zu aggressiv an. Schauen Sie, dass das Thema wirklich auch zu den Interessen des Empfängers passt. Versuchen Sie niemals, rein werbliche Inhalte auf diese Weise „unter das Volk" zu bringen, es sei denn, Sie kennen den Multiplikator sehr gut und wissen, dass dieser damit umgehen kann. Seien Sie sehr vorsichtig bei der „kalten" Ansprache von Personen, zu denen es bislang überhaupt keine Berührungspunkte gibt, oder vermeiden Sie diese besser ganz (erst einen – ehrlich gemeinten – Kontakt aufbauen, dann, wenn es passt, Inhalte teilen, aber auf gegenseitiger Basis).

Eine Online-Reputation ist schwer aufzubauen, lässt sich aber umso schneller wieder zerstören. Die Onlinegemeinde ist ein Dorf. Aufdringliches, inhaltlich unpassendes Teilen von Botschaften spricht sich sehr schnell herum. Und wer einmal den Ruf eines „Spammers" erlangt, der wird diesen so schnell nicht wieder los. Hinzu kommt: Netzwerke wie Google+ setzen immer öfter darauf, Mitglieder, die mehrmals als solche „Spammer" gemeldet werden, übergangsweise oder dauerhaft auszusperren. Da eine Mitgliedschaft in solchen Netzwerken immer öfter nur einmal je „echte" Person möglich ist, würden Sie sich also unter Umständen dauerhaft aus den Social Media Kanälen ausschließen, wenn Sie bei den dortigen Mitgliedern unangenehm auffallen. Das wiederum würde Ihre komplette Online-Geschäftsexistenz bedrohen. ■

Generell lassen sich sehr vielfältige Kanäle und Gelegenheiten dazu nutzen, eigene Inhalte zu streuen. Wenn man dabei nicht mit dem Holzhammer vorgeht, also den Eindruck erweckt, reine Eigenwerbung betreiben zu wollen. Das steht und fällt mit der Art der Beiträge und in welchem Kontext man diese streut. Je mehr diese in der jeweiligen Situation ganz konkret weiterhelfen und je mehr dabei eine generelle Lösung/Hilfestellung und nicht Ihr Unternehmen oder Ihr Angebot im Vordergrund steht, umso eher wird man Ihnen folgen. Auch wenn Sie nicht nur Ihre eigenen Tipps teilen, sondern ebenso jene anderer Experten (etwa innerhalb eines Nachrichtenstroms in den sozialen Netzwerken), wirkt sich das positiv auf die Online-Reputation aus. Schauen Sie sich die Nachrichten anerkannter (und im Web erfolgreicher) Fachexperten auf ihrem jeweiligen Gebiet genau an. Diese teilen das, was sie selbst interessiert, und nicht das, von dem sie sich einen eigenen Vorteil erhoffen. Genau das macht den Unterschied zwischen erfolgreichem und weniger erfolgreichem Seeding aus. Welche Möglichkeiten des Teilens gibt es nun, online wie offline? Hier folgt nun eine kleine Auswahl, die Sie sicherlich noch um eigene Netzwerke und Kommunikationsmittel erweitern können:

- Profile und Diskussionen/Foren in den sozialen Netzwerken (insbesondere in den Communities ist oft absolute Nichtwerblichkeit angesagt, was aber von Netzwerk zu Netzwerk variiert)
- Gastbeiträge, Experteninterviews, Pressemeldungen
- Externe Webseiten von Fachverbänden, Kooperationspartnern, befreundeten Unternehmern, lokalen Organisationen, Kontakten aus den sozialen Netzwerken
- Frage-Antwort-Portale wie beispielsweise gutefrage.net
- Vorträge, Schulungen, Fachtagungen, Messen
- Beim Kunden, über Offline-Materialien, Visitenkarten (etwa mit Link zum Blog) etc.
- In Online-Werbeanzeigen oder -Advertorials
- Durch das Einbeziehen von Freunden, Bekannten, Kollegen und Social Media Fans

Dabei können selbst vermeintlich kleine Kontakte eine große Wirkung entfalten. Wenn ich selbst – etwa in Fachdiskussionen – um Rat gefragt werde, so verweise ich oft auf einen entsprechenden Beitrag aus meinem eigenen Blog. Oder ich bitte gar darum, die Frage dort in Form eines Kommentars zu stellen, wenn diese nicht zu 100 Prozent durch den Blogbeitrag beantwortet wird. Mit der Folge, dass ich nicht immer wieder die gleichen Antworten geben muss und mein Gegenüber nicht selten die weiterhelfenden Inhalte unter seinen eigenen Kontakten teilt. Diese Vorgehensweise ist zwar hauptsächlich für selbstständige Dienstleister spannend, kann aber teilweise auch von größeren Unternehmen beziehungsweise deren Mitarbeitern angewandt werden. In jedem Fall hilft es, immer im Hinterkopf zu haben, an welchen konkreten Stellen man werthaltigen Online-Content bereitstellt. Ich sage das deswegen, weil ich immer wieder Fachexperten begegne, die regelmäßig sehr wertvolle Beiträge verfassen, aber nur sehr selten bei passender Gelegenheit auf diese hinweisen.

PRAXISTIPP: Ebenfalls hilfreich ist es, eine kleine Datenbank aufzubauen, welche die wichtigsten (auch potenziellen) Multiplikatoren Ihres Unternehmens enthält. Wer teilt wie oft Ihre Beiträge und warum? Wer die Ihrer Mitbewerber? Durch welche Empfehlung kamen besonders viele weitere Interaktionen oder neue Besucher zustande? Welche Social Media Kanäle oder Nutzer in Ihrer Branche verfügen über die meisten oder spannendsten Follower? Wie lassen sich die einzelnen Personen und Unternehmen klassifizieren (privates Portal oder Blog, Fachmedium, Verband oder Institution, wissenschaftliche Quelle, Presse etc.)? Unter Umständen kann man bei einzelnen Kommunikationsmaßnahmen gezielt auf Einträge hieraus zurückgreifen.

Oder Sie analysieren, warum man von einem bestimmten Kontakt früher einmal weiterempfohlen wurde (etwa da ein bestimmtes Stichwort im Beitrag zum Einsatz kam, das dieser abonniert/recherchiert hatte). Somit kann man diesen Erfolg möglicherweise erneut wiederholen, unter der Verwendung ähnlicher Inhaltsmuster wie damals. Ebenso hilfreich sind die Google Alerts, die Ihnen zeigen, wann zu einem bestimmten Stichpunkt/Thema welche Portale welche Meldungen publizieren (siehe *www.google.de/alerts*). Aus den Beiträgen, die man hierbei findet, lässt sich oftmals herauslesen, wie der Autor auf das Thema aufmerksam (gemacht) wurde und wie er dieses teilt. Alternativ kann man gar direkten Kontakt zu diesem Autor aufnehmen, zur gemeinsamen Erarbeitung einer ähnlichen „Geschichte". ■

Generell geht es beim erfolgreichen Content Marketing nicht nur darum, wirkungsvolle Inhalte zu verfassen. Genauso gehört dazu, sich ein Online-Netzwerk aus Experten auf dem jeweiligen Gebiet aufzubauen, mit dem man sich regelmäßig austauscht und in dem man regelmäßig Hilfestellung gibt. Communities und qualifizierte Kontakte auf Facebook, Xing, aber zunehmend auch Google+ eignen sich hierfür sehr gut. Und ganz nebenbei teilen die Mitglieder dann immer wieder einmal Ihre Beiträge, was weitere Empfehlungen sowie neue Kontakte nach sich zieht und so weiter und so fort. Wer in einer solchen Online-Gemeinschaft einen guten Ruf genießt, den (oder besser dessen Inhalte) empfiehlt man gerne weiter.

Gleichzeitig steigt die Zahl Ihrer Newsletter-Abonnenten und Social Media Fans mit jedem guten Beitrag, und auch daran lässt sich der Erfolg Ihrer Content Strategie messen. Mögen Ihnen zu Beginn – je nach Thema – nur einige wenige Experten und am Thema ganz besonders interessierte Personen folgen, möglicherweise gar die Mitbewerber, so kommen nach und nach weitere Multiplikatoren hinzu und dann auch immer mehr potenzielle Kunden. Dabei sollten Sie regelmäßig ganz genau hinschauen, wen Sie durch Ihren Content als neue „Follower" gewinnen. Möglicherweise erreichen Sie durch eine zu einseitige oder zu spezielle Ausrichtung nicht hauptsächlich jene Zielgruppen, die Ihren Unternehmenszielen entsprechen. Dann hilft nur eine vorsichtige Korrektur weiter, denn mit einem zu starken Kurswechsel würden bisherige Gefolgschaften höchstwahrscheinlich wieder verloren gehen. Es sei denn natürlich, Sie entscheiden sich ganz bewusst dafür, zukünftig andere Personenkreise anzusprechen, als dies bislang der Fall war. Dann jedoch muss unter Umständen ein vorübergehender Verlust von Online-Reputation in Kauf genommen werden, zumindest bei den bisherigen Lesern. Die Lösung dieses Dilemmas kann darin bestehen, ein zweites separates Content-Portal aufzubauen, wobei Sie ein Stück weit bei null anfangen müssten, etwa was das Onlinemarketing und die Suchmaschinenoptimierung anbelangt. Hier gilt es, Vor- und Nachteile beider Ansätze gut gegeneinander abzuwägen.

PRAXISTIPP: Wie bereits angedeutet: Fragen Sie sich selbst immer wieder, warum Sie im Internet welchem Kanal, welchem Unternehmen und welchem Experten gerne folgen und warum Sie selbst Beiträge anderer teilen. Es hat sicherlich mit den jeweiligen Inhalten zu tun, von denen Sie sich einiges abschauen können, ganz unabhängig davon, welche Branche und Zielgruppe dabei jeweils bedient wird. Seien Sie zudem selbst aktiv in sozialen Netzwerken und Blogs. Achten Sie darauf, wie auf Ihre Fragen, Kommentare und Empfehlungen reagiert wird und was sich hieraus übernehmen oder auch vermeiden lässt.

7.3.7 Weiterführende Quellen zur Inspiration

Wohl in kaum einer anderen Disziplin wie dem Content Marketing kommt es so sehr darauf an, sich inspirieren zu lassen. Dieses Kapitel etwa kann nur einen Einstieg in die Thematik bieten. Individuell auf Ihr Unternehmen abgestimmte Maßnahmen müssen nach und nach erarbeitet werden: durch schlichtes ständiges Beobachten, Abwandeln, Ausprobieren, Nachahmen, Analysieren und Verfeinern. Einige lohnenswerte Quellen – um gelungene Content Marketing Beispiele aufzuspüren – möchte ich Ihnen an dieser Stelle nennen:

- *www.copyblogger.com/blog/*: Der Copyblogger ist in Fachkreisen zu Recht sehr bekannt. Leider ausschließlich in englischer Sprache finden sich dort nicht nur Informationen rund um das Thema Content Marketing, sondern generelle Tipps und Tricks zur wirkungsvollen Gestaltung von Inhalten und kompletten Onlineprojekten.
- *http://t3n.de/news/content-marketing-beispiele-487875/*: Ein Beitrag mit inspirierenden Beispielen aus dem Content Marketing Umfeld. Das t3n-Magazin berichtet regelmäßig über neue Trends zum Thema, zur Nachverfolgung kann auch die Rubrik unter *http://t3n.de/tag/content-marketing* genutzt werden.
- *www.popularity-reference.de/blog/*: Dieser Blog einer Agentur analysiert regelmäßig die Content Strategien größerer, aber auch kleinerer Unternehmen. Hiervon kann man einiges lernen: Welche Vorgehensweisen empfehlenswert sind und welche man hingegen eher mit Vorsicht genießen sollte.
- *http://searchengineland.com/21-types-of-social-content-to-boost-your-seo-103625*: Hier werden zahlreiche mögliche Inhaltsformen vorgestellt. Zwar sind diese auf den US-amerikanischen Markt bezogen und von daher für hiesige Zwecke auf ihre Tauglichkeit hin zu überprüfen. Dennoch erweisen sie sich als sehr hilfreich für ein generelles „Brainstorming".
- *www.ranking-check.de/blog/content-marketing/*: Ein umfangreicher Beitrag zum Thema Content Vermarktung, der ebenfalls viele Ideen für eigenen Content liefert.

- *www.blogprofis.de/buch/gplus1*: Hinter diesem gekürzten Link verbirgt sich eine sehr gute, öffentlich erreichbare Google+-Community rund um Content Marketing Strategien.
- *www.blogprofis.de/buch/gplus2*: Meine eigene Google+-Community, die sich zwar hauptsächlich mit dem Thema Corporate Blogs befasst, in der aber immer wieder hilfreiche Content Strategien diskutiert werden. Ich würde mich freuen, Sie dort als Mitglied begrüßen zu dürfen. Auch Hilfestellung rund um Corporate Blog Content wird dort geboten, von mehreren sehr engagierten Mitgliedern.
- *www.google.de/blogsearch*: Die Blogsuche von Google – gefüttert mit dem Begriff „Content Marketing" – hält Sie über die neusten Trends und Praxisbeispiele auf dem Laufenden. Dies ist vor allem deswegen hilfreich, da einzelne Onlinemagazine und Expertenblogs immer wieder sehr gute Beiträge zum Thema beisteuern, obwohl sie eigentlich über einen anderen inhaltlichen Schwerpunkt verfügen. In gewisser Hinsicht ist Content Marketing damit nach wie vor eine Nischendisziplin.

Nutzen Sie insbesondere die Communities, von denen mit zunehmender Bekanntheit von Content Marketing weitere entstehen werden, um sich mit Experten und Anwendern auszutauschen. Ganz „mutige" Unternehmer stellen dort ihr eigenes Projekt vor (sofern die sogenannte Netiquette der Community dies erlaubt) und bitten um Feedback. Das Ergebnis ist nicht immer sehr schmeichelhaft, aber lehr- und hilfreich. Über die oben genannten Verweise werden Sie zudem zahlreiche weitere Onlineprojekte kennenlernen, die sich für Ihre Content Marketing Überlegungen nutzen lassen.

7.4 Zukünftige Entwicklungen

Von vielen Unternehmen wird das Content Marketing gerade erst entdeckt. Und – zumindest in einer Übergangsphase – oftmals mit rein kalkulierten Inhalten betrieben. Dann steht nicht der echte Mehrwert für die Verbraucher im Vordergrund, sondern das, was diese auf den ersten Blick als Mehrwert wahrnehmen, vordergründig aber nach wie vor dem möglichst schnellen Erreichen eigener Absatzziele dient. Eine Zeit lang wird dies gut funktionieren, zumindest so lange, bis Google und andere Suchmaschinen derartige grenzwertige Onlineinhalte besser herausfiltern können. In einigen Branchen, in denen sich die Webinhalte-Konkurrenz noch (!) in engen Grenzen hält, wird die Schonfrist dabei länger sein. Dieser Bereinigungsprozess hat gerade erst begonnen. Google implementiert ständig neue Filter, um qualitativ minderwertige Beiträge in den Suchergebnislisten auf hintere Ränge zu verbannen. Die Justierung wird immer feiner. Gleichzeitig werden die Onlinerezipienten mündiger und berücksichtigen beziehungsweise belohnen immer mehr den tatsächlichen Mehrwert. Auf je höherwertige Inhalte Sie von Anfang an setzen, umso eher werden Sie für die Zukunft gewappnet sein. Es gilt also, mit Ihren Webtexten echte **Werte** zu schaffen, eine Strategie, die Ihnen aus der guten alten Offline-Welt bekannt vorkommen mag. Dort setzt sich langfristig das Angebot durch, das Qualität nicht nur verspricht, sondern auch tatsächlich bietet. Im Bereich Onlinemarketing muss sich diese Erkenntnis erst noch etablieren.

Gutes, echtes Content Marketing verursacht dabei höhere Kosten. Und kann zu Beginn gar erst einmal für langsamer steigende beziehungsweise geringere Konvertierungsraten sorgen, was etwa den Prozess von der Interessentenansprache bis hin zum tatsächlichen Umsatz anbelangt. Dabei stehen generell nicht rein monetäre Aspekte im Vordergrund, sondern Ziele wie das Erreichen einer Online-Reputation und eines Expertenstatus. Für viele Unternehmensverantwortliche wird dies ein echtes Umdenken erfordern und eine hohe Herausforderung darstellen. Doch Inhalte, die nicht unmittelbar auf größtmögliche Gewinne bei gleichzeitig möglichst niedrigem Budget-Einsatz schielen, haben einen entscheidenden Vorteil: Hat sich der höhere Aufwand erst einmal amortisiert, so wirken sie dauerhaft, über Monate oder gar Jahre hinweg. Onlinemarketing-Trends und -Techniken – insbesondere auf dem Gebiet der Suchmaschinenoptimierung – waren in der Vergangenheit stets von recht kurzer Lebensdauer. Das macht das Web-Geschäft riskant und mitunter unberechenbar, vor allem für jene Unternehmen, die jetzt schon einen großen Teil ihrer Umsätze über Onlinekanäle generieren. Gute Inhalte sind hier weit beständiger und kalkulierbarer. Ihre (potenziellen) Kunden sowie die Suchmaschinen werden immer ein Interesse an eben diesen haben. Man klickt auf das Suchergebnis und man bleibt bei dem Portal, das wirklich weiterhilft und Qualität bietet. Hinzu kommt, dass sich gute Webtext-Ideen und funktionierende Beitragsbestandteile immer wieder aufs Neue verwenden lassen. Wenn Sie nach und nach einen Grundstock an Inhalten ermitteln, der für besonderes Interesse bei den Lesern sorgt, so können Sie die dahinterliegenden Mechanismen nachahmen. Mit der Zeit werden Sie immer öfter einen „Treffer“ landen, für Ihre Besucher und damit auch für Ihr Unternehmen. Dann macht Content Marketing echte Freude. Sie werden die Ratschläge aus diesem Buch allmählich nicht mehr benötigen, da das Mehrwert-Prinzip von ganz alleine in Ihre Texte, aber auch in Ihr unternehmerisches Denken einfließt.

Ich will dabei nicht verheimlichen, dass Content Marketing Strategien nicht in jedem Fall wie erhofft aufgehen. Es gibt Praxisbeispiele, die mit durchaus durchdachten und hochwertigen Inhalten arbeiten und dennoch nur wenig Gehör bei den potenziellen Zielgruppen finden. Schätzungsweise ist dies bei ein bis zwei von zehn Projekten der Fall, wobei es sich nicht um empirisch belastbare Zahlen handelt, sondern um meine persönlichen Erfahrungswerte. Dieser unschöne Fall kann beispielsweise dann eintreten, wenn:

- die Suchmaschinen – vereinfacht formuliert – die Qualität der Beiträge nicht als solche erkennen und womöglich auch zukünftig nicht erkennen werden
- der Verbraucher den Mehrwert nicht sieht, nicht wirklich benötigt oder nicht honoriert
- dieser Mehrwert nur im Auge des Unternehmens existiert, die tatsächlichen Kundenbedürfnisse also nicht wirklich bekannt sind
- man in einer Nische operiert, für die bislang kein relevanter Suchmarkt und nicht genügend Interesse in den sozialen Netzwerken vorhanden ist, zumindest nicht online (offline kann diese Nische gleichzeitig durchaus funktionieren)
- die Marke, die Dienstleistung oder die Produktgruppe generell unter schwindendem Verbraucherinteresse leidet, das sich dann auch online nicht mehr wiederbeleben lässt

Reagieren lässt sich hierauf meist nur, indem man eine oder mehrere der folgenden Stellschrauben ändert oder neu ausrichtet:

1. Die Produkte und Dienstleistungen selbst (Änderungen sind dann möglich a) nur in der Kommunikation und/oder b) in der Beschaffenheit der Produkte)

2. Die Außenwirkung des Unternehmens (muss diese möglicherweise offener gestaltet werden? Werden Unternehmen und Marke oder einzelne Produkte bislang als eher negativ wahrgenommen? Wird hierdurch gar ein Neustart unter einem gänzlich neuen Konzept/Marke notwendig?)
3. Zielgruppen, die angesprochen werden (etwa über die Auswahl neuer Keyword-Gruppen)
4. Zum Einsatz kommende Medien (eine Neuausrichtung erfolgt dann durch Hinzunehmen einzelner bislang noch nicht bedienter sozialer Netzwerke, Schaffung neuer Subportale oder eines Corporate Blogs, bis hin zur vorübergehenden Rückbesinnung auf Offline-Medien)

Gegebenenfalls kann man zudem das Onlinemarketing-Budget für Bezahlkampagnen wie Google AdWords erhöhen, um erst einmal eine Bekanntheit sowie einen Onlinemarkt für das Produkt oder die Dienstleistung zu schaffen. Sind hierfür (noch) keine inhaltlich relevanten Suchmaschinenanfragen und -Keywords vorhanden, zu denen sich Werbeflächen buchen lassen, so muss man eventuell auf ähnliche Themengebiete und Suchbedürfnisse ausweichen (Beispiel: Für einen Hersteller von „Motorsägen" könnte auch der Suchbegriff „Baum fällen" interessant sein). In diesem Fall lohnt es sich, einen Spezialisten für derlei Onlinemarketing-Maßnahmen hinzuzuziehen. Dieser kann Ihnen mehr dazu verraten, ob und wie sich testen lässt, ob für Ihren Markt langfristig doch noch eine Vertriebschance über Onlinekanäle besteht. Greifen die ersten der zuvor genannten Bemühungen, so kann man dann auch das Content Marketing neu starten und – unter Berücksichtigung der zusätzlich gewonnenen Analyseergebnisse – entsprechend ausrichten.

HINWEIS: Google bemüht sich derzeit nicht nur um mehr Qualität innerhalb seiner Suchergebnislisten, was die konkreten Inhalte der aufgeführten Webseiten anbelangt. Der Suchmaschinenprimus versucht zudem, der semantischen Suche stetig näher zu kommen, bei der die Bedeutung einer Suchanfrage von den Maschinen bestmöglich erkannt werden soll (etwa: Ist mit „Puma" – im Zusammenhang mit dem restlichen Suchanfragen-Satz – nun ein Tier oder ein Sportartikelhersteller gemeint? Siehe auch *http://de.wikipedia.org/wiki/Semantische_Suche*). Diesen Trend sollten Sie gut im Auge behalten, könnte er doch dazu führen, dass zukünftig die konkrete Beantwortung von Fragen sowie die Nennung der Wortbestandteile einer Frage (etwa innerhalb einer Beitragsüberschrift) eine wichtige Rolle spielen. Dies als Ergänzung zu den gegebenen Hinweisen in Kapitel 5.

Zum Einsatz kommen wird dann mit Sicherheit eine Kombination aus semantischer Suche unter gleichzeitiger Berücksichtigung der inhaltlichen Qualität aller verfügbaren Antworten. Oder anders formuliert: Nur wenn Sie mit Ihren Inhalten und Ihrem Produkt tatsächlich relevant und schlüssig zu einer Frage passen, werden Sie eine Chance haben, es ganz nach oben in den Suchergebnislisten zu schaffen. Sich mit angetäuschten Inhalten auf die vorderen Plätze zu „mogeln", das wird dann noch deutlich schwieriger oder gar unmöglich. Zumal Google sicherlich Mechanismen nutzen wird, um seine Nutzer darüber entscheiden zu lassen, welche Antworten hilfreich waren und welche nicht. Mit dem hauseigenen Netzwerk Google+ ist die Technologie hierfür längst vorhanden. ■

8 Praxisbeispiele zur Textoptimierung

Im Folgenden möchte ich Ihnen einige ganz konkrete, jeweils kommentierte Beispiele aus der Praxis vorstellen, welche die Mechanismen wirkungsvoller Webtexte und Content Marketing Strategien in sich vereinen. Denn von realen Vorlagen kann man ja bekanntlich am meisten lernen. Außerdem möchte ich Ihren Blick schärfen, damit Sie sich in Zukunft mit offeneren Augen durch das World Wide Web bewegen: Wie machen es denn andere? Welche Text- und Webstrategien kann ich gegebenenfalls auf meine Situation hin adaptieren? Auf welchen Portalen kann ich mich gar persönlich weiterbilden? Wo mein Netzwerk weiterknüpfen? Das sollten Fragestellungen sein, die Sie sich von nun an von ganz allein stellen werden.

Wie schon zuvor gilt auch in diesem Kapitel: Lesen Sie sich alle hier gegebenen Tipps genau durch, unabhängig davon, ob Sie Berührungspunkte mit der jeweiligen Branche haben oder nicht. Es wird sich für Sie und Ihren Onlineauftritt lohnen!

8.1 Der Trainer und Berater

Das in Bild 8.1 dargestellte Beispiel (siehe *www.allesverhandlungssache.info*) verdeutlicht sehr schön, dass der Mehrwert der gegebenen Informationen im Vordergrund steht und nicht etwa die Vorzüge des Beraters selbst. Eine grundlegende, sehr anschauliche Vorstellung der Thematik des Beitrags, nicht zu knapp, aber auch nicht zu ausschweifend, eine schöne Gliederung, perfekt unterstützt durch die grafische Visualisierung als Auflockerung (die im späteren Textverlauf auch noch einmal größer und damit besser lesbar abgebildet wird), sowie vor allem die durch den Autor erstellten Schlussfolgerungen für den Leser am Ende des Beitrags machen den Mehrwert dieses Onlinetextes aus.

Der Sprachstil ist sehr angenehm aufzunehmen, die kurzen, knappen Statements in den ersten Sätzen sowie die inhaltlich zweigeteilte Überschrift wecken deutlich das Interesse der Besucher, was da wohl noch an Inhalten kommen wird. Fragestellungen an den Leser, die richtige Satzlänge sowie der teilweise erzählerische Stil (Stichwort „Geschichten erzählen“) unterstützen diesen ersten, aber auch den zweiten Eindruck noch zusätzlich. Hier macht es schlicht und einfach Spaß, mitzulesen. Schön auch der überleitende und damit animierende Text hin zum „Facebook-like-Button“ (in einer früheren Version der Webseite, nun ersetzt durch ein „Zahlen Sie mit einem Tweet“), selbst wenn sich dieser natürlich immer wiederholt (siehe Bild 8.2).

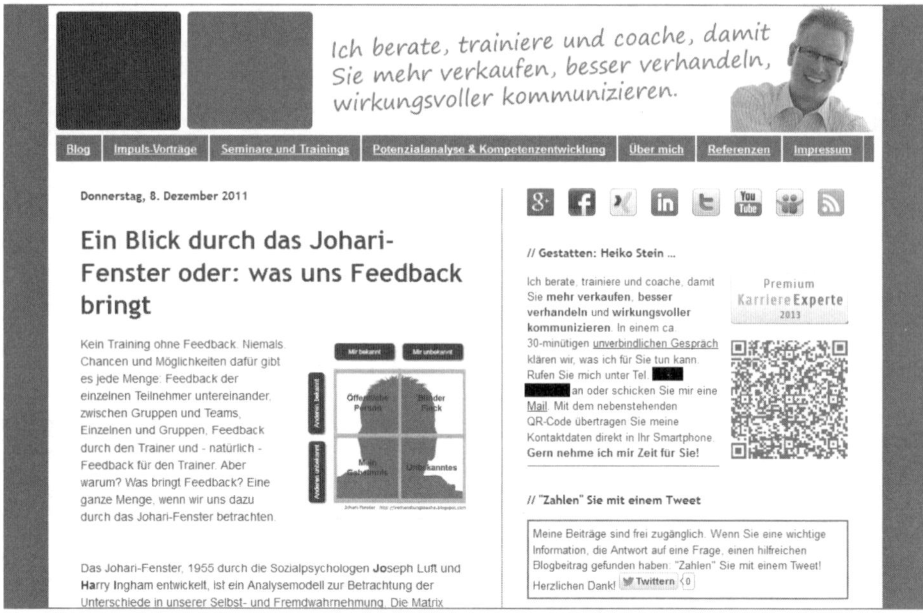

Bild 8.1 Ein Trainer verrät die besten Tipps und Tricks aus seiner „Geheimkiste"? Willkommen im für alle Seiten so wirksamen Web 2.0.

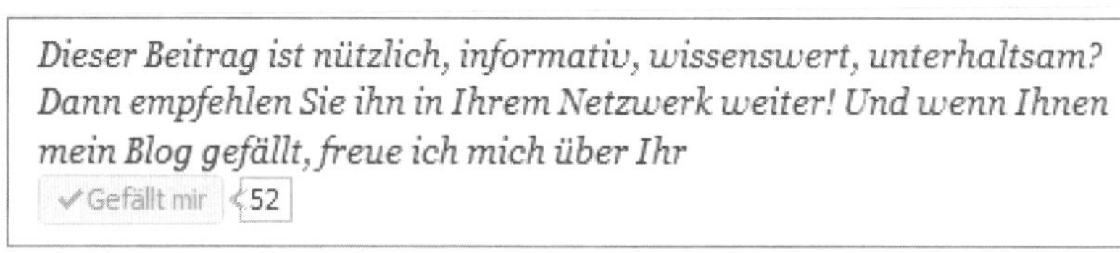

Bild 8.2 Eine gelungene Überleitung hin zu den Social-Media-Anbindungen

Verbessert werden könnte hier lediglich noch Folgendes:

- Der Textabsatz, ursprünglich eingebunden in gleich zwei Sidebars rechts und links, ist etwas schmal gehalten, was gerade dann den Lesefluss etwas trübt, wenn rechts- oder linksbündig in den Text zusätzliche Grafiken eingebunden sind
- In der Überschrift sind vermutlich keine Keywords untergebracht, über die der Autor seine Seiten wohl möglichst gefunden haben möchte. Es werden zumindest bei den Suchmaschinen quasi nur die Suchenden angesprochen, welche im Fall des gezeigten Artikels direkt nach dem „Johari-Fenster" recherchieren. Das allein stehende Keyword „Feedback" dürfte angesichts der großen Konkurrenz nicht sonderlich weiterhelfen. Das alles (und damit ein eher abstrakter Überschriftstext) ist nicht schlimm, allerdings wäre es dann möglicherweise anzuraten, zumindest in den Metadaten bzw. im Title Tag Schlüsselwörter unterzubringen wie beispielsweise „Trainingstechniken", „Kommunikation", „Training: Feedback geben" oder Ähnliches.
- In der ersten Hälfte des Beitrags kommen keine auflockernden Zwischenüberschriften zum Einsatz, dies ist in der zweiten Hälfte deutlich besser gelöst.

- Auch wenn es sich um einen sehr persönlich gehaltenen Blog handelt und damit wohl alle Texte vom Inhaber selbst stammen, könnte die prominente und explizite Nennung des Autors etwa vor oder nach dem Beitragsdatum nicht schaden.
- Klein, aber fein: Als ich den Beitrag das erste Mal las, prangte in großen Lettern „0 Leser-Kommentare" über dem Feedbackfeld, darauf würde ich persönlich ein wenig dezenter hinweisen. Bei vielen bereits abgegebenen Kommentaren mag ein solcher Hinweis förderlich wirken, bei keinem Kommentar zementiert es etwas die abschreckende Haltung: „Da hat noch keiner kommentiert, dann brauche/sollte ich es wohl auch nicht". Und das „Kommentar veröffentlichen:" könnte man vielleicht freundlicher und optimistischer ausdrücken, beispielsweise über ein „Ihre Meinung ist uns wichtig:".

Aber gerade bei den letztgenannten Punkten handelt es sich um Details, über die man sich auch streiten kann.

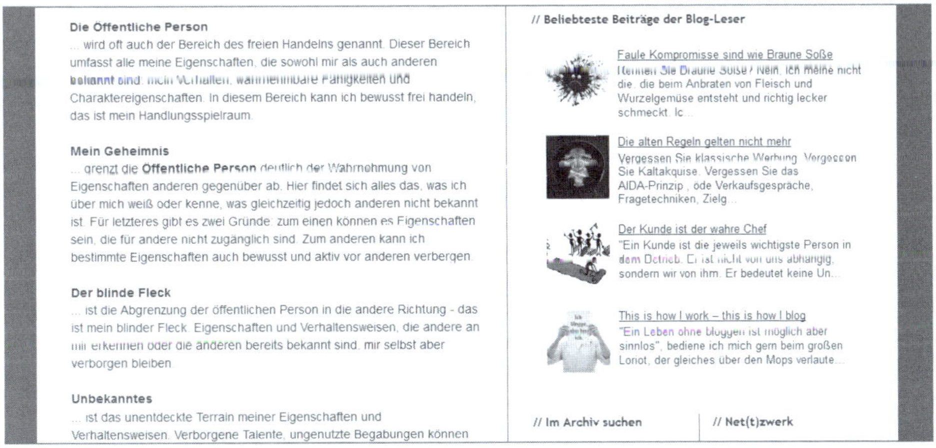

Bild 8.3 Im Verlauf des Beitrags werden die Zwischenüberschriften besser gehandhabt.

8.2 Der Onlineshop

In einem begleitenden Text geht dieser Onlineshop für Tierzubehör (Bild 8.4) auf die für viele Hundebesitzer spannende Thematik „Schutz vor Zecken" ein. Das Schöne daran: Der Text ist, anders als in den meisten Onlinetexten der Mitbewerber, nicht auf ein bestimmtes Produkt oder einen Hersteller ausgerichtet, „riecht" also nicht gleich nach einer verkaufsfördernden Maßnahme für die Angebote des Shop-Betreibers. Erst im weiteren Verlauf wird – stets kontextbezogen – textlich relativ dezent auf verschiedene Lösungsmöglichkeiten sowie zugehörige Produkte im Shop verwiesen. Allerdings wird selbst dann meist auf die Vor-, aber eben auch Nachteile der einzelnen Methoden eingegangen, was den Text überaus authentisch und glaubhaft macht – ebenso wie solche Sätze: „Erfahrene Hundebesitzer wissen: Im Laufe eines Jahres wird der Hund trotz anderer Schutzmaßnahmen von einigen Dutzend Zecken befallen."

Zecken & Co: So schützen Sie Ihren Hund

12. JULI 2011 VON CONSTANZE JESKE ▪ 3 KOMMENTARE

Sie sind eines der größten Probleme der Hundehaltung: Zecken. Sie lauern überall und stellen eine der größten Gefahren für unsere vierbeinigen Freunde dar, denn der Biß einer Zecke kann gefährliche Krankheiten wie Anaplasmose, FSME oder die auch bei Menschen auftretene Lyme-Borreliose übertragen, die jedoch bei Hunden weitaus schwieriger erkannt wird. **Unbehandelt können diese Krankheiten akut und oftmals auch tödlich verlaufen.** Hat sich eine Zecke am Hund festgesetzt, sondert sie während des Blutsaugens **Speichel** ab, der die gefährlichen Erreger enthalten kann. Im Falle der Borreliose kann die **Inkubationszeit** mehrere Monate betragen, so dass typische Merkmale wie **zurückgehender Appetit, Fieber, Gelenkprobleme und Lahmheit** gar nicht mit dem Zeckenbiss in Verbindung gebracht werden. Da die Zecke die gefährlichen Borreliose-Erreger erst nach einigen Stunden des Blutsaugens überträgt, ist ein **frühzeitiges Erkennen des Zeckenbefalls** und das **fachgerechte Entfernen** von großer Bedeutung !

Bild 8.4 Zwischenzeilen hätten auch hier nicht schaden können, um die Lesbarkeit zu erhöhen. Die gebotenen wertvollen und nicht werblichen Informationen machen dies jedoch wieder wett.

Bild 8.5 Der zugehörige Corporate Blog zum eben vorgestellten Onlineshop. Erste Hilfe bei Hitzschlag, Tipps für den Hundeurlaub. Alles Beiträge mit Mehrwert für den Leser.

Ein schönes Anschauungsbeispiel bietet der zugehörige Corporate Blog (zu erreichen unter *www.hund-unterwegs.de/hunde-blog*). Die unterschiedlichen und den Text ergänzenden Stichwörter (auch Tags genannt) unter dem eigentlichen Beitrag sind gut geeignet, um die Anzahl der möglichen Suchergebnisse bei Google & Co. zu erhöhen. Die Textlänge selbst ist meines Erachtens genau richtig geraten, auch die Einteilung in eine Art Einleitung sowie später verschiedene, teils nummerierte Abschnitte dienen der Orientierung des Lesers. Die Überschrift des Zecken-Artikels selbst ist knapp und gut. Eine Abfrage in Google Trends ergibt zwar, dass deutlich mehr Leser nach „Zecken" und „Schutz" statt nach „Zecken" in Kombination mit „schützen" suchen, aber möglicherweise ist genau dieser Punkt das Alleinstellungsmerkmal des Beitrags.

Die Verweise in den ersten Sätzen zeigen auf weiterführende, sich in einem neuen Fenster öffnende Wikipedia-Artikel, was sich im Einzelfall durchaus anbietet. Zwar werden Sie von Wikipedia keinen Backlink erhalten, dennoch wertet Google diesen Dienst natürlich als verlässliche Quelle. Noch besser wäre es allerdings, wenn die Verweise auf weiterführende, ebenso werthaltige Beiträge innerhalb der Webseiten des Shops beziehungsweise des Firmenblogs verlinken würden.

Die ersten drei Absätze wirken jedoch durch den sehr langen ersten Abschnitt, eine fehlende Zwischenüberschrift sowie vor allem die überproportional oft eingesetzten Texthervorhebungen (Fettschrift) zu massiv auf den Betrachter, was unter Umständen den einen oder anderen Leser daran hindern könnte, in den Beitrag tiefer einzusteigen. Auch die Abstände direkt vor und nach den Zwischenüberschriften sollten deutlicher ausfallen, um die Lesbarkeit zu verbessern. Einige dieser Aspekte - auch die Schriftart - wurden mittlerweile optimiert.

Bild 8.6 Der Verweis auf ähnliche Beiträge, die interaktive Bewertungsfunktion sowie die umfassenden Tags: All das sorgt mit der Zeit für einen nachhaltigen Erfolg des Beitrags und des Portals selbst.

In Bild 8.7 sehen Sie einen weiteren Onlineshop, diesmal aus dem Bereich Familie, Mode & Accessoires, der zeigt, dass auch kleinere Textelemente innerhalb einer Kategorie- oder Produktübersicht weiterhelfen können. Google bekommt somit mehr Text-„Futter" als einfach nur die Artikelbezeichnungen selbst (siehe hierzu Kapitel 3.2).

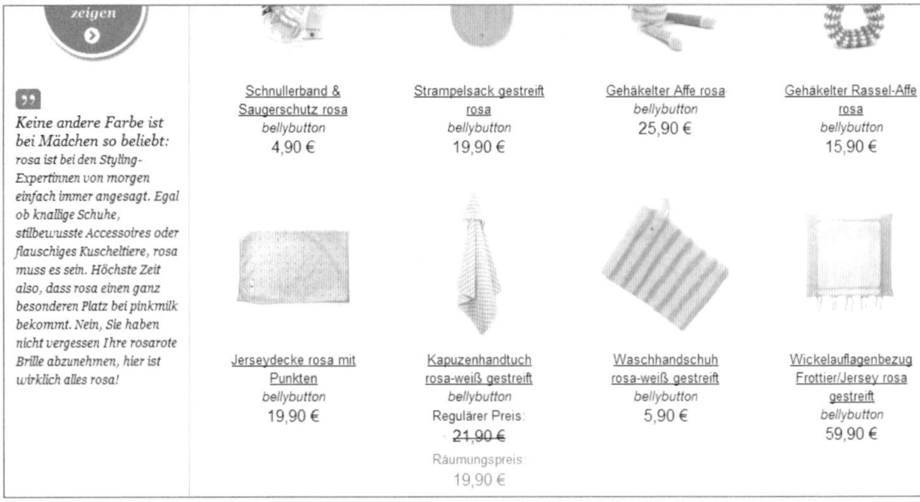

Bild 8.7 Rosa Artikel und ein Text darüber, warum diese Farbe bei Mädchen nun einmal so beliebt ist. Schön!

Eine ähnliche Idee ist es, einen Shop-SEO-Text am Ende einer Produkt- oder Auswahlseite unterzubringen. Im Beispiel aus Bild 8.8 wurde dies jedoch eher suboptimal umgesetzt. Hier hätte man sich mit dem Text sowie vor allem mit der Gestaltung deutlich mehr Mühe geben können. Denn durch den sehr knapp bemessenen Raum und die blockartige Gestaltung wurde daraus ein Text ausschließlich für die Suchmaschinen, auf den menschlichen Betrachter wirkt dies hingegen eher wie ein Beipackzettel. Hinzu kommt, wie bereits erwähnt, dass Google solche reinen SEO-Textblöcke immer argwöhnischer beäugt, etwa wenn sie sich innerhalb des Portals häufen, oder zu viele Keywords untergebracht werden. Es lohnt sich, ein vergleichbares Vorgehen mit dem SEO Experten Ihres Vertrauens abzusprechen.

Bild 8.8 Ein Online-Beipackzettel zur Tiefkühlpizza? Besser nicht, zumindest nicht in dieser Form.

8.3 Das Steuerbüro

Bild 8.9 Steuern müssen kein staubtrockenes Thema sein, das zeigt eindrucksvoll dieser Webtext sowie seine Aufmachung.

Ein schöner und kreativer Text, eine Einleitung der etwas anderen Art, die passende Illustration, keine direkte Werbung, eine regelrechte To-do-Liste, welche sehr nützlich für den Leser sein dürfte – was will man mehr? Bei diesem Beispiel gelangen wir jedoch an die Grenzen des Machbaren, was die Konkurrenz zwischen möglichst originellen Texten einerseits und gleichzeitiger Eignung für die Suchmaschinen andererseits anbelangt. Interessant ist dieser Webtext für all jene, die sich über steuerliche Freibeträge bei Sachleistungen an ihre Mitarbeiter informieren wollen. Zugehörige Suchmaschinenrecherchen müssten also laut Google Instant in etwa sein:

- „Freibeträge für Sachzuwendungen"
- „Sachbezüge Arbeitnehmer Freigrenze"
- „Absetzbarkeit Mitarbeitergeschenke" oder Ähnliches.

Ob die beiden in der Titelzeile genannten Schlüsselwörter „Sachbezüge" sowie „Brutto" zu diesem Zwecke ausreichen, dürfte fraglich sein. Natürlich sollte man nun nicht genau bzw. ausschließlich eine solche Wortfolge in der Überschrift verwenden (vielleicht eher schon im `<title>`-Tag), aber eine Mischung aus allzu kreativer Überschrift vermengt mit zumindest ein/zwei Keywords könnte hier bereits deutlich weiterhelfen. Denn selbst wenn der Beitrag in einer Suchergebnisliste enthalten sein sollte, so sieht der potenzielle Leser vermutlich das in Bild 8.10 dargestellte Suchergebnis.

Ottokar: **Was vom Brutto übrigbleibt** (Sachbezüge) - Lemminger ...
www.lemminger-steuerberater.de/.../ottokar-**was-vom-brutto**-ubrigbl...
10. Apr. 2012 – Mit dem Tankgutschein und der Rückenfitness hat Herr Wolter genau ins Schwarze getroffen. Und die Freude darüber kommt immer wieder, ...

Bild 8.10 Von Stichworten wie „Ottokar“ und dem „Brutto“ zu den „Sachbezügen“ in Klammer. Originell, aber auch auffindbar und klickbar bei Google und Konsorten?

Die Frage ist nun: Fühlt er sich durch die dort genannte Überschrift sowie den ersten Satz überhaupt angesprochen, was sein ursprüngliches Problem bzw. seine ursprüngliche Fragestellung betrifft? Wohl kaum. Sprich: Es handelt sich bei dem gezeigten Beispiel um einen sehr hilfreichen Text, der sicherlich mit als Aushängeschild für das dahintersteckende Unternehmen dienen könnte. Doch es ist fraglich, ob mit dieser Gestaltung auch wirklich genügend Suchmaschinenbenutzer auf den Beitrag aufmerksam werden. „Schöne“ Überschriften versus Überschriften, die gefunden werden, dieser alltägliche Spagat eines Onlinetexters zeigt sich hier recht deutlich.

8.4 Aus dem Baumarkt

Material

Terassendielen Douglasie (ca.12)
Konterlattung Douglasie (5)
Schrauben
Seil oder Draht
Stützpfosten 2,10m (4)

Beschreibung

Als Opa wollte ich meinen Enkeln für ihre Besuche einen Sandkasten bauen. Außerdem sollte eine schöne ausreichen große Sitzmöglichkeit her.
Da kam mir die Idee ein "Outdoorbett" zu bauen, unter dem ich einfach Sandkasten und Sandspielzeug verschwinden lassen kann, wenn die Kinder nicht da sind (unser Garten ist auch nicht so groß, daher beitet sich diese Möglichkeit an)
Hier nun die Idee:
- Bettkasten: zunächst müssen 3 Konterlatten auf den Boden gelegt werden; auf diese die Dielenbretter schrauben; Ausschnitte für die Pfosten aussägen und die 4 Posten auf bequemer Sitzhöhe mit dem "lattenrost" verschrauben
- die oberen Enden der Pfosten mit Konterlatten verbinden/festschrauben
- an den beiden hinteren Pfosten 2 Dielenbretter für die Rückenlehne festschrauben
- Seitenlehnen zwischen den (jeweils linken und rechten) Seitenpfosten festschrauben
Seile oder Draht (z.B. für rankenden Blumen) zwischen die langen Konterlatten (oben) spannen.
- ausziehbare Schublade: 2 Dielenbretter in der Länge des "Bettes" zusägen; 2 Dielenbretter in der Tiefe des "Bettes" zusägen; diese zu einem Rechteck miteinander verschrauben, eine Platte (ich habe eine alte

Bild 8.11 Die „Do it yourself“-Bastelanleitung aus dem Baumarkt: Sprachlich nicht perfekt (da durch einen Leser selbst bereitgestellt), aber gerade das macht hier den Reiz sowie die Ehrlichkeit des Beitrags aus.

Zweifelsohne eine sehr schöne Aktion, die der allseits bekannte Baumarkt aus Bild 8.11 sich da ausgedacht hat. Ideal auch prädestiniert dafür, über die sozialen Netzwerke weiterverbreitet zu werden. Dies wird durch die Möglichkeit, die einzelnen Bauanleitungen zu bewerten und zu kommentieren unterstützt, außerdem versuchen sich die einzelnen Benutzer natürlich gegenseitig mit kreativen Vorschlägen zu übertreffen. „Selber machen" liegt im Trend, und so werden die besten Entwürfe auch fleißig von Hobby-Handwerker zu Hobby-Handwerker weitergereicht. Ganz nach der Devise: „Hast du mich schon gesehen? Im Internet? Bei Obi?". Empfehlungsmarketing pur also, und das nicht nur für den Hobbybastler.

Ein solches Konzept dürfte sich sogar ohne allzu viel Aufwand umsetzen lassen, schließlich stammt der eigentliche Content, animiert durch eine schöne Prämie für die besten Einreichungen, von den Nutzern selbst. Genau darin liegt vielleicht das einzige Problem, was die Qualität der Inhalte anbelangt. Die meisten eingereichten Anleitungen sind sehr knapp beschrieben und mit Anweisungen hinterlegt, sodass der entsprechende Mehrwert für die Leser, aber auch die Suchmaschinen nicht immer gegeben ist. Hier würde eventuell eine redaktionelle Nachbereitung helfen, was aber wiederum den sehr authentischen Charakter der einzelnen Beiträge zerstören könnte.

In diesem Beispiel trifft durch den User generierter Inhalt also auf eine gute Idee sowie eine soziale Mitmachkomponente. Und der dahinterstehende Baumarkt gerät hierdurch, in diesem Fall durchaus positiv für die Markenbildung, fast schon in den Hintergrund. Ein mehr firmengetriebener und -gesteuerter Ansatz wäre sicherlich längst nicht so erfolgreich verlaufen. Und wenn Sie es mit einer ähnlichen Onlineaktion schaffen, die Leser zur Interaktion in Form von Kommentaren zu animieren, so sind Sie erfolgreich in die Königsdisziplin des Content Marketings vorgedrungen. Denn jeder einzelne Kommentar erweitert nicht nur den ursprünglichen Inhalt quasi von allein, er sorgt zudem dafür, dass die Artikel selbst aktuell und für die Suchmaschinen interessant bleiben. Selbst der eine oder andere Backlink dürfte dem Portal somit sicher sein, wenn die einreichenden Heimwerker – statistisch gesehen immer öfter mit einer eigenen Website oder einem eigenen Blog ausgestattet – auf ihren erfolgreichen Entwurf verlinken. Und sei es nur in Form eines Facebook- oder Twitter-Eintrags.

Bild 8.12 Derartige Beiträge in anderen Blogs können aus solchen Mitmachaktionen entstehen, inklusive Verlinkung auf das Ursprungsportal des Baumarkts (in diesem Fall am Ende des Beitrags und damit hier nicht sichtbar).

8.5 Die Manufaktur

Bild 8.13 Ein äußerst spannendes und nicht ganz einfaches Vorhaben: Die Traditionsmanufaktur geht in das Web 2.0. Man beachte die schöne Kategorie-Idee „Fashion Wiki" (verzeihen wir hier ausnahmsweise einmal die Anglizismen).

Überaus spannend ist es oftmals, wenn ein Traditionsunternehmen seine ersten Schritte im Internet unternimmt. Zwar wird wohl kaum eine gestandene Firma, egal aus welchem Bereich, um diese Notwendigkeit herumkommen, dennoch ist in einem solchen Fall viel Fingerspitzengefühl gefragt. Schließlich lebt ein seit Langem existierendes Unternehmen gerade von seinen traditionellen Werten, Produkten, aber auch einer entsprechenden Ausstrahlung. Ein allzu „hipper" Onlineauftritt wäre dabei wohl wenig glaubwürdig und vermutlich eher kontraproduktiv.

Hinter dem oben gezeigten Beitrag steckt die sehr schöne Idee, einmal zu zeigen, wie es denn hinter den Kulissen einer Manufaktur aussieht, wieso diese ihren Namen zu Recht trägt und was den Unterschied zu den immer gleichen Handelsketten heutiger Zeit ausmacht. Und ganz nebenbei wird dem Leser schnell verständlich, warum all dies eben seinen Preis, aber auch seinen besonderen Wert hat. Positiv fällt in diesem Zusammenhang auf, dass der zugehörige Webtext ganz ohne jegliche Häme gegenüber der „billigen" Konkurrenz auskommt. Nicht selten begegnet man auf so mancher Unternehmensseite Beiträgen, die in einem wütenden oder im schlimmsten Fall fast schon jämmerlichen beziehungsweise hämischen Ton mit dem Finger auf Mitbewerber, andere Technologien oder Ähnliches zeigen. Nicht nur, dass dies den Leser und damit potenziellen Neukunden kaum interessieren wird, es wirkt auch wenig professionell.

Einzig die Sprache des Beispielbeitrags wirkt ab und an recht zäh und oft ein wenig zu technisch, die fehlenden Zwischenüberschriften oder sonstigen auflockernden Elemente unterstützen diesen Eindruck noch zusätzlich. So fällt es einem erfahrenen Internetnutzer, der entweder alle Informationen schnell auf den Punkt gebracht haben oder zumindest gut unterhalten werden will, wohl eher schwer, dem Artikel bis zum Ende zu folgen. In diesem Fall hätte die redaktionelle Nachbereitung des Textes durch einen erfahrenen Online-PR-Profi wohl noch einmal einiges an Lebendigkeit und Bildsprache herausholen können.

8.6 Der Lifestyle-Versand

Bild 8.14 Wer mit schickem Styling der eigenen Produkte wirbt, der muss natürlich auch gute Bilder für sich sprechen lassen.

Das Portal eines Anbieters rund um Mode, Lifestyle & Co. lebt natürlich in erster Linie von einer gut funktionierenden Bildsprache. Dennoch müssen gleichzeitig auch die zugehörigen Texte stimmig sein und Interesse hervorrufen, nicht zuletzt, um stets neue Besucher aus den Suchmaschinen generieren zu können. Schon die Startseite des zum Unternehmen gehörenden Onlinemagazins verrät, dass hier echter Mehrwert im Vordergrund steht und nicht etwa geschönte, künstliche Produktstorys. Mit Yoga fit vor den Traualtar, der Styling Guide für die anstehenden Sommerfestivals, das ist nicht nur sehr zielgruppenorientiert, sondern auch originell.

Der zugehörige Beitrag überzeugt dann auch durch ein großzügiges Textformat, schlichte, aber wirksame Absätze, knapp gehaltene Praxistipps in ebenso knackig formulierten Sätzen, sowie eine wohltuend erfrischende und dennoch nicht zu laxe Sprache. Genau so muss eine moderne Onlinekommunikation aussehen.

Natürlich lässt sich dieser Stil nicht auf jedes inhaltliche Thema übertragen, so wäre die zuvor genannte Herrenmodemanufaktur mit einer solchen Aufmachung wohl eher schlecht beraten. Dennoch können die meisten Unternehmen, aber auch Selbstständigen von dieser Art der frischen, zielgerichteten, schnell auf den Punkt kommenden Kommunikation noch etwas lernen. Mehrwert allein genügt eben nicht, er sollte auch noch möglichst attraktiv verpackt sein. Und das kann man, wie dieses Beispiel unter Beweis stellt, mit einer schönen Sprachform mindestens so gut erreichen wie mit einer gelungenen grafischen Gestaltung.

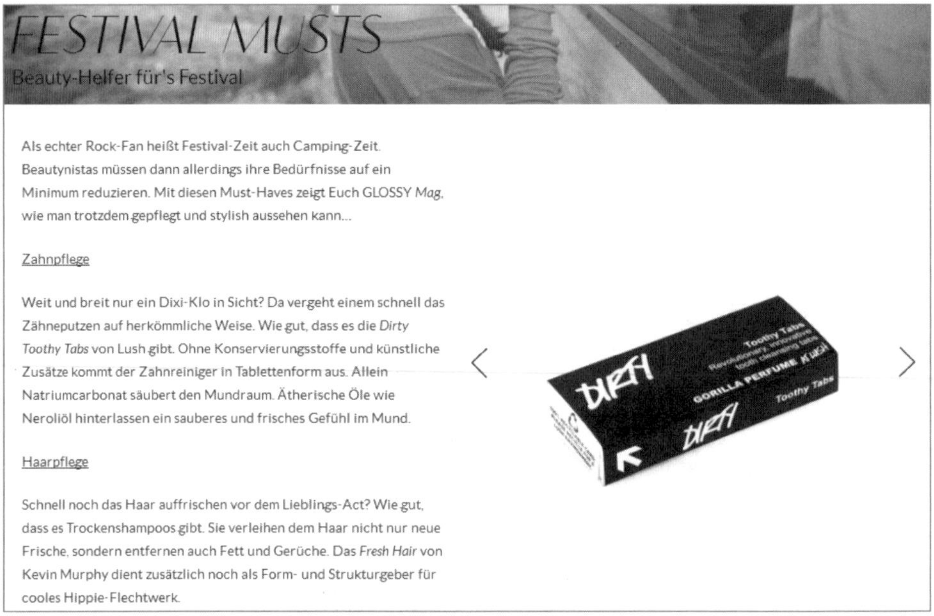

Bild 8.15 Welche Accessoires sollte man als stilsicherer Festivalbesucher stets dabei haben? Eine schöne Textidee trifft hier auf eine ebenso schöne Gestaltung.

8.7 Das StartUp

Bild 8.16 Interviews mit Angestellten oder freiberuflichen Mitarbeitern? Diese müssen kein bisschen langweilig sein, wie man hier sieht oder besser „liest“.

Neugründungen jeglicher Art haben es meist mit einer besonderen Herausforderung zu tun, wenn es um die Onlinevermarktung der eigenen Produkte und Inhalte geht. Schließlich tritt man ja, selbst bei sehr einzigartigen Geschäftskonzepten, in Konkurrenz mit zahlreichen Anbietern im gleichen Sektor, die sich mit ihrem Portal bereits seit Jahren einen deutlichen Vorsprung erarbeiten konnten.

Hier sind besonders kreative Konzepte, Texte und zugehörige Ideen gefragt, wenn man in diesem Fall aus der Masse herausstechen möchte. Hinzu kommt, dass das eigene Marketingbudget in dieser Lebensphase eines Unternehmens in der Regel nicht allzu üppig ausfällt. Corporate Blogs können dann eine gute Möglichkeit darstellen, den Content-Vorsprung zu etablierten Firmen kleiner werden zu lassen. Ein solcher Blog kostet in der Installation wenig Geld, und die Zeit, diesen mit regelmäßig neuen Inhalten zu füttern, sollte auch noch vorhanden sein.

Der große Vorteil, den Jungunternehmer aus den unterschiedlichsten Bereichen vorweisen können: Eine Gründungsphase ist meist so spannend, dass es genügend Geschichten zu erzählen gibt (siehe Kapitel 2.1.2). Meist erzeugt ein StartUp zudem noch reges Interesse im beruflichen, aber auch privaten Umfeld der Gründer, sodass man sich über eine mangelnde Zahl an Interviewpartnern und Ähnlichem, die für einen kontinuierlichen Zustrom an Inhalten sorgen, ebenfalls nicht beklagen dürfte. So zum Beispiel das abgebildete StartUp aus dem Bereich Mode. Auf sehr sympathische Art werden dort die ersten „Models“ gefragt, wie ihnen das eigene Produkt denn gefallen hat. Schöne, ehrliche Antworten sind das Resultat. Und da wohl fast jede Frau einmal den Wunsch hatte, auf dem Laufsteg zu stehen, dürften diese Beiträge auch hier sehr gerne gelesen und weiterverbreitet werden, nicht nur von den Models selbst.

Das Erfolgsrezept scheint in diesem Fall übrigens durchaus aufzugehen, trotz des erst geringen Alters des Unternehmens und seiner Onlinepräsenz verweisen bereits zahlreiche unabhängige Content-Portale und Blogger darauf.

PRAXISTIPP: Wenn Sie selbst einmal überprüfen wollen, welche Verweise auf Ihre Webseiten oder aber auch auf andere Portale führen, so kann ich Ihnen hierfür das Portal *www.backlinktest.com* oder ähnliche kostenfreie Dienste empfehlen. Obwohl nicht immer alle Links darüber aufgespürt werden: Oftmals erhält man über eine solche Recherche spannende Ansatzpunkte dafür, mit welchen anderen Onlinediensten man eine Link- oder sonstige Kooperation vereinbaren könnte. Zudem wird hiedurch ersichtlich, welche Webseitenbetreiber einer Verlinkung und damit wohl auch einem Interview oder Gastbeitrag gegenüber aufgeschlossen sind.

Bild 8.17 Welche Verweise zeigen auf ein bestimmtes Portal? Tools wie backlinktest.com machen dies sichtbar.

In Bild 8.18 sehen Sie noch ein besonders schönes Textbeispiel, das zeigt, wie unverkrampft – und damit zielführend – zahlreiche junge Unternehmensgründer mit den Inhalten ihrer Online-„Auslage“ umgehen. Können Sie sich einen schöner umschriebenen Ratgebertext dafür vorstellen, dass auch eine Frau mit einer Figur, die einem „goldigen Apfel“ gleicht, vor dem Traualtar wie eine Prinzessin aussehen kann? Wohl kaum. Welche Kundin würde sich dabei nicht geschmeichelt fühlen?

Bild 8.18 Dieses Portal für Brautmoden gibt Tipps zum passenden Kleiderstil – und dies auf sehr charmante Art und Weise

8.8 Der Lieferservice

Neue Lieferservices, egal ob diese ihre Dienste nun offline oder rein online anbieten, müssen ihren Interessenten meist innerhalb von wenigen Sekunden klar machen, wie das zugrunde liegende Konzept funktioniert. Dies zum einen, wenn es sich nicht um den x-ten telefonischen Standard-Pizza-Lieferdienst handelt, aber auch dann, wenn man besondere Alleinstellungsmerkmale seines Unternehmens online vermitteln möchte. Denn wird dem zukünftigen Kunden nicht sehr schnell klar, welchen Vorteil er durch den beworbenen Dienst hat oder wie dieser arbeitet, so wird er meist sofort abbrechen. Und dann doch lieber den Italiener um die Ecke anrufen.

Die Abbildung 8.19 zeigt ein gutes Beispiel dafür, dass auch seiteninterne Texte gut formuliert und ausgestaltet sein müssen, um wie in diesem Fall einen Kaufprozess anzustoßen. Diese Anleitung der Art „So geht's" dürfte jeder verstehen. Die einzige Kritik an dieser Stelle: Die Überschriften sind hier als Bild und eben nicht als Text hinterlegt. Schade, wenn dann jemand mit zunehmender Bekanntheit dieses ebenfalls recht neuen Dienstleisters nach „BiteBox Abo" sucht, zumindest diese Seite dürfte er über Google dabei nämlich nicht finden.

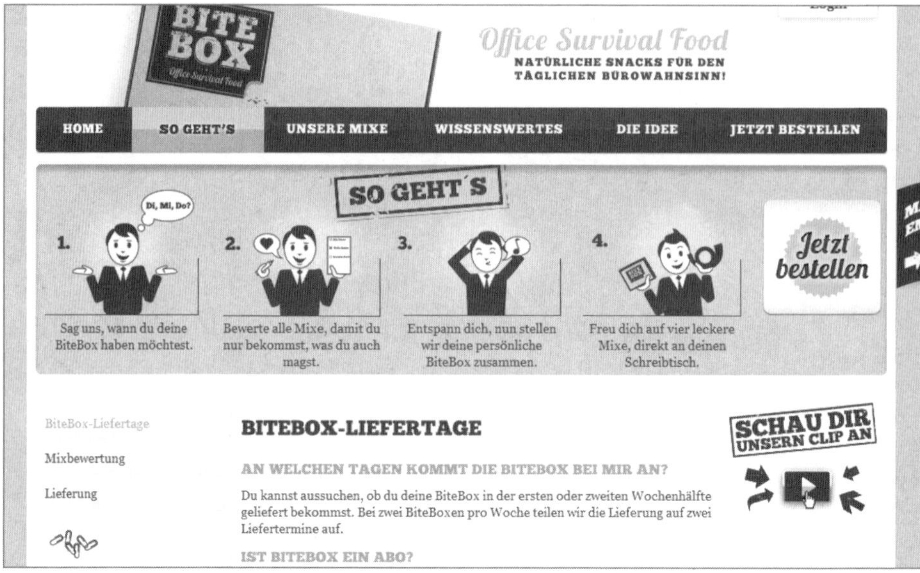

Bild 8.19 So geht's: Vier kurze Sätze mit vier dazu passenden Visualisierungen machen dem Besucher schnell klar, wie dieser Onlinedienst funktioniert.

■ 8.9 Der (Online-)Dienstleister

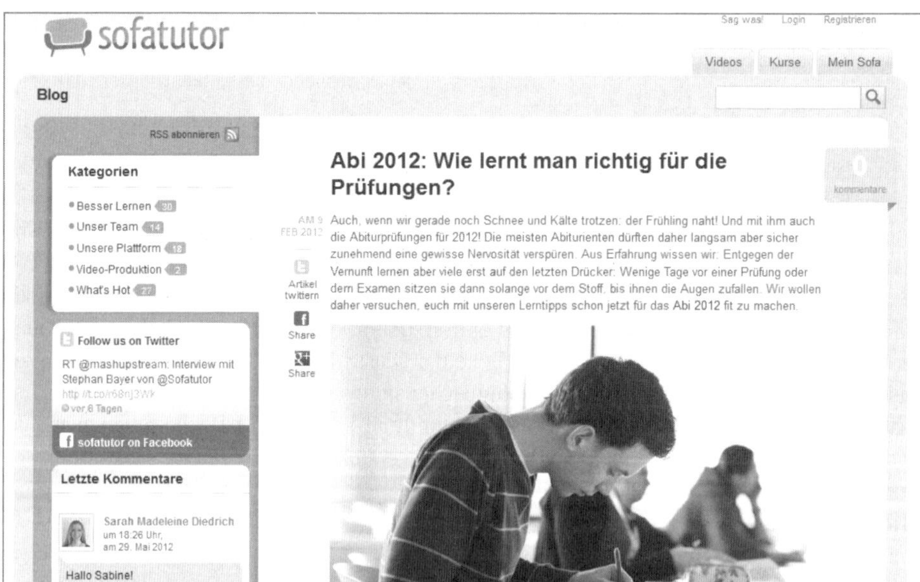

Bild 8.20 Gerade wenn es dem Sommer zugeht, dürfte viele Schüler diese Frage brennend interessieren, auch bei Google: Wie lernt man möglichst effizient für das Abitur?

Bild 8.20 zeigt eine gute inhaltliche Idee, die wir hier umgesetzt sehen. Zumal enthaltene (teils Longtail-)Keywords wie „Abiturprüfung 2012“ oder aber „Lerntipps Abi“ gefragt sein dürften. Schade nur die allzu offensichtliche Umsetzung, bei der die vorgestellten Tipps zu schnell auf das eigene Produkt verweisen, das man verkaufen möchte. Auf diese Weise wird es der zugehörige Beitrag wohl schwer haben, in den bei der Zielgruppe beliebten sozialen Medien als „Geheimtipp“ weiterempfohlen zu werden. Man hätte hier also ausschließlich und exklusiv mehr echte Tipps verraten sollen, ohne den kommerziellen Aspekt in den Vordergrund zu rücken.

Die folgende Abbildung zeigt ein kleines Gegenbeispiel.

Bild 8.21 Richtig gute Tipps für den Berufsalltag, das dürfte die Besucher dieses Dienstleisters für Lehrkräfte freuen.

Dieses Portal für Lehrkräfte, also eine Zielgruppe quasi am anderen Ende, gibt sehr werthaltige Informationen rund um das Thema Unterrichtsvorbereitung preis. Der hier abgebildete Beitrag meint es allerdings ein wenig zu gut, was das Thema „optimale Länge von wirksamen Onlinebeiträgen“ anbelangt. Selbst wenn hier eine Geschichte erzählt wird, und das ist ja bekanntlich sehr gut so, dauert es doch relativ lange, bis der Artikel bzw. dessen Inhalt „zum Punkt“ kommt. Das kann als eine Art Onlineglosse funktionieren, wenn man bereits sehr viele Leser sein eigen nennt (Bei einer Glosse handelt es sich um „einen kurzen und pointierten, oft satirischen oder polemischen journalistischen Meinungsbeitrag“, so Wikipedia. Wobei wir das „polemisch“ besser einmal weglassen.) Doch stoßen neue Besucher über einen Google-Direkteinstieg erstmals auf eben diesen Beitrag, so werden sie nicht unbedingt die Geduld mitbringen, die allzu ausschweifend formulierte Geschichte einer Person zu lesen, die sie nicht einmal kennen. Sie merken: Die Tipps in diesem Buch in der richtigen Dosis umzusetzen, das ist nicht immer ganz einfach. Umso wichtiger ist es, sich derartige Beispiele ganz genau anzuschauen und daraus zu lernen.

8.10 Ein Spezialhändler

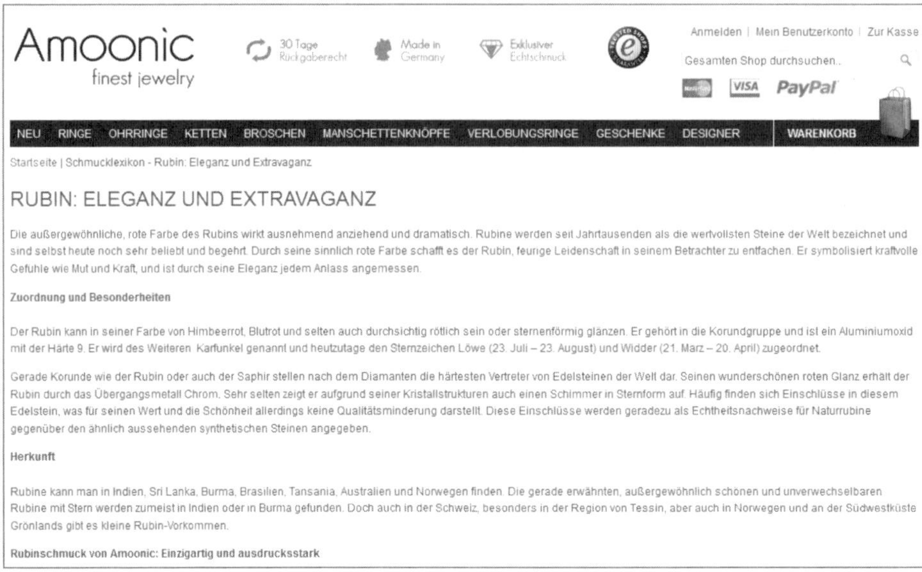

Bild 8.22 Ein Onlinelexikon für Edelsteine: Weniger edel und auch nicht so emotional, wie es dem Thema entsprechen würde, kommt hingegen die Gestaltung daher.

Dieser Juwelier erklärt die einzelnen Edelsteine in einer Art Onlinelexikon. Das könnte sehr gut und zielführend sein, wenn …, ja wenn die Texte ausführlicher und vor allem besser gestaltet wären.

Bei dem hier beschriebenen Rubin etwa hat man einen solchen prachtvollen, dunkelrot glänzenden Edelstein bereits vor dem geistigen Auge, wenn man zugehörigen Schmuck sucht. Der Text greift das Motiv durchaus auf, wenn er Worte wie „sinnlich“, „begehrt“ oder „feurig“ verwendet. Dieses Bild sollte dann aber auch visuell aufgenommen werden und sich in Form einer qualitativ sehr hochwertigen Abbildung in den Onlinetext integriert wiederfinden. „Einzigartig und ausdrucksstark“, so wirbt der Händler am Ende des Texts für seine Produkte, dementsprechend einzigartig und ausdrucksstark muss auch die zugehörige Internetpräsenz daherkommen. Und dies bei einem derart auf visuelle Reize ausgelegten Produkt eben auch innerhalb eines ganz gewöhnlichen Onlineglossars.

Wie geht denn ein Mitbewerber mit seinem Edelstein um? Bild 8.23 zeigt es.

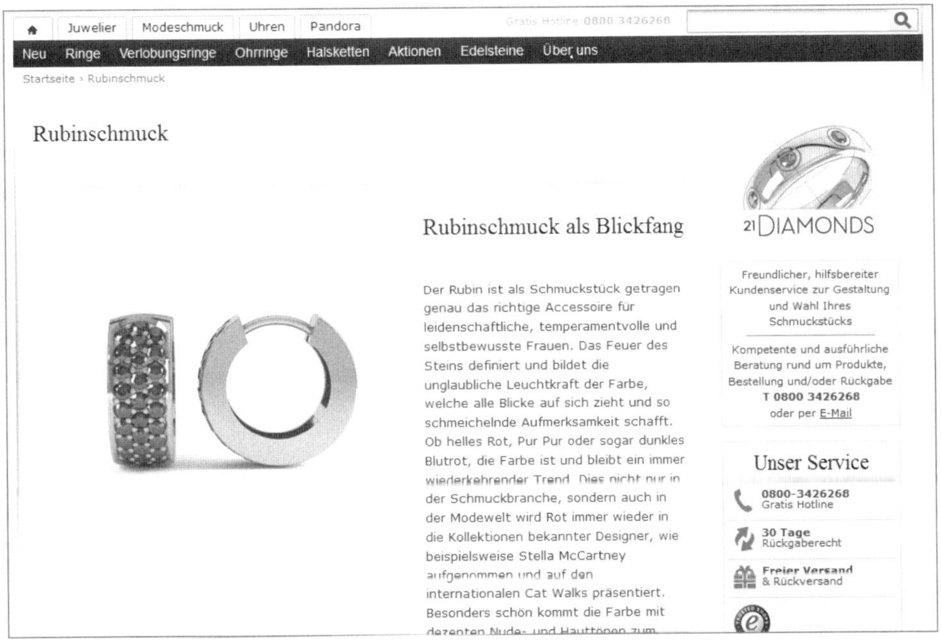

Bild 8.23 Der Blocktext ist inhaltlich gut, aber gestalterisch unschön. Die edle, feurige Atmosphäre kommt hier ansonsten deutlich besser zur Geltung.

8.11 Der Tante-Emma-Laden 2.0

Bild 8.24 Hier stimmt fast alles. Von der Blümchentapete im Hintergrund bis hin zu den sachlichen, aber dennoch „leckeren" Texten.

In diesem Fall handelt es sich einen kleinen, aber sehr feinen Lebensmittel-Onlineshop, der unter der Adresse *www.emmas-enkel.de* aufgerufen werden kann. Die Idee an sich ist schon sehr schön, denn stilistisch wird bei „Emmas Enkel", wie der Name selbst ja schon sagt, der gute alte Tante-Emma-Laden in das Web-2.0-Zeitalter übertragen. Und dieses Konzept zieht sich durch den kompletten Onlineauftritt, von der Gestaltung jeder einzelnen Seite bis hin zu den zugehörigen Texten.

Hier kommt keine Massenware zum Einsatz und in den virtuellen Einkaufskorb der Kunden, sondern persönlich von den Gründern ausgewählte Produkte. Die meisten der Artikelbeschreibungen bieten dem Leser einen tollen Mehrwert, so dürfen beim abgebildeten Beispiel ein leckeres Kochrezept, aber auch weitere Produktvorschläge nach dem Motto „Das passt dazu" natürlich nicht fehlen. Dabei wird fast jeder einzelne Verkaufsartikel mit einem stimmigen, individuellen Text versehen, was das Einkaufen zum Vergnügen werden lässt. Natürlich hat dieser Onlineshop hierbei den Vorteil, keine riesige Datenbank mit einer Unmenge an Produkten pflegen zu müssen. Dennoch kann das Portal als Vorbild für so manchen größeren Anbieter seiner Art dienen.

Bild 8.25 Ebenfalls schön: die Auswahl der Kategorien nach „Themeneinkäufen": Egal ob bei „Kind, du arbeitest zu viel" oder „Mädelsabend" – hier finden sich die passenden Produkte

8.12 Produktion & fertigende Industrie

Die fertigende Industrie tut sich im deutschsprachigen Raum oftmals noch schwer mit der direkten Kundenansprache über das Internet. In den meisten Fällen beschränken sich entsprechende Bemühungen auf mehr oder weniger informative, thematisch etwas ausgeweitete Firmen-Webvisitenkarten. Darin enthalten die – eher technische – Auflistung der wichtigsten Produktlinien, ein Pressebereich, vielleicht noch ein Unterportal für die Investor-Relations, und das war's dann. Insgesamt also eher B2B-lastig (Business to Business, Marketing zwischen einzelnen Unternehmen) als für den Bereich B2C (Business to Customer oder Endkundenmarketing) gedacht. In den USA geht man in den produzierenden Branchen meist weit offener damit um, wenn es sich darum dreht, die Konsumenten selbst über das Internet und die sozialen Medien anzusprechen, weswegen ich Ihnen im Folgenden auch einige Beispiele aus Übersee vorstellen möchte. Die darin erkennbaren Webkommunikations-Trends werden sich auch hierzulande immer weiter durchsetzen.

Nehmen wir einmal einen der führenden Anbieter für Geräte der mobilen Navigation, dessen deutschsprachiger Unternehmensauftritt im World Wide Web bislang übrigens in weiten Teilen deutlich weniger spannend ausfällt.

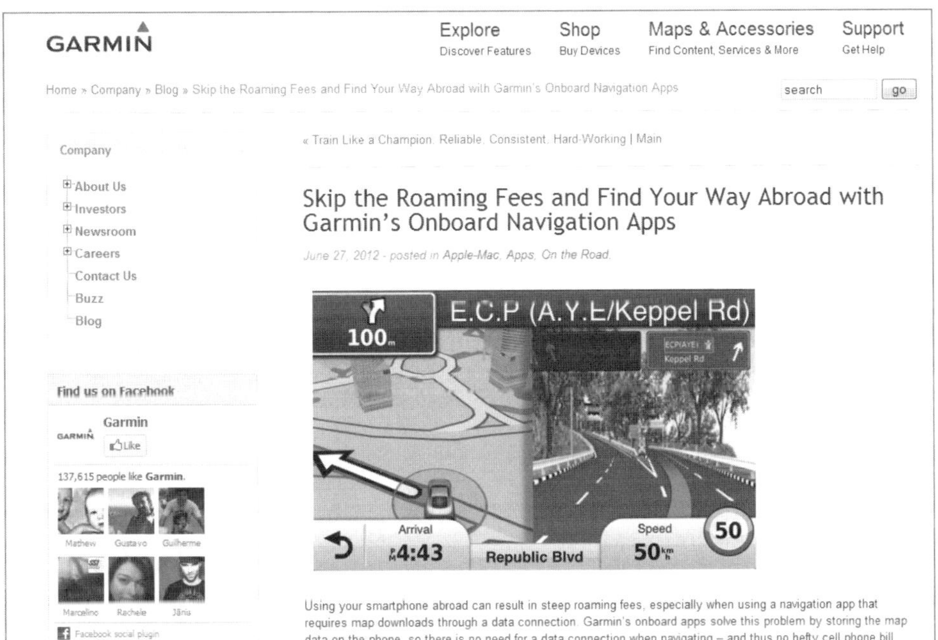

Bild 8.26 Selbst einfache Produkterklärungen stoßen hier auf reges Interesse bei den Lesern (Über 137 000 Facebook Folger können kaum irren).

Nicht dass die Inhalte selbst besonders außergewöhnlich wären, auch der Mehrwert hält sich bei vielen darin enthaltenen Beiträgen in Grenzen. Berichte darüber, welches Sportevent das Unternehmen gerade sponsert oder über welche Produktfeatures die neuste Navigationssoftware verfügt, das würde hierzulande wohl nur eine sehr kleine Gruppe an Lesern interessieren. Zumal es sich ja nicht um eine Gerätegruppe handelt, die mit einem solchen Hype betrachtet wird wie die neuesten Errungenschaften von Apple, Samsung, Microsoft, Google & Co.

Eins zu eins das dahintersteckende Konzept zu adaptieren würde in Deutschland, Österreich oder der Schweiz also wohl kaum funktionieren. Und dennoch kann man von diesem Beispiel einiges lernen. Denn würden ein paar der bekanntesten Konsumgüterhersteller auf unserer Seite des Teichs ebenso viel Energie in die Entwicklung vergleichbarer Webformate stecken – wenn auch mit fundierteren Inhalten – so könnte dies sicherlich in nicht unerheblichem Maße zu deren Markenbildung beitragen. Der „Hype“ rund um die eben genannten Unternehmen entstand ja auch nicht von allein. Selbst Firmen, die nicht aus dem angesagten Thema „Web“ heraus entstanden sind, können sich auf diese Weise ein positives Onlineimage erarbeiten, das immer mehr an Bedeutung gewinnen wird.

Bild 8.27 Praktische Alltagsinformationen für Eltern, so lautet das Konzept dieses Unternehmens.

Der in Bild 8.27 dargestellte Hersteller für Kinderwagen und weitere Produkte rund um das Kind punktet mit praktischen Alltagsinformationen für die Eltern, vom „richtigen Umgang beim Mittagessen“ bis hin zu „Tipps für die familiengerechte Gestaltung der Feiertage“. Ein naheliegendes und dennoch erfolgreiches Konzept, welches dieser Anbieter zudem mit einer persönlichen Kundenansprache verknüpft: Die Autoren der Beiträge, Mitarbeiter des Unternehmens, werden ausführlich vorgestellt (siehe Bild 8.28).

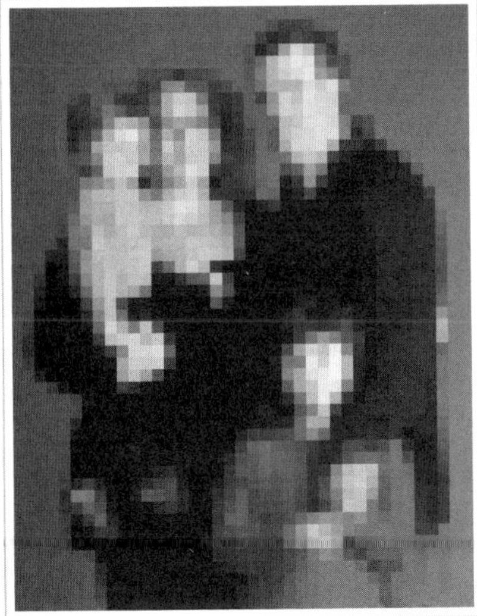

Name:
You can read all of Karen's blog posts here!

Position and time at Graco: Sr. Demand Planner, four years

Growing up, I always dreamed of being: A scientist, until I realized I could not memorize the periodic table.

If I starred on "America's Got Talent," my act would be: Tweeting, feel free to follow me . I love being social.

The most adventurous thing I've ever done: White water rafting (class 3-4 rapids) in a single person kaijak. After losing my kaijak for the third time in a row I wanted to WALK out, but after a few deep breaths I was back in the kaijak to tackle the rest of the river.

My ideal vacation would be: A fully inclusive beach resort.

Favorite childhood memory: Receiving a book from my book of the month club and him reading it to me. As I got older and learned to read, I then read the book to him.

Dish of choice when dining out: Chicken marsala

Favorite product and why: My son's Graco Quattro Tour stroller. It goes everywhere with us and has a place for drinks, big basket for shopping and is easy to push.

Bild 8.28 Die detaillierte Vorstellung der für das Unternehmensportal schreibenden Mitarbeiter: Aus unserer Sicht vielleicht gewöhnungsbedürftig, aber dennoch wirkungsvoll und vor allem authentisch.

Was in unseren Breitengraden jedoch sicherlich weniger gut ankommen würde: Immer wieder werden diese Alltagstipps von recht unverblümt dargestellten und äußerst werblich gehaltenen Product-Placement-Artikeln durchzogen. Und jeder Autor nennt wie selbstverständlich sein persönliches Lieblingsprodukt aus dem Sortiment der Firma, egal ob es sich um eine Familienmutter oder den Praktikanten handelt. Natürlich ist dies das gute Recht des Unternehmens, es handelt sich schließlich um seinen eigenen Onlineauftritt. Hierzulande würde ein allzu euphorisches Bewerben der selbst hergestellten Produkte jedoch wohl eher auf Skepsis stoßen.

Schlicht, unkonventionell und in einem eher privaten Stil gehalten kommt der in Bild 8.29 dargestellte Corporate Blog eines US-amerikanischen Outdoor-Ausrüsters daher. Und vielleicht gerade deswegen mit einem sehr beachtlichen Erfolg, was etwa die Anzahl der Leser, aber auch die entsprechenden Weiterempfehlungen innerhalb der sozialen Netzwerke zeigen. Das Content-Portal ist für „Mitarbeiter, Freunde und Kunden“ der Marke gemacht, wie es der „Über uns"-Text darstellt. In den Kommentaren zu den Beiträgen werden nicht nur Tipps der Leser für die schönsten Touren ausgetauscht, sondern gleich auch über das zugehörige Equipment gefachsimpelt. Und egal ob dieses nun von dem portalbetreibenden Hersteller selbst stammt oder nicht, allein schon dass der Blog als kleine Instanz in seinem Bereich wahrgenommen wird, dürfte nicht unerheblich zur positiven Markenbildung beitragen.

Bild 8.29 Auch außergewöhnliche Onlineauftritte sind für die Kundenansprache möglich, wie dieses Beispiel unter Beweis stellt.

In Bild 8.30 sehen Sie übrigens ein ähnliches Pendant aus dem deutschsprachigen Raum, welches ebenfalls Onlinetexte der Art „Abenteuer" in seinen Fokus stellt.

Bild 8.30 Dieses Outdoor-Onlinemagazin punktet mit einer schönen Gestaltung. Abenteuerliche Reiseberichte werden hier mit Informationen über die eigene Produktpalette gemischt, letzteres stößt naturgemäß meist auf deutlich weniger Leserresonanz.

Nun ist es nicht sehr schwer, mit derlei emotionalen Produkten bei den potenziellen Kunden zu punkten.

In Bild 8.31 zeige ich deshalb noch eine Branche mit einem Produkt, bei dem es nicht gerade leichtfallen dürfte, die richtigen „Geschichten“ hierzu ausfindig zu machen.

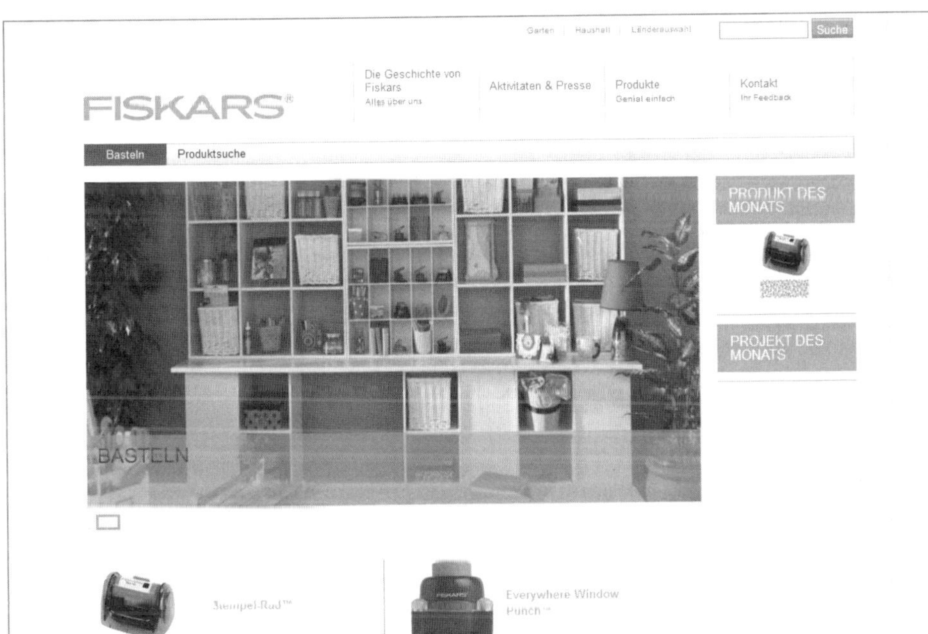

Bild 8.31 Die Website der deutschen Niederlassung eines Herstellers für Werkzeuge und Schneidgeräte

Dieses „älteste Unternehmen in Finnland“ stellt Werkzeuge und Produkte aus Stahl her, wie etwa Scheren aller Art. So weit, so wenig spannend, mag man denken (auch wenn man sich den zugehörigen deutschsprachigen Internetauftritt anschaut), würde eben dieses Unternehmen nicht über eine eigene (englischsprachige) Online-Community verfügen, die alles andere als langweilig und dazu noch äußerst umtriebig ist. Darin tauschen sich Bastler aus, in einem zugehörigen Blog werden in einzelnen Artikeln die kreativsten Ergebnisse präsentiert, man kann Vorschläge für neue Produkte einreichen (von denen die besten dann produziert werden) und vieles Weitere mehr.

Schauen Sie sich das doch recht ungewöhnliche Erfolgsbeispiel einmal in Ruhe an (erreichbar unter der Adresse *www.fiskateers.com*). Denn die Plattform unterscheidet sich in ihrer Kreativität deutlich von den allgemein üblichen Ansätzen in der Online-Markenkommunikation, und genau deswegen kann man einiges von diesem so bunten Konzept lernen.

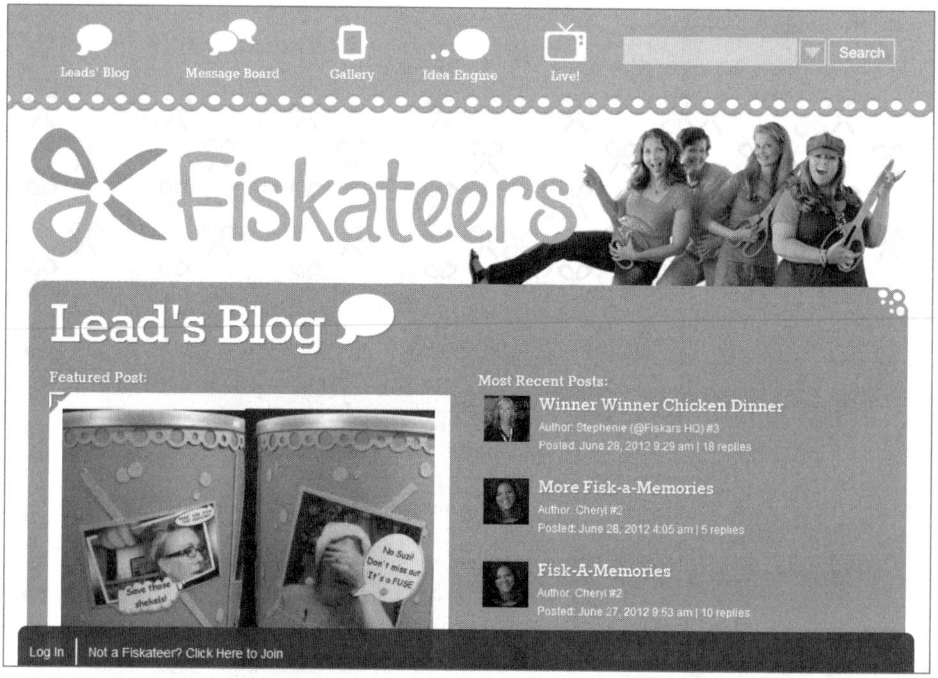

Bild 8.32 Die Online-Community „Fiskateers“ macht aus einem eher langweiligen Produkt eine bunte, spannende und vor allem erfolgreiche Angelegenheit.

Übrigens, auf seiner deutschsprachigen Seite (siehe Bild 8.33) gibt das Unternehmen für jeden Monat Tipps, was die richtige Gartengestaltung und -pflege anbelangt (quasi passend zu den Gartenscherenprodukten im eigenen Sortiment). Eine an sich schöne Idee. Dadurch, dass es sich jedoch um statische Informationen handelt und nicht etwa um fortlaufend gepflegte neue Ratgeberbeiträge, so dürfte der Mehrwert für die Leser und vor allem die Suchmaschinen eher begrenzt sein.

Bild 8.33 Eine eher statische Angelegenheit: für jeden Monat ein passender Tipp, aber nicht jeden Monat neue Tipps und damit Inhalte

Zum Schluss möchte ich in Bild 8.34 auf ein sehr schönes, wenn auch aufwendiges Beispiel für gute Online-Verbraucherinhalte hinweisen, da hier rein mit Videoproduktionen statt mit Textinformationen gearbeitet wird. Auch das ist Content Marketing.

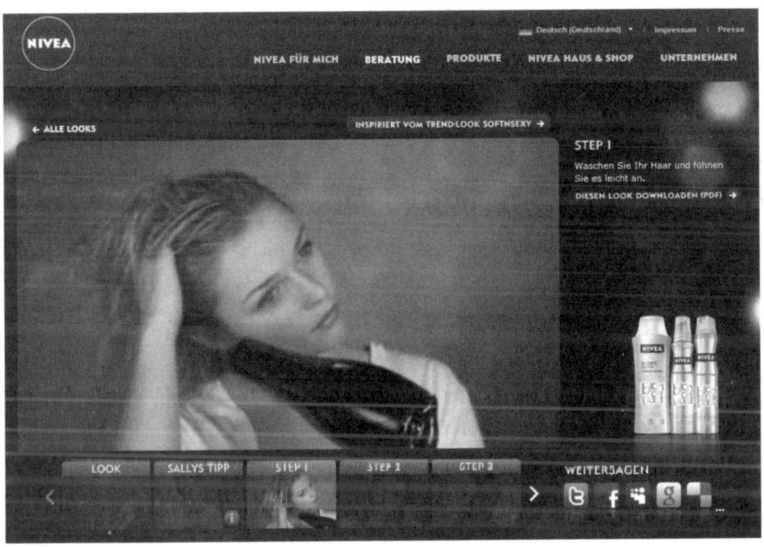

Bild 8.34 Die Nivea-Website: mit Schritt-für-Schritt-Styling-Anleitungen, wie man die Unternehmensprodukte am besten nutzen kann

Ähnliches wäre möglicherweise ebenso mit stilisierten Grafiken und begleitenden Texten umzusetzen, da sich sicherlich nicht jeder Unternehmer solche professionellen Videoaufnahmen leisten kann oder mag.

8.13 Technologie & IT

„Was haben Tipps für IT-Portale in einem Ratgeber für erfolgreiches Texten im Internet zu suchen?“, mögen Sie sich nun vielleicht fragen. Ganz nach der Devise: „Das müssten solche Unternehmen und deren Mitarbeiter doch schon längst alles wissen.“ Weit gefehlt! IT ist nicht gleich online. Und wie wir auch bereits erfahren haben: Eine IT-technisch äußerst versierte Person kann sogar eher ungeeignet dafür sein, die eigenen Produkte erfolgreich zu vermarkten, da hierfür nicht die Fachkenntnisse und -terminologie, sondern konkrete, für den Endkunden quasi „übersetzte“ Lösungen gefragt sind. Das ist leider auch der Grund dafür, dass viele Onlineportale von IT- und sonstigen technischen Dienstleistern nicht gerade zu den besten ihrer Art zählen.

Auch hier hilft wieder ein Blick nach Übersee, in diesem Fall zunächst auf das Portal eines Anbieters für Datenanalyse und Erfolgsmessung im Internet.

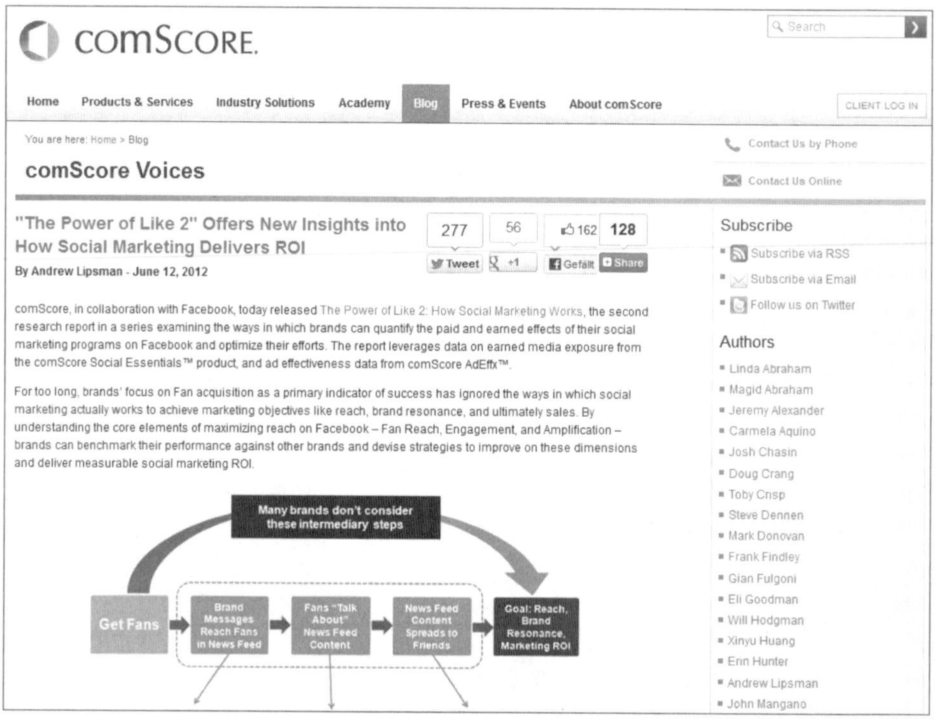

Bild 8.35 Exklusive Informationen sorgen für eine hohe Weiterempfehlung in den sozialen Medien, wie man in diesem Fall unschwer erkennen kann. Und das selbst bei komplexen bzw. sehr speziellen Inhalten.

Es handelt sich hierbei um ein durchaus komplexes, nicht gerade alltagstaugliches Fachgebiet. Dennoch sind die jeweiligen Artikel meist äußerst beliebt bei den Lesern der Unternehmensnews. Dies liegt wohl daran, dass in diesen Beiträgen wertvolle Informationen und Charts sowie exklusive Untersuchungsergebnisse aus den Marktforschungen des Dienstleisters präsentiert werden. Auch hier ist es also wieder der Mehrwert, der zählt. Das Unternehmen könnte die veröffentlichten Informationen genauso gut nur den eigenen Kunden zur Verfügung stellen.

Aber gerade die frei zugänglichen Präsentationen im Internet scheinen für alle drei Beteiligten, das marktforschende Unternehmen, den Auftraggeber sowie die Leser, eine ideale Win-win-Situation auszumachen. Womit wir übrigens, ergänzend zu Kapitel 4.2. noch eine weitere alternative Content-Form ausfindig gemacht hätten: das Sponsoring und die anschließende Veröffentlichung von Marktforschungen, aber auch wissenschaftlichen Analysen und Ähnlichem. Für die meisten Branchen dürften sich hier spannende Ansätze bieten. Und damit verbunden ist eine fast schon gesicherte weite Onlineverbreitung der zugehörigen Ergebnisse im gesamten fachlichen Umfeld, von Hochschulen über Fachmagazine bis hin zu Kunden, Interessenten, aber auch potenziellen Mitarbeitern oder gar den Mitbewerbern.

Manche – eher traditionelle – Unternehmen im technischen Umfeld setzen übrigens nicht nur auf aktuelle Errungenschaften und Trends bei ihren Onlinetexten, sondern auch auf die Geschichte hinter den Produkten. So etwa das US-Unternehmen General Electric (Sie erinnern sich an den Gründer Thomas Alva Edison aus Kapitel 2.1.2?), dessen Historie natürlich geradezu prädestiniert dafür ist, auch in den Zeiten des Internets weitererzählt zu werden.

Bild 8.36 General Electric (GE) setzt in Teilen seiner Onlinepräsenz ganz auf den Faktor Tradition und Geschichte. Hier werden die Meilensteine des Unternehmens in redaktionellen Berichten aufgearbeitet, ganz wie in einem Historienmagazin.

Das mag bei sehr bekannten, traditionsbewussten Unternehmen durchaus funktionieren, auch wenn sich die Verknüpfung hin zu den aktuellen Produktwelten rein SEO-technisch nicht ganz einfach gestaltet. In der Regel würde sich von daher für umfangreiche Onlinepräsentationen dieser Art wohl am ehesten ein eigenes kleines Portal unter einer eigenen Domain anbieten. So wie Daimler, BMW & Co. heutzutage unzählige Besucher in ihre firmeneigenen Museen vor Ort locken, sollte Ähnliches auch rein online gelingen. Der direkte Verkauf lässt sich damit zwar nicht unbedingt ankurbeln, aber man hat eine relativ kostengünstige Variante für die Markenbildung zur Verfügung.

Und nun folgt noch ein Beispiel, wie man es gerade als Unternehmen im technischen Umfeld, aber auch generell eher nicht machen sollte.

Bild 8.37 Eine digitale Unternehmenszeitung, aber leider nur im PDF-Format verfügbar

Hier gibt es zwar ein schön aufgemachtes digitales Kundenmagazin, aber leider nur als Download im PDF-Format. Und damit nicht wirklich besucher-, aber auch nicht suchmaschinenfreundlich. Wenn Sie sich schon die Mühe machen, entsprechende Beiträge verfassen zu lassen, dann sollten Sie diese besser direkt in Ihr Unternehmensportal integrieren. Oder aber in einen zugehörigen Firmenblog auslagern.

8.14 Der mittelständische Betrieb

Es gibt mittlerweile viele positive Beispiele für mittelständische Unternehmen, welche die wirksamen Mechanismen der Onlinekommunikation bereits für sich erkannt haben und auf Ihren Webportalen auch nutzen. Gerade der Mittelstand kann von den Möglichkeiten einer konsequent gelebten Onlinestrategie – so wie sie in den vorangegangenen Kapiteln beschrieben wurde – enorm profitieren. Denn zum einen verfügen mittelgroße Betriebe in der Regel über die notwendigen Ressourcen – ob finanzieller Art oder in Form geeigneter Mitarbeiter – um regelmäßig qualitativ hochwertigen Content für ihr Portal erstellen zu können. Und zum anderen können sie mit einer solchen Strategie den „großen“ Unternehmen durchaus Konkurrenz machen, die oft Millionenbeträge in teure Werbeformate unterschiedlichster Ausprägung stecken müssen, um konkurrenzfähig zu bleiben. Überschaubarer Aufwand, große Wirkung, diese Devise des contentbasierten Onlinemarketings zahlt sich also für mittelständische Betriebe in ganz besonderer Weise aus.

Lassen Sie uns doch einmal schauen, wie einige Mittelständler unterschiedlichster Branchen versuchen, ihren Kunden möglichst mehrwertbehaftete Onlineinformationen zur Verfügung zu stellen.

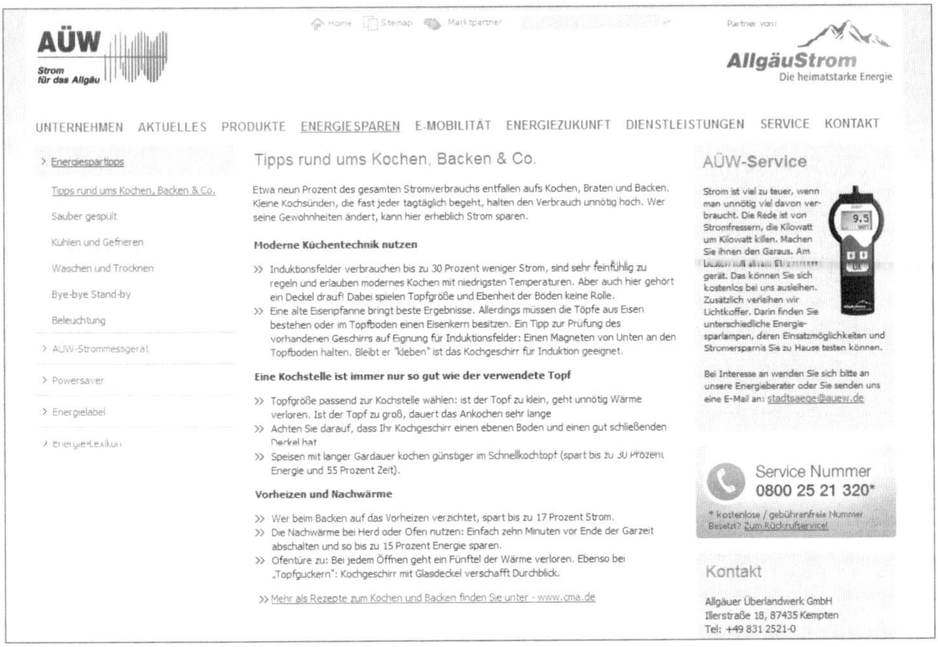

Bild 8.38 Hier gibt es Stromspartipps vom regionalen Energieversorger.

Der in Bild 8.38 dargestellte regionale Versorger setzt unter anderem auf die Strategie, seinen Kunden Tipps und Ratgeber rund um das Thema „Energiesparen" mit an die Hand zu geben. Zwar könnten diese, wie der Internetauftritt insgesamt, durchaus besser gestaltet werden, so fehlen auch hier wieder auflockernde grafische Elemente. Die Darstellung des Messgerätes in der rechten Sidebar dient nicht wirklich dazu, die Spartipps oder auch den Kasten „Service“ mit den notwendigen Emotionen zu versehen. Gerade bei „Tipps rund ums Kochen, Backen & Co.“ ließe sich sicherlich schöneres Bildmaterial finden, zum Beispiel bei einem sogenannten Stock-Anbieter.

HINWEIS: Stock-Fotos sind über Online Bildagenturen vertriebene professionelle Fotografien und Grafiken, die man gegen eine Lizenzgebühr auf der eigenen Webseite einbinden kann, und dies meist auch für kommerzielle Zwecke. Bekannte Anbieter in diesem Bereich sind Fotolia (*http://de.fotolia.com*), iStockphoto (*http://deutsch.istockphoto.com*), ClipDealer (*http://de.clipdealer.com*) oder auch Shutterstock (*www.shutterstock.com*). Je nach Art des Mediums (eher redaktionelle oder werbliche Einbindung) können dabei verschiedene Lizenzen erworben werden. Der Vorteil: Wenn die zu den unterschiedlichen Lizenzmodellen zugehörigen Bedingungen beachtet werden, so sind Sie hier deutlich sicherer vor Abmahnungen bezüglich der eventuellen Missachtung von Urheberrechten als dies bei kostenlosen Bildmaterialien und zugehörigen Portalen der Fall ist. ■

Dennoch handelt es sich um Inhalte mit deutlichem Mehrwert für den Verbraucher, denn welcher Strom- oder Gaskunde möchte nicht Energie einsparen und dabei gleichzeitig auch noch seine monatlichen Ausgaben senken?

Das kleine Problem speziell in diesem Fall: Sehr viele der Energieversorger in Deutschland setzen auf ihren Onlineportalen vergleichbare Ratgeberinhalte ein, um sich als besonders kundenfreundlich positionieren zu können. Zur Versorgung der bestehenden Kunden mit diesen Informationen – und damit zur Kundenbindung – ist das Instrument also durchaus nützlich. Bezüglich der Neukundengewinnung wird sich das gezeigte Unternehmen jedoch in einem harten Content-Wettbewerb innerhalb der Suchmaschinen wiederfinden, was Texte rund um die Keywords „Energie sparen", „Energie Kosten senken" und Vergleichbares anbelangt. Dann bleibt nur noch der Weg in die Nische, mit Ratgeberbeiträgen zu Long-Tail-Keywords, hier beispielsweise wie über den Google Keyword-Planer recherchiert „Energie sparen in der Schule" (für öffentliche Träger als Kunden), „Energie Spar PC", „Energieberatung München", „Strompreisrechner Verbraucherzentrale" (in Kooperation mit eben dieser) oder Ähnliches mehr.

Dass man selbst komplexe Nischenprodukte und -dienstleistungen plastisch beschreiben und darstellen kann, stellt hingegen der folgende technische Versorgungsdienst unter Beweis.

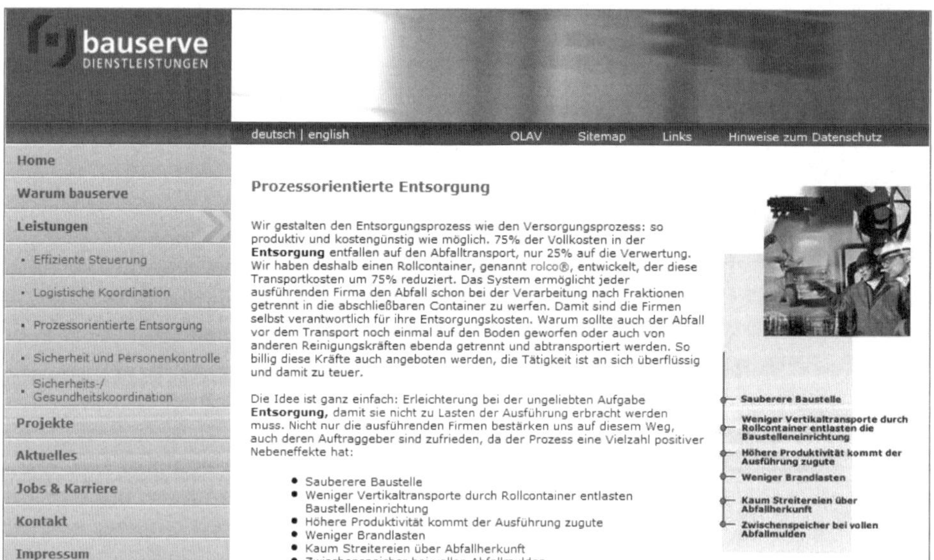

Bild 8.39 Das Unternehmen sorgt für eine saubere Baustelle. Darunter kann sich selbst der Laie etwas vorstellen.

Auch hier kann man über die zum Einsatz kommende Bildsprache streiten, doch an dieser Stelle steht eher der Text selbst in der Betrachtung. Eine plastische, beispielhafte Sprache („Transportkosten werden um 75 Prozent reduziert“ oder „Damit sind die Firmen selbst verantwortlich für ihre Entsorgungskosten“) lässt den Nutzenaspekt für die potenziellen Kunden deutlich zur Geltung kommen. Die Aufzählung hingegen fasst die wichtigsten Vorteile noch einmal kurz und prägnant zusammen, und ohne dass ich ein Experte auf dem Gebiet der Baustellenlogistik wäre, so scheint hier zudem auch die Reihenfolge nach Gewichtigkeit der Argumente zu stimmen. Wenn ich dafür verantwortlich wäre, auf einer Baustelle für Ordnung zu sorgen, würde der Text also durchaus mein Interesse wecken, was meinen Sie? Lediglich die sprachlich-grammatikalische Komponente wäre optimierungsbedürftig („Warum sollte … noch einmal auf den Boden geworfen werden“ klingt recht umgangssprachlich, aber vielleicht bringt es genau dieser Satz ja auch am besten auf den Punkt).

Nun möchte ich noch ein schönes Beispiel einer regionalen Supermarktkette aus den Vereinigten Staaten zeigen, denn leider habe ich kein vergleichbares Portal hierzulande entdeckt. Egal ob saisonale Rezeptideen vom Küchenchef, Tipps für den richtigen Einkauf, Ratgeber für Allergiker, erweiterte Nährwertinformationen, der wechselnde Muster-Einkaufswagen für die Feiertage („Was benötige ich im Haus, wenn meine Liebsten zu Besuch kommen?“), ein Kostenrechner für das Familienmenü oder Tipps für den eigenen Gemüseanbau – die Liebe steckt hier im Detail, und die Leser beteiligen sich dementsprechend rege (zu finden unter *www.wegmans.com* und *www.wegmans.com/blog*).

Bild 8.10 Bei dieser regionalen Supermarktkette macht es Spaß, regelmäßig mitzulesen. Dementsprechend präsent bleibt damit die Marke in den Köpfen der Kunden.

Im Folgenden sehen Sie noch ein weiteres, wenn auch nicht textbasiertes, Beispiel: den „Menü-Rechner“. Damit kann man sich schon vor dem Supermarktbesuch ausrechnen, wie teuer welche Mahlzeiten-Kombination ausfällt – Küchencrew-Vorschlag des Tages, Gesundheitsfaktor sowie Kalorienangaben inklusive.

Bild 8.41 Was kommt heute auf den Teller? Die Zutaten lassen sich beliebig kombinieren.

8.15 Organisationen und Verbände

Auch jegliche Organisationen, Verbände und sonstige Initiativen sind in der Regel darauf angewiesen, neue Mitglieder zu akquirieren und die bereits bestehenden mit Mehrwert zu versorgen. Aus Kostengründen eignet sich das Internet meist hervorragend für beide Aufgabengebiete. Denn richtig eingesetzt wird man hier mit deutlich weniger finanziellen Mitteln auskommen als zu Zeiten der gedruckten Mitgliedermagazine, Flyer, Informationsstände und Co.

Ich muss wohl nicht betonen, dass die Onlinekommunikation gerade von unabhängigen Institutionen jeglicher Art besonders authentisch sein muss. Denn schließlich sind die Mitglieder solcher Organisationen meist – und das völlig zu Recht – sehr anspruchsvoll und kritisch, was die Äußerungen der Verbandsspitzen und sonstiger administrativer Bereiche anbelangt. Gleichzeitig werden Institutionen dieser Art selten in die Verlegenheit kommen, sich über mangelnde Content-Ideen Gedanken machen zu müssen. Zu sehr sorgen die inhaltlichen Themen selbst, aber auch die zugrunde liegende Mitgliederbasis für einen kontinuierlichen Zustrom an „Geschichten" jeglicher Art. Zudem dürften sich genügend freiwillige Autoren finden, die aus ihrem jeweiligen Mitgliedsalltag für das Onlineportal berichten. Solche Artikel müssen dann auch nicht immer allzu perfekt ausfallen, was den Inhalt sowie die Sprache betrifft, ganz im Gegenteil. Ein gewisser „Mut zur Lücke" gehört bei den meisten Organisationen und Verbänden mit dazu, es sei denn, diese sind sehr professionell und eher wirtschaftlich ausgerichtet.

Sehr vorteilhaft geht beispielsweise der ADAC mit der Onlinebetreuung seiner Kunden um. Gleich mehrere Informationsportale und Blogs mit unterschiedlicher inhaltlicher Ausrichtung sorgen dafür, die Mitglieder, aber auch den Nachwuchs bei Laune zu halten. Wobei die Informationen nicht nur für ADAC-Mitglieder, sondern in der Regel für jedermann zugänglich sind, was gleichzeitig dem Onlinerenommee sowie der Ansprache von Interessenten dient.

Bild 8.42 Ebenfalls dem Content Marketing zuzurechnen: Produktionsbedingungen im Ausland werden überprüft, und man berichtet transparent darüber.

Sowohl die Gestaltung als auch die Inhalte sind hier zugleich professionell, aber auch sehr sympathisch gehalten. Interaktive Elemente wie Gewinnspiele, Elternaktionen, kindgerecht aufbereitete Lernmaterialien und Ähnliches verstärken diesen Eindruck noch. Dass bis zu 200 Kommentare und mehr für einzelne Textbeiträge erreicht werden, das ist für die deutschsprachige Blog-Landschaft schon ein wirklich erstaunlicher Wert. Und: Hier kommentieren nicht etwa nur die Erwachsenen. Sätze wie „Hallo, mein Name ist Finn und ich werde 8 Jahre" liest man auf dem Sicherheitsblog des Öfteren. Das sind wohl alles zukünftige Mitglieder, die mit einfachen Mitteln gleich mit in das Verbandsgeschehen integriert werden.

Vorbildlich in seinen sehr umfangreichen und fundiert recherchierten Onlinebeiträgen ist auch die Umweltschutzorganisation Greenpeace.

Bild 8.43 Ein sehr umfangreiches, eigenes Onlinemagazin sorgt für den notwendigen Mehrwert bei Mitgliedern, aber auch Nichtmitgliedern.

Natürlich werden hier naturgemäß auch sehr viele eher politische Themen behandelt, was die Mitglieder einer vergleichbaren Organisation wohl auch erwarten dürften. Und dennoch kommt der praktische Aspekt nicht zu kurz, wenn es um die Möglichkeiten zur persönlichen Umsetzung von Klimaschutzmaßnahmen und Ähnliches geht.

Schon die Gestaltung der einzelnen Portalbestandteile zeigt: Hier sind echte (Online-)PR-Profis am Werk. Greenpeace setzt dabei verstärkt auch auf die sozialen Medien, um die jüngere Zielgruppe nicht aus den Augen zu verlieren. Ein eigener Kanal bei YouTube, der individuell gestaltete Auftritt bei Facebook, Twitter und Google Plus, all dies ist sorgfältig aufeinander abgestimmt und bietet nicht nur den Mitgliedern werthaltige Online-Einblicke hinter die Kulissen der Umweltschützer. Nicht fehlen darf hierbei natürlich die Möglichkeit, seine Spende auch online abzugeben, was in diesem Fall quasi dem „Call-to-Action"-Element gleichkommt. Lediglich die Lehrmaterialien im PDF-Format wären hier aus suchmaschinentechnischer Sicht zu bemängeln (wobei diese der Kundenfreundlichkeit halber durchaus optional zur Verfügung stehen sollten, da sich ein PDF nun einmal um einiges leichter ausdrucken und per E-Mail weiterverbreiten lässt als eine Webseite).

Interessant: Greenpeace arbeitet mit einzelnen, Landingpage-ähnlichen Subportalen, wie man zum Beispiel beim Onlineauftritt unter *www.greenaction.de* sehen kann.

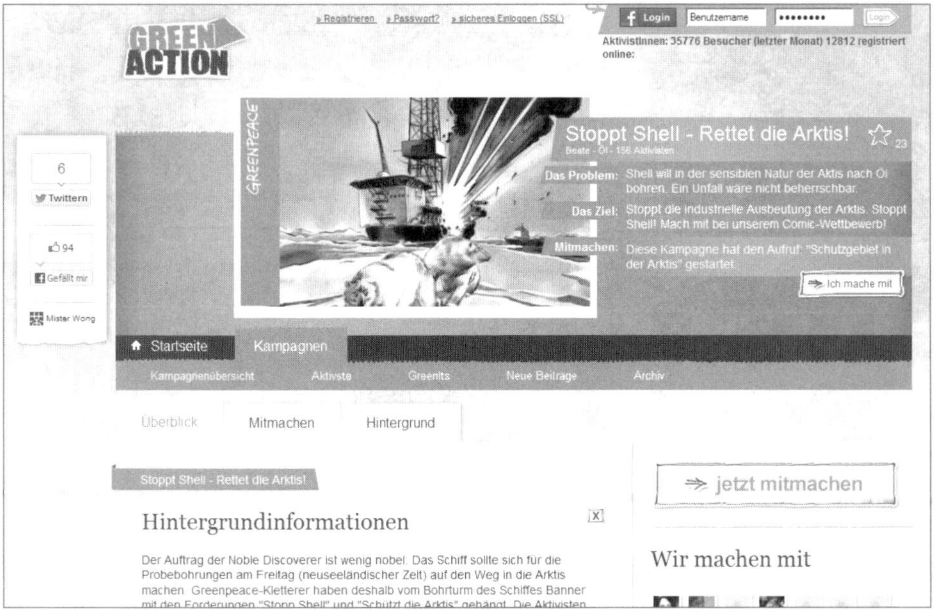

Bild 8.44 Auch für Verbände und ähnliche Organisationen können sich Landingpages sehr gut eignen, etwa zur Mitgliedergewinnung oder um den Bekanntheitsgrad einzelner Aktionen zu steigern.

■ 8.16 (Einzel-)Handel

Von „hip" über sachlich bis hin zu eher konservativ, die Onlinekundenansprache im Bereich Handel ist so vielschichtig wie die angebotenen Produkte selbst. Solang der Grundtenor einer Online-Unternehmenspräsenz zu den eigenen Zielgruppen passt, kann eine solche Vielseitigkeit natürlich nur positiv sein, schließlich stehen die meisten Handelsunternehmen auch so schon in einem recht harten Wettbewerb zueinander.

Schön ist es in diesem Zusammenhang, wenn man einem Onlineportal sofort anmerkt, für welche Werte und Ziele dieses steht, so wie bei dem in Bild 8.45 präsentierten Hersteller und Händler für angesagte Jugendmode. Selbst wenn weite Teile des Unternehmensauftritts in der Animations-Computersprache „Flash" programmiert sind, was die Suchmaschinen nicht wirklich verarbeiten können, so sind die Textinhalte an sich größtenteils äußerst lesenswert. Wie eine wirkungsvolle Ansprache jugendlicher Zielgruppen tatsächlich funktioniert, ohne gleich aufgesetzt zu wirken, das kann man hier lernen. Dies wird im Übrigen auch durch die doch sehr häufige Nutzung der Facebook-„Gefällt mir"-Funktion von den Lesern selbst unter Beweis gestellt.

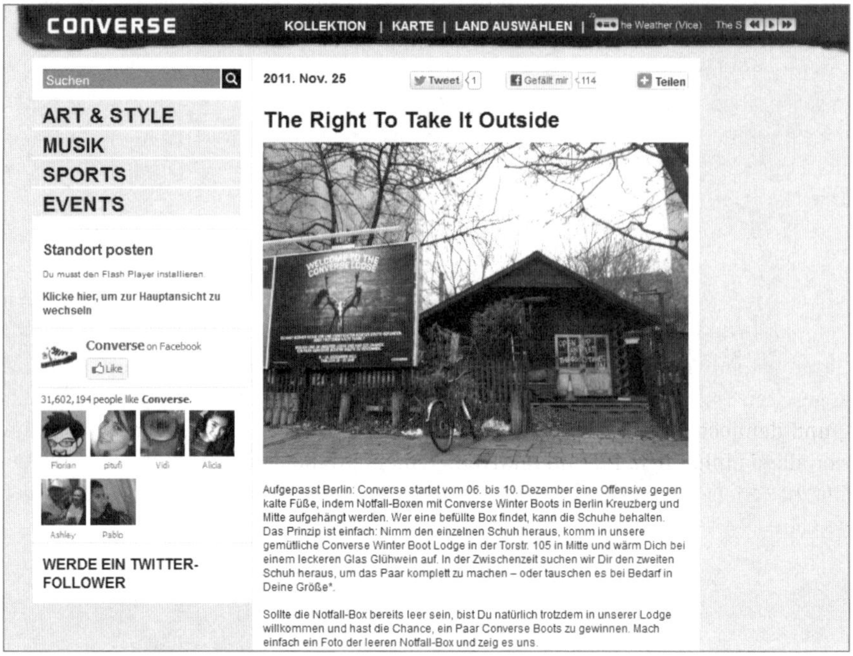

Bild 8.45 Nein, es handelt sich hier nicht um ein Portal aus dem englischsprachigen Raum. „Denglisch" scheint hier „hip" zu sein.

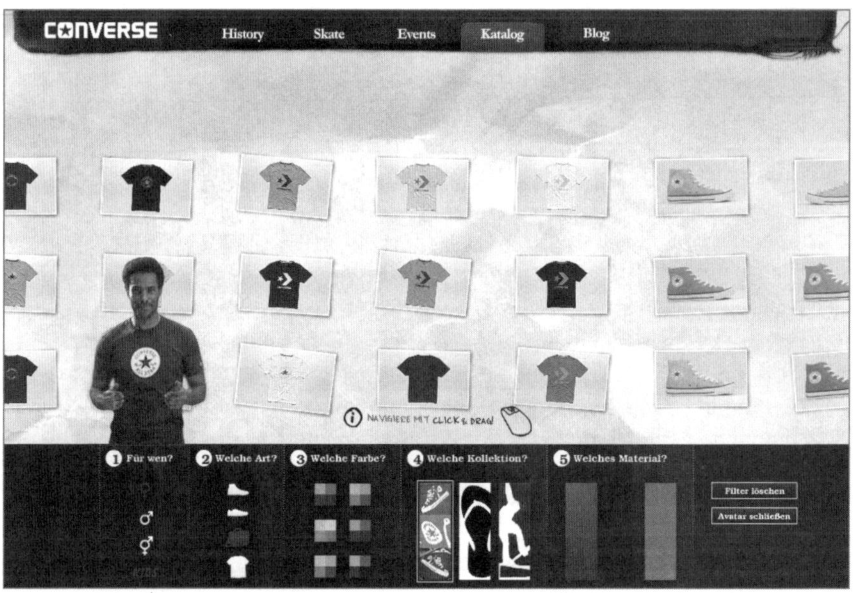

Bild 8.46 Absolut sehenswert: Der Onlineshop der Marke unter *www.converse.de* (leider etwas versteckt im Bereich „Katalog" unter „Produktfinder"). Moderiert von einem animierten Verkäufer zeigt dieser, was heutzutage mit Webmitteln technisch alles möglich ist.

Sehenswert ist zudem der sehr „stylish“ daherkommende, magazinartige Stil des zugehörigen Blogs und seiner einzelnen Kategorieseiten (siehe Bild 8.45). Wobei wir jedoch schon beim richtigen Stichwort wären: Sie erinnern sich sicherlich, dass ich Ihnen einige Kapitel zuvor davon abgeraten habe, für viele Personen unverständliche Anglizismen zu verwenden. Wenn die Zielgruppe jedoch kein Problem mit komplett in Englisch gehaltenen Überschriften und für die Webcommunity vertrauten Begrifflichkeiten wie „posten“ oder „Follower“ hat, so kann dies ebenso für eine Art von Authentizität stehen. Dann sollten jedoch auch wirklich nur Personen die jeweiligen Inhalte pflegen, die sich der Generation 2.0 zurechnen. Sonst wird aus „hip“ für die anzusprechende Zielgruppe schnell ein „peinlich“.

Gehen wir doch einmal hin zu einem mehr traditionellen, familienorientierteren Handelsunternehmen (Bild 8.47). Auch Edeka bietet seiner Kundschaft Onlinezugaben wie etwa eine Rezeptdatenbank, die man nach seinen Lieblingsprodukten durchstöbern kann. „Alles schon gesehen“, könnte man nun auf solche recht unspektakulär wirkenden Inhalte erwidern, und dennoch erfolgte die Umsetzung bei der Handelskette insgesamt sehr stimmig und vor allem einheitlich. Die interaktiven Elemente reihen sich dort nahtlos in die Corporate Identity (siehe *http://de.wikipedia.org/wiki/Corporate_Identity*) sowie die aktuelle Markenwelt ein.

Bild 8.47 Edeka kennt sich mit Lebensmitteln aus, suggeriert die aktuelle TV-Kampagne. Das spiegelt sich auch auf dem Onlineportal des Handelsunternehmens wider.

Wer die aktuellen TV Spots von Edeka kennt, der findet hier die gleiche Strategie der „Nähe zum Kunden und zum Produkt“ widergespiegelt. Besser kann man die unterschiedlichen Marketingkanäle eigentlich nicht aufeinander abstimmen.

Womit wir erneut auf einen bislang noch nicht erwähnten Aspekt gestoßen wären, der ein gelungenes Onlineportal ausmacht: Werden verschiedene Medien mit Inhalten beliefert (TV, Print, Außenwerbung, Online etc.), so sollte es ein einheitliches Konzept und eine einheitliche Zielsetzung hinter all diesen Werbeaussagen geben und dieses muss möglichst auch über alle Kanäle gleichzeitig bedient werden. Ansonsten laufen Sie Gefahr, dass die einzelnen Werbeträger sich eher Konkurrenz machen, als sich gegenseitig zu ergänzen. Dies wäre besonders dann fatal, wenn je nach Medium unterschiedliche Botschaften mit unterschiedlichen Zielsetzungen auf ein und denselben Kunden einprasseln.

Bild 8.48 Der inhaltliche Mehrwert steckt hier auch im Detail: Die Zubereitungszeit, Nährwertinformationen sowie die passende Einkaufsliste zum Ausdrucken sind äußerst praktische Zugaben.

Was mir persönlich jedoch noch besser gefällt, ist das in Bild 8.49 dargestellte Beispiel eines kleineren Handelsanbieters aus den USA (siehe *http://blog.wholefoodsmarket.com*). Denn dort werden die einzelnen Rezepte nicht einfach nur aufgelistet, sondern jeweils in eine Art kleine Geschichte verpackt. So wie bei dem folgenden Beitrag, der einen leckeren Grillabend mit gesunden Salaten vor dem geistigen Auge entstehen lässt. Die einzelnen Unterrezepte sind dabei verlinkt, machen also weitere kleine Beiträge aus. Google freut sich über diese Inhalte, das ist sicher. Dem Besucher macht eine solche Herangehensweise jedoch ebenfalls noch einmal deutlich mehr Spaß, als einfach nur eine „Datenbank" zu durchforsten.

Bild 8.49 Sich gesund und kostengünstig zu ernähren macht Spaß, das zeigt der hier abgebildete Artikel. Daraus könnte man auch eine komplette Beitragsserie machen und hätte so regelmäßigen Content zur Verfügung.

8.17 Gastronomie

Sehr viele Gastronomen haben ihre Onlinepräsenz bislang sträflich vernachlässigt, sofern sie überhaupt schon eine ihr Eigen nennen konnten. Das ist durchaus gefährlich. Immer mehr nicht nur junge Kunden suchen sich heute ihren zukünftigen Lieblingsitaliener über das Internet aus. Unzählige Bewertungsportale, aber auch stark frequentierte Plattformen wie Google Maps und das dazugehörige Google Places/Google Plus local (siehe *https://plus.google.com/local*) machen es möglich.

Bild 8.50 Google zeigt mir automatisch empfohlene Restaurants in der Nähe meines aktuellen Aufenthaltsorts an. Da sollten Sie mit dabei sein, was einer eigenen Onlinepräsenz, aber auch den zugehörigen Einträgen in den sozialen Medien (hier: Google Plus) bedarf.

Wenn Sie als Gastronom bislang über keine eigene Onlinestrategie verfügten oder nur eine kleine Webvisitenkarte haben, die nicht viel mehr als den Namen und die Anschrift Ihres Lokals verrät, dann sollten Sie spätestens jetzt gegensteuern. Für Ihre bisherigen Stammkunden benötigen Sie das nicht unbedingt. Aber wenn Sie neue hinzugewinnen wollen, und davon gehe ich aus, so wird kein Weg mehr am World Wide Web vorbeiführen. Dies gilt über alle Bereiche hinweg, von der kleinen Lokalkneipe um die Ecke über den mit Sternen ausgezeichneten Gourmet-Tempel bis hin zum Hotelkomplex.

Die folgenden Abbildungen zeigen einige bereits erfolgreiche Unternehmensauftritte aus dem Bereich Gastronomie und Hotellerie im Überblick.

Bild 8.51 Die Kunden-Community „Vapiano People“

Die Franchise-Kette Vapiano verfolgt unter *www.vapiano-people.com* einen spannenden Ansatz zur Schaffung einer eigenen Kunden-Community. Exklusive Events werden dort ebenso angekündigt, wie man die neuesten Leckereien aus der Speisekarte der angeschlossenen Restaurants verrät. Eine Idee mit großer Zukunft, wie ich meine, dazu noch grafisch und inhaltlich sehr schön umgesetzt. Leider scheint das zugrunde liegende Konzept – zumindest derzeit – nicht mehr konsequent weitergeführt zu werden. Zumindest gerät teilweise die Frequenz der veröffentlichten Beiträge ins Stocken. Auch in den Details werden inkonsequente Schwächen ersichtlich, etwa wenn statt einer Text-Bild-Beschreibung neuer Speisen, die einem das „Wasser im Munde zusammenlaufen“ lässt, einfach nur ein eingescanntes Speisekarten-Blatt zum Einsatz kommt. Schade.

Bild 8.52 Von aufwendig gestalteten Inhalten hin zur schlichten, unlogisch eingebundenen Grafikspeisekarte, die sich auf Mausklick in einem leeren neuen Fenster öffnet. Solche Online-Medienbrüche machen den ersten sehr guten Eindruck wieder zunichte.

Dass sich auch kleinere Gastronomiebetriebe im Familienbesitz mit ihrer Onlinepräsenz keinesfalls hinter den „Großen" verstecken müssen, das wird hingegen beim folgenden Landhotel deutlich (aufzurufen unter *www.lamm-mosbach.de*).

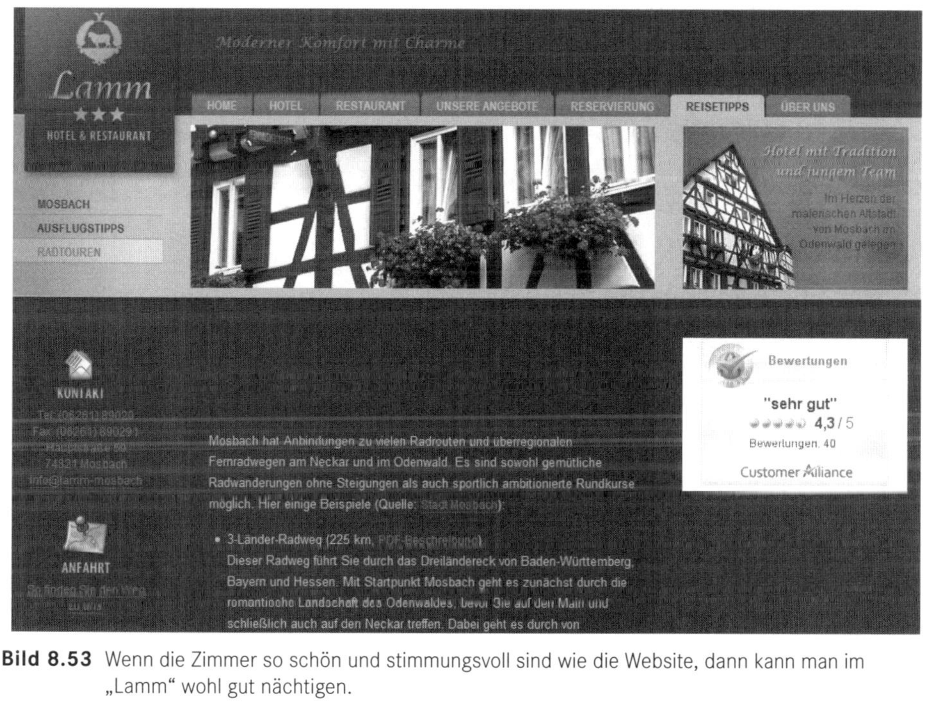

Bild 8.53 Wenn die Zimmer so schön und stimmungsvoll sind wie die Website, dann kann man im „Lamm" wohl gut nächtigen.

Wie die wichtigsten Suchmaschinenoptimierungs-Indikatoren zeigen, ist dieses Hotel sehr gut aufgestellt. Zumindest ist es in den Ergebnislisten bei Google aktuell auf Platz eins, wenn man „Hotel Mosbach“ in den Suchschlitz eingibt. Und immerhin kämpfen laut Google Maps 10 Hotels um eben diese Gunst. Was machen die Besitzer nun richtig, um diesen ersten Platz zu belegen? Die Webseite zeigt eben nicht nur die auf einer solchen Präsenz typischen Punkte „Anfahrt“, „Zimmer“ sowie „Kontakt“ und vielleicht gerade noch den Verweis auf das örtliche Tourismusbüro. Unter anderem detailliert beschriebene Ausflugstipps und Radtouren für die potenziellen Besucher machen den Mehrwert des Onlineportals aus. Oder aber die Beschreibung, was in den einzelnen Leistungspaketen wie „Tagungen“ oder „Wellness“ enthalten ist. Sie finden das selbstverständlich? Leider scheinen die meisten Gastronomiebetreiber und Hoteliers nicht der gleichen Meinung zu sein.

Natürlich müssten die gegebenen Informationen und Reisetipps noch ausführlicher formuliert und raffinierter gestaltet sein, wenn dieses Hotel nicht gegen zehn, sondern gegen 100 lokale Mitbewerber im Internet bestehen müsste. Regelmäßig aktualisierte Texte, etwa zu saisonalen Aktionen und Veranstaltungen, sollten ebenfalls hinzukommen. Aber die Grundtendenz stimmt schon einmal. Übrigens: Wie sich anhand der Abbildung erkennen lässt, kann man das Hotel bewerten. Das ist schön und sehr transparent. Noch schöner wäre es allerdings, wenn diese Bewertung nicht auf Kunden eines bestimmten Anbieters beschränkt wäre, sondern jedermann seinen Kommentar abgeben dürfte.

Zuletzt sehen Sie noch ein kleines Beispiel am Rande, bei dem es sich nicht um einen gastronomischen Betrieb handelt.

Bild 8.54 Eine erfrischende, unkonventionelle Sprache und die werthaltige Gestaltung (man beachte die schönen, wohl selbst gemachten Fotos der Speisen) machen diesen Restaurant-Blog aus.

Hier schreibt kein Gastronom, sondern ein Gourmet selbst, der sich – dem Blogtitel „Nimmersatt“ gemäß – durch die vielen kulinarischen Herausforderungen der Hauptstadt „isst“. Es ist äußerst interessant, so wie in diesem Fall einfach einmal den Blick über den Tellerrand hinauszurichten und quasi die textliche Gegenseite zu betrachten. Hier schaut man als Koch oder Restaurantbesitzer also dem bloggenden Kunden zu, ebenso sollte ein Werkstattmeister die wichtigsten Blogs und Foren rund um das Thema Automobil kennen und auch lesen, der Finanzmakler die (selbst kritischen) Banken-Weblogs und so weiter. Warum? Nun, Sie können über einen solchen Perspektivwechsel unglaublich viel für die zukünftige inhaltliche Gestaltung Ihres eigenen Portals lernen. Denn wenn Sie es schaffen, genauso spannend und authentisch zu schreiben wie die unzähligen erfolgreichen Privatblogger im deutschsprachigen Raum, dann werden die Leser irgendwann von ganz allein zu Ihnen finden. Denken Sie einmal in Ruhe darüber nach, wenn Sie sich die besten und wichtigsten Blogs aus Ihrem beruflichen Umfeld näher betrachten (wie Sie solche Portale aufspüren können, haben Sie in Kapitel 2.2.4.5 erfahren).

Am Rande: Wer wissen möchte, wie man Emotionen rein auch über Onlinetexte vermitteln kann, der sollte sich diesen Beitrag aus dem hier vorgestellten Weblog durchlesen: *http://nimmersatt-in-berlin.blogspot.de/2008/10/werkstatt-der-se.html*. Der nachfolgend vorgestellte Online-Tischreservierungsdienst bietet mit seinem Corporate Blog ebenfalls eine Quelle für äußerst lesenswerte Webtexte.

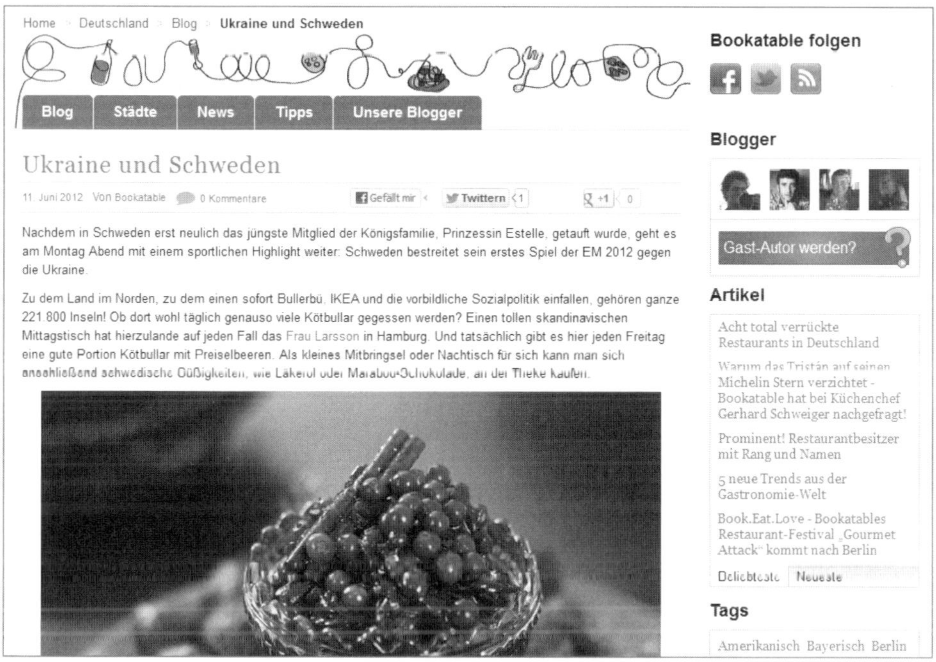

Bild 8.55 Hier dienten Fußballbegegnungen im Rahmen der Europameisterschaft als Vorlage für schmackhafte Beiträge: „Ukraine versus Schweden“

Allein Artikelüberschriften wie

- „Acht total verrückte Restaurants in Deutschland“,
- „Warum das Tristán auf seinen Michelin-Stern verzichtet – Bookatable hat bei Küchenchef Gerhard Schweiger nachgefragt!“,
- „Prominent! Restaurantbesitzer mit Rang und Namen“ oder
- „5 neue Trends aus der Gastronomie-Welt“

zeigen, wie gut das zugehörige Redaktionsteam den zu bietenden Mehrwert mit einer durchgehenden Originalität zu verbinden mag. Wenn man sich durch dieses Firmen-Onlinemagazin „blättert“, so vergisst man sehr schnell, dass es sich um eine Unternehmenswebseite handelt. Das ist in diesem Fall auch gut so und ein absolutes Kompliment. Wenn Sie eine solche Stufe erreicht haben, dann können Sie diesen Ratgeber getrost beiseitelegen.

Das folgende Portal (*http://bioberlin.wordpress.com*) zum Thema „nachhaltiges Leben in der Hauptstadt“ versucht es ebenso unkonventionell, allerdings eher, was die Themenvielfalt der einzelnen Textbeiträge betrifft.

Bild 8.56 Gastronomie, Nachhaltigkeit, Buchtipps ... Warum sollte dies nicht zusammenpassen? Das Außergewöhnliche gewinnt.

Warum kann ein solches Onlineportal nicht einmal von einem Restaurant, einem Hotel oder sonst einem gastronomischen Betrieb gemacht sein? Wieso arbeiten die meisten Privatpersonen deutlich natürlicher und kreativer, wenn es um die Erstellung von unterhaltsamen, aber auch werthaltigen Onlineinhalten geht? Vielleicht deswegen, weil sie weniger Zwängen unterliegen. Also liebe Gastronomen, und dieses Beispiel gilt ebenso für alle anderen Unternehmer sowie Branchen, legen Sie Ihre Zwänge ab – oder legen Sie Ihrem Onlinetexter die Zwänge ab – und schaffen Sie Inhalte wie die des „Berlin is(s)t Bio“-Blogs.

Zum Abschluss schauen wir uns – rein inhaltlich gesehen – das genaue Gegenteil an. „Wie würde McDonald's es wohl machen?“, so fragte ich mich bei der Erstellung dieses Unterkapitels zum Thema „Gastronomie“. Voilà:

Bild 8.57 Der „McDonald's Food Check“: Von allem etwas

Die Marke McDonald's ist natürlich extrem stark, und das merkt man der zugehörigen Webseite auch an. Hier muss man die potenziellen Kunden nicht durch ausgefeilte Webtextstrategien überzeugen, das übernimmt das Produkt. Die wenigen enthaltenen Texte sind – so wie hier – auf rein grafischer Basis, müssen also wohl gar nicht über Suchmaschinen gefunden werden. Man hat hier eher das Gefühl, einer Art Pflichtveranstaltung beizuwohnen, zumal eh umstritten ist, inwieweit ein Unternehmen wie eine Fast-Food-Kette mit Inhalten rund um das Thema „gesunde Ernährung“ punkten kann. Wie beim Beispiel Apple (siehe Kapitel 3.3.1) gilt auch in diesem Fall: Das reine Branding ist alles, und genügt wohl auch (*http://de.wikipedia.org/wiki/Brand_Management*).

8.18 Gesundheitswesen

Das Gesundheitswesen ist ein sensibler Bereich, gerade wenn es um das Thema Marketing und Werbung geht. Rechtliche Restriktionen und sonstige Regelwerke bremsen hier so manch kreativen Ansatz wieder aus. Und dennoch gelingt es nicht wenigen Unternehmen dieser Branche, die Aufmerksamkeit von Kunden und Interessenten über diverse Onlinemittel zu erreichen.

Um die grundlegenden Möglichkeiten kennenzulernen, wie sich gesundheitlicher Mehrwert über das World Wide Web verbreiten lässt, schauen wir uns einmal das nachfolgende Portal an, welches sich als eine Art erweitertes Online-Gesundheitsmagazin versteht.

Bild 8.58 Fast egal, um welches Krankheitsbild es sich handelt, hier wird man auf der Suche nach einem passenden Ratgeber fündig.

„Erweitert" deswegen, weil hier nicht einfach nur qualitativ hochwertiger und erklärtermaßen herstellerunabhängiger Content jeglicher Art bereitgestellt wird. Eine angeschlossene Community, bei der Fragen rund um die Themen Medikamente, Wirkstoffe oder Krankheitsbilder gestellt und Informationen ausgetauscht werden können, ausführliche Erfahrungsberichte von Mitgliedern, aber auch Experteninterviews lassen fast keine Wünsche offen, wenn man sich zu einzelnen Gesundheitsaspekten informieren möchte. In dieses Onlineprojekt werden sehr viel Zeit und Energie gesteckt, und das merkt man den Inhalten auch an. Dabei trägt es sich trotz der sehr aufwendigen Content-Erstellung (teils von renommierten Ärzten) von selbst, was darauf schließen lässt, dass nicht gerade wenige Leser auf das noch recht junge Portal aufmerksam werden.

Natürlich kann nun ein einzelner Apotheker nicht für sich allein solch umfangreiche Inhalte bereitstellen. Aber auch nur ein kleiner Auszug aus den in dem Portal gelisteten Beiträgen würde vermutlich ausreichen, um die Wirksamkeit seiner Webpräsenz deutlich zu erhöhen. So wie es beispielsweise diese lokale Apotheke macht (Bild 8.59), wenn auch hier wieder leider als Bildinformation und nicht als suchmaschinenlesbarer Text und auch nicht eingebettet in eine redaktionelle „Geschichte". Oder aber mehrere Apotheken tun sich zu einer Onlineportal-Gemeinschaft zusammen, vermarkten sich also über ein gemeinsames Webmagazin, womit sich die mögliche Anzahl der regelmäßig bereitgestellten Artikel schon potenzieren würde. In den meisten Apotheken gibt es diese immer wieder gerne genommenen und gelesenen, gedruckten Apothekenmagazine, die Sie sicherlich auch kennen. Wieso sollte man ein solches Konzept, etwas moderner und „frischer" vielleicht, nicht in Gemeinschaftsarbeit in das Web 2.0 übertragen?

Bild 8.59 Eine schöne Gestaltung, aber die Textinhalte könnten noch umfassender sowie in einen redaktionellen Beitrag eingearbeitet sein.

Ein weiteres spannendes Konzept in dieser Rubrik stammt von einem StartUp, welches individuelles Onlinegehirntraining anbietet (Bild 8.60). Das mag verspielt klingen, ist es aber nicht. Selbst bei Störungen wie ADHS (Aufmerksamkeitsdefizit-/Hyperaktivitätsstörung) oder drohender Demenz und Alzheimer kommt diese innovative Dienstleistung zum Einsatz.

Bild 8.60 Begleitende Fachartikel, aber auch konkrete Anwendungsbeispiele machen die magazinartigen Inhalte dieses StartUp aus.

In diesem Fall ist es die Mischung, welche den Inhalt des Portals so wertvoll macht. Wissenschaftlich fundierte, aber dennoch verständlich aufbereitete Fachartikel rund um die – in anderen Ländern längst viel weiter verbreitete – Disziplin Gehirntraining mischen sich hier mit weiterführenden Best-Practice-Ansätzen. Natürlich hat dieser Gesundheitsdienstleister (noch) den Vorteil eines relativen Alleinstellungsmerkmals. Und so landet man über die Google-Suchanfrage zum Keyword „Gehirntraining" bereits mit einem der ersten Einträge bei dem zugehörigen Unternehmen – und das, obwohl dort einige sehr prominente Onlinezeitungen ebenfalls mit ähnlichen Beiträgen gelistet sind. Gleichzeitig muss hier ein Markt bedient werden, bei dem die Zielgruppe von der vorhandenen Lösung meist noch gar nichts ahnt. Über die werthaltigen redaktionellen Beiträge besteht dabei umso mehr eine Chance, dass sich das Angebot dieses Onlineportals relativ schnell herumspricht, sowohl in den Suchmaschinen als auch bei der potenziellen Kundschaft.

Differenzierter verhält es sich bei Herstellern von medizinischen Produkten, wie das in Kapitel 3.3.1 genannte Beispiel verdeutlicht. Hier muss eine oftmals recht komplizierte Fachsprache erst einmal in allgemein verständlich gefasste Texte umgewandelt werden. Selbst dann wirken die Ergebnisse meist wenig überzeugend im Sinne von transparent und kundenfreundlich.

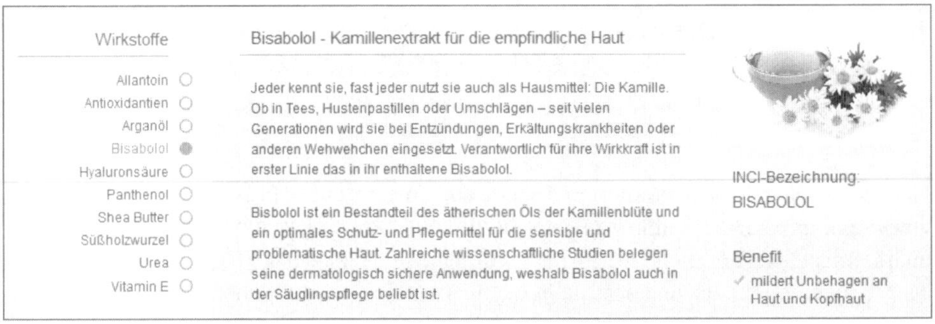

Bild 8.61 Eine schöne und verständliche Beschreibung einzelner Inhaltsstoffe. Schade nur: das Wort „Benefit" statt „Vorteile".

Dass dies nicht unbedingt so sein muss, das zeigt der oben abgebildete Onlinebaustein eines Herstellers für Sonnenschutz-Pflegeprodukte. Eine solche Beschreibung der einzelnen Wirkstoffe würde man sich für sämtliche Pflegeprodukte, aber auch Arzneimittel wünschen. Einzig die etwas subjektive Sprache („Zahlreiche wissenschaftliche Studien belegen") könnte mit konkreten Beispielen noch weiter untermauert werden, da solche Sprachkonstrukte mittlerweile zum Marketingrepertoire aller Hersteller gehören, egal ob die getätigten Aussagen nun zutreffen oder nicht. Selbst bei einem guten Produkt kann man somit schnell in die Generalhaftung genommen werden nach der Art: „Das sagen ja alle über ihr Produkt".

Eine große Chance vergibt leider das in Bild 8.62 dargestellte Unternehmen.

Bild 8.62 Genussvoll abnehmen, wer würde das nicht gerne. Die Tipps gibt es aber erst nach dem Kauf der zugehörigen Produkte.

Hier verspricht es für die Besucher des abgebildeten Portals gerade spannend zu werden. „Tipps für ein genussvolles Abnehmen" und „Die wichtigsten Abnehmregeln" werden dabei versprochen. Da würde doch jeder, der ein paar Pfund zu viel auf den Rippen hat, gerne sofort weiterlesen? Leider Fehlanzeige, „Der vollständige Tipp kommt mit Ihrer Versandbestätigung", heißt es da. Sprich: Inhalte mit Mehrwert bekommt man auf der Webseite dieses Unternehmens erst dann, wenn man auch die zugehörigen Produkte kauft. Das mag in diesem Fall zur Verkaufsstrategie gehören, sorgt aber nicht für ein wirksames Onlinemarketing.

Außerdem könnte sich der Betrachter auch hier ein wenig hinters Licht geführt fühlen. „Zahlreiche Zeitschriften und Ratgeber versprechen mit ihren Diäten den schnellen Erfolg", so ist im Teaser zu lesen. Aber der Anbieter, der diesen Satz ausspricht, verrät dann ebenso wenig, was denn nun eigentlich wirklich hilft, um schlank zu werden. Hier wird den Mitbewerbern indirekt mangelnde Kompetenz vorgeworfen, die man dann aber selbst nicht unter Beweis stellen kann, zumindest nicht an dieser Stelle. Es ist fraglich, ob vergleichbare Strategien den maximal möglichen Unternehmenserfolg mit sich bringen. Zumindest einige werthaltige und vor allem neue Abnehmtipps sollten an dieser Stelle genannt werden, um die Glaubwürdigkeit für das verkaufte Produkt zu erhöhen. Dann kann immer noch auf weitere Ratgeber verwiesen werden, die man erst nach einem abgeschlossenen Kauf zu Gesicht bekommt.

Besser macht es der folgende Anbieter:

Bild 8.63 Jetzt testen oder aber erst einmal weiter informieren.

Das Call-to-Action-Element („Jetzt testen!“) wird hier flankiert von mehreren Möglichkeiten, sich in sozialen Netzwerken oder auch dem zugehörigen Blog weiter zu informieren. Wer sich also noch nicht zu einem Kauf oder in diesem Fall einem Probekurs entscheiden möchte, der findet dort frei zugängliche, weiterführende Informationen und Ratgeber.

HINWEIS: An dieser Stelle ein kleiner Hinweis: Das sogenannte RSS-Symbol (der orange gehaltene Kasten links des YouTube-Buttons) führt zum Firmenblog des Unternehmens, in dem sich wertvolle Informationen wiederfinden. Blogger kennen dieses RSS-Symbol, aber kennen es auch die potenziellen Kunden des Anbieters für Gesundheitskurse? In einem solchen Fall verschenkt man durch eine kleine Unachtsamkeit - wie die Verwendung nicht-sprechender Symbole - einen Großteil an zusätzlichen Leserzugriffen. ■

Schade übrigens: Wenn man an einem Wochenende auf eben diesen „Jetzt testen“-Button klickt, dann erscheint der folgende Text.

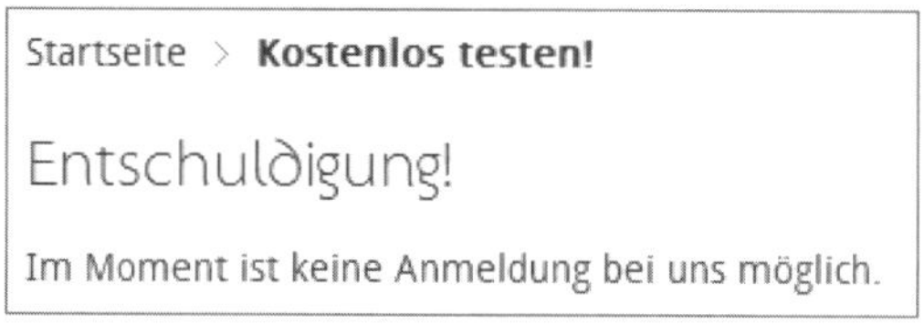

Bild 8.64 Teste mich doch nicht.

Ein solcher Prozess oder besser Nichtprozess auf einer Webseite darf nicht einmal als Notlösung umgesetzt werden. Ob der Besucher, der dies zu Gesicht bekommt, jemals wiederkommt? Zumindest eine E-Mail-Adresse hätte man in diesem Fall aufnehmen können nach dem Motto „Wir melden uns schnellstmöglich“.

Zu guter Letzt noch ein schönes Textbeispiel, in diesem Fall von einem Onlineanbieter für Matratzen. Bei Weitem kein äußerst spannendes Produkt also, aber mit einem kleinen Wechsel der Perspektive hin zu einem verwandten Thema, das zudem auch noch sehr viele Menschen täglich beschäftigt („Wie kann ich endlich wieder einmal durchschlafen?“) bleibt es trotzdem unterhaltsam und informativ (unter anderem durch die Auflistung der wichtigsten Regeln im zweiten Abschnitt).

Tipps für einen guten Schlaf

10. Mai 2012 von Matzando | Keine Kommentare

Es ist hinlänglich bekannt, dass ein schlechtes Schlafverhalten nicht nur unweigerlich zu einen schlechten Laune führt, sondern auf Dauer auch der Gesundheit schadet. Wenn der Schlafmangel zum Dauerzustand wird, dann unterliegt man sogar einem erhöhten Unfallrisiko weil nicht zuletzt auch die Konzentration unter dem ständigen Schlafmangel leidet. Auch die Gefahr an Infekten zu erkranken steigt und Verdauungsprobleme sowie auch Herz-Kreislauf Erkrankungen können dadurch ausgelöst werden. „Man sollte sich daher auch im Erwachsenenalter dessen bewusst sein, wie wichtig ein gesunder Schlaf in einem gesunden Umfeld ist, um im Alltag nicht an den Folgen von Schlaflosigkeit leiden zu müssen", so Thomas Pompernigg vom Onlinemagazin Haushalt.at. Wenn Sie nicht unbedingt zum Schlaftabletten-Junkie werden möchten, dann gilt es von nun an einige Tipps zu beherzigen, sollten Sie zu jenen gehören, die unter Schlafmangel oder auch Schlafstörungen leiden.

Ein bisschen Konsequenz verhilft zum besseren Schlaf

Auf Knopfdruck funktioniert das mit dem besser Schlafen nicht, doch wenn Sie einige Dinge beherzigen, und gut auf Ihren Körper acht geben, dann kann sich Ihr Schlafverhalten auf Dauer sicherlich positiv verändern und Sie haben dadurch im Alltag wieder mehr zu lachen:

- Verbannen Sie Lärm und Unruhen (beispielsweise auch vom Fernseher) zur Gänze aus Ihrem Schlafzimmer.
- Sorgen Sie für ein angenehmes Wohlfühl-Ambiente und für eine angemessene Raumtemperatur, welche nicht höher als 18 Grad sein sollte.
- Sorgen Sie für einen regelmäßigen wach-schlaf – Rhythmus, indem Sie täglich um

LETZTE ARTIKEL

- Tempur – Matratzen und Kissen
- Tipps für einen guten Schlaf
- Stiftung Warentest – Kindermatratzen im Test
- Das Schlafzimmer als Ort der Erholung und Entspannung
- Die richtige Schlafumgebung für Baby und Kind

ARTIKELREIHEN

Gesund im Internet

Matratzenhersteller

Bild 8.65 Schön: Der Verweis auf die externe Quelle sorgt für Authentizität. Weniger schön: Ein passendes Foto brächte deutlich mehr Auflockerung in den an sich gelungenen Text.

8.19 Kreative Selbstständige

Wie überaus schön man die eigene Onlinepräsenz gestalten kann, gerade im Bereich der kreativen Dienstleistungen, das zeigt in Bild 8.66 dargestellte Portal. Vom Firmen- und damit auch Domain-Namen über die außergewöhnliche Bildsprache bis hin zur (leider englischsprachigen) knappen, aber effizienten Menüführung ergibt diese Webseite ein äußerst stimmiges und vor allem sehenswertes Gesamtbild. Wer hier „landet", der wird erst einmal neugierig weiterstöbern wollen. Doch eigentlich möchte ich beim „Nadelwald" auf einen anderen Aspekt hinaus.

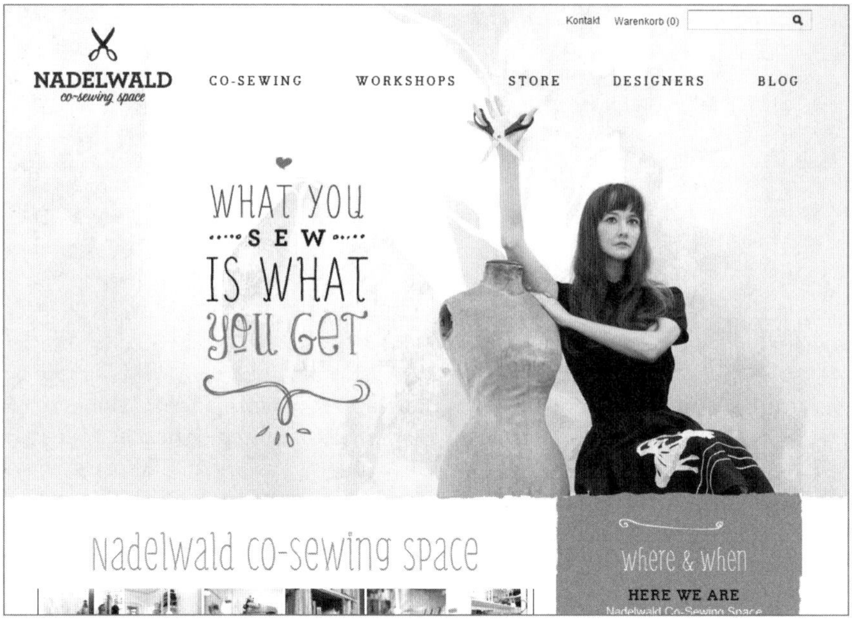

Bild 8.66 Die Webseite von http://nadelwald.me, einem Anbieter, der das Konzept der Nähstuben in die Moderne übertragen hat.

Falls Du Dir mit den Qualitäten auch nicht sicher bist – einfach vorab eine Mail an [redacted], dann besprechen wir alles auf einmal.

Los geht es um 18:30 Uhr und endet um 21:30 Uhr Bitte melde Dich bist spätestens einen Tag vorher schriftlich und verbindlich zu den Terminen an, da hier pro Abend nur fünf Plätze zur Verfügung stehen und der Workshop erst ab 2 Personen stattfinden kann.

Wir freuen uns auf Dich*

Nähen, worin viel Platz findet — Shopper galore. 36,-€ plus Materialkosten

Nähen
Datum: 12. Juli 1830 bis 2130 Uhr
Leiter: [redacted]

Verärgert weil die Tasche mal wieder den Inhalt verschluckt hat?!

Näh' Dir doch einfach Deinen eigenen Begleiter. Als Anfänger solltest Du vielleicht mit dem einfachen Shopper starten und Dich zu einem aufwändigen Modell mit vielen Innentaschen hocharbeiten. Oder Du bringst ein Lieblingsmodell mit und wir pimpen den Innenraum mit Zusatzfächern. Sicher ist, dass Du mit einem neuen Lieblingsstück nach Hause gehen wirst. Wir haben da schon mal verschiedene Modelle für Dich vorbereitet, aber selbstverständlich können und werden schnitttechnische Änderungen gerne vorgenommen — und keine Angst vor den Maschinen, die werden wir gemeinsam zähmen :)

Schöne Stoffe findest Du hier und wenn Du Dir mit dem Material nicht sicher bist, melde Dich ruhig — wir stehen Dir jederzeit beratend zur Seite. Noch passendes Garn besorgen und fertig, schon können wir Dein Projekt starten.

Bild 8.67 Schon allein die Beschreibung der angebotenen Kurse macht Lust darauf, dem zugehörigen Nähladen einmal einen Besuch abzustatten.

Denn hier vergessen es die Webseitenverantwortlichen nicht, die angebotenen Leistungen, in diesem Fall Nähkurse zu unterschiedlichen Themen, detailliert zu beschreiben. Zum einen ist dies wichtig, um den Interessenten ein umfassendes Bild davon geben zu können, was diese denn vor Ort erwartet. Damit wird also quasi bereits die erste Hemmschwelle abgebaut. Zum anderen wirken natürlich auch die Texte an sich und lassen bei den Lesern ein Bild davon entstehen, was sie als selbst gemachtes Endprodukt in den Händen halten. Ganz so, als hätten sich diese bereits für die Teilnahme entschieden. Wirkungsvoller kann man wohl kaum Lust auf das Thema Handarbeiten machen.

Bemerkenswert ist zudem die sprachliche Ausgestaltung, nämlich sehr auf die Zielgruppe ausgerichtet. Diese kann so ausschließlich hier und in dem gegebenen Kontext zum Einsatz kommen, für die meisten anderen Dienstleistungen wäre sie fehl am Platz. Aber gerade das macht den Reiz des „Nadelwalds“ und seiner Inhalte aus. Das Einzige, was es an diesem Beispiel zu bemängeln gibt: Die Kurse werden auf einer einzigen Webseite beschrieben, und jeweils mit Klick auf die Überschriften innerhalb dieser eingeblendet. Das ergibt bei mehreren geöffneten Kursen eine arg lange Textwüste, die man rein SEO-, aber auch besuchertechnisch wohl besser auf verschiedene Unterseiten aufgeteilt hätte. Zudem vermisst man bei einigen dieser Bausteine, die ohne grafische Untermalung auskommen, die Fortsetzung der so positiven Bildsprache.

8.20 Aus der Dienstleistungsbranche

An dieser Stelle möchte ich erneut mit einem Beispiel aus dem englischen Sprachraum beginnen, da die Dienstleistungsbranche hierzulande nicht unbedingt berühmt für originelle und dennoch wirksame Onlineauftritte ist.

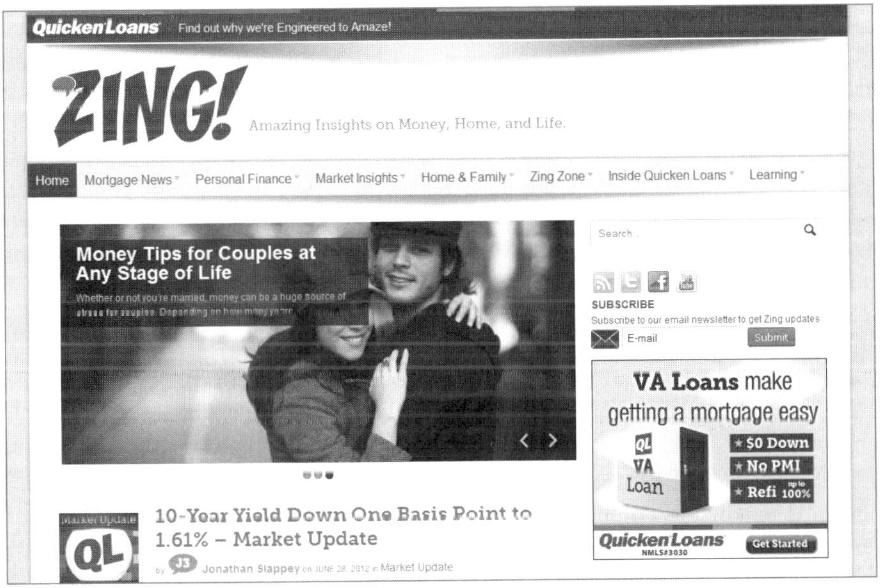

Bild 8.68 Ein hübsches Onlinemagazin: Wer wohl dahinterstecken mag?

Wenn Sie sich dieses Onlinemagazin einmal anschauen (*www.quickenloans.com/blog/*), würden Sie dann auf die Idee kommen, dass dahinter einer der größten Online-Hypothekenfinanzierer der USA steckt? Wohl kaum. Denn in solch einer doch recht speziellen Branche würde man sich ein Webportal irgendwie seriöser vorstellen und leider auch „grauer". Und damit langweiliger.

Der Vergleich hinkt natürlich ein wenig, aber die folgende Abbildung zeigt die Onlinepräsentation eines ähnlichen Unternehmens aus Deutschland.

Bild 8.69 Deutlich seriöser. Aber damit auch besser und vor allem wirkungsvoller?

Ich weiß, dass die beiden gezeigten Unternehmen - zumindest teilweise – andere Zielmärkte und Kundengruppen ansprechen. Auch würden einige Berichte, wie sie in dem US-amerikanischen Onlinemagazin zu finden sind („Warm and Fuzzy Thoughts About Veterans for the 4th of July"), in unseren Längengraden wohl etwas seltsam anmuten, zumindest in einem solchen Kontext. Und dennoch: Finanzdienstleister anderer Länder scheinen deutlich entspannter damit umzugehen, was die publikumswirksame Onlineansprache von Kunden und Interessenten anbelangt. Dieser Trend wird sich auch bei uns nach und nach durchsetzen. Einige der über dem Teich verwendeten Content Marketing Ideen lassen sich zudem sehr gut für hiesige Zwecke adaptieren, wie das unkonventionelle Beispiel des Hypothekenfinanzierers aus den Vereinigten Staaten zeigt.

Das in Bild 8.70 dargestellte Unternehmen aus dem Bereich Personaldienstleistungen versucht es mit einer gebündelten Social-Media-Ansprache.

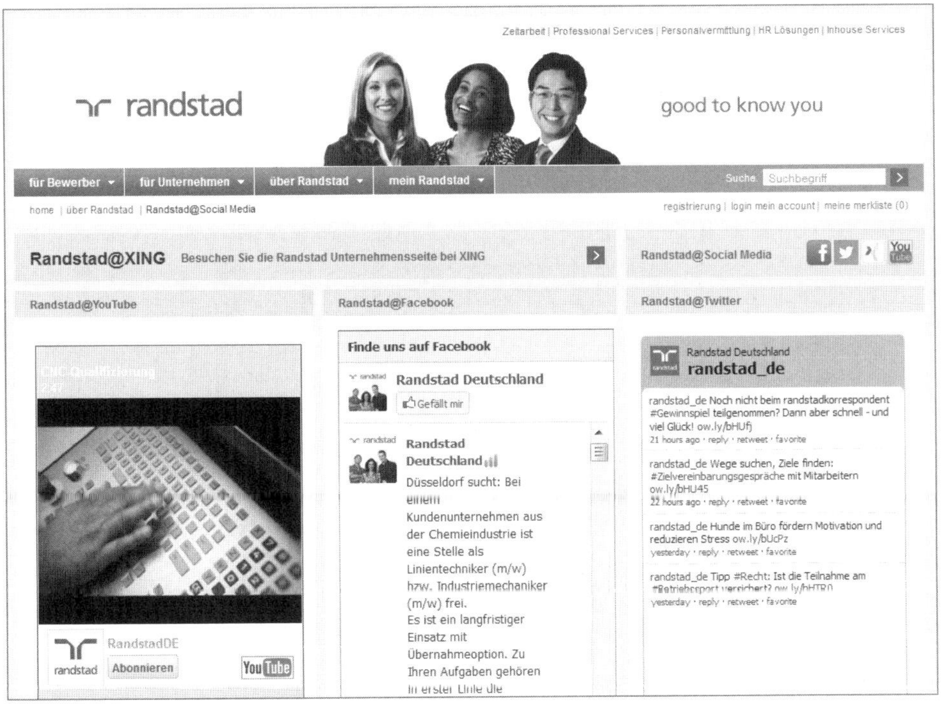

Bild 8.70 Ein eigener YouTube-Kanal, Facebook, Twitter: alles dabei

Dienstleister aus einer nicht ganz unumstrittenen Branche, die sich in den sehr interaktiven sozialen Medien bewegen: Das bedarf eines gewissen Mutes und muss sicherlich stets genau beobachtet und moderiert werden. Für die Suchmaschinen eignet sich eine solche Strategie nur bedingt, da die Weiterempfehlungsraten der Inhalte begrenzt sein dürften. Echter Unique Content für das Hauptportal wird damit ebenfalls kaum erreicht. Da wird das in Bild 8.71 dargestellte Informationsportal desselben Anbieters schon eher helfen.

Spannend wäre es, zu erfahren, ob die hier dargestellte inhaltliche Strategie (die in der Kritik stehende Branche und damit der Anbieter selbst stellt sich der Diskussion) auch aufgeht. Nehmen die Leser dies als ernst gemeinten, authentischen Beitrag wahr? Oder sehen die meisten Besucher darin den reinen Versuch der Imagepflege? Zwar stammt der Text aus der Feder eines firmenexternen Gastautors, was leider jedoch erst am Ende des Beitrags publik gemacht wird. Zudem handelt es sich dabei nicht um die oben links abgebildete Person, was für zusätzliche Verwirrung sorgt. Mit einer unabhängigeren Sprache sowie einer persönlichen Vorstellung des Autors (inklusive Bild) wird man in einem solchen Fall schon sehr viel mehr erreichen können. Übrigens: Das Quadrat in dem Artikel (unterhalb des Teasers) ist kein Layout-Fehler, ich dachte zunächst, hier wäre ein Bild nicht korrekt geladen worden. Der Dateiname ist „quadrat_gruen-150x150.png“, also muss es wohl Absicht sein. Sicherlich, in diesem Quadrat spiegeln sich die Grundfarben des Portals wider und der Text wirkt nicht ganz so blockartig. Dennoch sorgt ein solches Element für keinerlei Mehrwert. An einer solch prominenten Stelle muss ein „echtes“ passendes Foto hinterlegt werden.

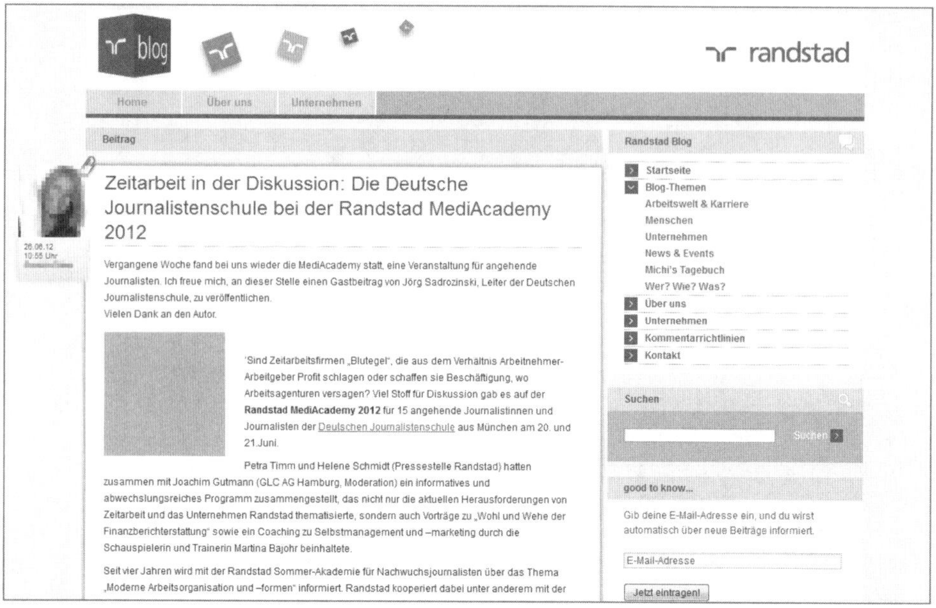

Bild 8.71 Die umfangreichen Texte wirken sich positiv für das SEO aus. Es muss lediglich überprüft werden, ob sich auch die Leser selbst für die gebotenen Themen interessieren.

Zum Thema „Texte für einen konkreten Kundennutzen" dient abschließend das folgende Anschauungsbeispiel.

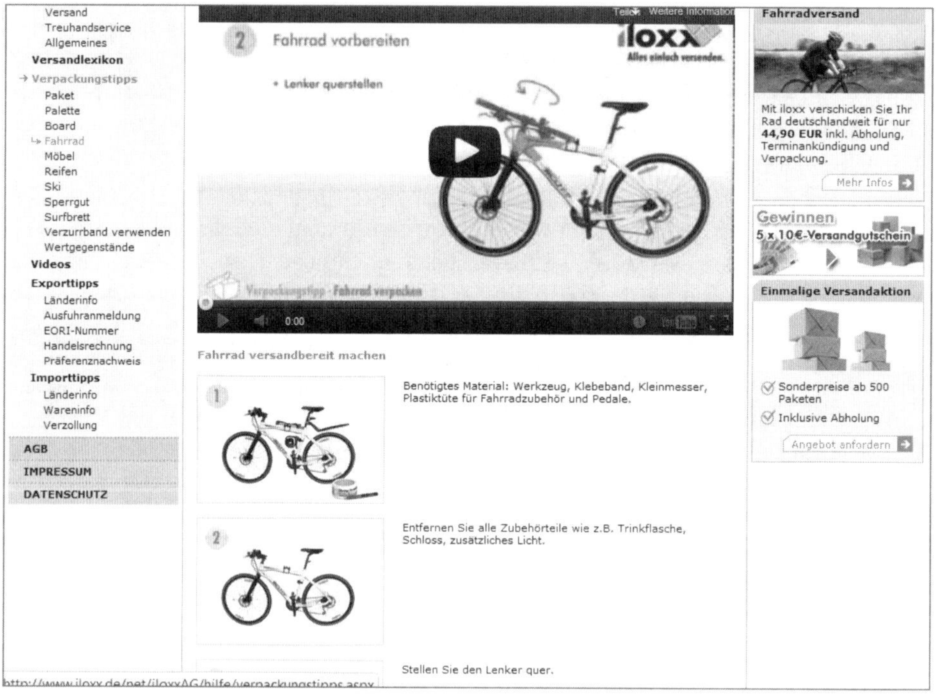

Bild 8.72 So wird's gemacht: eine praktische Anleitung zum Fahrradversand

Schritt für Schritt und mit Video, Bildern und Texten erklärt dieser Versanddienstleister auf seiner Website, wie man einzelne Transportgüter am besten für die lange Reise vorbereiten kann. Das bringt nicht nur den bereits bestehenden Kunden etwas: Das Keyword „Fahrradversand" wird immerhin über 12000-mal im Monat bei Google gesucht. Und die Spedition landet mit eben diesem Schlüsselwort als einziges Transportunternehmen in der Top 4 bei den Google-Suchergebnissen (die Top 3 sind von reinen Content-Anbietern wie Onlinemagazinen belegt). Sucht jemand über „Fahrradversand" nach einem Dienstleister, so landet er mit sehr hoher Wahrscheinlichkeit auf der hier abgebildeten Seite. Reiner Zufall? Wohl eher nicht.

8.21 Tourismus

Ähnlich wie das Gebiet Gastronomie und Hotellerie gehörte auch die Sparte Tourismus bis vor einiger Zeit nicht gerade zu den Branchen, die mit ausgefeilten Onlinekonzepten um neue Kunden buhlten, mit Ausnahme der großen Agenturen vielleicht. Seit es hier jedoch zahlreiche Bewertungsportale wie den Vorreiter HolidayCheck (*www.holidaycheck.de*) gibt, die zudem immer stärker genutzt werden (allein Seiten von HolidayCheck werden derzeit nach Unternehmensangaben über 16 Millionen Mal im Monat aufgerufen), hat sich der komplette Bereich stark verändert. So existiert kaum mehr eine Ferienwohnung, die nicht über eine eigene kleine Webvisitenkarte oder gar ein umfangreiches Portal verfügt. Entsprechend professionell präsentieren sich mittlerweile Tourismusbüros sowie selbst kleinere Reiseanbieter.

Bild 8.73 Eigentlich eine gute Idee: Dieser Anbieter einer Ferienwohnung präsentiert regelmäßig neue Berlin-Highlights, in den Artikeln selbst auch schöner und mit Bildern gestaltet. Das Portal dürfte jedoch überoptimiert sein, was die sehr häufige Nennung des Keywords „Ferienwohnung (in) Berlin" betrifft.

Wie man eine Kombination aus Content-Portal und einer Art Onlineshop sehr gelungen präsentieren kann, zeigt das nun folgende Beispiel eines Onlinevermittlers für private Ferienunterkünfte. Hier möchte ich Ihnen (fast) die komplette Webseite zeigen, da in diesem Fall die Gesamtkomposition äußerst stimmig ist.

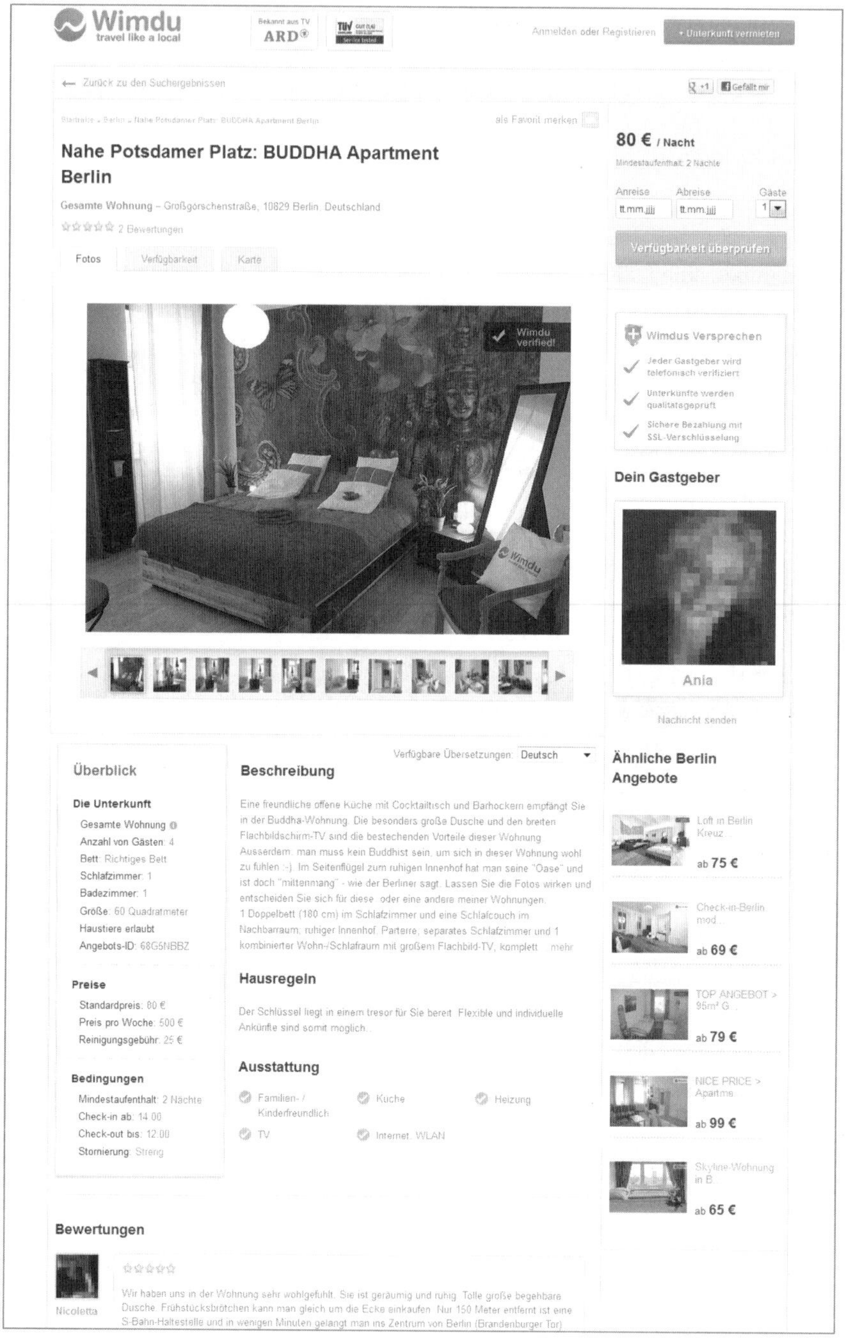

Bild 8.74 Die Präsentation eines Anbieters auf dem Vermittlungsportal für weltweite private Unterkünfte

Was sind nun die inhaltlichen, aber auch gestalterischen Eigenschaften, welche hier die Wirksamkeit ausmachen? Unter anderem folgende Punkte:

- Die „Versprechen" des Anbieters in der Sidebar bringen knapp und treffend auf den Punkt, warum man die Ferienwohnung ausgerechnet über diesen Anbieter buchen sollte.
- Auch hier wirkt Persönlichkeit, in diesem Fall in Form der bildhaften Vorstellung des Vermieters. Eigentlich unerheblich für die Entscheidung der Gäste, möchte man meinen, doch fühlt man sich da nicht gleich „heimeliger"? Insgesamt ist die Bildsprache, unter anderem über die Vielzahl an Vorschaubildern, sehr positiv gehalten.
- Der Beschreibungstext ist umfassender als bei so mancher Wohnung, die nicht zur tageweisen Vermietung, sondern zum Verkauf bereitsteht. Ein positiver Faktor, den das Portal selbst wahrscheinlich nur indirekt in der Hand hat, etwa über entsprechende Empfehlungen an seine Anbieter. Unschön: Insbesondere wenn man sich den kompletten Text anzeigen lässt (über einen Klick auf „...mehr"), wirkt dieser arg unstrukturiert und somit schwer zu lesen.
- Die Texte kann man sich sogar übersetzen lassen. In diesem Fall zwar automatisiert über Google Translate (siehe *http://translate.google.de*) und damit qualitativ nicht besonders hochwertig, dennoch ein zusätzlicher und sehr wichtiger Mehrwert für die vielen Berlinbesucher aus dem Ausland. Was mir nicht ganz klar war, ist die Tatsache, ob diese Übersetzungstexte auch auf einer eigenen Unterseite bzw. Domain abgelegt werden, was zusätzlichen Content für die Suchmaschinen bedeuten würde. Sollten Sie selbst mehrsprachige Inhalte auf Ihrer Webseite anbieten, so gilt es, unbedingt auf diesen Faktor zu achten.
- Schön zudem die sehr klar strukturierte Auflistung der Ausstattung sowie der Wohnungsdetails in der linken Sidebar.
- Nutzerbewertungen mit der Möglichkeit, ein Bild hochzuladen, sorgen für eine optimale Authentizität. Gefälschten Erfahrungsberichten wird es somit deutlich schwerer gemacht.
- Ein paar Details: Die Überschrift enthält nicht nur für den Betrachter die (attraktive) Nähe zu einem der bekanntesten Plätze Berlins, sondern ebenso für die Suchmaschinen. Schön auch die werthaltigen Zusatzinformationen für Interessenten (die leider bei ähnlichen Portalen nicht selbstverständlich sind) wie genaue Anreise- oder Abreisezeit, um was für ein Bett es sich handelt („richtiges Bett" versus „Gästebett" etc.) sowie eine katalogisierte Stornierungseinstufung. Man merkt: Hier hat jemand auf die typischen Fragen der Kunden gehört und reagiert.

Sie sehen, eine gelungene Webtextstrategie entfaltet dann ihre volle Wirkung, wenn sie möglichst in ein stimmiges Gesamtkonzept eingebunden ist. Einzelne besonders werthaltige Textblöcke sind schön, wenn aber die restlichen Inhalte Ihrer Onlinepräsenz diese Qualität nicht aufgreifen und quasi weiterführen, so kann ein erster positiver Eindruck seitens der Leser auch schnell wieder verblassen.

Zwei Konzepte von außerhalb möchte ich Ihnen nun noch vorstellen, den Corporate Blog einer bekannten Hotelkette (Bild 8.75) sowie ein Online-Nachrichtenportal für die Kunden einer US-Fluggesellschaft (Bild 8.76).

Bild 8.75 Hier handelt es sich nicht etwa um einen privaten Blog, sondern das Portal einer weltweit operierenden Hotelkette.

Die einzelnen Artikel enthalten private Reiseberichte, aus denen man, was den jeweiligen Umfang anbelangt, gut und gerne einzelne kleine Unterportale schaffen könnte. So geht allein der Beitrag, dessen Anfang Sie hier in der Abbildung sehen können, über 18 zu scrollende Bildschirmseiten und enthält sage und schreibe 28 eingebundene (wiederum private) Urlaubsfotos.

Nun habe ich Ihnen in einem der vorangegangenen Kapitel erklärt, dass eine solch exorbitante Länge quasi ein „No-Go" bei der effizienten Webseitengestaltung darstellt. Und dennoch macht in diesem Fall gerade die wenig professionell gestaltete Aufteilung den Reiz des Beitrags aus, der absolut wie ein persönlicher Webtagebucheintrag daherkommt. Dies wiederum lässt nicht nur diesen Artikel, sondern die gesamte Unternehmenspräsenz sehr authentisch wirken. Wir lernen nun also noch ein zusätzliches Merkmal für gute Firmenportale kennen: Regeln sind dazu da, auch ab und an gebrochen zu werden. Sprich: Gerade die Nichtbeachtung einzelner Gesetzmäßigkeiten der professionellen Kommunikation im Internet macht manchmal genau jenes Quäntchen Individualität aus, das aus einer guten Website eine bemerkenswerte macht.

Bild 8.76 Nein, kein Hersteller von Studentenfutter schreibt hier, sondern eine Fluggesellschaft.

Das in Bild 8.76 gezeigte Portal einer Fluggesellschaft erreicht erstaunliche Werte, was etwa die Weiterempfehlungsrate der Artikel innerhalb der sozialen Medien anbelangt. (Die angezeigten Werte auf den Übersichtsseiten scheinen hier aufgrund einer fehlerhaften Einbindung nicht zu stimmen, was natürlich schade ist, da dieser Erfolg damit nicht nach außen kommuniziert wird.)

Was ist hier nun das Geheimrezept? Vor allem der Punkt „Emotionen“ (siehe Kapitel 2.1.1), aber auch „Interaktion“ sowie „virales Marketing“ werden in diesem Fall angesprochen. Die Redakteure der Internetseite berichten regelmäßig von rührenden, aber auch spannenden Geschichten ihrer Fluggäste, was diese während einer Reise mit „Southwest“ so alles erleben durften. Und wetten, dass nach der Veröffentlichung derartiger Beiträge nicht nur die komplette Familie eben dieser Fluggäste mitliest? „Reality-Website“ statt „Reality-TV“ also. Nicht jedermanns Sache, sicherlich, aber für nicht wenige Unternehmen hierzulande, etwa aus dem Bereich Konsumgütermarketing oder auch Trend-Dienstleistungen, würde ein ähnliches Konzept wohl sehr gut aufgehen. Nicht zuletzt die deutlich unkonventionelle Gestaltung des Unternehmensportals, die auf den ersten, aber auch auf den zweiten Blick nicht wirklich an eine Fluggesellschaft denken lässt, macht einen weiteren Erfolgsfaktor dieses Onlineformats aus.

Widmen wir uns nun noch – als Kontrastprogramm sozusagen – einer deutlich bodenständigeren Webseite aus der Heimat (Bild 8.77).

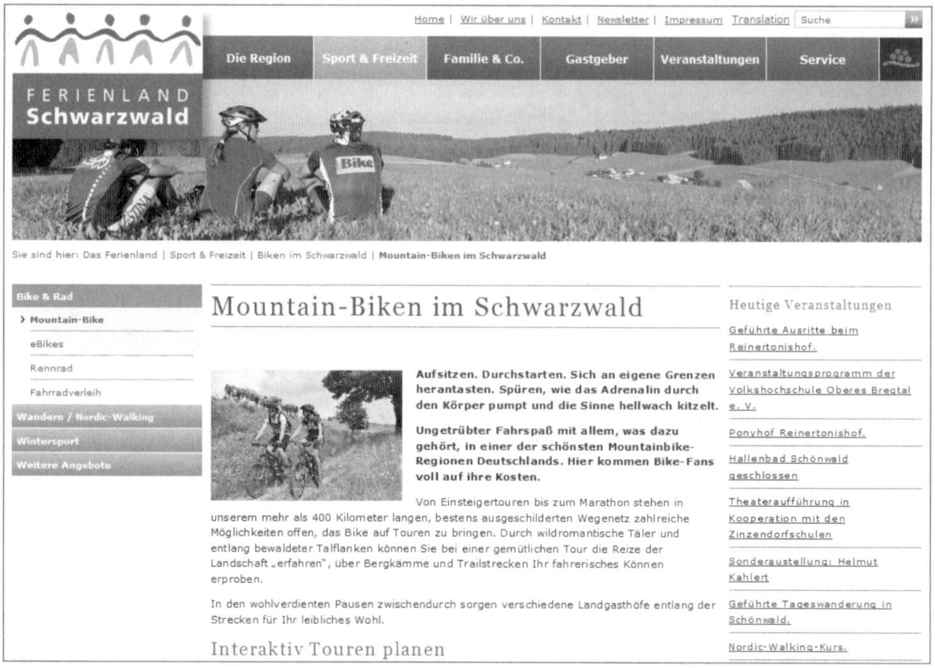

Bild 8.77 Natur, Erlebnis, Sport: Hier werden viele Sinne auf einmal angesprochen.

Allein die originelle Einstiegsseite (zu sehen unter *www.dasferienland.de*), aber auch die stimmigen Texte zeigen: Hier waren Profis am Werk. Ein besonderes „Schmankerl", das den Besuchern zu den Beschreibungen der einzelnen Aktivitäten und Touren mitgeliefert wird, ist eine Art interaktive Landkarte, die nicht nur die genaue Routenbeschreibung enthält, sondern auch wichtige und interessante Wegpunkte, ein Höhenprofil, Daten zum Schwierigkeitsgrad, Anfahrtsskizzen, die geeignete Jahreszeit für die Tour, Webcams und vieles Weitere mehr. Multimediales Content Marketing, das wirkt.

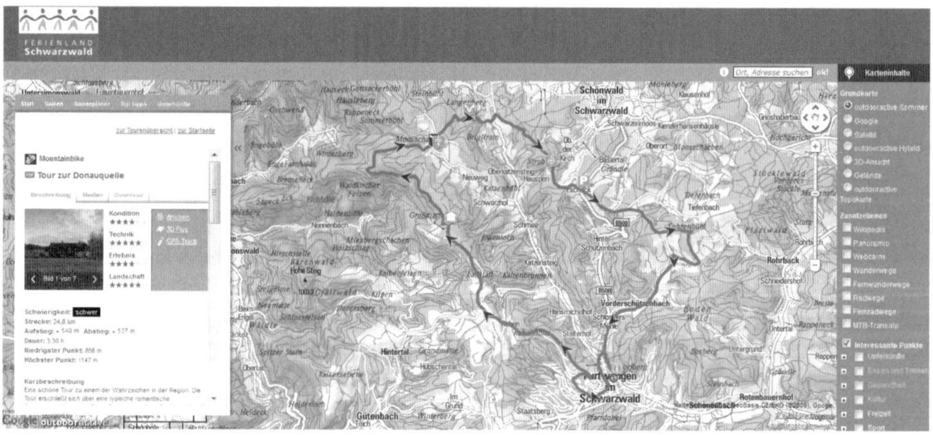

Bild 8.78 Die interaktive Landkarte zu jeder Tour lässt kaum Wünsche offen. So kann man sich schon vor dem geplanten Urlaub ein genaues Bild machen.

Eine solche Onlinezusatzleistung hat nun nicht unbedingt etwas mit den „wirkungsvollen Webtexten“ im Sinne der Suchmaschinenoptimierung zu tun, da die gegebenen Inhalte nur bedingt von Google und Co. ausgewertet werden können. Aber mit dem Thema „professionelle Webtexte“ umso mehr. Denn derartige interaktive Möglichkeiten ergänzen in dem gezeigten Fall die reinen Textinhalte nicht nur ideal, sie erhöhen auch deutlich deren Mehrwert.

Das ist bei vielen sehr „verspielten“ Onlineportalen nicht unbedingt der Fall. Nicht wenige Unternehmen lassen sich für viel Geld teure Multimediaportale anfertigen, die mit Videoeinbindungen, interaktiven Grafiken, Animationen, Slideshows oder gar Virtual Reality und sonstigen crossmedialen Inhalten glänzen (siehe *http://de.wikipedia.org/wiki/Crossmedia*), bei denen man jedoch das Gefühl nicht wirklich loswerden kann, dass all dies nur um seiner selbst willen geschieht. Sprich: Aufwand und erkennbarer Mehrwert für den Benutzer stehen dann nicht immer im Verhältnis zueinander. Bevor Sie sich an derlei Experimente heranwagen, fragen Sie sich also stets, ob dem Leser mit diesen Mitteln ein wirklicher, spürbarer Vorteil entstehen würde, so wie es bei dem hier gezeigten Ferienportal der Fall ist.

9 Zu guter Letzt

In den vorangegangenen Kapiteln haben Sie nun einiges erfahren und gelernt: von den Besonderheiten der Onlinekommunikation über Strategien für wirkungsvolles Texten und Content Marketing bis hin zu entsprechenden Hilfsmitteln, aber auch Möglichkeiten der Erfolgsmessung. Wenn Sie nicht schon während des Lesens den einen oder anderen Hinweis selbst auf Ihrem eigenen Portal ausprobiert haben, so hoffe ich, dass Sie sich zum jetzigen Zeitpunkt genau dafür gerüstet sehen. Auf jeden Fall sollten Sie dieses Buch nun nicht in Ihrem Bücherregal archivieren, sondern es immer wieder einmal zur Hand nehmen. Und sei es auch nur, um bestimmte Aspekte von Neuem zu vertiefen. Denn, so lassen Sie es sich bitte gesagt sein, professionelles Webtexten ist eine Disziplin, an der man ständig arbeiten muss. Zu schnell reißt ansonsten eine Art von – ich nenne es einmal Schlendrian – ein, der sich zunächst Ihren Lesern und dann irgendwann auch Ihnen selbst bemerkbar machen wird, mit möglicherweise unschönen Konsequenzen.

In diesem Zusammenhang noch ein kleiner Hinweis am Rande: Kein Schreibthema wird Ihnen dauerhaft und vor allem durchgängig Freude bereiten. Es ist ein völlig normaler Prozess, dass man nicht stets und ständig die gleichbleibend hohe Qualität an Onlineinhalten quasi „abliefern" kann, schon gar nicht für ein und dasselbe Webprojekt. Ab und an wird Ihnen die Beschäftigung mit den Texten für Ihr Onlineportal sogar überaus lästig vorkommen. In einem solchen Fall hilft meist eine kleine Verschnaufpause. Schreiben Sie entweder für ein paar Tage, Wochen oder gar Monate an einem völlig anderen, möglicherweise sogar privaten Thema. Das kann ein Blog oder ein Buch oder Sonstiges sein. Oder schreiben Sie für eine gewisse Zeit überhaupt nicht mehr, denn die zugrunde liegende Tätigkeit lässt sich auch an andere übertragen, wie Sie in Kapitel 6 gelernt haben. Das ist allemal besser, als sich zum Texten zu zwingen und damit eventuell gar dauerhaft die Lust daran zu verlieren.

Gerade die Anschauungsbeispiele aus den letzten beiden Kapiteln sind prädestiniert dafür, immer wieder einmal von Neuem betrachtet zu werden. Denn nichts bleibt so unbeständig wie das Konzept für eine regelmäßig zu erweiternde und zu optimierende Onlinepräsenz, wie Sie vielleicht schon selbst erfahren haben oder noch erfahren werden. Und dies betrifft immer auch die inhaltliche Ausrichtung sowie das zugehörige Marketing. In einem solchen Fall lohnt es sich, in regelmäßigen Abständen über den eigenen Tellerrand zu schauen. Gutes, werthaltiges und effektives Schreiben besteht, wie so vieles, zum größten Teil aus dem Lernen von anderen. Den Rest macht die Übung aus. Sie werden im Rahmen Ihrer Beobachtungen anderer Portale nach und nach Ihr eigenes, ganz persönliches Repertoire an gelungenen Onlinevorbildern aufbauen. Gehen Sie also stets mit offenen Augen durch das weltweite Netz. Legen Sie sich in Ihrem Webbrowser einen separaten Unterordner für Bookmarks (Onlinelesezeichen) an, in dem Sie ausschließlich diese nachahmenswerten Beispiele sammeln und den Sie dann natürlich immer wieder einmal komplett durchgehen.

Was ich Ihnen – als eine Art Quintessenz aus den vorangegangenen Ausführungen – noch mit auf den Weg geben möchte, ist:

1. Bleiben Sie sich, Ihren Werten und damit auch Ihren Kunden stets treu. Denn nur dann werden Sie auch gute Inhalte bereitstellen können.
2. Versuchen Sie niemals, über Ihre Texte etwas vorzugeben, was Sie und Ihr Unternehmen eigentlich gar nicht sind oder leisten können.
3. Tun Sie Gutes, hinter dem Sie jederzeit auch persönlich stehen können, und schreiben Sie darüber.
4. Dienen Sie anderen mit Ihren Inhalten als Vorbild. Dann werden Sie es schaffen, dass irgendwann jemand **ihr** Portal in **seine** Bookmark-Sammlung mit aufnimmt.
5. Geben Sie Ihr fachliches Wissen ganz bewusst über Ihre Webpräsenz weiter. Man wird es Ihnen danken, und den Content (und damit gleichzeitig Sie selbst) weiterempfehlen.
6. Seien Sie geduldig. Kein noch so erfolgreiches Onlineportal entstand innerhalb weniger Wochen oder auch Monate.

Zudem – selbst wenn ich meine eigenen bisherigen Aussagen damit teilweise konterkariere: Machen Sie sich nicht allzu viele Gedanken über jedes einzelne Wort, das Sie in Zukunft niederschreiben und veröffentlichen werden. Lassen Sie sich die Vielfalt sowie die Natürlichkeit Ihrer Sprache nicht nehmen. Ein nach absoluter Perfektion und Professionalität strebender Webtext würde seinen eigentlichen Zielen, bei den Lesern im wahrsten Sinne des Wortes anzukommen, nicht gerecht werden. Wenn Sie sowie Ihr Unternehmen etwas zu erzählen haben, wovon ich ausgehe, und das regelmäßig sowie immer wieder aufs Neue, dann kommt es nicht in jedem Fall und nicht immer zu 100 Prozent auf die Umsetzung, sondern auf die inhaltliche Aussage an sich an. Die in diesem Buch gezeigten Positivbeispiele sind ebenfalls nicht vollkommen perfekt, sondern oftmals einfach nur charmant in ihrer Idee sowie in ihrer Ausführung.

Wenn Sie all diese Punkte stets berücksichtigen und dazu noch ein wenig Texter-Fleiß an den Tag legen, dann wird sich die zugrunde liegende Online- und Content Marketing Strategie nachhaltig für Sie und Ihr Team auszahlen. In diesem Zusammenhang noch einmal der Hinweis auf die Google+-Community zum Buch:

- *www.blogprofis.de/buch/webtexte*

Dort finden Sie nicht nur Informationen zu aktuellen Entwicklungen und Trends rund um die Inhalte dieses Ratgebers, Sie können sich zudem mit anderen Lesern über Erfahrungen und Beispiele aus der Praxis austauschen.

Und, um mit einem kleinen Zitat des Schriftstellers Mark Twain zu schließen, denken Sie stets daran:

Schreiben ist leicht. Man muss nur die falschen Wörter weglassen.

Index

L

M

N

O

P

Q

R

S